자기주도 학습으로 완성하는

기구 설계

홍 준 희 저

자기주도 학습으로 완성하는

기구 설계

지은이 홍준희
발행일 2020년 7월 31일 **발행인** 이진숙
펴낸곳 충남대학교출판문화원 **주소** 대전광역시 유성구 대학로 99
전화 042-821-6045 **홈페이지** http://www.cnupress.co.kr **E-mail** cnupress@cnu.ac.kr

ISBN 979-11-6503-049-0 93550
정가 35,000원

머리말

4차 산업혁명 시대에 우리에게 중요한 것은 다양한 지식과 창의적인 아이디어가 필요한 것이다. 이러한 창의적 아이디어를 통해 복합적인 해결 능력을 발휘할 수 있는데 그의 중심에 있는 것이 설계 과목이라 할 수 있다. 이러한 설계는 현장의 실무적인 내용이 융합되어야 그 가치가 충분히 발휘될 수 있다.

따라서 여러 설계관련 전문 서적 등이 출간 되었으나 기구학과 연계한 기구 설계 책자는 매우 드믄 것이 현실이다. 또한 기구학이라는 공학 서적으로 출간된 것은 많으나 이론적인 것에 불과하고 실무적으로 다룰 수 있는 기구 설계 관련 책자는 거의 없다고 저자는 생각하여 실제적으로 기구학 기반의 기구 설계를 실무적으로 하면서 이론과도 연계하여 이해도를 높일 수 있는 책을 만들고자 하였다. 즉, PBL(Problem Based Learning) 기법에 의해 각종 기구를 설계하는 과정 및 해결 방법을 충분히 이해하도록 구성하였으며 구성한 기구 설계의 정확성을 검증하는 방법 등을 제공함으로써 기구 설계의 해결 과정과 정확성을 강조하고자 하였다. 마지막으로 자율 학습 문제를 자기 주도적으로 해결해 보게 함으로써 내용을 완전히 이해했는지에 대한 판단을 하고 부족한 부분을 전문가의 조언을 듣거나 자율문제 답안을 통해 자기 스스로 해결할 수 있도록 하게 함으로써 Flipped Learning의 큰 그림을 바탕에 깔고 구성하고자 하였다.

전체적인 구성은 크게 5단원으로 구성하였다. 제 1 단원은 모두 5장으로 구성되었으며 기어 기구에 대한 기초적인 내용이다. 제 2 단원은 모두 7장으로 구성되었으며 링크 기구에 대한 기초적인 내용이다. 제 3 단원은 모두 5장으로 구성되었으며 캠 기구에 대한 기초적인 내용이다. 제 4 단원은 모두 6장으로 구성되었으며 특수 운동 기구에 대한 기초적인 내용이다. 마지막 5 단원은 모두 5장으로 구성되었으며 기초적인 여러 기구를 바탕으로 응용에 대한 내용을 다루었다.

본서를 쓰기 시작한지 1년여 만에 드디어 마무리를 하였으나 내용을 검토하면서 부족한 면이 많다는 것을 새삼 느꼈다. 그러나 한정된 공간 내에서의 내용 전개와 기본적인 내용의 전달에 초점을 두었기에 그대로 출간하기로 하였다. 이 책을 통해 가상적이지만 기구 전반에 걸친 설계에 대해 다소나마 이해와 도움이 되었으면 하는 바람이다. 또한, 다소 내용상의 부족한 면이 있다하더라도 많은 이해와 질타를 부탁드리는 바이다.

끝으로 본서의 출판에 많은 도움을 준 충남대학교 출판사의 임직원 여러분께 진심으로 감사드린다.

2020년 유월에
저자 홍준희

contents

제 I 단원
기어 기구 설계

제1장 스퍼 기어 기구 15

1.1 문제 15

1.2 부품 준비 16

1.2.1 부품 사양 결정 16

1.2.2 모듈 2의 부품 형상모델링 17

1.2.3 모듈 5의 부품 형상모델링 23

1.3 단순 변속 기구1 설계 26

1.3.1 설계 사양 26

1.3.2 기구 구성 27

1.3.3 기구 모션 시뮬레이션 30

1.4 단순 변속 기구2 설계 34

1.4.1 설계 사양 34

1.4.2 기구 구성 34

1.4.3 기구 모션 시뮬레이션 36

1.5 단순 변속 기구3 설계 40

1.5.1 설계 사양 40

1.5.2 기구 구성 40

1.5.3 기구 모션 시뮬레이션 42

1.6 단순 변속 기구4 설계 46

1.6.1 설계 사양 46

1.6.2 기구 구성 47

1.6.3 기구 모션 시뮬레이션 49

1.7 자율 평가 문제 53

자율 평가 결과 점검표 54

제2장 베벨 기어 기구 55

2.1 문제 55

2.2 부품 준비 56

2.2.1 부품 사양 결정 56

2.2.2 큰 기어 부품 형상모델링 58

2.2.3 작은 기어 부품 형상모델링 68

2.3 감속비 2의 베벨기어 기구 설계 70

2.3.1 설계 사양 70

2.3.2 기구 구성 71

2.3.3 기구 모션 시뮬레이션 73

2.4 감속비 1.8의 베벨기어 기구 설계 74

2.4.1 설계 사양 74

2.4.2 기구 구성 75

2.4.3 기구 모션 시뮬레이션 77

2.5 감속비 1.6의 베벨기어 기구 설계 78

2.5.1 설계 사양 78

2.5.2 기구 구성 79

2.5.3 기구 모션 시뮬레이션 81

2.6 자율 평가 문제 83

자율 평가 결과 점검표 84

제3장 랙과 피니언 기구 85

3.1 문제 85

3.2 부품 준비 86

3.2.1 부품 사양 결정 86

3.2.2 부품 형상모델링 87

3.3 크랭크 1회전당 100㎜ 직선 이동 기구 설계 88
3.3.1 설계 사양 88
3.3.2 기구 구성 89
3.3.3 기구 모션 시뮬레이션 91
3.4 크랭크 1회전당 150㎜ 직선 이동 기구 설계 94
3.4.1 설계 사양 94
3.4.2 기구 구성 94
3.4.3 기구 모션 시뮬레이션 97
3.5 크랭크 1회전당 200㎜ 직선 이동 기구 설계 99
3.5.1 설계 사양 99
3.5.2 기구 구성 100
3.5.3 구동 시뮬레이션 102
3.6 자율 평가 문제 105
자율 평가 결과 점검표 106

제4장 중심 고정 기어 트레인 기구 107
4.1 단순 3트레인 기어 기구 설계 107
4.1.1 문제 107
4.1.2 부품 준비 108
4.1.3 기구 구성 111
4.1.4 기구 모션 시뮬레이션 114
4.2 복합 기어 트레인 기구 설계 117
4.2.1 문제 117
4.2.2 부품 준비 117
4.2.3 기구 구성 121
4.2.4 기구 모션 시뮬레이션 127
4.3 자율평가 문제 131
자율 평가 결과 점검표 132

제5장 유성 기어 트레인 기구 133
5.1 문제 133
5.2 부품 준비 134
5.2.1 부품 사양 결정 134
5.2.2 부품 형상모델링 138
5.3 감속비 3.12 기구 설계 152
5.3.1 기구 구성 152
5.3.2 기구 모션 시뮬레이션 155
5.4 감속비 5.1 기구 설계 159
5.4.1 기구 구성 159
5.4.2 기구 모션 시뮬레이션 162
5.5 감속비 9 기구 설계 166
5.5.1 기구 구성 166
5.5.2 기구 모션 시뮬레이션 169
5.6 감속비 45 기구 설계 172
5.6.1 부품 사양 변경 172
5.6.2 기구 구성 174
5.6.3 기구 모션 시뮬레이션 174
5.7 자율 평가 문제 179
자율 평가 결과 점검표 180

제Ⅱ단원 링크 기구 설계

제1장 4절 링크 기구 183
1.1 문제 183
1.2 부품 준비 184
1.2.1 부품 사양 결정 184
1.2.2 부품 형상모델링 190
1.3 레버 크랭크 기구 설계 192
1.3.1 기구 구성 192

1.3.2 기구 모션 시뮬레이션 195

1.4 양 크랭크 기구 설계 200

1.4.1 기구 구성 200

1.4.2 기구 모션 시뮬레이션 201

1.5 양 레버 기구 설계 203

1.5.1 기구 구성 203

1.5.2 기구 모션 시뮬레이션 204

1.6 자율 평가 문제 207

자율 평가 결과 점검표 208

제2장 슬라이더 크랭크 기구 — 209

2.1 문제 209

2.2 부품 준비 209

2.2.1 부품 사양 결정 209

2.2.2 부품 형상모델링 213

2.3 왕복 슬라이더 크랭크 기구 설계 214

2.3.1 기구 구성 214

2.3.2 기구 모션 시뮬레이션 218

2.4 회전 슬라이더 크랭크 기구 설계 222

2.4.1 이론적 고찰 222

2.4.2 기구 구성 223

2.4.3 기구 모션 시뮬레이션 227

2.5 요동 슬라이더 크랭크 기구 설계 232

2.5.1 이론적 고찰 232

2.5.2 기구 구성 233

2.5.3 기구 모션 시뮬레이션 236

2.6 자율 평가 문제 241

자율 평가 결과 점검표 242

제3장 2중 크랭크-레버 기구 — 243

3.1 문제 243

3.2 부품 준비 243

3.2.1 부품 사양 결정 243

3.2.2 부품 형상모델링 245

3.3 기구 구성 248

3.3.1 부품 조립 248

3.3.2 초기 위치 설정 254

3.3.3 기구 저장하기 254

3.4 기구 모션 시뮬레이션 255

3.4.1 모션 조건 설정 255

3.4.2 시뮬레이션 결과 256

3.4.3 결과 고찰 257

3.4.4 동영상 저장하기 258

3.5 자율 평가 문제 259

자율 평가 결과 점검표 260

제4장 왕복 양 슬라이더 크랭크 기구 - 261

4.1 문제 261

4.2 부품 준비 261

4.2.1 부품 사양 결정 261

4.2.2 부품 형상모델링 262

4.3 기구 구성 264

4.3.1 부품 조립 264

4.3.2 기구 저장하기 266

4.4 기구 모션 시뮬레이션 267

4.4.1 모션 조건 설정 267

4.4.2 시뮬레이션 결과 268

4.4.3 결과 고찰 271

4.4.4 동영상 저장하기 271

4.5 자율 평가 문제 272

자율 평가 결과 점검표 273

제5장 고정 양 슬라이더 기구 — 274

5.1 문제 274

5.2 부품 준비 274
5.2.1 부품 사양 결정 274
5.2.2 부품 형상모델링 275
5.3 기구 구성 277
5.3.1 부품 조립 277
5.3.2 기구 저장하기 279
5.4 기구 모션 시뮬레이션 279
5.4.1 모션 조건 설정 279
5.4.2 시뮬레이션 결과 280
5.4.3 결과 고찰 281
5.4.4 동영상 저장하기 281
5.5 자율평가 문제 282
자율 평가 결과 점검표 283

제Ⅲ단원 캠 기구 설계

제1장 변위 선도에 의한 캠 설계 — 287
1.1 문제 287
1.2 등감가속도 운동 변위 선도에 의한 캠 설계 287
1.2.1 부품 사양 결정 287
1.2.2 부품 형상모델링 290
1.2.3 캠 설계 기구 구성 292
1.2.4 설계 캠 생성 294
1.2.5 설계 캠 기구 시뮬레이션 298
1.3 단순조화 운동 변위 선도에 의한 캠 설계 301
1.3.1 부품 사양 결정 301
1.3.2 부품 형상모델링 303
1.3.3 기구 구성 303
1.3.4 설계 캠 생성 303
1.3.5 설계 캠 기구 시뮬레이션 305
1.4 사이클로이드 운동 변위 선도에 의한 캠 설계 307
1.4.1 부품 사양 결정 307
1.4.2 부품 형상모델링 309
1.4.3 기구 구성 309
1.4.4 설계 캠 생성 310
1.4.5 설계 캠 기구 시뮬레이션 311
1.5 캠의 속도에 대한 비교 고찰 314
1.5.1 저속에 대한 비교 고찰 314
1.5.2 고속에 대한 비교 고찰 318
1.5.3 종합 비교 고찰 321
1.6 자율 평가 문제 322
자율 평가 결과 점검표 323

제2장 원판 캠 기구 — 324
2.1 문제 324
2.2 부품 준비 324
2.2.1 부품 사양 결정 324
2.2.2 부품 형상모델링 326
2.3 한 방향 기구 설계 329
2.3.1 기구 구성 329
2.3.2 기구 모션 시뮬레이션 331
2.4 양 방향 기구 설계 334
2.4.1 기구 구성 334
2.4.2 기구 모션 시뮬레이션 335
2.5 자율 평가 문제 338
자율 평가 결과 점검표 339

제3장 삼각 캠 기구 — 340
3.1 문제 340
3.2 부품 준비 341

3.2.1 부품 사양 결정 341
3.2.2 부품 형상모델링 342

3.3 기구 구성 344
3.3.1 부품 조립 344
3.3.2 저장하기 347

3.4 기구 모션 시뮬레이션 347
3.4.1 모션 조건 설정 347
3.4.2 시뮬레이션 결과 349

3.5 자율 평가 문제 351

자율 평가 결과 점검표 352

제4장 정면 캠 기구 353

4.1 문제 353

4.2 부품 준비 354
4.2.1 부품 사양 결정 354
4.2.2 부품 형상모델링 355

4.3 기구 구성 357
4.3.1 부품 조립 357
4.3.2 저장하기 358

4.4 기구 모션 시뮬레이션 359
4.4.1 모션 조건 설정 359
4.4.2 시뮬레이션 결과 360
4.4.3 결과 고찰 361
4.4.4 동영상 저장하기 361

4.4 자율 평가 문제 362

자율 평가 결과 점검표 363

제5장 역 캠 기구 364

5.1 문제 364

5.2 부품 준비 365
5.2.1 부품 사양 결정 365
5.2.2 부품 형상모델링 365

5.3 기구 구성 367
5.3.1 부품 조립 367
5.3.2 저장하기 368

5.4 기구 모션 시뮬레이션 368
5.4.1 모션 조건 설정 368
5.4.2 시뮬레이션 결과 370
5.4.3 결과 고찰 371
5.4.4 동영상 저장하기 371

5.5 자율 평가 문제 372

자율 평가 결과 점검표 373

제6장 원통 캠 기구 374

6.1 문제 374

6.2 부품 준비 375
6.2.1 부품 사양 결정 375
6.2.2 부품 형상모델링 376

6.3 기구 구성 378
6.3.1 부품 조립 378
6.3.2 저장하기 380

6.4 기구 모션 시뮬레이션 381
6.4.1 모션 조건 설정 381
6.4.2 시뮬레이션 결과 382
6.4.3 결과 고찰 383
6.4.4 동영상 저장하기 383

6.5 자율 평가 문제 384

자율 평가 결과 점검표 385

제7장 단면 캠 기구 386

7.1 문제 386

7.2 부품 준비 387
7.2.1 부품 사양 결정 387
7.2.2 부품 형상모델링 388

7.3 기구 구성 390
7.3.1 부품 조립 390
7.3.2 저장하기 392
7.4 기구 모션 시뮬레이션 392
7.4.1 모션 조건 설정 392
7.4.2 시뮬레이션 결과 394
7.4.3 결과 고찰 395
7.4.4 동영상 저장하기 395
7.5 자율 평가 문제 396
자율 평가 결과 점검표 397

제Ⅳ단원 특수 운동 기구 설계

제1장 링크 평행 운동 기구 401
1.1 Hart's parallel 기구 401
1.1.1 문제 401
1.1.2 부품 준비 402
1.1.3 기구 구성 405
1.1.4 기구 모션 시뮬레이션 409
1.2 Bricard's parallel 기구 413
1.2.1 문제 413
1.2.2 부품 준비 414
1.2.3 기구 구성 418
1.2.4 기구 모션 시뮬레이션 423
1.3 Hiscox's parallel 기구 425
1.3.1 문제 425
1.3.2 부품 준비 426
1.3.3 기구 구성 431
1.3.4 기구 모션 시뮬레이션 437
1.4 자율평가 문제 440
자율 평가 결과 점검표 442
제2장 기어에 의한 평행 운동 기구 443
2.1 문제 443
2.2 외접 기어 트레인에 의한 평행 운동 기구 설계 444
2.2.1 부품 준비 444
2.2.2 기구 구성 447
2.2.3 기구 모션 시뮬레이션 451
2.3 내접 기어 장치에 의한 평행 운동 기구 설계 455
2.3.1 부품 준비 455
2.3.2 기구 구성 457
2.3.3 기구 모션 시뮬레이션 460
2.4 자율평가 문제 463
자율 평가 결과 점검표 464
제3장 제네바 기구 465
3.1 문제 465
3.2 부품 준비 466
3.2.1 이론적 고찰 466
3.2.2 부품 사양 결정 468
3.2.3 부품 형상모델링 469
3.3 기구 구성 471
3.3.1 부품 조립 471
3.3.2 기구 저장하기 472
3.4 기구 모션 시뮬레이션 472
3.4.1 모션 조건 설정 472
3.4.2 시뮬레이션 결과 473
3.4.3 결과 고찰 474
3.4.4 동영상 저장하기 474
3.5 자율평가 문제 475
자율 평가 결과 점검표 476

제4장 조인트 기구 — 476

4.1 유니버셜 조인트 기구 477
4.1.1 문제 477
4.1.2 부품 준비 478
4.1.3 기구 구성 479
4.1.4 기구 모션 시뮬레이션 482
4.2 볼 소켓 조인트 기구 486
4.2.1 문제 486
4.2.2 부품 준비 487
4.2.3 기구 구성 488
4.2.4 기구 모션 시뮬레이션 489
4.3 자율평가 문제 492
자율 평가 결과 점검표 493

제5장 평 벨트 풀리 기구 — 494

5.1 문제 494
5.2 부품 준비 495
5.3 기구 구성 498
5.4 기구 모션 시뮬레이션 501
5.4.1 모션 조건 설정 501
5.4.2 시뮬레이션 결과 502
5.4.3 결과 고찰 502
5.4.4 동영상 저장하기 503
5.5 자율평가 문제 504
자율 평가 결과 점검표 505

제6장 좌표형 운동변환 기구 — 506

6.1 3축의 직교 좌표형 운동변환 기구 설계 506
6.1.1 문제 506
6.1.2 부품 준비 507
6.1.3 기구 구성 510
6.1.4 기구 모션 시뮬레이션 512
6.2 2축의 원통 좌표형 운동변환 기구 515
6.2.1 문제 515
6.2.2 부품 준비 516
6.2.3 기구 구성 519
6.2.4 기구 모션 시뮬레이션 520
6.3 3축의 관절형 운동 변환 기구 525
6.3.1 문제 525
6.3.2 부품 준비 525
6.3.3 기구 구성 529
6.3.4 기구 모션 시뮬레이션 531
6.4 자율평가 문제 535
자율 평가 결과 점검표 536

제V단원
메카트로닉스용 기구 설계

제1장 랙과 피니언 응용 평행 개폐형 로봇 핸드 — 539

1.1 문제 539
1.2 부품 준비 540
1.2.1 기구 사양 540
1.2.2 부품 형상모델링 542
1.3 기구 구성 548
1.3.1 부품 조립 548
1.3.2 저장하기 556
1.4 기구 모션 시뮬레이션 557
1.4.1 모션 조건 설정 557
1.4.2 시뮬레이션 결과 558
1.4.3 결과 고찰 559
1.4.4 동영상 저장하기 559

제2장 링크 기구 응용 자동차 와이퍼 - 560

2.1 문제 560

2.2 부품 준비 560

2.2.1 부품 사양 결정 560

2.2.2 부품 형상모델링 565

2.3 기구 구성 572

2.3.1 부분 기구 조립 572

2.3.2 와이퍼 기구 조립 574

2.3.3 저장하기 581

2.4 기구 모션 시뮬레이션 581

2.4.1 모션 조건 설정 582

2.4.2 시뮬레이션 결과 583

2.4.3 결과 고찰 585

2.4.4 동영상 저장하기 586

제3장 캠 기구 응용 스탬프 기구 - 587

3.1 문제 587

3.2 부품 준비 587

3.2.1 기구 사양 587

3.2.2 부품 형상모델링 588

3.3 기구 구성 592

3.3.1 부품 조립 592

3.3.2 초기 위치 결정과 저장하기 595

3.4 기구 모션 시뮬레이션 595

3.4.1 모션 조건 설정 595

3.4.2 시뮬레이션 결과 597

3.4.3 결과 고찰 598

3.4.4 동영상 저장하기 598

제4장 제네바 기구 응용 간헐 컨베이어 599

4.1 문제 599

4.2 부품 준비 599

4.2.1 기구 사양 599

4.2.2 부품 형상모델링 601

4.3 기구 구성 603

4.3.1 부품 조립 603

4.3.2 저장하기 606

4.4 기구 모션 시뮬레이션 607

4.4.1 모션 조건 설정 607

4.4.2 시뮬레이션 결과 608

4.4.3 결과 고찰 609

4.4.4 동영상 저장하기 609

제5장 직교 좌표 기구에 의한 글자 쓰기 610

5.1 문제 610

5.2 제어 준비 611

5.2.1 제어 사양 결정 611

5.2.2 이론에 근거한 X축과 Y축의 증분 데이터 612

5.2.3 기구의 초기 위치 선정 616

5.3 기구 모션 시뮬레이션 616

5.3.1 모션 조건 설정 616

5.3.2 시뮬레이션 결과 618

5.3.3 동영상 저장하기 619

부록 621

1. 자율 평가 문제 답안 622
2. 유성 기어 감속기에서의 기어 잇수 결정표 656
3. 좌표형 운동 변환 기구 668

제 I 단원

기어 기구 설계

제1장 스퍼 기어 기구

제2장 베벨 기어 기구

제3장 랙과 피니언 기구

제4장 중심 고정 기어 트레인 기구

제5장 유성 기어 트레인 기구

학습 개요

기어 기구를 대상으로 설계 요구 문제에 대한 부품 사양을 설계 제한 조건에 따라 결정하고 부품 형상모델링 하며 부품 조립을 통해 가상 기구를 구성한다. 그리고 모션 시뮬레이션에 의해 설계 기구가 모션 조건 설정에 따라 구동이 정확히 이루어지고 있는지를 고찰하는 내용으로 이루어졌다. 마지막으로 자율 평가 문제를 통해 내용을 완전히 이해했는지에 대한 판단을 스스로 하고 부족한 부분에 대해 해결하는 자기 주도적 학습으로 이루어졌다.

학습 목표

본 학습을 마친 학습자는

- **기어 기구**의 요구 문제에 대한 설계 제한 조건에 따라 기구 부품 사양을 결정할 수 있다.
- **기어 기구**를 구성하고 모션 조건 설정을 통해 기구 시뮬레이션을 할 수 있다.
- **기어 기구**의 모션 시뮬레이션 결과를 바탕으로 설계 기구의 타당성을 고찰할 수 있다.
- **기어 기구**의 모션 시뮬레이션 과정을 동영상으로 제작할 수 있다.

학습 성과

(1) 공학의 지식과 정보기술을 공학문제 해결에 응용할 수 있는 능력
이론적 해석을 바탕으로 기어 기구 설계의 타당성 검증에 응용할 수 있다.

(2) 공학문제를 해결하기 위해 도구를 활용할 수 있는 능력
기어 기구의 설계 타당성 여부를 위해 CAD도구의 모션 해석을 활용할 수 있다.

(3) 제한조건을 고려하여 기구를 설계할 수 있는 능력
요구 문제에 따른 설계 제한 조건 등을 고려하여 기어 기구를 설계할 수 있다.

(4) 자기 주도적인 능력
자율 평가 문제를 통해 자신의 이해정도를 파악함으로써 자기 스스로 발전성을 추구할 수 있다.

제1장

스퍼 기어 기구

1.1 문제

기어에는 많은 종류가 있지만 그림 1-1-1과 같은 스퍼기어는 평행한 2축 사이의 운동을 전달하는 단순한 구성으로 변속 기구로서 널리 사용되고 있다. 스퍼기어는 회전축에 나란한 이를 가지며 조합시킨 기어의 잇수에 역비례하는 변속비를 갖는다.

여러분이 기계공학을 전공한 전문가이며 특히 스퍼 기어 기구에 대한 전공자라고 하자. 한 회사에서 스퍼 기어 기구를 대상으로 입력에 대한 단순 변속 기구로 여러 변속이 가능한 기구를 설계하고 이것을 사용자에게 신뢰성 있게 이해시켜 달라고 하면 당신은 어떻게 해결할 것인가?

그림 1-1-1 스퍼 기어 모습

1.2 부품 준비

1.2.1 부품 사양 결정

(1) 결정 사항

① 여러 변속이 가능한 8가지씩 스퍼 기어 사양을 선정한다.

② 두 가지 모듈을 고려한다.

(2) 설계 제한 조건

① 모듈은 2와 5 두 가지로 한다.

② 기어의 피치원 지름을 50㎜, 60㎜, 70㎜, 80㎜, 90㎜, 100㎜, 110㎜, 140㎜ 여덟 가지로 한다. 즉, 표 1-1-1과 표 1-1-2와 같이 준비한다.

③ 기어 이 나비는 모두 30㎜로 한다.

표 1-1-1 모듈 2인 기어의 사양

피치원 지름	50㎜	60㎜	70㎜	80㎜
잇수	25	30	35	40
피치원 지름	90㎜	100㎜	110㎜	140㎜
잇수	45	50	55	70

표 1-1-2 모듈 5인 기어의 사양

피치원 지름	50㎜	60㎜	70㎜	80㎜
잇수	10	12	14	16
피치원 지름	90㎜	100㎜	110㎜	140㎜
잇수	18	20	22	28

1.2.2 모듈 2의 부품 형상모델링

(1) 글로벌 변수 설정 및 수식 입력

지금까지의 기어 생성에서 밑그림을 그리는데 치수에 대한 변수를 먼저 설정하고 밑그림을 그리도록 한다. 이것의 편리 점은 각부 명칭에 대해 이름과 값을 미리 줌으로써 생성되는 밑그림의 치수가 각부 명칭이름만 대입함으로써 자동적으로 치수가 설정되며 나중에도 변수를 해줄 필요가 없다는 것이다. 또한 미리 수식에서 필요한 변수들을 설정할 수 있다는 것이다. 기본적으로 피치원 지름인 50㎜이고 모듈 2인 기어를 중심으로 사용될 글로벌 변수와 초기 입력 값을 아래와 같이 실행한다.

① 풀다운 메뉴에서 도구를 선택한다.

② 도구에서 수식을 선택한다.

③ 그림 1-1-2와 같은 수식 창이 나타나며 여기서 창의 왼쪽 밑의 글로벌 변수 추가를 클릭한다.

④ 이름을 입력하고 값을 입력한다.

⑤ ③과 ④를 반복하며 글로벌 변수와 값을 모두 입력한다.

⑥ 또한 밑그림에 사용될 각종 변수들의 수식은 그림 1-1-3과 같다.

이름	값 / 수식	평가	코멘트
⊟ 글로벌 변수			
"m"	= 2	2	모듈
"dp"	= 50	50	피치원 지름
"cx"	= 0.25	0.25	이끝과 이뿌리 틈새 계수
"hax"	= 1	1	이끝 높이계수
"hk"	= "m" * "hax"	2	이끝 높이
"hf"	= "m" * ("hax" + "cx")	2.5	이뿌리 높이
"h"	= "m" * (2 * "hax" + "cx")	4.5	피치 높이
"width"	= 30	30	이 너비
글로벌 변수 추가			

그림 1-1-2 글로벌 변수와 초기값 입력 결과

이름	값 / 수식	평가	코멘트
⊟ 수식			
"rp@스케치1"	= "dp@스케치2" / 2	25mm	피치원 반지름
"rk@스케치1"	= ("dp@스케치2" - 2 * "hk") / 2	23mm	이뿌리원 반지름
"width@스케치1"	= 30	30mm	이 너비
"wa@스케치1"	= "width@스케치1" / 5	6mm	이 홈 너비
"wb@스케치1"	= "width@스케치1" / 3	10mm	이 홈 깊이
"wc@스케치1"	= ("rk@스케치1") * (2 / 5)	9.2mm	이 홈 높이
"df@스케치2"	= "dp@스케치2" + 2 * "hf"	55mm	이끝 지름
"dk@스케치2"	= "dp@스케치2" - 2 * "hk"	46mm	이뿌리 지름
"p1@스케치2"	= pi * "m" / 4	1.57mm	피치원과 만나는 지점1까지의 거리
"p2@스케치2"	= "m" / 2	1mm	지점1에서 이끝원과 만나는 지점2까지의 거리
"p3@스케치2"	= "m" / 4	0.5mm	지점2에서 이뿌리원과 만나는 지점3까지의 거리
수식 추가			

그림 1-1-3 최종 수식 및 값 입력 결과

(2) 기어 본체 스케치 및 회전체

① 정면을 스케치면으로 하고 스케치 편집에 들어간다.

② 치수 부분을 더블 클릭하여 그림 1-1-4와 같이 이의 중심으로부터 피치원 반지름 rp, 이뿌리원 반지름 rk, 이 홈의 너비 wa, 이 홈의 깊이 wb, 이 홈의 높이 wc, 이의 너비 width로 치수 이름을 바꾼다.

③ 확인을 클릭한다.

④ 회전 보스/베이스 도구를 선택한다.

⑤ 회전축은 원점을 지나는 중심선으로 한다.

⑥ 방향 1은 블라인드 형태로 한다.

⑦ 확인을 클릭한다.

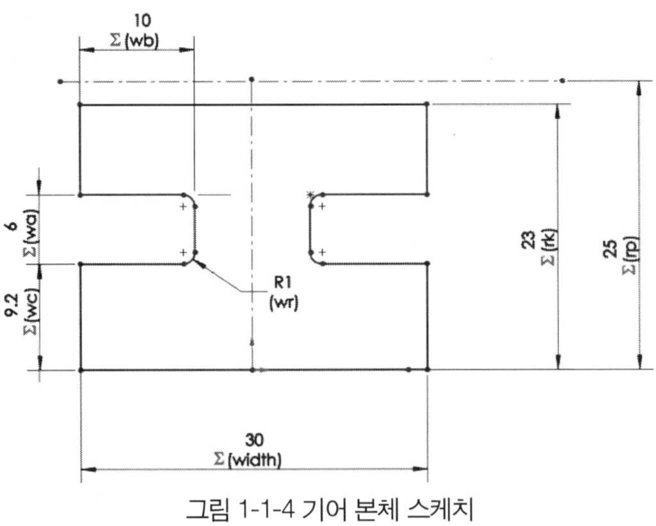

그림 1-1-4 기어 본체 스케치

(3) 기어의 이끝원, 이뿌리원, 피치원 및 기초원 생성

① 정면을 스케치면으로 하고 스케치 편집에 들어간다.

② 원 도구를 선택하고 그림 1-1-5와 같이 두 점을 반지름으로 하는 원 즉, 이끝원, 이뿌리원 및 피치원을 원점을 중심으로 그린다.

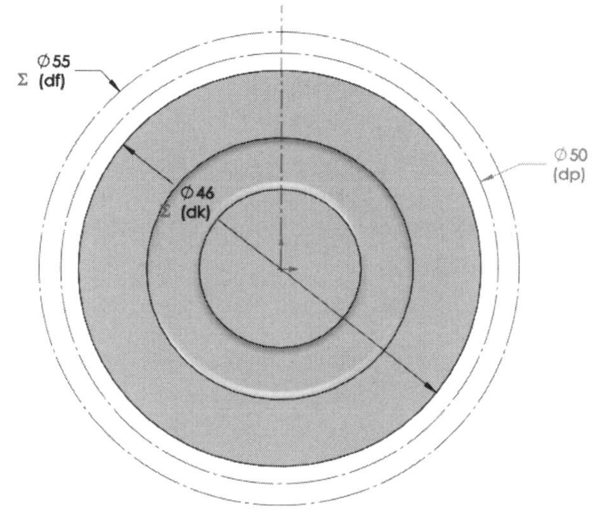

그림 1-1-5 이끝원, 이뿌리원 및 피치원 생성

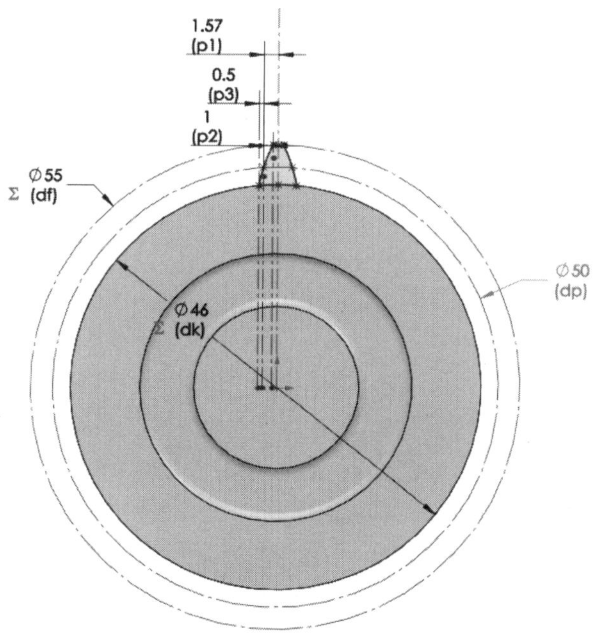

그림 1-1-6 기어 이 스케치 완성 모습

(4) 기어 이 단면 곡선 생성

① 선 도구에서 중심선을 선택한다.

② 그림 1-1-6과 같이 보조선을 긋고 변수명을 수정한다.

③ 점 도구를 클릭한다.

④ 이끝원, 피치원 및 이뿌리원과 교차하는 지점에 점을 스케치한다.

⑤ 자유곡선 도구를 선택한다.

⑥ 그림 1-1-6과 같이 곡선을 스케치한다.

⑦ 대칭 복사 도구를 클릭한다.

⑧ 중심선을 클릭한다.

⑨ 자유곡선 도구를 클릭하고 밑면과 윗면의 스케치를 완성한다.

⑩ 확인을 클릭한다.

(5) 기어이 생성

① 돌출 보스/베이스 도구를 선택한다.

② 마침조건을 중간 평면으로 한다.

③ 돌출 깊이는 30(width)로 한다.

④ 확인을 클릭한다.

⑤ 원형패턴을 선택한다.

⑥ 패턴 축을 기어 본체 둘레를 선택한다.

⑦ 각도는 360°, 동등 간격, 인스턴스 수는 25로 한다.

⑧ 확인을 클릭한다(그림 1-1-7).

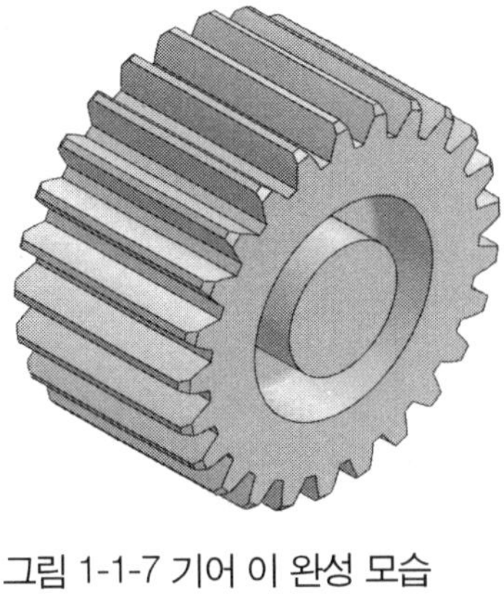

그림 1-1-7 기어 이 완성 모습

(6) 설계변수 테이블 만들기

① 풀다운 메뉴의 삽입에서 테이블을 선택하고 "설계 변수 테이블"을 클릭한다.

② 확인을 클릭한다.

③ Excel 워크시트가 파트 문서 창에 나타난다. 기본으로 세 번째 행(셀 A3)의 이름은 "첫 항목"이 되고 열 머리글 셀 B2가 활성화된다. 여기서 "첫 항목"을 "gear2_50"로 바꾼다.

④ 그래픽 영역에서 변수 dp(피치원 지름), n(잇수)를 더블 클릭한다.

⑤ 열 (셀 A4:A6) 이름과 값을 gear2_60부터 gear2_140까지 표 1-1-3과 같이 추가한다.

⑥ 그래픽 영역에서 워크시트의 바깥쪽 아무 곳이나 클릭하면 워크시트가 닫힌다.

⑦ 파트를 "gear2_50"로 저장한다.

표 1-1-3 설계변수 테이블 입력값

기어 이름	dp(피치원 지름)	n(기어 잇수)
gear2_50	50	25
gear2_60	60	30
gear2_70	70	35
gear2_80	80	40
gear2_90	90	45
gear2_100	100	50
gear2_110	110	55
gear2_140	140	70

(7) 치수 변화에 의한 8가지 기어 형상

표 1-1-3의 설계변수 테이블을 이용하여 그림 1-1-8과 같이 8가지 형태로 나타낼 수 있다.

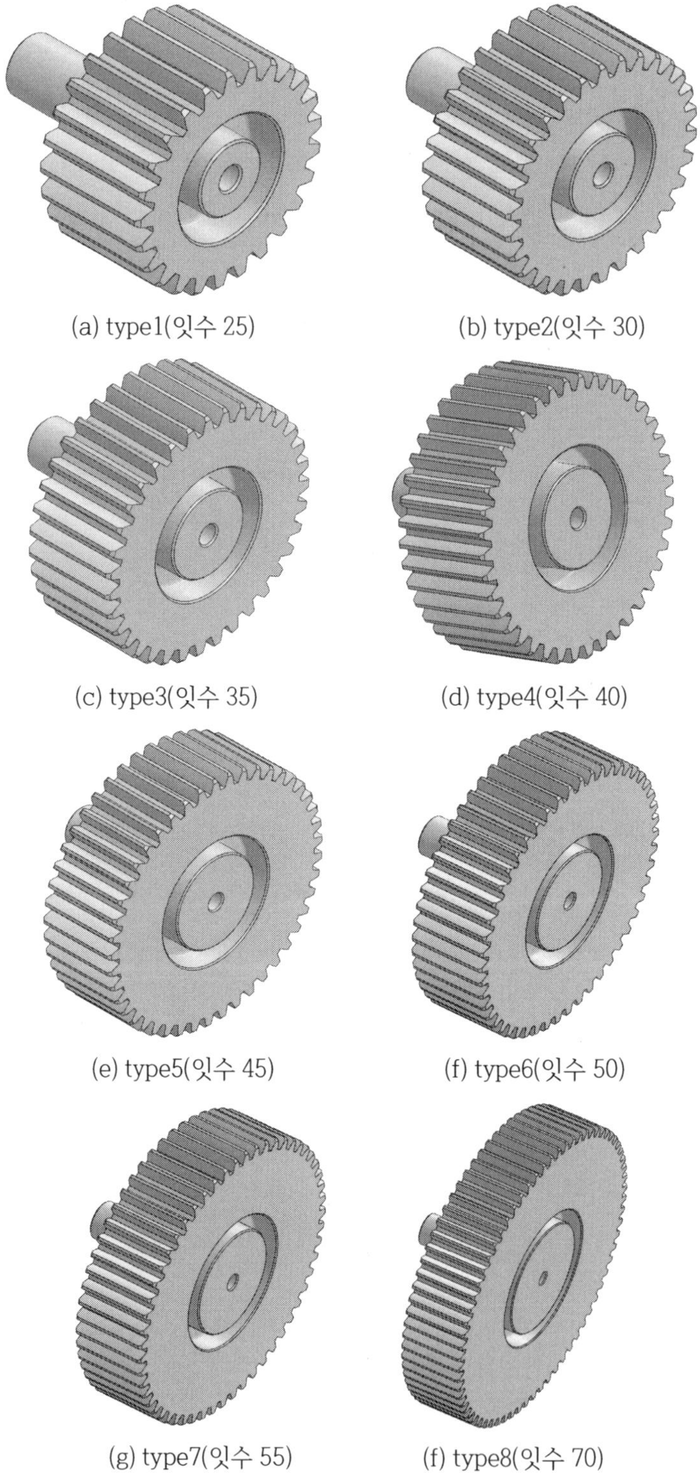

(a) type1(잇수 25)　(b) type2(잇수 30)

(c) type3(잇수 35)　(d) type4(잇수 40)

(e) type5(잇수 45)　(f) type6(잇수 50)

(g) type7(잇수 55)　(f) type8(잇수 70)

그림 1-1-8 설계변수 변화에 의한 모듈2 기어 형상 표현

1.2.3 모듈 5의 부품 형상모델링

모듈 2와 하는 과정은 똑같고 수치만 다르므로 수치적인 것, 즉 글로벌 변수 값과 수식만 일부 변경하는 것으로 한다.

(1) 글로벌 변수 설정 및 수식 입력

① 풀다운 메뉴에서 도구를 선택한다.

② 도구에서 수식을 선택한다.

③ 그림 1-1-9와 같은 수식 창이 나타나며 여기서 창의 왼쪽 밑의 글로벌 변수 추가를 클릭한다.

④ 이름을 입력하고 값을 입력한다.

⑤ ③과 ④를 반복하며 글로벌 변수와 값을 모두 입력한다.

⑥ 또한 밑그림에 사용될 각종 변수들의 수식은 그림 1-1-10과 같다.

이름	값 / 수식	평가	코멘트
⊟ 글로벌 변수			
"m"	= 5	5	모듈
"dp"	= 50	50	피치원 지름
"cx"	= 0.25	0.25	이끝과 이뿌리 틈새 계수
"hax"	= 1	1	이끝 높이계수
"hk"	= "m" * "hax"	5	이끝 높이
"hf"	= "m" * ("hax" + "cx")	6.25	이뿌리 높이
"h"	= "m" * (2 * "hax" + "cx")	11.25	피치 높이
"width"	= 30	30	이 너비
글로벌 변수 추가			

그림 1-1-9 글로벌 변수와 초기값 입력 결과

이름	값 / 수식	평가	코멘트
⊟ 수식			
"rp@스케치1"	= "dp@스케치2" / 2	25mm	피치원 반지름
"rk@스케치1"	= ("dp@스케치2" - 2 * "hk") / 2	20mm	이뿌리원 반지름
"width@스케치1"	= 30	30mm	이 너비
"wa@스케치1"	= "width@스케치1" / 5	6mm	이 홈 너비
"wb@스케치1"	= "width@스케치1" / 3	10mm	이 홈 깊이
"wc@스케치1"	= ("rk@스케치1") * (2 / 5)	8mm	이 홈 높이
"df@스케치2"	= "dp@스케치2" + 2 * "hf"	62.5mm	이끝 지름
"dk@스케치2"	= "dp@스케치2" - 2 * "hk"	40mm	이뿌리 지름
"p1@스케치2"	= pi * "m" / 4	3.93mm	피치원과 만나는 지점1까지의 거리
"p2@스케치2"	= "m" / 2	2.5mm	지점1에서 이끝원과 만나는 지점2까지의 거리
"p3@스케치2"	= "m" / 4	1.25mm	지점2에서 이뿌리원과 만나는 지점3까지의 거리
"n@원형 패턴1"	= 10	10	
"dp@스케치2"	= "m" * "n@원형 패턴1"	50mm	
수식 추가			

그림 1-1-10 최종 수식 및 값 입력 결과

(2) 설계변수 테이블 만들기

① 풀다운 메뉴의 삽입에서 테이블을 선택하고 "설계 변수 테이블"을 클릭한다.

② 확인을 클릭한다.

③ Excel 워크시트가 파트 문서 창에 나타난다. 기본으로 세 번째 행(셀 A3)의 이름은 "첫 항목"이 되고 열 머리글 셀 B2가 활성화된다. 여기서 "첫 항목"을 "gear5_50"로 바꾼다.

④ 그래픽 영역에서 변수 dp(피치원 지름), n(잇수)를 더블 클릭한다.

⑤ 열 (셀 A4:A6) 이름과 값을 gear5_60부터 gear5_140까지 표 1-1-4와 같이 추가한다.

⑥ 그래픽 영역에서 워크시트의 바깥쪽 아무 곳이나 클릭하면 워크시트가 닫힌다.

⑦ 파트를 "gear5_50"로 저장한다.

표 1-1-4 설계변수 테이블 입력값

기어 이름	dp(피치원 지름)	n(기어 잇수)
gear5_50	50	10
gear5_60	60	12
gear5_70	70	14
gear5_80	80	16
gear5_90	90	18
gear5_100	100	20
gear5_110	110	22
gear5_140	140	28

(3) 치수 변화에 의한 8가지 기어 형상

표 1-1-4의 설계변수 테이블을 이용하여 그림 1-1-11과 같이 8가지 형태로 나타낼 수 있다.

(a) type1(잇수 10)

(b) type2(잇수 12)

(c) type3(잇수 14)

(d) type4(잇수 16)

(e) type5(잇수 18)

(f) type6(잇수 20)

(g) type7(잇수 22)

(f) type8(잇수 28)

그림 1-1-11 설계변수 변화에 의한 모듈5 기어 형상 표현

1.3 단순 변속 기구1 설계

1.3.1 설계 사양

(1) 설계 제한 조건

1.2절에서 모듈 2인 8가지의 스퍼 기어를 형상모델링 하여 준비하였다. 이 8가지 종류의 기어로 조합할 수 있는 경우의 수는 27이다. 이 27가지는 두 기어를 조합하여 단순 변속 기구를 설계할 수 있는 가능의 수이다. 그러나 단순 변속 기구를 설계할 때 중요한 것은 두 기어 사이 중심간 거리이며 이에 따라 기어를 선택할 수 있다. 중심 간의 거리는 두 기어의 피치원 지름을 합친 것의 절반에 해당한다. 따라서 다음과 같이 설계 제한 조건을 주기로 한다.

① 기어1과 기어2의 중심간 거리는 75㎜로 한다.

② 기어1의 피치원 지름을 50㎜으로 한다.

③ 출력 기어의 변속은 증속과 감속 2가지로 한다.

(2) 사양 결정

① 두 기어의 피치원 지름을 합친 값의 1/2이 중심간 거리 75㎜이므로 기어1의 피치원 지름이 50㎜이면 기어2의 피치원 지름은 100㎜이다.

② 피치원 지름(D)=모듈(m)×잇수(z)이므로 기어1의 잇수는 25이고 기어2의 잇수는 50이다.

③ 식 (1-1-1)에 따르면 입력이 기어1이면 감속비는 2이고, 기어2가 입력이면 감속비는 1/2이다.

그림 1-1-12와 같은 기어 변속 기구의 감속비 R은 다음과 같다.

$$R = \frac{Z_2}{Z_1} = \frac{n_2}{n_1} = \frac{\theta_1}{\theta_2} \qquad (1\text{-}1\text{-}1)$$

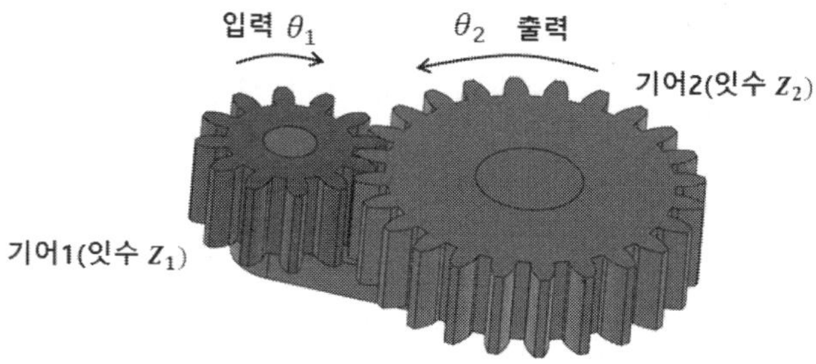

그림 1-1-12 기어 변속 기구

1.3.2 기구 구성

(1) 조립 전 준비

① 새 문서를 클릭한다.

① 어셈블리 모드를 클릭한다.

② 참조형상의 기준면 도구를 클릭한다.

③ 중심간 거리 75㎜만큼 새로운 기준면(PLANE1)을 생성한다.

④ 참조형상의 기준축 도구를 클릭한다.

⑤ 어셈블리 윗면과 어셈블리 정면을 클릭하여 새로운 기준축1을 생성한다.

⑥ 참조형상의 기준축 도구를 클릭한다.

⑦ PLANE1과 어셈블리 정면을 클릭하여 새로운 기준축2를 생성한다.

(2) 기어1 조립

① 부품 삽입을 클릭한다.

② 어셈블리 창의 찾아보기를 클릭한다.

③ 해당 파일이 창에 있으면 더블 클릭하고 Drag & Drop으로 기어1(gear2_50)을 어셈블리 창에 갖다 놓는다.

④ 마우스의 오른쪽 버튼을 눌러 메뉴가운데 "자유롭게 움직이기"를 선택한다.

⑤ 기어1의 기준축1과 어셈블리 기준축1이 일치하도록 메이트 한다(그림 1-1-13).

⑥ 기어1의 우측면과 어셈블리 우측면이 일치하도록 메이트 한다(그림 1-1-13).

(3) 기어2 조립

① 부품 삽입을 통해서 기어2(gear2_100) 파트모델을 드래그하여 어셈블리 화면에 추가한다.

② 표준 메이트에서 기어1의 기준축1과 어셈블리의 기준축2가 일치하도록 일치 메이트 한다(그림 1-1-14).

③ 표준 메이트에서 기어1의 우측면과 기어2의 우측면이 일치하도록 일치 메이트 한다(그림 1-1-14).

④ 확인을 클릭한다.

(4) 초기 위치 결정

① 표준 메이트에서 기어1의 tooth_DTM1(기어 골의 중앙 부분을 지나는 기준면)과 기어2의 정면(기어 이의 중앙 부분을 지나는 기준면)이 서로 일치하도록 메이트 설정 한다(그림 1-1-15).

② 옵션에서 "위치 배치에만 사용"을 체크한다.

③ 확인을 클릭한다.

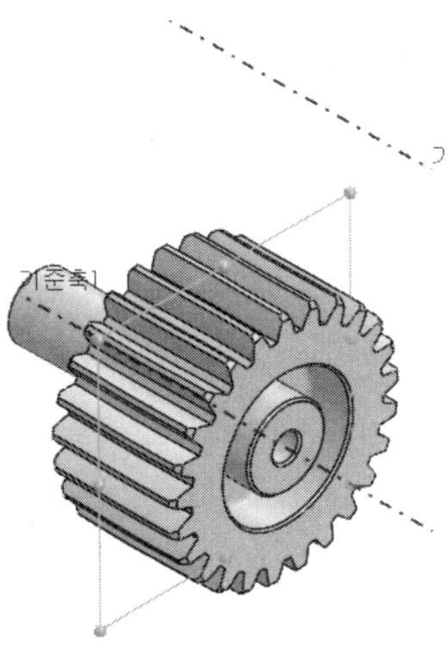

그림 1-1-13 기어1의 조립 결과

그림 1-1-14 기어2의 조립 결과

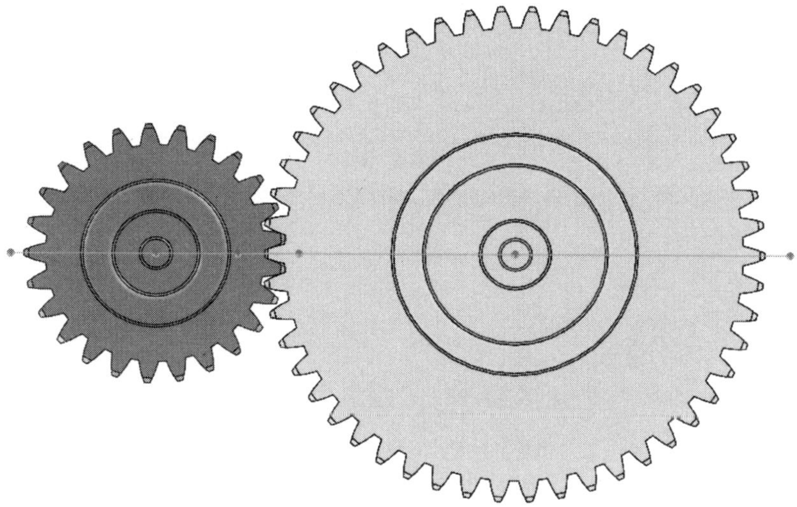

그림 1-1-15 기어1의 tooth_DTM1과 기어2의 윗면과의 위치 배치 일치 결과

(5) 기어 메이트

① 메이트로 들어가서 "기계 메이트"를 클릭한다.

② 기어를 선택하고 그림 1-1-16과 같이 기어1의 피치원 지름과 기어2의 피치원 지름을 선택한다.

③ 기어 비율은 기어1은 50, 기어2는 100으로 한다.

④ 확인을 클릭한다. 구동 기어를 돌려 보고 구동 기어에 대해 종동 기어가 잘 회전 되는지 확인한다.

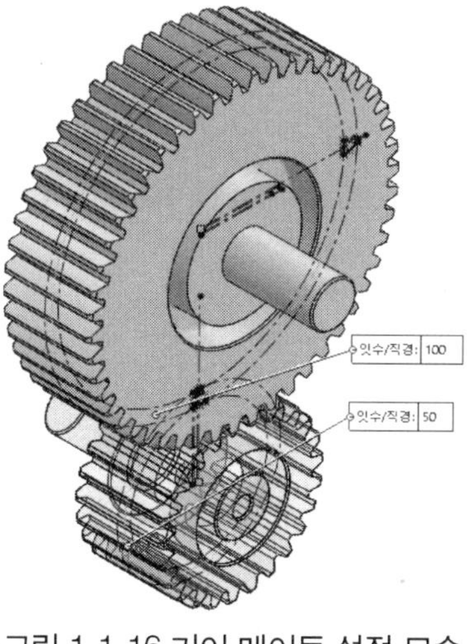

그림 1-1-16 기어 메이트 설정 모습

(6) 저장하기

1) 감속 변속 기구 저장하기

① 풀다운 메뉴에서 저장 도구( )에서 "다른 이름으로 저장하기"를 클릭한다.

② 파일 이름을 "gear_2_50_gear_2_100 기구"로 한다.

③ 저장 버튼을 클릭한다.

2) 증속 변속 기구 저장하기

① 풀다운 메뉴에서 저장 도구( )에서 "다른 이름으로 저장하기"를 클릭한다.

② 파일 이름을 "gear_2_100_gear_2_50 기구"로 한다.

③ 저장 버튼을 클릭한다.

1.3.3 기구 모션 시뮬레이션

(1) 모션 조건 설정

1) 모터 설정

① 기어의 구동을 보이기 위해 모델 탭 옆의 모션 스터디 탭을 클릭한다.

② 구동을 위한 모터( )를 선택한다.

③ 모터 유형을 원형 모터로 선택한다.

④ 부품/방향에서 모터 위치는 회전 구동을 위해 기어1과 기어2로 한다.

⑤ 그림 1-1-17과 같이 모터 방향은 모터 위치와 같이 시계방향으로 적용한다.

⑥ 확인을 클릭한다.

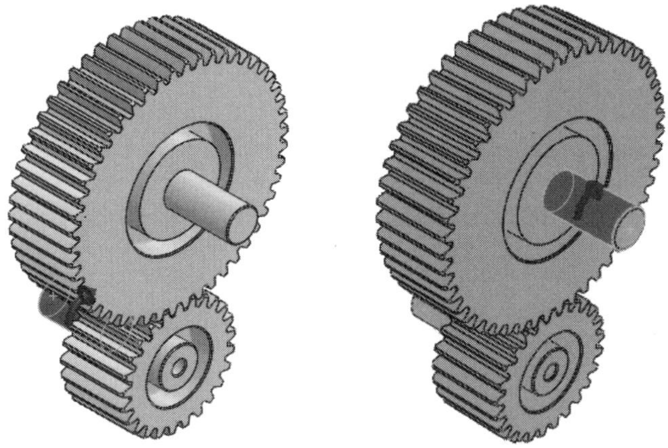

(a) 기어1 모터 설정 (b) 기어2 모터 설정

그림 1-1-17 기어의 모터 위치와 모터 방향 설정 모습

2) 모션 설정

① 모션은 모터 속성 창의 모션 설정에서 “방정식”을 선택한다.

② 방정식을 클릭하면 함수 작성기 창이 나타난다.

③ 함수를 ABS()로 한다. ()안의 변수는 시간과 변위 사이의 관계인 time를 변수로 선택한다.

④ 기어1을 구동으로 할 경우의 제어 조건의 함수는 ABS()로 하고 구동 기어가 5초에 2회전(720도) 하도록 하려면 방정식은 72*2*ABS(time)로 한다.

⑤ 기어2를 구동으로 할 경우도 제어 조건의 함수는 ABS()로 하고 구동 기어가 5초에 2회전(720도) 하도록 하려면 방정식은 72*2*ABS(time)로 한다.

⑥ 확인을 클릭한다.

3) 모션 스터디 계산하기

① 모션 해석 탭으로 설정한다.

② 모터1과 모터2 가운데 하나는 억제를 하고 모션 스터디 계산하기( ) 아이콘을 클릭하여 설정된 모터의 구동 조건을 계산한다.

③ 계산과 동시에 기구의 구동을 확인한다.

(2) 시뮬레이션 결과

1) 기어1의 구동에 의한 시뮬레이션 결과

① "결과와 플롯" ( ) 버튼을 클릭한다.

② 유형 선택은 "변위/속도/가속도"로 하고, 하위 유형 선택은 "각 변위"로 한다.

③ 각 변위를 나타내고자 하는 부분은 기어2의 기준축1 일치로 한다.

④ 종동 기어2의 각 변위 그래프는 그림 1-1-18과 같다.

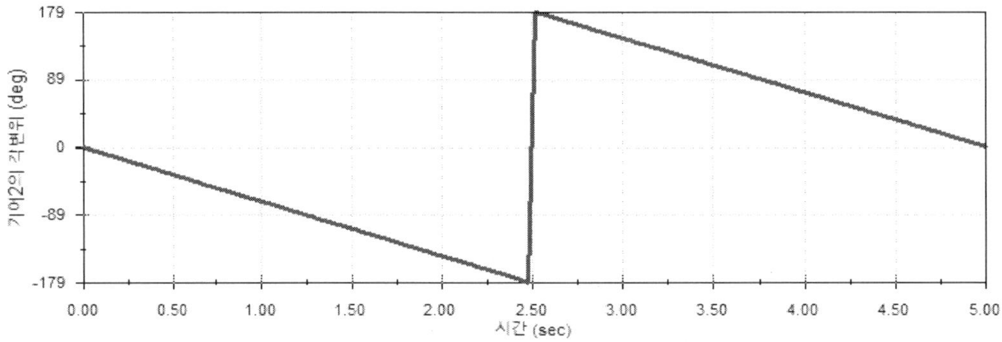

그림 1-1-18 기어1의 2회전에 따른 기어2의 각 변위 결과 모습

2) 기어2의 구동에 의한 시뮬레이션 결과

① "결과와 플롯" ( ) 버튼을 클릭한다.

② 유형 선택은 "변위/속도/가속도"로 하고, 하위 유형 선택은 "각 변위"로 한다.

③ 각 변위를 나타내고자 하는 부분은 기어1의 기준축1 일치로 한다.

④ 종동 기어1의 각 변위 그래프는 그림 1-1-19와 같다.

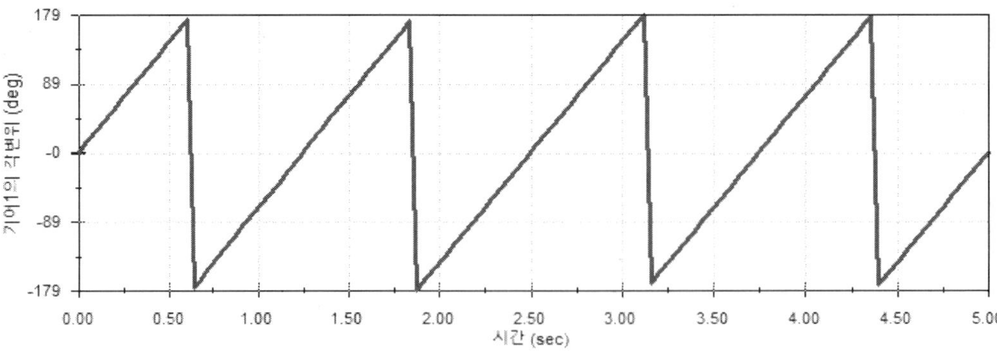

그림 1-1-19 기어2의 2회전에 따른 기어1의 각 변위 결과 모습

(3) 결과 고찰

기어1의 입력 2회전(720도)에 대해 그림 1-1-18의 출력 기어2가 1회전(엑셀 데이터로부터 360도 회전)하고 있는 것으로부터 기어1에 의해 기어2를 구동하는 감속비는 360°/720° = 1/2로 전달하는 기어 기구임을 알 수 있다. 또한 기어2의 입력 2회전(720도)에 대해 그림 1-1-19의 출력 기어1이 4회전(엑셀 데이터로부터 1440도 회전)하고 있는 것으로부터 기어2에 의해 기어1을 구동하는 감속비는 1440°/720° = 2로 전달하는 기어 기구임을 알 수 있다. 사양 결정에서 두 기어 사이 중심간 거리 75㎜로 할 때 기어 모듈 2인 기어1은 잇수 25, 기어2는 잇수 50으로 했는데 결정 사항의 두 가지 변속, 즉 감속비 2와 감속비1/2에 정확히 일치하였다. 따라서 기어 기구 설계는 올바르다고 판단할 수 있다.

(4) 동영상 저장하기

1) 감속 변속 기구 동영상 저장하기

① 저장 아이콘( )을 클릭한다.

② 동영상 설정 창이 나타난다.

③ 파일 이름을 "gear_2_50_gear_2_100 동영상"으로 한다.

④ 비디오 압축 창이 나타나고 프레임 정보에서 초당 프레임을 25로 하고 저장을 누른다.

⑤ 압축 프로그램의 창이 나타나면 "전체 프레임(압축 안함)"을 선택하고 확인을 클릭한다.

⑥ 기어 기구가 동작하면서 동영상으로 저장된다.

2) 증속 변속 기구 동영상 저장하기

① 저장 아이콘( )을 클릭한다.

② 동영상 설정 창이 나타난다.

③ 파일 이름을 "gear_2_100_gear_2_50 동영상"으로 한다.

④ 비디오 압축 창이 나타나고 프레임 정보에서 초당 프레임을 25로 하고 저장을 누른다.

⑤ 압축 프로그램의 창이 나타나면 "전체 프레임(압축 안함)"을 선택하고 확인을 클릭한다.

⑥ 기어 기구가 동작하면서 동영상으로 저장된다.

1.4 단순 변속 기구2 설계

1.4.1 설계 사양

(1) 설계 제한 조건

1.2절에서 모듈 5인 8가지의 스퍼 기어를 형상모델링 하여 준비하였다. 이 8가지 종류의 기어로 조합할 수 있는 경우의 수는 27이다. 이 27 가지는 두 기어를 조합하여 단순 변속 기구를 설계할 수 있는 가능의 수이다. 그러나 단순 변속 기구를 설계할 때 중요한 것은 두 기어 사이 중심간 거리이며 이에 따라 기어를 선택할 수 있다. 중심 간의 거리는 두 기어의 피치원 지름을 합친 것의 절반에 해당한다. 따라서 다음과 같이 설계 제한 조건을 주기로 한다.

① 기어1과 기어2의 중심간 거리는 75㎜로 한다.

② 기어1의 피치원 지름을 50㎜으로 한다.

③ 출력 기어의 변속은 증속과 감속 2가지로 한다.

(2) 사양 결정

① 두 기어의 피치원 지름을 합친 값의 1/2이 중심간 거리 75㎜이므로 기어1의 피치원 지름이 50㎜이면 기어2의 피치원 지름은 100㎜이다.

② 피치원 지름(D)=모듈(m)×잇수(z)이므로 기어1의 잇수는 10이고 기어2의 잇수는 20이다.

③ 식 (1-1-1)에 따르면 입력이 기어1이면 감속비는 2이고, 기어2가 입력이면 감속비는 1/2이다.

1.4.2 기구 구성

(1) 조립 전 준비

① 새 문서를 클릭한다.

② 어셈블리 모드를 클릭한다.

③ 참조형상의 기준면 도구를 클릭한다.

④ 중심간 거리 75㎜만큼 새로운 기준면(PLANE1)을 생성한다.

⑤ 참조형상의 기준축 도구를 클릭한다.

⑥ 어셈블리 윗면과 어셈블리 정면을 클릭하여 새로운 기준축1을 생성한다.

⑦ 참조형상의 기준축 도구를 클릭한다.

⑧ PLANE1과 어셈블리 정면을 클릭하여 새로운 기준축2를 생성한다.

(2) 기어1 조립

① 부품 삽입을 클릭한다.

② 어셈블리 창의 찾아보기를 클릭한다.

③ 해당 파일이 창에 있으면 더블 클릭하고 Drag & Drop으로 기어1(gear5_50)을 어셈블리 창에 갖다 놓는다.

④ 마우스의 오른쪽 버튼을 눌러 메뉴가운데 "자유롭게 움직이기"를 선택한다.

⑤ 기어1의 기준축1과 어셈블리 기준축1이 일치하도록 메이트 한다.

⑥ 기어1의 우측면과 어셈블리 우측면이 일치하도록 메이트 한다.

(3) 기어2 조립

① 부품 삽입을 통해서 기어2(gear5_100) 파트모델을 드래그 하여 어셈블리 화면에 추가한다.

② 표준 메이트에서 기어1의 기준축1과 어셈블리의 기준축2가 일치하도록 일치 메이트 한다.

③ 표준 메이트에서 기어1의 우측면과 기어2의 우측면이 일치하도록 일치 메이트 한다.

④ 확인을 클릭한다.

(4) 초기 위치 결정

① 표준 메이트에서 기어1의 tooth_DTM1(기어 골의 중앙 부분을 지나는 기준면)과 기어2의 정면(기어 이의 중앙 부분을 지나는 기준면)이 서로 일치하도록 메이트 설정한다.

② 옵션에서 "위치 배치에만 사용"을 체크한다.

③ 확인을 클릭한다.

(5) 기어 메이트

① 메이트로 들어가서 "기계 메이트"를 클릭한다.
② 기어를 선택하고 기어1의 피치원 지름과 기어2의 피치원 지름을 선택한다.
③ 기어 비율은 기어1은 50, 기어2는 100으로 된다.
④ 확인을 클릭한다.

(6) 저장하기

1) 감속 변속 기구 저장하기

① 풀다운 메뉴에서 저장 도구( )에서 "다른 이름으로 저장하기"를 클릭한다.
② 파일 이름을 "gear_5_50_gear_5_100 기구"로 한다.
③ 저장 버튼을 클릭한다.

2) 증속 변속 기구 저장하기

① 풀다운 메뉴에서 저장 도구( )에서 "다른 이름으로 저장하기"를 클릭한다.
② 파일 이름을 "gear_5_100_gear_5_50 기구"로 한다.
③ 저장 버튼을 클릭한다.

1.4.3 기구 모션 시뮬레이션

(1) 모션 조건 설정

1) 모터 설정

① 기어의 구동을 보이기 위해 모델 탭 옆의 모션 스터디 탭을 클릭한다.
② 구동을 위한 모터( )를 선택한다.
③ 모터 유형을 원형 모터로 선택한다.
④ 부품/방향에서 모터 위치는 회전 구동을 위해 기어1과 기어2로 한다.
⑤ 그림 1-1-20과 같이 모터 방향은 모터 위치와 같이 시계방향으로 적용한다.
⑥ 확인을 클릭한다.

(a) 기어1 모터 설정　　　　　　　　(b) 기어2 모터 설정

그림 1-1-20 기어의 모터 위치와 모터 방향 설정 모습

2) 모션 설정

① 모션은 모터 속성 창의 모션 설정에서 "방정식"을 선택한다.

② 방정식을 클릭하면 함수 작성기 창이 나타난다.

③ 함수를 ABS()로 한다. ()안의 변수는 시간과 변위 사이의 관계인 time를 변수로 선택한다.

④ 기어1을 구동으로 할 경우의 제어 조건의 함수는 ABS()로 하고 구동 기어가 5초에 2회전(720도) 하도록 하려면 방정식은 72*2*ABS(time)로 한다.

⑤ 기어2를 구동으로 할 경우도 제어 조건의 함수는 ABS()로 하고 구동 기어가 5초에 2회전(720도) 하도록 하려면 방정식은 72*2*ABS(time)로 한다.

⑥ 확인을 클릭한다.

3) 모션 스터디 계산하기

① 모션 해석 탭으로 설정한다.

② 모터1과 모터2 가운데 하나는 억제를 하고 모션스터디 계산하기( ) 아이콘을 클릭하여 설정된 모터의 구동 조건을 계산한다.

③ 계산과 동시에 기구의 구동을 확인한다.

(2) 시뮬레이션 결과

1) 기어1의 구동에 의한 시뮬레이션 결과

① "결과와 플롯" ( ) 버튼을 클릭한다.

② 유형 선택은 "변위/속도/가속도"로 하고, 하위 유형 선택은 "각 변위"로 한다.

③ 각 변위를 나타내고자 하는 부분은 기어2의 기준축1 일치로 한다.

④ 종동 기어2의 각 변위 그래프는 그림 1-1-21과 같다.

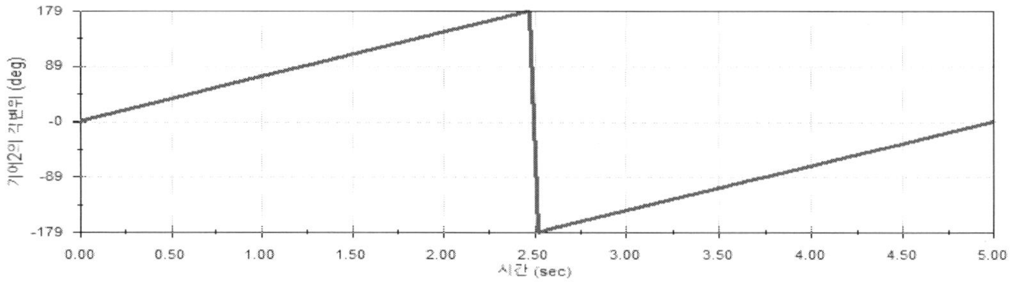

그림 1-1-21 기어1의 2회전에 따른 기어2의 각 변위 결과 모습

2) 기어2의 구동에 의한 시뮬레이션 결과

① "결과와 플롯" ( ) 버튼을 클릭한다.

② 유형 선택은 "변위/속도/가속도"로 하고, 하위 유형 선택은 "각 변위"로 한다.

③ 각 변위를 나타내고자 하는 부분은 기어1의 기준축1 일치로 한다.

④ 종동 기어1의 각 변위 그래프는 그림 1-1-22와 같다.

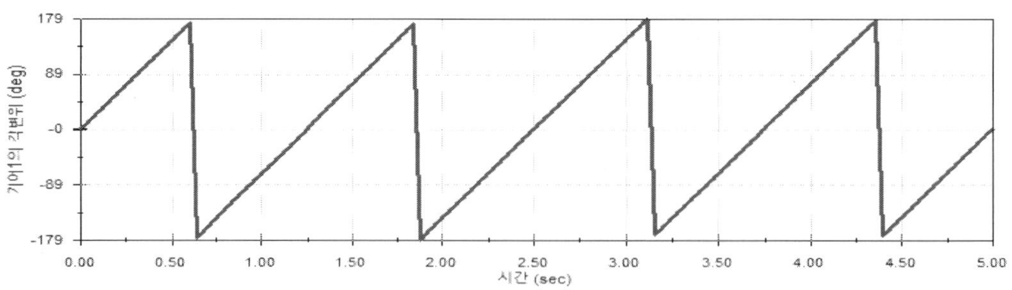

그림 1-1-22 기어2의 2회전에 따른 기어1의 각 변위 결과 모습

(3) 결과 고찰

기어1의 입력 2회전(720°)에 대해 그림 1-1-21의 출력 기어2가 1회전(엑셀 데이터로부터 360°)하고 있는 것으로부터 기어1에 의해 기어2를 구동하는 감속비는 1/2로 전달하는 기어 기구임을 알 수 있다. 또한 기어2의 입력 2회전에 대해 그림 1-1-22의 출력 기어1이 4회전하고 있는 것으로부터 기어2에 의해 기어1을 구동하는 감속비는 2로 전달하는 기어 기구임을 알 수 있다. 사양 결정에서 두 기어 사이 중심간 거리 75㎜로 할 때 기어 모듈 2인 기어1은 잇수 25, 기어2는 잇수 50으로 했는데 결정 사항의 두 가지 변속, 즉 감속비 2와 감속비1/2에 정확히 일치하였다. 따라서 기어 기구 설계는 올바르다고 판단할 수 있다.

(3) 동영상 저장하기

1) 감속 변속 기구 동영상 저장하기

① 모션 해석에서 저장 아이콘(🎞)을 클릭한다.

② 동영상 설정 창이 나타난다.

③ 파일 이름을 "gear_5_50_gear_5_100 동영상"으로 한다.

④ 비디오 압축 창이 나타나고 프레임 정보에서 초당 프레임을 25로 하고 저장을 누른다.

⑤ 압축 프로그램의 창이 나타나면 "전체 프레임(압축 안함)"을 선택하고 확인을 클릭한다.

⑥ 기어 기구가 동작하면서 동영상으로 저장된다.

2) 증속 변속 기구 동영상 저장하기

⑦ 모션 해석에서 저장 아이콘(🎞)을 클릭한다.

① 동영상 설정 창이 나타난다.

② 파일 이름을 "gear_5_100_gear_5_50 동영상"으로 한다.

③ 비디오 압축 창이 나타나고 프레임 정보에서 초당 프레임을 25로 하고 저장을 누른다.

④ 압축 프로그램의 창이 나타나면 "전체 프레임(압축 안함)"을 선택하고 확인을 클릭한다.

⑤ 기어 기구가 동작하면서 동영상으로 저장된다.

1.5 단순 변속 기구3 설계

1.5.1 설계 사양

(1) 설계 제한 조건

1.2절에서 모듈 2인 8가지의 스퍼 기어를 형상모델링 하여 준비하였다. 이 8가지 종류의 기어로 조합할 수 있는 경우의 수는 27이다. 이 27 가지는 두 기어를 조합하여 단순 변속 기구를 설계할 수 있는 가능의 수이다. 그러나 단순 변속 기구를 설계할 때 중요한 것은 두 기어 사이 중심간 거리이며 이에 따라 기어를 선택할 수 있다. 중심 간의 거리는 두 기어의 피치원 지름을 합친 것의 절반에 해당한다. 따라서 다음과 같이 설계 제한 조건을 주기로 한다.

① 기어1과 기어2의 중심간 거리는 100㎜로 한다.

② 기어1의 피치원 지름을 60㎜로 한다.

③ 출력 기어의 변속은 증속과 감속 2가지로 한다.

(2) 사양 결정

① 두 기어의 피치원 지름을 합친 값의 1/2이 중심간 거리 100㎜이므로 기어1의 피치원 지름이 60㎜이면 기어2의 피치원 지름은 140㎜이다.

② 피치원 지름(D)=모듈(m)×잇수(z)이므로 기어1의 잇수는 30이고 기어2의 잇수는 70이다.

③ 식 (1-1-1)에 따르면 입력이 기어1이면 감속비는 3/7이고, 기어2가 입력이면 감속비는 7/3이다.

1.5.2 기구 구성

(1) 조립 전 준비

① 새 문서를 클릭한다.

② 어셈블리 모드를 클릭한다.

③ 참조형상의 기준면 도구를 클릭한다.

④ 중심간 거리 100㎜만큼 새로운 기준면(PLANE1)을 생성한다.

⑤ 참조형상의 기준축 도구를 클릭한다.

⑥ 어셈블리 윗면과 어셈블리 정면을 클릭하여 새로운 기준축1을 생성한다.

⑦ 참조형상의 기준축 도구를 클릭한다.

⑧ PLANE1과 어셈블리 정면을 클릭하여 새로운 기준축2를 생성한다.

(2) 기어1 조립

① 부품 삽입을 클릭한다.

② 어셈블리 창의 찾아보기를 클릭한다.

③ 해당 파일이 창에 있으면 더블 클릭하고 Drag & Drop으로 기어1(gear2_60)을 어셈블리 창에 갖다 놓는다.

④ 마우스의 오른쪽 버튼을 눌러 메뉴가운데 "자유롭게 움직이기"를 선택한다.

⑤ 기어1의 기준축1과 어셈블리 기준축1이 일치하도록 메이트 한다.

⑥ 기어1의 우측면과 어셈블리 우측면이 일치하도록 메이트 한다.

(3) 기어2 조립

① 부품 삽입을 통해서 기어2(gear2_140) 파트모델을 드래그 하여 어셈블리 화면에 추가한다.

② 표준 메이트에서 기어1의 기준축1과 어셈블리의 기준축2가 일치하도록 일치 메이트 한다.

③ 표준 메이트에서 기어1의 우측면과 기어2의 우측면이 일치하도록 일치 메이트 한다.

④ 확인을 클릭한다.

(4) 초기 위치 결정

① 표준 메이트에서 기어1의 tooth_DTM1(기어 골의 중앙 부분을 지나는 기준면)과 기어2의 정면(기어 이의 중앙 부분을 지나는 기준면)이 서로 일치하도록 메이트 설정한다.

② 옵션에서 "위치 배치에만 사용"을 체크한다.

③ 확인을 클릭한다.

(5) 기어 메이트

① 메이트로 들어가서 "기계 메이트"를 클릭한다.

② 기어를 선택하고 기어1의 피치원 지름과 기어2의 피치원 지름을 선택한다.

③ 기어 비율은 기어1은 60, 기어2는 140으로 된다.

④ 확인을 클릭한다. 구동 기어를 돌려 보고 구동 기어에 대해 종동 기어가 잘 회전되는지 확인한다.

(6) 저장하기

1) 감속 변속 기구 저장하기

① 풀다운 메뉴에서 저장 도구(💾)에서 "다른 이름으로 저장하기"를 클릭한다.

② 파일이름을 "gear_2_60_gear_2_140 기구"로 한다.

③ 저장 버튼을 클릭한다.

2) 증속 변속 기구 저장하기

① 풀다운 메뉴에서 저장 도구(💾)에서 "다른 이름으로 저장하기"를 클릭한다.

② 파일이름을 "gear_2_140_gear_2_60 기구"로 한다.

③ 저장 버튼을 클릭한다.

1.5.3 기구 모션 시뮬레이션

(1) 모션 조건 설정

1) 모터 설정

① 기어의 구동을 보이기 위해 모델 탭 옆의 모션 스터디 탭을 클릭한다.

② 구동을 위한 모터( )를 선택한다.

③ 모터 유형을 원형 모터로 선택한다.

④ 부품/방향에서 모터 위치는 회전 구동을 위해 기어1과 기어2로 한다.

⑤ 그림 1-1-23과 같이 모터 방향은 모터 위치와 같이 시계방향으로 적용한다.

⑥ 확인을 클릭한다.

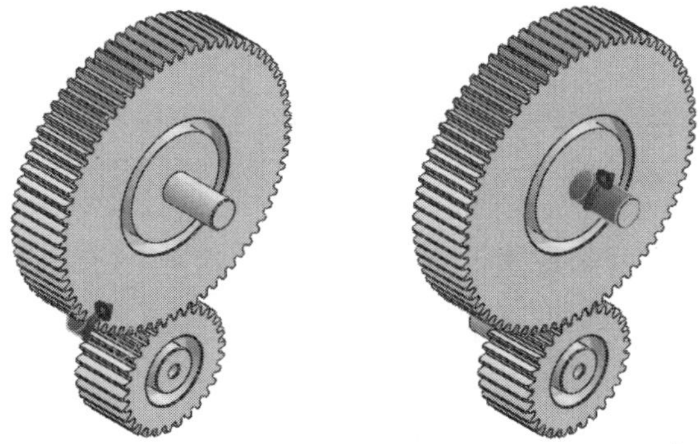

(a) 기어1 모터 설정　　　　(b) 기어2 모터 설정

그림 1-1-23 기어의 모터 위치와 모터 방향 설정 모습

2) 모션 설정

① 모션은 모터 속성 창의 모션 설정에서 "방정식"을 선택한다.

② 방정식을 클릭하면 함수 작성기 창이 나타난다.

③ 함수를 ABS()로 한다. ()안의 변수는 시간과 변위 사이의 관계인 time를 변수로 선택한다.

④ 기어1을 구동으로 할 경우의 제어 조건의 함수는 ABS()로 하고 구동 기어가 5초에 1회전(360도) 하도록 하려면 방정식은 72*ABS(time)로 한다.

⑤ 기어2를 구동으로 할 경우도 제어 조건의 함수는 ABS()로 하고 구동 기어가 5초에 1회전(360도) 하도록 하려면 방정식은 72*ABS(time)로 한다.

⑥ 확인을 클릭한다.

3) 모션 스터디 계산하기

① 모션 해석 탭으로 설정한다.

② 모터1과 모터2 가운데 하나는 억제를 하고 모션 스터디 계산하기( ) 아이콘을 클릭하여 설정된 모터의 구동 조건을 계산한다.

③ 계산과 동시에 기구의 구동을 확인한다.

(2) 시뮬레이션 결과

1) 기어1의 구동에 의한 시뮬레이션 결과

① 모션 스터디 속성(⚙)을 클릭하여 초당 프레임을 10로, 사이클 시간을 5로 한다.

② "결과와 플롯" ( ) 버튼을 클릭하고 나서 유형 선택은 "변위/속도/가속도"로 하고, 하위 유형 선택은 "각 변위"로 한다.

③ 각 변위를 나타내고자 하는 부분 선택은 기어2의 기준축 일치1로 하고 확인을 클릭한다.

④ 결과의 해당 플롯에 마우스 오른쪽 버튼을 누르고 "스프레드시트로 보내기"를 클릭한다.

⑤ 엑셀 파일이 생성되며 엑셀 파일에서 총 50개의 데이터가 생성되는데 각도 간격을 7.2로 하면 총 360이 되어 구동 기어의 각도 360°에 따른 종동 기어2의 각 변위 그래프를 그림 1-1-24와 같이 나타낼 수 있다.

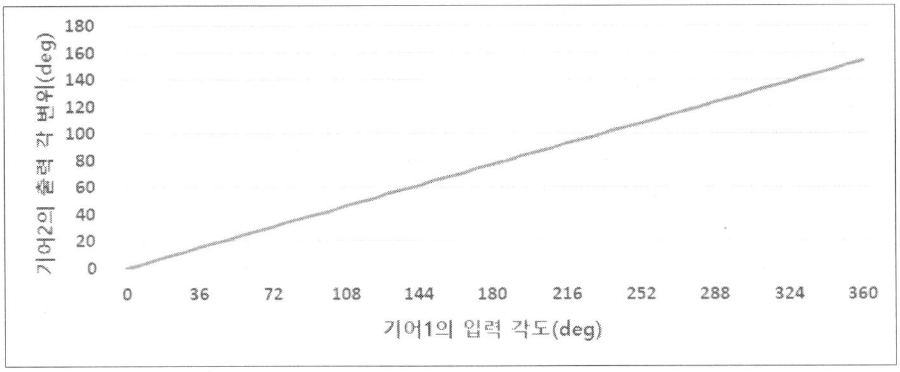

그림 1-1-24 기어1의 360° 회전에 따른 기어2의 각 변위 결과 모습

2) 기어2의 구동에 의한 시뮬레이션 결과

① 모션 스터디 속성(⚙)을 클릭하여 초당 프레임을 10로, 사이클 시간을 5로 한다.

② "결과와 플롯" ( ) 버튼을 클릭하고 나서 유형 선택은 "변위/속도/가속도"로 하고, 하위 유형 선택은 "각 변위"로 한다.

③ 각 변위를 나타내고자 하는 부분 선택은 기어2의 기준축 일치1로 하고 확인을 클릭한다.

④ 결과의 해당 플롯에 마우스 오른쪽 버튼을 누르고 "스프레드시트로 보내기"를 클

릭한다.

⑤ 엑셀 파일이 생성되며 엑셀 파일에서 총 50개의 데이터가 생성되는데 각도 간격을 7.2로 하면 총 360이 되어 구동 기어의 각도 360°에 따른 종동 기어1의 각 변위 그래프를 그림 1-1-25와 같이 나타낼 수 있다.

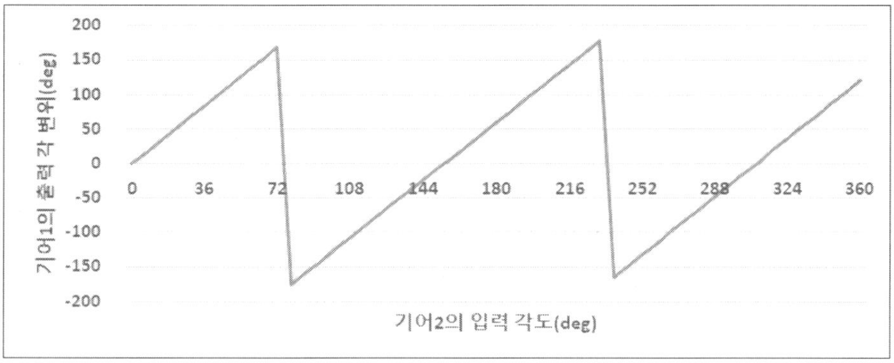

그림 1-1-25 기어2의 360° 회전에 따른 기어1의 각 변위 결과 모습

(3) 시뮬레이션 결과 고찰

입력 기어1의 1회전(360°)에 대해 그림 1-1-24의 출력 기어2가 154° 회전하고 있다. 따라서 기어1에 의해 기어2를 감속비는 154°/360° = 0.428로 전달하는 기어 기구임을 알 수 있다. 또한 입력 기어2의 1회전(360°)에 대해 그림 1-1-25의 출력 기어1이 약 2회전(엑셀 데이터로부터 2회전을 넘어 120°에서 끝났으므로 840° 회전)하고 있다. 따라서 기어2에 의해 기어1을 감속비는 840°/360° = 2.33로 전달하는 기어 기구임을 알 수 있다.

두 기어 사이 중심간 거리 100㎜로 할 때 기어 모듈 2인 기어1은 잇수 30, 기어2는 잇수 70으로 사양 결정한 것은 설계 제한 조건의 두 가지 변속, 즉 감속비 3/7=0.43에 대해 154°/360° = 0.428로 감속 회전하고 있으므로 기구 설계가 올바르며 7/3=2.33에 대해 840°/360° = 2.33도 가속 회전하므로 이것 역시 기구 설계가 올바르다.

(4) 동영상 저장하기

1) 감속 변속 기구 동영상 저장하기

① 모션 해석에서 저장 아이콘()을 클릭한다.

② 동영상 설정 창이 나타난다.

③ 파일 이름을 “gear_2_60_gear_2_140 기구 동영상”으로 한다.

④ 비디오 압축 창이 나타나고 프레임 정보에서 초당 프레임을 25로 하고 저장을 누른다.

⑤ 압축 프로그램의 창이 나타나면 “전체 프레임(압축 안함)”을 선택하고 확인을 클릭한다.

⑥ 기어 기구가 동작하면서 동영상으로 저장된다.

2) 증속 변속 기구 동영상 저장하기

① 모션 해석에서 저장 아이콘( )을 클릭한다.

② 동영상 설정 창이 나타난다.

③ 파일 이름을 “gear_2_140_gear_2_60 기구 동영상”으로 한다.

④ 비디오 압축 창이 나타나고 프레임 정보에서 초당 프레임을 25로 하고 저장을 누른다.

⑤ 압축 프로그램의 창이 나타나면 “전체 프레임(압축 안함)”을 선택하고 확인을 클릭한다.

⑥ 기어 기구가 동작하면서 동영상으로 저장된다.

1.6 단순 변속 기구4 설계

1.6.1 설계 사양

(1) 설계 제한 조건

1.2절에서 모듈 5인 8가지의 스퍼 기어를 형상모델링 하여 준비하였다. 이 8가지 종류의 기어로 조합할 수 있는 경우의 수는 27이다. 이 27 가지는 두 기어를 조합하여 단순 변속 기구를 설계할 수 있는 가능의 수이다. 그러나 단순 변속 기구를 설계할 때 중요한 것은 두 기어 사이 중심간 거리이며 이에 따라 기어를 선택할 수 있다. 중심 간의 거리는 두 기어의 피치원 지름을 합친 것의 절반에 해당한다. 따라서 다음과 같이 기본

적으로 결정하기로 한다.

① 기어1과 기어2의 중심간 거리는 100mm로 한다.

② 기어1의 피치원 지름을 90mm로 한다.

③ 출력 기어의 변속은 가속과 감속 2가지로 한다.

(2) 사양 결정

① 두 기어의 피치원 지름을 합친 값의 1/2이 중심간 거리 100mm이므로 기어1의 피치원 지름이 90mm이면 기어2의 피치원 지름은 110mm이다.

② 피치원 지름(D)=모듈(m)×잇수(z)이므로 기어1의 잇수는 18이고 기어2의 잇수는 22이다.

③ 식 (1.1)에 따르면 이론상 입력이 기어1이면 감속비는 9/11이고, 기어2가 입력이면 감속비는 11/9이다.

1.6.2 기구 구성

(1) 조립 전 준비

① 새 문서를 클릭한다.

② 어셈블리 모드를 클릭한다.

③ 참조형상의 기준면 도구를 클릭한다.

④ 중심간 거리 100mm만큼 새로운 기준면(PLANE1)을 생성한다.

⑤ 참조형상의 기준축 도구를 클릭한다.

⑥ 어셈블리 윗면과 어셈블리 정면을 클릭하여 새로운 기준축1을 생성한다.

⑦ 참조형상의 기준축 도구를 클릭한다.

⑧ PLANE1과 어셈블리 정면을 클릭하여 새로운 기준축2를 생성한다.

(2) 기어1 조립

① 부품 삽입을 클릭한다.

② 어셈블리 창의 찾아보기를 클릭한다.

③ 해당 파일이 창에 있으면 더블 클릭하고 Drag & Drop으로 기어1(gear5_90)을 어

셈블리 창에 갖다 놓는다.

④ 마우스의 오른쪽 버튼을 눌러 메뉴가운데 "자유롭게 움직이기"를 선택한다.

⑤ 기어1의 기준축1과 어셈블리 기준축1이 일치하도록 메이트 한다.

⑥ 기어1의 우측면과 어셈블리 우측면이 일치하도록 메이트 한다.

(3) 기어2 조립

① 부품 삽입을 통해서 기어2(gear5_110) 파트모델을 드래그 하여 어셈블리 화면에 추가한다.

② 표준 메이트에서 기어1의 기준축1과 어셈블리의 기준축2가 일치하도록 일치 메이트 한다.

③ 표준 메이트에서 기어1의 우측면과 기어2의 우측면이 일치하도록 일치 메이트 한다.

④ 확인을 클릭한다.

(4) 초기 위치 결정

① 표준 메이트에서 기어1의 tooth_DTM1(기어 골의 중앙 부분을 지나는 기준면)과 기어2의 정면(기어 이의 중앙 부분을 지나는 기준면)이 서로 일치하도록 메이트 설정한다.

② 옵션에서 "위치 배치에만 사용"을 체크한다.

③ 확인을 클릭한다.

(5) 기어 메이트

① 메이트로 들어가서 "기계 메이트"를 클릭한다.

② 기어를 선택하고 기어1의 피치원 지름과 기어2의 피치원 지름을 선택한다.

③ 기어 비율은 기어1은 90, 기어2는 110으로 된다.

④ 확인을 클릭한다.

(6) 저장하기

1) 감속 변속 기구 저장하기

① 저장 도구()에서 "다른 이름으로 저장하기"를 클릭한다.

② 파일이름을 "gear_5_90_gear_5_110 기구"로 한다.

③ 저장 버튼을 클릭한다.

2) 증속 변속 기구 저장하기

① 저장 도구(💾)에서 “다른 이름으로 저장하기”를 클릭한다.

② 파일이름을 “gear_5_110_gear_5_90 기구”로 한다.

③ 저장 버튼을 클릭한다.

1.6.3 기구 모션 시뮬레이션

(1) 모션 조건 설정

1) 모터 설정

① 기어의 구동을 보이기 위해 모델 탭 옆의 모션 스터디 탭을 클릭한다.

② 구동을 위한 모터( )를 선택한다.

③ 모터 유형을 원형 모터로 선택한다.

④ 부품/방향에서 모터 위치는 회전 구동을 위해 기어1과 기어2로 한다.

⑤ 그림 1-1-26과 같이 모터 방향은 모터 위치와 같이 시계방향으로 적용한다.

⑥ 확인을 클릭한다.

(a) 기어1의 구동　　(b) 기어2의 구동

그림 1-1-26 기어의 모터 위치와 모터 방향 설정 모습

2) 모션 설정

① 모션은 모터 속성 창의 모션 설정에서 "방정식"을 선택한다.
② 방정식을 클릭하면 함수 작성기 창이 나타난다.
③ 함수를 ABS()로 한다. ()안의 변수는 시간과 변위 사이의 관계인 time를 변수로 선택한다.
④ 기어1을 구동으로 할 경우의 제어 조건의 함수는 ABS()로 하고 구동 기어가 5초에 1회전(360도) 하도록 하려면 방정식은 72*ABS(time)로 한다.
⑤ 기어2를 구동으로 할 경우도 제어 조건의 함수는 ABS()로 하고 구동 기어가 5초에 1회전(360도) 하도록 하려면 방정식은 72*ABS(time)로 한다.
⑥ 확인을 클릭한다.

3) 모션 스터디 계산하기

① 모션 해석 탭으로 설정한다.
② 모터1과 모터2 가운데 하나는 억제를 하고 모션스터디 계산하기( ) 아이콘을 클릭하여 설정된 모터의 구동 조건을 계산한다.
③ 계산과 동시에 기구의 구동을 확인한다.

(2) 시뮬레이션 결과

1) 기어1의 구동에 의한 시뮬레이션 결과

① 모션 스터디 속성( )을 클릭하여 초당 프레임을 10로, 사이클 시간을 5로 한다.
② "결과와 플롯" ( ) 버튼을 클릭하고 나서 유형 선택은 "변위/속도/가속도"로 하고, 하위 유형 선택은 "각 변위"로 한다.
③ 각 변위를 나타내고자 하는 부분 선택은 기어2의 기준축 일치1로 하고 확인을 클릭한다.
④ 결과의 해당 플롯에 마우스 오른쪽 버튼을 누르고 "스프레드시트로 보내기"를 클릭한다.
⑤ 엑셀 파일이 생성되며 엑셀 파일에서 총 50개의 데이터가 생성되는데 각도 간격을 7.2로 하면 총 360이 되어 구동 기어의 각도 360°에 따른 종동 기어2의 각 변위 그래프를 그림 1-1-27과 같이 나타낼 수 있다.

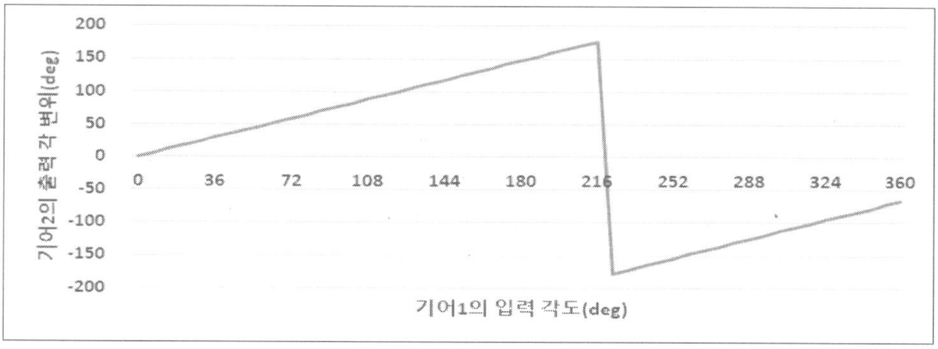

그림 1-1-27 기어1의 360° 회전에 따른 기어2의 각 변위 결과 모습

2) 기어2의 구동에 의한 시뮬레이션 결과

① 모션 스터디 속성( )을 클릭하여 초당 프레임을 10로, 사이클 시간을 5로 한다.

② "결과와 플롯" ( ) 버튼을 클릭하고 나서 유형 선택은 "변위/속도/가속도"로 하고, 하위 유형 선택은 "각 변위"로 한다.

③ 각 변위를 나타내고자 하는 부분 선택은 기어2의 기준축 일치1로 하고 확인을 클릭한다.

④ 결과의 해당 플롯에 마우스 오른쪽 버튼을 누르고 "스프레드시트로 보내기"를 클릭한다.

⑤ 엑셀 파일이 생성되며 엑셀 파일에서 총 50개의 데이터가 생성되는데 각도 간격을 7.2로 하면 총 360이 되어 구동 기어의 각도 360°에 따른 종동 기어1의 각 변위 그래프를 그림 1-1-28과 같이 나타낼 수 있다.

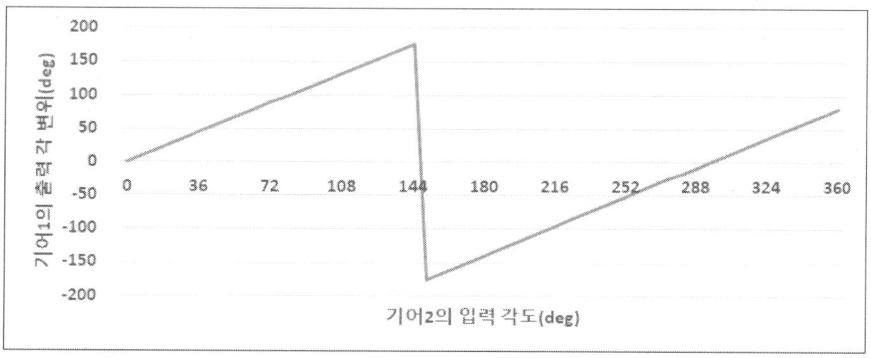

그림 1-1-28 기어2의 360° 회전에 따른 기어1의 각 변위 결과 모습

(3) 시뮬레이션 결과 고찰

입력 기어1의 1회전(360°)에 대해 그림 1-1-27의 출력 기어2가 -65°에서 멈췄으므로 295° 회전하고 있다. 따라서 기어1에 의해 기어2를 감속비는 295°/360° = 0.819로 전달하는 기어 기구임을 알 수 있다. 또한 입력 기어2의 1회전(360°)에 대해 그림 1-1-28의 출력 기어1이 엑셀 데이터로부터 1회전을 넘어 80도에서 끝났으므로 440° 회전하고 있다. 따라서 기어2에 의해 기어1을 감속비는 440°/360° = 1.222로 전달하는 기어 기구임을 알 수 있다.

두 기어 사이 중심간 거리 100㎜로 할 때 기어 모듈 5인 기어1은 잇수 18, 기어2는 잇수 22로 사양 결정한 것은 설계 제한 조건의 두 가지 변속, 즉 감속비 18/22=0.818에 대해 295°/360° = 0.819의 감속으로 회전하므로 기구 설계가 올바르며 감속비 22/18=1.222에 대해 440°/360° = 1.222의 가속으로 회전하므로 이것 역시 기구 설계가 올바르다.

(4) 동영상 저장하기

1) 감속 변속 기구 동영상 저장하기

① 저장 아이콘( )을 클릭한다.
② 동영상 설정 창이 나타난다.
③ 파일 이름을 "gear_5_90_gear_5_110 기구 동영상"으로 한다.
④ 비디오 압축 창이 나타나고 프레임 정보에서 초당 프레임을 25로 하고 저장을 누른다.
⑤ 압축 프로그램의 창이 나타나면 "전체 프레임(압축 안함)"을 선택하고 확인을 클릭한다.
⑥ 기어 기구가 동작하면서 동영상으로 저장된다.

2) 증속 변속 기구 동영상 저장하기

① 저장 아이콘( )을 클릭한다.
② 동영상 설정 창이 나타난다.
③ 파일 이름을 "gear_5_110_gear_5_90 기구 동영상"으로 한다.
④ 비디오 압축 창이 나타나고 프레임 정보에서 초당 프레임을 25로 하고 저장을 누른다.
⑤ 압축 프로그램의 창이 나타나면 "전체 프레임(압축 안함)"을 선택하고 확인을 클릭한다.
⑥ 기어 기구가 동작하면서 동영상으로 저장된다.

1.7 자율 평가 문제

이 자율평가의 목적은 앞에서 익힌 내용을 다 이해하고 평가 문제에 대해 자기 주도적으로 문제를 해결하고 숙지 정도를 확인하기 위함이다. 본인의 부족한 점에 대해 파악하는 태도를 기르고 부족하다면 다른 사람의 도움을 받거나 본인 스스로 앞의 내용을 더욱 자세히 학습하는 자기주도 학습에 목적이 있다.

1.3.1항의 스퍼 기어 기구에서 변경된 조건 사항에 따라 다음 문제를 해결하라.

변경 조건 사항

- 그림 1-1-8의 기어를 이용한다.
- 스퍼 기어1과 스퍼 기어2의 중심간 거리는 80㎜로 한다.
- 출력 스퍼 기어의 변속은 증속 또는 감속을 한다.
- 스퍼 기어 기구 구동은 5초 동안 360도 역회전한다.

문제 1

구동 기어의 피치원 지름이 110㎜인 스퍼 기어 기구를 구성하고 구동 시뮬레이션에 의해 시뮬레이션 결과 그래프를 그리고 시뮬레이션 결과와 이론적 변속비와 비교 고찰하라.

문제 2

구동 기어의 피치원 지름이 60㎜인 스퍼 기어 기구를 구성하고 구동 시뮬레이션에 의해 시뮬레이션 결과 그래프를 그리고 시뮬레이션 결과와 이론적 변속비와 비교 고찰하라.

위의 문제에 대해 부록의 답안과 비교하여 일치한 답을 했다면 앞의 내용을 완전히 이해했다고 판단되지만 틀린 부분이 있다면 그 원인을 반드시 찾도록 하는 것이 좋을 것입니다. 본인의 답이 맞다고 생각하면 일치하지 않아도 좋지만 그 이유를 반드시 적어보고 확실한지 다시 한 번 확인하기 바랍니다.

자율 평가 결과 점검표

학습자 성명 :	평가 날짜 :
평가 제목 : 스퍼 기어 기구 설계	

	성취 수준		
	하지 못했음	했지만 잘 모르겠음	완전히 하였음
• 기어1의 피치원 지름에 따라 기어2의 피치원 지름을 설계대로 결정하였다.			
• 기어1과 기어2의 피치원 지름과 모듈에 맞춘 기어 잇수 결정을 설계대로 결정하였다.			
• 기구를 설계대로 구성하였으며 변경 조건에 따라 모터 설정 및 모션을 결정하였다.			
• 기구 시뮬레이션 결과를 시간에 따른 시뮬레이션 그래프로 나타내었다.			
• 기구 시뮬레이션 결과를 각도에 따른 엑셀 그래프로 나타내었다.			
• 기구 시뮬레이션 결과를 이론적 감속비와 비교 고찰하였다.			

성취수준

위의 모든 항목에 대해 "완전히 하였음", 즉 완성도 100%로 답하여야 합니다. 만일 "하지 않았음" 또는 "했지만 잘 모르겠음"에 답을 했다면 앞에서 학습한 내용을 다시 한 번 확인하여 다시 수행하고 필요한 경우에는 교육자 또는 전문가와 상의하기 바랍니다.

제2장

베벨 기어 기구

2.1 문제

서로 교차하는 두 축 사이의 동력을 전달하는 원추형의 기어를 베벨 기어라 한다. 이 끝의 모양에 따라 베벨 기어(그림 1-2-1), 스큐 베벨 기어, 스파이럴 베벨 기어가 있으며 다시 2 축이 맞물릴 때 이루는 각도에 따라 여러 종류가 있다.

여러분이 기계공학을 전공한 전문가이며 특히 베벨 기어 분야에 대해 전공자라고 하자. 한 기어 회사에서 4가지 조건을 다음과 같이 제시했다고 하자. (1) 큰 기어의 잇수가 72이다. (2) 압력각이 20°이다. (3) 축각이 90°인 보통 베벨 기어 기구이다. (4) 감속비를 3가지 종류를 갖는 베벨 기어 기구에 대해 설계해 달라. 이와 같은 조건의 베벨 기어 기구를 주문하였다고 할 때 당신은 어떻게 해결할 것인가?

그림 1-2-1 베벨 기어의 모습

2.2 부품 준비

2.2.1 부품 사양 결정

(1) 요구 조건

① 큰 기어의 잇수가 72이다.

② 압력각이 20°이다.

③ 축각이 90°인 보통 베벨 기어 기구이다.

④ 감속비는 3가지 종류이다.

(2) 설계 제한 조건

① 감속비는 2, 1.8 및 1.6의 3종류로 한다.

② 이의 나비는 30으로 통일한다.

③ 베벨 기어 기구는 큰 기어와 작은 기어를 함께 고려해야 하며 각부 명칭은 그림 1-2-2와 같으며 베벨 기어의 기호와 계산식은 표 1-2-1과 같다.

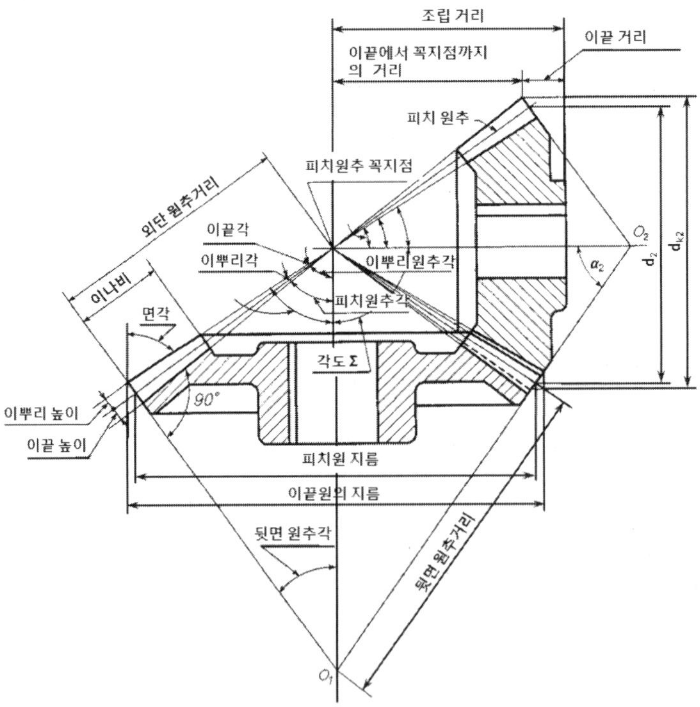

그림 1-2-2 베벨 기어의 명칭과 기호

표 1-2-1 직선 베벨 기어의 계산식

각부 명칭	기호	기어(큰 기어)(1)	기어(작은 기어)(2)
피치 원추각	δ	$\tan\delta_1 = \dfrac{\sin\Sigma}{\dfrac{z_2}{z_1}+\cos\Sigma}$	$\tan\delta_2 = \dfrac{\sin\Sigma}{\dfrac{z_1}{z_2}+\cos\Sigma}$
뒷면 원추각	α	$\alpha_1 = 90^\circ - \delta_1$	$\alpha_2 = 90^\circ - \delta_2$
축각	Σ	$\Sigma = \delta_1 + \delta_2$	
피치원 지름	d	$d_1 = \dfrac{n_2}{n_1}d_2 = mz_1$	$d_2 = \dfrac{n_1}{n_2}d_1 = mz_2$
이끝원 지름 (바깥 지름)	d_k	$d_{k1} = d_1 + 2h_k\cos\delta_1$	$d_{k2} = d_2 + 2h_k\cos\delta_2$ (h_k ; 이 끝 높이)
외단 원추거리	R_a	$R_a = \dfrac{d_1}{2\sin\delta_1} = \dfrac{d_2}{2\sin\delta_2}$	
이끝각	θ_k	$\tan\theta_k = \dfrac{h_k}{R_a}$	
이뿌리각	θ_f	$\tan\theta_f = \dfrac{h_f}{R_a}$ (h_f; 이뿌리 높이)	
이끝 원추각	δ_k	$\delta_{k1} = \delta_1 + \theta_k$	$\delta_{k2} = \delta_2 + \theta_k$
이뿌리 원추각	δ_f	$\delta_{f1} = \delta_1 - \theta_f$	$\delta_{f2} = \delta_2 - \theta_f$

④ 감속비는 기본을 2로 설정하여 베벨 기어를 생성하고 1.8과 1.6에 대해서는 설계 테이블을 사용하여 확장하기로 한다.

⑤ 감속비는 어셈블리 되는 작은 베벨 기어의 잇수와 관계있으므로 기어 잇수를 결정해야 하는데 기어 잇수를 결정하기 전에 먼저 모듈을 결정해야 한다. 여기서 모듈은 모두 3으로 통일하기로 한다.

⑥ 이 끝 높이계수(hax)는 1이다.

⑦ 이 끝과 이 뿌리 틈새계수(cx)는 0.2이다.

(3) 사양 결정

큰 기어 잇수 72인 베벨기어 사양에 대해 정리하여 나타낸 것이 표 1-2-2이다.

표 1-2-2 베벨기어 사양

<table>
<tr><th>각부 명칭</th><th>큰 기어</th><th colspan="3">작은 기어</th></tr>
<tr><td>모듈</td><td>3</td><td colspan="3">3</td></tr>
<tr><td>압력각</td><td>20</td><td colspan="3">20</td></tr>
<tr><td rowspan="3">잇수</td><td rowspan="3">72</td><td>감속비</td><td>2</td><td>36</td></tr>
<tr><td>감속비</td><td>1.8</td><td>40</td></tr>
<tr><td>감속비</td><td>1.6</td><td>45</td></tr>
<tr><td>이 나비</td><td>30</td><td colspan="3">30</td></tr>
<tr><td>이 끝 높이계수</td><td>1</td><td colspan="3"></td></tr>
<tr><td>이 끝과 이 뿌리 틈새계수</td><td>0.2</td><td colspan="3"></td></tr>
</table>

2.2.2 큰 기어 부품 형상모델링

(1) 글로벌 변수 설정 및 수식 입력

① 풀다운 메뉴에서 **도구**를 선택한다.

② 도구에서 수식을 선택한다.

③ 그림 1-2-3과 같은 수식 창이 나타나며 여기서 창의 왼쪽 밑의 글로벌 변수 추가를 클릭한다.

④ 이름을 입력하고 값을 입력한다.

⑤ ③과 ④를 반복하며 글로벌 변수와 값을 모두 입력한다.

이름	값 / 수식	평가	코멘트
⊟ 글로벌 변수			
"m"	= 3	3	모듈
"z"	= 72	72	큰 기어 잇수
"cx"	= 0.2	0.2	이 끝과 이 뿌리 틈새 계수
"hax"	= 1	1	이 끝 높이 계수
"dp"	= "m" * "z"	216	큰 기어 피치원 지름
"hk"	= "m" * "hax"	3	이 끝 높이
"hf"	= "m" * ("hax" + "cx")	3.6	이 뿌리 높이
"h"	= "m" * (2 * "hax" + "cx")	6.6	피치 높이

그림 1-2-3 글로벌 변수와 초기값 입력 결과

또한 밑그림에 사용될 각종 변수들의 수식은 그림 1-2-4와 같다.

이름	값 / 수식	평가	코멘트
"rp_asm@DTM1"	= 54	54mm	작은 기어의 피치원 반지름
"DELTA@스케치3"	= atn ("z" / (2 * "rp_asm@DTM1" / "m"))	63.43도	피치 원추각
"rp@스케치3"	= "dp" / 2	108mm	큰 기어의 피치원 반지름
"rk@스케치3"	= ("dp" - 2 * "hk" * cos ("DELTA@스케치3")) / 2	106.66mm	이 뿌리원 반지름
"rf@스케치3"	= ("dp" + 2 * "hf" * cos ("DELTA@스케치3")) / 2	109.61mm	이 끝원 반지름
"w1@스케치4"	= 3.14 * "m" / 4	2.36mm	피치원과 만나는 지점1까지의 거리
"w3@스케치4"	= "m" / 4	0.75mm	지점2에서 이뿌리원과 만나는 지점3까지의 거리
"w2@스케치4"	= "m" / 2	1.5mm	지점1에서 이끝원과만나는 지점2까지의 거리
"b@스케치3"	= 30	30mm	이나비
수식 추가			

그림 1-2-4 수식 및 값 입력 결과

(2) 스케치 전 준비

① 그림 1-2-5와 같이 어셈블리 기어를 고려하여 스케치에 들어가기 전에 새로운 기준면을 생성한다. 즉, 윗면에 대해 rp_asm(작은 기어의 피치원 반지름=m*z_asm/2) 만큼 오프셋 값을 주고 기준면1(DTM1)을 생성한다(그림 1-2-6).

② 회전 패턴과 그림 1-2-5의 O점을 위해 새로운 기준 축(A1)을 생성한다. 즉, 정면과 우측면이 만나는 지점에 기준 축을 생성한다(그림 1-2-6).

③ 피치 원추 꼭지점이 될 기준점(그림 1-2-5의 O점)을 생성한다. 즉, 기준 축1과 평면1을 선택하여 기준점(PNT0)을 생성한다(그림 1-2-6).

(3) 이 끝 높이, 이뿌리 높이 및 이 나비의 준비

① 스케치 평면은 정면을 설정하고 스케치 방향에서 참조는 윗면 또는 DTM1을 설정하며 방향은 왼쪽으로 설정하고 스케치를 클릭한다.

② 실선을 선정하고 PNT0로부터 윗면에 일치하게 선(외단 원추 거리)을 대충 긋고 보조선으로 한다.

③ 보조선과 일치하게 중심선을 긋는다.

④ 실선으로 나머지 2개의 선을 긋고 보조선으로 하며 각각 해당 치수를 더블 클릭하여 치수에 해당하는 수식 즉, 우측면으로부터 기어 큰 단면의 이끝원 반지름(dk/2), 피치원반지름(dp/2) 및 이뿌리원 반지름(df/2)을 각각 수식에 입력한다.

⑤ 메뉴에서 중심선을 선정하여 중심선을 그리고 ③에서 그은 중심선과 평행이 되도록 구속을 준다.

⑥ 두 개의 중심선은 이 나비에 해당하므로 치수를 더블 클릭하여 매개변수 "b"로 입력 수정한다. 그리고 두 중심선에 대해 실선을 그린다. 최종적으로 모든 변수 이름과 수식을 대입한 결과는 그림 1-2-7과 같다.

⑦ 완료 버튼을 누른다.

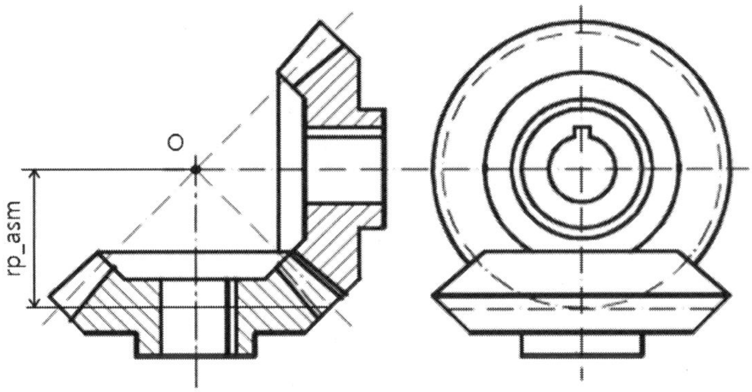

그림 1-2-5 작은 기어의 피치원 반지름

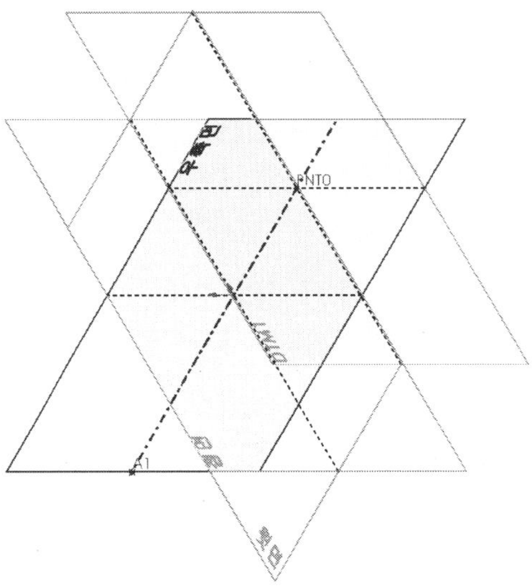

그림 1-2-6 새로운 데이텀 면과 축 및 데이텀 점 생성

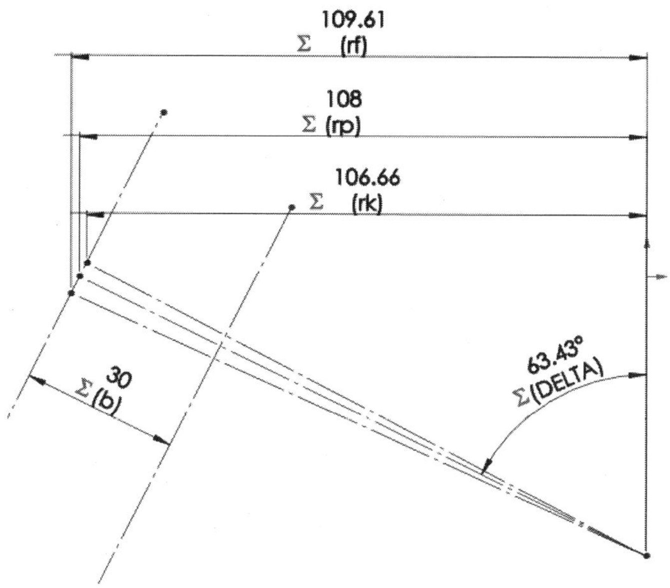

그림 1-2-7 변수에 의한 치수 생성

(4) 두 개의 데이텀 면 및 데이터 점 생성

① 정면은 직각으로 하고 바깥 사선 부분을 클릭 하여 기어 큰 단면의 이끝원, 이뿌리원 및 피치원을 생성할 데이텀 면 DTM2를 생성한다(그림 1-2-8).

② 마찬가지로 정면은 직각으로 하고 안쪽 사선 부분을 클릭 하여 기어 작은 단면의 이끝원, 이뿌리원 및 피치원을 생성할 데이텀 면 DTM3을 생성한다(그림 1-2-8).

③ 기어 큰 단면의 이끝원, 이뿌리원 및 피치원을 생성할 중심점을 생성한다. 즉, A_1 축과 바깥 사선 부분을 선택하여 데이텀 점(PNT1)을 생성한다(그림 1-2-8).

④ 마찬가지로 기어 작은 단면의 이끝원, 이뿌리원 및 피치원을 생성할 중심점을 생성한다. 즉, A_1축과 안쪽 사선 부분을 선택하여 데이텀 점(PNT2)을 생성한다(그림 1-2-8).

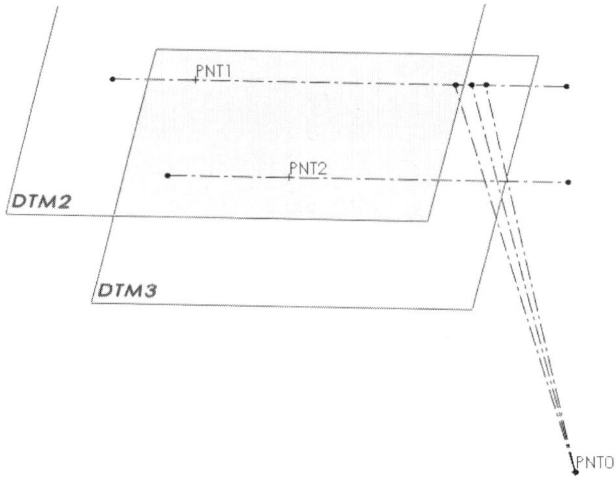

그림 1-2-8 데이텀 면 및 데이터 점 생성 결과

(5) 기어 큰 단면의 이끝원, 이뿌리원, 피치원 및 기초원 생성

① DTM2를 스케치면으로 설정하고 스케치 도구를 클릭한다.

② 원 도구를 선택하고 그림 1-2-9와 같이 두 점을 반지름으로 하는 원, 즉 이끝원, 이뿌리원 및 피치원을 PNT1을 중심으로 그린다.

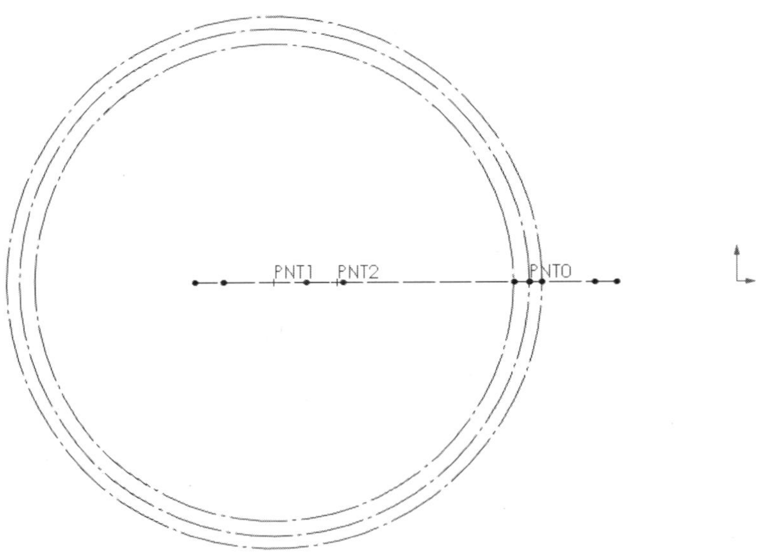

그림 1-2-9 이끝원, 이뿌리원 및 피치원 생성

(6) 기어 큰 단면에서 기어 이 곡선 생성하기

① 선 도구에서 중심선을 선택한다.

② 그림 1-2-10과 같이 보조선을 긋고 변수명을 수정한다.

③ 점 도구를 클릭한다.

④ 이끝원, 피치원 및 이뿌리원과 교차하는 지점에 점을 스케치한다.

⑤ 자유곡선 도구를 선택한다.

⑥ 그림 1-2-10과 같이 곡선을 스케치한다.

⑦ 대칭 복사 도구를 클릭한다.

⑧ 중심선을 클릭한다.

⑨ 자유곡선 도구를 클릭하고 밑면과 윗면의 스케치를 완성한다.

⑩ 확인을 클릭한다.

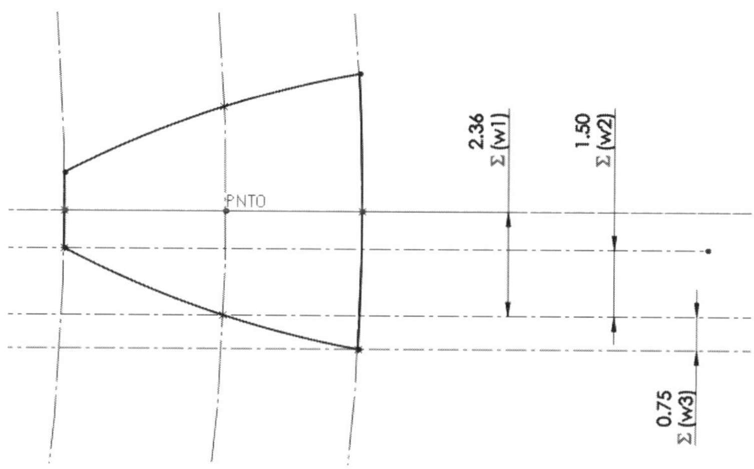

그림 1-2-10 기어 큰 단면의 기어 이 스케치 완성 모습

(7) 기어 작은 단면의 이끝원, 이뿌리원, 피치원 및 기어 이 생성

① DTM3을 스케치면으로 설정하고 스케치 도구를 클릭한다.

② 원 도구를 선택하고 PNT2를 중심으로 이끝원, 이뿌리원 및 피치원을 그린다.

(8) 기어 작은 단면에 기어 이 곡선 생성을 위한 새로운 기준축 추가

큰 단면에서와 같이 작은 단면에서도 기어 이 곡선의 생성을 위한 3개의 기초선을 추가해야 하며 그러기 위해서 다음과 같은 과정을 거친다.

① 피처 도구의 참조형상에서 기준 축을 선택한다.

② 큰 단면의 지점1(기초선과 피치원과 만나는 지점)과 PNT0를 클릭한다.

③ 다시 기준 축을 선택한다.

④ 큰 단면의 지점2(기초선과 이끝원과 만나는 지점)과 PNT0를 클릭한다.

⑤ 다시 기준 축을 선택한다.

⑥ 큰 단면의 지점3(기초선과 이뿌리원과 만나는 지점)과 PNT0를 클릭한다.

(9) 기어 작은 단면에서 기어이 곡선 생성하기

① 각 기준축과 이끝원, 이뿌리원 및 피치원과 교차하는 점을 생성한다.

② 교차하는 점을 지나는 기어 작은 단면의 기어이 곡선을 자유곡선 도구를 사용하여 생성하며 그림 1-2-11과 같다.

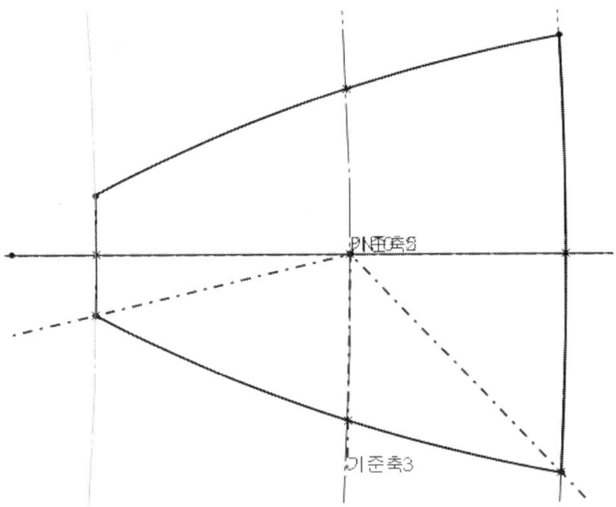

그림 1-2-11 기어 작은 단면의 기어 이 스케치 완성 모습

(10) 기어 이의 로프트 돌출형상

지금까지 만든 큰 단면의 기어 이 단면 스케치와 작은 단면의 기어 이 단면 스케치를 바탕으로 그림 1-2-12와 같이 하나의 형상의 기어 이를 로프트 돌출을 이용하여 만든다.

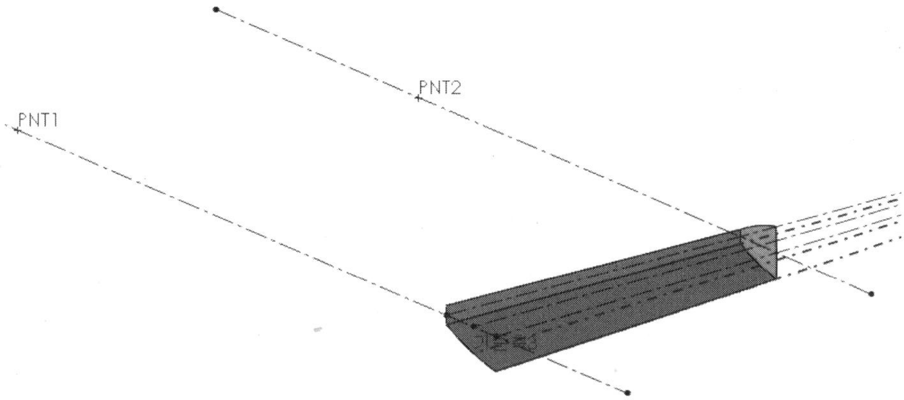

그림 1-2-12 하나의 완성 기어이 모습

(11) 기어이 패턴 만들기

① 먼저 완성되어 있는 하나의 기어 이를 활성화 한다.

② 원형 도구를 클릭한다.

③ 원형 패턴 대화 창에서 패턴 축으로 축(A_1)을 클릭하고 인스턴스 수를 72, 각도를 360으로 설정하며 동등 간격을 체크한다.

④ 바디를 체크하고 로프트 기어이 형상을 설정한다.

⑤ 확인을 클릭한다(그림 1-2-13).

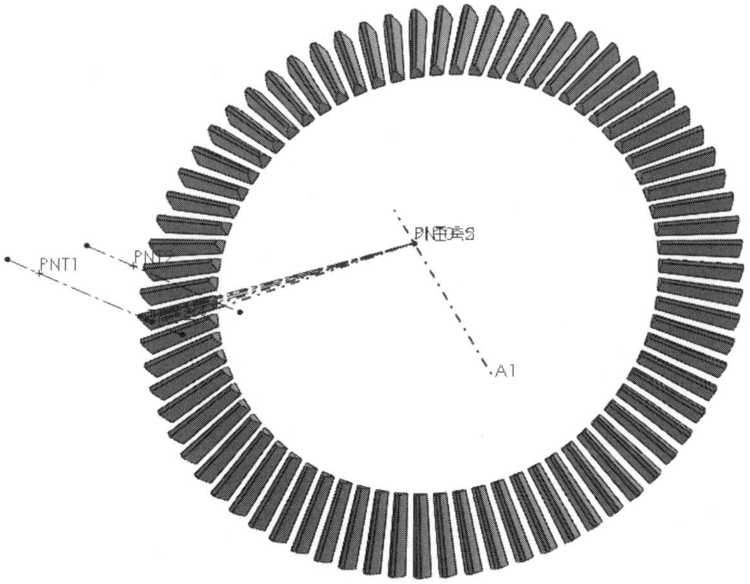

그림 1-2-13 베벨 기어 패턴

(12) 기어 몸체 만들기

① 윗면을 스케치 면으로 한다.

② 선 도구를 선택한다.

③ 그림 1-2-14와 같이 스케치를 하고 치수를 변수로 입력한다.

④ 선 도구 가운데 중심선을 클릭하여 중심선을 스케치한다.

⑤ 확인을 클릭한다.

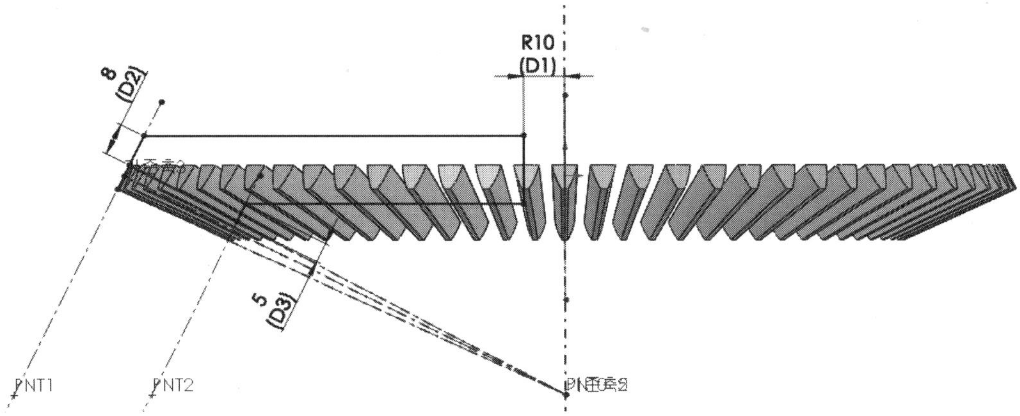

그림 1-2-14 기어 몸체 스케치

(13) 감속비 대응 큰 기어

문제에서 큰 기어 잇수는 72로 동일하지만 감속비가 다르면 대응되는 작은 기어의 잇수가 달라지며 따라서 작은 기어의 피치원 지름이 달라져야 한다. 그런데 베벨 기어의 큰 기어와 작은 기어가 조립될 때 중요한 변수가 작은 피치원의 반지름(rp_asm =m*z_asm/2)인 것을 알 수 있다. 즉, 그림 1-2-15는 작은 기어의 피치원 반지름을 변수로 사용한 설계변수 테이블이다.

	A	B	C	D	E	F	G
1	설계 변수 테이블: 큰 기어_72_2						
2		rp_asm@DTM1					
3	감속비2	54.0					
4	감속비1.8	60.0					
5	감속비1.6	67.5					

그림 1-2-15 설계 변수 테이블

그림 1-2-16은 설계변수 테이블의 감속비 2, 1.8 및 1.6에 대응한 베벨 기어의 큰 기어 생성 모습이다.

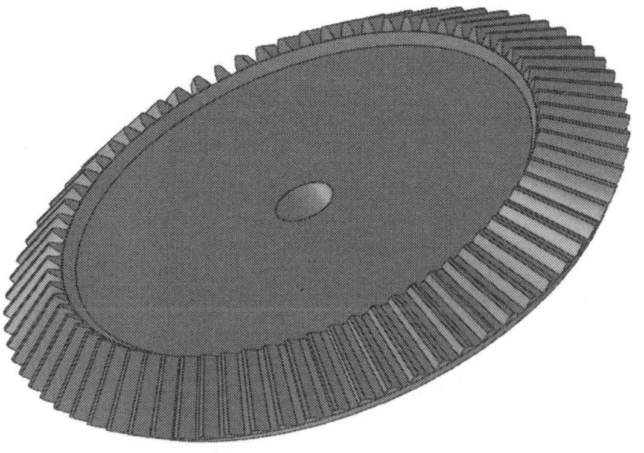

(a) 작은 기어 잇수 36 대응 큰 기어

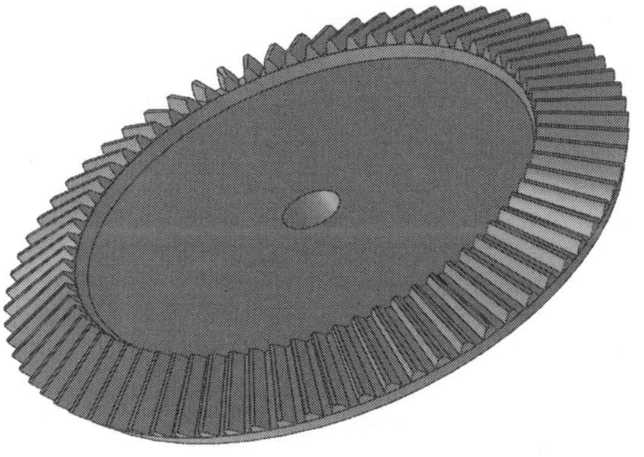

(b) 작은 기어 잇수 40 대응 큰 기어

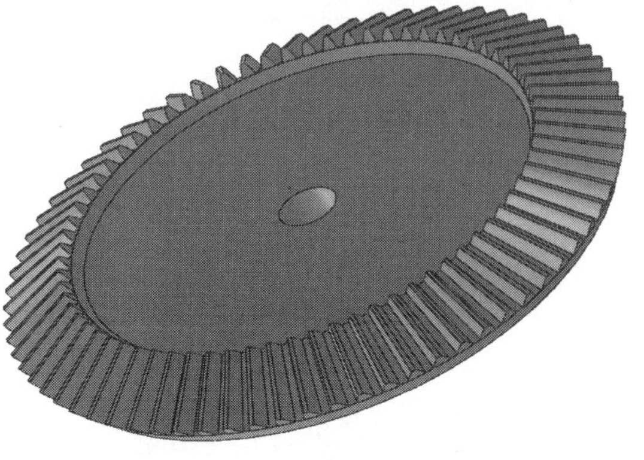

(c) 작은 기어 잇수 45 대응 큰 기어

그림 1-2-16 베벨 기어의 작은 기어 대응 여러 큰 기어(잇수 72 동일)

2.2.3 작은 기어 부품 형상모델링

(1) 글로벌 변수 설정 및 수식 입력

글로벌 변수는 큰 기어와 같으므로 생략하고 수식은 다음과 같이 입력한다.

① 풀다운 메뉴에서 도구를 선택한다.

② 도구에서 수식을 선택한다.

③ 수식은 그림 1-2-17과 같은 내용으로 입력한다.

이름	값 / 수식	평가	코멘트
⊟ 수식			
"rp@DTM1"	= 108	108mm	큰 기어의 피치원 반지름
"DELTA@스케치3"	= atn ("z_asm@원형 패턴1" / (2 * "rp@DTM1" / "m"))	29.05도	피치 원추각
"rp@스케치3"	= ("m" * "z_asm@원형 패턴1") / 2	60mm	피치원의 반지름
"rk@스케치3"	= "rp@스케치3" - (2 * "hk" * cos ("DELTA@스케치3")) / 2	57.38mm	이뿌리원의 반지름
"rf@스케치3"	= "rp@스케치3" + (2 * "hf" * cos ("DELTA@스케치3")) / 2	63.15mm	이끝원의 반지름
"w1@스케치4"	= 3.14 * "m" / 4	2.36mm	피치원과만나는 지점1까지 거리
"w3@스케치4"	= "m" / 4	0.75mm	지점2와 이뿌리원과 만나는 지점2까지 거리
"w2@스케치4"	= "m" / 2	1.5mm	지점1에서 이끝원과 만나는 지점2까지 거리
"b@스케치3"	= 30	30mm	이나비
수식 추가			

그림 1-2-17 수식 및 값 입력 결과

나머지 기어 생성 과정은 큰 기어 생성 과정과 같으므로 생략한다.

(2) 감속비 대응 작은 기어

그림 1-2-18은 작은 기어의 피치원 반지름을 변수로 사용한 설계변수 테이블이다.

	A	B	C	D	E	F	G
1	설계 변수 테이블: 작은 기어_36_2						
2		z_asm@원형 패턴1					
3	감속비2	36					
4	감속비1.8	40					
5	감속비1.6	45					

그림 1-2-18 설계 변수 테이블

그림 1-2-19는 설계변수 테이블의 감속비 2, 1.8 및 1.6에 대응한 베벨 기어의 작은 기어 생성 모습이다.

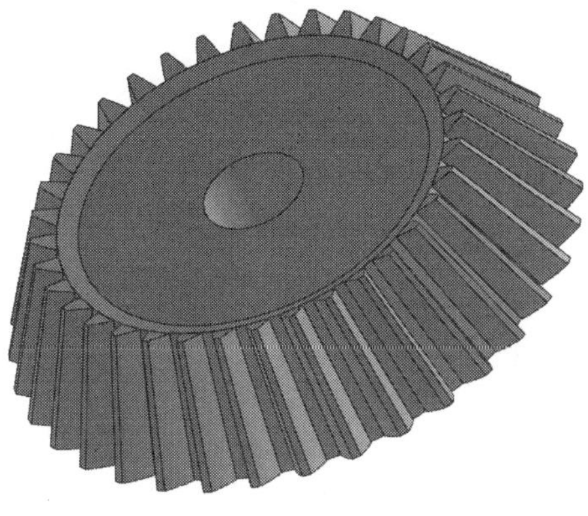

(a) 잇수 36인 작은 기어

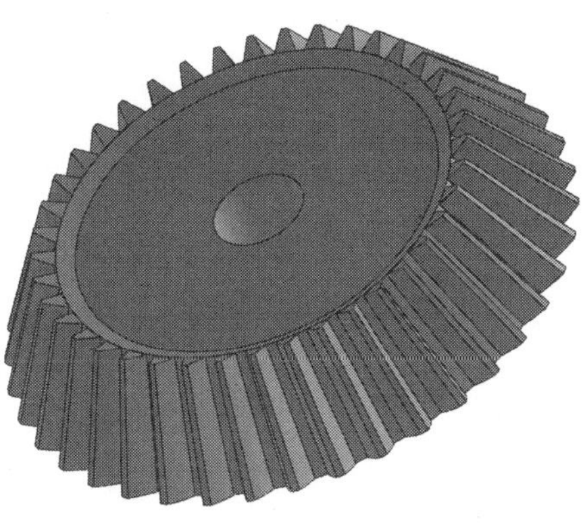

(b) 잇수 40인 작은 기어

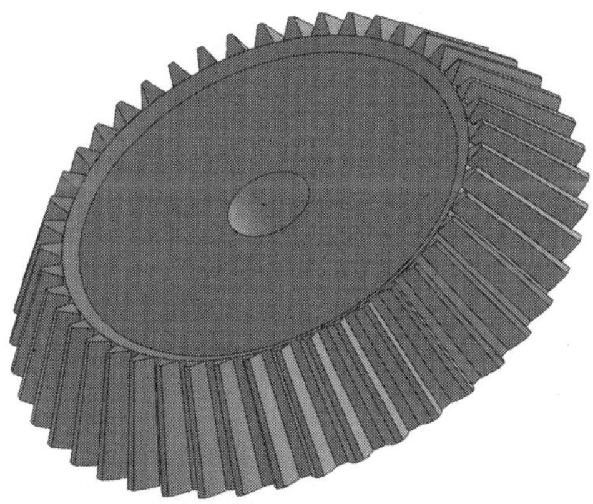

(c) 잇수 45인 작은 기어

그림 1-2-19 베벨 기어의 큰 기어(잇수 72 동일) 대응 여러 작은 기어

2.3 감속비 2의 베벨기어 기구 설계

2.3.1 설계 사양

(1) 설계 제한 조건

① 모듈은 3이다.

② 이의 나비는 30으로 한다.

③ 이 끝 높이계수(hax)는 1이다.

④ 이 끝과 이 뿌리 틈새계수(cx)는 0.2이다.

(2) 사양 결정

① 큰 기어의 잇수가 72이고 감속비가 2이므로 그림 1-2-20과 같이 축각이 직각인 보통 베벨기어의 감속비 i 는 식 (1-2-1)에 따라 작은 기어의 잇수는 36이 된다.

$$i = \frac{n_2}{n_1} = \frac{z_1}{z_2} = \frac{\theta_2}{\theta_1} \qquad (1\text{-}2\text{-}1)$$

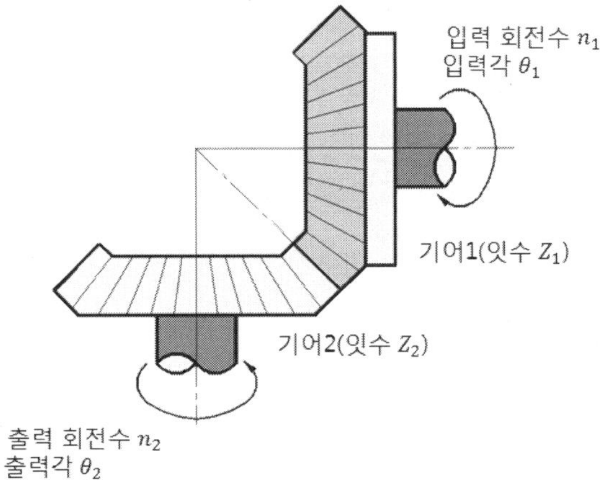

그림 1-2-20 베벨기어

② 큰 기어 잇수 72인 베벨 기어 사양에 대해 정리하여 나타낸 것이 표 1-2-3이다.

표 1-2-3 감속비 2인 베벨 기어 결정 사양

각부 명칭	큰 기어	작은 기어
모듈	3	3
잇수	72	36
이 나비	30	30
이 끝 높이계수	1	
이 끝과 이 뿌리 틈새계수	0.2	

2.3.2 기구 구성

(1) 기어 조립 전 준비

① 큰 기어가 회전할 축으로 우측면과 윗면이 교차하는 기준축1을 생성한다.

② 작은 기어 회전축 생성을 위한 평면으로 정면을 작은 기어 피치원의 반지름인 54㎜ 만큼 떨어진 곳에 PLANE1을 생성한다.

③ 작은 기어가 회전할 축으로 윗면과 PLANE1과 교차하는 기준축2를 생성한다.

④ 작은 기어가 고정되도록 기준면으로 우측면을 우측으로 큰 기어 피치원 반지름인 108㎜ 만큼 떨어진 곳에 PLANE2를 생성한다.

(2) 큰 기어 조립

① 부품 삽입을 클릭한다.

② 어셈블리 창의 찾아보기를 클릭한다.

③ 큰 기어 파일 부품을 어셈블리 창에 갖다 놓는다.

④ 마우스의 오른쪽 버튼을 눌러 메뉴가운데 “자유롭게 움직이기”를 선택한다.

⑤ 큰 기어의 중심축(A1)과 어셈블리 기준축1이 일치하도록 메이트 한다.

⑥ 큰 기어의 정면과 어셈블리 정면이 일치하도록 메이트 한다.

(3) 작은 기어(잇수 36) 조립

① 부품 삽입을 클릭한다.

② 작은 기어 부품을 어셈블리 창에 갖다 놓는다.

③ 작 기어의 중심축(A1)과 어셈블리 기준축2가 일치하도록 메이트 한다.

④ 작 기어의 정면과 큰 기어의 정면이 직각이 되도록 메이트 한다.

⑤ 작은 기어의 우측면과 어셈블리의 우측면이 일치하도록 메이트 한다.

⑥ 기계 메이트의 기어 메이트를 설정하고 큰 기어의 가장 큰 원 모서리 부분과 작은 기어의 큰 원 모서리 부분을 차례로 클릭한다.

⑦ 확인을 클릭한다(그림 1-2-21).

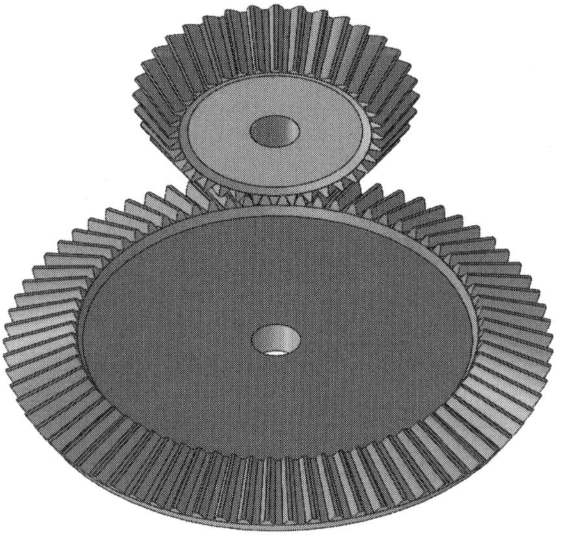

그림 1-2-21 기어 조립 결과

(4) 기구 저장하기

① 저장 도구(💾)에서 “다른 이름으로 저장하기”를 클릭한다.

② 저장할 디렉토리를 정하고 파일이름을 “감속비2의 베벨기어 기구”로 한다.

③ 저장 버튼을 클릭한다.

2.3.3 기구 모션 시뮬레이션

(1) 모션 조건 설정

1) 모터 설정

① 기어의 구동을 보이기 위해 모델 탭 옆의 모션 스터디 탭을 클릭한다.
② 구동을 위한 모터( )를 선택한다.
③ 모터 유형을 원형 모터로 선택한다.
④ 부품/방향에서 모터 위치는 회전 구동을 위해 큰 기어로 한다.
⑤ 확인을 클릭한다.

2) 모션 설정

① 모션은 모터 속성 창의 모션 설정에서 "정속"을 선택한다.
② 큰 기어가 5초에 1회전 구동하도록 하려면 12rpm으로 설정하면 된다.
③ 확인을 클릭한다.

3) 모션 스터디 계산하기

① 모션 해석 탭으로 설정한다.
② 모션스터디 계산하기( )를 클릭하여 설정된 모터의 구동 조건을 계산한다.
③ 계산과 동시에 작은 기어의 구동을 확인한다.

(2) 기구 시뮬레이션

작은 기어의 출력 결과는 그림 1-2-22와 같으며 엑셀 파일의 데이터로부터 보면 시작점 0°에서 끝점 0°이므로 총 720° 회전하고 있는 것을 알 수 있다. 즉, 감속비 720/360=2이다.

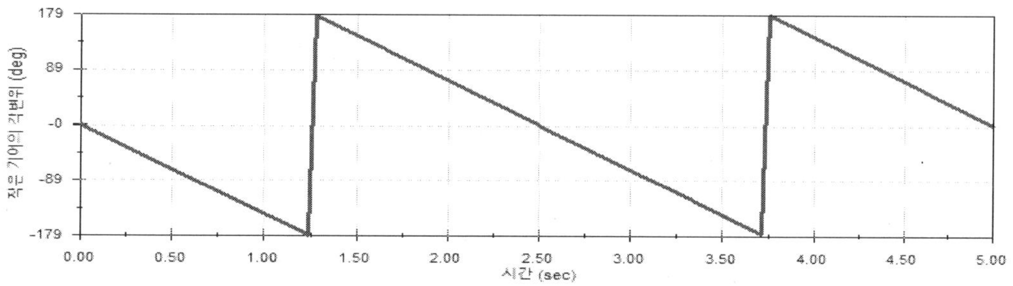

그림 1-2-22 감속비2의 작은 기어 회전 결과

(3) 결과 고찰

감속비 2의 기구 설계에 대해 그림 1-2-22는 그 결과이고 이 때 감속비가 2로 나타났으므로 설계 감속비 2와 100% 일치한다. 따라서 요구에 따라 설계한 베벨 기어는 일치하므로 올바르게 설계되었다.

(4) 동영상 저장하기

① 저장 아이콘(🎞)을 클릭한다.

② 동영상 설정 창이 나타난다.

③ 파일 이름을 "감속비2의 베벨기어 동영상"로 한다.

④ 비디오 압축 창이 나타나고 프레임 정보에서 초당 프레임을 25로 하고 저장을 누른다.

⑤ 압축 프로그램의 창이 나타나면 "전체 프레임(압축 안함)"을 선택하고 확인을 클릭한다.

⑥ 기어 기구가 동작하면서 동영상으로 저장된다.

2.4 감속비 1.8의 베벨기어 기구 설계

2.4.1 설계 사양

(1) 설계 제한 조건

① 모듈은 3으로 한다.

② 이의 나비는 30으로 통일한다.

③ 이 끝 높이계수(hax)는 1이다.

④ 이 끝과 이 뿌리 틈새계수(cx)는 0.2이다.

(2) 사양 결정

① 큰 기어의 잇수가 72이고 감속비가 1.8이므로 축각이 직각인 보통 베벨기어의 감속비 i 는 식 (1-2-1)에 따라 작은 기어의 잇수는 40이 된다.

② 큰 기어 잇수 72인 베벨기어 사양에 대해 정리하여 나타낸 것이 표 1-2-4이다.

표 1-2-4 감속비 1.8인 베벨기어 결정 사양

각부 명칭	큰 기어	작은 기어
모듈	3	3
잇수	72	40
이 나비	30	30
이 끝 높이계수	1	
이 끝과 이 뿌리 틈새계수	0.2	

2.4.2 기구 구성

(1) 기어 조립 전 준비

① 큰 기어가 회전할 축으로 우측면과 윗면이 교차하는 기준축1을 생성한다.

② 작은 기어 회전축 생성을 위한 평면으로 정면을 작은 기어 피치원의 반지름인 60㎜ 만큼 떨어진 곳에 PLANE1을 생성한다.

③ 작은 기어가 회전할 축으로 윗면과 PLANE1과 교차하는 기준축2를 생성한다.

④ 작은 기어가 고정되도록 기준면으로 우측면을 우측으로 큰 기어 피치원 반지름인 108㎜ 만큼 떨어진 곳에 PLANE2를 생성한다.

(2) 큰 기어 조립

① 부품 삽입을 클릭한다.

② 어셈블리 창의 찾아보기를 클릭한다.

③ 큰 기어 파일 부품을 어셈블리 창에 갖다 놓는다.

④ 마우스의 오른쪽 버튼을 눌러 메뉴가운데 "자유롭게 움직이기"를 선택한다.

⑤ 큰 기어의 중심축(A1)과 어셈블리 기준축1이 일치하도록 메이트 한다.

⑥ 큰 기어의 정면과 어셈블리 정면이 일치하도록 메이트 한다.

(3) 작은 기어(잇수 40) 조립

① 부품 삽입을 클릭한다.

② 작은 기어 부품을 어셈블리 창에 갖다 놓는다.

③ 작 기어의 중심축(A1)과 어셈블리 기준축2가 일치하도록 메이트 한다.

④ 작 기어의 정면과 큰 기어의 정면이 직각이 되도록 메이트 한다.

⑤ 작은 기어의 우측면과 어셈블리의 우측면이 일치하도록 메이트 한다.

⑥ 기계 메이트의 기어 메이트를 설정하고 큰 기어의 가장 큰 원 모서리 부분과 작은 기어의 큰 원 모서리 부분을 차례로 클릭한다.

⑦ 확인을 클릭한다(그림 1-2-23).

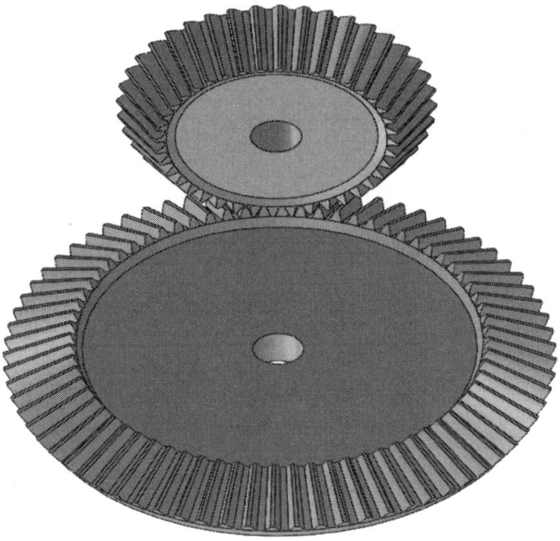

그림 1-2-23 기어 조립 결과

(4) 기구 저장하기

① 저장 도구(💾)에서 "다른 이름으로 저장하기"를 클릭한다.

② 저장할 디렉토리를 정하고 파일이름을 "감속비1.8의 베벨기어 기구"로 한다.

③ 저장 버튼을 클릭한다.

2.4.3 기구 모션 시뮬레이션

(1) 모션 조건 설정

1) 모터 설정

① 기어의 구동을 보이기 위해 모델 탭 옆의 모션 스터디 탭을 클릭한다.

② 구동을 위한 모터( )를 선택한다.

③ 모터 유형을 원형 모터로 선택한다.

④ 부품/방향에서 모터 위치는 회전 구동을 위해 큰 기어로 한다.

⑤ 확인을 클릭한다.

2) 모션 설정

① 모션은 모터 속성 창의 모션 설정에서 "정속"을 선택한다.

② 큰 기어가 5초에 1회전 구동하도록 하려면 12rpm으로 설정하면 된다.

③ 확인을 클릭한다.

3) 모션 스터디 계산하기

① 모션 해석 탭으로 설정한다.

② 모션스터디 계산하기( )를 클릭하여 설정된 모터의 구동 조건을 계산한다.

③ 계산과 동시에 작은 기어의 구동을 확인한다.

(2) 시뮬레이션 결과

작은 기어의 출력 결과는 그림 1-2-24와 같으며 엑셀 파일의 데이터로부터 보면 시작점 0°에서 끝점 72°이므로 총 648° 회전하고 있는 것을 알 수 있다. 즉, 감속비 648/360=1.8이다.

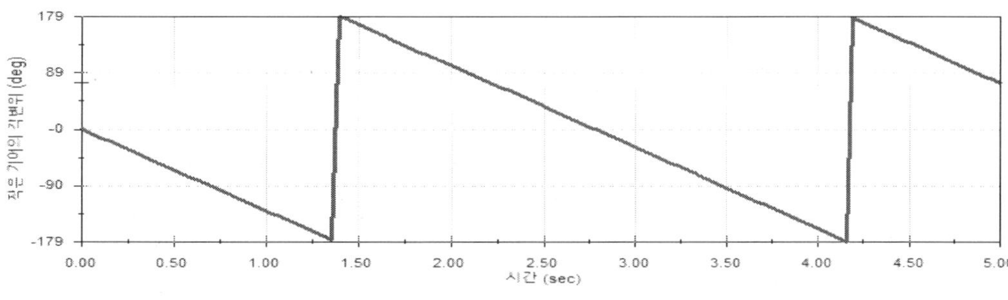

그림 1-2-24 감속비1.8의 작은 기어 회전 결과

(3) 결과 고찰

감속비 1.8의 기구 설계에 대해 그림 1-2-24는 그 결과이고 이 때 감속비가 1.8로 설계 감속비 1.8과 100% 일치한다. 따라서 요구에 따라 설계한 베벨 기어는 일치하므로 올바르게 설계되었다.

(4) 동영상 저장하기

① 저장 아이콘( )을 클릭한다.
② 동영상 설정 창이 나타난다.
③ 파일 이름을 "감속비1.8의 베벨기어 동영상"로 한다.
④ 비디오 압축 창이 나타나고 프레임 정보에서 초당 프레임을 25로 하고 저장을 누른다.
⑤ 압축 프로그램의 창이 나타나면 "전체 프레임(압축 안함)"을 선택하고 확인을 클릭한다.
⑥ 기어 기구가 동작하면서 동영상으로 저장된다.

2.5 감속비 1.6의 베벨기어 기구 설계

2.5.1 설계 사양

(1) 설계 제한 조건

① 모듈은 3으로 한다.
② 이의 나비는 30으로 통일한다.
③ 이 끝 높이계수(hax)는 1이다.
④ 이 끝과 이 뿌리 틈새계수(cx)는 0.2이다.

(2) 사양 결정

① 큰 기어의 잇수가 72이고 감속비가 1.6이므로 축각이 직각인 보통 베벨기어의 감속비 i는 식 (1-2-1)에 따라 작은 기어의 잇수는 45가 된다.
② 큰 기어 잇수 72인 베벨기어 사양에 대해 정리하여 나타낸 것이 표 1-2-5이다.

표 1-2-5 감속비 1.6인 베벨기어 결정 사양

각부 명칭	큰 기어	작은 기어
모듈	3	3
잇수	72	45
이 나비	30	30
이 끝 높이계수	1	
이 끝과 이 뿌리 틈새계수	0.2	

2.5.2 기구 구성

(1) 기어 조립 전 준비

① 큰 기어가 회전할 축으로 우측면과 윗면이 교차하는 기준축1을 생성한다.

② 작은 기어 회전축 생성을 위한 평면으로 정면을 작은 기어 피치원의 반지름인 67.5㎜ 만큼 떨어진 곳에 PLANE1을 생성한다.

③ 작은 기어가 회전할 축으로 윗면과 PLANE1과 교차하는 기준축2를 생성한다.

④ 작은 기어가 고정되도록 기준면으로 우측면을 우측으로 큰 기어 피치원 반지름인 108㎜ 만큼 떨어진 곳에 PLANE2를 생성한다.

(2) 큰 기어 조립

① 부품 삽입을 클릭한다.

② 어셈블리 창의 찾아보기를 클릭한다.

③ 큰 기어 파일 부품을 어셈블리 창에 갖다 놓는다.

④ 마우스의 오른쪽 버튼을 눌러 메뉴가운데 "자유롭게 움직이기"를 선택한다.

⑤ 큰 기어의 중심축(A1)과 어셈블리 기준축1이 일치하도록 메이트 한다.

⑥ 큰 기어의 정면과 어셈블리 정면이 일치하도록 메이트 한다.

(3) 작은 기어(잇수 45) 조립

① 부품 삽입을 클릭한다.

② 작은 기어 부품을 어셈블리 창에 갖다 놓는다.

③ 작 기어의 중심축(A1)과 어셈블리 기준축2가 일치하도록 메이트 한다.

④ 작 기어의 정면과 큰 기어의 정면이 직각이 되도록 메이트 한다.

⑤ 작은 기어의 우측면과 어셈블리의 우측면이 일치하도록 메이트 한다.

⑥ 기계 메이트의 기어 메이트를 설정하고 큰 기어의 가장 큰 원 모서리 부분과 작은 기어의 큰 원 모서리 부분을 차례로 클릭한다.

⑦ 확인을 클릭한다(그림 1-2-25).

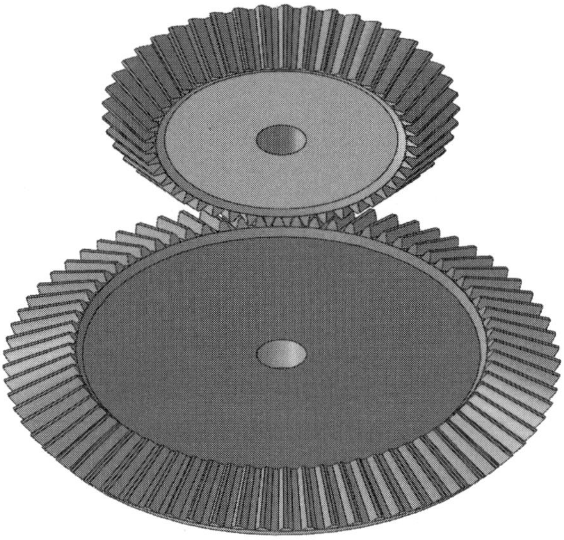

그림 1-2-25 베벨 기어 조립 결과

(4) 기구 저장하기

① 저장 도구(💾)에서 "다른 이름으로 저장하기"를 클릭한다.

② 저장할 디렉토리를 정하고 파일이름을 "감속비1.6의 베벨기어 기구"로 한다.

③ 저장 버튼을 클릭한다.

2.5.3 기구 모션 시뮬레이션

(1) 모션 조건 설정

1) 모터 설정

① 기어의 구동을 보이기 위해 모델 탭 옆의 모션 스터디 탭을 클릭한다.

② 구동을 위한 모터( )를 선택한다.

③ 모터 유형을 원형 모터로 선택한다.

④ 부품/방향에서 모터 위치는 회전 구동을 위해 큰 기어로 한다.

⑤ 확인을 클릭한다.

2) 모션 설정

④ 모션은 모터 속성 창의 모션 설정에서 "정속"을 선택한다.

⑤ 큰 기어가 5초에 1회전 구동하도록 하려면 12rpm으로 설정하면 된다.

⑥ 확인을 클릭한다.

3) 모션 스터디 계산하기

④ 모션 해석 탭으로 설정한다.

⑤ 모션스터디 계산하기( )를 클릭하여 설정된 모터의 구동 조건을 계산한다.

⑥ 계산과 동시에 작은 기어의 구동을 확인한다.

(2) 시뮬레이션 결과

작은 기어의 출력 결과는 그림 1-2-26과 같으며 엑셀 파일의 데이터로부터 보면 시작점 0°에서 끝점 -130°이므로 총 590° 회전하고 있는 것을 알 수 있다. 즉, 감속비 590/360=1.64이다.

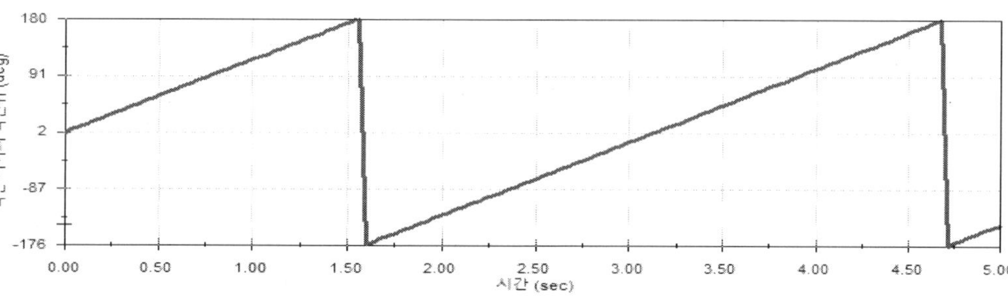

그림 1-2-26 감속비1.6의 작은 기어 회전 결과

(3) 결과 고찰

감속비 1.6의 기구 설계에 대해 그림 1-2-26은 그 결과이고 이 때 감속비가 1.64로 설계 감속비 1.6과 97.5% 일치한다. 따라서 요구에 따라 설계한 베벨 기어는 소숫점 1자리로 판단하면 일치하므로 올바르게 설계되었다.

(4) 동영상 저장하기

① 저장 아이콘( )을 클릭한다.

② 동영상 설정 창이 나타난다.

③ 파일 이름을 "감속비1.6의 베벨기어 동영상"으로 한다.

④ 비디오 압축 창이 나타나고 프레임 정보에서 초당 프레임을 25로 하고 저장을 누른다.

⑤ 압축 프로그램의 창이 나타나면 "전체 프레임(압축 안함)"을 선택하고 확인을 클릭한다.

⑥ 기어 기구가 동작하면서 동영상으로 저장된다.

2.6 자율 평가 문제

이 자율평가의 목적은 앞에서 익힌 내용을 다 이해하고 평가 문제에 대해 자기 주도적으로 문제를 해결하고 숙지 정도를 확인하기 위함이다. 본인의 부족한 점에 대해 파악하는 태도를 기르고 부족하다면 다른 사람의 도움을 받거나 본인 스스로 앞의 내용을 더욱 자세히 학습하는 자기주도 학습에 목적이 있다.

2.3.1항의 베벨 기어 기구에서 변경된 조건에 따라 다음 문제를 해결하라.

변경 조건 사항

- 베벨 기어 모듈은 2로 통일한다.
- 큰 베벨 기어의 잇수를 100으로 한다.
- 축각은 90°로 한다.
- 감속비는 2 또는 1.6으로 한다.
- 베벨 기어 기구 구동은 큰 기어가 5초 동안 360° 역회전 한다.

문제 1

감속비 2인 베벨 기어 기구를 구성하고 구동 시뮬레이션에 의해 시뮬레이션 결과 그래프를 그리고 시뮬레이션 결과와 이론적 증속비와 비교 고찰하라.

문제 2

감속비 1.6인 베벨 기어 기구를 구성하고 구동 시뮬레이션에 의해 시뮬레이션 결과 그래프를 그리고 시뮬레이션 결과와 이론적 증속비와 비교 고찰하라.

위의 문제에 대해 부록의 답안과 비교하여 일치한 답을 했다면 앞의 내용을 완전히 이해했다고 판단되지만 틀린 부분이 있다면 그 원인을 반드시 찾도록 하는 것이 좋을 것입니다. 본인의 답이 맞다고 생각하면 일치하지 않아도 좋지만 그 이유를 반드시 적어보고 확실한지 다시 한 번 확인하기 바랍니다.

자율 평가 결과 점검표

학습자 성명 :	평가 날짜 :
평가 제목 : 베벨 기어 기구 설계	

	성취 수준		
	하지 못했음	했지만 잘 모르겠음	완전히 하였음
• 큰 베벨 기어를 설계 테이블에 의해 설계대로 형상 모델링을 하였다.			
• 작은 베벨 기어의 잇수를 감속비에 맞춰 설계대로 결정하였다.			
• 작은 베벨 기어를 설계 테이블에 의해 설계대로 형상모델링을 하였다.			
• 기구 시뮬레이션 결과를 시간에 따른 그래프로 나타내었다.			
• 기구 시뮬레이션 결과를 각도에 따른 그래프로 나타내었다.			
• 기구 시뮬레이션 결과를 비교 고찰하였다.			

성취수준

위의 모든 항목에 대해 “완전히 하였음”, 즉 완성도 100%로 답하여야 합니다. 만일 “하지 않았음” 또는 “했지만 잘 모르겠음”에 답을 했다면 앞에서 학습한 내용을 다시 한 번 확인하여 다시 수행하고 필요한 경우에는 교육자 또는 전문가와 상의하기 바랍니다.

제3장

랙과 피니언 기구

3.1 문제

스퍼기어에서 한쪽의 기어 잇수를 무한대로 하면 평면이 된다. 이런 평면의 이를 랙, 회전 기어를 피니언이라 부르며 피니언의 회전 운동이 랙의 직선 운동으로 변환되는 기구를 랙과 피니언 기구라 한다(그림 1-3-1).

여러분이 기계공학을 전공한 전문가이며 특히 기어 기구에 대한 전공자라고 하자. 한 회사에서 피니언의 1회전에 대해 랙이 이동하는 거리별로 랙과 피니언 기구를 가상 설계하여 랙의 이론적 거리와 어느 정도 정확성이 있는지를 알고 싶다고 한다. 이럴 경우 당신은 어떻게 해결할 것인가?

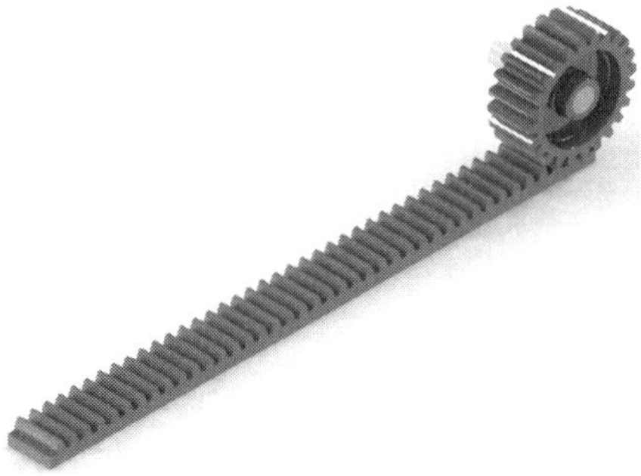

그림 1-3-1 랙과 피니언 모습

3.2 부품 준비

3.2.1 부품 사양 결정

(1) 설계 제한 조건

① 피니언의 1회전에 대해 랙의 이동 거리는 100㎜, 150㎜, 200㎜를 각각 넘지 않는 3 종류로 한다.

② 랙과 피니언의 모듈은 모두 2이다.

③ 랙의 길이는 최대 이동 거리에 맞춰 정한다.

④ 랙과 피니언의 폭은 14㎜로 통일한다.

⑤ 피니언의 이 끝 높이 계수(hax)는 1, 이 끝과 이 뿌리 틈새 계수(cx)는 0.2이다.

(2) 사양 결정

① 랙의 최대 이동 거리가 250이므로 (PI*모듈*랙 잇수)로부터 랙의 잇수는 40이다.

② 랙의 이동 거리가 100일 때 모듈이 2이므로 (PI*모듈*피니언 잇수)로부터 피니언의 잇수는 16이다.

③ 랙의 이동 거리가 150일 때 모듈이 2이므로 (PI*모듈*피니언 잇수)로부터 피니언의 잇수는 24이다.

④ 랙의 이동 거리가 200일 때 모듈이 2이므로 (PI*모듈*피니언 잇수)로부터 피니언의 잇수는 32이다.

이상을 정리하면 랙과 피니언의 사양은 표 1-3-1과 같다.

표 1-3-1 랙과 피니언의 사양

	피니언	랙
rack_pinion_16	16	40
rack_pinion_24	24	40
rack_pinion_32	32	40

3.2.2 부품 형상모델링

(1) 회전축

회전축은 피니언을 회전시키기 위한 역할을 하며 그림 1-3-2 (a)는 회전축의 외형이며 그림 1-3-2 (b)는 회전축의 형상 치수이다. 저장 파트 파일 이름은 “회전축”으로 한다.

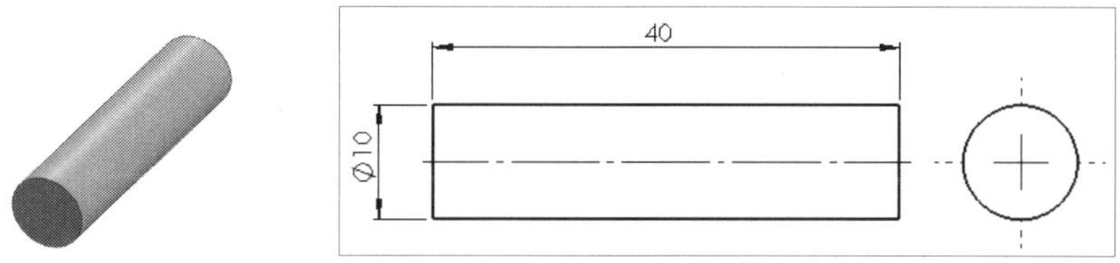

(a) 외형 (b) 형상 치수

그림 1-3-2 회전축의 형상 정보

(2) 랙

랙은 직선 형태의 기어에 해당하며 그림 1-3-3 (a)는 랙의 외형이며 그림 1-3-3 (b)는 랙의 이 단면 치수이다. 저장 파트 파일 이름은 “랙”으로 한다.

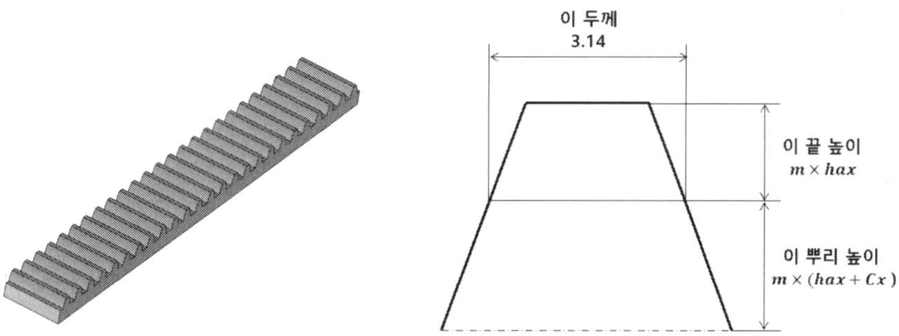

(a) 외형 (b) 이 단면 치수

그림 1-3-3 랙의 형상 정보

(3) 피니언

피니언은 스퍼 기어이며 그림 1-3-4 (a)는 피니언의 외형이며 그림 1-3-4 (b)는 피니언의 형상 치수이다. 저장 파트 파일 이름은 “피니언_24”로 한다. 피니언_16과 피니언_32도 저장한다.

(a) 잇수 16　　(b) 잇수 24　　(c) 잇수 32

그림 1-3-4 3개의 피니언 형상

3.3 크랭크 1회전당 100mm 직선 이동 기구 설계

3.3.1 설계 사양

(1) 설계 제한 조건

① 랙과 피니언의 모듈은 모두 2이다.

② 랙의 최대 이동 거리가 250mm이다.

③ 랙과 피니언의 폭은 14mm로 통일한다.

④ 피니언의 이 끝 높이는 2, 총 이 높이는 4.5mm이다.

⑤ 피니언의 회전에 대해 랙의 이론적 거리는 그림 1-3-5와 같으며 3.2.1항에 따르면 피니언 잇수가 16이므로 랙의 피치는 "$\pi \times m$"으로부터 6.28mm이고 이론적 이동 거리는 100.48mm이 된다.

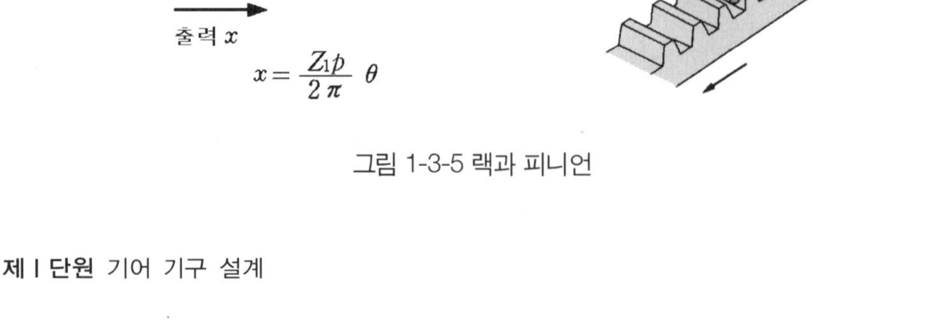

그림 1-3-5 랙과 피니언

(2) 사양 결정

① 랙의 잇수는 40이다.

② 피니언의 잇수는 16이다.

③ 이상을 정리하면 랙과 피니언의 사양은 표 1-3-2와 같다.

표 1-3-2 랙과 피니언의 사양

	피니언	랙
rack_pinion_16	16	40

3.3.2 기구 구성

(1) 구동 축

구동축을 어셈블리 좌표 평면과 일치하도록 고정한다.

① 부품 삽입을 클릭한다.

② 어셈블리 창의 찾아보기를 클릭한다.

③ 해당 파일이 창에 있으면 더블 클릭하고 Drag & Drop으로 부품을 어셈블리 창에 갖다 놓는다.

④ 마우스의 오른쪽 버튼을 눌러 메뉴가운데 "자유롭게 움직이기"를 선택한다.

⑤ 구동 축의 기준축1과 어셈블리 기준축1이 일치하도록 메이트 한다.

⑥ 구동 축의 끝면과 어셈블리 우측면이 일치하도록 메이트 한다.

(2) 피니언의 조립

① 피니언 파트모델을 부품 삽입한다.

② 피니언이 회전 운동을 할 수 있도록 피니언의 중심축과 구동축의 중심축이 일치하도록 일치 메이트를 한다.

③ 피니언의 윗면이 구동축의 윗면과 일치하도록 일치 메이트를 한다.

④ 피니언의 옆면이 구동축의 끝면과 일치하도록 일치 메이트를 한다.

⑤ 확인을 클릭한다(그림 1-3-6).

그림 1-3-6 구동 기어와 구동축의 조립 결과

(3) 랙의 조립

① 랙을 부품 삽입한다.

② 랙과 피니언이 일직선상에 있도록 랙의 정면과 피니언의 우측면을 일치 메이트 한다.

③ 피니언의 윗면과 랙의 정면을 평행 메이트 한다. 이것의 의미는 랙이 피니언의 윗면과 항상 평행을 유지하며 움직인다는 의미이다.

④ 확인을 클릭한다(그림 1-3-7).

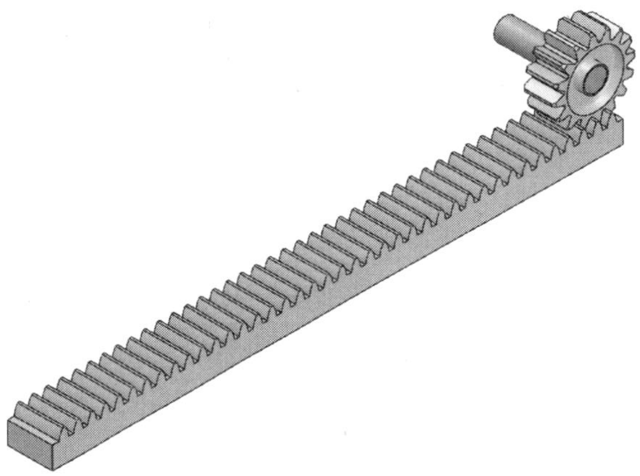

그림 1-3-7 구동 기어와 랙의 조립 결과

(4) 초기 위치 결정

① 메이트로 들어간다.

② 그림 1-3-8과 같이 피니언의 설정 tooth_DTM1(기어 이뿌리의 중간을 지나는 평면)과 랙의 설정 tooth_DTM1(랙의 이 끝 중앙을 지나는 평면)을 일치시키고 반드시 "위치배치에만 사용"을 체크한다.

③ 확인을 클릭한다.

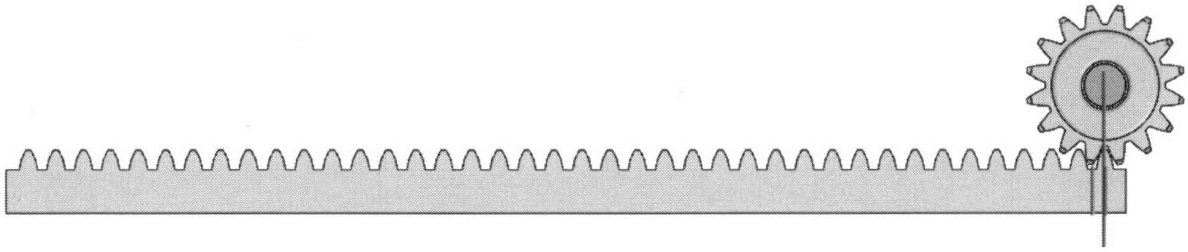

그림 1-3-8 피니언의 회전 운동을 위한 초기조건 설정 결과

(5) 기계 메이트

① 다시 메이트로 들어간다. 기계 메이트를 선택할 때는 전의 메이트 상황에서 일단 벗어났다 다시 들어가는 것이 좋다.

② 기계 메이트로 가서 랙과 피니언을 선택한다.

③ 기계 메이트에서 피니언의 피치 지름으로 선택하고 피니언의 피치원을 클릭하고 이어서 랙의 기준 피치원을 클릭한다.

④ 확인을 클릭한다.

(6) 저장하기

① 저장 도구( )에서 "다른 이름으로 저장하기"를 클릭한다.

② 저장할 디렉토리를 정하고 파일이름을 "이동거리 100의 랙과 피니언 기구"로 한다.

③ 저장 버튼을 클릭한다.

3.3.3 기구 모션 시뮬레이션

(1) 모션 조건 설정

1) 모터 설정

① 기어의 구동을 보이기 위해 모델 탭 옆의 모션 스터디 탭을 클릭한다.

② 구동을 위한 모터( )를 선택한다.

③ 모터 유형을 원형 모터로 선택한다.

④ 부품/방향에서 모터 위치는 회전 구동을 위해 피니언 기어로 한다.

⑤ 그림 1-3-9와 같이 모터 방향은 모터 위치와 같이 시계방향으로 적용한다.

⑥ 확인을 클릭한다.

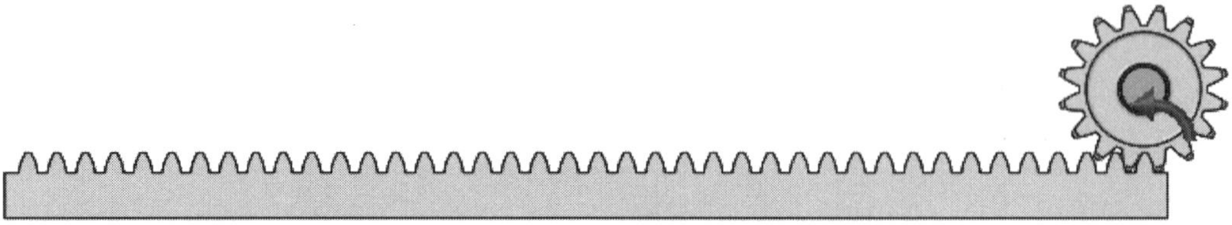

그림 1-3-9 모터 위치와 모터 방향 설정 모습

2) 모션 설정

① 모션은 모터 속성 창의 모션 설정에서 “방정식”을 선택한다.

② 방정식을 클릭하면 함수 작성기 창이 나타난다.

③ 함수를 ABS()로 한다. ()안의 변수는 시간과 변위 사이의 관계인 time를 변수로 선택한다.

④ 피니언이 5초에 1회전 구동하도록 하려면 방정식은 72*ABS(time)로 한다.

⑤ 확인을 클릭한다.

3) 모션 스터디 계산하기

① 모션 해석 탭으로 설정한다.

② 모션스터디 계산하기 아이콘을 클릭하여 설정된 모터의 구동 조건을 계산한다.

③ 계산과 동시에 기구의 구동을 확인한다.

(2) 시뮬레이션 결과

① “결과와 플롯” 버튼을 클릭한다.

② 유형 선택은 변위/속도/가속도를 선택한다.

③ 하위 유형 선택은 선형 변위로 한다.

④ 결과 성분 선택은 z 성분으로 한다.

⑤ 그래프 선택 면은 랙의 끝 부분의 면을 한다.

⑥ 확인을 클릭한다(그림 1-3-10).

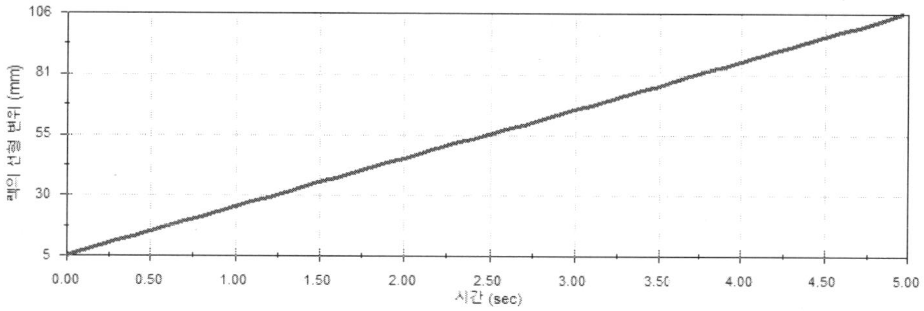

그림 1-3-10 피니언 1회전에 대한 랙의 선형 변위 결과 그래프

(3) 결과 고찰

피니언의 1회전(360°=2π)에 대해 이론적으로 랙이 이동하는 거리는 피니언 잇수가 16일 때 피치는 $\pi \times m$이므로 6.28mm이다. 따라서 이론적 이동 거리는 각각 100.48mm이고 시뮬레이션 이동 거리는 각각 101mm이므로 이론적 이동 거리와 오차는 거의 없다고 할 수 있다.

(4) 동영상 저장하기

① 저장 아이콘()을 클릭한다.

② 동영상 설정 창이 나타난다.

③ 파일 이름을 "이동거리 100의 랙과 피니언 동영상"으로 한다.

④ 비디오 압축 창이 나타나고 프레임 정보에서 초당 프레임을 25로 하고 저장을 누른다.

⑤ 압축 프로그램의 창이 나타나면 "전체 프레임(압축 안함)"을 선택하고 확인을 클릭한다.

⑥ 기어 기구가 동작하면서 동영상으로 저장된다.

3.4 크랭크 1회전당 150mm 직선 이동 기구 설계

3.4.1 설계 사양

(1) 설계 제한 조건

① 랙과 피니언의 모듈은 모두 2이다.

② 랙의 최대 이동 거리가 250㎜이다.

③ 랙과 피니언의 폭은 14㎜이다.

④ 피니언의 이 끝 높이는 2, 총 이 높이는 4.5㎜이다.

⑤ 피니언의 회전에 대해 랙의 이론적 거리는 3.2.1항에 따르며 피니언 잇수가 24이므로 랙의 피치는 "π×피치원지름/잇수"로부터 6.28㎜이고 이론적 이동 거리는 150.72㎜가 된다.

(2) 사양 결정

① 랙의 잇수는 40이다.

② 피니언의 잇수는 24이다.

③ 이상을 정리하면 랙과 피니언의 사양은 표 1-3-3과 같다.

표 1-3-3 랙과 피니언의 사양

	피니언	랙
rack_pinion_24	24	40

3.4.2 기구 구성

(1) 구동 축

구동축을 어셈블리 좌표 평면과 일치하도록 고정한다.

① 부품 삽입을 클릭한다.

② 어셈블리 창의 찾아보기를 클릭한다.

③ 해당 파일이 창에 있으면 더블 클릭하고 Drag & Drop으로 부품을 어셈블리 창에 갖다 놓는다.

④ 마우스의 오른쪽 버튼을 눌러 메뉴가운데 "자유롭게 움직이기"를 선택한다.

⑤ 구동 축의 기준축1과 어셈블리 기준축1이 일치하도록 메이트 한다.

⑥ 구동 축의 끝면과 어셈블리 우측면이 일치하도록 메이트 한다.

(2) 피니언의 조립

① 피니언 파트모델을 부품 삽입한다.

② 피니언이 회전 운동을 할 수 있도록 피니언의 중심축과 구동축의 중심축이 일치하도록 일치 메이트를 한다.

③ 피니언의 윗면이 구동축의 윗면과 일치하도록 일치 메이트를 한다.

④ 피니언의 옆면이 구동축의 끝면과 일치하도록 일치 메이트를 한다.

⑤ 확인을 클릭한다(그림 1-3-11).

(3) 랙의 조립

① 랙을 부품 삽입한다.

② 랙과 피니언이 일직선상에 있도록 랙의 정면과 피니언의 우측면을 일치 메이트 한다.

③ 피니언의 윗면과 랙의 정면을 평행 메이트 한다. 이것의 의미는 랙이 피니언의 윗면과 항상 평행을 유지하며 움직인다는 의미이다.

④ 확인을 클릭한다(그림 1-3-12).

그림 1-3-11 구동 기어와 구동축의 조립 결과

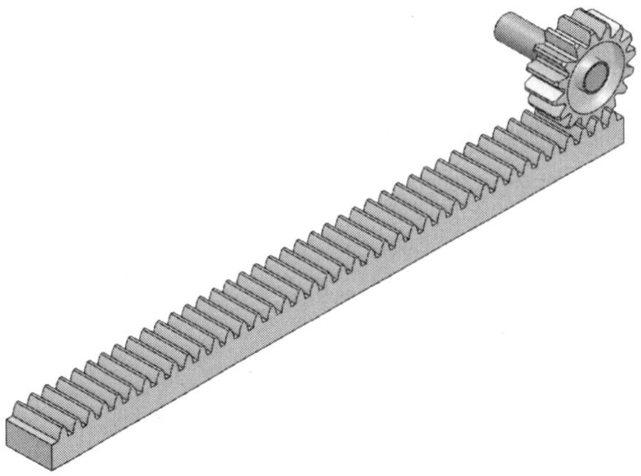

그림 1-3-12 구동 기어와 랙의 조립 결과

(4) 초기 위치 결정

① 메이트로 들어간다.

② 그림 1-3-13과 같이 피니언의 설정 tooth_DTM1(기어 이뿌리의 중간을 지나는 평면)과 랙의 설정 tooth_DTM1(랙의 이 끝 중앙을 지나는 평면)을 일치시키고 반드시 "위치배치에만 사용"을 체크한다.

③ 확인을 클릭한다.

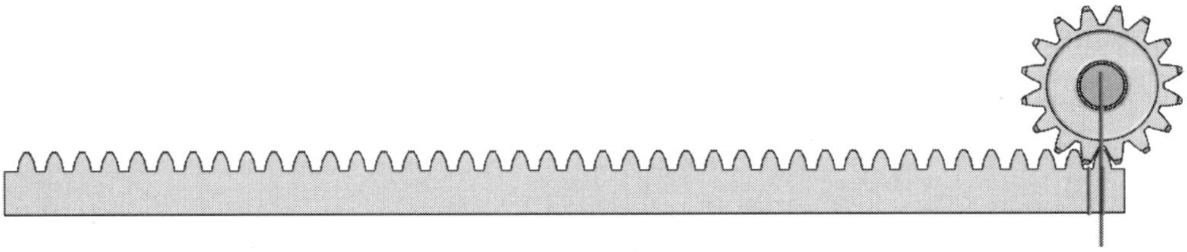

그림 1-3-13 피니언의 회전 운동을 위한 초기조건 설정 결과

(5) 기계 메이트

① 다시 메이트로 들어간다. 기계 메이트를 선택할 때는 전의 메이트 상황에서 일단 벗어났다 다시 들어가는 것이 좋다.

② 기계 메이트로 가서 랙과 피니언을 선택한다.

③ 기계 메이트에서 피니언의 피치 지름으로 선택하고 피니언의 피치원을 클릭하고 이어서 랙의 기준 피치원을 클릭한다.

④ 확인을 클릭한다.

(6) 저장하기

① 저장 도구(💾)에서 "다른 이름으로 저장하기"를 클릭한다.

② 저장할 디렉토리를 정하고 파일이름을 "이동거리 150의 랙과 피니언 기구"로 한다.

③ 저장 버튼을 클릭한다.

3.4.3 기구 모션 시뮬레이션

(1) 모션 조건 설정

1) 모터 설정

① 기어의 구동을 보이기 위해 모델 탭 옆의 모션 스터디 탭을 클릭한다.

② 구동을 위한 모터( )를 선택한다.

③ 모터 유형을 원형 모터로 선택한다.

④ 부품/방향에서 모터 위치는 회전 구동을 위해 피니언 기어로 한다.

⑤ 그림 1-3-14와 같이 모터 방향은 모터 위치와 같이 시계방향으로 적용한다.

⑥ 확인을 클릭한다.

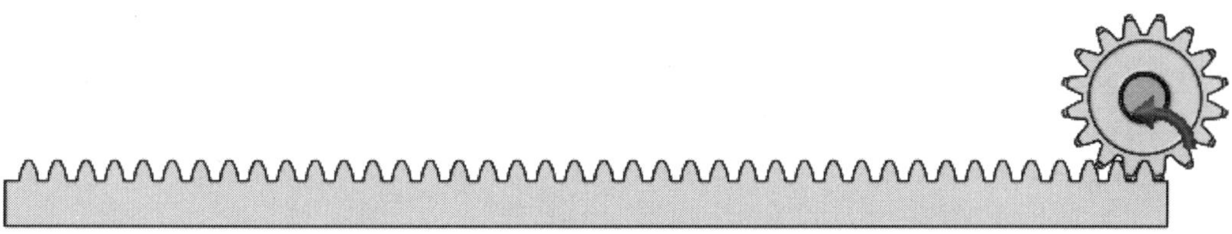

그림 1-3-14 모터 위치와 모터 방향 설정 모습

2) 모션 설정

① 모션은 모터 속성 창의 모션 설정에서 "방정식"을 선택한다.

② 방정식을 클릭하면 함수 작성기 창이 나타난다.

③ 함수를 ABS()로 한다. ()안의 변수는 시간과 변위 사이의 관계인 time를 변수로 선택한다.

④ 피니언이 5초에 1회전 구동하도록 하려면 방정식은 72*ABS(time)로 한다.

⑤ 확인을 클릭한다.

3) 모션 스터디 계산하기

① 모션 해석 탭으로 설정한다.

② 모션스터디 계산하기 아이콘을 클릭하여 설정된 모터의 구동 조건을 계산한다.

③ 계산과 동시에 기구의 구동을 확인한다.

(2) 시뮬레이션 결과

① "결과와 플롯" 버튼을 클릭한다.

② 유형 선택은 변위/속도/가속도를 선택한다.

③ 하위 유형 선택은 선형 변위로 한다.

④ 결과 성분 선택은 z 성분으로 한다.

⑤ 그래프 선택 면은 랙의 끝 부분의 면으로 한다.

⑥ 확인을 클릭한다(그림 1-3-15).

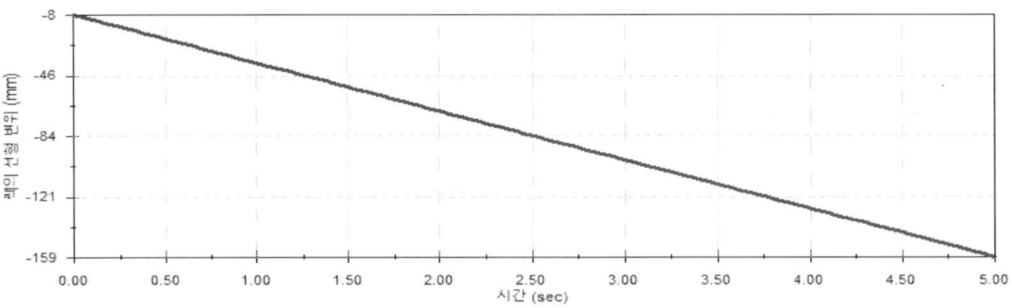

그림 1-3-15 피니언 1회전에 대한 랙의 선형 변위 결과 그래프

(3) 결과 고찰

피니언의 1회전(360°=2π)에 대해 이론적으로 랙이 이동하는 거리는 피니언 잇수가 24일 때 피치는 π×피치원지름/잇수이므로 6.28㎜이다. 따라서 이론적 이동 거리는 150.72㎜이고 시뮬레이션 이동 거리는 151㎜이므로 이론적 이동 거리와 오차는 거의 없다고 할 수 있다.

(4) 동영상 저장하기

① 저장 아이콘( )을 클릭한다.

② 동영상 설정 창이 나타난다.

③ 파일 이름을 "이동거리 150의 랙과 피니언 동영상"으로 저장한다.

④ 비디오 압축 창이 나타나고 프레임 정보에서 초당 프레임을 25로 하고 저장을 누른다.

⑤ 압축 프로그램의 창이 나타나면 "전체 프레임(압축 안함)"을 선택하고 확인을 클릭한다.

⑥ 기어 기구가 동작하면서 동영상으로 저장된다.

3.5 크랭크 1회전당 200mm 직선 이동 기구 설계

3.5.1 설계 사양

(1) 설계 제한 조건

① 랙과 피니언의 모듈은 모두 2이다.

② 랙의 최대 이동 거리가 250mm이다.

③ 랙과 피니언의 폭은 14mm이다.

④ 피니언의 이 끝 높이는 2, 총 이 높이는 4.5mm이다.

⑤ 피니언의 회전에 대해 랙의 이론적 거리는 3.2.1항에 따르며 피니언 잇수가 32이므로 랙의 피치는 "π×피치원지름/잇수"로부터 6.28mm이고 이론적 이동 거리는 200.96mm가 된다.

(2) 사양 결정

① 랙의 잇수는 40이다.

② 피니언의 잇수는 32이다.

③ 이상을 정리하면 랙과 피니언의 사양은 표 1-3-4와 같다.

표 1-3-4 랙과 피니언의 사양

	피니언	랙
rack_pinion_32	32	40

3.5.2 기구 구성

(1) 구동 축

구동축을 어셈블리 좌표 평면과 일치하도록 고정한다.

① 부품 삽입을 클릭한다.

② 어셈블리 창의 찾아보기를 클릭한다.

③ 해당 파일이 창에 있으면 더블 클릭하고 Drag & Drop으로 부품을 어셈블리 창에 갖다 놓는다.

④ 마우스의 오른쪽 버튼을 눌러 메뉴가운데 "자유롭게 움직이기"를 선택한다.

⑤ 구동 축의 기준축1과 어셈블리 기준축1이 일치하도록 메이트 한다.

⑥ 구동 축의 끝면과 어셈블리 우측면이 일치하도록 메이트 한다.

(2) 피니언의 조립

① 피니언 파트모델을 부품 삽입한다.

② 피니언이 회전 운동을 할 수 있도록 피니언의 중심축과 구동축의 중심축이 일치하도록 일치 메이트를 한다.

③ 피니언의 윗면이 구동축의 윗면과 일치하도록 일치 메이트를 한다.

④ 피니언의 옆면이 구동축의 끝면과 일치하도록 일치 메이트를 한다.

⑤ 확인을 클릭한다(그림 1-3-16).

(3) 랙의 조립

① 랙을 부품 삽입한다.

② 랙과 피니언이 일직선상에 있도록 랙의 정면과 피니언의 우측면을 일치 메이트 한다.

③ 피니언의 윗면과 랙의 정면을 평행 메이트 한다. 이것의 의미는 랙이 피니언의 윗면과 항상 평행을 유지하며 움직인다는 의미이다.

④ 확인을 클릭한다(그림 1-3-17).

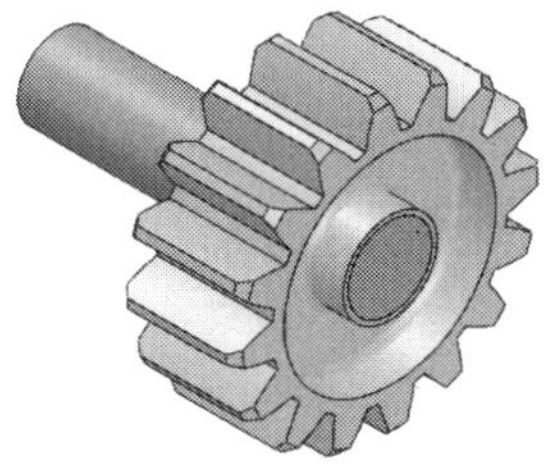

그림 1-3-16 구동 기어와 구동축의 조립 결과

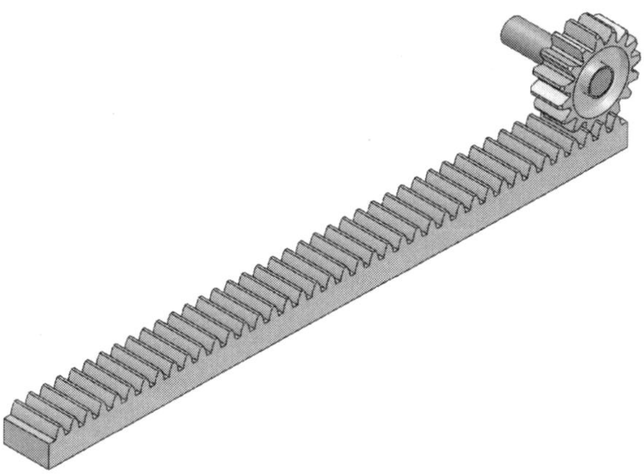

그림 1-3-17 구동 기어와 랙의 조립 결과

(4) 초기 위치 결정

① 메이트로 들어간다.

② 그림 1-3-18과 같이 피니언의 설정 tooth_DTM1(기어 이뿌리의 중간을 지나는 평면)과 랙의 설정 tooth_DTM1(랙의 이 끝 중앙을 지나는 평면)을 일치시키고 반드시 "위치배치에만 사용"을 체크한다.

③ 확인을 클릭한다.

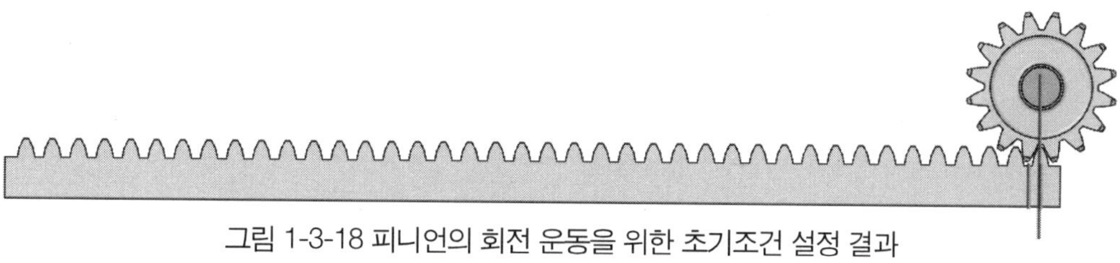

그림 1-3-18 피니언의 회전 운동을 위한 초기조건 설정 결과

(5) 기계 메이트

① 다시 메이트로 들어간다. 기계 메이트를 선택할 때는 전의 메이트 상황에서 일단 벗어났다 다시 들어가는 것이 좋다.

② 기계 메이트로 가서 랙과 피니언을 선택한다.

③ 기계 메이트에서 피니언의 피치 지름으로 선택하고 피니언의 피치원을 클릭하고 이어서 랙의 기준 피치원을 클릭한다.

④ 확인을 클릭한다.

(6) 저장하기

① 저장 도구(💾)에서 "다른 이름으로 저장하기"를 클릭한다.

② 저장할 디렉토리를 정하고 파일이름을 "이동거리 200의 랙과 피니언 기구"로 한다.

③ 저장 버튼을 클릭한다.

3.5.3 구동 시뮬레이션

(1) 구동 조건 설정

1) 모터 설정

① 기어의 구동을 보이기 위해 모델 탭 옆의 모션 스터디 탭을 클릭한다.

② 구동을 위한 모터( )를 선택한다.

③ 모터 유형을 원형 모터로 선택한다.

④ 부품/방향에서 모터 위치는 회전 구동을 위해 피니언 기어로 한다.

⑤ 그림 1-3-19와 같이 모터 방향은 모터 위치와 같이 시계방향으로 적용한다.

⑥ 확인을 클릭한다.

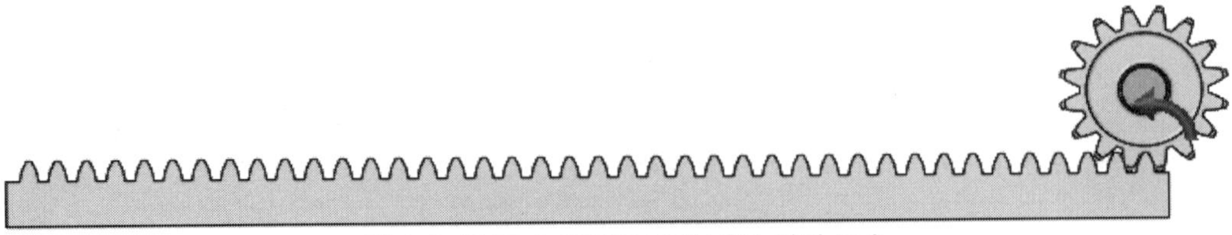

그림 1-3-19 모터 위치와 모터 방향 설정 모습

2) 모션 설정

① 모션은 모터 속성 창의 모션 설정에서 “방정식”을 선택한다.

② 방정식을 선택하고 클릭하면 함수 작성기 창이 나타난다.

③ 함수를 ABS()로 한다. ()안의 변수는 시간과 변위 사이의 관계인 time를 변수로 선택한다.

④ 피니언이 5초에 1회전 구동하도록 하려면 방정식은 72*ABS(time)로 한다.

⑤ 확인을 클릭한다.

3) 모션 스터디 계산하기

① 모션 해석 탭으로 설정한다.

② 모션스터디 계산하기 아이콘을 클릭하여 설정된 모터의 구동 조건을 계산한다.

③ 계산과 동시에 기구의 구동을 확인한다.

(2) 시뮬레이션 결과

① “결과와 플롯” 버튼을 클릭한다.

② 유형 선택은 변위/속도/가속도를 선택한다.

③ 하위 유형 선택은 선형 변위로 한다.

④ 결과 성분 선택은 z 성분으로 한다.

⑤ 그래프 선택 면은 랙의 끝 부분의 면으로 한다.

⑥ 확인을 클릭한다(그림 1-3-20).

그림 1-3-20 피니언 1회전에 대한 랙의 선형 변위 결과 그래프

(3) 결과 고찰

피니언의 1회전(360°=2π)에 대해 이론적으로 랙이 이동하는 거리는 피니언 잇수가 32일 때 피치는 π×피치원 지름/잇수이므로 6.28mm이다. 따라서 이론적 이동 거리는 200.96mm이고 시뮬레이션 이동 거리는 201mm이므로 이론적 이동 거리와 오차는 거의 없다고 할 수 있다.

(4) 동영상 저장하기

① 저장 아이콘()을 클릭한다.

② 동영상 설정 창이 나타난다.

③ 파일 이름을 "이동거리 200의 랙과 피니언 동영상"으로 저장한다.

④ 비디오 압축 창이 나타나고 프레임 정보에서 초당 프레임을 25로 하고 저장을 누른다.

⑤ 압축 프로그램의 창이 나타나면 "전체 프레임(압축 안함)"을 선택하고 확인을 클릭한다.

⑥ 기어 기구가 동작하면서 동영상으로 저장된다.

3.6 자율 평가 문제

이 자율평가의 목적은 앞에서 익힌 내용을 다 이해하고 평가 문제에 대해 자기 주도적으로 문제를 해결하고 숙지 정도를 확인하기 위함이다. 본인의 부족한 점에 대해 파악하는 태도를 기르고 부족하다면 다른 사람의 도움을 받거나 본인 스스로 앞의 내용을 더욱 자세히 학습하는 자기주도 학습에 목적이 있다.

3.2.1항의 랙과 피니언 기구에 대해 변경된 조건에 따라 다음 문제를 해결하라.

변경 조건 사항

- 피니언 잇수는 30이다.
- 랙과 피니언 모듈을 3으로 통일한다.
- 랙과 피니언의 폭은 15㎜로 한다.
- 랙의 이동 거리가 200㎜ 또는 300㎜인 랙과 피니언 기구로 한다.
- 랙과 피니언 기구 구동은 피니언이 5초에 1회전 한다.

문제 1

랙의 이동 거리가 200㎜를 넘지 않는 랙과 피니언 기구를 구성하고 구동 시뮬레이션에 의해 시뮬레이션 결과 그래프를 그려라. 또한 시뮬레이션 결과와 이론적 이동거리와 비교 고찰하라.

문제 2

랙의 이동 거리가 300㎜를 넘지 않는 랙과 피니언 기구를 구성하고 구동 시뮬레이션에 의해 시뮬레이션 결과 그래프를 그려라. 또한 시뮬레이션 결과와 이론적 이동거리와 비교 고찰하라.

위의 문제에 대해 부록의 답안과 비교하여 일치한 답을 했다면 앞의 내용을 완전히 이해했다고 판단되지만 틀린 부분이 있다면 그 원인을 반드시 찾도록 하는 것이 좋을 것입니다. 본인의 답이 맞다고 생각하면 일치하지 않아도 좋지만 그 이유를 반드시 적어보고 확실한지 다시 한 번 확인하기 바랍니다.

자율 평가 결과 점검표

학습자 성명 :	평가 날짜 :
평가 제목 : 랙과 피니언 기구 설계	

	성취 수준		
	하지 못했음	했지만 잘 모르겠음	완전히 하였음
• 피니언 기어를 설계 테이블에 의해 형상모델링을 하였다.			
• 랙을 설계대로 형상모델링을 하였다.			
• 랙과 피니언의 조립 및 초기 위치 결정을 하였다.			
• 기구 시뮬레이션 결과를 시간에 따른 플롯으로 나타내었다.			
• 기구 시뮬레이션 결과를 시간에 따른 엑셀 그래프로 나타내었다.			
• 시뮬레이션 결과와 이론적 이동 거리를 비교 고찰하였다.			

성취수준

위의 모든 항목에 대해 "완전히 하였음", 즉 완성도 100%로 답하여야 합니다. 만일 "하지 않았음" 또는 "했지만 잘 모르겠음"에 답을 했다면 앞에서 학습한 내용을 다시 한 번 확인하여 다시 수행하고 필요한 경우에는 교육자 또는 전문가와 상의하기 바랍니다.

제4장

중심 고정 기어 트레인 기구

4.1 단순 3트레인 기어 기구 설계

4.1.1 문제

기계에서는 축 사이에 확실한 동력을 전달시키고 다시 회전수를 증감시킬 필요가 자주 발생한다. 주어진 회전수로부터 필요로 하는 회전수를 구하고자 하면 몇 개의 기어를 적절히 조합시켜 원하는 회전수를 얻을 수 있다. 이와 같이 원하는 회전비를 구하기 위해 기어를 조합하는 것을 기어 트레인(gear train)이라 한다.

여러분이 기계공학을 전공한 전문가이며 특히 스퍼 기어 기구에 대한 전공자라고 하자. 한 학교에서 사용할 수 있는 스퍼 기어는 여러 개 있으나 최대 큰 스퍼 기어의 피치원 지름이 120㎜라고 한다. 축간 거리가 160㎜이고 3배 이상의 증속의 기구를 만들려고 하다 보니 2개의 스퍼 기어로 증속 기구를 만들기는 어려워서 그 방법을 알려달라고 하면 당신은 어떻게 해결할 것인가?

그림 1-4-1 단순 3트레인 기어 기구 모습

4.1.2 부품 준비

(1) 부품 사양 결정

1) 설계 제한 조건

① 입력 기어와 출력 기어의 회전 방향이 같다.

② 입력 기어와 출력 기어의 중심 사이 거리는 160㎜으로 한다.

③ 입력 기어와 중간 기어와 출력 기어는 일직선상에 있도록 한다.

④ 입력 기어의 피치원 지름은 120㎜로 한다.

⑤ 출력 측의 감속비는 3이다.

⑥ 기어 이 나비는 30㎜로 통일한다.

⑦ 모듈은 2이다.

2) 사양 결정

① 주어진 큰 기어 2개로 해도 축간 거리가 120㎜이므로 큭 기어 2개로는 부족하며 따라서 2개 이상으로 해야 한다. 그런데 입력과 출력의 기어 회전 방향이 같으려면 기어 트레인의 수가 홀수이어야 하므로 여기서는 3 트레인으로 한다.

② 입력 기어의 잇수가 60이고 감속비가 3이므로 식 (1-4-1)에 의해 출력 기어의 잇수는 20이 되어야 한다.

③ 입력 기어와 출력 기어의 축간 거리는 입력 기어 피치원의 반지름과 중간 기어의 피치원 지름과 출력 기어 피치원의 반지름을 더한 것과 같아야 한다. 따라서 입력 기어와 출력 기어 사이의 축간 거리는 160㎜이고 입력 기어 피치원의 반지름이 60㎜이므로 중간 기어와 출력 기어 사이의 중심 거리는 100㎜가 되어야 한다.

④ 중간 기어와 출력 기어 사이의 중심 거리는 100㎜이고 출력 기어의 피치원의 지름이 40㎜이므로 중간 기어의 피치원 지름은 60㎜가 되어야 한다.

3개의 기어로 구성된 단순 기어 트레인 변속 기구에서 감속비 R은 다음과 같다.

$$R = \frac{Z_2}{Z_1}\frac{Z_3}{Z_2} = \frac{Z_3}{Z_1} \qquad (1\text{-}4\text{-}1)$$

이상의 사항을 표 1-4-1에 정리하여 나타내었다.

표 1-4-1 3열 기어 변속 기구의 사양

기어	입력 기어	중간 기어	출력 기어
잇수	60	40	20
모듈	2	2	2
이 나비	30	30	30

(2) 기어 부품 형상모델링

1.2.1항에서 부품 형상 모델링한 설계 테이블을 바탕으로 필요 스퍼기어는 생성해서 활용하는 것으로 한다.

1) 글로벌 변수 설정 및 수식 입력

① 풀다운 메뉴에서 도구를 선택한다.

② 도구에서 수식을 선택한다.

③ 그림 1-4-2와 같은 수식 창이 나타나며 여기서 창의 왼쪽 밑의 글로벌 변수 추가를 클릭한다.

④ 이름을 입력하고 값을 입력한다.

⑤ ③과 ④를 반복하며 글로벌 변수와 값을 모두 입력한다.

⑥ 또한 밑그림에 사용될 각종 변수들의 수식은 그림 1-4-3과 같다.

이름	값 / 수식	평가	코멘트
⊟ 글로벌 변수			
"m"	= 2	2	모듈
"dp"	= 120	120	피치원 지름
"cx"	= 0.25	0.25	이끝과 이뿌리 틈새 계수
"hax"	= 1	1	이끝 높이계수
"hk"	= "m" * "hax"	2	이끝 높이
"hf"	= "m" * ("hax" + "cx")	2.5	이뿌리 높이
"h"	= "m" * (2 * "hax" + "cx")	4.5	피치 높이
"width"	= 30	30	이 너비
글로벌 변수 추가			

그림 1-4-2 글로벌 변수와 초기값 입력 결과

이름	값 / 수식	평가	코멘트
⊟ 수식			
"rp@스케치1"	= "dp@스케	25mm	피치원 반지름
"rk@스케치1"	= ("dp@스케	23mm	이뿌리원 반지름
"width@스케치1"	= 30	30mm	이 너비
"wa@스케치1"	= "width@스	6mm	이 홈 너비
"wb@스케치1"	= "width@스	10mm	이 홈 깊이
"wc@스케치1"	= ("rk@스케	9.2mm	이 홈 높이
"df@스케치2"	= "dp@스케	55mm	이끝 지름
"dk@스케치2"	= "dp@스케	46mm	이뿌리 지름
"p1@스케치2"	= pi * "m" / 4	1.57m	피치원과 만나는 지점1까지의 거리
"p2@스케치2"	= "m" / 2	1mm	지점1에서 이끝원과 만나는 지점2까지의 거리
"p3@스케치2"	= "m" / 4	0.5mm	지점2에서 이뿌리원과 만나는 지점3까지의 거리
수식 추가			

그림 1-4-3 최종 수식 및 값 입력 결과

표 1-4-2 설계변수 테이블 입력값

기어 이름	dp(피치원 지름)	n(기어 잇수)
gear2_60	120	60
gear2_40	80	40
gear2_20	40	20

2) 설계변수 테이블 만들기

① 풀다운 메뉴의 삽입에서 테이블을 선택하고 "설계 변수 테이블"을 클릭한다.

② 확인을 클릭한다.

③ Excel 워크시트가 파트 문서 창에 나타난다. 기본으로 세 번째 행(셀 A3)의 이름은 "첫 항목"이 되고 열 머리글 셀 B2가 활성화된다. 여기서 "첫 항목"을 "gear2_60"로 바꾼다.

④ 그래픽 영역에서 변수 dp(피치원 지름), n(잇수)를 더블 클릭한다.

⑤ 열 (셀 A4:A6) 이름과 값을 gear2_40과 gear2_20을 표 1-4-2와 같이 추가한다.

⑥ 그래픽 영역에서 워크시트의 바깥쪽 아무 곳이나 클릭하면 워크시트가 닫힌다.

⑦ 파트를 "gear2_60"로 저장한다.

3) 치수 변화에 의한 3가지 기어 형상

표 1-4-2의 설계변수 테이블을 이용하여 그림 1-4-4와 같이 3가지 형태로 나타낼 수 있다.

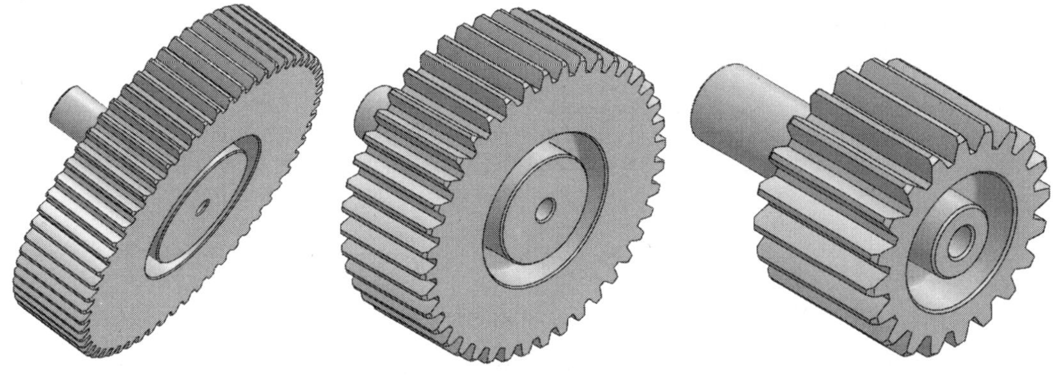

(a) type1(잇수 60) (b) type2(잇수 40) (c) type3(잇수 20)

그림 1-4-4 설계변수 변화에 의한 모듈2 기어 형상 표현

4.1.3 기구 구성

(1) 부품 조립

1) 조립 전 준비

조립 전에 조립될 기어의 위치를 미리 지정하고 기준축을 생성한다.

① 새 문서를 클릭한다.
② 어셈블리 모드를 클릭한다.
③ 참조형상의 기준면 도구를 클릭한다.
④ 정면을 참조하여 거리 100mm만큼 떨어진 곳에 새로운 기준면(PLANE1)을 생성한다.
⑤ 참조형상의 기준면 도구를 클릭한다.
⑥ 정면을 참조하여 거리 160mm만큼 떨어진 곳에 새로운 기준면(PLANE2)을 생성한다.
⑦ 참조형상의 기준축 도구를 클릭한다.
⑧ 어셈블리 윗면과 어셈블리 정면을 클릭하여 새로운 기준축1을 생성한다.
⑨ 참조형상의 기준축 도구를 클릭한다.
⑩ PLANE1과 어셈블리 정면을 클릭하여 새로운 기준축2를 생성한다.
⑪ 참조형상의 기준축 도구를 클릭한다.
⑫ PLANE2와 어셈블리 정면을 클릭하여 새로운 기준축3를 생성한다.

2) 입력 기어 조립

① 부품 삽입을 클릭한다.

② 어셈블리 창의 찾아보기를 클릭한다.

③ 해당 파일이 창에 있으면 더블 클릭하고 Drag & Drop으로 입력 기어 부품을 어셈블리 창에 갖다 놓는다.

④ 마우스의 오른쪽 버튼을 눌러 메뉴가운데 "자유롭게 움직이기"를 선택한다.

⑤ 입력 기어의 기준축1과 어셈블리 기준축1이 일치하도록 메이트 한다.

⑥ 입력 기어의 우측면과 어셈블리 우측면이 일치하도록 메이트 한다.

3) 중간 기어 조립

① 부품 삽입을 클릭한다.

② 어셈블리 창의 찾아보기를 클릭한다.

③ 해당 파일이 창에 있으면 더블 클릭하고 Drag & Drop으로 중간 기어 부품을 어셈블리 창에 갖다 놓는다.

④ 중간 기어의 기준축1과 어셈블리 기준축2가 일치하도록 메이트 한다.

⑤ 중간 기어의 우측면과 입력 기어의 우측면이 일치하도록 메이트 한다.

4) 출력 기어 조립

① 부품 삽입을 클릭한다.

② 어셈블리 창의 찾아보기를 클릭한다.

③ 해당 파일이 창에 있으면 더블 클릭하고 Drag & Drop으로 출력 기어 부품을 어셈블리 창에 갖다 놓는다.

④ 출력 기어의 기준축1과 어셈블리 기준축3이 일치하도록 메이트 한다.

⑤ 출력 기어의 우측면과 중간 기어의 우측면이 일치하도록 메이트 한다.

5) 초기 위치 결정

① 표준 메이트에서 입력 기어의 윗면과 중간 기어의 tooth_DTM1이 서로 일치하도록 메이트 설정 하고 옵션에서 "위치 배치에만 사용"을 체크한다(그림 1-4-5).

② 표준 메이트에서 중간 기어의 tooth_DTM1과 출력 기어의 윗면이 서로 일치하도록 메이트 설정 하고 옵션에서 "위치 배치에만 사용"을 체크한다(그림 1-4-5).

③ 확인을 클릭한다.

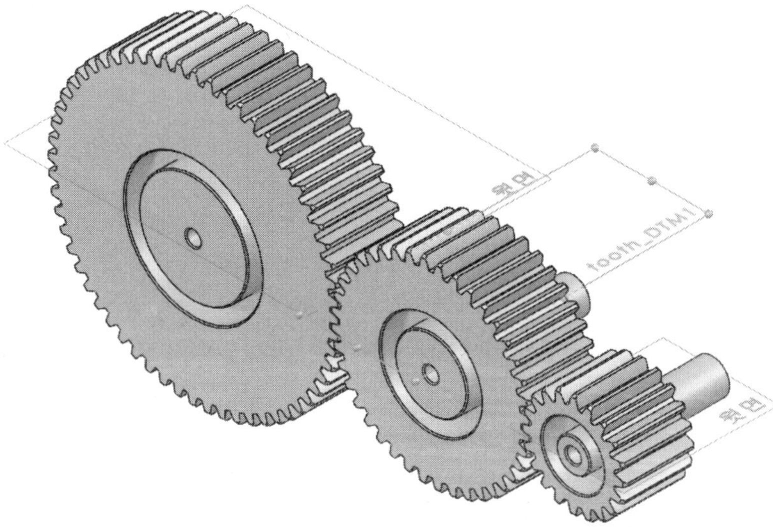

그림 1-4-5 초기 위치 결정 모습

6) 기어 메이트

① 메이트로 들어가서 "기계 메이트"를 클릭한다.

② 기어를 선택하고 먼저 입력 기어의 피치원과 중간 기어의 피치원을 선택한다.

③ 자동적으로 기어 비율은 피치원 지름인 입력 기어는 60, 중간 기어는 40이 된다.

④ 확인을 클릭한다.

⑤ 메이트로 들어가서 "기계 메이트"를 클릭한다.

⑥ 기어를 선택하고 먼저 중간 기어의 피치원과 출력 기어의 피치원을 선택한다.

⑦ 자동적으로 기어 비율은 피치원 지름인 중간 기어는 40, 출력 기어는 20이 된다.

⑧ 확인을 클릭한다.

(2) 기구 저장하기

① 저장 도구( )에서 "다른 이름으로 저장하기"를 클릭한다.

② 저장할 디렉토리를 정하고 파일이름을 "단순 기어 트레인 기구"로 한다.

③ 저장 버튼을 클릭한다.

4.1.4 기구 모션 시뮬레이션

(1) 모션 조건 설정

1) 모터 설정

① 기어의 구동을 보이기 위해 모델 탭 옆의 모션 스터디 탭을 클릭한다.

② 구동을 위한 모터( )를 선택한다.

③ 모터 유형을 원형 모터로 선택한다.

④ 부품/방향에서 모터 위치는 회전 구동을 위해 구동 기어로 한다.

⑤ 그림 1-4-6과 같이 모터 방향은 모터 위치와 같이 반시계방향으로 적용한다.

⑥ 확인을 클릭한다.

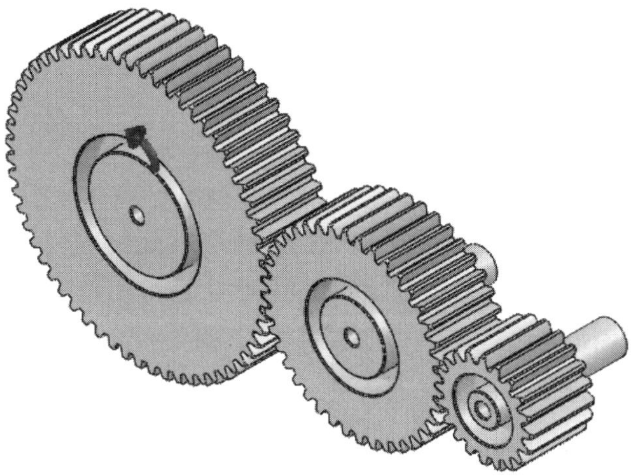

그림 1-4-6 모터 위치와 모터 방향 설정 모습

2) 모션 설정

① 모션은 모터 속성 창의 모션 설정에서 한 가지를 선택한다. 여기서는 방정식을 선택하였다.

② 방정식을 선택하고 클릭하면 함수 작성기 창이 나타난다.

③ 함수를 ABS()로 한다. ()안의 변수는 시간과 변위 사이의 관계인 time를 변수로 선택한다.

④ 제어 조건의 함수를 ABS()로 한 것은 단순하게 시간에 따른 변위(각도)의 변화로 제

어하고자 한 의도이다. 원동 기어가 5초에 2회전(720도) 하도록 하려면 방정식은 72*2*ABS(time)로 한다.

⑤ 확인을 클릭한다.

3) 모션 스터디 계산하기

① 모션 해석 탭으로 설정한다.

② 모션스터디 계산하기 아이콘을 클릭하여 설정된 모터의 구동 조건을 계산한다.

③ 계산과 동시에 종동기어의 구동을 확인한다.

(2) 시뮬레이션 결과

1) 중간 기어 운동 시뮬레이션 결과

① "결과와 플롯" ( ) 버튼을 클릭한다.

② 유형 선택은 "변위/속도/가속도"로 하고, 하위 유형 선택은 "각 변위"로 한다.

③ 각 변위를 나타내고자 하는 부분은 중간 기어의 기준축 일치1로 한다.

④ 구동된 중간 기어의 각 변위 그래프는 그림 1-4-7 (a)와 같다.

2) 출력 기어 운동 시뮬레이션

① "결과와 플롯" ( ) 버튼을 클릭한다.

② 유형 선택은 "변위/속도/가속도"로 하고, 하위 유형 선택은 "각 변위"로 한다.

③ 각 변위를 나타내고자 하는 부분은 출력 기어의 기준축 일치1로 한다.

④ 구동된 출력 기어의 각 변위 그래프는 그림 1-4-7 (b)와 같다.

(3) 결과 고찰

입력 기어1의 2회전(720도)에 대해 그림 1-4-7 (b)와 같이 출력 기어가 정확히 6회전(2160도)하고 있는 것으로부터 입력 기어에 의해 출력 기어의 감속비는 2160°/720° = 3으로 전달하는 기어 기구임을 알 수 있다. 3열 기어로 할 때 감속비3의 사양 결정은 이론상 감속비 60/20=3에 비교해서 2160°/720° = 3으로 완전 일치한다. 따라서 사양 결정에 의한 3열 기어 변속 기구 설계는 올바르다.

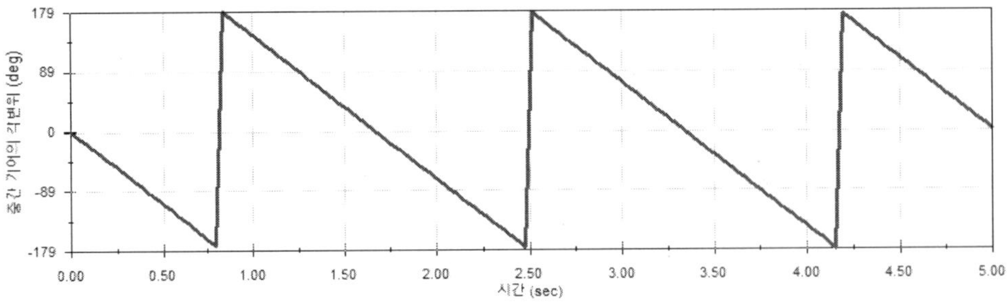

(a) 중간 기어의 각 변위

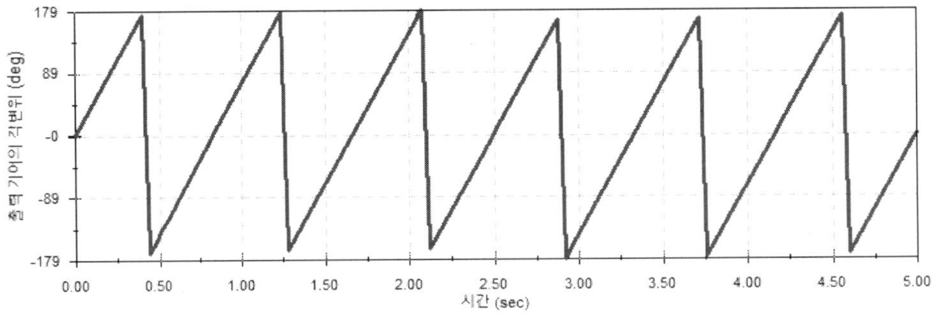

(b) 출력 기어의 각 변위

그림 1-4-7 기어 열 변속기어의 시간에 따른 각 변위 그래프 결과 모습

(4) 동영상 저장하기

① 저장 아이콘()을 클릭한다.

② 동영상 설정 창이 나타난다.

③ 파일 이름을 "단순 기어 트레인 기구 동영상"으로 저장한다.

④ 비디오 압축 창이 나타나고 프레임 정보에서 초당 프레임을 25로 하고 저장을 누른다.

⑤ 압축 프로그램의 창이 나타나면 "전체 프레임(압축 안함)"을 선택하고 확인을 클릭한다.

⑥ 기어 기구가 동작하면서 동영상으로 저장된다.

4.2 복합 기어 트레인 기구 설계

4.2.1 문제

여러분이 기계공학을 전공한 전문가이며 특히 베벨기어와 스퍼 기어 기구에 대한 전공자라고 하자. 한 회사에서 중심 고정 기어 트레인에 의한 변속 기구를 대상으로 다음의 조건을 만족하는 기구를 설계해 달라고 하면 당신은 어떻게 해결할 것인가? ① 베벨기어와 스퍼기어만을 사용하여 되도록 공간의 조밀성을 유지해야 한다. ② 출력축은 2개이며 두 축의 중심 사이의 거리는 85㎜로 한다. ③ 출력1의 변속비는 1이고, 출력2의 변속비는 5/12이다.

4.2.2 부품 준비

(1) 부품 사양 결정

1.2.1항과 2.2.1항에서 부품 형상 모델링한 설계 테이블을 바탕으로 필요 스퍼기어와 베벨 기어는 생성해서 활용하는 것으로 한다.

1) 설계 제한 조건

① 입력축과 2개의 출력축으로 구성되었으므로 입력축과 최종 출력축은 같은 방향이다.

② 입력 구동축2와 출력1 종동축1의 중심 사이 거리는 100㎜이며 구동축2보다 위쪽에 존재한다.

③ 입력 구동축2와 출력2 종동축2는 일직선상에 있다.

④ 기어 이 나비는 20㎜로 통일한다.

⑤ 모듈은 2이다.

위의 설계 제한조건을 바탕으로 전체적인 기구를 생각하면 출력이 2군데이므로 구조적으로 종동축이 2개이고 스퍼기어가 여러 개 연결된 기어열 형태로 가야 한다. 우선 공간적인 면을 고려하여 구동 부분은 베벨기어를 사용하는 것이 좋다. 왜냐하면 베벨기어는 직각 형태로 동력을 전달하기 때문이다. 그런데 베벨기어는 베벨기어와 직각으로 연결되어 동력을 전달할 필요가 있으므로 또 하나의 베벨기어가 필요하다. 즉, 베벨기어1(구동)과 베벨기어2(전달)가 필요하다. 여기에 베벨기어2는 동력 전달 역할을 하므로 이것과 연결하여 동력을 전달할 기어 트레인이 필요한데 이러한 기어 트레인에 적절한 것은 스퍼기어이다. 스퍼기어는 스퍼기어와 연결되어 동력을 전달하므로 베벨기어2에 의해 전달될 동력 전달 스퍼기어는 베벨기어2와 같은 축에 있어야 한다. 이 스퍼기어를 스퍼기어1이라 한다. 그 다음은 스퍼기어1과 연결될 스퍼기어2는 스퍼기어1에 비해 1/2배 회전하여 동력을 출력해야 하므로 스퍼기어2의 잇수는 스퍼기어1의 1/2배이다. 스퍼기어2에 의한 출력1의 축을 종동축1이라 한다. 또 하나의 출력을 위해 종동축2가 필요한데 스퍼기어2와 연결되어 동력을 출력할 수 있으며 그러기 위해서는 스퍼기어2에 연결되는 출력 스퍼기어가 스퍼기어2에 비해 2배의 잇수를 가져야 한다. 그런데 공간을 되도록 조밀하게 하기 위해서는 보다 출력 측의 스퍼기어의 크기가 작아야 좋다. 따라서 종동축1에 스퍼기어2보다 잇수가 적은 스퍼기어를 붙여 최대한 출력 측의 스퍼기어의 잇수를 적게 한다. 이 종동축1에 붙는 스퍼기어를 스퍼기어3이라 하고 최종 출력 스퍼기어를 스퍼기어4라 한다.

위의 사항을 종합하여 전체적으로 생각할 수 있는 것이 그림 1-4-8과 같으며 그림과 같은 형태로 기구를 설계하는 것으로 한다.

2) 사양 결정

① 입력 측의 베벨기어의 잇수를 결정하기로 한다. 입력 측의 구동 부분은 되도록 천천히 돌아가도록 하기 위해 구동 부분의 베벨기어1은 전달 베벨기어2의 2배의 잇수를 갖는 것으로 한다. 즉, 입력축의 모터를 1회전시킬 때 베벨기어1(잇수; 50)이 1회전하고 베벨기어2(잇수; 25)는 2회전 하는 것으로 한다.

② 베벨 기어2와 스퍼 기어1이 같은 축에 있고 베벨 기어2는 입력에 대해 2배속으로 회전한다. 그런데 스퍼 기어2는 입력에 대해 감속비가 1이므로 스퍼기어1과 스퍼기어2는 감속비가 1/2배로 되어야 한다. 따라서 스퍼기어1의 잇수를 20으로 하면 스퍼 기어2의 잇수는 40이 되어야 한다.

③ 스퍼 기어2와 스퍼 기어3은 같은 축에 있으므로 스퍼 기어3의 회전수는 스퍼 기어2와 같으며 입력의 회전수와 같은 1회전이고 스퍼 기어3의 잇수를 25로 한다.

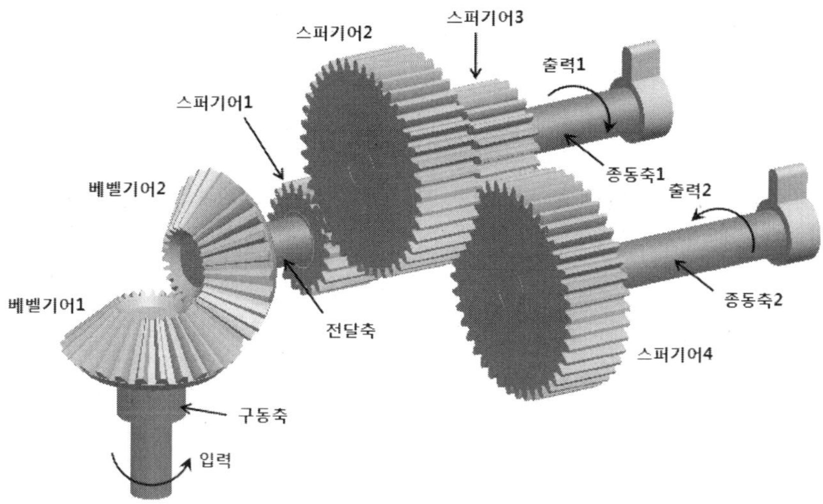

그림 1-4-8 중심 고정 기어 트레인 기구의 개념 설계

④ 조건에 의거하여 종동축1과 종동축2 사이의 거리는 85㎜이므로 그림 1-4-8로부터 스퍼기어3과 스퍼기어4의 잇수 합이 85가 되어야 한다. 그런데 스퍼기어3에 대해 스퍼기어4는 감속비가 5/12이므로 스퍼기어3의 잇수가 25라 정했으므로 스퍼기어4의 잇수는 60이 되면 된다.

⑤ 이상의 사항을 표 1-4-3에 정리하여 나타내었다.

표 1-4-3 중점 고정 기어 트레인 기구의 최종 사양

축	구동축	전달축		종동축1		종동축2
기어	베벨기어1	베벨기어2	스퍼기어1	스퍼기어2	스퍼기어3	스퍼기어4
잇수	50	25	20	40	25	60
모듈	2	2	2	2	2	2
압력각	20	20	20	20	20	20
이나비	20	20	20	20	20	20

(2) 베벨 기어 부품 형상모델링

1) 글로벌 변수 설정 및 수식 입력

① 풀다운 메뉴에서 도구를 선택한다.

② 도구에서 수식을 선택한다.

③ 그림 1-4-9와 같은 수식 창이 나타나며 여기서 창의 왼쪽 밑의 글로벌 변수 추가를 클릭한다.

④ 이름을 입력하고 값을 입력한다.

⑤ ③과 ④를 반복하며 글로벌 변수와 값을 모두 입력한다.

⑥ 또한 밑그림에 사용될 각종 변수들의 수식은 그림 1-4-10과 같다.

이름	값 / 수식	평가	코멘트
⊟ 글로벌 변수			
"m"	= 2	2	모듈
"z"	= 50	50	큰 기어 잇수
"cx"	= 0.2	0.2	이 끝과 이 뿌리 틈새 계수
"hax"	= 1	1	이 끝 높이 계수
"dp"	= "m" * "z"	100	큰 기어 피치원 지름
"hk"	= "m" * "hax"	2	이 끝 높이
"hf"	= "m" * ("hax" + "cx")	2.4	이 뿌리 높이
"h"	= "m" * (2 * "hax" + "cx")	4.4	피치 높이
글로벌 변수 추가			

그림 1-4-9 글로벌 변수와 초기값 입력 결과

이름	값 / 수식	평가	코멘트
⊟ 수식			
"rp_asm@DTM1"	= 25	25mm	작은 기어의 피치원 반지름
"DELTA@스케치3"	= atn ("z" / (2 * "rp_asm@DTM1" / "m"))	63.43도	피치 원추각
"rp@스케치3"	= "dp" / 2	50mm	큰 기어의 피치원 반지름
"rk@스케치3"	= ("dp" - 2 * "hk" * cos ("DELTA@스케치3")) / 2	49.11mm	이 뿌리원 반지름
"rf@스케치3"	= ("dp" + 2 * "hf" * cos ("DELTA@스케치3")) / 2	51.07mm	이 끝원 반지름
"b@스케치3"	= 20	20mm	이나비
"w1@스케치4"	= 3.14 * "m" / 4	1.57mm	
"w2@스케치4"	= "m" / 2	1mm	
"w3@스케치4"	= "m" / 4	0.5mm	
수식 추가			

그림 1-4-10 최종 수식 및 값 입력 결과

2) 한 쌍의 큰 베벨 기어와 작은 베벨 기어 형상

(a) 큰 베벨기어　　　　　　(b) 작은 베벨기어

그림 1-4-11 감속비 2인 한 쌍의 베벨 기어 형상 표현

4.2.3 기구 구성

(1) 부품 조립

1) 조립 전 준비

조립 전에 조립될 기어의 위치를 미리 지정하고 기준축을 생성한다.

① 새 문서를 클릭한다.

② 어셈블리 모드를 클릭한다.

③ 참조형상의 기준축 도구를 클릭한다.

④ 윗면과 우측면을 차례로 클릭하여 기준축1을 생성한다. 이것은 베벨기어1의 중심이 위치하기 위한 것이다.

⑤ 참조형상의 기준면 도구를 클릭한다.

⑥ 정면을 참조하여 거리 20㎜만큼 위에 새로운 기준면(PLANE1)을 생성한다.

⑦ 참조형상의 기준축 도구를 클릭한다.

⑧ PLANE1과 윗면을 차례로 클릭하여 기준축2를 생성한다. 이것은 베벨기어2의 중심이 위치하기 위한 것이다.

⑨ 참조형상의 기준면 도구를 클릭한다.

⑩ 우측면을 참조하여 거리 50㎜만큼 떨어진 곳에 새로운 기준면(PLANE2)을 생성한다.

⑪ 참조형상의 기준면 도구를 클릭한다.

⑫ 윗면을 참조하여 거리 30㎜만큼 떨어진 곳에 새로운 기준면(PLANE3)을 생성한다.

⑬ 참조형상의 기준면 도구를 클릭한다.

⑭ PLANE1을 참조하여 거리 51.96㎜만큼 떨어진 곳에 새로운 기준면(PLANE4)을 생성한다.

⑮ 참조형상의 기준축 도구를 클릭한다.

⑯ PLANE3과 PLANE4를 클릭하여 새로운 기준축3을 생성한다.

⑰ 참조형상의 기준면 도구를 클릭한다.

⑱ 윗면을 참조하여 거리 97.26㎜만큼 떨어진 곳에 새로운 기준면(PLANE5)을 생성한다.

⑲ 참조형상의 기준축 도구를 클릭한다.

⑳ PLANE1과 PLANE5를 클릭하여 새로운 기준축4를 생성한다.

2) 베벨 기어1 조립

① 부품 삽입을 클릭한다.

② 어셈블리 창의 찾아보기를 클릭한다.

③ 해당 파일이 창에 있으면 더블 클릭하고 Drag & Drop으로 베벨 기어1 부품을 어셈블리 창에 갖다 놓는다.

④ 마우스의 오른쪽 버튼을 눌러 메뉴가운데 "자유롭게 움직이기"를 선택한다.

⑤ 베벨 기어1의 기준축1과 어셈블리 기준축1이 일치하도록 메이트 한다.

⑥ 베벨 기어1의 정면과 어셈블리 정면이 일치하도록 메이트 한다.

3) 베벨 기어2 조립

① 부품 삽입을 클릭한다.

② 어셈블리 창의 찾아보기를 클릭한다.

③ 해당 파일이 창에 있으면 더블 클릭하고 Drag & Drop으로 베벨 기어2 부품을 어셈블리 창에 갖다 놓는다.

④ 베벨 기어2의 기준축1과 어셈블리 기준축2이 일치하도록 메이트 한다.

⑤ 베벨 기어2의 정면과 어셈블리 PLANE2가 일치하도록 메이트 한다.

4) 구동축1 조립

① 부품 삽입을 클릭한다.

② 어셈블리 창의 찾아보기를 클릭한다.

③ 해당 파일이 창에 있으면 더블 클릭하고 Drag & Drop으로 구동축1 부품을 어셈블리 창에 갖다 놓는다.

④ 구동축1의 기준축1과 어셈블리 기준축1이 일치하도록 메이트 한다.

⑤ 베벨 기어1의 형상 위쪽 면과 구동축1 형상 위쪽 면이 일치하도록 메이트 한다.

⑥ 베벨 기어1의 우측면과 구동축1 윗면이 일치하도록 메이트 한다. 이것은 베벨기어1과 구동축1이 일치되어 돌아가도록 하는 메이트이다.

5) 구동축2 조립

① 부품 삽입을 클릭한다.

② 어셈블리 창의 찾아보기를 클릭한다.

③ 해당 파일이 창에 있으면 더블 클릭하고 Drag & Drop으로 구동축2 부품을 어셈블리 창에 갖다 놓는다.

④ 구동축2의 기준축1과 어셈블리 기준축2가 일치하도록 메이트 한다.

⑤ 베벨 기어2의 형상 위쪽 면과 구동축2 형상 위쪽 면이 일치하도록 메이트 한다.

⑥ 베벨 기어2의 우측면과 구동축2 정면이 일치하도록 메이트 한다(그림 1-4-12). 이것은 베벨기어2과 구동축2가 일치되어 돌아가도록 하는 메이트이다.

6) 기어 메이트

① 메이트로 들어가서 "기계 메이트"를 클릭한다.

② 기어를 선택하고 먼저 베벨 기어1의 모서리와 베벨 기어2의 모서리를 선택한다.

③ 기어 비율을 피치원 지름인 베벨 기어1은 100, 베벨 기어2는 50이 된다.

④ 확인을 클릭한다.

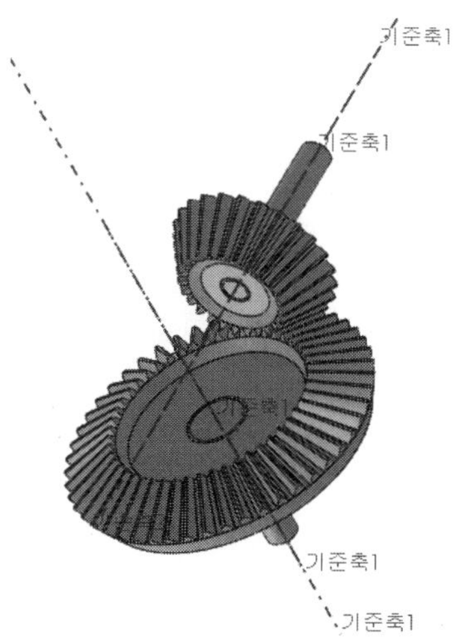

그림 1-4-12 구동부의 조립 결과

그림 1-4-13 스퍼 기어1의 조립 결과

7) 스퍼 기어1 조립

① 부품 삽입을 클릭한다.

② 어셈블리 창의 찾아보기를 클릭한다.

③ 해당 파일이 창에 있으면 더블 클릭하고 Drag & Drop으로 스퍼 기어1 부품을 어셈블리 창에 갖다 놓는다.

④ 스퍼 기어1의 기준축1과 어셈블리 기준축2가 일치하도록 메이트 한다.

⑤ 스퍼 기어1의 정면과 구동축2의 정면이 일치하도록 메이트 한다.

⑥ 스퍼 기어1의 옆면과 구동축2의 형상 끝면이 거리 40㎜가 되도록 메이트 한다.

⑦ 확인을 클릭한다(그림 1-4-13).

8) 종동축1 조립

① 부품 삽입을 클릭한다.

② 어셈블리 창의 찾아보기를 클릭한다.

③ 해당 파일이 창에 있으면 더블 클릭하고 Drag & Drop으로 종동축1 부품을 어셈블리 창에 갖다 놓는다.

④ 종동축1의 기준축1과 어셈블리 기준축3이 일치하도록 메이트 한다.

9) 스퍼 기어2 조립

① 부품 삽입을 클릭한다.

② 어셈블리 창의 찾아보기를 클릭한다.

③ 해당 파일이 창에 있으면 더블 클릭하고 Drag & Drop으로 스퍼 기어1 부품을 어셈블리 창에 갖다 놓는다.

④ 스퍼 기어2의 축 삽입 면과 종동축1의 원통면이 동심되도록 메이트 한다.

⑤ 스퍼 기어2의 정면과 종동축1의 윗면이 일치하도록 메이트 한다.

⑥ 스퍼 기어2의 옆면과 종동축1의 형상 끝면이 일치되도록 메이트 한다(그림 1-4-14 (a)).

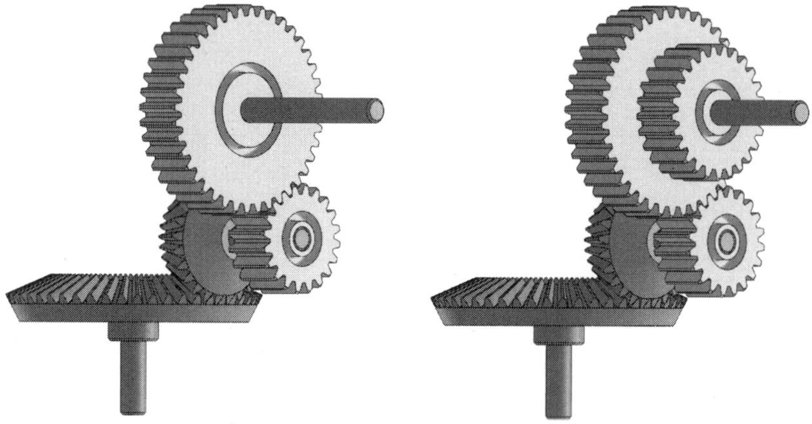

(a) 스퍼 기어2 조립　　　　　　　　(b) 스퍼 기어3 조립

그림 1-4-14 종동축1 및 스퍼 기어2와 스퍼 기어3 조립 결과

10) 기어 메이트

① 메이트로 들어가서 "기계 메이트"를 클릭한다.

② 기어를 선택하고 먼저 스퍼 기어1의 모서리와 스퍼 기어2의 모서리를 선택한다.

③ 기어 비율을 피치원 지름인 스퍼 기어1은 40, 스퍼 기어2는 80이 된다.

④ 확인을 클릭한다.

11) 스퍼 기어3 조립

① 부품 삽입을 클릭한다.

② 어셈블리 창의 찾아보기를 클릭한다.

③ 해당 파일이 창에 있으면 더블 클릭하고 Drag & Drop으로 스퍼 기어3 부품을 어셈블리 창에 갖다 놓는다.

④ 스퍼 기어3의 축 삽입면과 종동축1의 원통면이 동심이 되도록 메이트 한다.

⑤ 스퍼 기어3의 윗면과 종동축1의 윗면이 일치하도록 메이트 한다.

⑥ 스퍼 기어3의 형상 옆면과 스퍼 기어2의 형상 옆면이 거리 5㎜가 되도록 메이트 한다(그림 1-4-14 (b)).

12) 종동축2 조립

① 부품 삽입을 클릭한다.

② 어셈블리 창의 찾아보기를 클릭한다.

③ 해당 파일이 창에 있으면 더블 클릭하고 Drag & Drop으로 종동축2 부품을 어셈블리 창에 갖다 놓는다.

④ 종동축2의 기준축1과 어셈블리 기준축4이 일치하도록 메이트 한다.

13) 스퍼 기어4 조립

① 부품 삽입을 클릭한다.

② 어셈블리 창의 찾아보기를 클릭한다.

③ 해당 파일이 창에 있으면 더블 클릭하고 Drag & Drop으로 스퍼 기어4 부품을 어셈블리 창에 갖다 놓는다.

④ 스퍼 기어4의 기준축1과 어셈블리 기준축4이 일치하도록 메이트 한다.

⑤ 스퍼 기어4의 윗면과 종동축2의 윗면이 일치하도록 메이트 한다.

⑥ 스퍼 기어4의 형상 옆면과 스퍼 기어 형상 옆면 일치하도록 메이트 한다.

⑦ 스퍼 기어4의 옆면과 종동축2의 형상 끝면이 일치되도록 메이트 한다(그림 1-4-15).

14) 기어 메이트

① 메이트로 들어가서 "기계 메이트"를 클릭한다.

② 기어를 선택하고 먼저 스퍼 기어3의 모서리와 스퍼 기어4의 모서리를 선택한다.

③ 기어 비율을 피치원 지름인 스퍼 기어3은 50, 스퍼 기어4는 120이 된다.

④ 확인을 클릭한다.

15) 초기 위치 결정

① 표준 메이트에서 스퍼 기어1의 정면과 스퍼 기어2의 tooth_DTM1이 서로 일치하도록 메이트 설정 하고 옵션에서 "위치 배치에만 사용"을 체크한다.

② 표준 메이트에서 스퍼 기어3의 tooth_DTM1과 스퍼 기어4의 정면이 서로 일치하도록 메이트 설정 하고 옵션에서 "위치 배치에만 사용"을 체크한다.

③ 확인을 클릭한다.

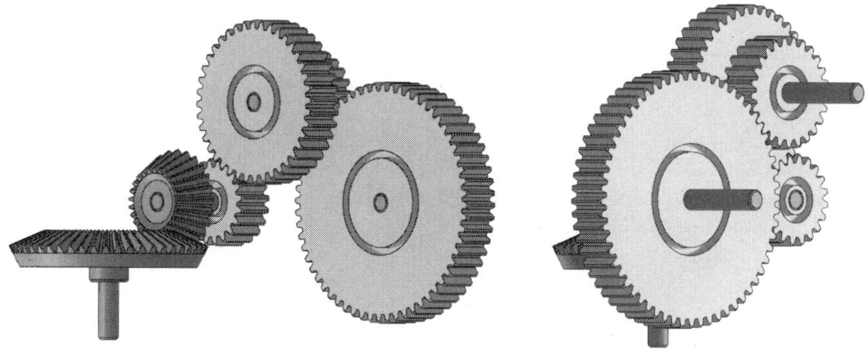

(a) 앞 조립 모습　　　　(b) 뒤 조립 모습

그림 1-4-15 최종 조립 모습

(2) 기구 저장하기

① 저장 도구( )에서 "다른 이름으로 저장하기"를 클릭한다.

② 저장할 디렉토리를 정하고 파일이름을 "중심 고정 기어 트레인 기구"로 한다.

③ 저장 버튼을 클릭한다.

4.2.4 기구 모션 시뮬레이션

(1) 모션 조건 설정

1) 모터 설정

① 기어의 구동을 보이기 위해 모델 탭 옆의 모션 스터디 탭을 클릭한다.

② 구동을 위한 모터( )를 선택한다.

③ 모터 유형을 원형 모터로 선택한다.

④ 부품/방향에서 모터 위치는 회전 구동을 위해 구동 기어로 한다.

⑤ 그림 1-4-16과 같이 모터 방향은 모터 위치와 같이 시계방향으로 적용한다.

⑥ 확인을 클릭한다.

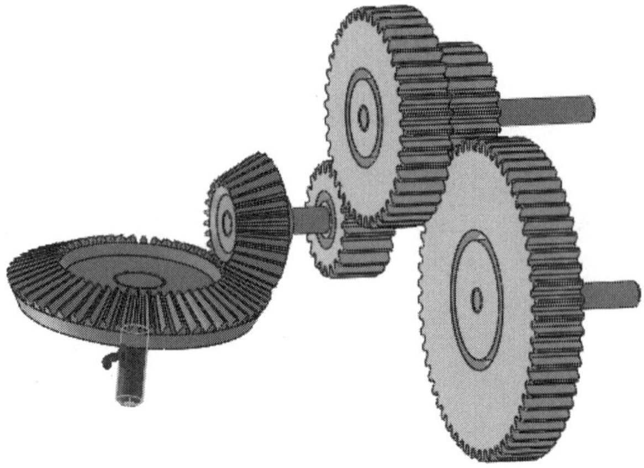

그림 1-4-16 모터 위치와 모터 방향 설정 모습

2) 모션 설정

① 모션은 모터 속성 창의 모션 설정에서 한 가지를 선택한다. 여기서는 방정식을 선택하였다.

② 방정식을 선택하고 클릭하면 함수 작성기 창이 나타난다.

③ 함수를 ABS()로 한다. ()안의 변수는 시간과 변위 사이의 관계인 time를 변수로 선택한다.

④ 제어 조건의 함수를 ABS()로 한 것은 단순하게 시간에 따른 변위(각도)의 변화로 제어하고자 한 의도이다. 원동 기어가 5초에 3회전 하도록 하려면 방정식은 72*3*ABS(time)로 한다.

⑤ 확인을 클릭한다.

3) 모션 스터디 계산하기

① 모션 해석 탭으로 설정한다.

② 모션스터디 계산하기 아이콘을 클릭하여 설정된 모터의 구동 조건을 계산한다.

③ 계산과 동시에 기구의 구동을 확인한다.

(2) 기구 시뮬레이션 결과

① "결과와 플롯" () 버튼을 클릭한다.

② 유형 선택은 "변위/속도/가속도"로 하고, 하위 유형 선택은 "각 변위"로 한다.

③ 각 변위를 나타내고자 하는 부분은 구동축1의 일치1로 한다.

④ 구동된 구동축1의 각 변위 그래프는 그림 1-4-17 (a)와 같다.

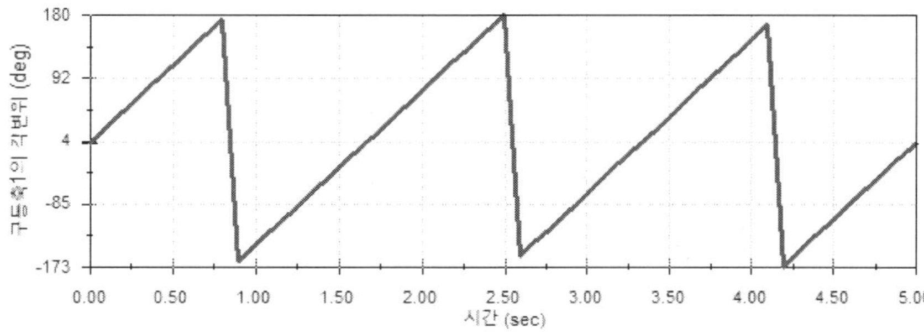

(a) 구동축1의 각 변위

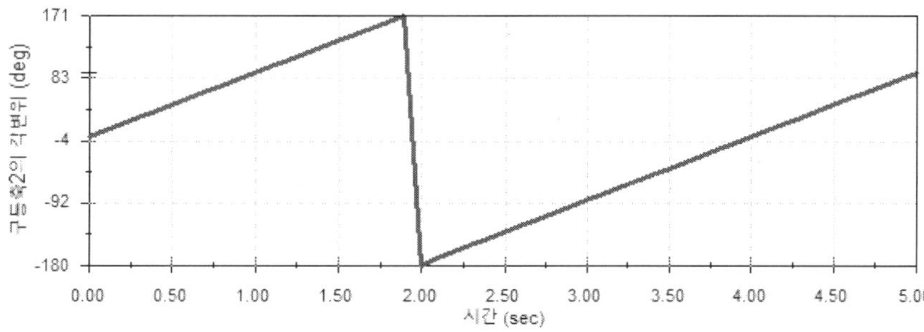

(b) 구동축2의 각 변위

그림 1-4-17 중심 고정 기어 트레인 기구의 시간에 따른 각 변위 그래프 결과

(3) 시뮬레이션 결과 고찰

베벨 기어1(입력)의 3회전에 대해 그림 1-4-17 (a)와 같이 구동축1이 정확히 3회전하고 있으며 그림 1-4-17 (b)와 같이 구동축2가 1회전보다 약간 90° 더 회전하여 총 450° 회전한 것으로 나타났다. 이 결과로부터 입력 베벨 기어1에 의해 출력 스퍼 기어4에 감속비가 450°/1080° = 0.417로 전달하는 기어 기구임을 알 수 있다. 입력에 대해 출력 스퍼 기어4 감속비 5/12=0.417로 설계한 중심고정 기어 트레인 기구 설계는 정확히 일치하고 있으며 따라서 설계가 올바르다.

(4) 동영상 저장하기

① 저장 아이콘( )을 클릭한다.

② 동영상 설정 창이 나타난다.

③ 파일 이름을 "중심 고정 기어 트레인 동영상"으로 저장한다.

④ 비디오 압축 창이 나타나고 프레임 정보에서 초당 프레임을 25로 하고 저장을 누른다.

⑤ 압축 프로그램의 창이 나타나면 "전체 프레임(압축 안함)"을 선택하고 확인을 클릭한다.

⑥ 기어 기구가 동작하면서 동영상으로 저장된다.

4.3 자율평가 문제

이 자율평가의 목적은 앞에서 익힌 내용을 다 이해하고 평가 문제에 대해 자기 주도적으로 문제를 해결하고 숙지 정도를 확인하기 위함이다. 본인의 부족한 점에 대해 파악하는 태도를 기르고 부족하다면 다른 사람의 도움을 받거나 본인 스스로 앞의 내용을 더욱 자세히 학습하는 자기주도 학습에 목적이 있다.

4.2.1항의 중심 고정 기어 트레인 기구에 대해 변경된 조건에 따라 다음 문제를 해결하라.

변경 조건 사항

- 입력 기어와 출력 기어가 다른 방향이다.
- 입력 기어와 출력 기어 사이의 중심 거리를 300㎜로 한다.
- 입력 기어의 피치원 지름은 100㎜로 한다.
- 출력 측의 감속비는 2 또는 2.5로 한다.
- 모듈은 모두 2이다.
- 입력 기어는 5초에 1회전 한다.

문제 1

감속비가 2이고 입력 기어의 잇수가 80인 단순 기어 트레인 기구를 구성하고 구동 시뮬레이션에 의해 시뮬레이션 결과 그래프를 그려라. 또한 시뮬레이션 결과와 이론적 설계와 비교 고찰하라.

문제 2

감속비가 2.5이고 입력 기어의 잇수가 100인 단순 기어 트레인 기구를 구성하고 구동 시뮬레이션에 의해 시뮬레이션 결과 그래프를 그려라. 또한 시뮬레이션 결과와 이론적 설계와 비교 고찰하라.

위의 문제에 대해 부록의 답안과 비교하여 일치한 답을 했다면 앞의 내용을 완전히 이해했다고 판단되지만 틀린 부분이 있다면 그 원인을 반드시 찾도록 하는 것이 좋을 것입니다. 본인의 답이 맞다고 생각하면 일치하지 않아도 좋지만 그 이유를 반드시 적어보고 확실한지 다시 한 번 확인하기 바랍니다.

자율 평가 결과 점검표

학습자 성명 :	평가 날짜 :
평가 제목 : 중심 고정 기어 트레인 기구 설계	

	성취 수준		
	하지 못했음	했지만 잘 모르겠음	완전히 하였음
• 기어 사이의 중심 거리에 맞춰 입력 기어, 중간 기어 및 출력 기어의 피치원 지름을 결정하였다.			
• 감속비에 따라 기구를 구성하였다.			
• 감속비 2인 기구 시뮬레이션 결과를 시간에 따른 그래프로 나타내었다.			
• 감속비 2인 기구 시뮬레이션 결과와 이론적 설계와 비교 고찰하였다.			
• 감속비 2.5인 기구 시뮬레이션 결과를 시간에 따른 그래프로 나타내었다.			
• 감속비 2.5인 기구 시뮬레이션 결과와 이론적 설계와 비교 고찰하였다.			

성취수준

위의 모든 항목에 대해 "완전히 하였음", 즉 완성도 100%로 답하여야 합니다. 만일 "하지 않았음" 또는 "했지만 잘 모르겠음"에 답을 했다면 앞에서 학습한 내용을 다시 한 번 확인하여 다시 수행하고 필요한 경우에는 교육자 또는 전문가와 상의하기 바랍니다.

제5장

유성 기어 트레인 기구

5.1 문제

서로 맞물려 회전하는 한 쌍의 기어 가운데 한 쪽 기어가 다른 쪽 기어축을 중심으로 공전한다면 이 때 공전하는 기어를 유성기어(planetary gear)라 하고 중심 기어를 태양 기어(sun gear)라 부른다(그림 1-5-1).

여러분이 기계공학을 전공한 전문가이며 특히 감속기 분야에 대해 전공자라고 하자. 한 자동차 회사에서 4가지 조건을 다음과 같이 제시했다고 하자. (1) 입력축과 출력축을 동심으로 하고 싶다. (2) 기계 전체 배치를 조밀하게 하고 싶다. (3) 입력축과 출력축의 회전방향이 같다. (4) 감속비가 3, 5, 9, 45 네 가지이다. 이와 같은 조건의 감속기를 주문하였다고 할 때 당신은 어떻게 해결할 것인가?

그림 1-5-1 유성 기어 트레인의 모습

5.2 부품 준비

5.2.1 부품 사양 결정

(1) 종류 선택

① 입력축과 출력축을 동심으로 하고 싶고 기계 전체 배치를 조밀하게 하고 싶은 경우는 유성 기어와 차동 감속기를 생각할 수 있다.

② 그러나 입력축과 출력축의 회전 방향이 같은 경우는 유성기어의 행성형이 적합하다.

(2) 설계 제한 조건

① 유성 감속기의 유성기어 수는 보통 3 또는 4개를 사용하는데 여기서 행성형 유성 감속기의 유성기어 수는 3개인 것으로 한다.

② 감속비는 기어의 잇수와 관계있으므로 기어 잇수를 결정해야 하는데 기어 잇수 결정 전에 먼저 모듈을 결정해야 한다. 여기서 모듈은 모두 2로 통일하기로 한다.

③ 감속비에서 링기어의 잇수는 중요한 요소가 되므로 이것을 결정해야 한다. 그러나 감속비는 단순히 링기어 잇수만이 아니고 태양기어의 잇수와도 관계가 있으므로 전체적으로 생각해야 한다. 따라서 여기서는 링기어의 피치원 지름을 결정하는 것으로 한다. 링기어의 피치원 지름은 대략 160인 것으로 결정한다.

④ 한편 실제의 유성기어 감속기는 전위 기어를 이용하지만 여기서는 유성기어 감속기의 전위는 없는 것으로 전위계수는 0으로 한다.

⑤ 회전 감속비와 회전방향은 표 1-5-1을 따르며 가능 경우의 수는 모두 6가지이지만 여기서는 표 1-5-1 가운데 링기어 고정 증속 기구와 감속 기구의 두 가지로 한다.

표 1-5-1 유성기어 장치의 회전 감속비와 회전방향

링 기어	암	태양기어	회전 감속비	결과
출력	입력	고정	$i = \dfrac{z_s + z_r}{z_r}$ $i > 1$	증속
입력	출력	고정	$i = \dfrac{z_r}{z_s + z_r}$ $i < 1$	감속
고정	입력	출력	$i = \dfrac{z_s + z_r}{z_s}$ $i > 1$	증속
고정	출력	입력	$i = \dfrac{z_s}{z_s + z_r}$ $i < 1$	감속
입력	고정	출력	$i = \dfrac{z_r}{z_s}$ $i > 1$	역전 증속
출력	고정	입력	$i = \dfrac{z_s}{z_r}$ $i < 1$	역전 감속

(3) 사양 결정

① 문제에서 주어진 모듈이 2이고 유성기어가 3개이며 감속비가 5인 감속기를 기본으로 설계하기 위해 부록2의 유성기어 감속기의 실용 감속비표에서 감속비가 5 근처인 것을 발췌하여 정리한 것이 표 1-5-2이다. 문제에서 감속비가 5이며 링기어 피치원 지름이 대략 160이므로 이것에 가장 가까운 실제 감속비는 부록2에서 링기어 잇수가 82이고 실제 감속비가 5.1인 경우이다. 이 때 부록2에 따르면 실제 감속비가 5.1인 경우 태양기어의 잇수가 20이고, 유성기어의 잇수가 31이다.

표 1-5-2 모듈 2, 감속비 대략 5, 유성기어 3개인 감속기의 실용 구성표

태양기어 잇수 (Z_s)	유성기어 잇수 (Z_p)	링기어 잇수 (Z_r)	실제 감속비
16	23	62	4.875
17	25	67	4.941
19	29	77	5.053
20	31	82	5.1
23	34	91	4.957
28	41	110	4.929
31	47	125	5.032
40	59	158	4.95
44	67	178	5.045
47	70	187	4.979
52	77	206	4.962
55	83	221	5.018
56	85	226	5.036
59	88	235	4.983
64	95	254	4.969
65	97	259	4.985

② 유성기어 감속기에서는 태양기어와 링기어의 잇수 합이 유성기어의 개수 N으로 나눠떨어지는 조건인 유성기어 감속기의 성립 조건식($(Z_s+Z_r)/N=$ 정수)을 만족해야 한다. 즉, 유성기어 개수가 3이고, 태양기어의 잇수가 20이고, 링기어 잇수가 82이므로 유성기어 감속기의 성립 조건식에 대입하면 $(20+82)/3=34$로 되므로 유성 감속기의 성립 조건을 일단 만족한다.

③ 다음은 태양기어의 잇수와 유성기어의 잇수의 2배의 합이 링기어의 잇수와 같아야 한다. 즉, 링기어의 잇수는 82이고, 유성기어의 잇수는 31이며 태양 기어의 잇수는 20이므로 $82=20+2\times31$이 성립하므로 유성 감속기의 성립 조건을 만족한다.

④ 유성 감속기는 감속비 R은 $(n_1/n_2)=(z_s+z_r)/z_s$을 만족해야 한다. 즉, 태양기

어의 잇수가 20이고, 링기어 잇수가 82이므로 $R=(20+82)/20=5.1$로 표 1-5-2의 실제 감속비 5.1에 대한 구성 요소의 잇수는 모두 유성기어 감속기의 성립 조건을 만족하는 것을 알 수 있다.

⑤ 한편 그림 1-5-2에서 태양기어와 유성기어 사이의 중심거리(a)는 다음 식으로부터 구할 수 있다.

$$a=\frac{(d_1+d_2)}{2}=\frac{m(Z_s+Z_p)}{2}=\frac{2(20+31)}{2}=51$$

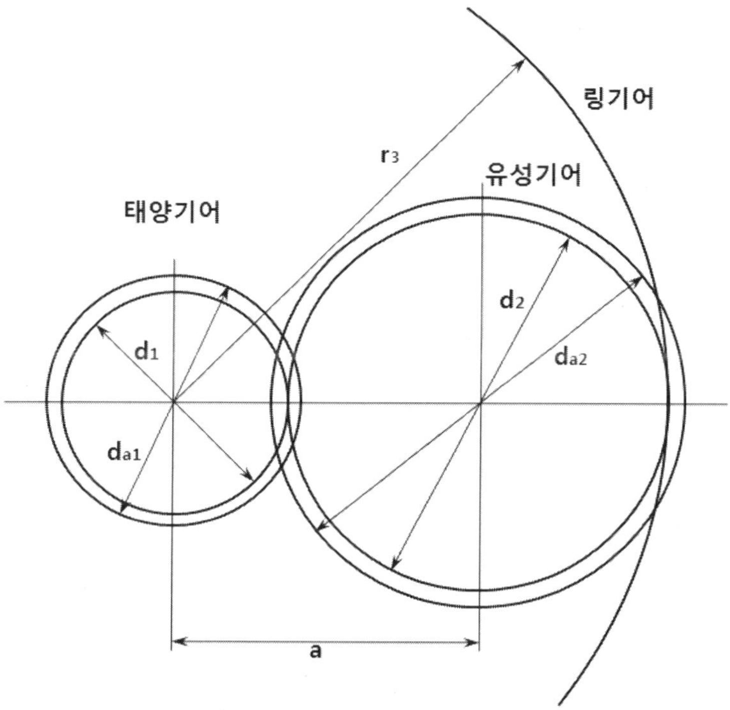

d_1; 태양 기어의 피치지름, d_2; 유성 기어의 피치지름,
d_{a1}; 태양 기어의 이끝원지름, d_{a2}; 유성 기어의 이끝원지름,
r_3; 링 기어의 피치원반지름, a; 양 기어의 중심거리

그림 1-5-2 유성 기어 감속기에서 기어 사이의 맞물림 관계

감속비 5를 포함하여 3 및 9에 대해서도 최종적으로 정한 것이 표 1-5-3이다.

표 1-5-3 모듈 2, 유성기어 3개인 감속기의 실용 구성표(부록2 일부)

태양기어 잇수	유성기어 잇수	링기어 잇수	실제 감속비
25	14	53	3.12
20	31	82	5.1
20	70	160	9

5.2.2 부품 형상모델링

기어(링기어, 유성기어, 태양기어)의 경우는 감속비 5.1에 대한 부품 형상모델링을 기본으로 설계변수 테이블을 이용하여 두 가지 감속비에 대한 부품 형상모델링을 하는 것으로 한다.

(1) 링 기어

링 기어는 이미 있는 것으로 가정하고 저장되어 있는 잇수가 82인 링 기어 파일을 오픈한다.

1) 기어의 이 관계 스케치에서 치수 이름 바꾸기

① 링 기어의 모델 트리에서 이의 돌출 형상의 단면 스케치로 스케치 편집 들어간다.

② 치수 부분을 더블 클릭하여 그림 1-5-3 (a)와 같이 이의 중심으로부터 피치원과 만나는 지점까지의 치수는 pl, 이뿌리원과 만나는 지점에서 피치원과 만나는 지점까지의 치수는 al, 피치원과 만나는 지점에서 이끝원과 만나는 지점까지의 치수는 dl, 피치원 지름은 pd, 이끝원 지름은 ad, 이뿌리원 지름은 dd로 이름을 바꾼다.

③ 확인을 클릭한다.

2) 기어의 폭 관계 스케치에서 치수 이름 바꾸기

① 링 기어의 모델 트리에서 이의 폭 형상의 단면 스케치로 스케치 편집 들어간다.

② 치수 부분을 더블 클릭하여 그림 1-5-3 (b)와 같이 링의 폭 지름은 ring_width로 이름을 바꾼다.

③ 확인을 클릭한다.

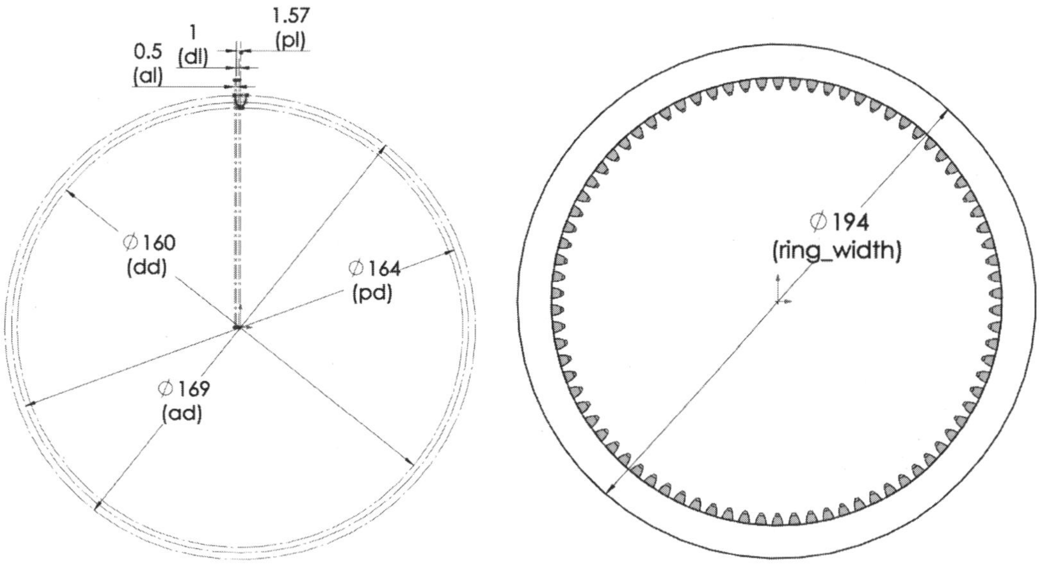

(a) 기어 이 관계 스케치 (b) 기어 폭 관계 스케치

그림 1-5-3 링 기어의 설계 변수 표현

3) 피처 이름 바꾸기

① 모델 트리에서 이의 보스-돌출1을 "tooth"로 이름을 바꾼다.

② 모델 트리에서 이의 보스-돌출2를 "ring"로 이름을 바꾼다.

③ 이 파트를 "ring_gear"로 저장한다.

표 1-5-4 링 기어의 설계 변수 초기값과 관계식

항목	초기값	관계식
m(모듈)	2	
z(잇수)	82	감속비에 따라 다름
pd(피치원지름)	164	m*z
pl	1.57	3.14*m/4
al	0.5	m/4
dl	1	m/2
dd	160	pd-2*m
ad	169	2*2.25*m+dd
ring_width	194	ad+25

4) 관계식의 입력

링 기어의 설계 변수 사이에는 표 1-5-4와 같은 관계를 갖고 있으므로 이에 대한 표현을 해야 한다. 이것을 여기서는 관계식의 입력이라 하고 다음과 같은 과정으로 진행한다.

① 변수의 값에 의해 자동적으로 생성될 수 있도록 관계를 지어주어야 한다. 풀다운 메뉴의 도구에서 수식 메뉴를 클릭한다.

② 수식, 글로벌 변수, 치수에 대한 입력창이 나타나며 여기서 글로벌 변수와 치수에 대한 관계식을 그림 1-5-4와 같이 표현한다.

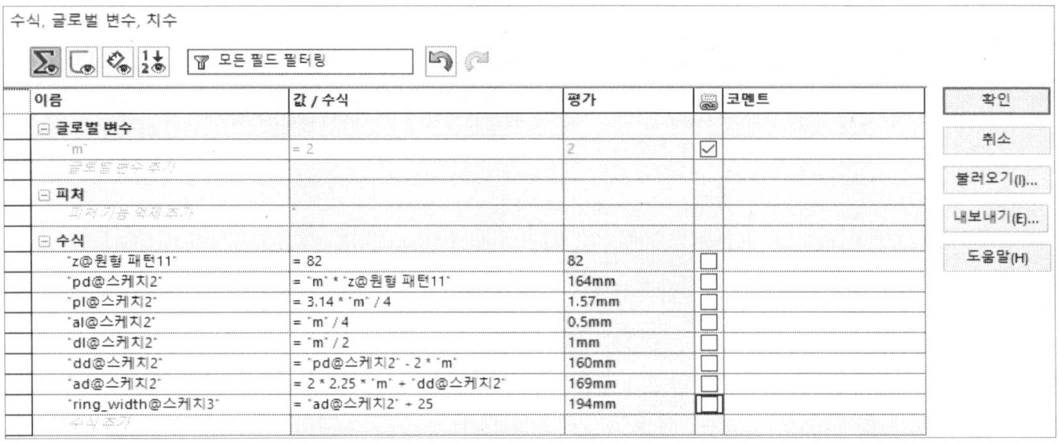

그림 1-5-4 초기 변수 값의 입력과 각 치수 변수에 대한 수식 입력 모습

③ 수식, 글로벌 변수, 치수에 대한 입력창에서 내보내기를 하면 수식 내보내기 창이 나타나며 여기서 "내보내기"를 클릭한다. 그러면 메모장에 현재의 글로벌 변수 초기값과 수식들이 *.txt형태로 그림 1-5-5와 같이 저장된다.

④ 수식, 글로벌 변수, 치수에 대한 입력창의 확인을 클릭한다.

```
"m"= 2
"z@원형 패턴11"= 82
"pd@스케치2" = "m" * "z@원형 패턴11"
"pl@스케치2" = 3.14 * "m" / 4
"al@스케치2"= "m" / 4
"dl@스케치2"= "m" / 2
"dd@스케치2"= "pd@스케치2" - 2 * "m"
"ad@스케치2"= 2 * 2.25 * "m" + "dd@스케치2"
"ring_width@스케치3"= "ad@스케치2" + 25
```

그림 1-5-5 메모장에 저장된 변수값과 수식들의 모습

5) 설계변수 테이블 만들기

① 풀다운 메뉴의 삽입에서 테이블을 선택하고 "설계 변수 테이블"을 클릭한다.

② 확인을 클릭한다.

③ Excel 워크시트가 파트 문서 창에 나타난다. SolidWorks 도구 모음이 Excel 도구 모음으로 대치된다. 기본으로 세 번째 행(셀 A3)의 이름은 "첫 항목"이 되고 열 머리글 셀 B2가 활성화된다. 여기서 "첫 항목"을 "ring_gear_5.1"로 바꾼다.

④ 그래픽 영역에서 z(잇수) 치수(82)를 더블 클릭한다.

⑤ 열 (셀 A4:A6) 이름을 ring_gear_5.1, ring_gear_3.12, ring_gear_9로 지정한다. 이 이름이 작성하려는 새로운 설정의 이름이 된다.

⑥ 표 1-5-5와 같이 워크시트에 ring_gear_3.12, ring_gear_9의 치수를 입력한다.

⑦ 그래픽 영역에서 워크시트의 바깥쪽 아무 곳이나 클릭하면 워크시트가 닫힌다.

⑧ 파트를 저장한다.

표 1-5-5 설계변수 테이블 입력값

변수명 / 블록종류	z@스케치1
ring_gear_5.1	82
ring_gear_3.12	53
ring_gear_9	160

6) 치수 변화에 의한 변화 형상 표현

이와 같이 나타내고자 형상을 설계변수 테이블을 이용하여 그림 1-5-6과 같이 여러 형태로 나타낼 수 있다.

(a) ring_gear_3.12 (b) ring_gear_5.1 (c) ring_gear_9

그림 1-5-6 설계변수 변화에 의한 여러 링 기어 형상 표현

(2) 유성 기어

유성 기어는 이미 저장되어 있다고 가정하고 저장되어 있는 잇수가 31인 유성 기어 파일을 오픈한다.

1) 기어 본체 관계 스케치에서 치수 이름 바꾸기

① 유성 기어의 모델 트리에서 이의 폭 형상의 단면 스케치로 스케치 편집 들어간다.

② 치수 부분을 더블 클릭하여 그림 1-5-7 (a)와 같이 이름을 바꾼다.

③ 확인을 클릭한다.

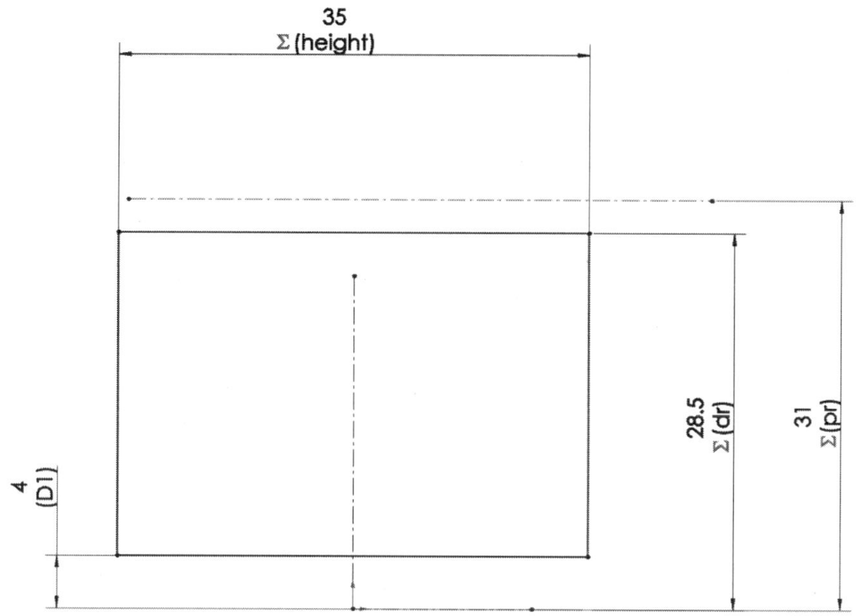

(a) 기어 본체 관계 스케치

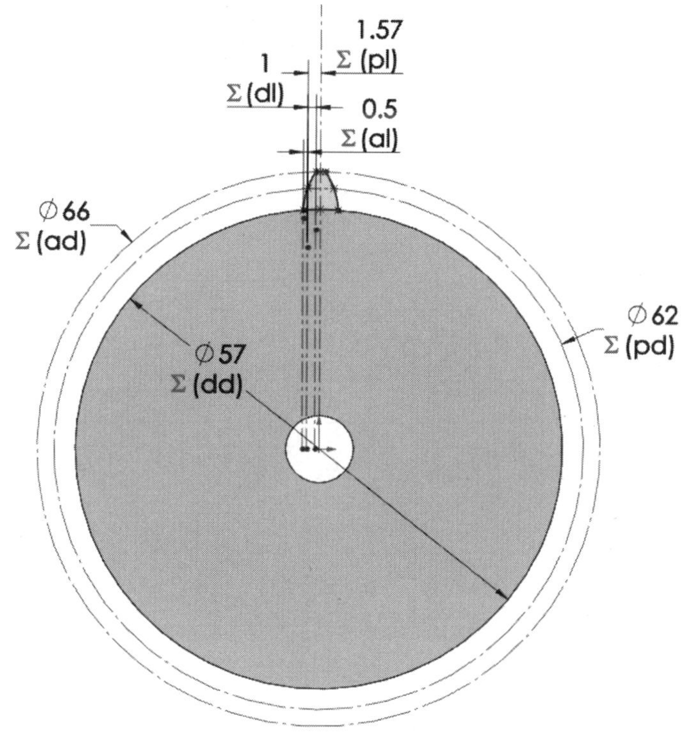

(b) 기어 이 관계 스케치

그림 1-5-7 유성 기어의 설계 변수 표현

2) 기어의 이 관계 스케치에서 치수 이름 바꾸기

① 유성 기어의 모델 트리에서 이의 돌출 형상의 단면 스케치로 스케치 편집 들어간다.

② 치수 부분을 더블 클릭하여 그림 1-5-7 (b)와 같이 이의 중심으로부터 피치원과 만나는 지점까지의 치수는 pl, 이뿌리원과 만나는 지점에서 피치원과 만나는 지점까지의 치수는 al, 피치원과 만나는 지점에서 이끝원과 만나는 지점까지의 치수는 dl, 피치원 지름은 pd, 이끝원 지름은 ad, 이뿌리원 지름은 dd로 이름을 바꾼다.

③ 확인을 클릭한다.

3) 피처 이름 바꾸기

① 모델 트리에서 이의 보스-돌출1을 “body”로 이름을 바꾼다.

② 모델 트리에서 이의 보스-돌출2를 “tooth”로 이름을 바꾼다.

③ 이 파트를 “planetary_gear”로 저장한다.

4) 관계식의 입력

① 변수의 값에 의해 자동적으로 생성될 수 있도록 관계를 지어주어야 한다. 풀다운 메뉴의 도구에서 수식 메뉴를 클릭한다.

② 수식, 글로벌 변수, 치수에 대한 입력창이 나타나며 여기서 글로벌 변수와 치수에 대한 관계식을 그림 1-5-8과 같이 표현한다.

이름	값 / 수식	평가		코멘트
⊟ 글로벌 변수				
"m"	= 2	2	☑	
글로벌 변수 추가				
⊟ 피처				
피처 기능 억제 추가				
⊟ 수식				
"z@원형 패턴8"	= 31	31	☑	
"pr@스케치1"	= "m" * "z@원형 패턴8" / 2	31mm	☑	
"dr@스케치1"	= "pr@스케치1" - (2.25 * "m" - 2)	28.5mm	☑	
"height@스케치1"	= 35	35mm	☑	
"pd@스케치2"	= "pr@스케치1" * 2	62mm	☑	
"ad@스케치2"	= "pd@스케치2" + 2 * "m"	66mm	☑	
"dd@스케치2"	= "ad@스케치2" - 2 * 2.25 * "m"	57mm	☑	
"pl@스케치2"	= 3.14 * "m" / 4	1.57mm	☑	
"al@스케치2"	= "m" / 4	0.5mm	☑	
"dl@스케치2"	= "m" / 2	1mm	☑	
수식 추가				

그림 1-5-8 초기 변수 값의 입력과 각 치수 변수에 대한 수식 입력 모습

③ 수식, 글로벌 변수, 치수에 대한 입력창에서 내보내기를 하면 수식 내보내기 창이 나타나며 여기서 "내보내기"를 클릭한다. 그러면 메모장에 현재의 글로벌 변수 초기 값과 수식들이 *.txt형태로 그림 1-5-9와 같이 저장된다.

④ 수식, 글로벌 변수, 치수에 대한 입력창의 확인을 클릭한다.

```
"m"= 2
"z@원형 패턴8"= 31
"pr@스케치1" = "m" * "z@원형 패턴8" / 2
"dr@스케치1" = "pr@스케치1" - ( 2.25 * "m" - 2 )
"height@스케치1"= 35
"pd@스케치2"= "pr@스케치1" * 2
"ad@스케치2"= "pd@스케치2" + 2 * "m"
"dd@스케치2"= "ad@스케치2" - 2 * 2.25 * "m"
"pl@스케치2"= 3.14 * "m" / 4
"al@스케치2"= "m" / 4
"dl@스케치2"= "m" / 2
```

그림 1-5-9 메모장에 저장된 변수값과 수식들의 모습

5) 설계변수 테이블 만들기

① 풀다운 메뉴의 삽입에서 테이블을 선택하고 "설계 변수 테이블"을 클릭한다.

② 확인을 클릭한다.

③ Excel 워크시트가 파트 문서 창에 나타난다. 기본으로 세 번째 행(셀 A3)의 이름은 "첫 항목"이 되고 열 머리글 셀 B2가 활성화된다. 여기서 "첫 항목"을 "planetary_gear_5.1"로 바꾼다.

④ 그래픽 영역에서 변수 z(잇수)를 더블 클릭한다.

⑤ 열 (셀 A4:A6) 이름을 planetary_gear_5.1, planetary_gear_3.12, planetary_gear_9로 지정한다. 이 이름이 작성하려는 새로운 설정의 이름이 된다.

⑥ 표 1-5-6과 같이 워크시트에 planetary_gear_3.12, planetary_gear_9의 치수를 입력한다.

⑦ 그래픽 영역에서 워크시트의 바깥쪽 아무 곳이나 클릭하면 워크시트가 닫힌다.

⑧ 파트를 저장한다.

표 1-5-6 설계변수 테이블 입력값

변수명 / 블록종류	z@스케치1
planetary_gear_5.1	31
planetary_gear_3.12	14
planetary_gear_9	70

6) 치수 변화에 의한 변화 형상 표현

이와 같이 나타내고자 형상을 설계변수 테이블을 이용하여 그림 1-5-10과 같이 여러 형태로 나타낼 수 있다.

(a) planetary_gear_3.12 (b) planetary_gear_5.1 (c) planetary_gear_9

그림 1-5-10 설계변수 변화에 의한 여러 유성 기어 형상 표현

(3) 태양 기어

태양 기어는 이미 저장되어 있다고 가정하고 저장되어 있는 잇수가 20인 태양 기어 파일을 오픈한다.

1) 기어 본체 관계 스케치에서 치수 이름 바꾸기

① 태양 기어의 모델 트리에서 이의 폭 형상의 단면 스케치로 스케치 편집 들어간다.

② 치수 부분을 더블 클릭하여 그림 1-5-11 (a)와 같이 이름을 바꾼다.

③ 확인을 클릭한다.

2) 기어의 이 관계 스케치에서 치수 이름 바꾸기

① 태양 기어의 모델 트리에서 이의 돌출 형상의 단면 스케치로 스케치 편집 들어간다.

② 치수 부분을 더블 클릭하여 그림 1-5-11 (b)와 같이 이의 중심으로부터 피치원과 만나는 지점까지의 치수는 pl, 이뿌리원과 만나는 지점에서 피치원과 만나는 지점까지의 치수는 al, 피치원과 만나는 지점에서 이끝원과 만나는 지점까지의 치수는 dl, 피치원 지름은 pd, 이끝원 지름은 ad, 이뿌리원 지름은 dd로 이름을 바꾼다.

③ 확인을 클릭한다.

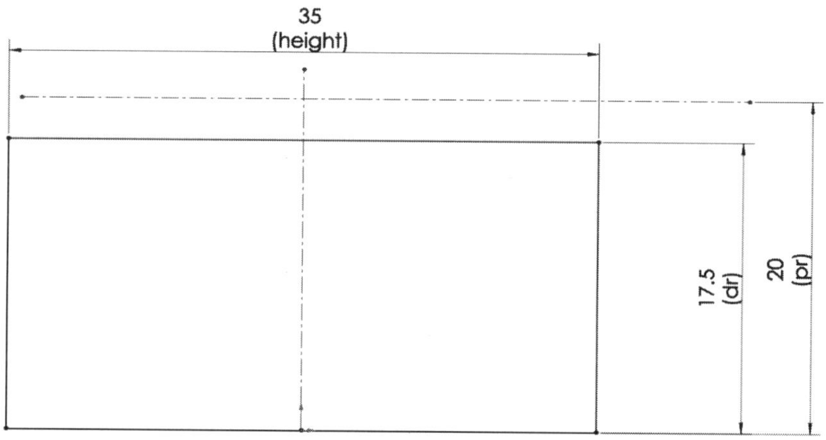

(a) 기어 본체 관계 스케치

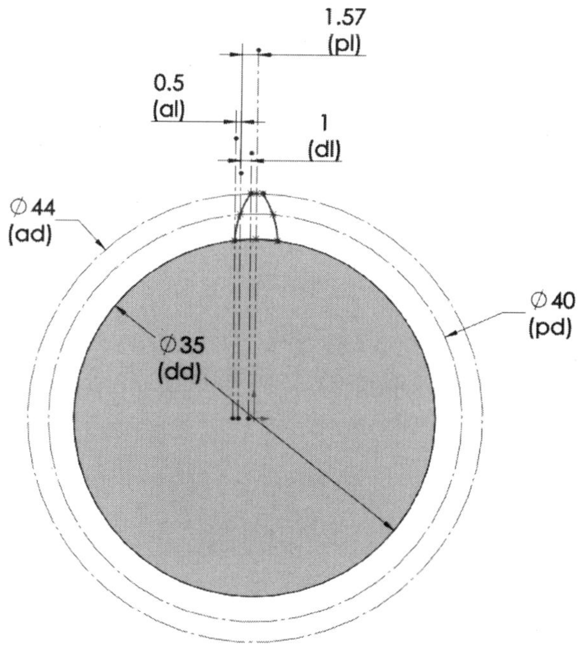

(b) 기어 이 관계 스케치

그림 1-5-12 태양 기어의 설계 변수 표현

3) 피처 이름 바꾸기

① 모델 트리에서 이의 보스-돌출1을 "body"로 이름을 바꾼다.

② 모델 트리에서 이의 보스-돌출2를 "tooth"로 이름을 바꾼다.

③ 이 파트를 "sun_gear"로 저장한다.

4) 관계식의 입력

① 변수의 값에 의해 자동적으로 생성될 수 있도록 관계를 지어주어야 한다. 풀다운 메뉴의 도구에서 수식 메뉴를 클릭한다.

② 수식, 글로벌 변수, 치수에 대한 입력창이 나타나며 여기서 글로벌 변수와 치수에 대한 관계식을 그림 1-5-13과 같이 표현한다.

이름	값 / 수식	평가	코멘트
⊟ 글로벌 변수			
"m"	= 2	2	
글로벌 변수 추가			
⊟ 피처			
피처 기능 억제 추가			
⊟ 수식			
"z@원형 패턴1"	= 20	20	
"pr@스케치1"	= "m" * "z@원형 패턴1" / 2	20mm	
"dr@스케치1"	= "pr@스케치1" - (2.25 * "m" - 2)	17.5mm	
"pl@스케치2"	= 3.14 * "m" / 4	1.57mm	
"al@스케치2"	= "m" / 4	0.5mm	
"dl@스케치2"	= "m" / 2	1mm	
"pd@스케치2"	= "pr@스케치1" * 2	40mm	
"ad@스케치2"	= "pd@스케치2" + 2 * "m"	44mm	
"dd@스케치2"	= "ad@스케치2" - 2 * 2.25 * "m"	35mm	
수식 추가			

그림 1-5-13 초기 변수 값의 입력과 각 치수 변수에 대한 수식 입력 모습

③ 수식, 글로벌 변수, 치수에 대한 입력창에서 내보내기를 하면 수식 내보내기 창이 나타나며 여기서 "내보내기"를 클릭한다. 그러면 메모장에 현재의 글로벌 변수 초기값과 수식들이 *.txt형태로 그림 1-5-14와 같이 저장된다.

④ 수식, 글로벌 변수, 치수에 대한 입력창의 확인을 클릭한다.

```
"m"= 2
"z@원형 패턴1"= 20
"pr@스케치1"= "m" * "z@원형 패턴1" / 2
"dr@스케치1"= "pr@스케치1" - ( 2.25 * "m" - 2 )
"pl@스케치2"= 3.14 * "m" / 4
"al@스케치2"= "m" / 4
"dl@스케치2"= "m" / 2
"pd@스케치2"= "pr@스케치1" * 2
"ad@스케치2"= "pd@스케치2" + 2 * "m"
"dd@스케치2"= "ad@스케치2" - 2 * 2.25 * "m"
```

그림 1-5-14 메모장에 저장된 변수값과 수식들의 모습

5) 설계변수 테이블 만들기

① 풀다운 메뉴의 삽입에서 테이블을 선택하고 "설계 변수 테이블"을 클릭한다.

② 확인을 클릭한다.

③ Excel 워크시트가 파트 문서 창에 나타난다. 기본으로 세 번째 행(셀 A3)의 이름은 "첫 항목"이 되고 열 머리글 셀 B2가 활성화된다. 여기서 "첫 항목"을 "sun_gear_5.1"로 바꾼다.

④ 그래픽 영역에서 변수 z(잇수)를 더블 클릭한다.

⑤ 열 (셀 A4:A6) 이름을 sun_gear_5.1, sun_gear_3.12, sun_gear_9로 지정한다. 이 이름이 작성하려는 새로운 설정의 이름이 된다.

⑥ 표 1-5-7과 같이 워크시트에 sun_gear_3.12, sun_gear_9의 치수를 입력한다.

⑦ 그래픽 영역에서 워크시트의 바깥쪽 아무 곳이나 클릭하면 워크시트가 닫힌다.

⑧ 파트를 저장한다.

표 1-5-7 설계변수 테이블 입력값

블록종류 \ 변수명	z@스케치1
sun_gear_5.1	20
sun_gear_3.12	25
sun_gear_9	20

6) 치수 변화에 의한 변화 형상 표현

이와 같이 나타내고자 형상을 설계변수 테이블을 이용하여 그림 1-5-15와 같이 여러 형

태로 나타낼 수 있다.

(a) sun_gear_3.12 (b) sun_gear_5.1 (c) sun_gear_9

그림 1-5-15 설계변수 변화에 의한 여러 태양 기어 형상 표현

(4) 암

1) 감속비 3.12의 경우

그림 1-5-16 (a)는 암의 외형이며 그림 1-5-16 (b)는 형상 치수를 나타낸다. 3개의 유성 기어가 장착될 3개의 암 사이 각도는 120도이며 태양 기어와 유성 기어 사이의 중심 거리를 39로 수정한다. 저장 부품 파일의 이름은 "arm_3.12"로 한다.

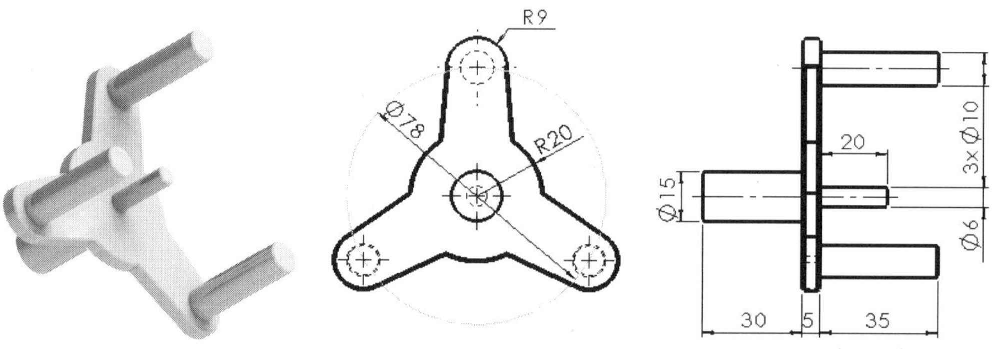

(a) 외형 (b) 형상 치수

그림 1-5-16 arm_3.12의 형상 정보

2) 감속비 5.1의 경우

그림 1-5-17 (a)는 암의 외형이며 그림 1-5-17 (b)는 형상 치수를 나타낸다. 3개의 유성 기어가 장착될 3개의 암 사이 각도는 120도이며 태양 기어와 유성 기어 사이의 중심 거리가

51이다. 저장 부품 파일의 이름은 "arm_5.1"로 한다.

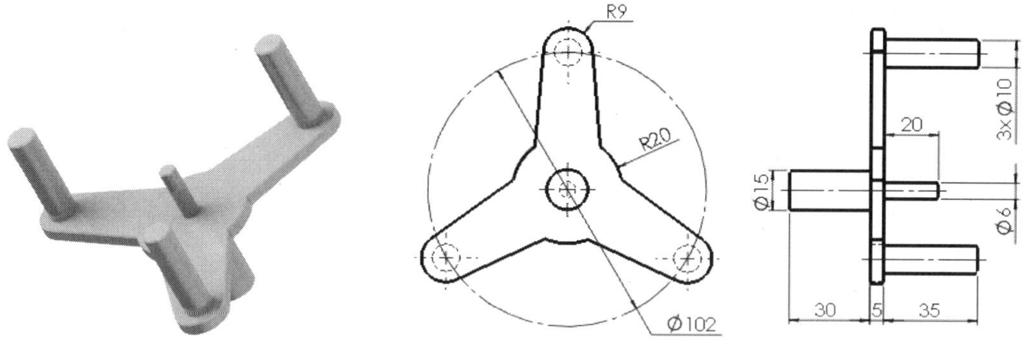

(a) 외형

(b) 형상 치수

그림 1-5-17 암의 형상 정보

3) 감속비 9의 경우

그림 1-5-18 (a)는 암의 외형이며 그림 1-5-18 (b)는 형상 치수를 나타낸다. 3개의 유성 기어가 장착될 3개의 암 사이 각도는 120도이며 태양 기어와 유성 기어 사이의 중심 거리를 90으로 수정한다. 저장 부품 파일의 이름은 "arm_9"로 한다.

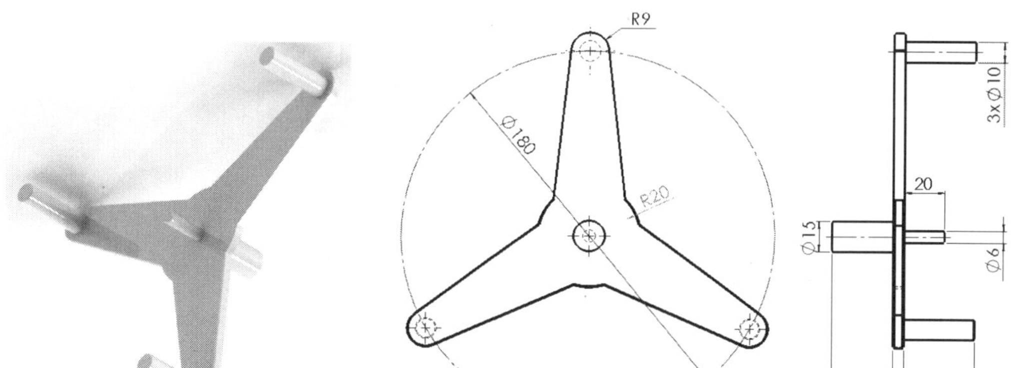

(a) 외형

(b) 형상 치수

그림 1-5-18 arm_9의 형상 정보

5.3 감속비 3.12 기구 설계

5.3.1 기구 구성

(1) 잇수 53 링 기어 고정

① 부품 삽입을 클릭한다.

② 어셈블리 창의 찾아보기를 클릭한다.

③ 해당 파일이 창에 있으면 더블 클릭하고 Drag & Drop으로 부품 ring_gear_3.12를 어셈블리 창에 갖다 놓는다.

④ 마우스의 오른쪽 버튼을 눌러 메뉴가운데 "자유롭게 움직이기"를 선택한다.

⑤ ring_gear_3.12의 정면과 어셈블리 정면이 일치하도록 메이트 한다.

⑥ ring_gear_3.12의 우측면과 어셈블리 우측면이 일치하도록 메이트 한다.

⑦ ring_gear_3.12의 윗면과 어셈블리 윗면이 일치하도록 메이트 한다.

⑧ 다시 마우스의 오른쪽 버튼을 눌러 메뉴가운데 "고정"을 선택한다.

(2) 암_3.12 조립

① 부품삽입 도구를 클릭하여 arm_3.12를 삽입한다.

② arm_3.12의 출력축 외측면과 ring_gear_3.12 외측면을 동심 메이트 한다.

③ arm_3.12의 출력축 면과 ring_gear_3.12의 밑면을 선택하고 일치 메이트 한다.

④ 확인 버튼을 누른다(그림 1-5-19).

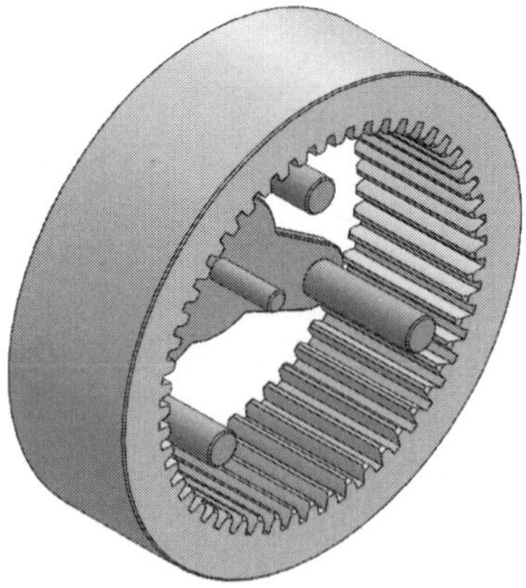

그림 1-5-19 arm_3.12와 ring_gear_3.12의 조립 결과

(3) 3개의 유성 기어 조립

① 부품삽입 도구를 클릭하여 planetary_gear_3.12를 3번 연속해서 삽입 한다.

② 3개의 planetary_gear_3.12의 구멍 내면과 arm_3.12의 유성 기어 연결 축의 외면을 표준 메이트에서 각각 동심 메이트 한다.

③ 3개의 planetary_gear_3.12의 밑면과 arm_3.12의 윗면을 일치 메이트 한다.

④ 확인 버튼을 누른다(그림 1-5-20).

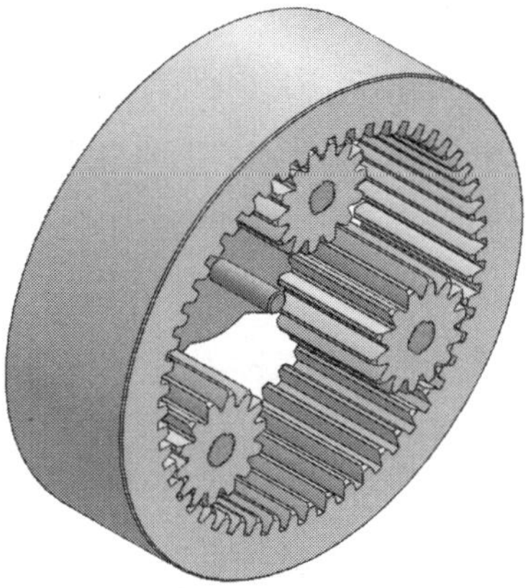

그림 1-5-20 planetary_gear_3.12와 arm_3.12의 조립된 모습

(4) 태양 기어 조립

① 부품삽입 도구를 클릭하여 sun_gear_3.12를 삽입 한다.

② sun_gear_3.12의 구멍 내면과 arm_3.12의 태양 기어 연결 축의 외면을 표준 메이트에서 각각 동심 메이트 한다.

③ sun_gear_3.12의 밑면과 arm_3.12의 윗면을 일치 메이트 한다.

④ 확인 버튼을 누른다(그림 1-5-21).

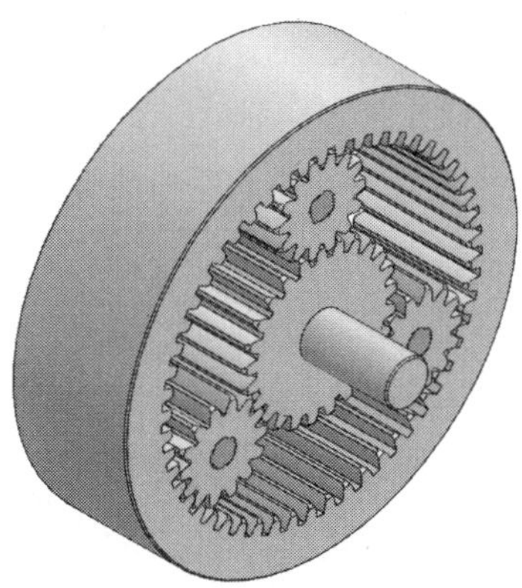

그림 1-5-21 sun_gear_3.12와 arm_3.12 조립 결과

(5) 초기 위치 설정

① ring_gear_3.12의 정면과 첫 번째 planetary_gear_3.12의 tooth_DTM1(기어 이 끝의 중앙을 지나는 면)을 일치 메이트 하고 “위치 배치에만”을 설정한다.

② 첫 번째 planetary_gear_3.12의 tooth_DTM1과 두 번째 planetary_gear_3.12의 tooth_DTM1을 평행 메이트 하고 “반대 방향” 및 “위치 배치에만”을 설정한다.

③ 첫 번째 planetary_gear_3.12의 tooth_DTM1과 세 번째 planetary_gear_3.12의 tooth_DTM1을 평행 메이트 하고 “반대 방향” 및 “위치 배치에만”을 설정한다.

④ 첫 번째 planetary_gear_3.12의 tooth_DTM1과 sun_gear_3.12의 tooth_DTM1을 일치 메이트 하고 “반대 방향” 및 “위치 배치에만”을 설정한다.

⑤ 확인을 클릭한다(그림 1-5-22).

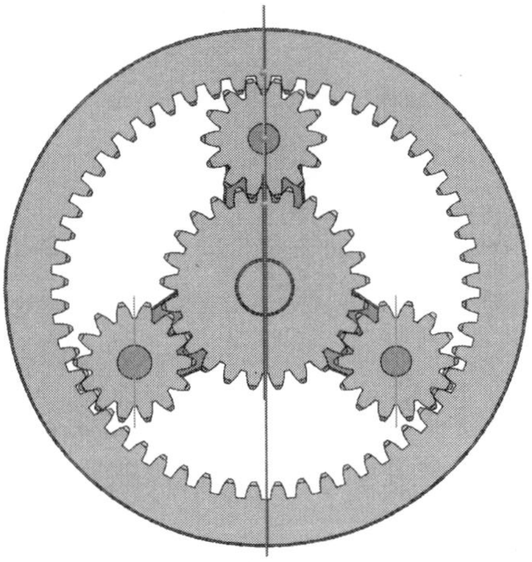

그림 1-5-22 구동 초기 위치 모습

(6) 기어 메이트 설정

① 기계 메이트로 들어가서 기어를 선택한다.

② 메이트 선택에서 첫 번째 유성기어의 기준축과 태양기어의 기준축을 선택한다.

③ 기어 비율을 기어 잇수 또는 피치원의 지름으로 28㎜:50㎜로 입력하고 확인을 클릭한다.

④ 또한 기계 메이트로 들어가서 기어를 선택한다.

⑤ 메이트 선택에서 2번째 유성기어의 기준축과 나머지 태양기어의 기준축을 선택한다.

⑥ 기어 비율을 기어 잇수 또는 피치원의 지름으로 28㎜:50㎜로 입력하고 확인을 클릭한다.

⑦ 또한 기계 메이트로 들어가서 기어를 선택한다.
⑧ 메이트 선택에서 3번째 유성기어의 기준축과 나머지 태양기어의 기준축을 선택한다.
⑨ 기어 비율을 기어 잇수 또는 피치원의 지름으로 28㎜:50㎜로 입력하고 확인을 클릭한다.
⑩ 또한 기계 메이트로 들어가서 기어를 선택한다.
⑪ 메이트 선택에서 이번에는 첫 번째 유성기어의 기준축과 링기어의 기준축을 선택한다.
⑫ 기어 비율을 기어 잇수 또는 피치원의 지름으로 28㎜:106㎜로 입력하고 확인을 클릭한다.

(7) 기구 저장하기

① 저장 도구( )에서 "다른 이름으로 저장하기"를 클릭한다.
② 저장할 디렉토리를 정하고 파일이름을 "감속비 3.12 유성기어 기구"로 한다.
③ 저장 버튼을 클릭한다.

5.3.2 기구 모션 시뮬레이션

(1) 모션 조건 설정

1) 모터 설정

① 기어의 구동을 보이기 위해 모델 탭 옆의 모션 스터디 탭을 클릭한다.
② 구동을 위한 모터( )를 선택한다.
③ 모터 유형을 원형 모터로 선택한다.
④ 부품/방향에서 모터 위치는 회전 구동을 위해 암 및 태양 기어로 한다.
⑤ 그림 1-5-23과 같이 모터 방향은 모터 위치와 같이 시계방향으로 적용한다.
⑥ 확인을 클릭한다.

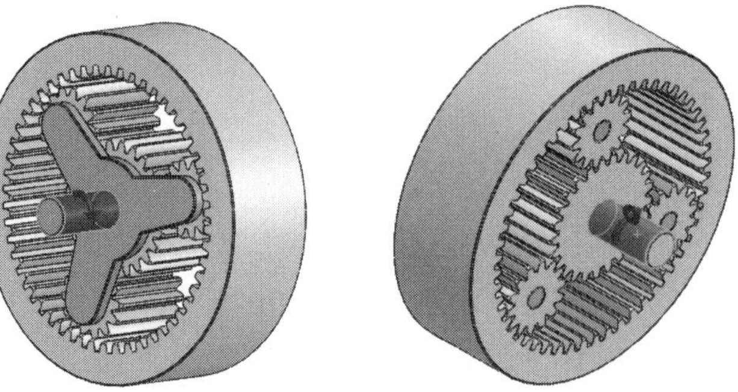

(a) 암 구동 (b) 태양 기어 구동

그림 1-5-23 모터 위치와 모터 방향 설정 모습

2) 모션 설정

① 모션은 모터 속성 창의 모션 설정에서 한 가지를 선택한다. 여기서는 방정식을 선택한다.

② 방정식을 선택하고 클릭하면 함수 작성기 창이 나타난다.

③ 함수를 ABS()로 한다. ()안의 변수는 시간과 변위 사이의 관계인 time를 변수로 선택한다.

④ 함수는 ABS()로 하고 암이 5초에 1회 구동하도록 하려면 방정식은 72*ABS(time)로 한다.

⑤ 확인을 클릭한다.

3) 모션 스터디 계산하기

① 스터디 유형을 모션 해석으로 설정한다. 만일 모션 해석 유형이 없으면 SOLIDWORKS 애드인에서 SOLIDWORKS Motion을 로드한다.

② 모션 스터디 계산하기 아이콘을 클릭하여 설정된 모터의 구동 조건을 계산한다.

③ 계산과 동시에 기구의 구동을 확인한다.

(2) 시뮬레이션 결과

1) 암 구동의 시뮬레이션 결과

① "결과와 플롯" ( ) 버튼을 클릭하여 구동 기어의 경우는 각 변위 그래프의 속성을 입력한다. 여기서 MotionManager 트리의 메이트에서 링 기어 중심축과 태양 기어

의 중심축의 일치를 선택한다.

② 암의 1회전(360°) 회전에 대해 태양 기어의 각 변위 그래프는 그림 1-5-24와 같으며 엑셀 파일의 데이터로부터 보면 시작점 -2°에서 끝점 -44°이므로 총 1122° 회전하고 있는 것을 알 수 있다. 즉, 증속비 3.117이다.

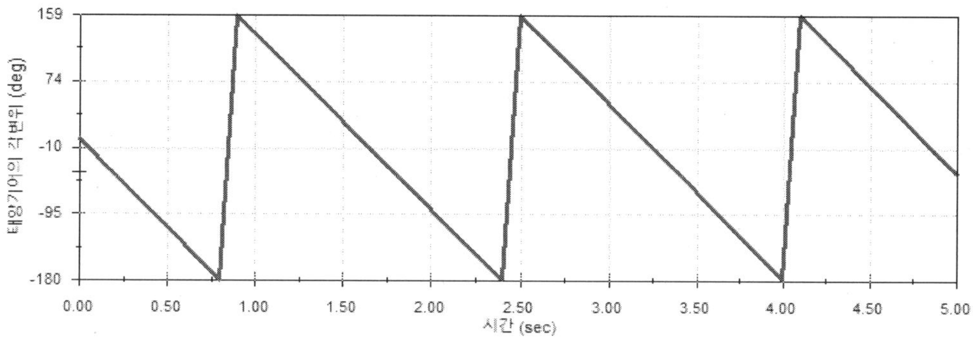

그림 1-5-24 암 1회전에 대한 태양 기어의 각 변위 결과 모습

2) 태양 기어 구동의 시뮬레이션 결과

① "결과와 플롯" 버튼을 클릭하여 암의 경우는 각 변위 그래프의 속성을 입력한다. 여기서 MotionManager 트리의 메이트에서 링 기어 회전축과 암의 회전축의 동심을 선택한다.

② 태양 기어 1회전(360°) 구동에 대한 암의 모션 해석 결과는 그림 1-5-25와 같으며 엑셀 파일의 데이터로부터 보면 시작점 0°에서 끝점 -115°이므로 총 115° 회전하고 있는 것을 알 수 있다. 즉, 감속비 0.319이다.

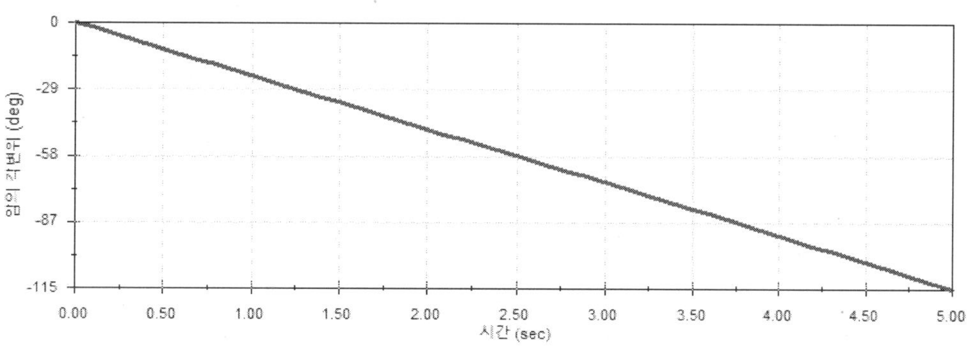

그림 1-5-25 태양 기어 1회전에 대한 암의 각 변위 결과 모습

(3) 결과 고찰

암의 1회전(360°) 구동에 따라 태양 기어는 3.117 증속된 것을 알 수 있으며 정확률이 98.2%이며 오차는 1.8%로 매우 작다. 한편 태양 기어의 1회전(360°) 구동에 따라 암은 0.319 감속된 것을 알 수 있으며 정확률이 99.7%이며 오차는 0.3%로 매우 작다. 따라서 링 기어 고정 유성기어 감속 기구의 시뮬레이션 값은 증속비 3.12와 감속비 0.32의 설계값에 일치한다고 판단할 수 있다.

(4) 동영상 저장하기

1) 암 구동 유성기어 동영상 저장하기

① 저장 아이콘을 클릭한다.

② 동영상 설정 창이 나타난다.

③ 파일 이름을 각각 "암 구동 감속비 3.12의 유성기어 동영상"로 저장한다.

④ 비디오 압축 창이 나타나고 프레임 정보에서 초당 프레임을 25로 하고 저장을 누른다.

⑤ 압축 프로그램의 창이 나타나면 "전체 프레임(압축 안함)"을 선택하고 확인을 클릭한다.

⑥ 기어 기구가 동작하면서 동영상으로 저장된다.

2) 태양 기어 구동 유성기어 동영상 저장하기

① 저장 아이콘을 클릭한다.

② 동영상 설정 창이 나타난다.

③ 파일 이름을 각각 "태양 기어 구동 감속비 3.12의 유성기어 동영상"로 저장한다.

④ 비디오 압축 창이 나타나고 프레임 정보에서 초당 프레임을 25로 하고 저장을 누른다.

⑤ 압축 프로그램의 창이 나타나면 "전체 프레임(압축 안함)"을 선택하고 확인을 클릭한다.

⑥ 기어 기구가 동작하면서 동영상으로 저장된다.

5.4 감속비 5.1 기구 설계

5.4.1 기구 구성

(1) 잇수 82 링 기어 고정

① 부품 삽입을 클릭한다.

② 어셈블리 창의 찾아보기를 클릭한다.

③ 해당 파일이 창에 있으면 더블 클릭하고 Drag & Drop으로 부품 ring_gear_5.1를 어셈블리 창에 갖다 놓는다.

④ 마우스의 오른쪽 버튼을 눌러 메뉴가운데 "자유롭게 움직이기"를 선택한다.

⑤ ring_gear_5.1의 정면과 어셈블리 정면이 일치하도록 메이트 한다.

⑥ ring_gear_5.1의 우측면과 어셈블리 우측면이 일치하도록 메이트 한다.

⑦ ring_gear_5.1의 윗면과 어셈블리 윗면이 일치하도록 메이트 한다.

⑧ 다시 마우스의 오른쪽 버튼을 눌러 메뉴가운데 "고정"을 선택한다.

(2) 암_5.1 조립

① 부품 삽입 도구를 클릭하여 arm_5.1를 삽입한다.

② arm_5.1의 출력축 외측면과 ring_gear_5.1 외측면을 동심 메이트 한다.

③ arm_5.1의 출력축 면과 ring_gear_5.1의 밑면을 선택하고 일치 메이트 한다.

④ 확인 버튼을 누른다(그림 1-5-26).

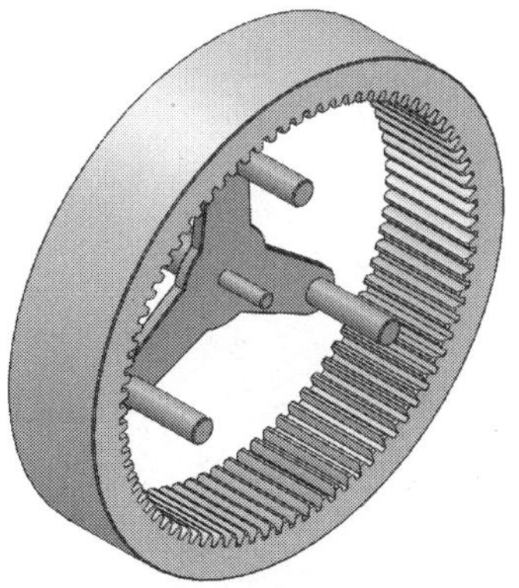

그림 1-5-26 arm_5.1와 ring_gear_5.1의 조립 결과

(3) 3개의 유성 기어 조립

① 부품 삽입 도구를 클릭하여 planetary_gear_5.1을 3번 연속해서 삽입 한다.

② 3개의 planetary_gear_5.1의 구멍 내면과 arm_5.1의 유성 기어 연결 축의 외면을 표준 메이트에서 각각 동심 메이트 한다.

③ 3개의 planetary_gear_5.1의 밑면과 arm_5.1의 윗면을 일치 메이트 한다.

④ 확인 버튼을 누른다(그림 1-5-27).

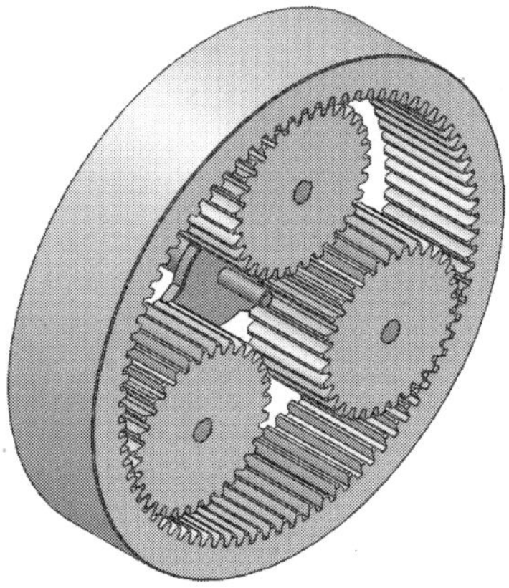

그림 1-5-27 planetary_gear_5.1과 arm_5.1의 조립된 모습

(4) 태양 기어 조립

① 부품삽입 도구를 클릭하여 sun_gear_5.1을 삽입 한다.

② sun_gear_5.1의 구멍 내면과 arm_5.1의 태양 기어 연결 축의 외면을 표준 메이트에서 각각 동심 메이트 한다.

③ sun_gear_5.1의 밑면과 arm_5.1의 윗면을 일치 메이트 한다.

④ 확인 버튼을 누른다(그림 1-5-28).

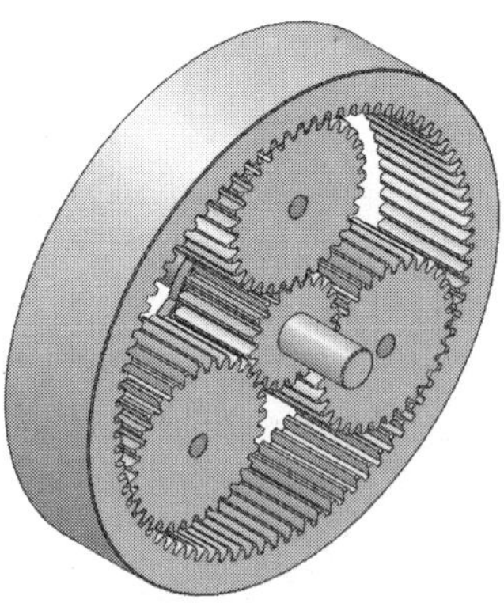

그림 1-5-28 sun_gear_5.1과 arm_5.1 조립 결과

(5) 초기 위치 설정

① ring_gear_5.1의 정면과 첫 번째 planetary_gear_5.1의 tooth_DTM1(기어 이 끝의 중앙을 지나는 면)을 일치 메이트 하고 “위치 배치에만”을 설정한다.

② 첫 번째 planetary_gear_5.1의 tooth_DTM1과 두 번째 planetary_gear_5.1의 tooth_DTM1을 평행 메이트 하고 “반대 방향” 및 “위치 배치에만”을 설정한다.

③ 첫 번째 planetary_gear_5.1의 tooth_DTM1과 세 번째 planetary_gear_5.1의 tooth_DTM1을 평행 메이트 하고 “반대 방향” 및 “위치 배치에만”을 설정한다.

④ 첫 번째 planetary_gear_5.1의 tooth_DTM1과 sun_gear_5.1의 tooth_DTM1을 일치 메이트 하고 “반대 방향” 및 “위치 배치에만”을 설정한다.

⑤ 확인을 클릭한다(그림 1-5-29).

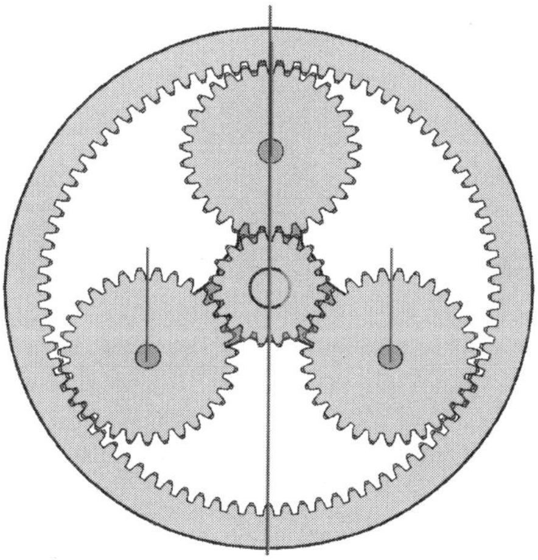

그림 1-5-29 구동 초기 위치 모습

(6) 기어 메이트 설정

① 기계 메이트로 들어가서 기어를 선택한다.

② 메이트 선택에서 첫 번째 유성기어의 기준축과 태양기어의 기준축을 선택한다.

③ 기어 비율을 기어 잇수 또는 피치원의 지름으로 62㎜:40㎜로 입력하고 확인을 클릭한다.

④ 또한 기계 메이트로 들어가서 기어를 선택한다.

⑤ 메이트 선택에서 2번째 유성기어의 기준축과 나머지 태양기어의 기준축을 선택한다.

⑥ 기어 비율을 기어 잇수 또는 피치원의 지름으로 62㎜:40㎜로 입력하고 확인을 클릭한다.

⑦ 또한 기계 메이트로 들어가서 기어를 선택한다.

⑧ 메이트 선택에서 3번째 유성기어의 기준축과 나머지 태양기어의 기준축을 선택한다.

⑨ 기어 비율을 기어 잇수 또는 피치원의 지름으로 62㎜:40㎜로 입력하고 확인을 클릭한다.

⑩ 또한 기계 메이트로 들어가서 기어를 선택한다.

⑪ 메이트 선택에서 이번에는 링 기어의 기준축과 유성 기어의 기준축을 선택한다.

⑫ 기어 비율을 기어 잇수 또는 피치원의 지름으로 164㎜:62㎜로 입력하고 확인을 클릭한다.

(7) 저장하기

① 저장 도구( )에서 "다른 이름으로 저장하기"를 클릭한다.

② 저장할 디렉토리를 정하고 파일이름을 "감속비 5.1 유성기어 기구"로 한다.

③ 저장 버튼을 클릭한다.

5.4.2 기구 모션 시뮬레이션

(1) 모션 조건 설정

1) 모터 설정

① 기어의 구동을 보이기 위해 모델 탭 옆의 모션 스터디 탭을 클릭한다.

② 구동을 위한 모터( )를 선택한다.

③ 모터 유형을 원형 모터로 선택한다.

④ 부품/방향에서 모터 위치는 회전 구동을 위해 암 및 태양 기어로 한다.

⑤ 그림 1-5-30과 같이 모터 방향은 모터 위치와 같이 시계방향으로 적용한다.

⑥ 확인을 클릭한다.

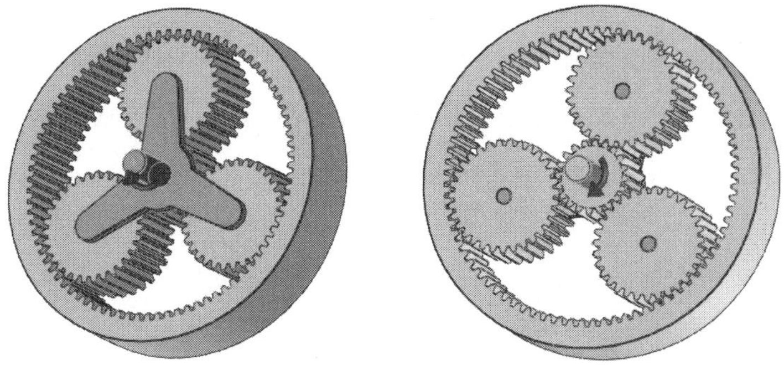

(a) 암 구동 (b) 태양 기어 구동

그림 1-5-30 모터 위치와 모터 방향 설정 모습

2) 모션 설정

① 모션은 모터 속성 창의 모션 설정에서 한 가지를 선택한다. 여기서는 방정식을 선택한다.

② 방정식을 선택하고 클릭하면 함수 작성기 창이 나타난다.

③ 함수를 ABS()로 한다. ()안의 변수는 시간과 변위 사이의 관계인 time를 변수로 선택한다.

④ 함수는 ABS()로 하고 암이 5초에 1회 구동하도록 하려면 방정식은 72*ABS(time)로 한다.

⑤ 확인을 클릭한다.

3) 모션 스터디 계산하기

① 스터디 유형을 모션 해석으로 설정한다. 만일 모션 해석 유형이 없으면 SOLIDWORKS 애드인에서 SOLIDWORKS Motion을 로드한다.

② 모션 스터디 계산하기 아이콘을 클릭하여 설정된 모터의 구동 조건을 계산한다.

③ 계산과 동시에 기구의 구동을 확인한다.

(2) 시뮬레이션 결과

1) 암 구동의 시뮬레이션 결과

① "결과와 플롯" ( ) 버튼을 클릭하여 구동 기어의 경우는 각 변위 그래프의 속성을 입력한다. 여기서 MotionManager 트리의 메이트에서 링 기어 중심축과 태양 기어

의 중심축의 일치를 선택한다.

② 암의 1회전(360°) 회전에 대해 태양 기어의 각 변위 그래프는 그림 1-5-31과 같으며 엑셀 파일의 데이터로부터 보면 시작점 0°에서 끝점 36°이므로 총 1836° 회전하고 있는 것을 알 수 있다. 즉, 증속비 5.1이다.

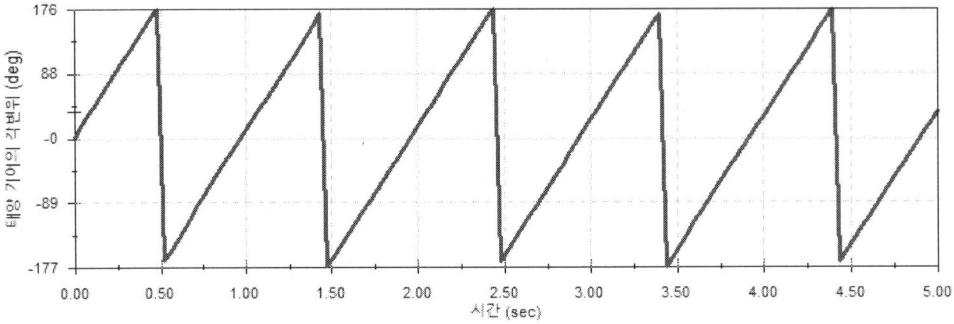

그림 1-5-31 암 1회전에 대한 태양 기어의 각 변위 결과 모습

2) 태양 기어 구동의 시뮬레이션 결과

① "결과와 플롯" 버튼을 클릭하여 암의 경우는 각 변위 그래프의 속성을 입력한다. 여기서 MotionManager 트리의 메이트에서 링 기어 회전축과 암의 회전축의 동심을 선택한다.

② 태양 기어 1회전(360°) 구동에 대한 암의 모션 해석 결과는 그림 1-5-32와 같으며 엑셀 파일의 데이터로부터 보면 시작점 0°에서 끝점 71°이므로 총 71° 회전하고 있는 것을 알 수 있다. 즉, 감속비 0.197이다.

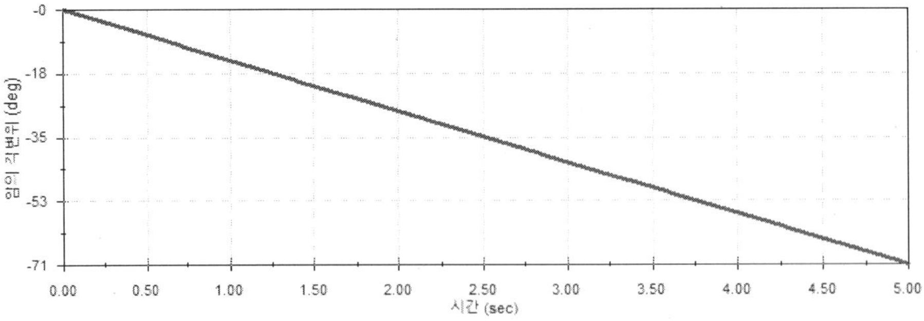

그림 1-5-32 태양 기어 1회전에 대한 암의 각 변위 결과 모습

(3) 결과 고찰

암의 1회전(360°) 구동에 따라 태양 기어는 5.1 증속된 것을 알 수 있으며 정확률이 100%이다. 한편 태양 기어의 1회전(360°) 구동에 따라 암은 0.197 감속된 것을 알 수 있으며 정확률이 99.5%로 오차가 0.5%로 매우 작다. 따라서 링 기어 고정 유성기어 감속 기구의 시뮬레이션 값은 증속비 5.1과 감속비 0.196의 설계값과 일치한다고 판단할 수 있다.

(4) 동영상 저장하기

1) 암 구동 유성기어 동영상 저장하기

① 저장 아이콘을 클릭한다.
② 동영상 설정 창이 나타난다.
③ 파일 이름을 각각 "암 구동 감속비 5.1의 유성기어 동영상"로 저장한다.
④ 비디오 압축 창이 나타나고 프레임 정보에서 초당 프레임을 25로 하고 저장을 누른다.
⑤ 압축 프로그램의 창이 나타나면 "전체 프레임(압축 안함)"을 선택하고 확인을 클릭한다.
⑥ 기어 기구가 동작하면서 동영상으로 저장된다.

2) 태양 기어 구동 유성기어 동영상 저장하기

① 저장 아이콘을 클릭한다.
② 동영상 설정 창이 나타난다.
③ 파일 이름을 각각 "태양 기어 구동 감속비 5.1의 유성기어 동영상"로 저장한다.
④ 비디오 압축 창이 나타나고 프레임 정보에서 초당 프레임을 25로 하고 저장을 누른다.
⑤ 압축 프로그램의 창이 나타나면 "전체 프레임(압축 안함)"을 선택하고 확인을 클릭한다.
⑥ 기어 기구가 동작하면서 동영상으로 저장된다.

5.5 감속비 9 기구 설계

5.5.1 기구 구성

(1) 잇수 160 링 기어 고정

① 부품 삽입을 클릭한다.

② 어셈블리 창의 찾아보기를 클릭한다.

③ 해당 파일이 창에 있으면 더블 클릭하고 Drag & Drop으로 부품 ring_gear_9를 어셈블리 창에 갖다 놓는다.

④ 마우스의 오른쪽 버튼을 눌러 메뉴가운데 "자유롭게 움직이기"를 선택한다.

⑤ ring_gear_9의 정면과 어셈블리 정면이 일치하도록 메이트 한다.

⑥ ring_gear_9의 우측면과 어셈블리 우측면이 일치하도록 메이트 한다.

⑦ ring_gear_9의 윗면과 어셈블리 윗면이 일치하도록 메이트 한다.

⑧ 다시 마우스의 오른쪽 버튼을 눌러 메뉴가운데 "고정"을 선택한다.

(2) 암_5.1 조립

① 부품 삽입 도구를 클릭하여 arm_9를 삽입한다.

② arm_9의 출력축 외측면과 ring_gear_9 외측면을 동심 메이트 한다.

③ arm_9의 출력축 면과 ring_gear_9의 밑면을 선택하고 일치 메이트 한다.

④ 확인 버튼을 누른다(그림 1-5-33).

그림 1-5-33 arm_9와 ring_gear_9의 조립 결과

(3) 3개의 유성 기어 조립

① 부품 삽입 도구를 클릭하여 planetary_gear_9를 3번 연속해서 삽입 한다.

② 3개의 planetary_gear_9의 구멍 내면과 arm_9의 유성 기어 연결 축의 외면을 표준 메이트에서 각각 동심 메이트 한다.

③ 3개의 planetary_gear_9의 밑면과 arm_9의 윗면을 일치 메이트 한다.

④ 확인 버튼을 누른다(그림 1-5-34).

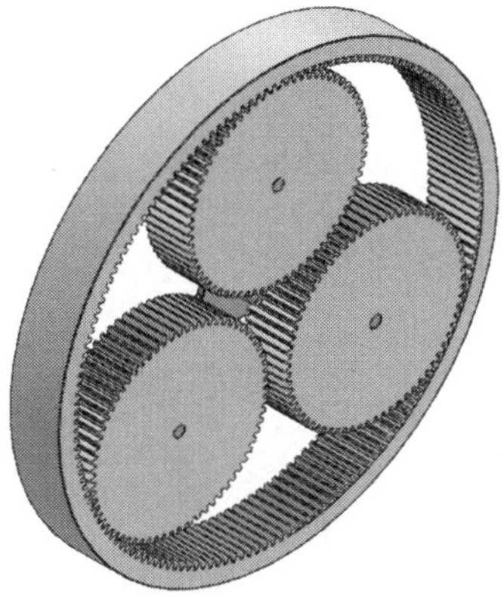

그림 1-5-34 planetary_gear_9와 arm_9의 조립된 모습

(4) 태양 기어 조립

① 부품 삽입 도구를 클릭하여 sun_gear_9를을 삽입 한다.

② sun_gear_9의 구멍 내면과 arm_9의 태양 기어 연결 축의 외면을 표준 메이트에서 각각 동심 메이트 한다.

③ sun_gear_9의 밑면과 arm_9의 윗면을 일치 메이트 한다.

④ 확인 버튼을 누른다(그림 1-5-35).

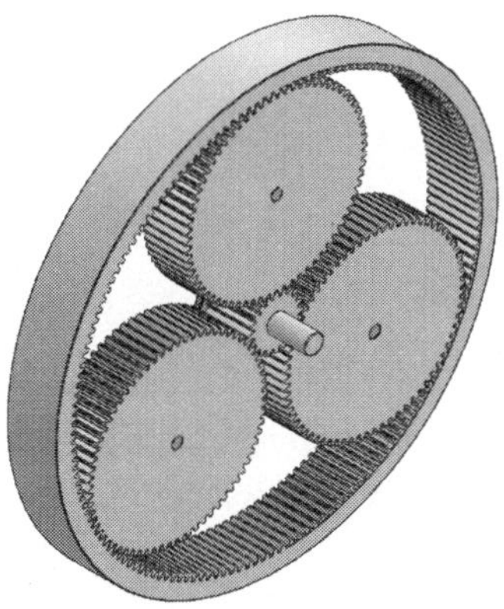

그림 1-5-35 sun_gear_9와 arm_9 조립 결과

(5) 초기 위치 설정

① ring_gear_9의 정면과 첫 번째 planetary_gear_9의 tooth_DTM1(기어 이 끝의 중앙을 지나는 면)을 일치 메이트 하고 "위치 배치에만"을 설정한다.

② 첫 번째 planetary_gear_9의 tooth_DTM1과 두 번째 planetary_gear_9의 tooth_DTM1을 평행 메이트 하고 "반대 방향" 및 "위치 배치에만"을 설정한다.

③ 첫 번째 planetary_gear_9의 tooth_DTM1과 세 번째 planetary_gear_9의 tooth_DTM1을 평행 메이트 하고 "반대 방향" 및 "위치 배치에만"을 설정한다.

④ 첫 번째 planetary_gear_9의 tooth_DTM1과 sun_gear_9의 tooth_DTM1을 일치 메이트 하고 "반대 방향" 및 "위치 배치에만"을 설정한다.

⑤ 확인을 클릭한다(그림 1-5-36).

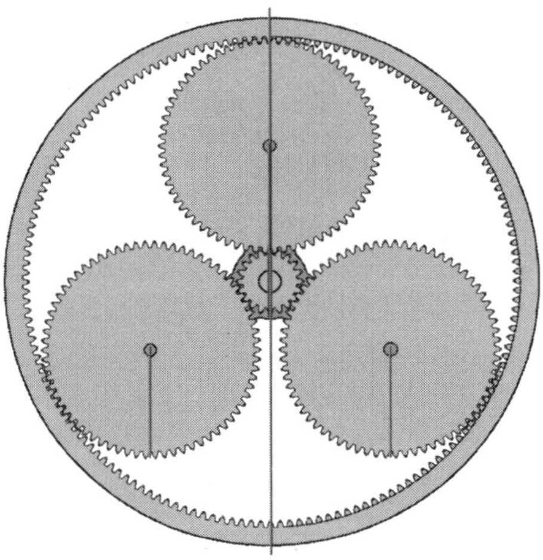

그림 1-5-36 구동 초기 위치 모습

(6) 기어 메이트 설정

① 기계 메이트로 들어가서 기어를 선택한다.

② 메이트 선택에서 첫 번째 유성기어의 기준축과 태양기어의 기준축을 선택한다.

③ 기어 비율을 기어 잇수 또는 피치원의 지름으로 62㎜:40㎜로 입력하고 확인을 클릭한다.

④ 또한 기계 메이트로 들어가서 기어를 선택한다.

⑤ 메이트 선택에서 2번째 유성기어의 기준축과 나머지 태양기어의 기준축을 선택한다.

⑥ 기어 비율을 기어 잇수 또는 피치원의 지름으로 62㎜:40㎜로 입력하고 확인을 클릭한다.

⑦ 또한 기계 메이트로 들어가서 기어를 선택한다.

⑧ 메이트 선택에서 3번째 유성기어의 기준축과 나머지 태양기어의 기준축을 선택한다.

⑨ 기어 비율을 기어 잇수 또는 피치원의 지름으로 62㎜:40㎜로 입력하고 확인을 클릭한다.
⑩ 또한 기계 메이트로 들어가서 기어를 선택한다.
⑪ 메이트 선택에서 이번에는 링 기어의 기준축과 유성 기어의 기준축을 선택한다.
⑫ 기어 비율을 기어 잇수 또는 피치원의 지름으로 164㎜:62㎜로 입력하고 확인을 클릭한다.

(7) 저장하기

① 저장 도구(💾)에서 "다른 이름으로 저장하기"를 클릭한다.
② 저장할 디렉토리를 정하고 파일이름을 "감속비 9 유성기어 기구"로 한다.
③ 저장 버튼을 클릭한다.

5.5.2 기구 모션 시뮬레이션

(1) 모션 조건 설정

1) 모터 설정

① 기어의 구동을 보이기 위해 모델 탭 옆의 모션 스터디 탭을 클릭한다.
② 구동을 위한 모터( )를 선택한다.
③ 모터 유형을 원형 모터로 선택한다.
④ 부품/방향에서 모터 위치는 회전 구동을 위해 암 및 태양 기어로 한다.
⑤ 그림 1-5-37과 같이 모터 방향은 모터 위치와 같이 시계방향으로 적용한다.
⑥ 확인을 클릭한다.

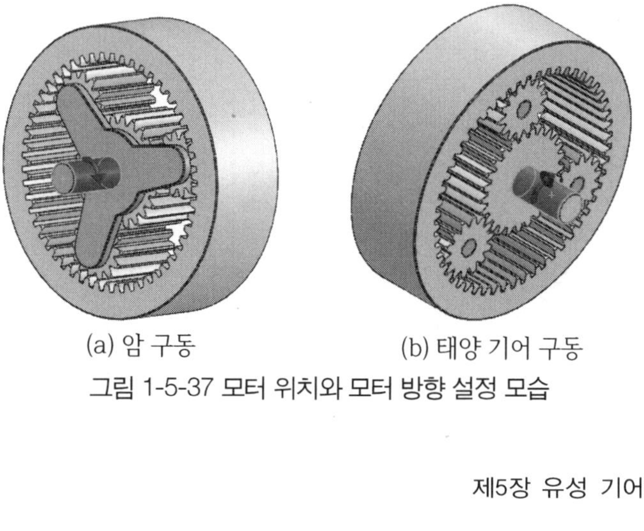

(a) 암 구동　　(b) 태양 기어 구동

그림 1-5-37 모터 위치와 모터 방향 설정 모습

2) 모션 설정

① 모션은 모터 속성 창의 모션 설정에서 방정식을 선택한다.

② 방정식을 클릭하면 함수 작성기 창이 나타난다.

③ 함수를 ABS()로 한다. ()안의 변수는 시간과 변위 사이의 관계인 time를 변수로 선택한다.

④ 함수는 ABS()로 하고 암이 5초에 1회 구동하도록 하려면 방정식은 72*ABS(time)로 한다.

⑤ 확인을 클릭한다.

3) 모션 스터디 계산하기

① 스터디 유형을 모션 해석으로 설정한다. 만일 모션 해석 유형이 없으면 SOLIDWORKS 애드인에서 SOLIDWORKS Motion을 로드한다.

② 모션 스터디 계산하기 아이콘을 클릭하여 설정된 모터의 구동 조건을 계산한다.

③ 계산과 동시에 기구의 구동을 확인한다.

(2) 시뮬레이션 결과

1) 암 구동의 시뮬레이션 결과

① "결과와 플롯" ( ) 버튼을 클릭하여 구동 기어의 경우는 각 변위 그래프의 속성을 입력한다. 여기서 MotionManager 트리의 메이트에서 링 기어 중심축과 태양 기어의 중심축의 일치를 선택한다.

② 암의 1회전(360°) 회전에 대해 태양 기어의 각 변위 그래프는 그림 1-5-38과 같으며 엑셀 파일의 데이터로부터 보면 9회전하고 있는 것을 알 수 있다. 즉, 증속비 9이다.

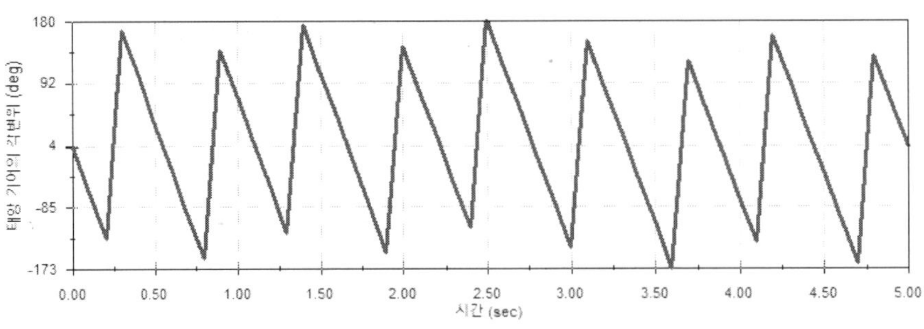

그림 1-5-38 암 1회전에 대한 태양 기어의 각 변위 결과 모습

2) 태양 기어 구동의 시뮬레이션 결과

① "결과와 플롯" 버튼을 클릭하여 암의 경우는 각 변위 그래프의 속성을 입력한다. 여기서 MotionManager 트리의 메이트에서 링 기어 회전축과 암의 회전축의 동심을 선택한다.

② 태양 기어 1회전(360°) 구동에 대한 암의 모션 해석 결과는 그림 1-5-39와 같으며 엑셀 파일의 데이터로부터 보면 시작점 0°에서 끝점 40°이므로 총 40° 회전하고 있는 것을 알 수 있다. 즉, 감속비 40/360=0.11이다.

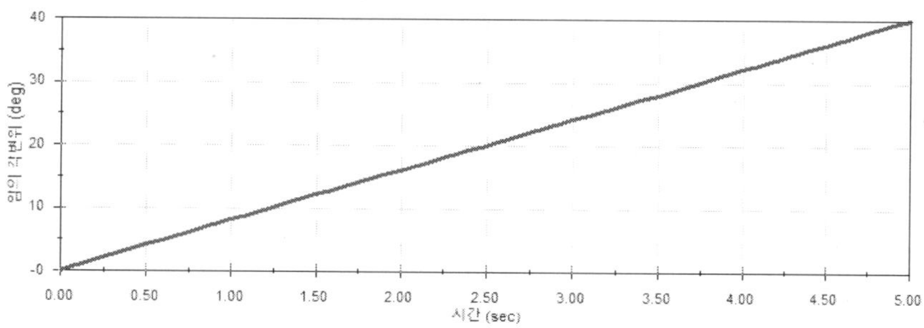

그림 1-5-39 태양 기어 1회전에 대한 암의 각 변위 결과 모습

(3) 결과 고찰

암의 1회전(360°) 구동에 따라 태양 기어는 9만큼 증속된 것을 알 수 있으며 정확률이 100%이다. 한편 태양 기어의 1회전(360°) 구동에 따라 암은 1/9만큼 감속된 것을 알 수 있으며 정확률이 100%이다. 따라서 링 기어 고정의 경우 유성기어 감속 기구의 증속비 9와 감속비 1/9의 설계는 올바르다고 판단할 수 있다.

(4) 동영상 저장하기

1) 암 구동 유성기어 동영상 저장하기

① 저장 아이콘을 클릭한다.

② 동영상 설정 창이 나타난다.

③ 파일 이름을 각각 "암 구동 감속비 9의 유성기어 동영상"로 저장한다.

④ 비디오 압축 창이 나타나고 프레임 정보에서 초당 프레임을 25로 하고 저장을 누른다.

⑤ 압축 프로그램의 창이 나타나면 "전체 프레임(압축 안함)"을 선택하고 확인을 클릭

한다.

⑥ 기어 기구가 동작하면서 동영상으로 저장된다.

2) 태양 기어 구동 유성기어 동영상 저장하기

① 저장 아이콘을 클릭한다.

② 동영상 설정 창이 나타난다.

③ 파일 이름을 각각 "태양 기어 구동 감속비 9의 유성기어 동영상"로 저장한다.

④ 비디오 압축 창이 나타나고 프레임 정보에서 초당 프레임을 25로 하고 저장을 누른다.

⑤ 압축 프로그램의 창이 나타나면 "전체 프레임(압축 안함)"을 선택하고 확인을 클릭 한다.

⑥ 기어 기구가 동작하면서 동영상으로 저장된다.

5.6 감속비 45 기구 설계

5.6.1 부품 사양 변경

보통 1단의 유성기어로는 최대 10정도 밖에 감속비를 얻을 수 없기 때문에 10 이상이 되면 2단 이상으로 변속을 하지 않으면 안 된다. 따라서 감속비 45의 증속 또는 감속을 얻기 위해서는 감속비 5인 유성기어 감속기와 감속비 9인 유성기어 감속기를 2단으로 연결하여 2단 변속을 함으로써 5×9=45의 감속비를 얻을 수 있지만 실제 감속비를 고려하여 앞의 감속비 5.1인 유성기어 감속기와 감속비 9인 유성기어를 사용하는 것으로 한다. 그 외의 경우는 2단으로 됨에 따라 부품 형상을 다음과 같이 변경하기로 한다. 특히 암이 중요하므로 암에 대해서만 나타내기로 한다.

(1) arm_s21_p31_r82

그림 1-5-40 (a)는 암의 외형이며 그림 1-5-40 (b)는 형상 치수를 나타낸다. 3개의 유성기어가 장착될 3개의 암 사이 각도는 120도이며 태양 기어와 유성 기어 사이의 중심 거리를 102로 한다. 저장 부품 파일의 이름은 "arm_s21_p31_r82"로 한다.

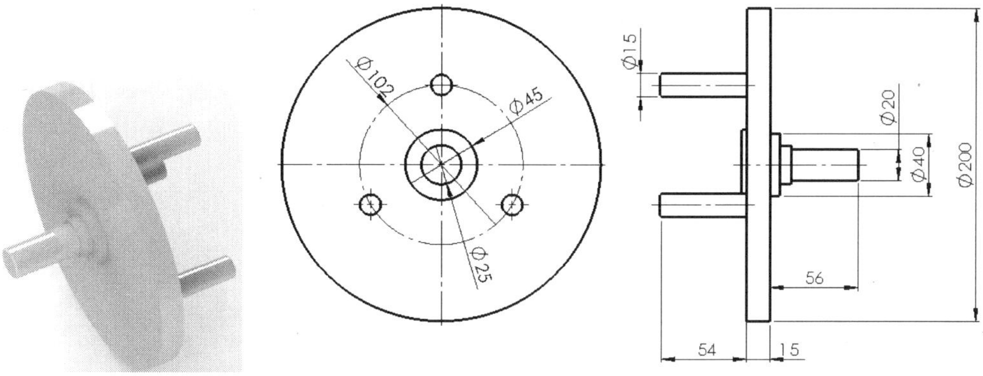

(a) 외형　　　　(b) 형상 치수

그림 1-5-40 arm_s21_p31_r82의 형상 정보

(2) arm_s20_p70_r160

그림 1-5-41 (a)는 암의 외형이며 그림 1-5-41 (b)는 형상 치수를 나타낸다. 3개의 유성 기어가 장착될 3개의 암 사이 각도는 120도이며 태양 기어와 유성 기어 사이의 중심 거리를 180로 한다. 저장 부품 파일의 이름은 "arm_s20_p70_r160"로 한다.

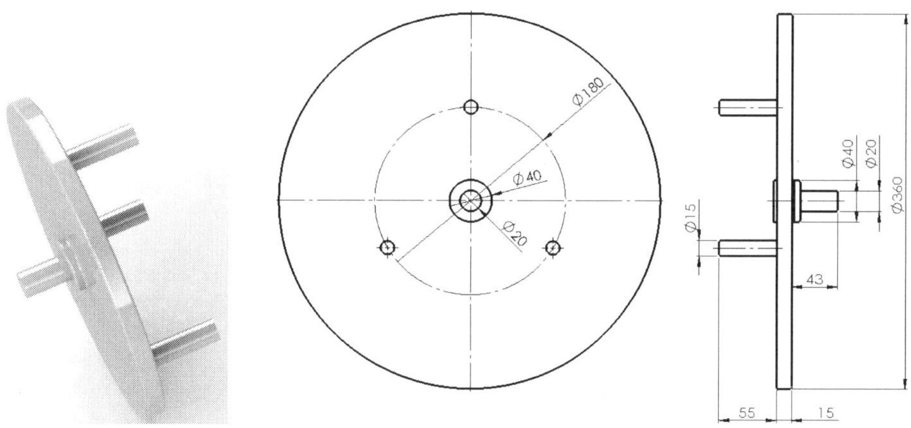

(a) 외형　　　　(b) 형상 치수

그림 1-5-41 arm_s20_p70_r160의 형상 정보

5.6.2 기구 구성

최종적으로 기구를 모두 조립한 형상이 그림 1-5-42이다.

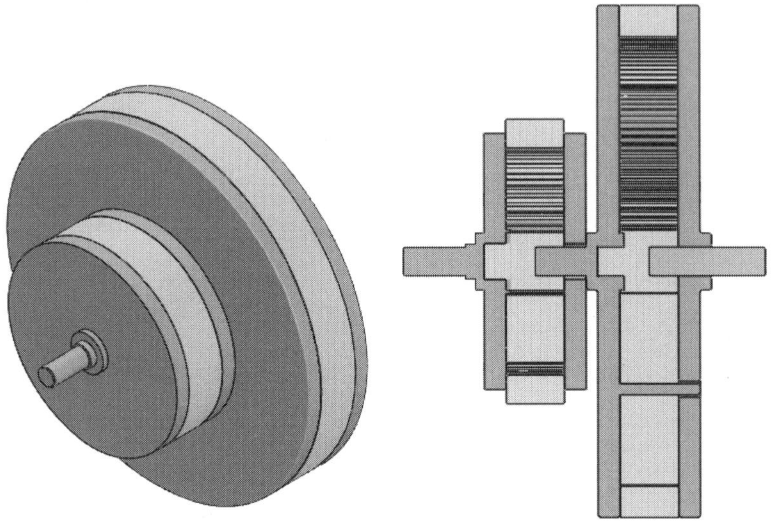

(a) 외형

(b) 반단면도

그림 1-5-42 기구 최종 조립 모습

5.6.3 기구 모션 시뮬레이션

(1) 모션 조건 설정

1) 모터 설정

① 기어의 구동을 보이기 위해 모델 탭 옆의 모션 스터디 탭을 클릭한다.

② 구동을 위한 모터( )를 선택한다.

③ 모터 유형을 원형 모터로 선택한다.

④ 부품/방향에서 모터 위치는 회전 구동을 위해 암 및 태양 기어(회전축)로 한다.

⑤ 그림 1-5-43과 같이 모터 방향은 모터 위치와 같이 시계방향으로 적용한다.

⑥ 확인을 클릭한다.

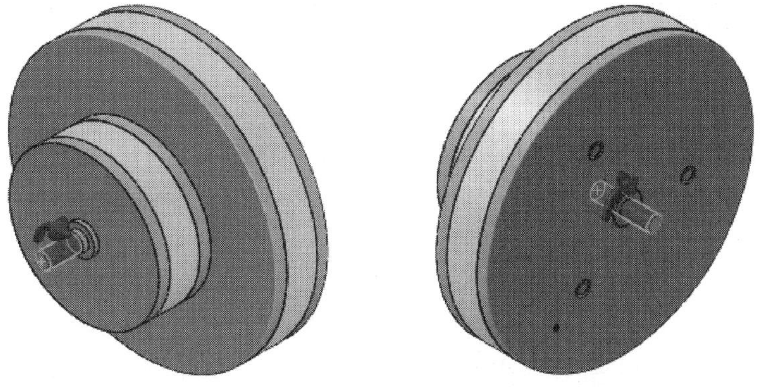

(a) 암 구동　　　　　　　　　(b) 태양 기어(회전축) 구동

그림 1-5-43 모터 위치와 모터 방향 설정 모습

2) 모션 설정

① 모션은 모터 속성 창의 모션 설정에서 한 가지를 선택한다. 여기서는 방정식을 선택하였다.

② 방정식을 선택하고 클릭하면 함수 작성기 창이 나타난다.

③ 함수를 ABS()로 한다. ()안의 변수는 시간과 변위 사이의 관계인 time를 변수로 선택한다.

④ 암 구동의 경우는 함수는 ABS()로 하고 암이 5초에 1회 구동하도록 하려면 방정식은 72*ABS(time)로 한다.

⑤ 태양 기어(회전축) 구동의 경우는 함수는 ABS()로 하고 암이 5초에 10회 구동하도록 하려면 방정식은 72*10*ABS(time)로 한다.

⑥ 확인을 클릭한다.

3) 모션 스터디 계산하기

① 스터디 유형을 모션 해석으로 설정한다. 만일 모션 해석 유형이 없으면 SOLIDWORKS 애드인에서 SOLIDWORKS Motion을 로드한다.

② 모션 스터디 계산하기 아이콘을 클릭하여 설정된 모터의 구동 조건을 계산한다.

③ 계산과 동시에 기구의 구동을 확인한다.

(2) 시뮬레이션 결과

1) 암 구동의 시뮬레이션 결과

① "결과와 플롯" ( ) 버튼을 클릭하여 구동 기어의 경우는 각 변위 그래프의 속성을 입력한다. 여기서 MotionManager 트리의 메이트에서 암 중심축과 어셈블리의 중심축의 일치를 선택한다.

② 암의 1회전(360°) 회전에 대해 태양 기어(회전축)의 각 변위 그래프는 그림 1-5-44와 같으며 엑셀 파일의 데이터로부터 보면 시작점 1°에서 끝점 47°이므로 45회전과 1회전에 조금 46° 모자라므로 총 16514° 회전하고 있는 것을 알 수 있다. 즉, 증속비 45.87이다.

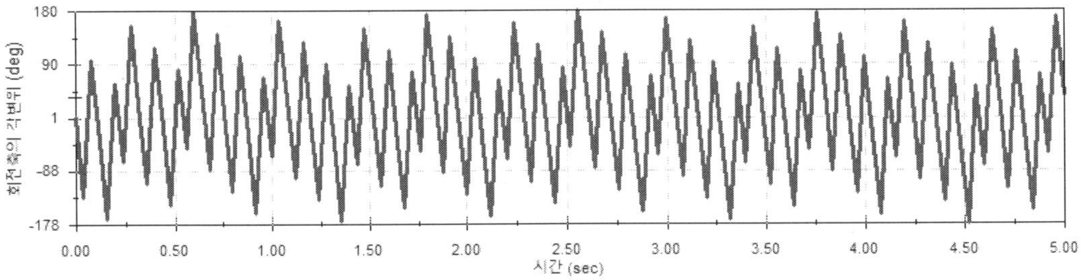

그림 1-5-44 암 1회전에 대한 태양 기어(회전축)의 각 변위 결과 모습

2) 태양 기어(회전축) 구동의 시뮬레이션 결과

① "결과와 플롯" 버튼을 클릭하여 암의 경우는 각 변위 그래프의 속성을 입력한다. 여기서 MotionManager 트리의 메이트에서 태양 기어 회전축과 어셈블리의 회전축의 일치를 선택한다.

② 태양 기어(회전축) 45회전(16200°) 구동에 대한 암의 모션 해석 결과는 그림 1-5-45와 같으며 엑셀 파일의 데이터로부터 보면 시작점 0°에서 끝점 0°이므로 총 360° 회전하고 있는 것을 알 수 있다. 즉, 감속비 360/16200=0.0222이다.

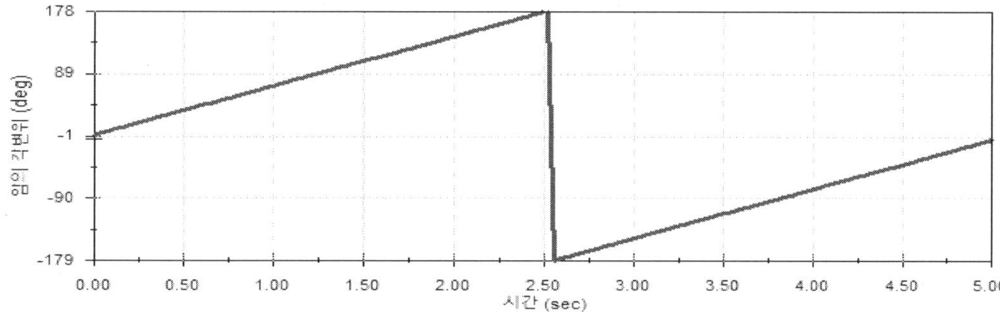

그림 1-5-45 태양 기어 45회전에 대한 암의 각 변위 결과 모습

(3) 결과 고찰

암의 1회전(360°) 구동에 따라 태양 기어는 45.87 증속된 것을 알 수 있으며 이것은 45.9배 증속 설계에 대해 정확률이 99.9%이므로 일치한다고 판단할 수 있다. 한편 태양 기어의 45회전(16200°) 구동에 따라 암은 1회전(360°)로 0.022배 감속된 것을 알 수 있으며 이것은 1/45.9배, 즉 0.0218배 감속 설계에 대해 정확률이 99.5%이므로 일치한다고 판단할 수 있다. 따라서 링 기어 고정의 경우 유성기어 감속 기구의 증속비 45의 설계는 올바르다고 판단할 수 있다.

(4) 동영상 저장하기

1) 암 구동 유성기어 동영상 저장하기

① 저장 아이콘을 클릭한다.
② 동영상 설정 창이 나타난다.
③ 파일 이름을 각각 “암 구동 감속비 45의 유성기어 동영상”로 저장한다.
④ 비디오 압축 창이 나타나고 프레임 정보에서 초당 프레임을 25로 하고 저장을 누른다.
⑤ 압축 프로그램의 창이 나타나면 “전체 프레임(압축 안함)”을 선택하고 확인을 클릭한다.
⑥ 기어 기구가 동작하면서 동영상으로 저장된다.

2) 태양 기어 구동 유성기어 동영상 저장하기

① 저장 아이콘을 클릭한다.
② 동영상 설정 창이 나타난다.

③ 파일 이름을 각각 “태양 기어 구동 감속비 45의 유성기어 동영상”로 저장한다.

④ 비디오 압축 창이 나타나고 프레임 정보에서 초당 프레임을 25로 하고 저장을 누른다.

⑤ 압축 프로그램의 창이 나타나면 “전체 프레임(압축 안함)”을 선택하고 확인을 클릭한다.

⑥ 기어 기구가 동작하면서 동영상으로 저장된다.

5.7 자율 평가 문제

이 자율평가의 목적은 앞에서 익힌 내용을 다 이해하고 평가 문제에 대해 자기 주도적으로 문제를 해결하고 숙지 정도를 확인하기 위함이다. 본인의 부족한 점에 대해 파악하는 태도를 기르고 부족하다면 다른 사람의 도움을 받거나 본인 스스로 앞의 내용을 더욱 자세히 학습하는 자기주도 학습에 목적이 있다.

5.2.1항의 유성 기어 트레인 기구에 대해 변경된 조건에 따라 다음 문제를 해결하라.

변경 조건 사항

- 입력축과 출력축을 동심으로 회전 방향이 같다.
- 유성 기어 개수는 3으로 한다.
- 감속비를 5로 한다.
- 모듈은 모두 2이다.
- 입력 측의 입력은 5초에 1회전 한다.

문제 1

링 기어의 잇수가 77인 유성 기어 트레인 기구가 태양 기어 고정으로 증속하는 구동을 하는 구동 시뮬레이션을 하고 시뮬레이션 결과 그래프를 나타내어라. 그리고 시뮬레이션 결과와 이론적 감속비와 비교 고찰하라.

문제 2

링 기어의 잇수가 91인 유성 기어 트레인 기구가 태양 기어 고정으로 감속하는 구동을 하는 구동 시뮬레이션을 하고 시뮬레이션 결과 그래프를 나타내어라. 그리고 시뮬레이션 결과와 이론적 감속비와 비교 고찰하라.

위의 문제에 대해 부록의 답안과 비교하여 일치한 답을 했다면 앞의 내용을 완전히 이해했다고 판단되지만 틀린 부분이 있다면 그 원인을 반드시 찾도록 하는 것이 좋을 것입니다. 본인의 답이 맞다고 생각하면 일치하지 않아도 좋지만 그 이유를 반드시 적어보고 확실한지 다시 한 번 확인하기 바랍니다.

자율 평가 결과 점검표

학습자 성명 :	평가 날짜 :
평가 제목 : 유성 기어 트레인 기구 설계	

	성취 수준		
	하지 못했음	했지만 잘 모르겠음	완전히 하였음
• 모듈 및 감속비에 맞춰 링 기어, 유성 기어 및 태양 기어의 잇수를 결정하였다.			
• 태양 기어 고정의 증속 기구를 설계대로 구성하였다.			
• 시뮬레이션 결과와 비교 고찰하였다.			
• 태양 기어 고정의 증속 기구 시뮬레이션 결과를 그래프로 나타내었다.			
• 태양 기어 고정의 감속 기구를 설계대로 구성하였다.			
• 태양 기어 고정의 감속 기구 시뮬레이션 결과를 그래프로 나타내었다.			

성취수준

위의 모든 항목에 대해 "완전히 하였음", 즉 완성도 100%로 답하여야 합니다. 만일 "하지 않았음" 또는 "했지만 잘 모르겠음"에 답을 했다면 앞에서 학습한 내용을 다시 한 번 확인하여 다시 수행하고 필요한 경우에는 교육자 또는 전문가와 상의하기 바랍니다.

제 II 단원

링크 기구 설계

제1장 4절 링크 기구

제2장 슬라이더 크랭크 기구

제3장 2중 크랭크-레버 기구

제4장 왕복 양 슬라이더 크랭크 기구

제5장 고정 양 슬라이더 기구

학습 개요

링크 기구를 대상으로 설계 요구 문제에 대한 부품 사양을 설계 제한 조건에 따라 결정하고 부품 형상모델링 하며 부품 조립을 통해 가상 기구를 구성한다. 그리고 모션 시뮬레이션에 의해 설계 기구가 모션 조건 설정에 따라 구동이 정확히 이루어지고 있는지를 고찰하는 내용으로 이루어졌다. 마지막으로 자율 평가 문제를 통해 내용을 완전히 이해했는지에 대한 판단을 스스로 하고 부족한 부분에 대해 해결하는 자기 주도적 학습으로 이루어졌다.

학습 목표

본 학습을 마친 학습자는

- **링크 기구**의 요구 문제에 대한 설계 제한 조건에 따라 기구 부품 사양을 결정할 수 있다.
- **링크 기구**를 구성하고 모션 조건 설정을 통해 기구 시뮬레이션을 할 수 있다.
- **링크 기구**의 모션 시뮬레이션 결과를 바탕으로 설계 기구의 타당성을 고찰할 수 있다.
- **링크 기구**의 모션 시뮬레이션 과정을 동영상으로 제작할 수 있다.

학습 성과

(1) 공학의 지식과 정보기술을 공학문제 해결에 응용할 수 있는 능력
이론적 해석을 바탕으로 링크 기구 설계의 타당성 검증에 응용할 수 있다.

(2) 공학문제를 해결하기 위해 도구를 활용할 수 있는 능력
링크 기구의 설계 타당성 여부를 위해 CAD도구의 모션 해석을 활용할 수 있다.

(3) 제한조건을 고려하여 기구를 설계할 수 있는 능력
요구 문제에 따른 설계 제한 조건 등을 고려하여 링크 기구를 설계할 수 있다.

(4) 자기 주도적인 능력
자율 평가 문제를 통해 자신의 이해정도를 파악함으로써 자기 스스로 발전성을 추구할 수 있다.

제 1 장

4절 링크 기구

1.1 문제

4절 평면링크기구 중에서 자장 기본이 되는 것이 4절 링크로 구성된 4절 링크기구이다. 이것은 4개의 링크가 순서대로 회전대우 또는 미끄럼대우에 의해 접속된 폐루프 기구이다. 실용되고 있는 기구에는 4절 링크기구의 조합으로 구성되어 있는 것이 극히 많다.

여러분이 기계공학을 전공한 전문가이며 특히 4절 링크기구에 대한 전공자라고 하자. 한 회사에서 그림 2-1-1과 같은 4절 링크기구를 대상으로 기구의 교체를 행하여 3종류의 기구를 설계하고 사용자가 신뢰할 수 있게 검증과 아울러 동영상을 만들어 달라고 주문하였다. 이런 경우 당신은 어떻게 해결할 것인가?

그림 2-1-1 4절 링크기구

1.2 부품 준비

1.2.1 부품 사양 결정

(1) 요구 조건

① 4절 링크기구이다.

② 3종류의 기구에 대해 설계해야 한다.

③ 신뢰성 확보를 위해 검증을 해야 한다.

④ 동영상을 만들어야 한다.

(2) 설계 제한 조건

① 4절 링크기구에서 4절 링크의 길이는 그라스호프의 정리를 따른다.

② 4절 링크기구에서 가능한 3가지 기구는 크랭크-레버 기구, 양 레버 기구, 양 크랭크 기구이다.

③ 신뢰성이 있으려면 기구 설계 후에 동작 시뮬레이션을 거쳐 이론적 계산과 비교 검증을 해야 한다.

④ 시뮬레이션을 하면서 동영상도 같이 제작해야 한다.

(3) 최종 사양

① 그림 2-1-2의 링크(L_2)는 길이 30㎜, 링크(L_1)의 길이는 100㎜, 링크의 길이(L_3)는 100㎜로 하면 링크(L_4)의 길이는 그라스 호프의 정리에 의해 30 ~ 170㎜의 길이로 한다.

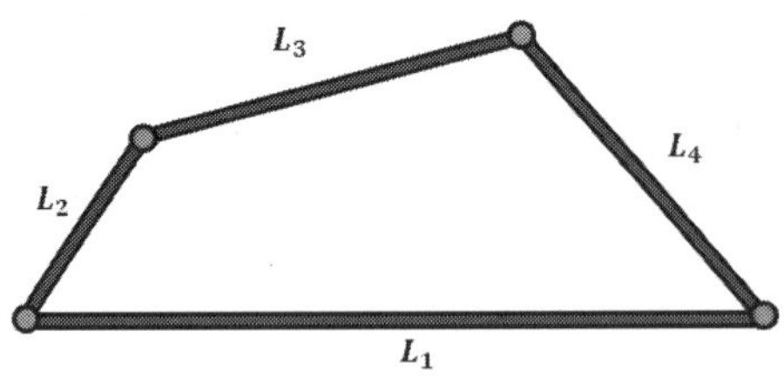

그림 2-1-2 4절 링크기구

그림 2-1-2의 4절 링크기구에 있어서 식 (2-1-1)이 성립할 때에 어느 것인지 하나의 링크가 전회전하는 것을「그라스호프의 정리」라 한다.

$$\left.\begin{array}{l} L_2+L_3<L_4+L_1 \\ L_2+L_4<L_3+L_1 \\ L_2+L_1<L_3+L_4 \end{array}\right\} \qquad (2\text{-}1\text{-}1)$$

위의 설계 조건일 때 크랭크L_2가 회전하기 위해서는 종동 링크L_4의 길이는 그라스호프의 정리에 의해 다음 식을 만족할 필요가 있다.

$L_2 + L_3 < L_4 + L_1$ 로부터 $L_4 > L_2 + L_3 - L_1$ = 30㎜

$L_2 + L_4 < L_3 + L_1$ 로부터 $L_4 < L_3 + L_1 - L_2$ = 170㎜

$L_2 + L_1 < L_3 + L_4$ 로부터 $L_4 > L_2 + L_1 - L_3$ = 30㎜

따라서 종동 링크L_4의 길이가 30 ~ 170㎜의 범위 내에 있을 때 크랭크L_2는 회전을 한다.

② 4절 링크기구에서 가능한 3가지 기구는 크랭크-레버 기구, 양 레버 기구, 양 크랭크 기구인데 먼저 레버-크랭크 기구는 종동 링크L_4의 길이가 30 ~ 170㎜의 범위 내에 있으면 되고 중요한 것은 설계 요동각이므로 요동각을 60°, 75°, 100°로 하면 식 (2-1-2) 또는 그림 2-1-3에 의해 종동 링크L_4의 길이는 각각 60㎜, 50㎜, 40㎜가 된다.

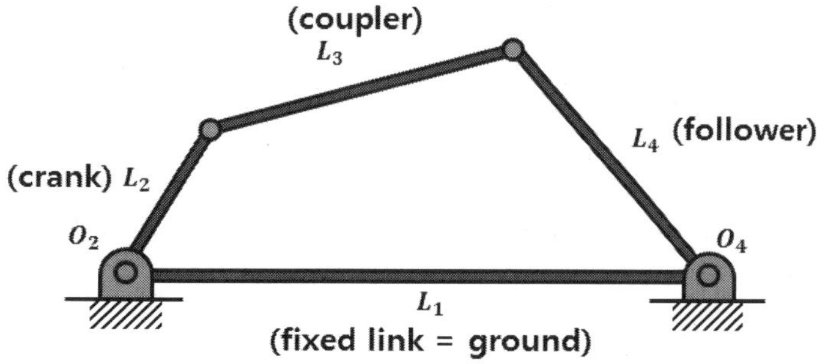

그림 2-1-3 크랭크-레버 기구의 명칭 및 변수

그런데 요동각을 α라고 하면 요동각 α와 레버와 크랭크 길이 비 L_4/L_2의 관계는 다음과 같다고 알려져 있다.

$$\alpha = 2 \times \arcsin\left(\frac{1}{L_4/L_2}\right) \tag{2-1-2}$$

식 (2-1-2)을 표현한 것이 그림 2-1-4이다.

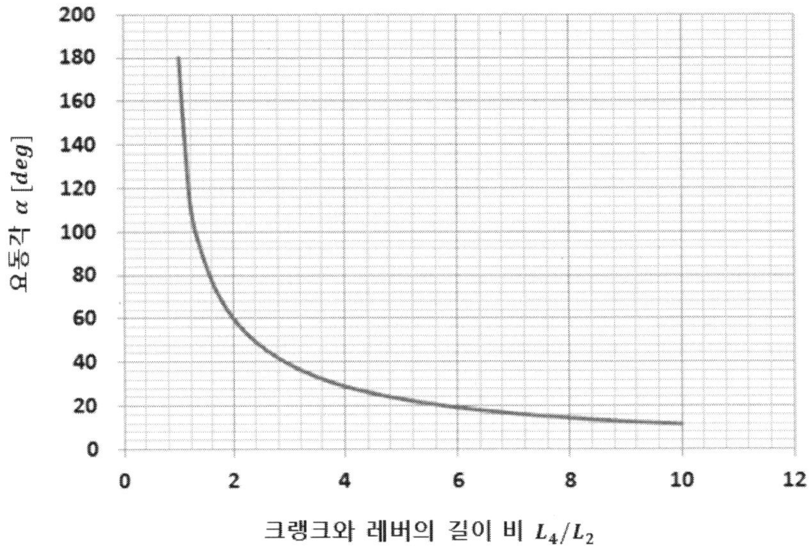

그림 2-1-4 레버-크랭크의 길이비와 요동각의 관계

그림 2-1-4로부터 종동 링크L_4가 길게 되면 요동각은 작게 되며 종동 링크L_4 길이가 크랭크 길이에 근접하면 요동각도 180°에 근접하는 것을 알 수 있다. 요동각을 90°로 하기 위해서는 로커와 크랭크 길이 비를 1.4정도로 요동각을 150°로 하기 위해서는 길이 비를 1.1 정도로 할 필요가 있다. 길이 비가 1에 가깝게 가면 요동각은 급격히 증가하며 길이 오차가 요동각에 큰 영향을 준다. 그러므로 큰 요동각을 크랭크-레버 기구로 실현하기 위해서는 크랭크-레버 기구 길이의 정도에 주의가 필요하다는 것을 알 수 있다.

③ 신뢰성이 있으려면 기구 설계 후에 동작 시뮬레이션의 검증을 위해 먼저 이론적 계산을 해야 하는데 다음과 같다.

기구학에서의 위치해석은 그림 2-1-5와 같은 4절기구가 주어지면 A와 B지점의 위치좌표를 결정하기 위해 입력링크에 해당하는 링크2에 θ_2가 주어지고, 해석적 방법을 통해 링크3의 회전각 θ_3와 출력링크에 해당하는 링크4의 회전각 θ_4를 결정함으로써 얻을 수 있게 된다. 이러한 결과를 바탕으로 A와 B지점의 궤적을 결정할 수 있게 된다.

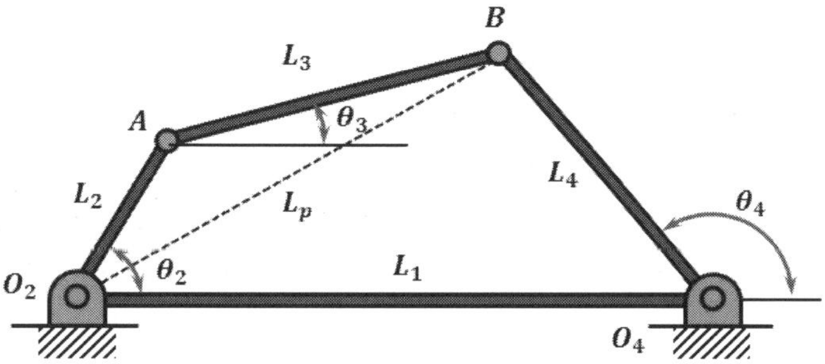

그림 2-1-5 4절 기구의 위치 해석

O_2를 기준으로 A지점의 위치좌표와 A지점에서의 B지점 위치좌표는 각각 아래와 같이 결정할 수 있다.

$$A_x = L_2 \cos\theta_2, \quad A_y = L_2 \sin\theta_2 \tag{2-1-3}$$

$$B_x - A_x = L_3 \cos\theta_3, \; B_y - A_y = L_3 \sin\theta_3 \tag{2-1-4}$$

O_4의 위치좌표와 O_4에서의 B지점 위치 좌표는 각각 아래와 같다.

$$O_{4x} = L_1 \cos\theta_1, \quad O_{4y} = L_1 \sin\theta_1 \tag{2-1-5}$$

$$B_x - \overline{O}_{4x} = L_4 \cos\theta_4, \quad B_y - \overline{O}_{4y} = L_4 \sin\theta_4 \tag{2-1-6}$$

위 식으로부터 B지점의 위치 좌표 식으로 다시 정리하면 아래와 같다.

$$B_x = L_2 \cos\theta_2 + L_3 \cos\theta_3 = L_1 \cos\theta_1 + L_4 \sin\theta_4 \tag{2-1-7}$$

$$B_y = L_2 \sin\theta_2 + L_3 \sin\theta_3 = L_1 \sin\theta_1 + L_4 \sin\theta_4 \tag{2-1-8}$$

미지수 θ_3와 θ_4를 결정하기 위해 두 방정식 식 (2-1-7)과 식 (2-1-8)로부터 우선 θ_4에 관한 식으로 정리하면 아래와 같다.

$$(L_2\cos\theta_2 - L_1\cos\theta_1) + L_3\cos\theta_3 = L_4\sin\theta_4 \qquad (2\text{-}1\text{-}9)$$
$$(L_2\sin\theta_2 - L_1\sin\theta_1) + L_3\sin\theta_3 = L_4\sin\theta_4$$

식 (2-1-9)에서 양변을 제곱하여 정리하면 아래와 같다.

$$(L_2\cos\theta_2 - L_1\cos\theta_1)^2 + 2(L_2\cos\theta_2 - L_1\cos\theta_1)L_3\cos\theta_3 + L_3^2\cos^2\theta_3 = L_4^2\sin^2\theta_4 \qquad (2\text{-}1\text{-}10)$$

$$(L_2\sin\theta_2 - L_1\sin\theta_1)^2 + 2(L_2\sin\theta_2 - L_1\sin\theta_1)L_3\sin\theta_3 + L_3^2\sin^2\theta_3 = L_4^2\sin^2\theta_4 \qquad (2\text{-}1\text{-}11)$$

식 (2-1-10)과 식 (2-1-11)을 서로 더하여 정리하면 아래와 같다.

$$Acos\theta_3 + Bsin\theta_3 + C = 0$$

여기서,

$$A = 2(L_2\cos\theta_2 - L_1\cos\theta_1)L_3 \qquad (2\text{-}1\text{-}12)$$
$$B = 2(L_2\sin\theta_2 - L_1\sin\theta_1)L_3$$
$$C = (L_2\cos\theta_2 - L_1\cos\theta_1)^2 + (L_2\sin\theta_2 - L_1\sin\theta_1)^2 + L_3^2 - L_4^2$$

식 (2-1-12)에서 $t = \tan(\theta_3/2)$라 두고 다시 정리하면 다음과 같다.

$$(C - A)t^2 + 2Bt + (C + A) = 0$$

여기서,

$$\cos\theta = \frac{1 - \left(\tan\frac{\theta}{2}\right)^2}{1 + \left(\tan\frac{\theta}{2}\right)^2}, \quad \sin\theta = \frac{2\tan\frac{\theta}{2}}{1 + \left(\tan\frac{\theta}{2}\right)^2} \qquad (2\text{-}1\text{-}13)$$

t에 관한 2차 방정식 이므로 근의 공식을 이용해 위 방정식을 풀면 아래와 같이 θ_3에 관한 식으로 정리가 된다.

$$\theta_3 = 2\tan^{-1}\left(\frac{-B \pm \sqrt{A^2 + B^2 - C^2}}{C - A}\right) \qquad (2\text{-}1\text{-}14)$$

이제 θ_4를 결정하기 위해 앞서 식 (2-1-7)과 식 (2-1-8)을 θ_3에 관한 식으로 정리하면 아래와 같다.

$$\begin{aligned}(L_1\cos\theta_1 - L_2\cos\theta_2) + L_4\sin\theta_4 &= L_3\cos\theta_3 \qquad (2\text{-}1\text{-}15)\\ (L_1\sin\theta_1 - L_2\sin\theta_2) + L_4\sin\theta_4 &= L_3\sin\theta_3\end{aligned}$$

같은 방법으로 식 (2-1-15)를 양변에 제곱하여 더하여 정리하면 아래와 같다.

$$Dcos\theta_3 + Esin\theta_3 + F = 0$$

여기서

$$\begin{aligned}D &= 2(L_1\cos\theta_1 - L_2\cos\theta_2)L_4 \qquad (2\text{-}1\text{-}16)\\ E &= 2(L_1\sin\theta_1 - L_2\sin\theta_2)L_4\\ F &= (L_1\cos\theta_1 - L_2\cos\theta_2)^2 + (L_1\sin\theta_1 - L_2\sin\theta_2)^2 + L_4^2 - L_3^2\end{aligned}$$

앞서와 같이 2차 방정식을 근의 공식을 이용해 풀면 아래와 같이 θ_4에 관한 식으로 정리가 된다.

$$\theta_4 = 2\tan^{-1}\left(\frac{-E \pm \sqrt{D^2 + E^2 - F^2}}{F - D}\right) \qquad (2\text{-}1\text{-}17)$$

θ_3와 θ_4를 통해 A와 B 지점의 위치좌표를 결정할 수 있게 된다.

1.2.2 부품 형상모델링

(1) 링크1

링크1(L_1)의 도면은 그림 2-1-6과 같으며 도면의 치수대로 파트 모델링 하고 파일 이름을 "링크1"로 한다.

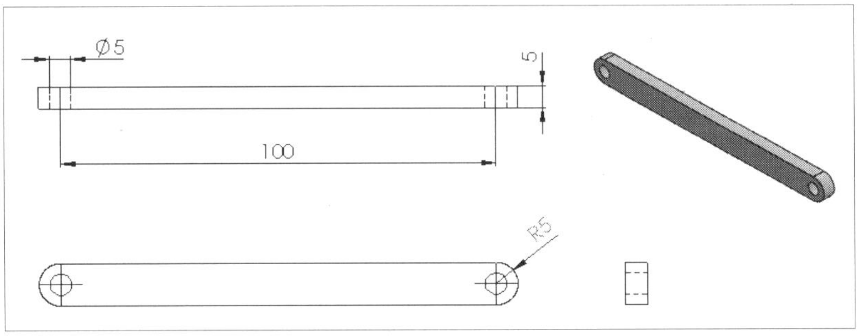

그림 2-1-6 링크1의 형상 정보

(2) 링크2

링크2(L_2)의 도면은 그림 2-1-7과 같으며 도면의 치수대로 파트 모델링 하고 파일 이름을 "링크2"로 한다.

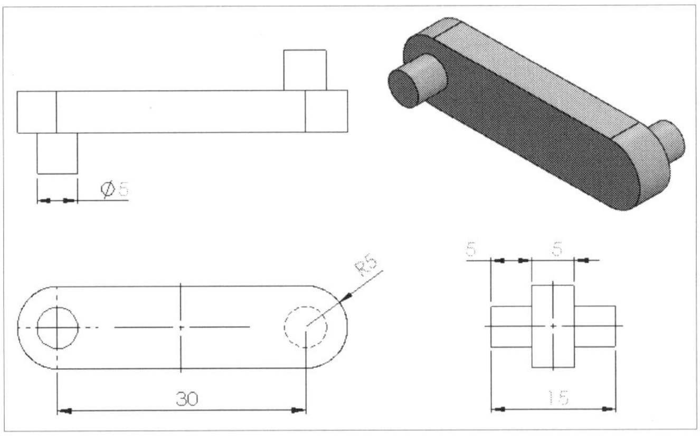

그림 2-1-7 링크2의 형상 정보

(3) 링크3

링크3(L_3)의 도면은 그림 2-1-8과 같으며 도면의 치수대로 파트 모델링 하고 파일 이름을 “링크3”으로 한다.

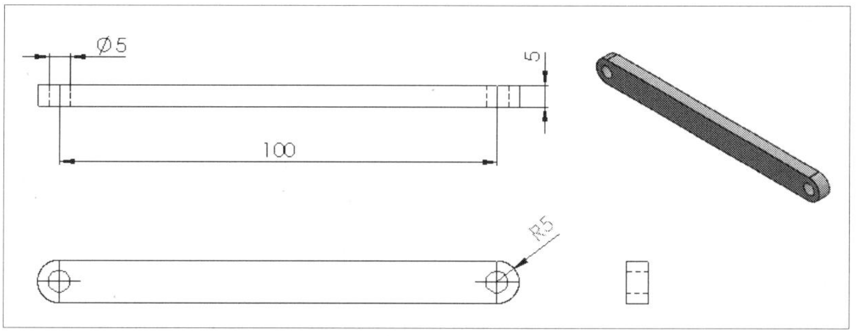

그림 2-1-8 링크3의 형상 정보

(4) 링크4

링크4(L_4)의 도면은 그림 2-1-9와 같으며 도면의 치수대로 파트 모델링 하고 파일 이름을 “링크4”로 한다. 링크4(L_4)의 길이는 60mm 이외에 길이에 따라 어떻게 변하는가를 알기 위해 49mm 및 39mm의 총 3가지로 한다.

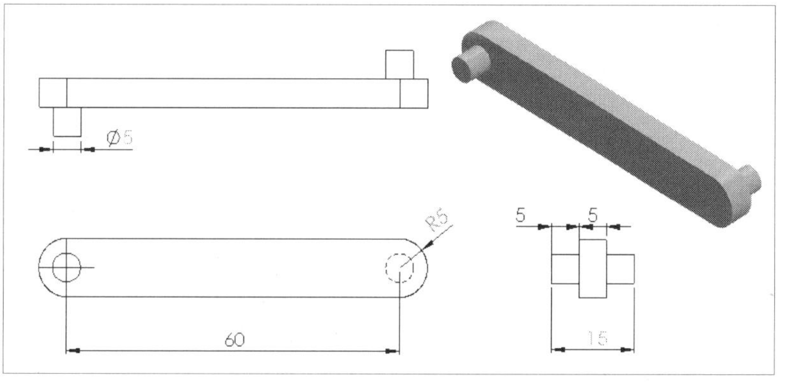

그림 2-1-9 링크4의 형상 정보

1.3 레버 크랭크 기구 설계

1.3.1 기구 구성

(1) 고정 링크 L_1의 조립

① 고정 링크 L_1을 부품 삽입한다.

② 처음에 조립하는 부품은 고정이 된다.

(2) 크랭크 링크 L_2의 조립

① 크랭크 링크 L_2을 부품 삽입한다.

② 크랭크 링크 L_2가 회전 운동을 할 수 있도록 크랭크 링크 L_2의 조립 원통면과 고정 링크 L_1의 조립 원통면에 대해 표준메이트에서 동심으로 한다.

③ 크랭크 링크 L_2의 밑면이 고정 링크 L_1의 윗면과 거리 0㎜를 유지하면서 회전하도록 고급메이트에서 거리를 0㎜로 한다.

④ 확인을 누른다(그림 2-1-10).

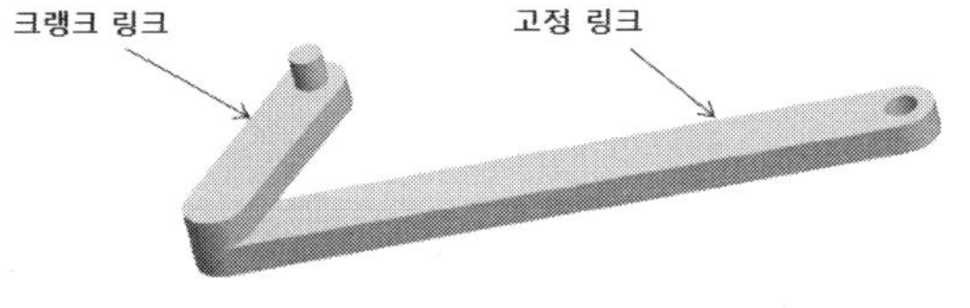

그림 2-1-10 크랭크 링크의 조립 모습

(3) 연결 링크 L_3의 조립

① 연결 링크 L_3을 부품 삽입한다.

② 연결 링크 L_3가 회전 운동을 할 수 있도록 연결 링크 L_3의 조립 원통면과 링크 L_2의 조립 원통면에 대해 표준메이트에서 동심으로 한다.

③ 연결 링크 L_3의 밑면이 크랭크 링크 L_2의 윗면과 거리 0㎜를 유지하면서 회전하도록 일치로 한다.

④ 확인을 누른다(그림 2-1-11).

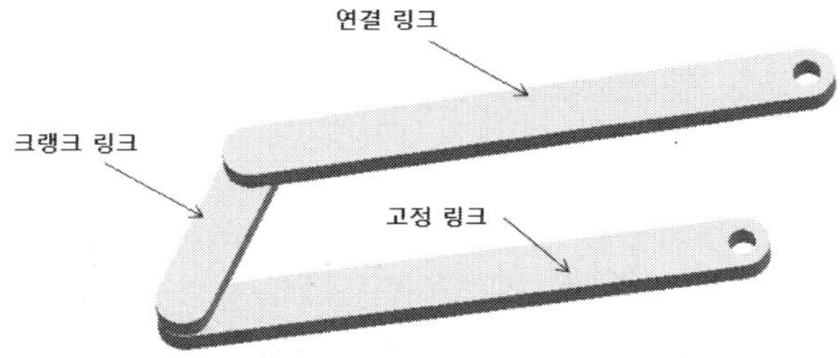

그림 2-1-11 연결 링크의 조립 모습

(4) 종동 링크 L_4의 조립

① 종동 링크 L_4을 부품 삽입한다.

② 종동 링크 L_4가 회전 운동을 할 수 있도록 종동 링크 L_4의 조립 원통면과 연결 링크 L_3의 조립 원통면에 대해 표준메이트에서 동심으로 한다.

③ 종동 링크 L_4가 회전 운동을 할 수 있도록 종동 링크 L_4의 조립 원통면과 연결 링크 L_1의 조립 원통면에 대해서도 표준메이트에서 동심으로 한다.

④ 종동 링크 L_4의 밑면이 고정 링크 L_1의 윗면과 거리 0㎜를 유지하면서 회전하도록 고급메이트에서 거리를 0㎜로 한다.

⑤ 확인을 누른다(그림 2-1-12).

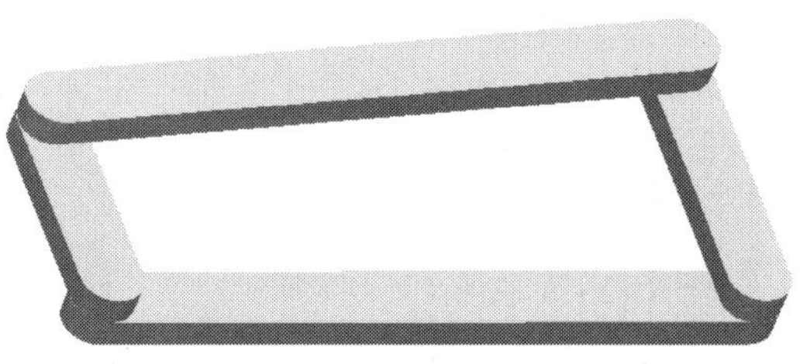

그림 2-1-12 최종 링크 기구 조립 모습

(5) 초기 위치 설정

① 크랭크 링크 L_2와 연결 링크 L_3가 그림 2-1-13과 같이 상사점에서 출발하는 것으로 한다.

② 따라서 크랭크 링크 L_2와 연결 링크 L_3를 그림 2-1-14와 같이 크랭크 링크 L_2의 윗면과 연결 링크 L_3의 윗면이 일치하도록 표준메이트에서 일치로 하고 옵션에서 "위

치 배치에만"을 체크한다.

③ 메이트를 벗어난다.

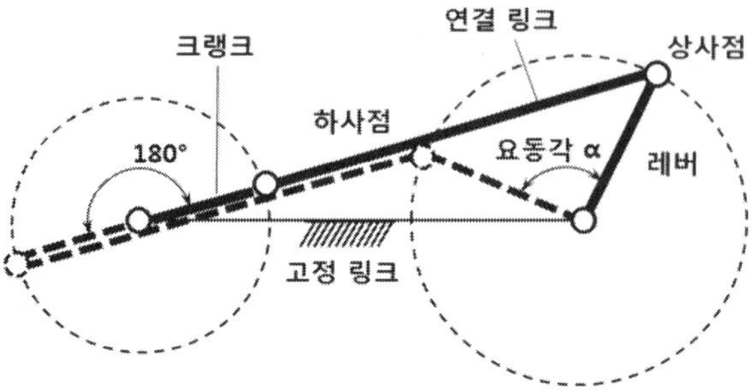

그림 2-1-13 상사점, 하사점에 있어서 크랭크각의 차가 180° 인 경우의 위치관계

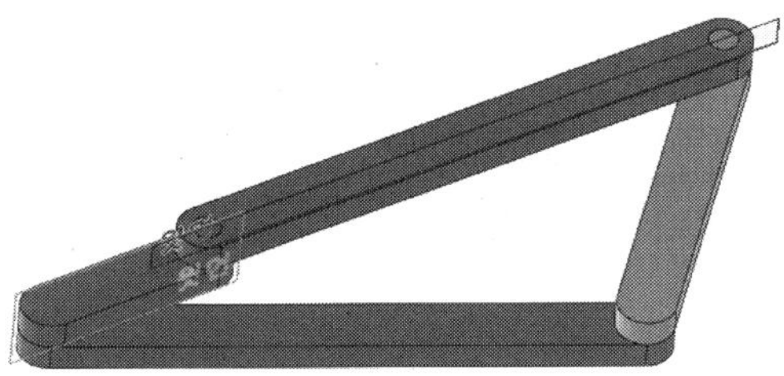

그림 2-1-14 초기위치 설정 모습

(6) 저장하기

1) 레버 길이 39인 레버 크랭크 기구 저장하기

① 저장 도구(💾)에서 "다른 이름으로 저장하기"를 클릭한다.

② 저장할 디렉토리를 정하고 파일이름을 "레버_39 크랭크 기구로 한다.

③ 저장 버튼을 클릭한다.

2) 레버 길이 49인 레버 크랭크 기구 저장하기

① 저장 도구(💾)에서 "다른 이름으로 저장하기"를 클릭한다.

② 저장할 디렉토리를 정하고 파일이름을 "레버_49 크랭크 기구"로 한다.

③ 저장 버튼을 클릭한다.

3) 레버 길이 60인 레버 크랭크 기구 저장하기

① 저장 도구(💾)에서 "다른 이름으로 저장하기"를 클릭한다.

② 저장할 디렉토리를 정하고 파일이름을 "레버_60 크랭크 기구"로 한다.

③ 저장 버튼을 클릭한다.

1.3.2 기구 모션 시뮬레이션

(1) 모션 조건

1) 모터 설정

① 크랭크 링크L_2에 구동을 주기 위해 모델 탭 옆의 모션 스터디 탭을 클릭한다.

② 구동을 위한 모터를 선택한다.

③ 모터 유형을 원형 모터로 선택한다.

④ 부품/방향에서 모터 위치는 원형 구동을 위해 그림 2-1-15와 같이 크랭크 링크L_2를 클릭한다.

⑤ 확인을 클릭한다.

그림 2-1-15 모터 위치와 모터 방향 설정 모습

2) 모션 설정

① 모션은 모터 속성 창의 모션 설정에서 "방정식"을 선택한다.

② 방정식을 클릭하면 함수 작성기 창이 나타난다.

③ 함수는 ABS()로 하고 크랭크 링크가 10초에 5회 구동하도록 하려면 방정식은 36*5*ABS(time)로 한다.

④ 확인을 클릭한다.

3) 모션 스터디 계산하기

① 모션 해석 탭으로 설정한다.

② 모션스터디 계산하기 아이콘을 클릭하여 설정된 모터의 구동 조건을 계산한다.

③ 계산과 동시에 기구의 구동을 확인한다.

(2) 시뮬레이션 결과

1) 이론에 의한 구동 링크(L_4)의 각변위 해석

앞서 정의한 이론적 배경을 바탕으로 링크4의 길이를 달리하는 각 경우에 대해 θ_4를 결정하였다. 또, 링크4의 회전각 θ_4의 최대값과 최소값의 차이를 통해 요동 링크 스핀들의 요동각을 결정하였고, 엑셀을 이용하여 계산한 해석 요동각과 설계 요구 요동각과 비교 분석하여 표 2-1-1에 정리하였다.

표 2-1-1 링크4의 길이 변화에 따른 요동각 분석

	링크4(㎜)	설계 요구 요동각 (deg)	해석 요동각 (deg)	오차 (deg)
경우1	39	100	99.36	-0.64
경우2	49	75	75.89	+0.89
경우3	60	60	60.72	+0.72

결과에서와 같이 링크4(L_4)의 길이가 길어질수록 요동각은 감소하고, 설계요구 요동각과 비교해 대부분의 경우 오차값이 1(deg) 범위 내에서 만족스러운 결과임을 확인할 수 있다. 이러한 결과를 바탕으로 그림 2-1-16에는 링크2(L_2)의 회전각 θ_2에 따른 링크4(L_4)의 회전각 θ_4(B 위치)를 각각 나타내고 있다. 그림에서도 링크4(L_4)의 길이가 길어질수록 요동각도 감소됨을 확인할 수 있다.

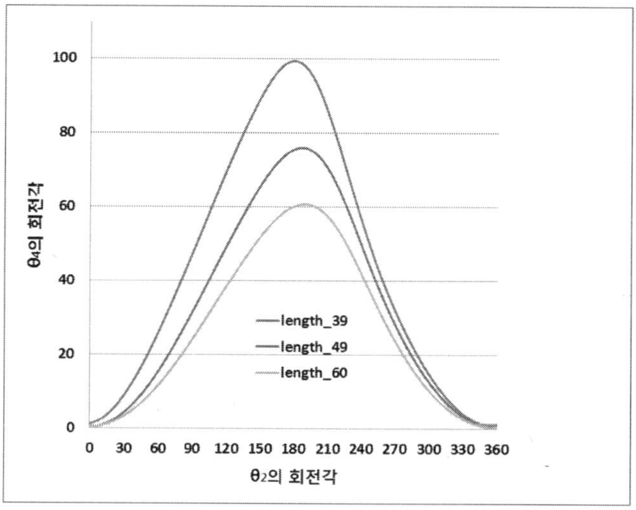

그림 2-1-16 θ_4의 이론적 각변위

2) 종동 링크 L_4(60㎜)의 각 변위 시뮬레이션 결과

① "결과와 플롯" 버튼을 클릭하여 그래프의 속성을 입력한다.

② 크랭크 링크의 5회전에 대한 종동 링크(L_4)의 모션 해석 결과는 그림 2-1-17과 같다.

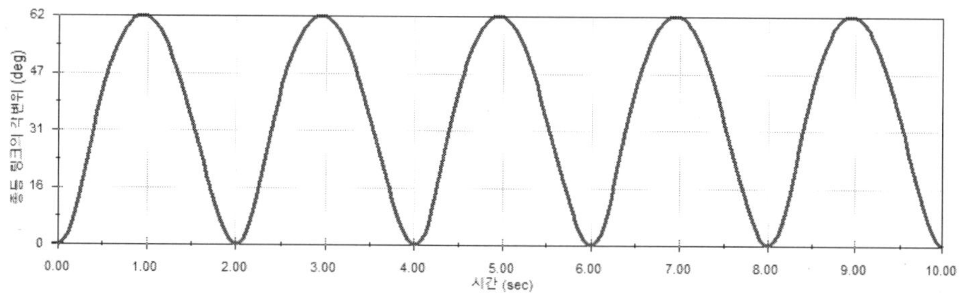

그림 2-1-17 운동(종동) 링크의 각 변위 그래프 결과

3) 종동 링크 L_4(49㎜)의 각 변위 시뮬레이션 결과

① "결과와 플롯" 버튼을 클릭하여 그래프의 속성을 입력한다.

② 구동에 대한 조정한 후의 모션 시뮬레이션 결과는 그림 2-1-18과 같다.

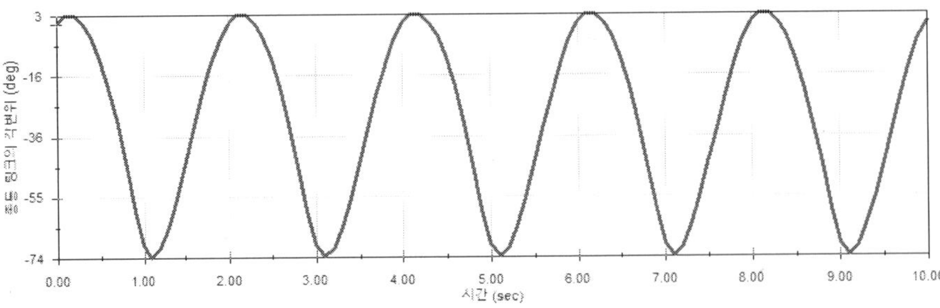

그림 2-1-18 운동(종동) 링크 길이 조정에 의한 각 변위 그래프 결과

4) 종동 링크 L_4(39㎜)의 각 변위 시뮬레이션 결과

① "결과와 플롯" 버튼을 클릭하여 그래프의 속성을 입력한다.

② 구동에 대한 조정한 후의 모션 시뮬레이션 결과는 그림 2-1-19와 같다.

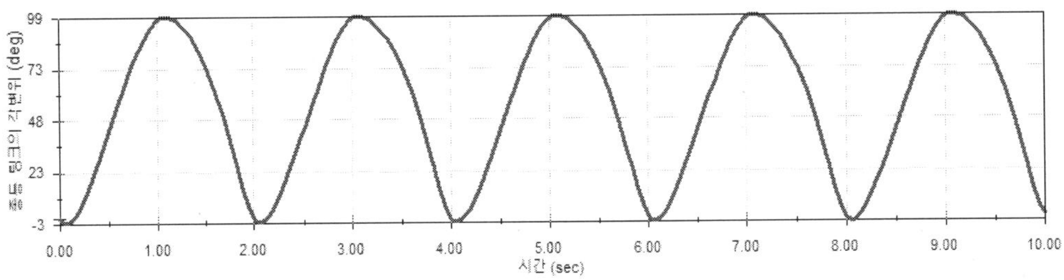

그림 2-1-19 운동(종동) 링크 길이 조정에 의한 각 변위 그래프 결과

(3) 결과 고찰

링크4(L_4)의 길이 60㎜의 경우 시뮬레이션 결과를 엑셀 파일을 통해 보면 최저 0도에서 최고 62도까지 요동 운동을 하고 있는 것을 확인했으며 이것은 크랭크 링크의 5회전에 대해 운동 링크가 62°의 요동운동을 하고 있는 것을 알 수 있다. 따라서 설계의 오차가 2°이다.

링크4(L_4)의 길이 49㎜의 경우 시뮬레이션 결과를 엑셀 파일을 통해 보면 최저 -74도에서 최고 3도까지 요동 운동을 하고 있는 것을 확인했으며 이것은 크랭크 링크의 5회전에 대해 운동 링크가 77°의 요동운동을 하고 있는 것을 알 수 있다. 따라서 설계의 오차가 2°이다.

링크4(L_4)의 길이 39㎜의 경우 시뮬레이션 결과를 엑셀 파일을 통해 보면 최저 -2도에서 최고 99도까지 요동 운동을 하고 있는 것을 확인했으며 이것은 크랭크 링크의 5회전에 대해 운동 링크가 101°의 요동운동을 하고 있는 것을 알 수 있다. 따라서 설계의 오차가 1°이다.

이상을 시뮬레이션 결과를 정리하면 표 2-1-2와 같다. 종합적으로 이론적 해석과 시뮬레이션 결과를 보았을 때 이론적 해석이 오차가 더 작았으며 요동각이 커질수록, 즉 종동 링크의 길이가 작을수록 오차가 작아진다는 것을 알 수 있었다.

표 2-1-2 링크4의 길이 변화에 따른 시뮬레이션 요동각과의 종합 분석

	링크4 (㎜)	설계 요구 요동각 (deg)	시뮬레이션 (deg)	오차 (deg)	이론적 해석 (deg)	오차 (deg)
경우1	39	100	101	+1	99.36	-0.64
경우2	49	75	77	+2	75.89	+0.89
경우3	60	60	62	+2	60.72	+0.72

(4) 동영상 저장하기

1) 레버 길이 39인 레버 크랭크 기구 동영상 저장하기

① 저장 아이콘을 클릭한다.
② 동영상 설정 창이 나타난다.
③ 파일 이름을 "레버_39 크랭크 동영상"으로 한다.
④ 비디오 압축 창이 나타나고 프레임 정보에서 초당 프레임을 25로 하고 저장을 누른다.
⑤ 압축 프로그램의 창이 나타나면 "전체 프레임(압축 안함)"을 선택하고 확인을 클릭한다.
⑥ 기구가 동작하면서 동영상으로 저장된다.

2) 레버 길이 49인 레버 크랭크 기구 동영상 저장하기

① 저장 아이콘을 클릭한다.
② 동영상 설정 창이 나타난다.
③ 파일 이름을 "레버_49 크랭크 동영상"으로 한다.
④ 비디오 압축 창이 나타나고 프레임 정보에서 초당 프레임을 25로 하고 저장을 누른다.
⑤ 압축 프로그램의 창이 나타나면 "전체 프레임(압축 안함)"을 선택하고 확인을 클릭한다.
⑥ 기구가 동작하면서 동영상으로 저장된다.

3) 레버 길이 60인 레버 크랭크 기구 동영상 저장하기

① 저장 아이콘을 클릭한다.

② 동영상 설정 창이 나타난다.

③ 파일 이름을 "레버_60 크랭크 동영상"으로 한다.

④ 비디오 압축 창이 나타나고 프레임 정보에서 초당 프레임을 25로 하고 저장을 누른다.

⑤ 압축 프로그램의 창이 나타나면 "전체 프레임(압축 안함)"을 선택하고 확인을 클릭한다.

⑥ 기구가 동작하면서 동영상으로 저장된다.

1.4 양 크랭크 기구 설계

1.4.1 기구 구성

(1) 고정 링크의 교체

① 마우스 오른쪽 버튼을 눌러 고정 링크 이었던 L_1은 "자유롭게 움직이기"로 한다.

② 마우스 오른쪽 버튼을 눌러 가장 짧은 L_2을 "고정"으로 한다.

(2) 초기 위치 설정

① 링크 L_2와 링크 L_1이 그림 2-1-20과 같이 직각 지점에서 출발하는 것으로 한다.

② 따라서 링크 L_2와 링크 L_1을 링크 L_2의 윗면과 링크 L_1의 윗면이 직각 되도록 표준 메이트에서 직각으로 하고 옵션에서 "위치 배치에만"을 체크한다.

③ 메이트를 벗어난다.

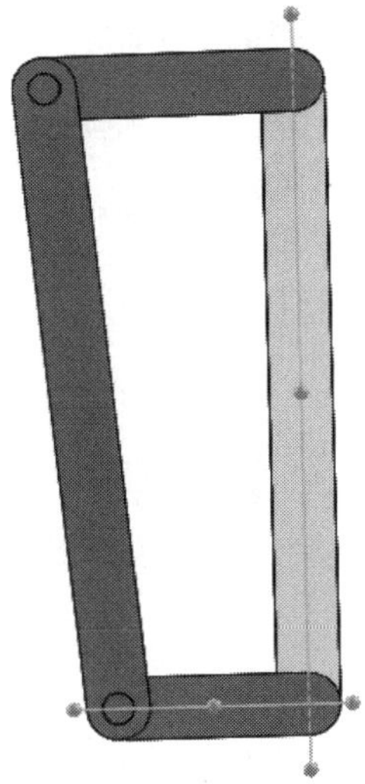

그림 2-1-20 초기 위치 배치

(3) 저장하기

① 저장 도구(💾)에서 "다른 이름으로 저장하기"를 클릭한다.

② 저장할 디렉토리를 정하고 파일이름을 "양 크랭크 기구"로 한다.

③ 저장 버튼을 클릭한다.

1.4.2 기구 모션 시뮬레이션

(1) 모션 조건

1) 모터 설정

① 크랭크 링크에 구동을 주기 위해 모델 탭 옆의 모션 스터디 탭을 클릭한다.

② 구동을 위한 모터를 선택한다.

③ 모터 유형을 원형 모터로 선택한다.

④ 부품/방향에서 모터 위치는 원형 구동을 위해 그림 2-1-21과 같이 L_1 링크를 클릭한다.

⑤ 확인을 클릭한다.

그림 2-1-21 모터 위치와 모터 방향 설정 모습

2) 모션 설정

① 모션은 모터 속성 창의 모션 설정에서 “방정식”을 선택한다.

② 방정식을 클릭하면 함수 작성기 창이 나타난다.

③ 함수는 ABS()로 하고 크랭크 링크가 5에 1회 구동하도록 하려면 방정식은 72*ABS(time)로 한다.

④ 확인을 클릭한다.

3) 모션 스터디 계산하기

① 모션 해석 탭으로 설정한다.

② 모션스터디 계산하기 아이콘을 클릭하여 설정된 모터의 구동 조건을 계산한다.

③ 계산과 동시에 기구의 구동을 확인한다.

(2) 구동 시뮬레이션

① “결과와 플롯” 버튼을 클릭하여 그래프의 속성을 입력한다.

② L_1 링크의 1회전에 대한 종동 링크(L_3)의 모션 해석 결과는 그림 2-1-22와 같다.

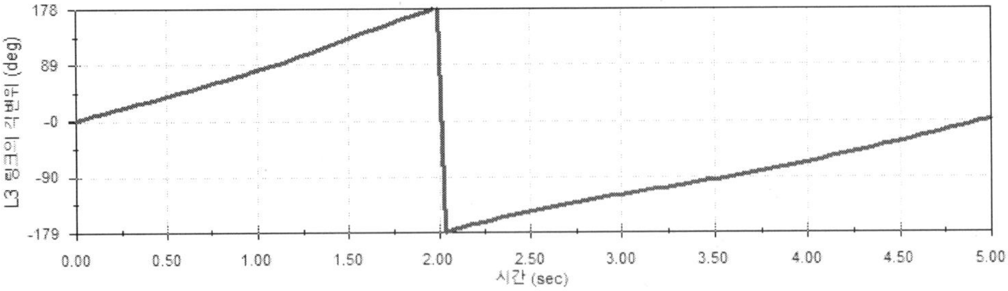

그림 2-1-22 운동(종동) 링크의 각 변위 그래프 결과 모습

(3) 결과 고찰

이상을 시뮬레이션 결과를 보면 최고 178°, 최저 -179°로 1회전하는 것을 알 수 있으며 기구의 설계가 올바르다고 판단된다.

(4) 동영상 저장하기

① 저장 아이콘을 클릭한다.

② 동영상 설정 창이 나타난다.

③ 파일 이름을 "양 크랭크 기구 동영상"으로 저장한다.

④ 비디오 압축 창이 나타나고 프레임 정보에서 초당 프레임을 25로 하고 저장을 누른다.

⑤ 압축 프로그램의 창이 나타나면 "전체 프레임(압축 안함)"을 선택하고 확인을 클릭한다.

⑥ 기구가 동작하면서 동영상으로 저장된다.

1.5 양 레버 기구 설계

1.5.1 기구 구성

(1) 고정 링크의 교체

① 마우스 오른쪽 버튼을 눌러 고정 링크 이었던 L_2는 "자유롭게 움직이기"로 한다.

② 마우스 오른쪽 버튼을 눌러 가장 짧은 L_4을 "고정"으로 한다.

(2) 초기 위치 설정

① 링크 L_4와 링크 L_1이 그림 2-1-23과 같이 직각 지점에서 출발하는 것으로 한다.

② 따라서 링크 L_4와 링크 L_1을 링크 L_4의 윗면과 링크 L_1의 윗면이 직각 되도록 표준 메이트에서 직각으로 하고 옵션에서 "위치 배치에만"을 체크한다.

③ 메이트를 벗어난다.

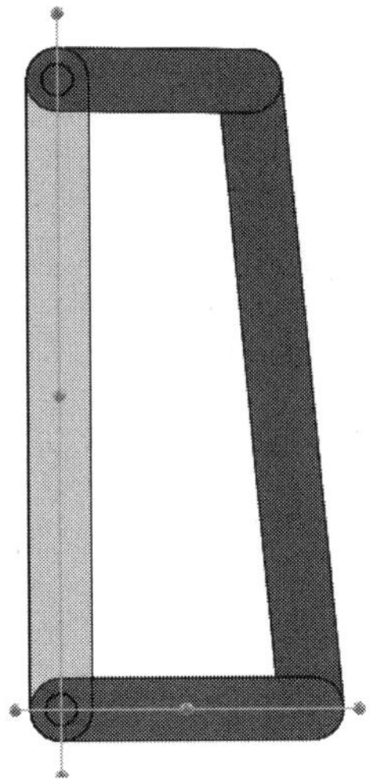

그림 2-1-23 초기 위치 배치

(3) 저장하기

① 저장 도구(💾)에서 "다른 이름으로 저장하기"를 클릭한다.

② 저장할 디렉토리를 정하고 파일이름을 "양 레버 기구"로 한다.

③ 저장 버튼을 클릭한다.

1.5.2 기구 모션 시뮬레이션

(1) 모션 조건

1) 모터 설정

① 크랭크 링크에 구동을 주기 위해 모델 탭 옆의 모션 스터디 탭을 클릭한다.

② 구동을 위한 모터를 선택한다.

③ 모터 유형을 원형 모터로 선택한다.

④ 부품/방향에서 모터 위치는 원형 구동을 위해 그림 2-1-24와 같이 L_4 링크를 클릭한다.

⑤ 확인을 클릭한다.

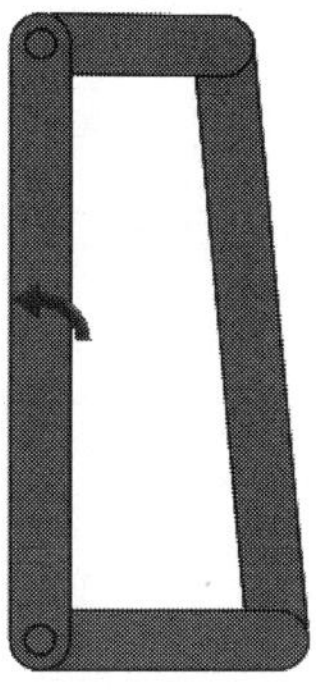

그림 2-1-24 모터 위치와 모터 방향 설정 모습

2) 모션 설정

① 모션은 모터 속성 창의 모션 설정에서 "진동"을 선택한다.

② 진동은 5초에 40°를 2번 진동하도록 한다. 즉, 40° 진동을 5초 동안 0.5Hz로 한다.

③ 확인을 클릭한다.

3) 모션 스터디 계산하기

① 모션 해석 탭으로 설정한다.

② 모션 스터디 계산하기 아이콘을 클릭하여 설정된 모터의 구동 조건을 계산한다.

③ 계산과 동시에 기구의 구동을 확인한다.

(2) 구동 시뮬레이션

① "결과와 플롯" 버튼을 클릭하여 그래프의 속성을 입력한다.

② L_4 링크의 40°에 대한 종동 링크(L_1)의 모션 해석 결과는 그림 2-1-25와 같다.

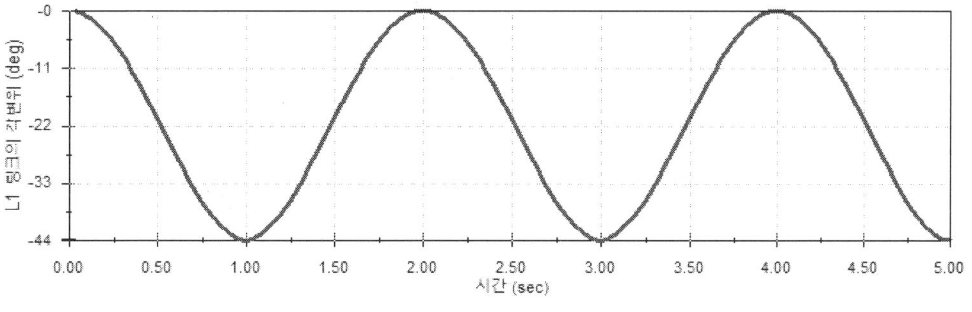

그림 2-1-25 운동(종동) 링크의 각 변위 그래프 결과 모습

(3) 결과 고찰

이상을 시뮬레이션 결과를 엑셀 파일을 통해 보면 최고 0°, 최저 -44°로 2번 요동하는 것을 알 수 있으며 구동 링크의 길이에 따라 종동 링크의 요동하는 각도가 틀려질 수 있다고 판단된다.

(4) 동영상 저장하기

① 저장 아이콘을 클릭한다.

② 동영상 설정 창이 나타난다.

① 파일 이름을 "양 레버 기구 동영상"으로 한다.

② 비디오 압축 창이 나타나고 프레임 정보에서 초당 프레임을 25로 하고 저장을 누른다.

③ 압축 프로그램의 창이 나타나면 "전체 프레임(압축 안함)"을 선택하고 확인을 클릭한다.

④ 기구가 동작하면서 동영상으로 저장된다.

1.6 자율 평가 문제

> 이 자율평가의 목적은 앞에서 익힌 내용을 다 이해하고 평가 문제에 대해 자기 주도적으로 문제를 해결하고 숙지 정도를 확인하기 위함이다. 본인의 부족한 점에 대해 파악하는 태도를 기르고 부족하다면 다른 사람의 도움을 받거나 본인 스스로 앞의 내용을 더욱 자세히 학습하는 자기주도 학습에 목적이 있다.

그림 2-1-2의 4절 링크에서 각 링크 길이가 L_2=40㎜, L_3=345㎜, L_1=280㎜로 변경되었다고 하고 다음 문제를 해결하라.

문제 1

링크 L_4의 길이와 설계 요구 요동각이 표 2-1-3과 같다고 하고 크랭크 레버 기구를 구성하라. 그리고 이론 해석 요동각과 모션 해석 결과값을 비교하여 표 2-1-3의 빈칸을 채우고 요동각 오차가 없도록 하기 위해서는 링크4의 길이를 얼마로 하면 좋을지 고찰하라.

표 2-1-3 링크4의 길이 변화에 따른 요동각 분석 결과

링크4 (㎜)	설계 요구 요동각 (deg)	이론 해석 요동각 (deg)	모션 해석 요동각 (deg)	모션 오차
120	40	38.94		

문제 2

문제1의 4절 링크의 링크 길이와 같은 양 크랭크 기구를 구성하고 시뮬레이션 결과를 고찰하라.

문제 3

문제1의 4절 링크의 링크 길이와 같은 양 레버 기구를 구성하고 시뮬레이션 결과를 고찰하라.

> 위의 문제에 대해 부록의 답안과 비교하여 일치한 답을 했다면 앞의 내용을 완전히 이해했다고 판단되지만 틀린 부분이 있다면 그 원인을 반드시 찾도록 하는 것이 좋을 것입니다. 본인의 답이 맞다고 생각하면 일치하지 않아도 좋지만 그 이유를 반드시 적어보고 확실한지 다시 한 번 확인하기 바랍니다.

자율 평가 결과 점검표

학습자 성명 :	평가 날짜 :
평가 제목 : 4절 링크 기구 설계	

	성취 수준		
	이해하지 못했음	일부를 잘 모르겠음	완전히 하였음
• 크랭크 레버 기구를 설계대로 구성하였다.			
• 크랭크 레버 기구 시뮬레이션 결과를 시간에 따른 그래프로 나타내고 요동 오차 0인 링크4의 길이를 구했다.			
• 양 크랭크 기구를 설계대로 구성하였다.			
• 양 크랭크 기구 시뮬레이션 결과를 시간에 따른 그래프로 나타내었다.			
• 양 레버 기구를 설계대로 구성하였다.			
• 양 레버 기구 시뮬레이션 결과를 시간에 따른 그래프로 나타내었다.			

성취수준

위의 모든 항목에 대해 “완전히 하였음”, 즉 완성도 100%로 답하여야 합니다. 만일 “이해하지 못했음” 또는 “일부를 잘 모르겠음”에 답을 했다면 앞에서 학습한 내용을 다시 한 번 확인 하여 다시 수행하고 필요한 경우에는 교육자 또는 전문가와 상의하기 바랍니다.

제2장 슬라이더 크랭크 기구

2.1 문제

내연기관이나 압축기 등에 사용할 기구를 만드는 어느 회사에서 3개의 회전 대우와 하나의 미끄럼 대우로 구성되어 있는 슬라이더 크랭크 기구를 만들기에 앞서 행정 거리에 따라 기구의 치수가 변하므로 크랭크 길이를 3가지로 정하여 크랭크 길이에 따른 기구 운동을 시뮬레이션하고 모션 동영상을 만들어 달라고 주문이 들어 왔다고 한다. 이럴 경우 여러분은 어떻게 할 것인가?

2.2 부품 준비

2.2.1 부품 사양 결정

(1) 설계 제한 조건

① 3개의 회전 대우와 하나의 미끄럼 대우로 구성되어 있는 기구는 슬라이더 크랭크 기구이어야 한다.

② 행정 거리에 따라 기구의 여러 치수로 변하게 하기 위해 설계변수 테이블을 이용하는 것으로 한다.

③ 행정 거리에 따라 신뢰성 확보를 위해 기구 검증을 해야 하며 모션 해석을 해야 한다.

④ 모션 시뮬레이션을 동영상으로 제작해야 한다.

(2) 사양 결정

① 그림 2-2-1의 슬라이더 크랭크 기구에서 링크(A)는 고정, 링크(B)는 크랭크, 링크(C)는 연결 링크, 링크(D)는 슬라이더 피스톤으로 하면 왕복 슬라이더 크랭크 기구가 된다. 또한 그림 2-2-1의 슬라이더 크랭크 기구에서 링크(B)는 고정하고 링크(C)를 크랭크로 하면 회전 슬라이더 크랭크 기구가 된다. 마지막으로 그림 2-2-1의 슬라이더 크랭크 기구에서 링크(C)는 고정하고 링크(B)를 크랭크로 회전하면 요동 슬라이더 크랭크 기구가 된다. 따라서 링크(A)를 고정하는 것으로 한다.

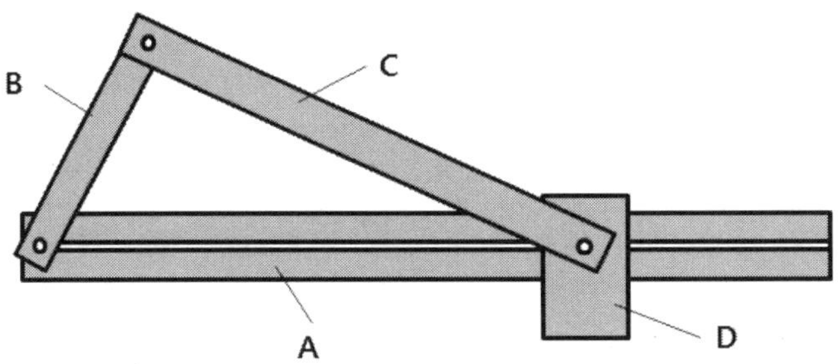

그림 2-2-1 슬라이더 크랭크기구

② 왕복 슬라이더 크랭크 기구의 이론적 해석은 다음과 같으며 행정 거리에 따른 크랭크의 길이는 표 2-2-1과 같다.

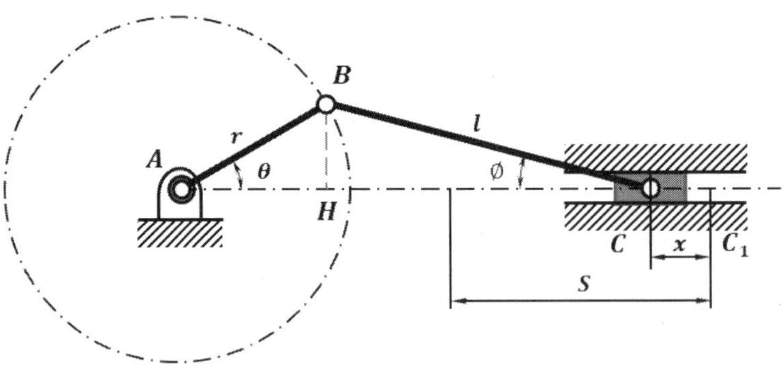

그림 2-2-2 이론적 해석을 위한 슬라이더 크랭크기구

크랭크의 반지름을 r, 연결봉의 길이를 l, 크랭크의 회전각을 θ, 경사각을 ϕ라 하고 피스톤의 움직이는 거리를 행정 S라 하면 $S=2r$이 된다.

또한 B점에서 $\overline{AC}$에 내린 수직선과 $\overline{AC}$와의 교점을 H라 하면 다음의 관계가 성립한다.

$$x=\overline{AC_1}-\overline{AC},\ \overline{AC_1}=r+l$$
$$\overline{AC}=\overline{AH}+\overline{HC}=rcos\theta+lcos\phi$$
$$\overline{BH}=rsin\theta=lsin\phi$$
$$\therefore\ \sin\phi=\frac{r}{l}\sin\theta$$

$\cos\phi=\sqrt{1-\frac{r^2}{l^2}\sin^2\theta}$ 이 되어야 하므로 다음과 같이 된다.

$$\begin{aligned}x&=r(1-\cos\theta)+l\left(1-\sqrt{1-\frac{r^2}{l^2}\sin^2\theta}\right)\\&=r(1-\cos\theta)+\frac{r}{\lambda}\left(1-\sqrt{1-\lambda^2\sin^2\theta}\right)\end{aligned}$$

여기서 $\lambda=r/l$이다.

그런데 최대 행정 거리는 θ가 0°와 180°일 때 이므로 $x=2r=S$로 연결봉의 길이에는 영향이 없다는 것을 알 수 있다. 따라서 크랭크의 길이를 행정거리에 따라 표 2-2-1과 같이 정하기로 한다.

한편 슬라이더 속도(v)와 각가속도(a)는 다음과 같다.

$$v=r\omega\left\{\sin\theta+\frac{\lambda\sin2\theta}{2\sqrt{1-\lambda^2\sin^2\theta}}\right\}$$
$$a=\alpha r\left\{\sin\theta+\frac{\lambda\sin2\theta}{2\sqrt{1-\lambda^2\sin^2\theta}}\right\}+\omega^2r\left\{\cos\theta+\lambda\frac{\cos2\theta+\lambda^2\sin^4\theta}{(1-\lambda^2\sin^2\theta)^{2/3}}\right\}$$

여기서 α는 크랭크의 각가속도이다.

최대 변위와 최대 속도는 크랭크의 각가속도가 0일 때 이므로 정리하면 다음과 같다.

$$s_{max} = r(1 - \cos\theta + \frac{1}{2}\lambda \sin^2\theta)$$
$$v_{max} = r\omega(\sin\theta + \frac{\lambda}{2}\sin 2\theta)$$
$$a_{max} = r\omega^2(\cos\theta + \lambda\cos 2\theta)$$

속도가 최대가 되려면 슬라이더의 각가속도가 0일 때 이다. 즉 $\cos\theta + \lambda\cos 2\theta = 0$이므로

$$\cos\theta + \lambda(2\cos^2\theta - 1) = 0$$
$$2\lambda\cos^2\theta + \cos\theta - \lambda = 0$$
$$\cos\theta = \frac{-1 + \sqrt{1 - 8\lambda^2}}{4\lambda}$$

크랭크 길이 25, 연결봉 길이 100일 때 $\lambda = 25/100 = 0.25$이고, $\cos\theta = -0.29$이다.
따라서 $\theta = 180 - 106.86 = 73.14^\circ$ 이므로

$$v_{max} = 25 \times \frac{\pi \times 100}{30}(\sin 73.14 + \frac{1}{2} \times \frac{1}{4}\sin 146.28)$$
$$= 268.7\text{mm/sec}$$

한편 크랭크 길이 35, 연결봉 길이 100일 때 $\lambda = 35/100 = 0.35$이고, $\cos\theta = -0.61$이다. 따라서 $\theta = 52.41^\circ$ 이므로

$$v_{max} = 35 \times \frac{\pi \times 100}{30}(\sin 52.41 + \frac{1}{2} \times \frac{35}{100}\sin 104.82)$$
$$= 351.85\text{mm/sec}$$

그런데 크랭크 길이 40, 연결봉 길이 100일 때 $\lambda = 40/100 = 0.4$이지만 $\cos\theta$를 구할 수 없어 구동 시뮬레이션 결과만으로 나타내기로 한다.

표 2-2-1 크랭크 길이에 따른 이론적 최대 미끄럼 변위 및 최대 미끄럼 속도

크랭크 길이(r)	연결봉 길이(l)	최대 미끄럼 변위(s_{max})	최대 미끄럼 속도(v_{max})
25	100	50	268.7
35	100	70	351.85
40	100	80	?

2.2.2 부품 형상모델링

(1) 링크A

링크A의 형상정보는 그림 2-2-3과 같으며 도면의 치수대로 파트 모델링 하고 파일 이름을 "링크A"로 한다.

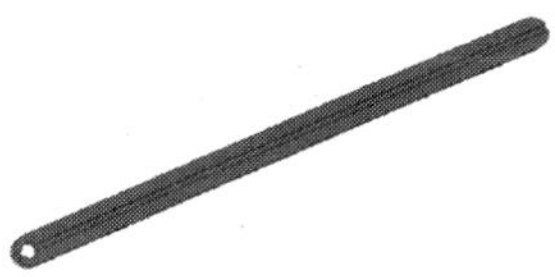

(a) 외관

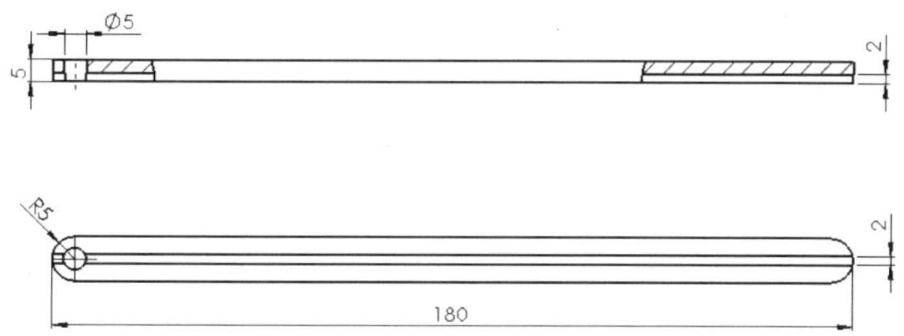

(b) 형상 치수

그림 2-2-3 링크A의 형상 정보

(2) 링크B

링크B의 형상정보는 그림 2-2-4와 같으며 도면의 치수대로 파트 모델링 하고 파일 이름을 "링크B"로 한다. 크랭크의 길이는 25mm를 기본으로 40mm, 60mm의 3가지로 한다.

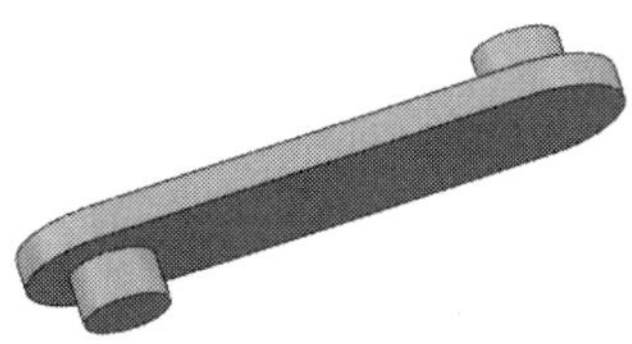

(a) 외관

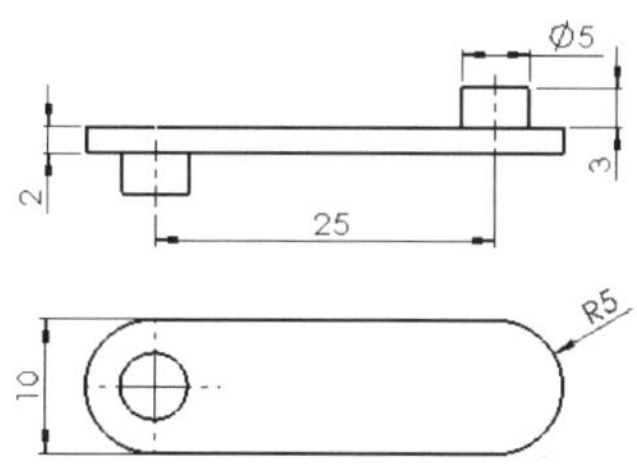

(b) 형상 치수

그림 2-2-4 링크B의 형상 정보

(3) 링크C

링크C의 형상정보는 그림 2-2-5와 같으며 도면의 치수대로 파트 모델링 하고 파일 이름을 "링크C"로 한다.

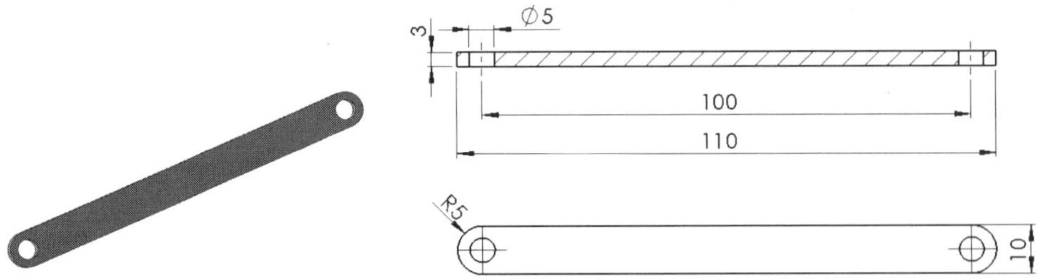

(a) 외관

(b) 형상 치수

그림 2-2-5 링크C의 형상 정보

(4) 링크D

링크D의 형상정보는 그림 2-2-6과 같으며 도면의 치수대로 파트 모델링 하고 파일 이름을 "링크D"로 한다.

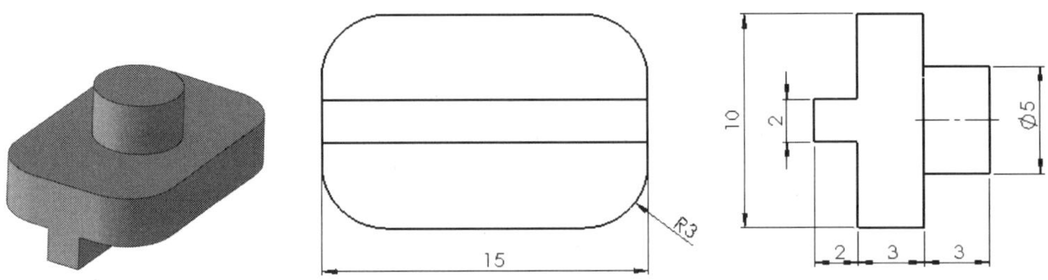

(a) 외관

(b) 형상 치수

그림 2-2-6 링크D의 형상 정보

2.3 왕복 슬라이더 크랭크 기구 설계

2.3.1 기구 구성

(1) 링크A의 조립

① 어셈블리 창의 찾아보기를 클릭한다.

② 해당 파일이 창에 있으면 더블 클릭하고 Drag & Drop으로 링크A 부품을 어셈블리

창에 갖다 놓는다.

③ 마우스의 오른쪽 버튼을 눌러 메뉴가운데 “자유롭게 움직이기”를 선택한다.

④ 링크A의 정면과 어셈블리 정면이 일치하도록 메이트 한다.

⑤ 링크A의 우측면과 어셈블리 우측면이 일치하도록 메이트 한다.

⑥ 링크A의 윗면과 어셈블리 윗면이 일치하도록 메이트 한다.

⑦ 다시 마우스의 오른쪽 버튼을 눌러 메뉴가운데 “고정”을 선택한다.

(2) 링크B의 조립

① 링크B를 부품 삽입한다.

② 링크B가 회전 운동을 할 수 있도록 링크B의 조립 원통 면과 링크A의 조립 구멍 면에 대해 표준 메이트에서 동심으로 한다.

③ 링크A 형상의 윗면과 링크B 형상의 밑면이 일치하도록 메이트 한다.

④ 링크B가 회전이 제대로 되는지 체크를 하고 확인을 누른다(그림 2-2-7).

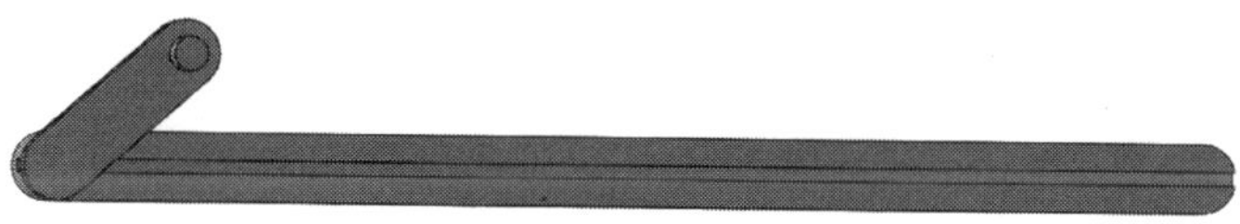

그림 2-2-7 링크B의 조립 모습

(3) 링크C의 조립

① 링크C를 부품 삽입한다.

② 링크C가 회전 운동을 할 수 있도록 링크C의 조립 원통 내면과 링크A의 조립 원통면에 대해 표준 메이트에서 동심으로 한다.

③ 링크C 형상의 윗면과 링크B 형상의 밑면이 일치하도록 메이트 한다.

④ 링크C가 회전이 제대로 되는지 체크를 하고 확인을 누른다(그림 2-2-8).

그림 2-2-8 링크C의 조립 모습

(4) 링크D의 조립

① 링크D를 부품 삽입한다.

② 링크D가 직선 왕복 운동을 할 수 있도록 링크A의 홈 옆면과 링크D의 볼록 옆면이 일치하도록 메이트 한다.

③ 링크D가 직선 왕복 운동을 할 수 있도록 링크A의 홈 밑면과 링크D의 볼록 밑면이 일치하도록 메이트 한다.

④ 링크C와 링크D가 연결되도록 링크D의 조립 원통 면과 링크C의 조립 구멍 면에 대해서도 표준 메이트에서 동심으로 한다.

⑤ 링크D의 직선 운동이 제대로 되는지 체크를 하고 확인을 누른다(그림 2-2-9).

⑥ 크랭크_40 및 크랭크_60의 최종 조립 모습은 그림 2-2-10과 그림 2-2-11이다.

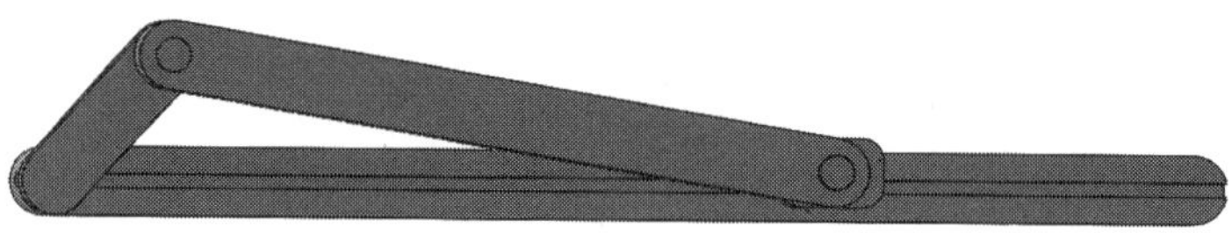

그림 2-2-9 최종 기구 조립 모습(크랭크_25)

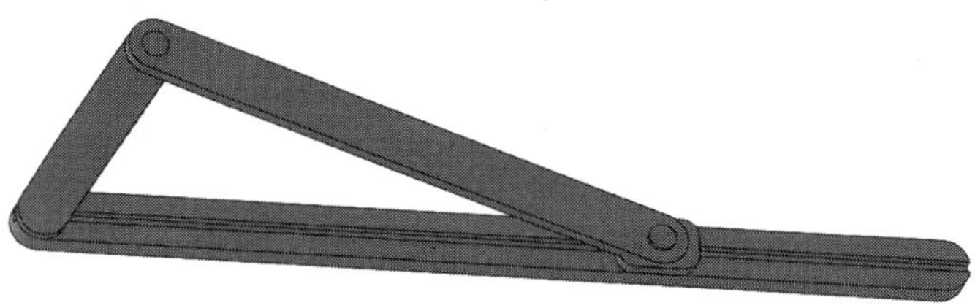

그림 2-2-10 최종 기구 조립 모습(크랭크_40)

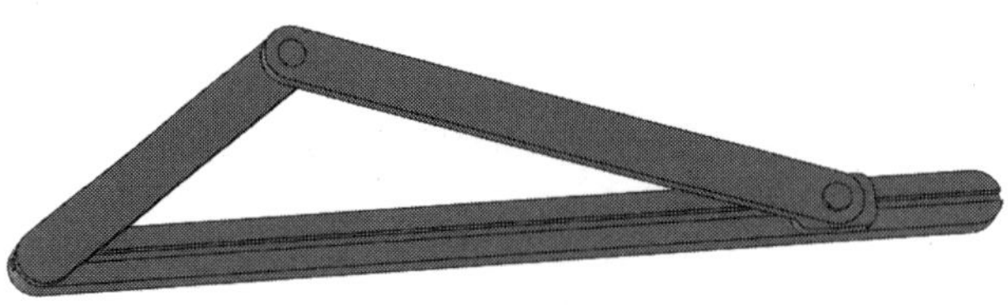

그림 2-2-11 최종 기구 조립 모습(크랭크_60)

(5) 초기 위치 결정

① 링크B와 링크C가 180°되는 지점에서 출발하는 것으로 한다.

② 따라서 링크B와 링크C를 그림 2-2-12와 같이 링크B의 윗면과 링크C의 윗면이 일치하도록 표준메이트에서 일치로 하고 옵션에서 "위치 배치에만"을 체크한다.

③ 메이트를 벗어난다.

그림 2-2-12 초기위치 설정 모습(크랭크_25)

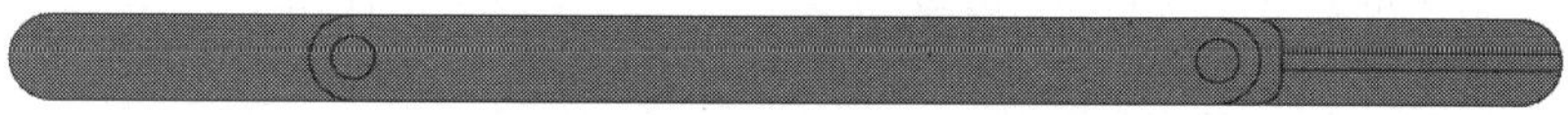

그림 2-2-13 초기위치 설정 모습(크랭크_35)

그림 2-2-14 초기위치 설정 모습(크랭크_40)

(6) 기구 저장하기

1) 크랭크 길이 25인 왕복 슬라이더 크랭크 기구 저장하기

① 저장 도구()에서 "다른 이름으로 저장하기"를 클릭한다.

② 저장할 디렉토리를 정하고 파일이름을 "왕복 슬라이더 크랭크_25 기구"로 한다.

③ 저장 버튼을 클릭한다.

2) 크랭크 길이 35인 왕복 슬라이더 크랭크 기구 저장하기

① 저장 도구()에서 "다른 이름으로 저장하기"를 클릭한다.

② 저장할 디렉토리를 정하고 파일이름을 "왕복 슬라이더 크랭크_35 기구"로 한다.

③ 저장 버튼을 클릭한다.

3) 크랭크 길이 40인 왕복 슬라이더 크랭크 기구 저장하기

① 저장 도구()에서 "다른 이름으로 저장하기"를 클릭한다.

② 저장할 디렉토리를 정하고 파일이름을 "왕복 슬라이더 크랭크_40 기구"로 한다.

③ 저장 버튼을 클릭한다.

2.3.2 기구 모션 시뮬레이션

(1) 모션 조건 설정

1) 모터 설정

① 링크B(크랭크)에 구동을 주기 위해 모델 탭 옆의 모션 스터디 탭을 클릭한다.

② 구동을 위한 모터를 선택한다.

③ 모터 유형을 원형 모터로 선택한다.

④ 부품/방향에서 모터 위치는 원형 구동을 위해 그림 2-2-15와 같이 링크B를 클릭한다.

⑤ 확인을 클릭한다.

그림 2-2-15 모터 위치와 모터 방향 설정 모습

2) 모션 설정

① 모션은 모터 속성 창의 모션 설정에서 "정속"을 선택한다.

② 링크B가 5초에 100rpm으로 구동하도록 한다.

③ 확인을 클릭한다.

3) 모션 스터디 계산하기

① 모션 해석 탭으로 설정한다.

② 모션 스터디 계산하기 아이콘을 클릭하여 설정된 모터의 구동 조건을 계산한다.

③ 계산과 동시에 기구의 구동을 확인한다.

(2) 모션 시뮬레이션 결과

1) 링크B 길이 25㎜의 링크D 선형 변위 시뮬레이션 결과

① "결과와 플롯" 버튼을 클릭하여 그래프의 속성을 입력한다.

② 링크B(크랭크)의 100rpm에 대한 링크D(피스톤)의 모션 해석 결과는 그림 2-2-16과 같다.

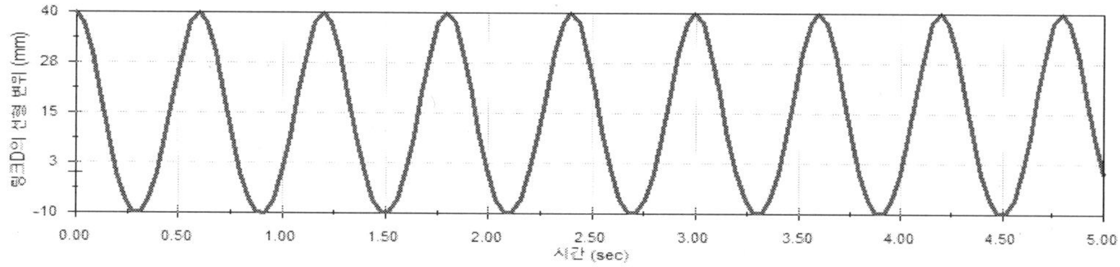

(a) 링크D의 선형 변위 결과

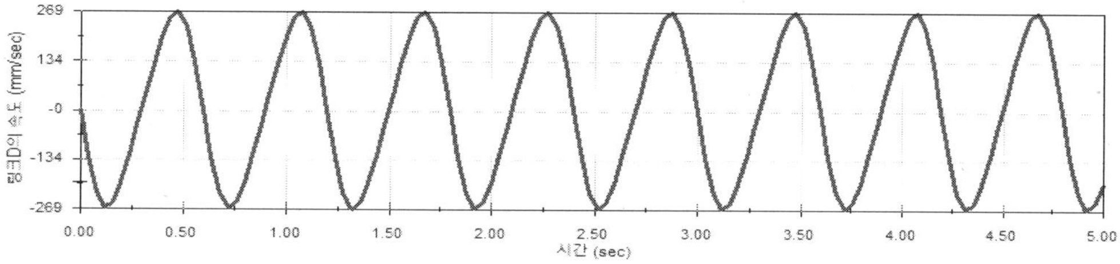

(b) 링크D의 선형 속도 결과

그림 2-2-16 링크D(피스톤)의 구동 결과 그래프

2) 링크B 길이 35㎜의 링크D 선형 변위 시뮬레이션 결과

① "결과와 플롯" 버튼을 클릭하여 그래프의 속성을 입력한다.

② 링크B(크랭크)의 100rpm에 대한 링크D(피스톤)의 모션 해석 결과는 그림 2-2-17과 같다.

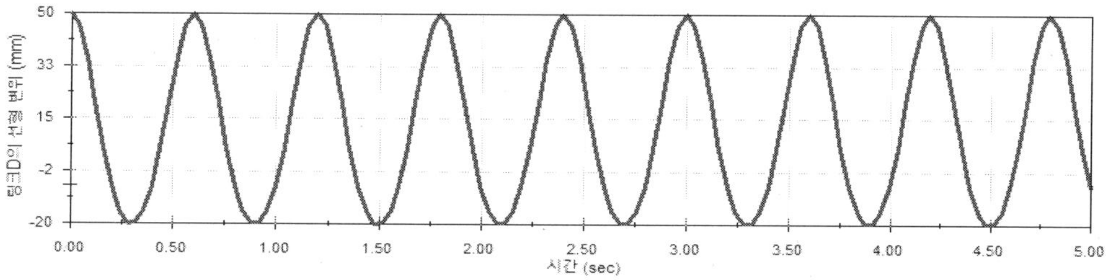

(a) 링크D의 선형 변위 결과

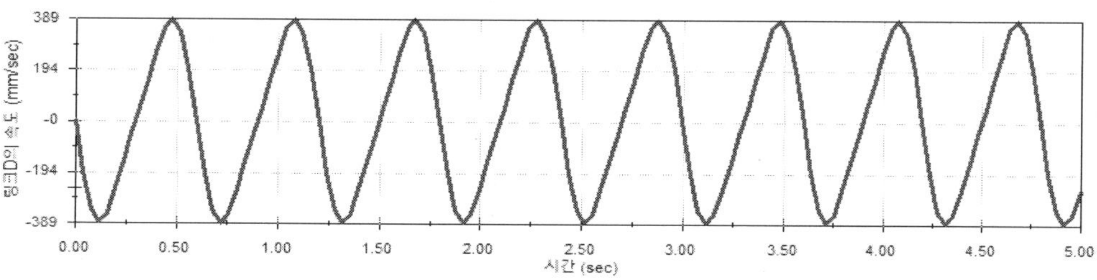

(b) 링크D의 선형 속도 결과

그림 2-2-17 링크D(피스톤)의 구동 결과 그래프

3) 링크B 길이 40㎜의 링크D 선형 변위 시뮬레이션 결과

① "결과와 플롯" 버튼을 클릭하여 그래프의 속성을 입력한다.

② 링크B(크랭크)의 100rpm에 대한 링크D(피스톤)의 모션 해석 결과는 그림 2-2-18과 같다.

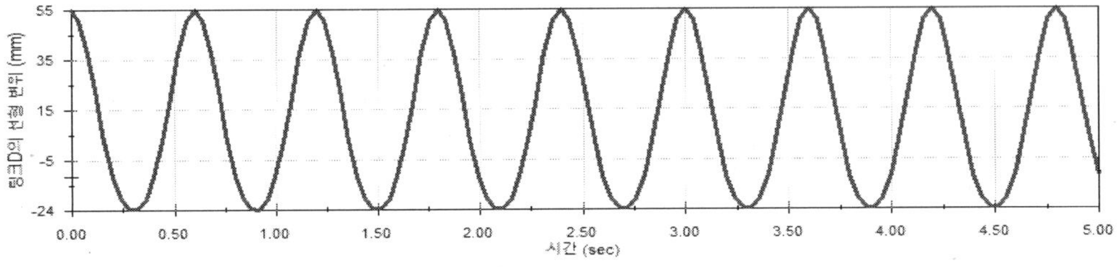

(a) 링크D의 선형 변위 결과

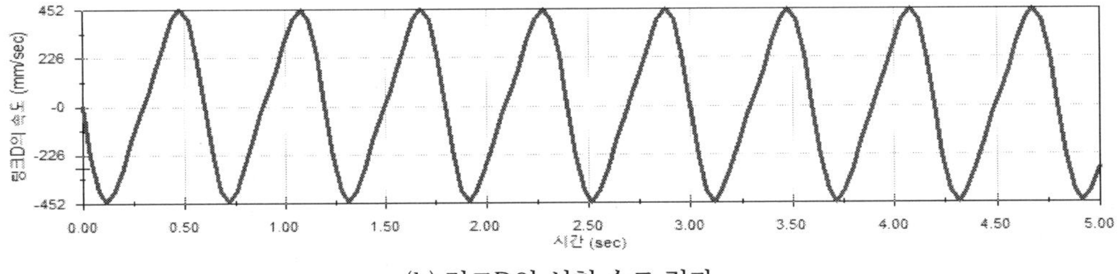

(b) 링크D의 선형 속도 결과

그림 2-2-18 링크D(피스톤)의 구동 결과 그래프

(3) 결과 고찰

크랭크 길이 25㎜에 대해 시뮬레이션 결과, 크랭크 링크의 100rpm에 대해 피스톤(링크D)이 링크A의 홈을 따라 링크D가 49㎜ 슬라이딩 변위를 하면서 269㎜/sec의 속도로 직선 왕복운동을 하고 있는 것으로 나타났다. 이것은 이론적으로 최대 50㎜ 슬라이딩 하면서 최대 268.7㎜/sec의 속도로 운동하는 것과 매우 일치하고 있다.

크랭크 길이 35㎜에 대해 시뮬레이션 결과, 크랭크 링크의 100rpm에 대해 피스톤(링크D)이 링크A의 홈을 따라 링크D가 70㎜ 슬라이딩 변위를 하면서 389㎜/sec의 속도로 직선 왕복운동을 하고 있는 것으로 나타났다. 이것은 이론적으로 최대 70㎜ 슬라이딩 하면서 최대 351.86㎜/sec의 속도로 운동하는 것과 비교하면 변위의 경우는 일치하지만 속도의 경우는 약간 차이가 있음을 알 수 있다.

크랭크 길이 40㎜에 대해 시뮬레이션 결과, 크랭크 링크의 100rpm에 대해 피스톤(링크D)이 링크A의 홈을 따라 링크D가 79㎜ 슬라이딩 변위를 하면서 452㎜/sec의 속도로 직선

왕복운동을 하고 있는 것으로 나타났다. 이것은 이론적으로 최대 80㎜ 슬라이딩 운동하는 것과 비교하면 변위의 경우는 일치하는 것을 알 수 있으며 속도는 이론적으로 구할 수 없어 비교할 수 없다.

결국 기구 설계가 올바르게 설계되었음을 알 수 있으나 크랭크의 길이가 길어질수록 오차의 정도가 커지며 $\lambda = r/l$가 0.35를 넘어가면 이론적으로 속도를 계산할 수 없다. 따라서 크랭크와 연결봉의 길이비(λ)를 보통 1/3~1/6에 맞춰 설계하는 것이 중요하다.

(4) 동영상 저장하기

1) 크랭크 길이 25인 왕복 슬라이더 크랭크 기구 동영상 저장하기

① 모션 해석에서 저장 아이콘을 클릭한다.
② 동영상 설정 창이 나타난다.
③ 파일 이름을 "왕복 슬라이더 크랭크 기구_25"로 저장한다.
④ 비디오 압축 창이 나타나고 프레임 정보에서 초당 프레임을 25로 하고 저장을 누른다.
⑤ 압축 프로그램의 창이 나타나면 "전체 프레임(압축 안함)"을 선택하고 확인을 클릭한다.
⑥ 기구가 동작하면서 동영상으로 저장된다.

2) 크랭크 길이 35인 왕복 슬라이더 크랭크 기구 동영상 저장하기

① 모션 해석에서 저장 아이콘을 클릭한다.
② 동영상 설정 창이 나타난다.
③ 파일 이름을 "왕복 슬라이더 크랭크 기구_35"로 저장한다.
④ 비디오 압축 창이 나타나고 프레임 정보에서 초당 프레임을 25로 하고 저장을 누른다.
⑤ 압축 프로그램의 창이 나타나면 "전체 프레임(압축 안함)"을 선택하고 확인을 클릭한다.
⑥ 기구가 동작하면서 동영상으로 저장된다.

3) 크랭크 길이 40인 왕복 슬라이더 크랭크 기구 동영상 저장하기

① 모션 해석에서 저장 아이콘을 클릭한다.
② 동영상 설정 창이 나타난다.
③ 파일 이름을 "왕복 슬라이더 크랭크 기구_40"으로 저장한다.
④ 비디오 압축 창이 나타나고 프레임 정보에서 초당 프레임을 25로 하고 저장을 누른다.

⑤ 압축 프로그램의 창이 나타나면 "전체 프레임(압축 안함)"을 선택하고 확인을 클릭한다.

⑥ 기구가 동작하면서 동영상으로 저장된다.

2.4 회전 슬라이더 크랭크 기구 설계

2.4.1 이론적 고찰

왕복 슬라이더 크랭크 기구에서 크랭크를 고정하면 그림 2-2-19와 같은 기구가 얻어진다. 링크 3은 B를 중심으로 완전히 회전하는 크랭크이고 링크1도 A를 중심으로 완전 회전을 한다. 슬라이더 4는 링크에 대해 미끄럼 운동을 한다. 이와 같은 기구를 회전 슬라이더 크랭크 기구(revoving block slider crank mechanism)라 한다.

$BC = a$, $AB = b$, $\angle ABC = \theta$로 하면 $\triangle ABC$에 있어서 $AC \times \cos\phi = b - a\cos\theta$가 되어 링크1의 각변위 ϕ, 슬라이더 4의 미끄럼 운동은 크랭크를 정각속도 ω, $AC = x$로 하면 식 (2-2-1)과 같다.

$$x = (a^2 + b^2 - 2ab\cos\theta)^{1/2} \qquad (2\text{-}2\text{-}1)$$

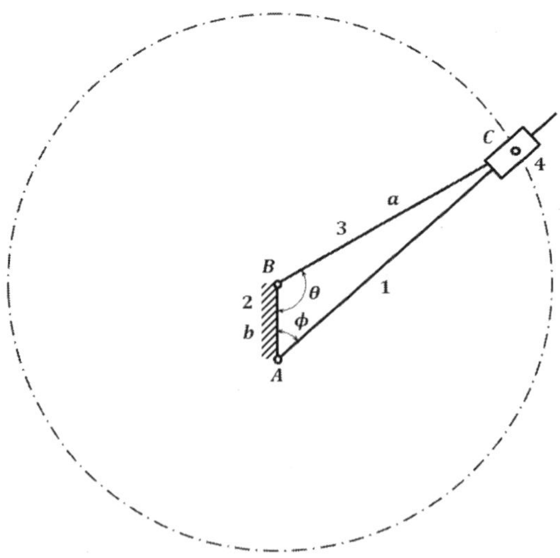

그림 2-2-19 회전 슬라이더 크랭크 기구

따라서 $a = 100$, $b = 25$일 때 최대 변위(x_{max})는 125mm에서 최소 변위(x_{min})가 75mm이므로 슬라이딩 변위는 50mm이다. 이것은 역시 왕복 슬라이더 크랭크의 슬라이딩 변위와 변함이 없다는 것을 알 수 있다.

표 2-2-2 크랭크 길이에 따른 이론적 최대 미끄럼 변위

크랭크 길이(b)	연결봉 길이(a)	최대 미끄럼 변위(s_{max})
25	100	50
35	100	70
40	100	80

2.4.2 기구 구성

(1) 링크B의 조립

① 어셈블리 창의 찾아보기를 클릭한다.

② 해당 파일이 창에 있으면 더블 클릭하고 Drag & Drop으로 링크B 부품을 어셈블리 창에 갖다 놓는다.

③ 마우스의 오른쪽 버튼을 눌러 메뉴가운데 "자유롭게 움직이기"를 선택한다.

④ 링크B의 정면과 어셈블리 정면이 일치하도록 메이트 한다.

⑤ 링크B의 우측면과 어셈블리 우측면이 일치하도록 메이트 한다.

⑥ 링크B의 윗면과 어셈블리 윗면이 일치하도록 메이트 한다.

⑦ 다시 마우스의 오른쪽 버튼을 눌러 메뉴가운데 "고정"을 선택한다.

(2) 링크A의 조립

① 링크A를 부품 삽입한다.

② 링크A가 회전 운동을 할 수 있도록 링크A의 조립 원통 면과 링크B의 조립 구멍 면에 대해 표준 메이트에서 동심으로 한다.

③ 링크B 형상의 윗면과 링크A 형상의 밑면이 일치하도록 메이트 한다.

④ 링크A가 회전이 제대로 되는지 체크를 하고 확인을 누른다(그림 2-2-20).

그림 2-2-20 링크A의 조립 모습

(3) 링크C의 조립

① 링크C를 부품 삽입한다.

② 링크C가 회전 운동을 할 수 있도록 링크C의 조립 원통 내면과 링크A의 조립 원통면에 대해 표준 메이트에서 동심으로 한다.

③ 링크C 형상의 윗면과 링크B 형상의 밑면이 일치하도록 메이트 한다.

④ 링크C가 회전이 제대로 되는지 체크를 하고 확인을 누른다(그림 2-2-21).

그림 2-2-21 링크C의 조립 모습

(4) 링크D의 조립

① 링크D를 부품 삽입한다.

② 링크D가 직선 왕복 운동을 할 수 있도록 링크A의 홈 옆면과 링크D의 볼록 옆면이 일치하도록 메이트 한다.

③ 링크D가 직선 왕복 운동을 할 수 있도록 링크A의 홈 밑면과 링크D의 볼록 밑면이 일치하도록 메이트 한다.

④ 링크C와 링크D가 연결되도록 링크D의 조립 원통 면과 링크C의 조립 구멍 면에 대

해서도 표준 메이트에서 동심으로 한다.

⑤ 링크D의 직선 운동이 제대로 되는지 체크를 하고 확인을 누른다(그림 2-2-22).

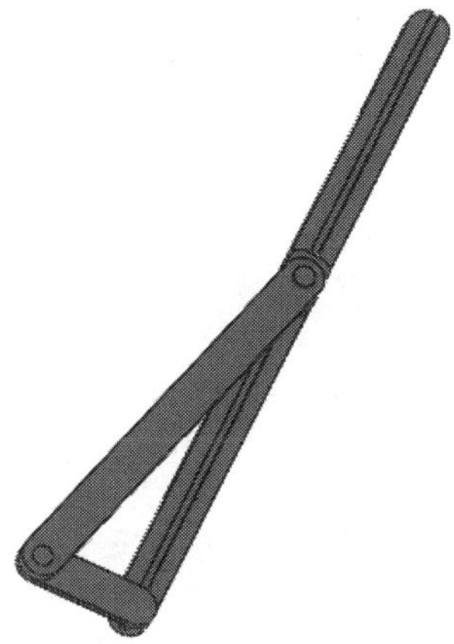

그림 2-2-22 최종 기구 조립 모습(크랭크_25)

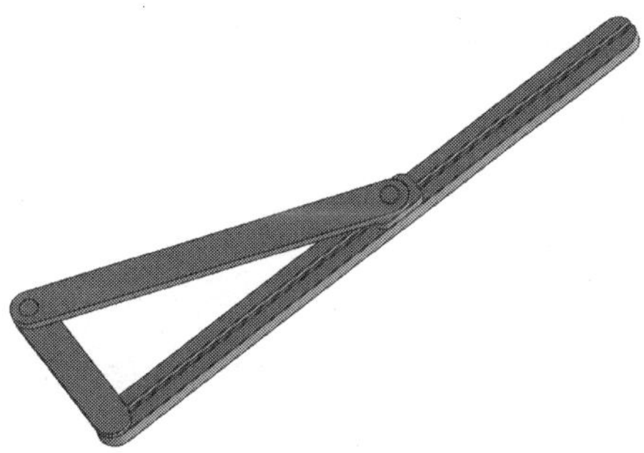

그림 2-2-23 최종 기구 조립 모습(크랭크_35)

그림 2-2-24 최종 기구 조립 모습(크랭크_40)

(5) 초기 위치 결정

① 링크B와 링크A가 180°되는 지점에서 출발하는 것으로 한다.

② 따라서 링크B와 링크A를 그림 2-2-25와 같이 링크B의 윗면과 링크A의 윗면이 일치하도록 표준메이트에서 일치로 하고 옵션에서 "위치 배치에만"을 체크한다.

③ 메이트를 벗어난다.

그림 2-2-25 초기위치 설정 모습(크랭크_25)

그림 2-2-26 초기위치 설정 모습(크랭크_35)

그림 2-2-27 초기위치 설정 모습(크랭크_40)

(6) 기구 저장하기

1) 크랭크 길이 25인 회전 슬라이더 크랭크 기구 저장하기

① 저장 도구( )에서 "다른 이름으로 저장하기"를 클릭한다.

② 저장할 디렉토리를 정하고 파일이름을 "회전 슬라이더 크랭크_25 기구"로 한다.

③ 저장 버튼을 클릭한다.

2) 크랭크 길이 35인 회전 슬라이더 크랭크 기구 저장하기

① 저장 도구( )에서 "다른 이름으로 저장하기"를 클릭한다.

② 저장할 디렉토리를 정하고 파일이름을 "회전 슬라이더 크랭크_35 기구"로 한다.

③ 저장 버튼을 클릭한다.

3) 크랭크 길이 40인 회전 슬라이더 크랭크 기구 저장하기

① 저장 도구( )에서 "다른 이름으로 저장하기"를 클릭한다.

② 저장할 디렉토리를 정하고 파일이름을 “회전 슬라이더 크랭크_40 기구”로 한다.

③ 저장 버튼을 클릭한다.

2.4.3 기구 모션 시뮬레이션

(1) 모션 조건

1) 모터 설정

① 링크C(연결 링크)에 구동을 주기 위해 모델 탭 옆의 모션 스터디 탭을 클릭한다.

② 구동을 위한 모터를 선택한다.

③ 모터 유형을 원형 모터로 선택한다.

④ 부품/방향에서 모터 위치는 그림 2-2-28과 같이 링크C를 클릭한다.

⑤ 확인을 클릭한다.

그림 2-2-28 모터 위치와 모터 방향 설정 모습

2) 모션 설정

① 모션은 모터 속성 창의 모션 설정에서 “정속”을 선택한다.

② 링크C가 5초에 100rpm으로 구동하도록 한다.

③ 확인을 클릭한다.

3) 모션 스터디 계산하기

① 모션 해석 탭으로 설정한다.

② 모션 스터디 계산하기 아이콘을 클릭하여 설정된 모터의 구동 조건을 계산한다.

③ 계산과 동시에 기구의 구동을 확인한다.

(2) 시뮬레이션 결과

1) 링크B 길이 25㎜의 링크D 선형 변위 시뮬레이션 결과

① “결과와 플롯” 버튼을 클릭하여 그래프의 속성을 입력한다.

② 링크C(연결 링크)의 100rpm에 대한 링크D(피스톤)의 모션 해석 결과는 그림 2-2-29와 같다.

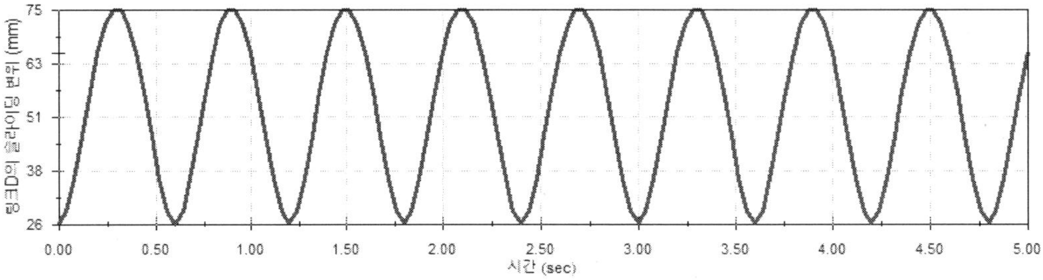

(a) 링크D의 슬라이딩 변위

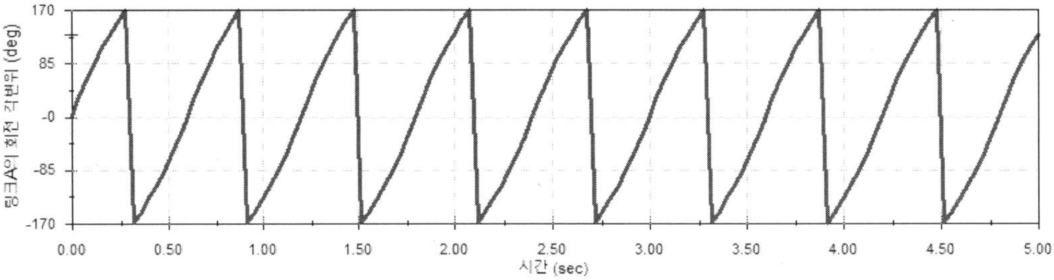

(b) 링크A의 회전 각 변위

그림 2-2-29 기구의 시뮬레이션 결과 그래프

2) 링크B 길이 35㎜의 링크D 선형 변위 시뮬레이션 결과

① "결과와 플롯" 버튼을 클릭하여 그래프의 속성을 입력한다.

② 링크C(연결 링크)의 100rpm에 대한 링크D(피스톤)의 모션 해석 결과는 그림 2-2-30과 같다.

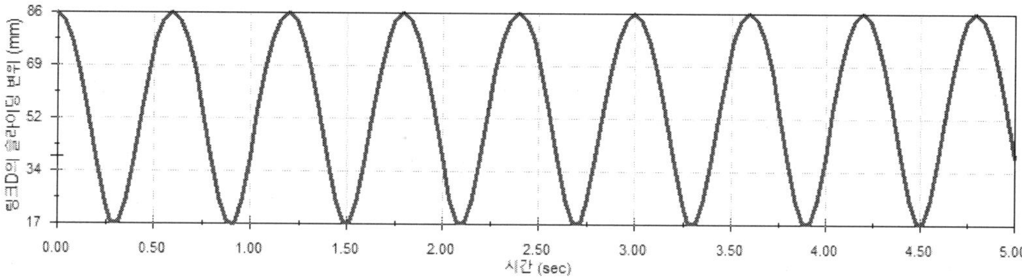

(a) 링크D의 슬라이딩 변위

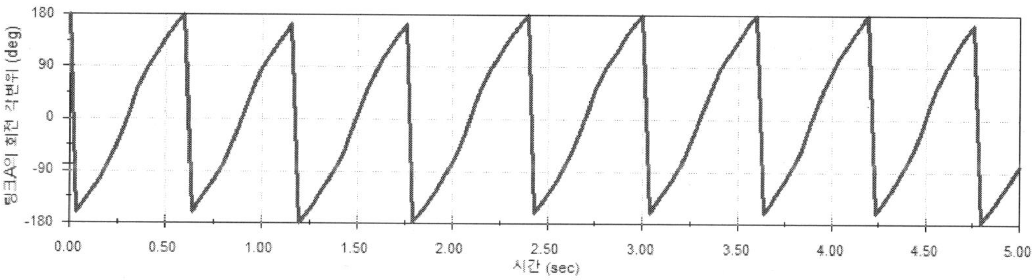

(b) 링크A의 회전 각 변위

그림 2-2-30 기구의 시뮬레이션 결과 그래프

3) 링크B 길이 40㎜의 링크D 선형 변위 시뮬레이션 결과

③ "결과와 플롯" 버튼을 클릭하여 그래프의 속성을 입력한다.

④ 링크C(연결 링크)의 100rpm에 대한 링크D(피스톤)의 모션 해석 결과는 그림 2-2-31과 같다.

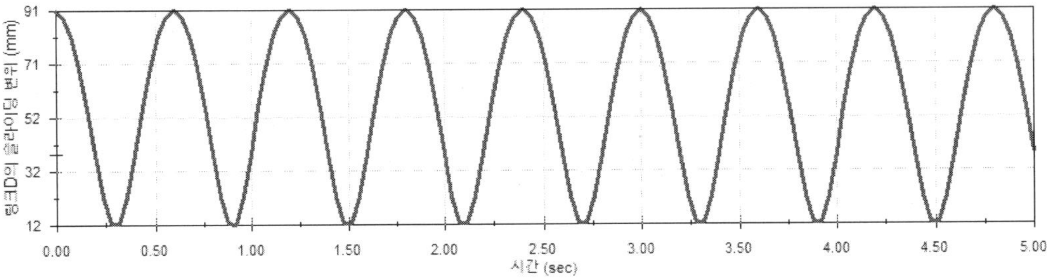

(a) 링크D의 홈 이동 선형 변위

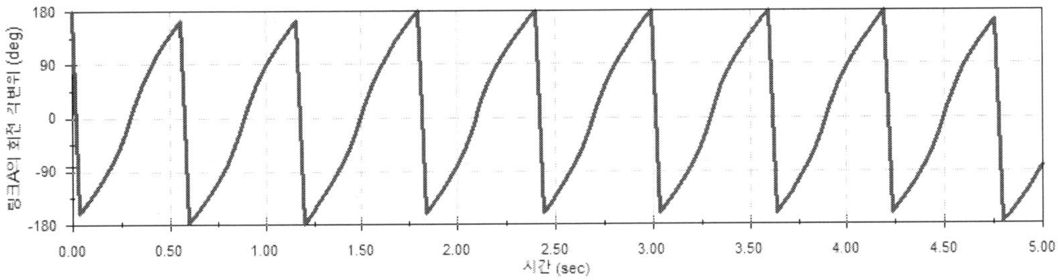

(b) 링크A의 회전 각 변위

그림 2-2-31 기구의 시뮬레이션 결과 그래프

(3) 결과 고찰

크랭크 길이 25㎜에 대해 시뮬레이션 결과, 링크C(연결 링크)의 100rpm에 대해 링크D(피스톤)이 홈을 따라 49㎜ 슬라이딩 직선 왕복운동을 하면서 링크A가 360°회전을 하고 있는 것으로 나타났다. 이것은 또한 이론적 슬라이딩 변위와 1㎜의 차이는 있지만 거의 일치하고 있다.

크랭크 길이 35㎜에 대해 시뮬레이션 결과, 링크C(연결 링크)의 100rpm에 대해 링크D(피스톤)이 홈을 따라 69㎜ 슬라이딩 직선 왕복운동을 하면서 링크A가 360°회전을 하고 있는 것으로 나타났다. 이것은 또한 이론적 슬라이딩 변위와 1㎜의 차이는 있지만 거의 일치하고 있다.

크랭크 길이 40㎜에 대해 시뮬레이션 결과, 링크C(연결 링크)의 100rpm에 대해 링크D(피스톤)이 홈을 따라 79㎜ 슬라이딩 직선 왕복운동을 하면서 링크A가 360°회전을 하고 있는 것으로 나타났다. 이것은 또한 이론적 슬라이딩 변위와 1㎜의 차이는 있지만 거의 일치하고 있다.

이상의 회전 슬라이더 크랭크 기구 시뮬레이션 결과를 정리하면 크랭크(링크A)의 길이가 10㎜ 증가할 때는 링크A의 위를 링크D가 슬라이딩하는 변위는 20㎜증가하는 것을 알 수 있다. 한편 크랭크(링크A)의 길이가 5㎜ 증가하면 링크A의 위를 링크D가 슬라이딩하는 변위는 10㎜증가하는 것으로 나타났다.

따라서 링크의 길이에 따라 슬라이딩 변위가 일정하게 변하는 것을 알 수 있으며 이 결과에 근거하여 회전 슬라이더 크랭크 기구를 설계하면 된다.

(4) 동영상 저장하기

1) 크랭크 길이 25인 회전 슬라이더 크랭크 기구 동영상 저장하기

① 모션 해석에서 저장 아이콘을 클릭한다.
② 동영상 설정 창이 나타난다.
③ 파일 이름을 "회전 슬라이더 크랭크 기구_25"로 저장한다.
④ 비디오 압축 창이 나타나고 프레임 정보에서 초당 프레임을 25로 하고 저장을 누른다.
⑤ 압축 프로그램의 창이 나타나면 "전체 프레임(압축 안함)"을 선택하고 확인을 클릭한다.
⑥ 기구가 동작하면서 동영상으로 저장된다.

2) 크랭크 길이 35인 회전 슬라이더 크랭크 기구 동영상 저장하기

① 모션 해석에서 저장 아이콘을 클릭한다.
② 동영상 설정 창이 나타난다.
③ 파일 이름을 "회전 슬라이더 크랭크 기구_35"로 저장한다.
④ 비디오 압축 창이 나타나고 프레임 정보에서 초당 프레임을 25로 하고 저장을 누른다.
⑤ 압축 프로그램의 창이 나타나면 "전체 프레임(압축 안함)"을 선택하고 확인을 클릭한다.
⑥ 기구가 동작하면서 동영상으로 저장된다.

3) 크랭크 길이 40인 회전 슬라이더 크랭크 기구 동영상 저장하기

① 모션 해석에서 저장 아이콘을 클릭한다.

② 동영상 설정 창이 나타난다.

③ 파일 이름을 "회전 슬라이더 크랭크 기구_40"으로 저장한다.

④ 비디오 압축 창이 나타나고 프레임 정보에서 초당 프레임을 25로 하고 저장을 누른다.

⑤ 압축 프로그램의 창이 나타나면 "전체 프레임(압축 안함)"을 선택하고 확인을 클릭한다.

⑥ 기구가 동작하면서 동영상으로 저장된다.

2.5 요동 슬라이더 크랭크 기구 설계

2.5.1 이론적 고찰

왕복 슬라이더 크랭크 기구에서 링크C(연결 링크)를 고정하고 링크B를 회전하면 그림 2-2-32와 같이 링크D(슬라이더)는 C주위를 요동하게 된다. 이 기구가 요동 슬라이더 크랭크 기구(oscillating block slider crank mechanism)이다.

지금 $BC=a$, $AB=r$, $AE=l$, $\angle ABC=\theta$로 하면

$$\begin{aligned} x &= AE_1 - AE = AE_1 - l = AC + CE_1 - l \\ &= AC + (r + l - a) - l = AC - (a - r) \end{aligned}$$

그러므로

$$x = \sqrt{r^2 + a^2 - 2ar\cos\theta} - (a - r) \qquad (2\text{-}2\text{-}2)$$

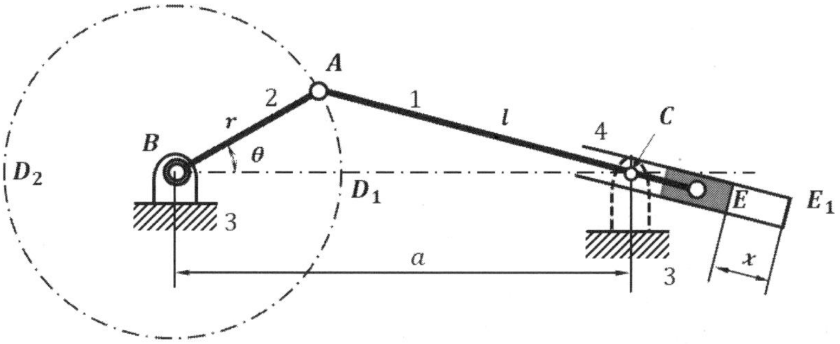

그림 2-2-32 요동 슬라이더 크랭크 기구

따라서 $a=100$, $r=25$일 때 최대 변위($x_{\max}$)는 50㎜에서 최소 변위($x_{\min}$)가 0㎜이므로 슬라이딩 변위는 50㎜이다. 이것은 역시 왕복 슬라이더 크랭크의 슬라이딩 변위와 변함이 없다는 것을 알 수 있다. 나머지 $a=100$, $r=35$일 때는 70㎜이고, $a=100$, $r=40$일 때는 80㎜이다.

2.5.2 기구 구성

(1) 링크C의 조립

① 어셈블리 창의 찾아보기를 클릭한다.

② 해당 파일이 창에 있으면 더블 클릭하고 Drag & Drop으로 링크C 부품을 어셈블리 창에 갖다 놓는다.

③ 마우스의 오른쪽 버튼을 눌러 메뉴가운데 "자유롭게 움직이기"를 선택한다.

④ 링크C의 정면과 어셈블리 정면이 일치하도록 메이트 한다.

⑤ 링크C의 우측면과 어셈블리 우측면이 일치하도록 메이트 한다.

⑥ 링크C의 윗면과 어셈블리 윗면이 일치하도록 메이트 한다.

⑦ 다시 마우스의 오른쪽 버튼을 눌러 메뉴가운데 "고정"을 선택한다.

(2) 링크B의 조립

① 링크B를 부품 삽입한다.

② 링크B가 회전 운동을 할 수 있도록 링크B의 조립 원통 면과 링크A의 조립 구멍 면에 대해 표준 메이트에서 동심으로 한다.

③ 링크A 형상의 윗면과 링크B 형상의 밑면이 일치하도록 메이트 한다.

④ 링크B가 회전이 제대로 되는지 체크를 하고 확인을 누른다(그림 2-2-33).

그림 2-2-33 링크B의 조립 모습

(3) 링크A의 조립

① 링크A를 부품 삽입한다.

② 링크A가 회전 운동을 할 수 있도록 링크C의 조립 원통 내면과 링크A의 조립 원통면에 대해 표준 메이트에서 동심으로 한다.

③ 링크A 형상의 윗면과 링크B 형상의 밑면이 일치하도록 메이트 한다.

④ 링크A가 회전이 제대로 되는지 체크를 하고 확인을 누른다(그림 2-2-34).

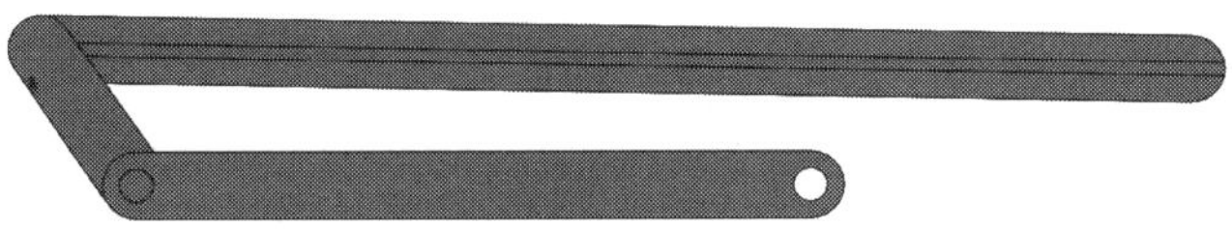

그림 2-2-34 링크A의 조립 모습

(4) 링크D의 조립

① 링크D를 부품 삽입한다.

② 링크D가 직선 왕복 운동을 할 수 있도록 링크A의 홈 옆면과 링크D의 볼록 옆면이 일치하도록 메이트 한다.

③ 링크D가 직선 왕복 운동을 할 수 있도록 링크A의 홈 밑면과 링크D의 볼록 밑면이 일치하도록 메이트 한다.

④ 링크C와 링크D가 연결되도록 링크D의 조립 원통 면과 링크C의 조립 구멍 면에 대해서도 표준 메이트에서 동심으로 한다.

⑤ 링크D의 직선 운동이 제대로 되는지 체크를 하고 확인을 누른다(그림 2-2-35).

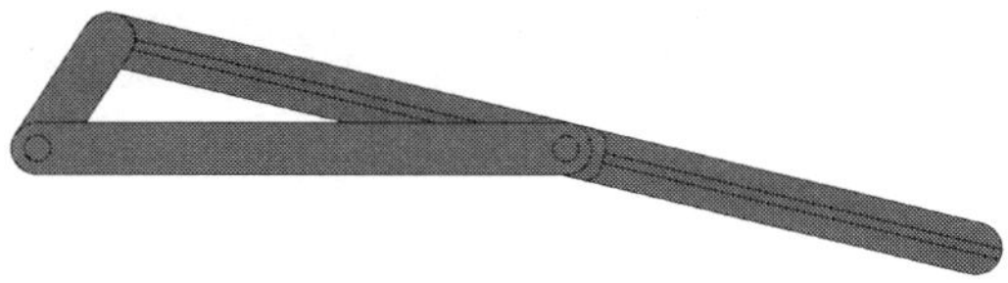

그림 2-2-35 최종 기구 조립 모습(크랭크_25)

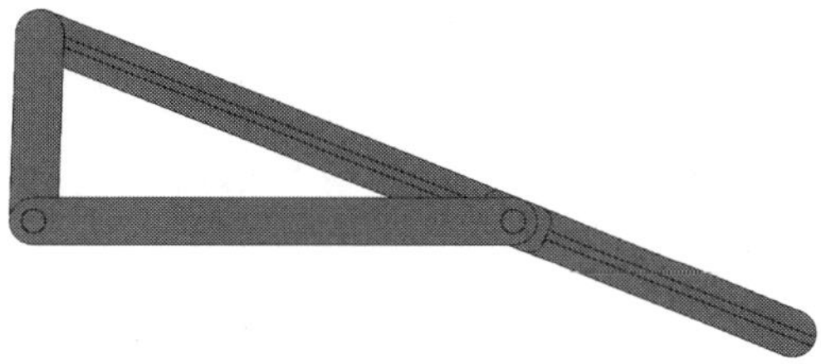

그림 2-2-36 최종 기구 조립 모습(크랭크_35)

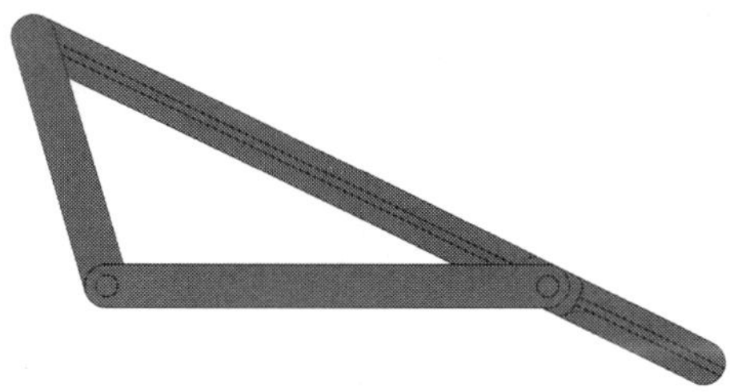

그림 2-2-37 최종 기구 조립 모습(크랭크_40)

(5) 초기 위치 설정

① 링크B와 링크C가 180˚되는 지점에서 출발하는 것으로 한다.

② 따라서 링크B와 링크C를 그림 2-2-38과 같이 링크B의 윗면과 링크C의 윗면이 일치하도록 표준메이트에서 일치로 하고 옵션에서 “위치 배치에만”을 체크한다.

③ 메이트를 벗어난다.

그림 2-2-38 초기위치 설정 모습(크랭크_25)

그림 2-2-39 초기위치 설정 모습(크랭크_35)

그림 2-2-40 초기위치 설정 모습(크랭크_40)

(6) 저장하기

1) 크랭크 길이 25인 요동 슬라이더 크랭크 기구 저장하기

① 저장 도구(💾)에서 "다른 이름으로 저장하기"를 클릭한다.
② 저장할 디렉토리를 정하고 파일이름을 "요동 슬라이더 크랭크_25 기구"로 한다.
③ 저장 버튼을 클릭한다.

2) 크랭크 길이 35인 요동 슬라이더 크랭크 기구 저장하기

① 저장 도구(💾)에서 "다른 이름으로 저장하기"를 클릭한다.
② 저장할 디렉토리를 정하고 파일이름을 "요동 슬라이더 크랭크_35 기구"로 한다.
③ 저장 버튼을 클릭한다.

3) 크랭크 길이 40인 요동 슬라이더 크랭크 기구 저장하기

① 저장 도구(💾)에서 "다른 이름으로 저장하기"를 클릭한다.
② 저장할 디렉토리를 정하고 파일이름을 "요동 슬라이더 크랭크_40 기구"로 한다.
③ 저장 버튼을 클릭한다.

2.5.3 기구 모션 시뮬레이션

(1) 모션 조건 설정

1) 모터 설정

① 링크B(크랭크)에 구동을 주기 위해 모델 탭 옆의 모션 스터디 탭을 클릭한다.
② 구동을 위한 모터를 선택한다.
③ 모터 유형을 원형 모터로 선택한다.
④ 부품/방향에서 모터 위치는 그림 2-2-41과 같이 링크B를 클릭한다.
⑤ 확인을 클릭한다.

그림 2-2-41 모터 위치와 모터 방향 설정 모습

2) 모션 설정

① 모션은 모터 속성 창의 모션 설정에서 "정속"을 선택한다.

② 링크B가 5초에 100rpm으로 구동하도록 한다.

③ 확인을 클릭한다.

3) 모션 스터디 계산하기

① 모션 해석 탭으로 설정한다.

② 모션 스터디 계산하기 아이콘을 클릭하여 설정된 모터의 구동 조건을 계산한다.

③ 계산과 동시에 기구의 구동을 확인한다.

(2) 시뮬레이션 결과

1) 링크B 길이 25㎜의 링크D 선형 변위 시뮬레이션 결과

① "결과와 플롯" 버튼을 클릭하여 그래프의 속성을 입력한다.

② 링크B(크랭크)의 100rpm에 대한 링크D(피스톤)의 모션 해석 결과는 그림 2-2-42와 같다.

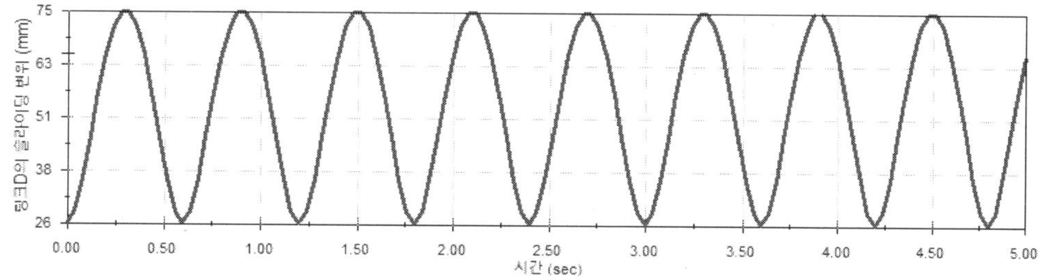

(a) 링크D의 슬라이딩 변위

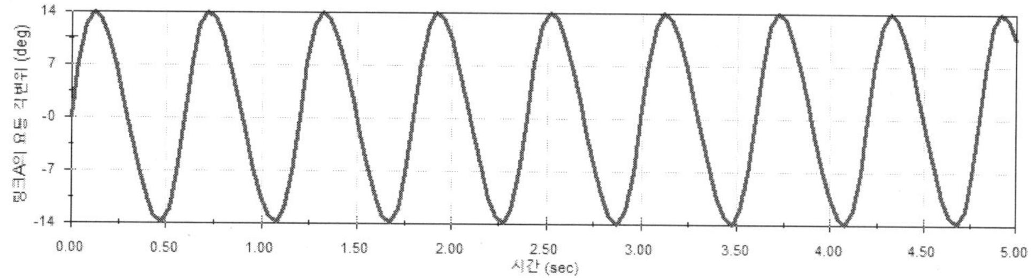

(b) 링크A의 요동 각 변위

그림 2-2-42 링크A의 선형 변위 그래프 결과 모습

2) 링크B 길이 35㎜의 링크D 선형 변위 시뮬레이션 결과

① "결과와 플롯" 버튼을 클릭하여 그래프의 속성을 입력한다.

② 링크B(크랭크)의 100rpm에 대한 링크D(피스톤)의 모션 해석 결과는 그림 2-2-43과 같다.

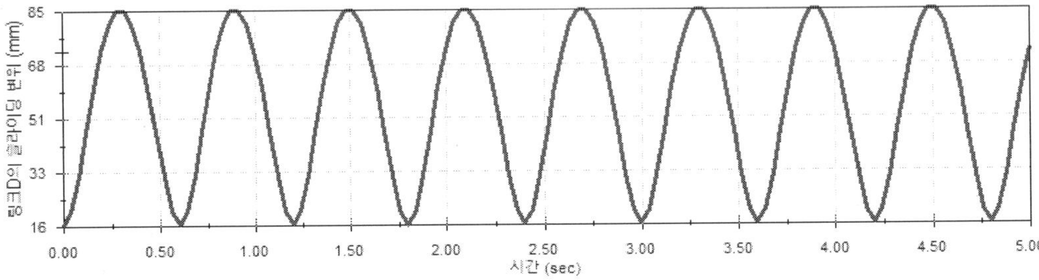

(a) 링크D의 슬라이딩 변위

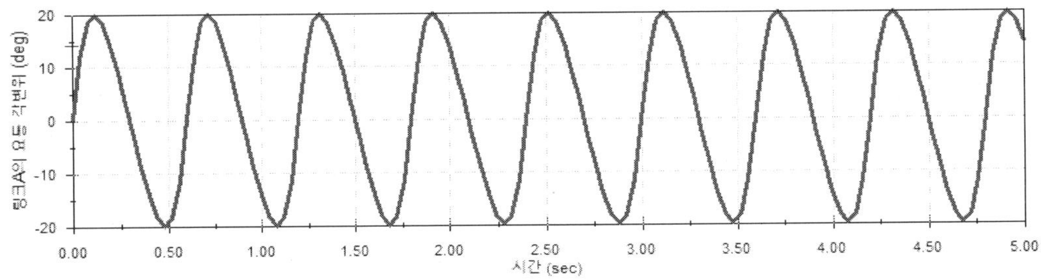

(b) 링크A의 요동 각 변위

그림 2-2-43 기구 시뮬레이션 그래프 결과

3) 링크B 길이 40㎜의 링크D 선형 변위 시뮬레이션 결과

① "결과와 플롯" 버튼을 클릭하여 그래프의 속성을 입력한다.

② 링크B(크랭크)의 100rpm에 대한 링크D(피스톤)의 모션 해석 결과는 그림 2-2-44와 같다.

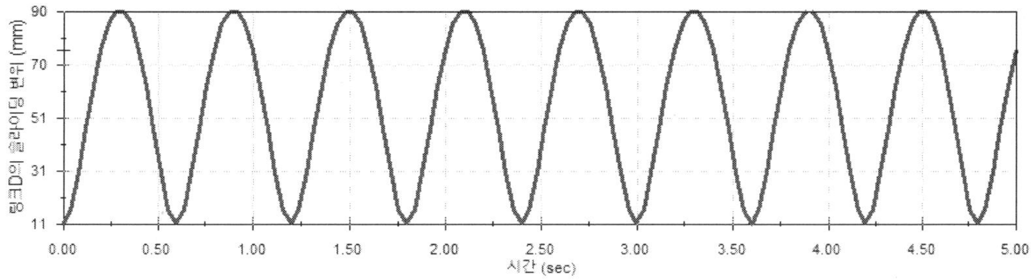

(a) 링크D의 슬라이딩 변위

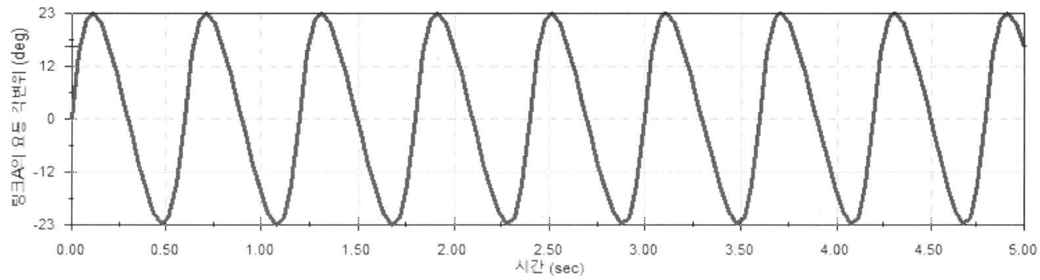

(b) 링크A의 요동 각 변위

그림 2-2-44 기구 시뮬레이션 그래프 결과

(3) 결과 고찰

크랭크 길이 25㎜에 대해 시뮬레이션 결과, 크랭크 링크의 100rpm에 대해 피스톤(링크D)이 링크A의 홈을 따라 직선 왕복운동을 하면서 링크A가 -14°에서 14°사이에서 요동운동을 하면서 링크D가 49㎜ 슬라이딩 운동을 하고 있는 것을 알 수 있다. 크랭크 길이 35㎜에 대해 시뮬레이션 결과, 크랭크 링크의 100rpm에 대해 피스톤(링크D)이 링크A의 홈을 따라 직선 왕복운동을 하면서 링크A가 -20°에서 20°사이에서 요동운동을 하면서 링크D가 69㎜ 슬라이딩 운동을 하고 있는 것을 알 수 있다. 크랭크 길이 40㎜에 대해 시뮬레이션 결과, 크랭크 링크의 100rpm에 대해 피스톤(링크D)이 링크A의 홈을 따라 직선 왕복운동을 하면서 링크A가 -23°에서 23°사이에서 요동운동을 하면서 링크D가 79㎜ 슬라이딩 운동을 하고 있는 것을 알 수 있다.

이상의 시뮬레이션 결과를 정리하면 크랭크(링크A)의 길이가 10㎜ 증가할 때마다 요동각은 6° 증가하고 링크A의 위를 링크D가 슬라이딩하는 변위는 20㎜증가하는 것을 알 수 있다. 한편 크랭크(링크A)의 길이가 5㎜ 증가하면 요동각은 3° 증가하고 링크A의 위를 링크D가 슬라이딩하는 변위는 10㎜증가하는 것을 알 수 있다. 따라서 링크의 길이에 따라 요동각과 슬라이딩 변위가 일정하게 변하는 것을 알 수 있으며 이 결과에 근거하여 설계하면 된다.

(4) 동영상 저장하기

1) 크랭크 길이 25인 요동 슬라이더 크랭크 기구 동영상 저장하기

① 모션 해석에서 저장 아이콘을 클릭한다.

② 동영상 설정 창이 나타난다.

③ 파일 이름을 "요동 슬라이더 크랭크 기구_25 동영상"으로 저장한다.

④ 비디오 압축 창이 나타나고 프레임 정보에서 초당 프레임을 25로 하고 저장을 누른다.

⑤ 압축 프로그램의 창이 나타나면 "전체 프레임(압축 안함)"을 선택하고 확인을 클릭한다.

⑥ 기구가 동작하면서 동영상으로 저장된다.

2) 크랭크 길이 35인 요동 슬라이더 크랭크 기구 동영상 저장하기

① 모션 해석에서 저장 아이콘을 클릭한다.

② 동영상 설정 창이 나타난다.

③ 파일 이름을 "요동 슬라이더 크랭크 기구_35 동영상"으로 저장한다.

④ 비디오 압축 창이 나타나고 프레임 정보에서 초당 프레임을 25로 하고 저장을 누른다.

⑤ 압축 프로그램의 창이 나타나면 "전체 프레임(압축 안함)"을 선택하고 확인을 클릭한다.

⑥ 기구가 동작하면서 동영상으로 저장된다.

3) 크랭크 길이 40인 요동 슬라이더 크랭크 기구 동영상 저장하기

① 모션 해석에서 저장 아이콘을 클릭한다.

② 동영상 설정 창이 나타난다.

③ 파일 이름을 "요동 슬라이더 크랭크 기구_40 동영상"으로 저장한다.

④ 비디오 압축 창이 나타나고 프레임 정보에서 초당 프레임을 25로 하고 저장을 누른다.

⑤ 압축 프로그램의 창이 나타나면 "전체 프레임(압축 안함)"을 선택하고 확인을 클릭한다.

⑥ 기구가 동작하면서 동영상으로 저장된다.

2.6 자율 평가 문제

이 자율평가의 목적은 앞에서 익힌 내용을 다 이해하고 평가 문제에 대해 자기 주도적으로 문제를 해결하고 숙지 정도를 확인하기 위함이다. 본인의 부족한 점에 대해 파악하는 태도를 기르고 부족하다면 다른 사람의 도움을 받거나 본인 스스로 앞의 내용을 더욱 자세히 학습하는 자기주도 학습에 목적이 있다.

그림 2-2-2의 왕복 슬라이더 크랭크 기구에서 최대 슬라이딩 거리가 60㎜이고 크랭크 길이가 r=30㎜, 연결봉의 길이가 l=1500㎜로 변경되었다고 하고 다음 문제를 해결하라.

문제 1

왕복 슬라이더 크랭크 기구를 생성하고 크랭크의 회전 속도가 100rpm일 때 이론적 최대 속도와 모션 해석 결과값을 비교하여 표 2-2-3의 빈칸을 채워라.

표 2-2-3 링크4의 길이 변화에 따른 요동각 분석

크랭크 회전수 (rpm)	이론적 최대 속도 (㎜/s)	시뮬레이션 최대 속도 (㎜/s)	오차
100	319.80		

문제 2

문제1에서 선정한 왕복 슬라이더 크랭크 기구의 링크 길이를 가지고 회전 슬라이더 크랭크 기구를 구성하고 시뮬레이션 결과를 고찰하라.

문제 3

문제1에서 선정한 왕복 슬라이더 크랭크 기구의 링크 길이를 가지고 요동 슬라이더 크랭크 기구를 구성하고 시뮬레이션 결과를 고찰하라.

위의 문제에 대해 부록의 답안과 비교하여 일치한 답을 했다면 앞의 내용을 완전히 이해했다고 판단되지만 틀린 부분이 있다면 그 원인을 반드시 찾도록 하는 것이 좋을 것입니다. 본인의 답이 맞다고 생각하면 일치하지 않아도 좋지만 그 이유를 반드시 적어보고 확실한지 다시 한 번 확인하기 바랍니다.

자율 평가 결과 점검표

학습자 성명 :	평가 날짜 :
평가 제목 : 슬라이더 크랭크 기구 설계	

	성취 수준		
	전혀 이해하지 못함	일부를 잘 모르겠음	완전히 하였음
• 왕복 슬라이더 크랭크 기구를 설계대로 구성하였다.			
• 왕복 슬라이더 크랭크 기구 시뮬레이션 결과를 시간에 따른 그래프로 나타내고 비교 고찰하였다.			
• 회전 슬라이더 크랭크 기구를 설계대로 구성하였다.			
• 회전 슬라이더 크랭크 기구 시뮬레이션 결과를 시간에 따른 그래프로 나타내고 비교 고찰하였다.			
• 요동 슬라이더 크랭크 기구를 설계대로 구성하였다.			
• 요동 슬라이더 크랭크 기구 시뮬레이션 결과를 시간에 따른 그래프로 나타내고 비교 고찰하였다.			

성취수준

위의 모든 항목에 대해 "완전히 하였음", 즉 완성도 100%로 답하여야 합니다. 만일 "전혀 이해하지 못함" 또는 "일부를 잘 모르겠음"에 답을 했다면 앞에서 학습한 내용을 다시 한 번 확인 하여 다시 수행하고 필요한 경우에는 교육자 또는 전문가와 상의하기 바랍니다.

제3장

2중 크랭크-레버 기구

3.1 문제

여러분이 기계공학을 전공한 전문가이며 특히 크랭크-레버 기구에 대한 전공자라고 하자. 한 회사에서 2중 크랭크-레버 기구를 대상으로 입력(크랭크)을 60Hz로 진동시킬 때 출력(종동 링크)이 2군데서 요동하는 기구를 설계해 달라고 하면 당신은 어떻게 해결할 것인가?

3.2 부품 준비

3.2.1 부품 사양 결정

(1) 설계 제한 조건

① 그림 2-3-1에서 4, 6 및 9번이 고정점이다.

② 그림 2-3-1에서 1, 2, 3, 4와 4, 3, 5, 6 및 6, 7, 8, 9는 모두 크랭크-레버 기구이다.

③ link_3_4와 link_3_5는 같다.

④ 그림 2-3-1에서 크랭크 link_1_2가 1회전하면 구동부인 link_3_4는 4번 고정점을 중심으로 1왕복(요동1), link_6_7은 6번 고정점을 중심으로 2왕복(요동2), link_9_10은 9번 고정점을 중심으로 4왕복(요동3)의 운동을 하는 기구이다. 여기서는 요동1의 각도만 고려하고 나머지 요동2와 요동3은 요동 각도에 관계없이 요동 운동만을

시뮬레이션 하는 것으로 한다.

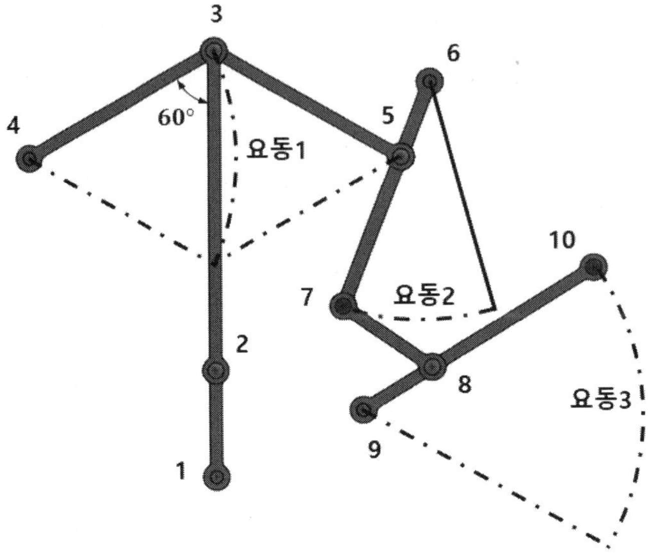

그림 2-3-1 2중 크랭크 레버 기구

(2) 결정 사양

① 크랭크 link_1_2의 길이는 40mm이다.

② 연결 링크 link_2_3의 길이는 120mm이다.

③ 고정 링크인 1번과 4번 사이 거리는 138.56mm이다.

④ 종동 링크 link_3_4의 요구 요동각을 60°으로 한다.

⑤ 종동 링크 link_3_4의 길이는 그라스호프의 정리에 의해 구한다.

- (link_1_2)+(link_2_3)<(link_3_4)+(link_1_4)로부터
  (link_3_4)>(link_1_2)+(link_2_3) -(link_1_4) = 21.44mm
- (link_1_2)+(link_3_4)<(link_2_3)+(link_1_4)로부터
  (link_3_4)<(link_2_3)+(link_1_4)-(link_1_2) = 118.56mm
- (link_1_2)+(link_1_4)<(link_2_3)+(link_3_4) 로부터
  (link_3_4)>(link_1_2)+(link_1_4)-(link_2_3) = 58.56mm

따라서 종동 링크(link_3_4)의 길이가 21.44 ~ 118.56mm의 범위 내에 있을 때 크랭크 (link_1_2)는 회전을 한다.

식 (2-1-2)에서 표현된 관계로부터 요동각을 60°로 하기 위해서는 레버와 크랭크 길이 비를 2정도로 할 필요가 있다. 따라서 (link_3_4)의 요구 요동각을 60°이므로 종동 링크(link_3_4) 길이는 그림 2-3-2에서 크랭크 link_1_2(40㎜)의 2배이므로 80㎜가 된다.

3.2.2 부품 형상모델링

(1) link_1_2

link_1_2의 형상 외형과 치수는 그림 2-3-2와 같다.

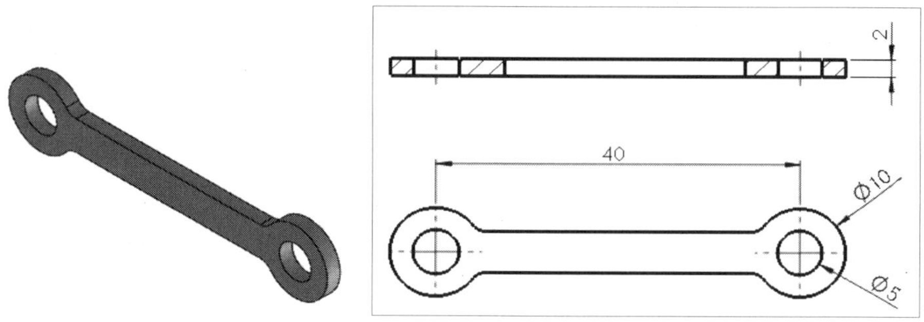

(a) 외형　　(b) 형상 치수

그림 2-3-2 link_1_2의 형상 정보

(2) link_2_3

link_2_3의 형상 외형과 치수는 그림 2-3-3과 같다.

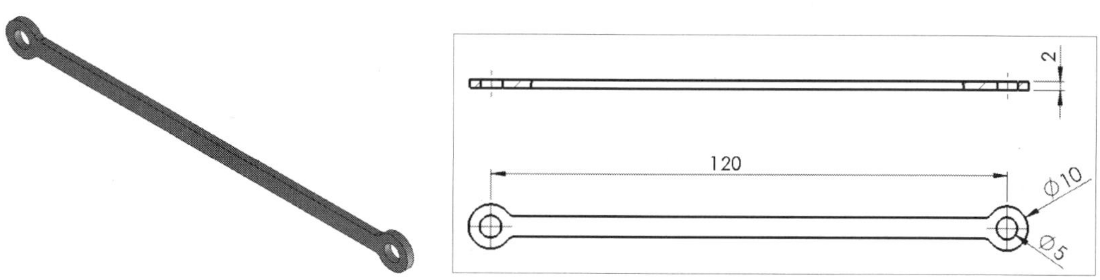

(a) 외형　　(b) 형상 치수

그림 2-3-3 link_2_3의 형상 정보

(3) link_3_4

링크_3_4의 형상 외형과 치수는 그림 2-3-4와 같다.

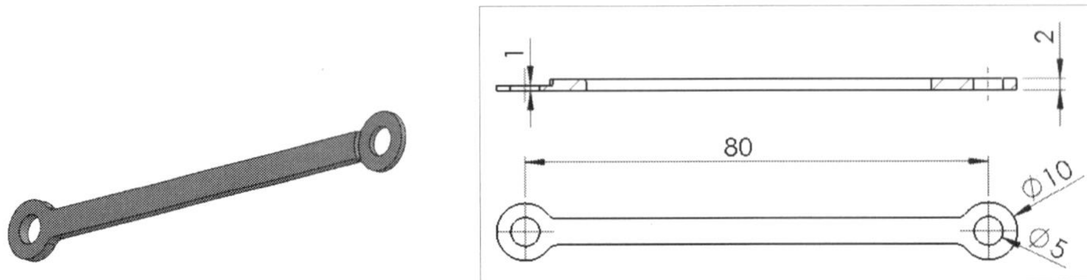

(a) 외형 (b) 형상 치수

그림 2-3-4 link_3_4의 형상 정보

(4) link_3_5

link_3_5의 형상 외형과 치수는 그림 2-3-5와 같다.

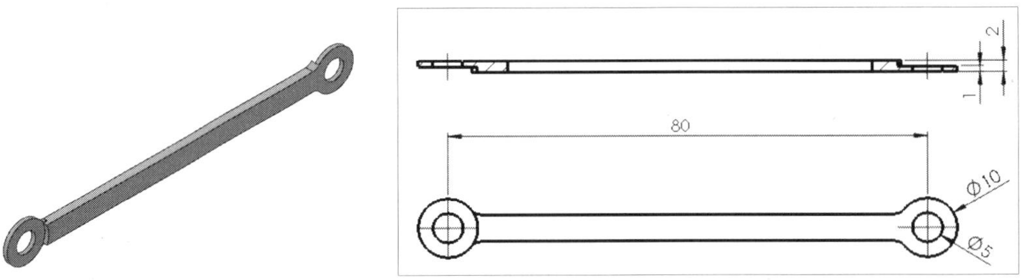

(a) 외형 (b) 형상 치수

그림 2-3-5 link_3_5의 형상 정보

(5) link_6_5_7

link_6_5_7의 형상 외형과 치수는 그림 2-3-6과 같다.

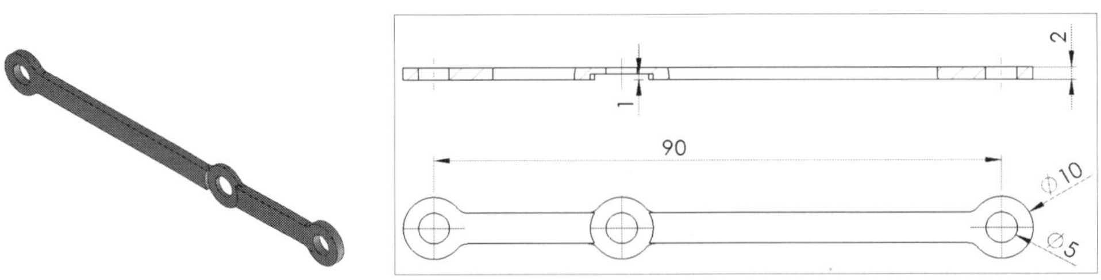

(a) 외형 (b) 형상 치수

그림 2-3-6 link_6_5_7의 형상 정보

(6) link_7_8

link_7_8의 형상 외형과 치수는 그림 2-3-7과 같다.

(a) 외형

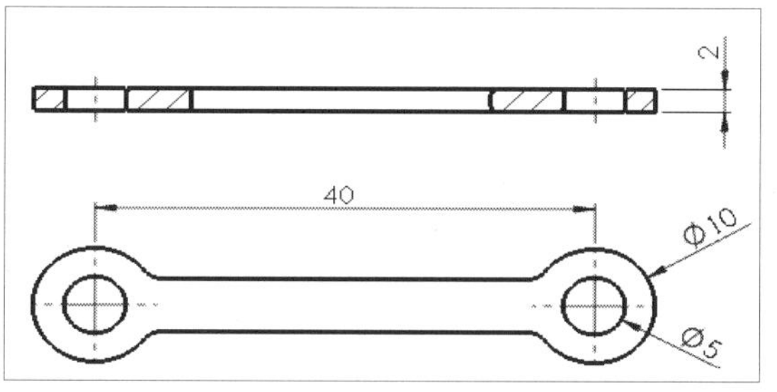

(b) 형상 치수

그림 2-3-7 link_7_8의 형상 정보

(7) link_9_8_10

link_9_8_10의 형상 외형과 치수는 그림 2-3-8과 같다.

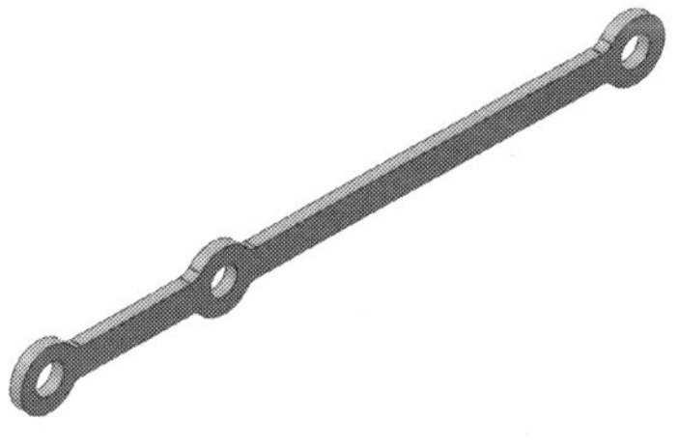

(a) 외형

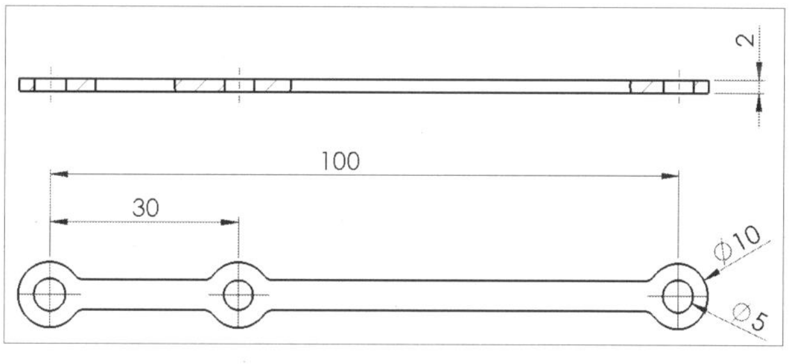

(b) 형상 치수

그림 2-3-8 link_9_8_10의 형상 정보

(8) 연결핀

연결핀 지름이 5㎜이고 길이가 4㎜인 원기둥이다.

3.3 기구 구성

3.3.1 부품 조립

(1) 3개의 기준 축 생성

고정핀을 고정하기 위해서는 먼저 고정할 고정점을 좌표 위에 생성해야 한다. 이를 위해 그림 2-3-9와 같이 3개의 기준축을 생성한다.

(2) 4개의 고정 핀의 조립

① 어셈블리 창의 찾아보기를 클릭한다.
② 해당 파일이 창에 있으면 더블 클릭하고 Drag & Drop으로 첫 번째 고정핀 부품을 어셈블리 창에 갖다 놓는다.
③ 마우스의 오른쪽 버튼을 눌러 메뉴가운데 "자유롭게 움직이기"를 선택한다.
④ 고정핀의 정면과 어셈블리 정면이 일치하도록 메이트 한다.
⑤ 고정핀의 우측면과 어셈블리 우측면이 일치하도록 메이트 한다.
⑥ 고정핀의 윗면과 어셈블리 윗면이 일치하도록 메이트 한다.
⑦ 다시 마우스의 오른쪽 버튼을 눌러 메뉴가운데 "고정"을 선택한다.
⑧ 두 번째 고정핀을 부품 삽입한다.
⑨ 기준축1과 고정핀 중심축이 일치하도록 메이트 한다.
⑩ 고정핀의 밑면과 어셈블리 정면이 일치하도록 메이트 한다.
⑪ 마우스의 오른쪽 버튼을 눌러 메뉴가운데 "고정"을 선택한다.
⑫ 세 번째 및 네 번째 고정핀은 각각 기준축2 및 기준축3과 고정핀의 중심축과 일치하도록 메이트 한다.
⑬ 세 번째 및 네 번째 고정핀의 밑면과 어셈블리 정면이 각각 일치하도록 메이트 한다.
⑭ 세 번째 및 네 번째 고정핀 역시 마우스의 오른쪽 버튼을 눌러 메뉴가운데 "고정"을 선택한다(그림 2-3-10).

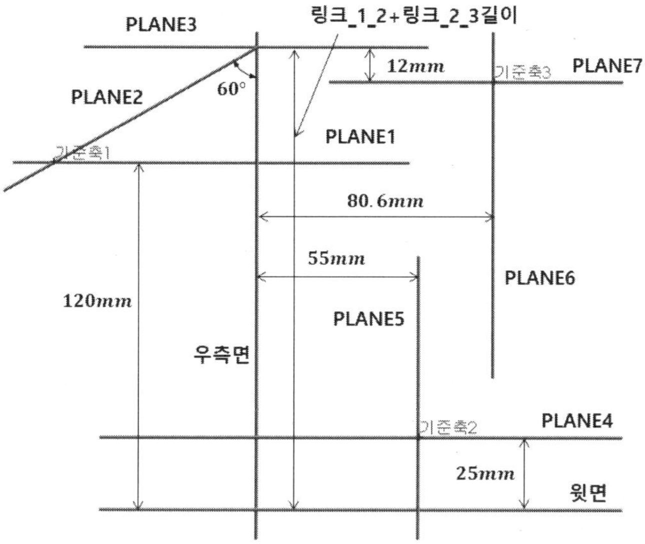

그림 2-3-9 고정점 생성을 위한 3개의 기준축 생성

그림 2-3-10 고정 핀의 조립 결과

(3) 크랭크 링크 link_1_2의 조립

① 크랭크 link_1_2를 부품 삽입한다.

② 크랭크 링크가 회전 운동을 할 수 있도록 크랭크 링크의 조립 원통면과 고정핀의 조립 원통면에 대해 동심으로 메이트 한다.

③ 크랭크 링크의 밑면이 고정핀의 밑면이 일치하도록 메이트 한다.

④ 크랭크 링크가 회전이 제대로 되는지 체크를 하고 확인을 누른다(그림 2-3-11).

그림 2-3-11 크랭크 링크의 조립 모습

(4) 링크 link_2_3의 조립

① 링크 link_2_3을 부품 삽입한다.

② 링크 link_2_3이 회전 운동을 할 수 있도록 링크 link_2_3의 조립 구멍면과 링크 link_1_2의 조립 구멍면에 대해 동심으로 메이트 한다.

③ 링크 link_2_3의 밑면이 링크 link_1_2의 윗면과 일치하도록 메이트 한다.

④ 확인을 누른다(그림 2-3-12).

(5) 링크 link_3_4의 조립

① 링크 link_3_4를 부품 삽입한다.

② 링크 link_3_4가 운동을 할 수 있도록 고정 핀의 기준축1과 링크 link_3_4의 중심축에 대해 일치로 메이트 한다.

③ 링크 link_3_4의 밑면과 고정 핀의 밑면이 일치하도록 메이트 한다.

④ 링크 link_2_3의 조립 구멍 면과 링크 link_3_4의 조립 구멍 면에 대해 동심으로 메이트 한다.

⑤ 링크 link_2_3의 밑면과 링크 link_3_4의 윗면에 대해 일치로 메이트 한다.

⑥ 확인을 누른다(그림 2-3-13).

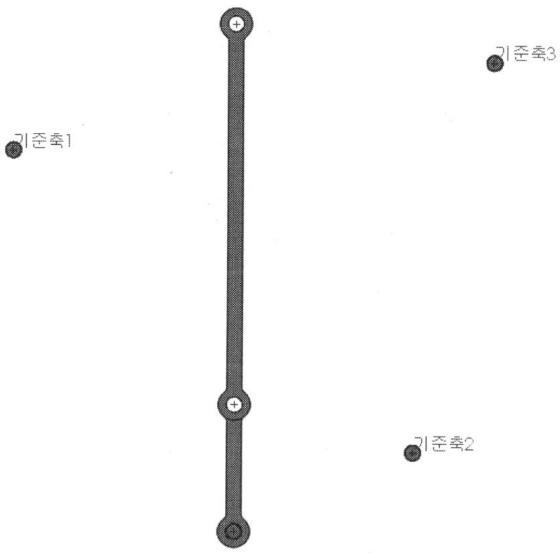

그림 2-3-12 link_2_3의 조립 모습

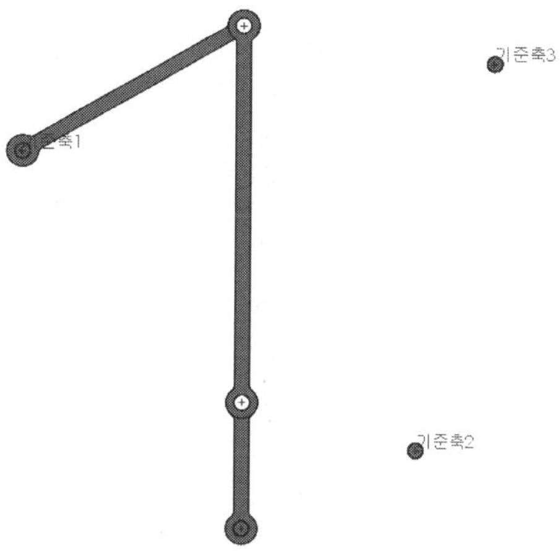

그림 2-3-13 link_3_4의 조립 모습

(6) 링크 link_3_5의 조립

① 링크 link_3_5를 부품 삽입한다.

② 링크 link_3_5의 조립 구멍면과 링크 link_3_4의 조립 구멍 면에 대해 동심으로 메이트 한다.

③ 링크 link_3_5의 윗면과 링크 link_3_4의 밑면에 대해 일치로 메이트 한다.

④ 확인을 누른다(그림 2-3-14).

(7) 링크 link_6_5_7의 조립

① 링크 link_6_5_7을 부품 삽입한다.

② 링크 link_6_5_7이 운동을 할 수 있도록 고정 핀의 기준 축3과 링크 link_6_5_7의 중심축에 대해 일치로 메이트 한다.

③ 링크 link_6_5_7의 밑면과 고정 핀의 밑면이 일치하도록 메이트 한다.

④ 링크 link_6_5_7의 가운데 조립 구멍 면과 링크 link_3_5의 조립 구멍 면에 대해 동심으로 메이트 한다.

⑤ 링크 link_6_5_7의 윗면과 링크 link_3_5의 밑면에 대해 일치로 메이트 한다.

⑥ 확인을 누른다(그림 2-3-15).

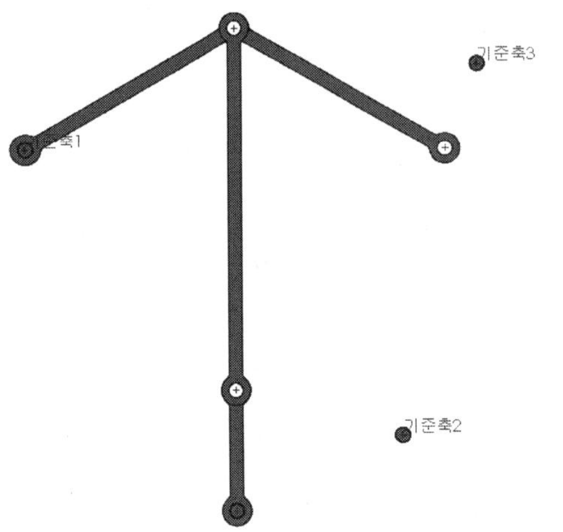

그림 2-3-14 link_3_5의 조립 모습

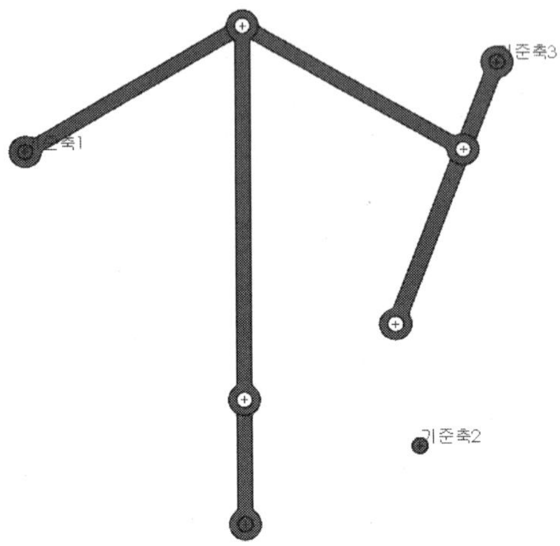

그림 2-3-15 link_6_5_7의 조립 모습

(8) 링크 link_7_8의 조립

① 링크 link_7_8을 부품 삽입한다.

② 링크 link_7_8의 조립 구멍 면과 링크 link_6_5_7의 조립 구멍 면에 대해 동심으로 메이트 한다.

③ 링크 link_7_8의 윗면과 링크 link_6_5_7의 밑면에 대해 일치로 메이트 한다.

④ 확인을 누른다(그림 2-3-16).

(9) 링크 link_9_8_10 조립

① 링크 link_9_8_10을 부품 삽입한다.

② 링크 link_9_8_10이 운동을 할 수 있도록 고정 핀의 기준 축2와 링크 link_7_8의 중심축에 대해 일치로 메이트 한다.

③ 링크 link_9_8_10의 밑면과 고정 핀의 밑면이 일치하도록 메이트 한다.

④ 링크 link_9_8_10의 조립 구멍 면과 링크 link_7_8의 조립 구멍 면에 대해 동심으로 메이트 한다.

⑤ 링크 link_9_8_10의 윗면과 링크 link_7_8의 밑면에 대해 일치로 메이트 한다.

⑥ 확인을 누른다(그림 2-3-17).

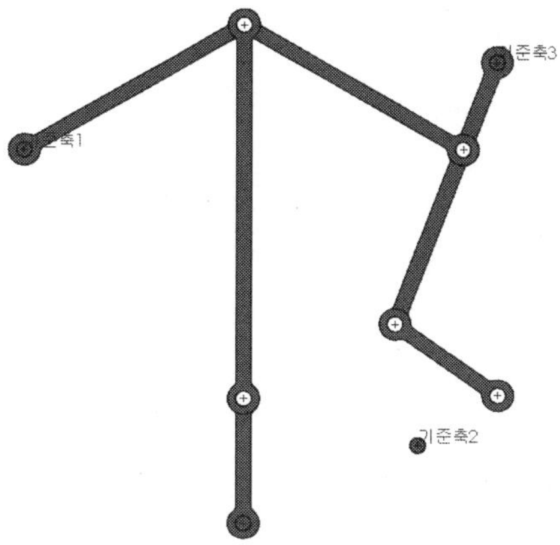

그림 2-3-16 link_7_8의 조립 모습

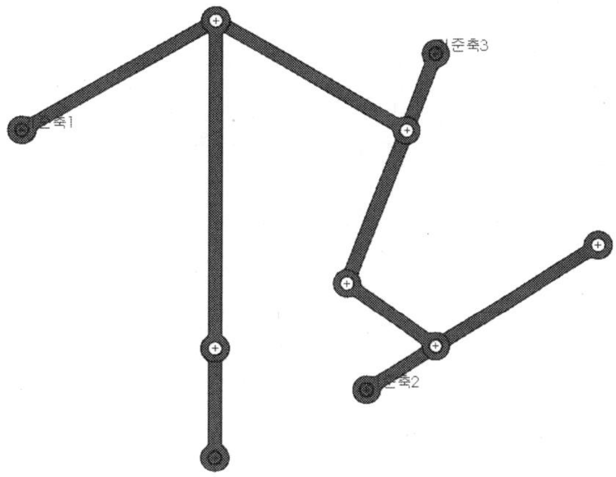

그림 2-3-17 link_9_8_10의 조립 모습

(10) 연결핀의 조립

① 연결핀을 부품 삽입한다.

② 연결핀의 조립 원통 면과 링크 link_1_2와 링크 link_2_3의 조립 구멍 면에 대해 동심으로 메이트 한다.

③ 연결핀의 밑면과 링크 link_2_3의 밑면에 대해 일치로 메이트 한다.

④ 링크 link_2_3과 링크 link_3_4의 조립 구멍 면, 링크 link_6_5_7과 링크 link_3_5의 조립 구멍 면, 링크 link_6_5_7과 링크 link_7_8의 조립 구멍 면 및 링크 link_9_8_10과 링크 link_7_8의 조립 구멍 면에 대해 연결핀을 ②와 ③의 과정으로 조립한다.

⑤ 확인을 누른다(그림 2-3-18).

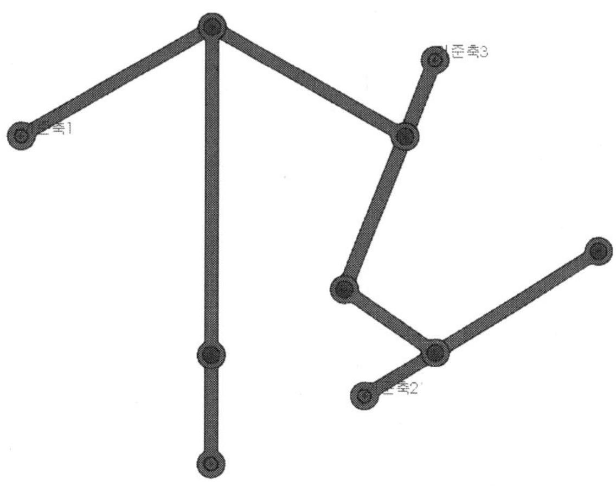

그림 2-3-18 연결핀의 조립 모습

3.3.2 초기 위치 설정

① 크랭크 링크와 연결 링크가 상사점에서 출발하는 것으로 한다.

② 따라서 크랭크 링크와 연결 링크를 그림 2-3-19와 같이 크랭크 링크의 윗면과 연결 링크의 윗면이 일치하도록 표준 메이트에서 일치로 하고 옵션에서 "위치 배치에만"을 체크한다.

③ 메이트를 벗어난다.

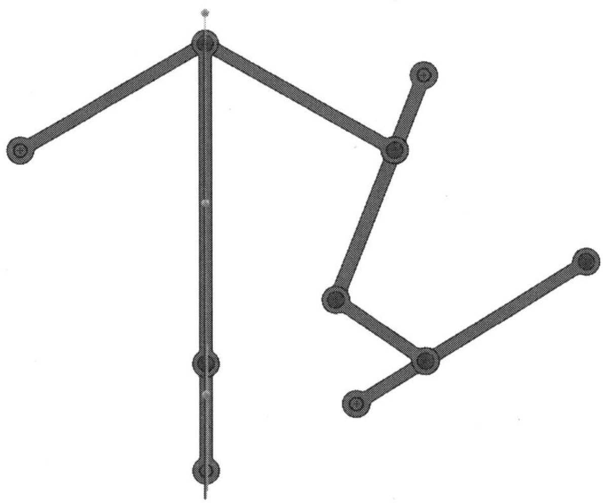

그림 2-3-19 초기위치 설정 모습

3.3.3 기구 저장하기

① 풀다운 메뉴에서 저장 도구( )에서 "다른 이름으로 저장하기"를 클릭한다.

② 저장할 디렉토리를 정하고 파일이름을 "2중 크랭크 레버 기구"로 한다.

③ 저장 버튼을 클릭한다.

3.4 기구 모션 시뮬레이션

3.4.1 모션 조건 설정

크랭크 링크가 1회전 하면 종동 링크가 60° 요동해야 하므로 과연 크랭크 링크의 1회전에 따라 종동 링크의 60° 요동을 체크하기 위해 모터의 설정부터 기구의 운동까지 그 과정과 결과를 알아보기로 한다.

(1) 모터 설정

① 크랭크 링크에 구동을 주기 위해 모델 탭 옆의 모션 스터디 탭을 클릭한다.

② 구동을 위한 모터를 선택한다.

③ 모터 유형을 원형 모터로 선택한다.

④ 부품/방향에서 모터 위치는 원형 구동을 위해 그림 2-3-20과 같이 크랭크 링크 _1_2의 윗면을 클릭한다.

⑤ 확인을 클릭한다.

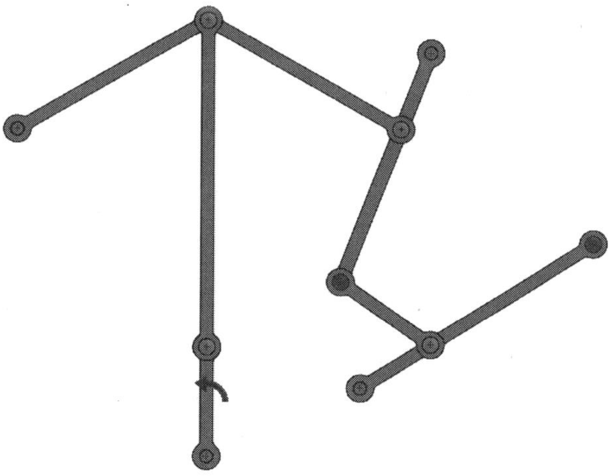

그림 2-3-20 모터 위치와 모터 방향 설정 모습

(2) 모션 설정

① 모션은 모터 속성 창의 모션 설정에서 "방정식"을 선택한다.

② 방정식을 클릭하면 함수 작성기 창이 나타난다.

③ 함수는 ABS()로 하고 크랭크 링크 link_1_2가 10초에 1회 구동하도록 하려면 방정식은 36*ABS(time)로 한다.

④ 확인을 클릭한다.

(3) 모션 스터디 계산하기

① 모션 해석 탭으로 설정한다.

② 모션스터디 계산하기 아이콘을 클릭하여 설정된 모터의 구동 조건을 계산한다.

③ 계산과 동시에 기구의 구동을 확인한다.

3.4.2 시뮬레이션 결과

(1) link_3_4의 운동 시뮬레이션 결과

① "결과와 플롯" 버튼을 클릭하여 그래프의 속성을 입력한다.

② 크랭크 링크의 구동에 대한 운동 링크의 각 변위 모션 해석 결과는 그림 2-3-21 (a)과 같다.

(2) link_6_7의 운동 시뮬레이션 결과

① "결과와 플롯" 버튼을 클릭하여 그래프의 속성을 입력한다.

② 크랭크 링크의 구동에 대한 운동 링크의 각 변위 모션 해석 결과는 그림 2-3-21 (b)와 같다.

(3) link_9_10의 운동 시뮬레이션 결과

① "결과와 플롯" 버튼을 클릭하여 그래프의 속성을 입력한다.

② 그래프 속성을 입력한다.

③ 크랭크 링크의 구동에 대한 운동 링크의 각 변위 모션 해석 결과는 그림 2-3-21 (c)와 같다.

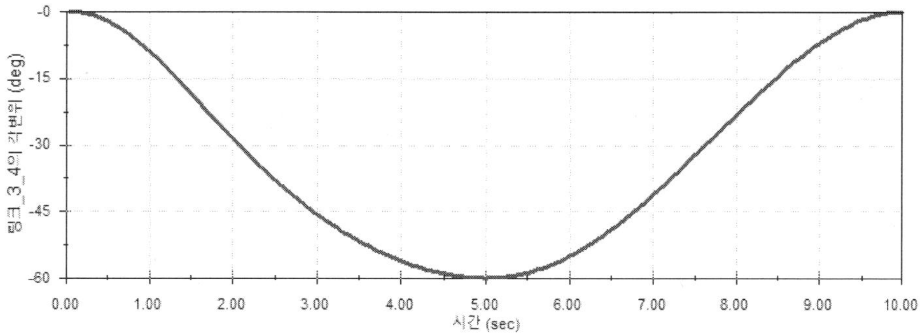

(a) 링크_3_4의 각 변위 그래프 결과 모습

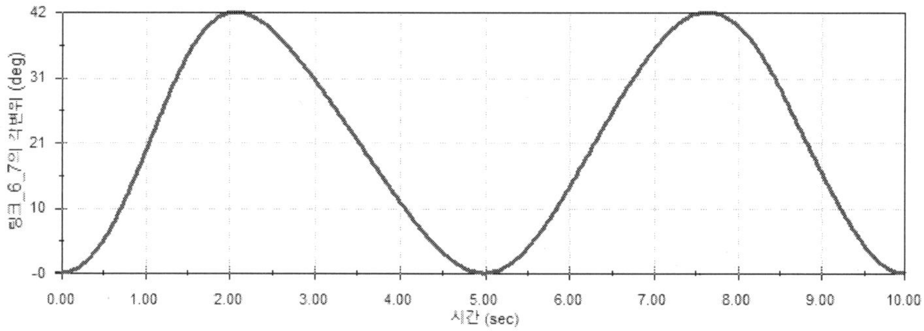

(b) 링크_6_7의 각 변위 그래프 결과 모습

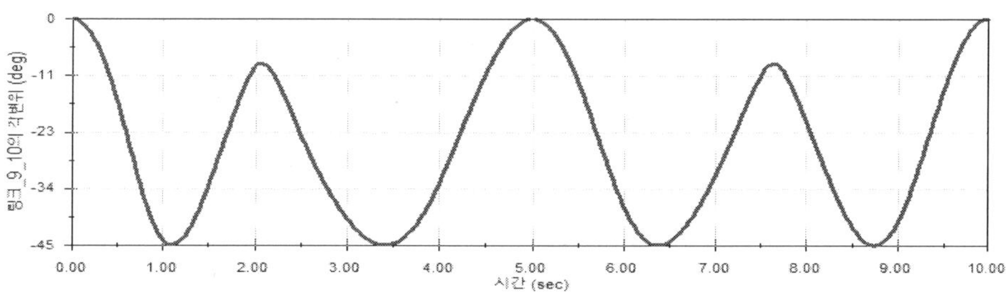

(c) 링크_9_10의 각 변위 그래프 결과 모습

그림 2-3-21 운동(종동) 링크의 각 변위 그래프 결과 모습

3.4.3 결과 고찰

링크_3_4의 시뮬레이션 결과는 그림 2-3-21 (a)과 같으며 이 그래프를 통해 크랭크 링크의 1회전에 대해 링크_3_4는 60°의 요동 운동을 하고 있는 것으로 나타났다.

링크_6_7의 시뮬레이션 결과는 그림 2-3-21 (b)와 같으며 이 그래프를 통해 크랭크 링크의 1회전에 대해 링크_6_7은 42°의 2요동 운동을 하고 있는 것으로 나타났다.

한편 링크_9_10의 시뮬레이션 결과는 그림 2-3-21 (c)와 같으며 이 그래프를 통해 크랭크 링크의 1회전에 대해 링크_9_10은 불안하지만 45°의 4요동 운동을 하고 있는 것으로 나타났다.

따라서 크랭크의 1회전에 따라 레버가 2중으로 동작하고 최종 링크 레버가 4요동을 하는 2중 크랭크 기구임이 확실하므로 설계가 올바르다고 할 수 있다.

3.4.4 동영상 저장하기

① 모션 해석에서 저장 아이콘을 클릭한다.

② 동영상 설정 창이 나타난다.

③ 파일 이름을 "2중 크랭크 레버 기구 동영상"으로 저장한다.

④ 비디오 압축 창이 나타나고 프레임 정보에서 초당 프레임을 25로 하고 저장을 누른다.

⑤ 압축 프로그램의 창이 나타나면 "전체 프레임(압축 안함)"을 선택하고 확인을 클릭한다.

⑥ 기구가 동작하면서 동영상으로 저장된다.

3.5 자율 평가 문제

이 자율평가의 목적은 앞에서 익힌 내용을 다 이해하고 평가 문제에 대해 자기 주도적으로 문제를 해결하고 숙지 정도를 확인하기 위함이다. 본인의 부족한 점에 대해 파악하는 태도를 기르고 부족하다면 다른 사람의 도움을 받거나 본인 스스로 앞의 내용을 더욱 자세히 학습하는 자기주도 학습에 목적이 있다.

그림 2-3-1의 2중 크랭크 레버 기구에서 각 링크 길이가 다음과 같이 변경되었다고 하고 다음 문제를 해결하라.

변경 조건 사항

- 크랭크 link_1_2의 길이는 40㎜이다.
- 연결 링크 link_2_3의 길이는 150㎜이다.
- 종동 링크 link_3_4의 요구 요동각을 60°으로 한다.

문제 1

2중 크랭크 레버 기구를 구성하고 크랭크 링크 link_1_2가 10초에 1회 구동하도록 할 때 모션 해석 결과값을 고찰하라.

문제 2

문제1의 2중 크랭크 레버 기구의 동영상을 제작하라.

위의 문제에 대해 부록의 답안과 비교하여 일치한 답을 했다면 앞의 내용을 완전히 이해했다고 판단되지만 틀린 부분이 있다면 그 원인을 반드시 찾도록 하는 것이 좋을 것입니다. 본인의 답이 맞다고 생각하면 일치하지 않아도 좋지만 그 이유를 반드시 적어보고 확실한지 다시 한 번 확인하기 바랍니다.

자율 평가 결과 점검표

학습자 성명 :	평가 날짜 :
평가 제목 : 2중 크랭크 레버 기구 설계	

	성취 수준		
	전혀 이해하지 못함	일부를 잘 모르겠음	완전히 하였음
• 2중 크랭크 레버 기구를 설계대로 구성하였다.			
• 2중 크랭크 레버 기구에 대해 모터 설정 및 모션 결정을 하였다.			
• 2중 크랭크 레버 기구에 대한 시뮬레이션 결과를 시간에 따른 그래프로 나타내었다.			
• 2중 크랭크 레버 기구에 대한 시뮬레이션 결과에 따른 기구 검증을 하였다.			
• 2중 크랭크 레버 기구에 대한 동영상을 제작하였다.			

성취수준

위의 모든 항목에 대해 “완전히 하였음”, 즉 완성도 100%로 답하여야 합니다. 만일 “전혀 이해하지 못함” 또는 “일부를 잘 모르겠음”에 답을 했다면 앞에서 학습한 내용을 다시 한 번 확인 하여 다시 수행하고 필요한 경우에는 교육자 또는 전문가와 상의하기 바랍니다.

제4장

왕복 양 슬라이더 크랭크 기구

4.1 문제

스코치 요크(scotch yoke)를 만드는 회사에서 여러분에게 스코치 요크의 기본이 되는 왕복 양 슬라이더 크랭크 기구를 대상으로 일반인에게 이 기구의 작동 원리에 대해 설명할 수 있는 동영상을 만들어 달라고 하면 당신은 어떻게 해결할 것인가?

4.2 부품 준비

4.2.1 부품 사양 결정

(1) 이론적 고찰

① 그림 2-4-1에서 크랭크 2의 반지름을 r로 한다.

② 그림 2-4-1에서 회전각을 θ로 한다.

③ 그림 2-4-1에서 슬라이더 4의 변위를 s로 한다. 즉, $EF = s$

④ 그림 2-4-1에서 E는 슬라이더의 중심선의 교점이고 F는 $\theta = 0$인 경우의 E의 위치이다.

⑤ $\triangle ABE$에 있어서 $\angle ABE$는 $\alpha - \theta$이므로 이것으로부터 $AE : \sin(\alpha - \theta) = r : \sin\alpha$이다. 따라서 슬라이더의 변위, 속도는 다음과 같다.

$$s = EF = r - AE = r\left(1 - \frac{\sin(\alpha - \theta)}{\sin\alpha}\right) \tag{2-4-1}$$

$$v = \frac{ds}{dt} = \frac{r\omega}{\sin\alpha}\cos(\alpha - \theta) \tag{2-4-2}$$

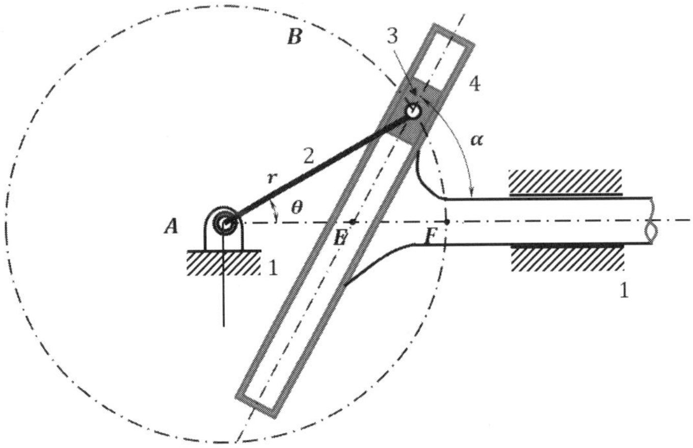

그림 2-4-1 왕복 양 슬라이더 크랭크 기구

(2) 설계 제한 조건

① 크랭크의 길이는 20㎜, 30㎜, 50㎜의 3가지로 한다.

② 크랭크의 각속도는 30rpm으로 통일한다.

③ 슬라이더4의 행정(s)은 이론적으로 $\theta = 0$일 때 $s = 0$이고, $\theta = 180$일 때 $s = 2r$이다. 즉, 크랭크의 반지름이 20㎜, 30㎜, 50㎜일 때 슬라이더4의 행정(s)은 각각 40㎜, 60㎜, 100㎜이다.

④ 최대 속도는 이론적으로 $\frac{dv}{dt} = 0$으로 놓으면 되므로 $\sin(\alpha - \theta) = 0$으로부터 $\alpha - \theta = 0°$또는 -180°이다. 즉, $\theta = \alpha$ 또는 $\alpha + 180$이므로 식 (2-4-2)로부터 각각 72.51㎜/s, 108.77㎜/s, 181.28㎜/s이다.

4.2.2 부품 형상모델링

(1) 크랭크

링크B의 형상정보는 그림 2-4-2와 같으며 도면의 치수대로 파트 모델링 하고 파일 이름을 "링크B"로 한다. 크랭크의 길이는 20mm를 기본으로 30mm, 50mm의 3가지로 한다.

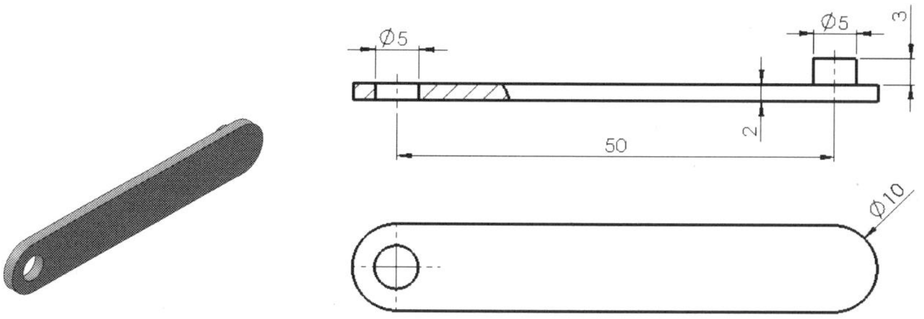

(a) 외관

(b) 형상 치수

그림 2-4-2 크랭크의 형상 정보(크랭크의 길이 50mm의 경우)

(2) 슬라이더 링크4

링크4의 형상정보는 그림 2-4-3과 같으며 도면의 치수대로 파트 모델링 하고 파일 이름을 "링크4"로 한다.

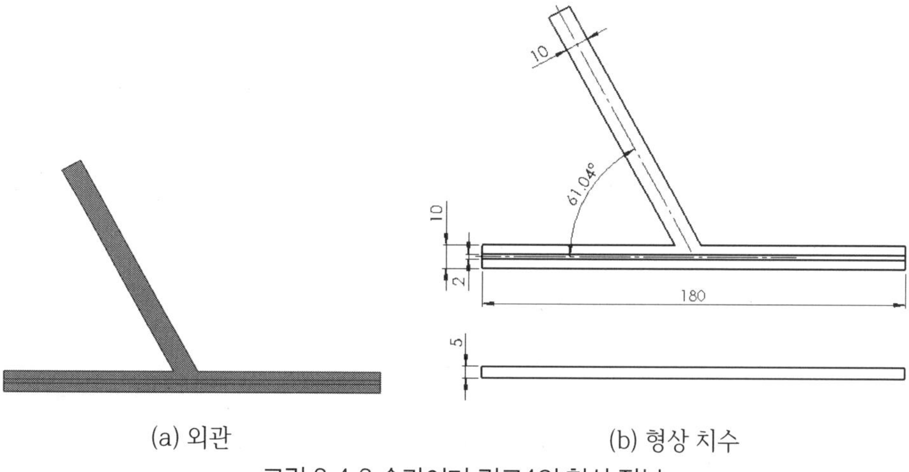

(a) 외관

(b) 형상 치수

그림 2-4-3 슬라이더 링크4의 형상 정보

(3) 슬라이더

슬라이더의 형상정보는 그림 2-4-4와 같으며 도면의 치수대로 파트 모델링 하고 파일 이름을 "슬라이더"로 한다.

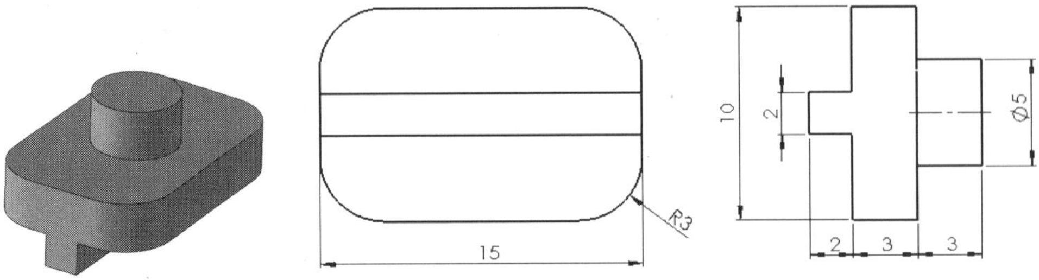

(a) 외관 (b) 형상 치수

그림 2-4-4 슬라이더의 형상 정보

4.3 기구 구성

4.3.1 부품 조립

(1) 기준 축 생성

슬라이더가 고정축과 나란하게 슬라이딩하기 위해 어셈블리 정면과 윗면이 교차는 기준 축을 생성한다.

(2) 고정 축의 조립

① 어셈블리 창의 찾아보기를 클릭한다.

② 해당 파일이 창에 있으면 더블 클릭하고 Drag & Drop으로 고정 축 부품을 어셈블리 창에 갖다 놓는다.

③ 마우스의 오른쪽 버튼을 눌러 메뉴가운데 "자유롭게 움직이기"를 선택한다.

④ 고정 축의 정면과 어셈블리 정면이 일치하도록 메이트 한다.

⑤ 고정 축의 우측면과 어셈블리 우측면이 일치하도록 메이트 한다.

⑥ 고정 축의 윗면과 어셈블리 윗면이 일치하도록 메이트 한다.

(3) 크랭크_50의 조립

① 크랭크_50를 부품 삽입한다.

② 크랭크_50가 회전 운동을 할 수 있도록 크랭크의 조립 원통면과 고정 축의 조립 구멍면에 대해 동심으로 메이트 한다.

③ 크랭크_50의 형상 밑면과 고정 축의 형상 밑면이 일치하도록 메이트 한다.

④ 크랭크_50가 회전이 제대로 되는지 체크를 하고 확인을 누른다(그림 2-4-5).

그림 2-4-5 크랭크_50의 조립 모습

(4) 링크4의 조립

① 링크4를 부품 삽입한다.

② 링크4가 슬라이딩 운동을 할 수 있도록 어셈블리 기준축1과 링크4의 기준축1이 일치하도록 메이트 한다.

③ 링크4가 슬라이딩 운동이 제대로 되는지 체크를 하고 확인을 누른다(그림 2-4-6).

(5) 슬라이더의 조립

① 슬라이더를 부품 삽입한다.

② 슬라이더의 볼록 원통면과 크랭크_50의 구멍면이 동심이 되도록 매이트 한다.

③ 슬라이더가 링크4의 홈에 일치하도록 슬라이더의 볼록 형상 옆면과 링크4의 홈 형상 옆면을 일치 메이트한다.

④ 슬라이더가 링크4의 홈의 밑면에 일치하여 슬라이딩 하도록 슬라이더의 볼록 형상 밑면과 링크4의 홈 형상 밑면을 일치 메이트한다.

⑤ 슬라이더가 링크4의 홈에 일치하여 슬라이딩 하며 링크4가 어셈블리 기준축1을 따라 슬라이딩이 제대로 되는지 체크를 하고 확인을 누른다(그림 2-4-6).

(6) 초기 위치 설정

① 크랭크가 슬라이더 링크4의 기운 각과 일치하는 지점에서 출발하는 것으로 한다.

② 따라서 크랭크의 윗면과 슬라이더 링크4의 기운 평면이 일치하도록 표준 메이트에서 일치로 하고 옵션에서 “위치 배치에만”을 체크한다(그림 2-4-7).

③ 메이트를 벗어난다.

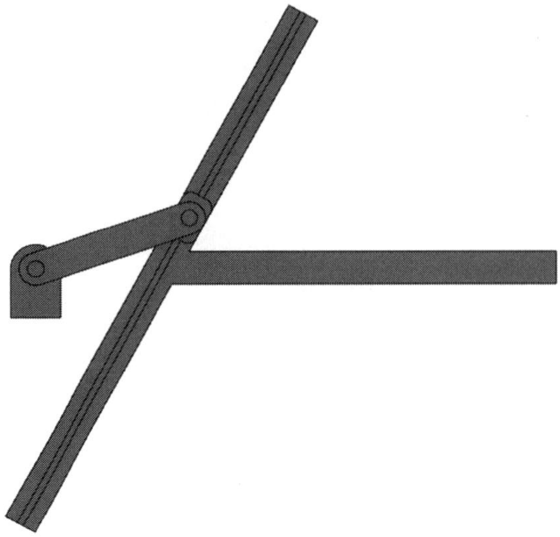

그림 2-4-6 최종 조립 모습

4.3.2 기구 저장하기

① 저장 도구(💾)에서 "다른 이름으로 저장하기"를 클릭한다.

② 저장할 디렉토리를 정하고 파일이름을 "왕복 양 슬라이더 크랭크 기구"로 한다.

③ 저장 버튼을 클릭한다.

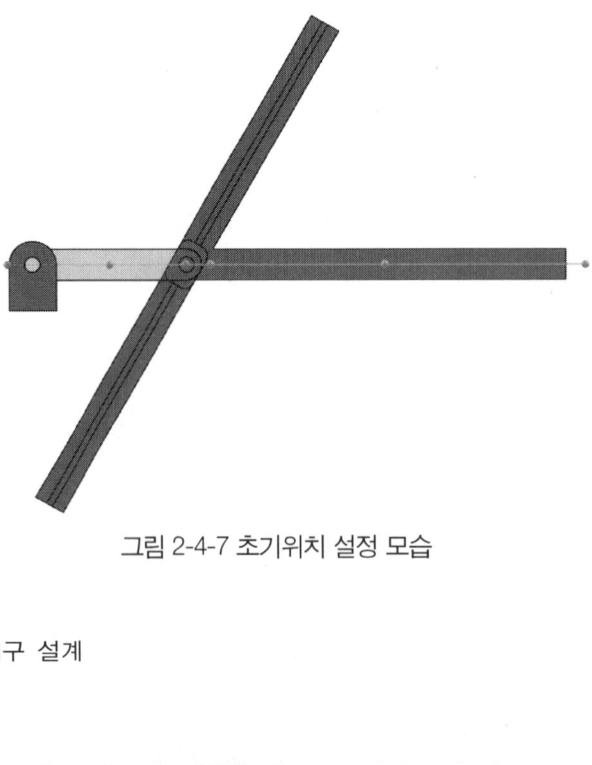

그림 2-4-7 초기위치 설정 모습

4.4 기구 모션 시뮬레이션

4.4.1 모션 조건 설정

(1) 모터 설정

① 크랭크 링크에 구동을 주기 위해 모델 탭 옆의 모션 스터디 탭을 클릭한다.

② 구동을 위한 모터를 선택한다.

③ 모터 유형을 원형 모터로 선택한다.

④ 부품/방향에서 모터 위치는 원형 구동을 위해 그림 2-4-8과 같이 크랭크 링크의 형상 윗면을 클릭한다.

⑤ 확인을 클릭한다.

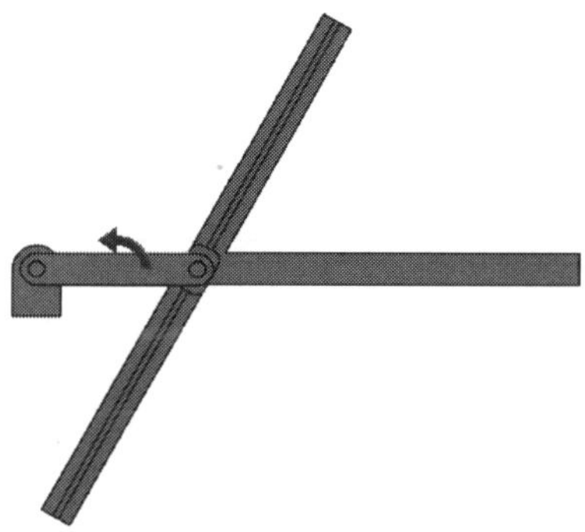

그림 2-4-8 모터 위치와 모터 방향 설정 모습

(2) 모션 설정

① 모션은 모터 속성 창의 모션 설정에서 "정속"을 선택한다.

② 5초에 30rpm 회전하도록 한다.

③ 확인을 클릭한다.

(3) 모션 스터디 계산하기

① 모션 해석 탭으로 설정한다.

② 모션 스터디 계산하기 아이콘을 클릭하여 설정된 모터의 구동 조건을 계산한다.

③ 계산과 동시에 기구의 구동을 확인한다.

4.4.2 시뮬레이션 결과

(1) 크랭크 길이 20㎜의 경우

① "결과와 플롯" 버튼을 클릭하여 그래프의 속성을 입력한다.

② 그래프 속성을 입력한다.

③ 크랭크의 회전에 대한 링크4의 모션 해석 결과는 그림 2-4-9와 같다.

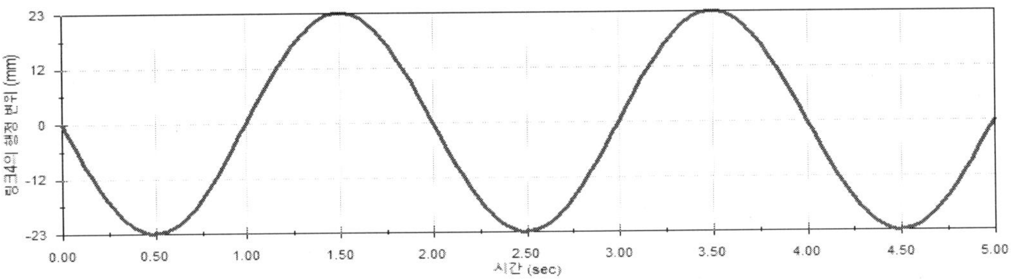

(a) 링크4의 행정 변위 결과 그래프

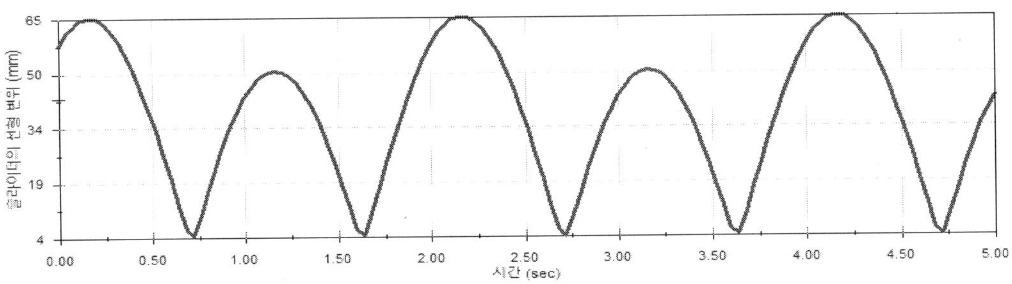

(b) 슬라이더의 슬라이딩 변위 결과 그래프

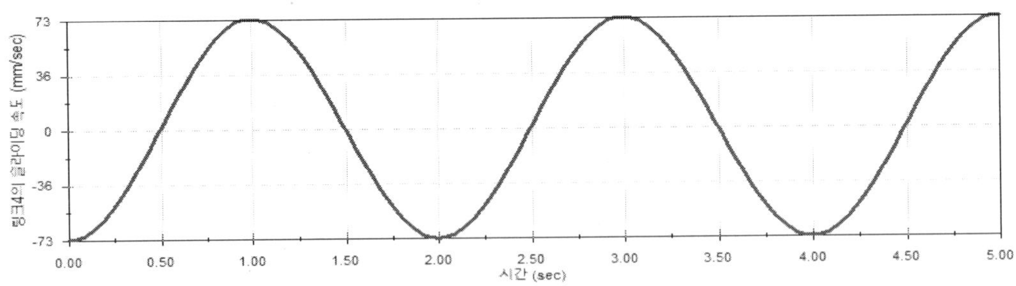

(c) 링크4의 슬라이딩 속도 결과 그래프

그림 2-4-9 시뮬레이션 결과 그래프

(2) 크랭크 길이 30㎜의 경우

① "결과와 플롯" 버튼을 클릭하여 그래프의 속성을 입력한다.

② 그래프 속성을 입력한다.

③ 크랭크의 회전에 대한 링크4의 모션 해석 결과는 그림 2-4-10과 같다.

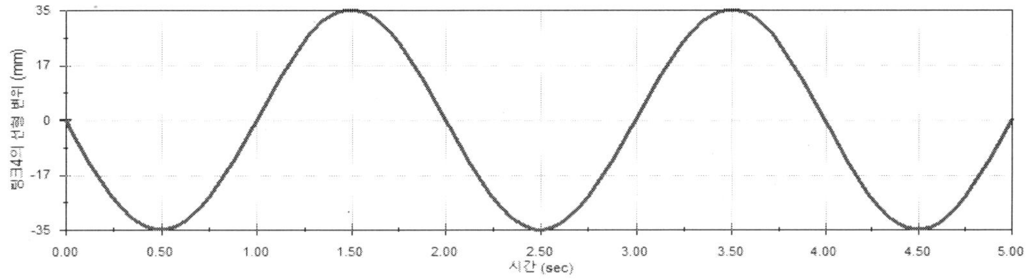

(a) 링크4의 행정 변위 결과 그래프

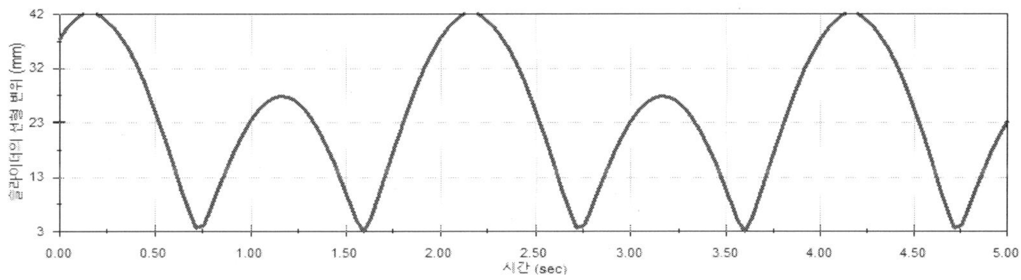

(b) 슬라이더의 슬라이딩 변위 결과 그래프

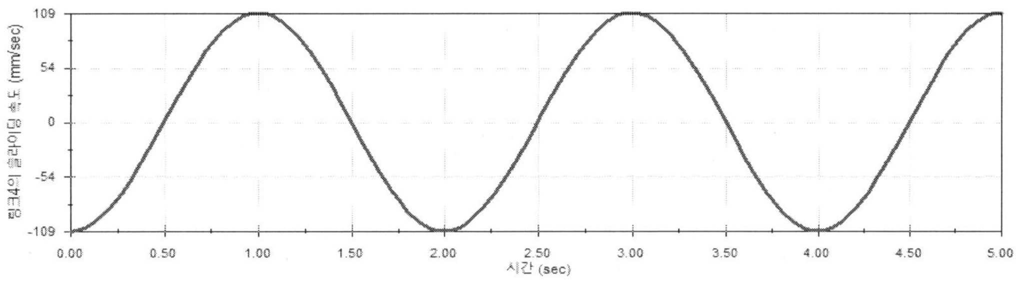

(c) 링크4의 슬라이딩 속도 결과 그래프

그림 2-4-10 시뮬레이션 결과 그래프

(3) 크랭크 길이 50㎜의 경우

① "결과와 플롯" 버튼을 클릭하여 그래프의 속성을 입력한다.

② 그래프 속성을 입력한다.

③ 크랭크의 회전에 대한 링크4의 모션 해석 결과는 그림 2-4-11과 같다.

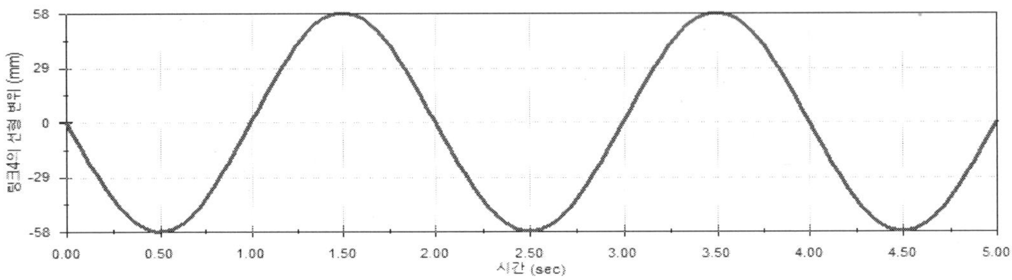

(a) 링크4의 행정 변위 결과 그래프

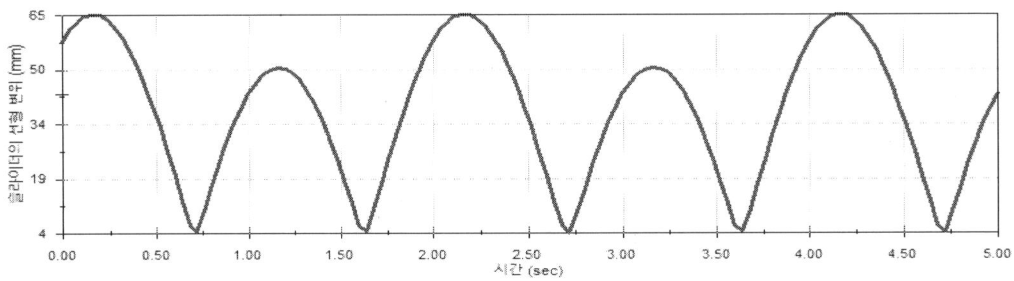

(b) 슬라이더의 슬라이딩 변위 결과 그래프

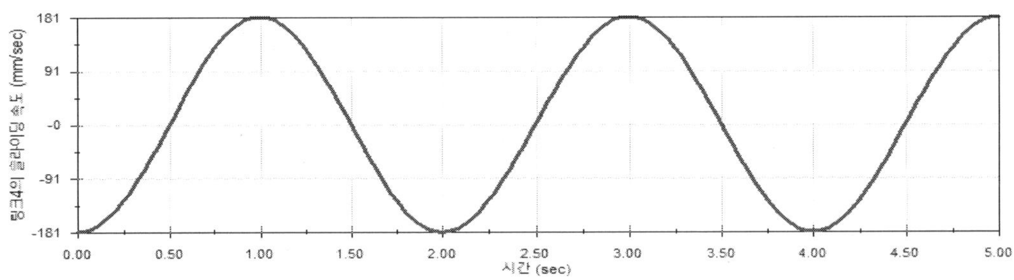

(c) 링크4의 슬라이딩 속도 결과 그래프

그림 2-4-11 시뮬레이션 결과 그래프

4.4.3 결과 고찰

크랭크 길이 20㎜에 대해 시뮬레이션 결과, 크랭크의 30rpm에 대해 링크4의 x방향 직선 왕복 행정 거리는 46㎜이고 최대 속도는 73㎜/s로 슬라이딩 운동을 하고 있는 것을 알 수 있다. 이것은 이론적인 행정 거리 40보다 6㎜ 크며 속도는 이론적인 최대 속도 72.51㎜/s와 거의 일치하고 있다.

크랭크 길이 30㎜에 대해 시뮬레이션 결과, 크랭크의 30rpm에 대해 링크4의 x방향 직선 왕복 행정 거리는 70㎜이고 최대 속도는 109㎜/s로 슬라이딩 운동을 하고 있는 것을 알 수 있다. 이것은 이론적인 행정 거리 60보다 10㎜ 크며 속도는 이론적인 최대 속도 108.77㎜/s와 거의 일치하고 있다.

크랭크 길이 50㎜에 대해 시뮬레이션 결과, 크랭크의 30rpm에 대해 링크4의 x방향 직선 왕복 행정 거리는 116㎜이고 최대 속도는 181㎜/s로 슬라이딩 운동을 하고 있는 것을 알 수 있다. 이것은 이론적인 행정 거리 100보다 16㎜ 크며 속도는 이론적인 최대 속도 181.28㎜/s와 거의 일치하고 있다.

이상의 시뮬레이션 결과를 정리하면 기구의 왕복 직선 행정 거리는 대체적으로 크게 형성 되며 크랭크 길이가 클수록 더욱 오차는 크다. 한편 최대 속도는 거의 일치하고 있는 것으로부터 슬라이딩 변위는 참조하고 슬라이딩 속도를 중심으로 기구를 설계하면 좋겠다는 판단을 한다.

4.4.4 동영상 저장하기

① 저장 아이콘을 클릭한다.

② 동영상 설정 창이 나타난다.

③ 파일 이름을 “왕복 양 슬라이더 크랭크 기구 동영상”으로 저장한다.

④ 비디오 압축 창이 나타나고 프레임 정보에서 초당 프레임을 25로 하고 저장을 누른다.

⑤ 압축 프로그램의 창이 나타나면 “전체 프레임(압축 안함)”을 선택하고 확인을 클릭한다.

⑥ 기구가 동작하면서 동영상으로 저장된다.

4.5 자율 평가 문제

이 자율평가의 목적은 앞에서 익힌 내용을 다 이해하고 평가 문제에 대해 자기 주도적으로 문제를 해결하고 숙지 정도를 확인하기 위함이다. 본인의 부족한 점에 대해 파악하는 태도를 기르고 부족하다면 다른 사람의 도움을 받거나 본인 스스로 앞의 내용을 더욱 자세히 학습하는 자기주도 학습에 목적이 있다.

그림 2-4-1의 왕복 양 슬라이더 크랭크 기구에서 다음과 같이 변경되었다고 하고 다음 문제를 해결하라.

변경 조건 사항

- 크랭크의 길이는 40㎜로 한다.
- 크랭크 회전 각속도는 30rpm으로 한다.
- 나머지는 변함 없다.

문제 1

왕복 양 슬라이더 크랭크 기구를 생성하고 크랭크 링크가 5초 동안 구동하도록 할 때 모션 해석 결과, 종동 링크의 슬라이딩 행정 변위와 속도를 구하라.

문제 2

문제 1에 대해 본문에서 시뮬레이션 한 크랭크 길이 20㎜, 30㎜, 50㎜와 비교 고찰하고 엑셀 그래프로 나타내어라.

문제 3

문제 1에 대해 기구 모션 동영상을 제작하라.

위의 문제에 대해 부록의 답안과 비교하여 일치한 답을 했다면 앞의 내용을 완전히 이해했다고 판단되지만 틀린 부분이 있다면 그 원인을 반드시 찾도록 하는 것이 좋을 것입니다. 본인의 답이 맞다고 생각하면 일치하지 않아도 좋지만 그 이유를 반드시 적어보고 확실한지 다시 한 번 확인하기 바랍니다.

자율 평가 결과 점검표

학습자 성명 :	평가 날짜 :
평가 제목 : 왕복 양 슬라이더 크랭크 기구 설계	

	성취 수준		
	하지 못했음	했지만 잘 모르겠음	완전히 하였음
• 왕복 양 슬라이더 크랭크 기구를 구성하였다.			
• 왕복 양 슬라이더 크랭크 기구의 모션 조건을 설정하였다.			
• 왕복 양 슬라이더 크랭크 기구의 시뮬레이션 결과를 시간에 따른 그래프로 나타내었다.			
• 시뮬레이션 결과를 각도에 따른 엑셀 그래프로 나타내었다.			
• 4가지 결과를 각도에 따른 엑셀 그래프로 비교 고찰하였다.			
• 기구 모션을 동영상으로 나타내었다.			

성취수준

위의 모든 항목에 대해 "완전히 하였음", 즉 완성도 100%로 답하여야 합니다. 만일 "하지 않았음" 또는 "했지만 잘 모르겠음"에 답을 했다면 앞에서 학습한 내용을 다시 한 번 확인하여 다시 수행하고 필요한 경우에는 교육자 또는 전문가와 상의하기 바랍니다.

제5장

고정 양 슬라이더 기구

5.1 문제

타원 컴퍼스(elliptic trammel)는 고정 양 슬라이더 기구의 대표적 예라 할 수 있다.

여러분이 기계공학을 전공한 전문가이며 특히 슬라이더 기구에 대한 전공자라고 하자. 한 회사에서 타원 컴퍼스를 생산하는데 타원을 그리는 기구의 동작을 일반인에게 알리고자 하는 의도로 주문을 했다고 한다. 이럴 때 당신은 어떻게 해결할 것인가?

5.2 부품 준비

5.2.1 부품 사양 결정

(1) 설계 제한 조건

① 그림 2-5-1에서 링크4를 고정한다.

② 그림 2-5-1에서 링크 1, 3을 슬라이더로 한다.

③ 그림 2-5-1에서 양 홈의 교각은 90°이다.

④ 그림 2-5-1에서 기구의 기하학적 관계는 다음과 같다.

$AP = m$, $BP = n$이라 하고 점 P의 좌표 x, y는 $\angle ABO = \theta$라 하면 $x = m\cos\theta$,

$y = -n\sin\theta$이다. 여기서 θ를 소거하면 $\frac{x^2}{m} + \frac{y^2}{n} = 1$이 되어 점 P는 $2m$, $2n$을 각각 장축, 단축으로 하는 타원을 그린다.

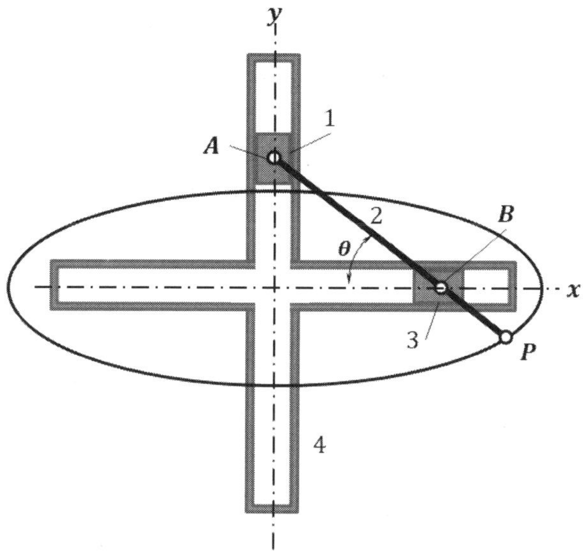

그림 2-5-1 고정 양 슬라이더 기구

(2) 사양 결정

① 장축 120㎜, 단축 60㎜인 타원을 그리는 기구이다.

② 연결 링크($\overline{AB}$)의 길이는 30㎜이다.

③ B에서 촉침까지의 길이($\overline{BP}$)는 30㎜이다.

5.2.2 부품 형상모델링

(1) 열결 링크

연결 링크의 형상정보는 그림 2-5-2와 같으며 도면의 치수대로 파트 모델링 하고 파일 이름을 “연결 링크”로 한다.

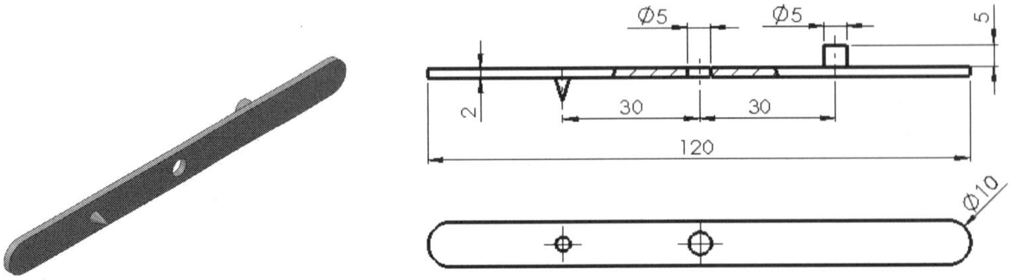

(a) 외관　　　　(b) 형상 치수

그림 2-5-2 연결 링크의 형상 정보

(2) 링크4

링크4의 형상정보는 그림 2-5-3과 같으며 도면의 치수대로 파트 모델링 하고 파일 이름을 "링크4"로 한다.

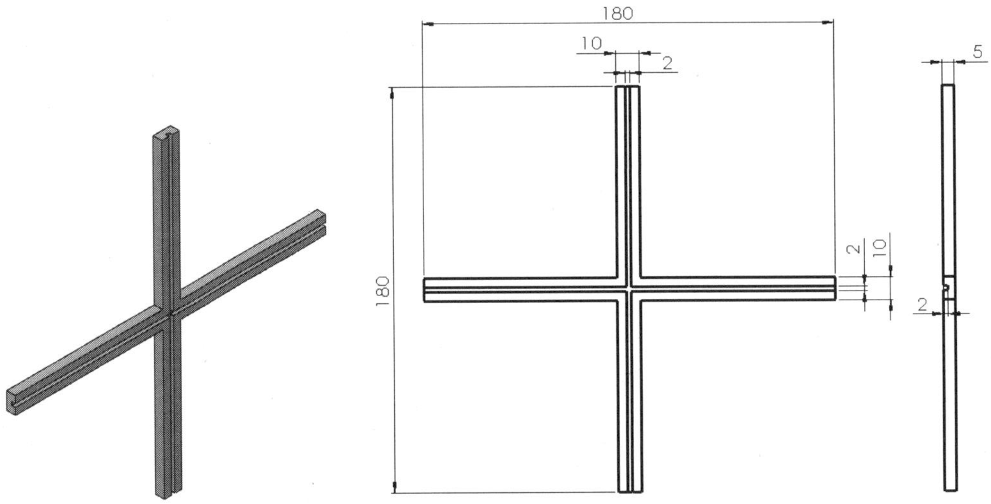

(a) 외관　　　　(b) 형상 치수

그림 2-5-3 링크4의 형상 정보

(3) 슬라이더

슬라이더1, 및 2는 같으며 이것의 형상정보는 그림 2-5-4와 같으며 도면의 치수대로 파트 모델링 하고 파일 이름을 "슬라이더"로 한다.

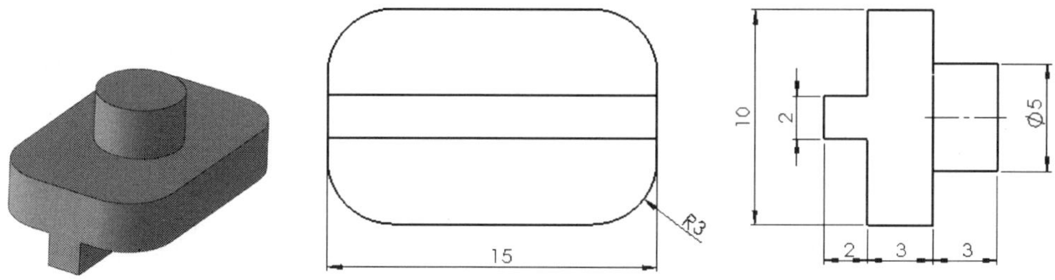

(a) 외관 (b) 형상 치수

그림 2-5-4 슬라이더의 형상 정보

5.3 기구 구성

5.3.1 부품 조립

(1) 링크4의 조립

① 어셈블리 창의 찾아보기를 클릭한다.

② 해당 파일이 창에 있으면 더블 클릭하고 Drag & Drop으로 링크4 부품을 어셈블리 창에 갖다 놓는다.

③ 마우스의 오른쪽 버튼을 눌러 메뉴가운데 "자유롭게 움직이기"를 선택한다.

④ 링크4의 정면과 어셈블리의 정면이 일치하도록 메이트 한다.

⑤ 링크4의 우측면과 어셈블리 우측면이 일치하도록 메이트 한다.

⑥ 링크4의 윗면과 어셈블리 윗면이 일치하도록 메이트 한다(그림 2-5-5).

그림 2-5-5 링크4의 조립 모습

(2) 연결 링크 및 슬라이더의 조립

① 연결 링크를 부품 삽입한다.

② 슬라이더 부품을 두 번 삽입한다.

③ 연결 링크의 조립 구멍 면과 슬라이더1의 조립 원통 면에 대해 동심으로 메이트 하고 연결 링크의 형상 밑면과 슬라이더1의 형상 윗면을 일치 메이트 한다.

④ 연결 링크의 조립 구멍 면과 슬라이더2의 조립 원통 면에 대해 동심으로 메이트 하고 연결 링크의 형상 밑면과 슬라이더2의 형상 윗면을 일치 메이트 한다.

⑤ 슬라이더가 링크4의 홈에 일치하도록 슬라이더1의 볼록 형상 옆면과 링크4의 홈 형상 옆면을 일치 메이트하고 슬라이더1의 볼록 형상 밑면과 링크4의 홈 형상 밑면을 일치 메이트한다.

⑥ 슬라이더가 링크4의 홈에 일치하도록 슬라이더2의 볼록 형상 옆면과 링크4의 홈 형상 옆면을 일치 메이트 하고 슬라이더2의 볼록 형상 밑면과 링크4의 홈 형상 밑면을 일치 메이트한다.

⑦ 슬라이더가 홈을 따라 제대로 작동되는지 체크를 하고 확인을 누른다(그림 2-5-6).

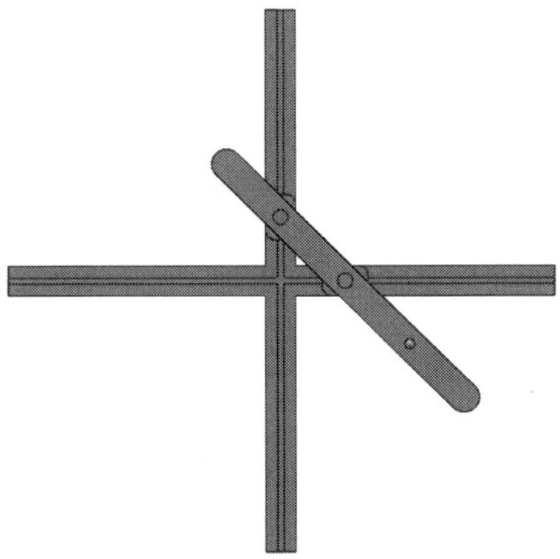

그림 2-5-6 연결 링크 및 슬라이더의 조립 모습

(3) 초기위치 설정

① 연결 링크의 윗면이 어셈블리의 윗면과 0°의 상태에서 출발하는 것으로 한다.

② 연결 링크의 윗면과 어셈블리의 윗면이 일치하도록 표준 메이트에서 일치로 하고 옵션에서 "위치 배치에만"을 체크한다(그림 2-5-7).

③ 메이트를 벗어난다.

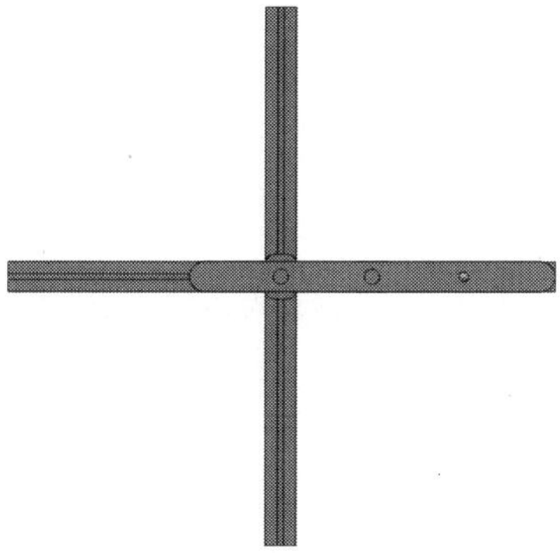

그림 2-5-7 초기위치 설정 모습

5.3.2 기구 저장하기

① 저장 도구(💾)에서 “다른 이름으로 저장하기”를 클릭한다.

② 저장할 디렉토리를 정하고 파일이름을 “고정 양 슬라이더 기구”로 한다.

③ 저장 버튼을 클릭한다.

5.4 기구 모션 시뮬레이션

5.4.1 모션 조건 설정

(1) 모터 설정

① 크랭크 링크에 구동을 주기 위해 모델 탭 옆의 모션 스터디 탭을 클릭한다.

② 구동을 위한 모터를 선택한다.

③ 모터 유형을 원형 모터로 선택한다.

④ 부품/방향에서 모터 위치는 원형 구동을 위해 그림 2-5-8과 같이 연결 링크의 형상 윗면을 클릭한다.

⑤ 확인을 클릭한다.

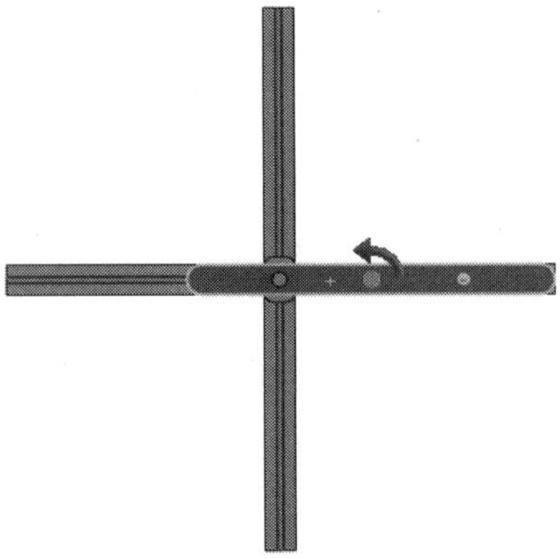

그림 2-5-8 모터 위치와 모터 방향 설정 모습

(2) 모션 설정

① 모션은 모터 속성 창의 모션 설정에서 "거리"를 선택한다.

② 5초에 360° 회전하도록 한다.

③ 확인을 클릭한다.

(3) 모션 스터디 계산하기

① 모션 해석 탭으로 설정한다.

② 모션 스터디 계산하기 아이콘을 클릭하여 설정된 모터의 구동 조건을 계산한다.

③ 계산과 동시에 기구의 구동을 확인한다.

5.4.2 시뮬레이션 결과

① "결과와 플롯" 버튼을 클릭하여 그래프의 속성을 입력한다.

② 그래프 속성에서 유형 선택은 변위/속도/가속도로 하고 하위 유형 선택은 궤적으로 입력한다.

③ 촉침의 끝 점(꼭지점)을 선택한다.

④ 연결 링크의 회전에 대한 슬라이더의 모션 해석 결과는 그림 2-5-9와 같다.

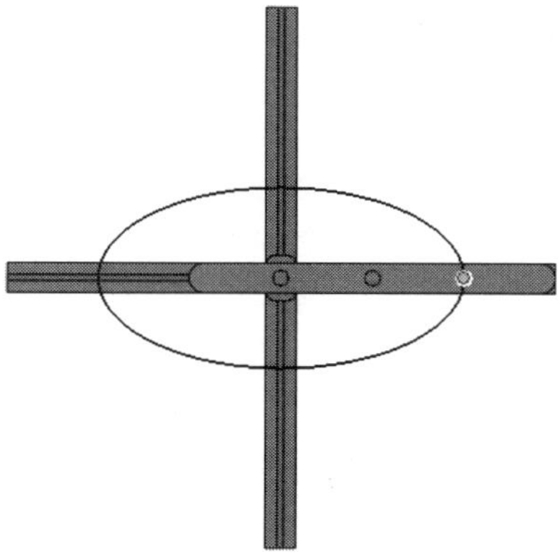

그림 2-5-9 시뮬레이션 결과 그래프

5.4.3 결과 고찰

그림 2-5-9에서 타원의 길이를 측정하면 포인터 끝부분이 정확히 장축 120, 단축 60으로 타원을 그리고 있다. 이것은 설계 제한 조건에 따라 설정한 사양 결정이 올바르다고 판단할 수 있다. 따라서 그리고자 하는 장축과 단축의 길이를 정하면 다음은 포인터의 위치만 변경해 줌으로써 간단하게 기구 설계를 할 수 있다.

5.4.4 동영상 저장하기

① 저장 아이콘을 클릭한다.
② 동영상 설정 창이 나타난다.
③ 파일 이름을 "고정 양 슬라이더 기구 동영상"으로 저장한다.
④ 비디오 압축 창이 나타나고 프레임 정보에서 초당 프레임을 25로 하고 저장을 누른다.
⑤ 압축 프로그램의 창이 나타나면 "전체 프레임(압축 안함)"을 선택하고 확인을 클릭한다.
⑥ 기구가 동작하면서 동영상으로 저장된다.

5.5 자율평가 문제

이 자율평가의 목적은 앞에서 익힌 내용을 다 이해하고 평가 문제에 대해 자기 주도적으로 문제를 해결하고 숙지 정도를 확인하기 위함이다. 본인의 부족한 점에 대해 파악하는 태도를 기르고 부족하다면 다른 사람의 도움을 받거나 본인 스스로 앞의 내용을 더욱 자세히 학습하는 자기주도 학습에 목적이 있다.

그림 2-5-1의 고정 양 슬라이더 기구에서 다음과 같이 변경되었다고 하고 다음 작업을 실시하라.

변경 조건 사항

- 연결 링크($\overline{AB}$)의 길이는 40㎜이다.

문제 1

장축 140㎜, 단축 80㎜의 타원을 그리는 고정 양 슬라이더 기구를 구성하고 연결 링크가 5초에 360° 로 회전 구동하도록 할 때 모션 해석 결과를 궤적으로 나타내고 동영상도 제작하라.

문제 2

장축 100㎜, 단축 80㎜의 타원을 그리는 고정 양 슬라이더 기구를 구성하고 연결 링크가 5초에 360° 로 회전 구동하도록 할 때 모션 해석 결과를 궤적으로 나타내고 동영상도 제작하라.

위의 문제에 대해 부록의 답안과 비교하여 일치한 답을 했다면 앞의 내용을 완전히 이해했다고 판단되지만 틀린 부분이 있다면 그 원인을 반드시 찾도록 하는 것이 좋을 것입니다. 본인의 답이 맞다고 생각하면 일치하지 않아도 좋지만 그 이유를 반드시 적어보고 확실한지 다시 한 번 확인하기 바랍니다.

자율 평가 결과 점검표

학습자 성명 :	평가 날짜 :
평가 제목 : 고정 양 슬라이더 기구 설계	

	성취 수준		
	하지 못했음	했지만 잘 모르겠음	완전히 하였음
• 장축 140㎜, 단축 80㎜의 타원을 그리는 고정 양 슬라이더 기구를 구성하였다.			
• 장축 100㎜, 단축 80㎜의 타원을 그리는 고정 양 슬라이더 기구를 구성하였다.			
• 고정 양 슬라이더 기구를 모션 시뮬레이션 하였다.			
• 장축 140㎜, 단축 80㎜의 타원 작도 고정 양 슬라이더 기구의 궤적을 나타내었다.			
• 장축 100㎜, 단축 80㎜의 타원 작도 고정 양 슬라이더 기구의 궤적을 나타내었다.			
• 고정 양 슬라이더 기구를 모션 동영상을 제작하였다.			

성취수준

위의 모든 항목에 대해 "완전히 하였음", 즉 완성도 100%로 답하여야 합니다. 만일 "하지 않았음" 또는 "했지만 잘 모르겠음"에 답을 했다면 앞에서 학습한 내용을 다시 한 번 확인하여 다시 수행하고 필요한 경우에는 교육자 또는 전문가와 상의하기 바랍니다.

제 III 단원

캠 기구 설계

제1장 변위 선도에 의한 캠 설계

제2장 원판 캠 기구

제3장 삼각 캠 기구

제4장 정면 캠 기구

제5장 역 캠 기구

제6장 원통 캠 기구

제7장 단면 캠 기구

학습 개요

캠 기구를 대상으로 설계 요구 문제에 대한 부품 사양을 설계 제한 조건에 따라 결정하고 부품 형상모델링 하며 부품 조립을 통해 가상 기구를 구성한다. 그리고 모션 시뮬레이션에 의해 설계 기구가 설계 사양에 따라 구동이 정확히 이루어지고 있는지를 고찰하는 내용으로 이루어졌다. 마지막으로 자율 평가 문제를 통해 내용을 완전히 이해했는지에 대한 판단을 스스로 하고 부족한 부분에 대해 해결하는 자기 주도적 학습으로 이루어졌다.

학습 목표

본 학습을 마친 학습자는

- **캠 기구**의 요구 문제에 대한 설계 제한 조건에 따라 기구 부품 사양을 결정할 수 있다.
- **캠 기구**를 구성하고 모션 조건 설정을 통해 기구 시뮬레이션을 할 수 있다.
- **캠 기구**의 모션 시뮬레이션 결과를 바탕으로 기구 설계의 타당성을 고찰할 수 있다.
- **캠 기구**의 모션 시뮬레이션 과정을 동영상으로 제작할 수 있다.

학습 성과

(1) 공학의 지식과 정보기술을 공학문제 해결에 응용할 수 있는 능력
이론적 해석을 바탕으로 캠 기구 설계의 타당성 검증에 응용할 수 있다.

(2) 공학문제를 해결하기 위해 도구를 활용할 수 있는 능력
캠 기구의 설계 타당성 여부를 위해 CAD도구의 모션 해석을 활용할 수 있다.

(3) 제한조건을 고려하여 기구를 설계할 수 있는 능력
요구 문제에 따른 제한 조건 등을 고려하여 캠 기구를 설계 할 수 있다.

(4) 자기 주도적인 능력
자율 평가 문제를 통해 자신의 이해정도를 파악함으로써 자기 스스로 발전성을 추구할 수 있다.

제1장

변위 선도에 의한 캠 설계

1.1 문제

캠 기구의 종동절에 사용되는 운동 형태는 등가속도 운동 형태, 단순조화 운동 형태 및 사이클로이드 운동 형태 등이 있다고 한다. 캠이 180°회전하는 사이에 종동절이 40㎜ 상승하고 180°에서 210°까지 종동절은 정지하였다가 210°에서 360° 사이에 다시 종동절이 하강하는 변위 곡선에 따라 작동하는 캠을 운동 형태에 따라 가상 설계해서 서로 비교해 달라는 요구가 있을 때 당신이라면 어떻게 할 것인가?

1.2 등감가속도 운동 변위 선도에 의한 캠 설계

1.2.1 부품 사양 결정

(1) 이론적 고찰

캠이 β만큼 회전할 때 종동절이 h만큼 상승하는 캠 기구를 생각하자. 이 기구의 캠이 임의의 각 θ만큼 회전할 때 종동절이 s만큼 상승한다면 $\theta \le 0.5\beta$ 동안 다음과 같다.

$$s = \frac{1}{2}At^2 \qquad (3\text{-}1\text{-}1)$$

여기서 s: 변위, A : 가속도, t : 시간이다.
ω를 캠의 각속도라 하면 $t = \theta/\omega$이므로

$$s = \frac{1}{2}A\left(\frac{\theta}{\omega}\right)^2 \tag{3-1-2}$$

$s = h/2$일 때 $\theta = \beta/2$이므로 이 값을 대입하면

$$\frac{h}{2} = \frac{1}{2}A\left(\frac{\beta^2}{4\omega^2}\right) \tag{3-1-3}$$

식 (3-1-3)에서 종동절의 등가속도 A는 다음과 같다.

$$A = \frac{4h\omega^2}{\beta^2} \tag{3-1-4}$$

이 때 종동절의 속도 V와 변위 s는

$$V = At = \frac{4h\omega^2}{\beta^2}\left(\frac{\theta}{\omega}\right) = \frac{4h\omega\theta}{\beta^2} \tag{3-1-5}$$

$$s = \frac{1}{2}At^2 = 2h\frac{\theta^2}{\beta^2} \tag{3-1-6}$$

$\theta \geq 0.5\beta$의 등감속도 구간에서는 다음과 같다.

$$s = h\left[1 - 2\left(1 - \frac{\theta}{\beta}\right)^2\right] \tag{3-1-7}$$

(2) 설계 제한 조건

① 캠이 등감가속도 운동을 한다

② 캠이 90˚회전할 때 종동절은 등가속도로 20mm 상승한다.

③ 캠이 다시 90˚회전하는 사이에 등감속도로 20mm 더 상승한다.

④ 180°에서 210°까지 종동절은 정지한다.

⑤ 210°에서 360° 사이에 등가속도와 등감속도 운동으로 하강한다.

⑥ 캠 설계는 이론적 변위에 의해 생성한다.

⑦ 변위 곡선에 따른 캠 종동절의 변위는 표 3-1-1을 따른다.

⑧ 캠의 회전각도에 따른 접촉자의 변위는 표 3-1-2와 같으며 엑셀 그래프는 그림 3-1-1과 같다.

표 3-1-1 운동 형태에 따른 변위 선도

운동형식	변위
등감가속도 운동	$\frac{\theta}{\beta} \leq 0.5$ 일 때, $s = 2h\frac{\theta^2}{\beta^2}$ $\frac{\theta}{\beta} > 0.5$ 일 때, $s = h\left[1 - 2\left(1 - \frac{\theta}{\beta}\right)^2\right]$

※ β는 캠의 회전각, h는 종동절의 전체 상승량

표 3-1-2 캠의 회전각도(θ)에 따른 변위(s)

각도	변위	각도	변위	각도	변위	각도	변위
15	0.5556	105	26.1111	195	40.0000	285	20.0000
30	2.2222	120	31.1111	210	40.0000	300	12.8000
45	5.0000	135	35.0000	225	39.2000	315	7.2000
60	8.8889	150	37.7778	240	36.8000	330	3.2000
75	13.8889	165	39.4444	255	32.8000	345	0.8000
90	20.0000	180	40.0000	270	27.2000	360	0.0000

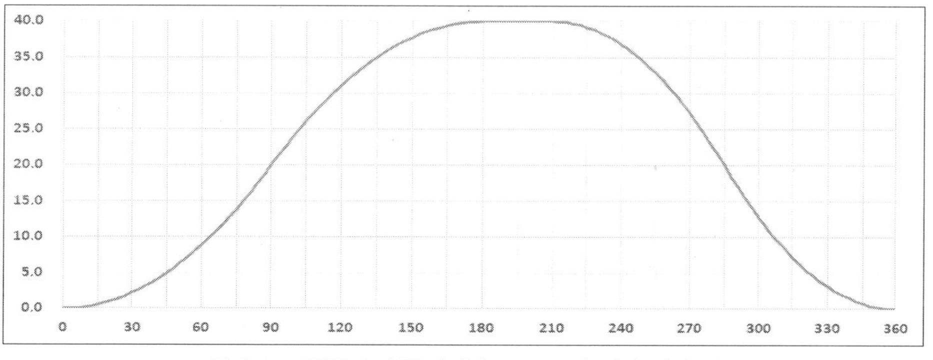

그림 3-1-1 종동절의 등감가속도 운동에 의한 변위 선도

(3) 사양 결정

① 원판 캠 두께는 10㎜로 한다.

② 접촉자의 최대 행정 거리는 40㎜이다.

③ 접촉자의 지름은 6㎜로 한다.

1.2.2 부품 형상모델링

(1) 기초 캠

기초 캠은 변위 곡선에 따른 원판 캠을 생성하기 위한 기초 캠으로 크기에는 크게 상관이 없다. 여기서는 기초 캠의 지름은 ϕ20㎜로 한다. 그림 3-1-2 (a)는 기초 캠의 외형이며 이 기초 캠을 그림 3-1-2 (b)의 치수대로 형상모델링 하고 저장 파일 이름을 "base_cam"으로 한다.

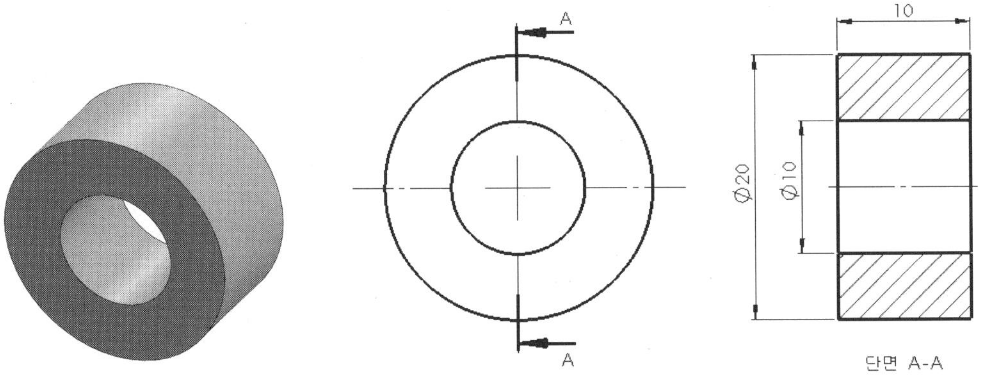

(a) 외형 (b) 형상 치수

그림 3-1-2 기초 캠의 형상 정보

(2) 종동절(접촉자) 캡

접촉자 캡은 접촉자의 슬리이딩을 위한 캡으로 접촉자의 지름은 ϕ6㎜로 한다. 그림 3-1-3 (a)는 접촉자 캡의 외형이며 이 접촉자 캡을 그림 3-1-3 (b)의 치수대로 형상모델링 하고 저장 파일 이름을 "fllower_cap"으로 한다.

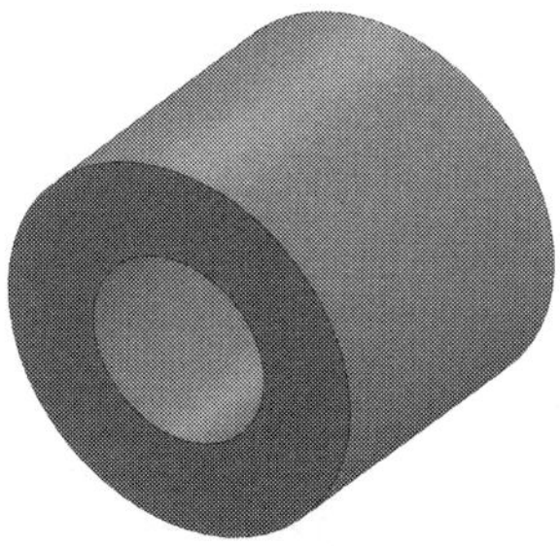

(a) 외형

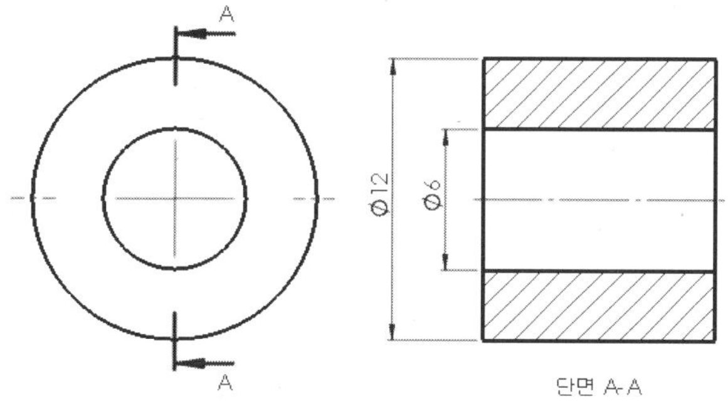

(b) 형상 치수

그림 3-1-3 종동절 캡의 형상 정보

(3) 종동절(접촉자)

접촉자는 원판 캠의 회전에 따라 직선 운동을 전달하는 역할을 하며 접촉자의 지름은 $\phi 6$ ㎜로 한다. 그림 3-1-4 (a)는 접촉자의 외형이며 이 접촉자를 그림 3-1-4 (b)의 치수대로 형상모델링 하고 저장 파일 이름을 "fllower"로 한다.

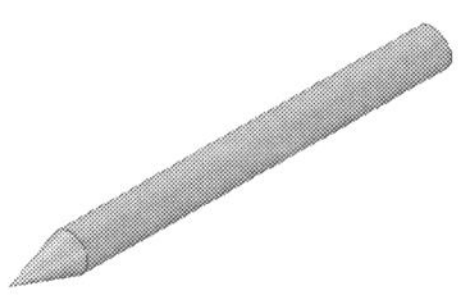

(a) 외형

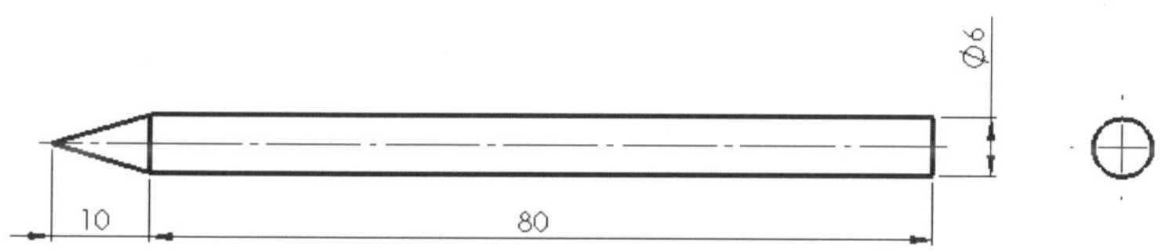

(b) 형상 치수

그림 3-1-4 종동절의 형상 정보

(4) 캠 축

캠축은 원판 캠과 조립되어 원판 캠을 회전시키는 역할을 하며 캠축의 지름은 $\phi 10$㎜로 한다. 그림 3-1-5 (a)는 캠축의 외형이며 이 캠축을 그림 3-1-5 (b)의 치수대로 형상모델링 하고 저장 파일 이름을 "cam_shaft"로 한다.

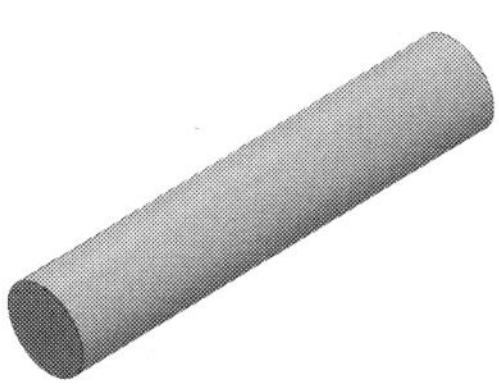

(a) 외형

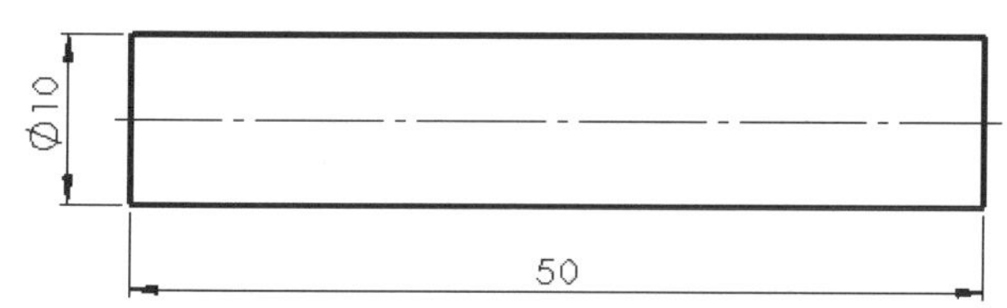

(b) 형상 치수

그림 3-1-5 캠 축의 형상 정보

(5) 캠축 캡

캠축 캡은 캠축을 지지하여 원판 캠을 회전시키는 가이드 역할을 하며 캠축의 지름은 ϕ 10㎜로 한다. 그림 3-1-6 (a)는 캠축 캡의 외형이며 이 캠축 캡을 그림 3-1-6 (b)의 치수대로 형상모델링 하고 저장 파일 이름을 "cam_shaft_cap"로 한다.

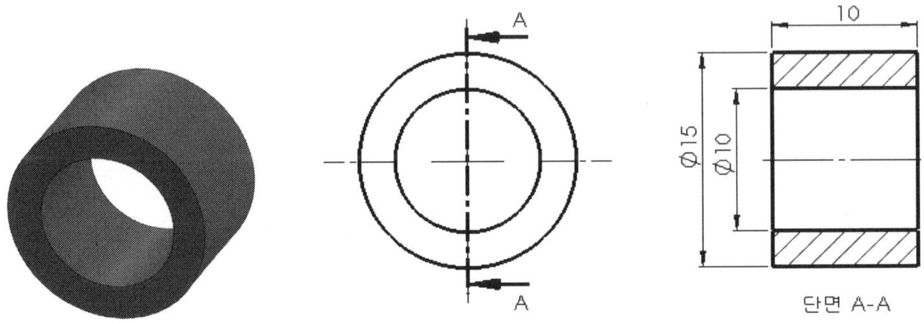

(a) 외형 (b) 형상 치수

그림 3-1-6 캠축 캡의 형상 정보

1.2.3 캠 설계 기구 구성

(1) 캠축 캡과 캠축 부품 조립

① 캠축 캡을 부품 삽입한다.

② 캠축 캡에 커서를 데고 마우스 오른쪽 버튼을 누르고 "자유롭게 움직이기"를 클릭한다.

③ 캠축 캡의 정면과 어셈블리 정면에 대해 일치 메이트 한다.

④ 캠축 캡의 윗면과 어셈블리 윗면에 대해 일치 메이트 한다.

⑤ 캠축 캡의 형상 밑면과 어셈블리 우측면에 대해 일치 메이트 한다.

⑥ 확인을 클릭한다.

⑦ 캠축을 부품 삽입한다.

⑧ 캠축과 캠축 캡을 동심 메이트 한다.

⑨ 그림 3-1-7과 같이 면과 면을 일치 메이트 한다.

⑩ 확인을 클릭한다.

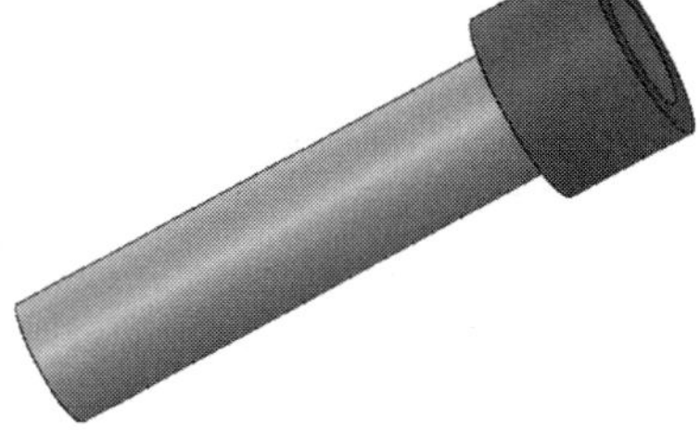
그림 3-1-7 캠축 캡과 캠축의 조립 결과

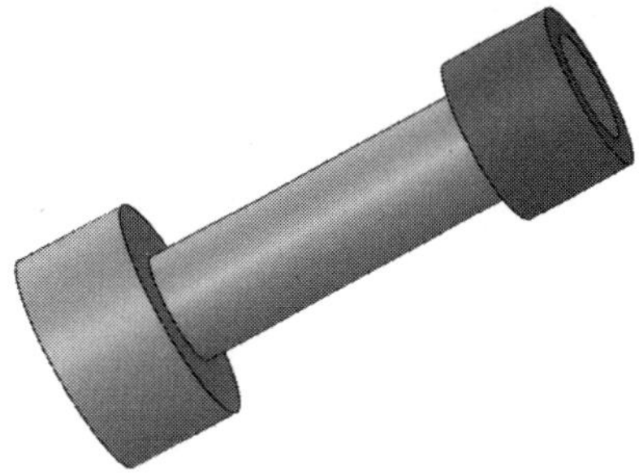
그림 3-1-8 캠축과 기초 캠의 조립 결과

(2) 기초 캠 부품 조립

① 기초 캠을 부품 삽입한다.
② 캠축의 원통과 기초 캠의 구멍을 동심 메이트 한다.
③ 기초 캠의 옆면과 캠축의 옆면을 일치 메이트 한다.
④ 확인을 클릭한다(그림 3-1-8).

(3) 종동절(접촉자) 캡 부품 조립

① 종동절 캡을 부품 삽입한다.
② 어셈블리 우측면과 종동절 캡의 우측면을 일치 메이트 한다.
③ 캠축 윗면과 종동절 캡의 밑면을 80㎜ 거리 메이트 한다.
④ 정면과 종동절 캡의 윗면을 46㎜ 거리 메이트 한다.
⑤ 확인을 클릭한다(그림 3-1-9).

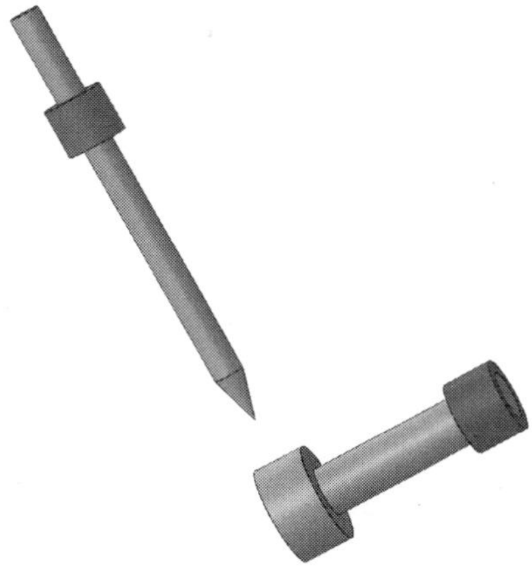
그림 3-1-9 종동절의 조립 결과

(4) 종동절(접촉자) 부품 조립

① 종동절을 부품 삽입한다.

② 종동절 캡과 종동절을 동심 메이트 한다.

③ 확인을 클릭한다(그림 3-1-9).

(5) 초기 위치 설정

① 어셈블리 윗면과 캠축의 윗면이 일치하도록 하고 옵션에서 "위치 배치에만"을 체크한다.

② 종동절의 우측면과 어셈블리의 우측면이 일치하도록 하고 옵션에서 "위치 배치에만"을 체크한다.

③ 메이트를 벗어나고 파일 이름을 "cam_synthesis"로 저장한다.

1.2.4 설계 캠 생성

(1) 기초 캠의 원형 모터 설정

① 모션 해석 탭으로 설정한다.

② 기초 캠의 구동을 위한 모터 유형을 원형 모터로 선택한다.

③ 부품/방향에서 모터 위치는 회전 구동을 위해 그림 3-1-10과 같이 캠축에 원형 모터를 붙이고 모션 정의는 정속 5rpm(30deg/s)으로 한다.

④ 확인을 클릭한다.

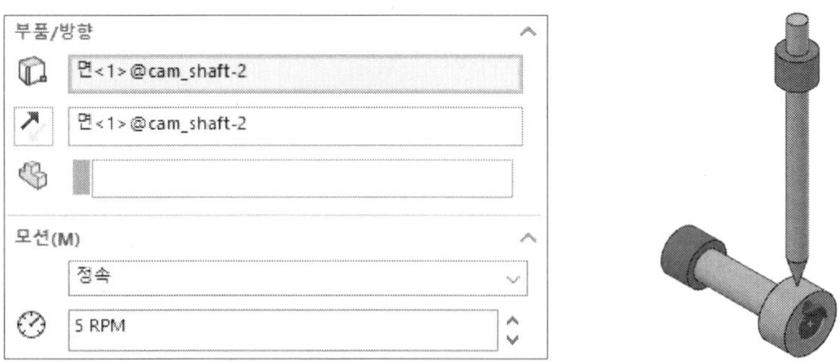

(a) 모션 속성　　　　(b) 모터 설정

그림 3-1-10 원형 모터 모션 속성과 설정 결과

(2) 종동절의 선형 모터 설정

① 종동절을 상하 구동하기 위해 모터를 정의한다. 그림 3-1-11과 같이 종동절의 윗면에 선형 모터를 위로 향하게 붙인다. 모션 설정은 데이터 점의 함수 작성기에서 "데이터 점"을 선택한다. 값은 "변위"로, 독립변수는 "싸이클 각도"로, 보간 유형은 "Akima 자유곡선"을 선택한다. 데이터 불러오기를 클릭하고 "등감가속도 운동 변위선도.csv" 엑셀 파일을 선택한다.

② 중력을 아래 방향의 Y로 첨가한다.

③ 시뮬레이션 스터디 특성을 100프레임/초로 싸이클 설정에서 싸이클 시간은 12s로 한다.

④ 키 속성을 12초로 한다.

(3) 종동절의 모션에 의한 궤적 생성

① 모션 스터디를 계산한다.

② "결과와 플롯" 버튼을 클릭하여 그래프의 속성 창을 연다.

③ 변위/속도/가속도를 선택하고 "궤적"을 선택한다.

④ 캠 프로파일을 정의하기 위한 종동절의 끝점과 참조 파트를 정의하기 위한 캠의 표면을 선택한다. 그리고 출력 옵션에서 그래픽 창에 벡터 표시를 체크로 한다.

⑤ 확인을 클릭한다(그림 3-1-12).

(4) 설계 캠 생성을 위한 궤적 경로의 복사

① SolidWorks 파트에 궤적 곡선을 복사한다. 모션 해석 트리의 결과 폴더 밑의 궤적 플롯에 오른쪽 마우스 버튼을 누르고 "궤적 경로에서 곡선 작성"을 선택한다.

② 다음은 "새 파트 안의 경로에서 곡선 작성"을 클릭한다.(그림 3-1-13)

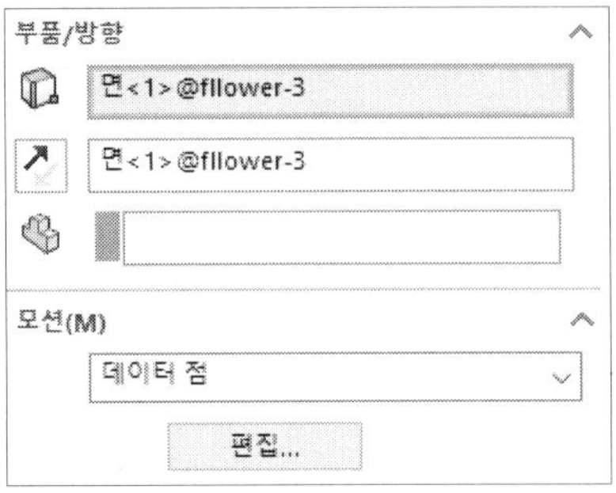

(a) 모션 속성

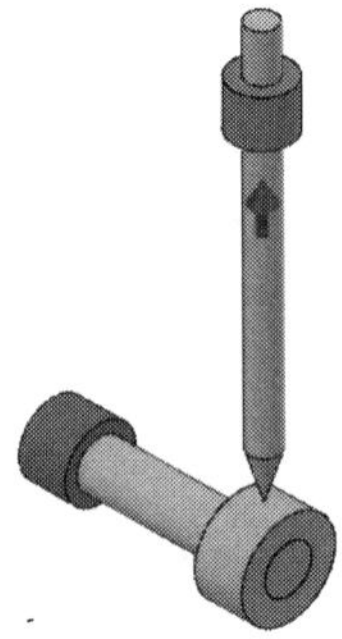

(b) 모터 설정

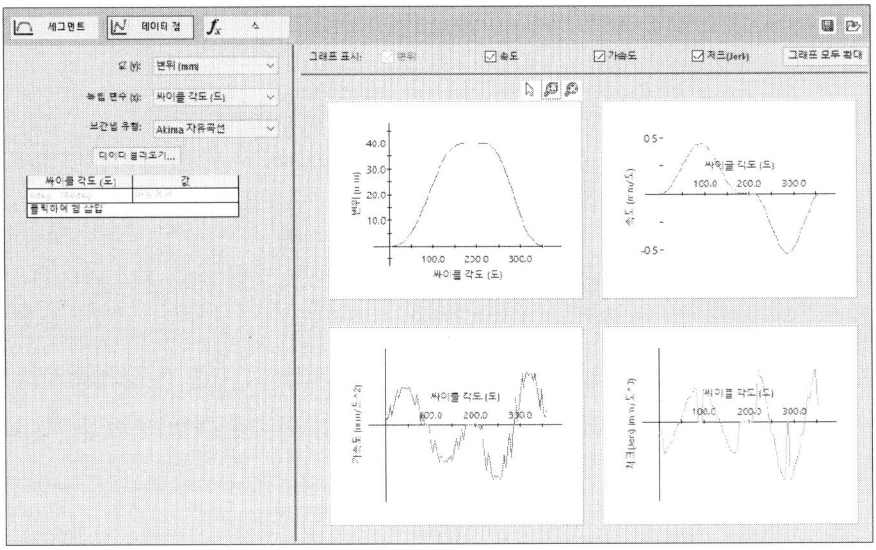

그림 3-1-11 선형 모터 모션 속성과 설정 결과

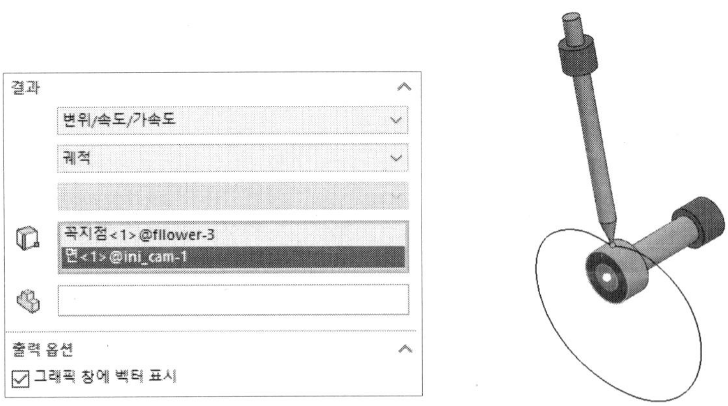

그림 3-1-12 플롯 설정 모습

그림 3-1-13 궤적 경로 곡선 작성 모습

(5) 설계 캠 형상모델링

① 새 파트 파일에 설계 캠의 궤적이 생성된 것을 알 수 있다(그림 3-1-14).

② 정면을 선택하고 스케치로 들어간다.

③ 캠 곡선에 커서를 데고 오른쪽 버튼을 눌러 "요소 변환"을 클릭하여 정면에 곡선을 스케치 곡선으로 한다.

④ 스케치 완료를 한다.

⑤ 피처에서 돌출 보스/베이스를 선택한다.

⑥ 그림 3-1-15와 같이 중간평면 돌출을 10㎜로 한다.

⑦ 확인을 클릭하여 완료한다.

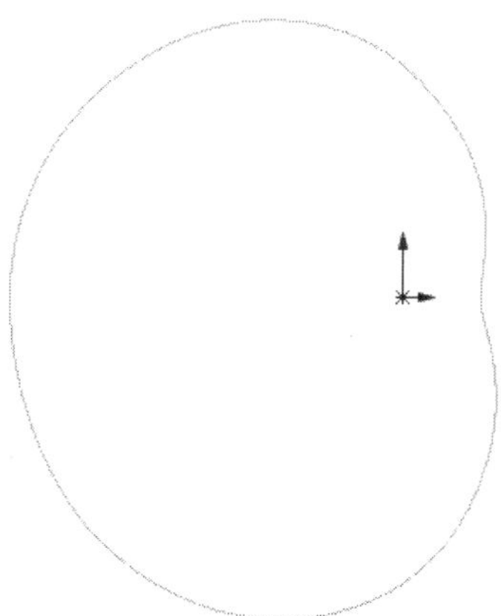

그림 3-1-14 설계 캠의 궤적 모습

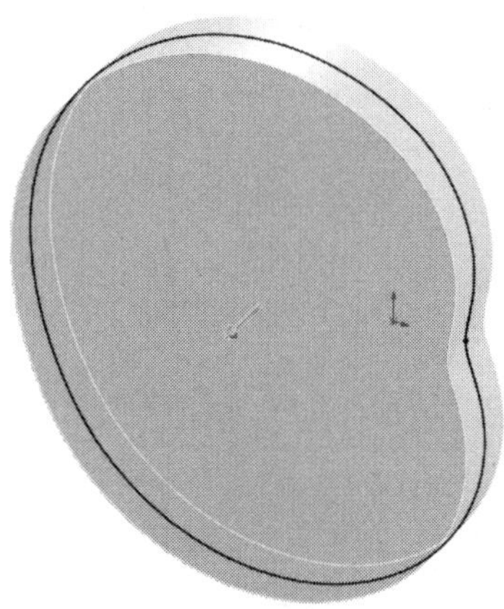

그림 3-1-15 설계 캠의 형상모델링

(6) 설계 캠 저장하기

① 풀다운 메뉴에서 저장 도구(💾)에서 "다른 이름으로 저장하기"를 클릭한다.

② 저장할 디렉토리를 정하고 파일이름을 "등가속도 운동 캠"으로 한다.

③ 저장 버튼을 클릭한다.

1.2.5 설계 캠 기구 시뮬레이션

(1) 설계 캠 기구 구성

기초 캠(base_cam)대신에 생성 설계 캠을 앞의 캠 조립과 마찬가지로 조립한다. 조립결과는 그림 3-1-16과 같다.

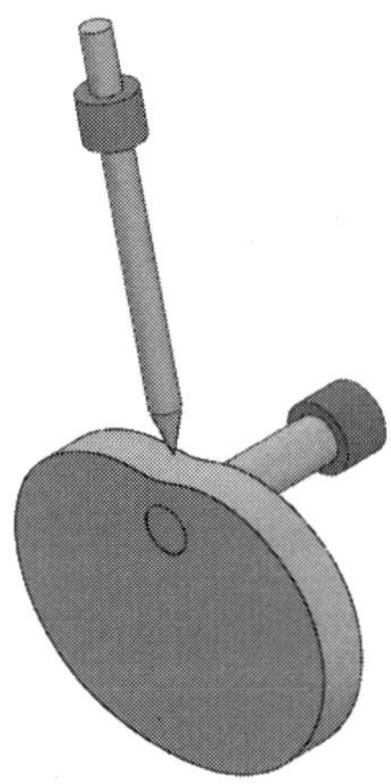

그림 3-1-16 새로 생성한 캠의 조립 모습

(2) 모션 조건 설정

1) 모터 설정

① 캠 기구의 구동을 보이기 위해 모델 탭 옆의 모션 스터디 탭을 클릭한다.

② 모션 해석 탭으로 설정한다.

③ 구동을 위한 모터를 선택한다.

④ 모터 유형을 원형 모터로 선택한다.

⑤ 부품/방향에서 모터 위치는 원형 구동을 위해 그림 3-1-17과 같이 캠으로 한다.

⑥ 확인을 클릭한다.

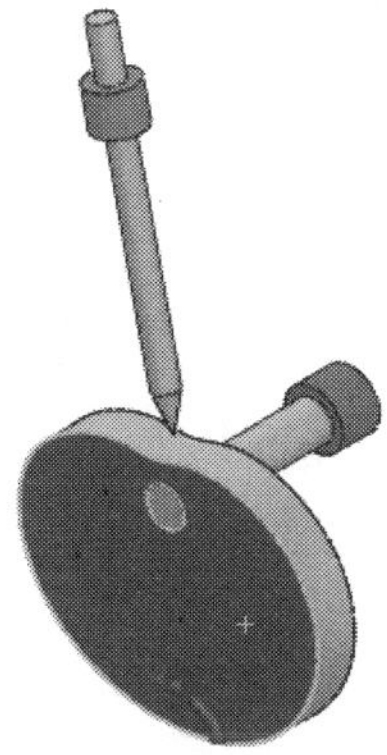

그림 3-1-17 모터 위치와 모터 방향 설정 모습

2) 모션 설정

① 모션은 모터 속성 창의 모션 설정에서 "정속"을 선택한다.

② 12초에 360° 회전 구동하도록 하려면 5rpm으로 해야 한다.

③ 확인을 클릭한다.

④ 접촉을 선택하고 솔리드 바디 접촉에서 그림 3-1-18과 같이 캠과 접촉자를 차례로 클릭한다.

⑤ 확인을 클릭한다.

⑥ 중력을 y방향으로 설정한다.

⑦ 모션 스터디 속성에서 초당 프레임을 10으로 하고 사이클 시간을 체크하고 12초로 한다.

⑧ 확인을 클릭한다.

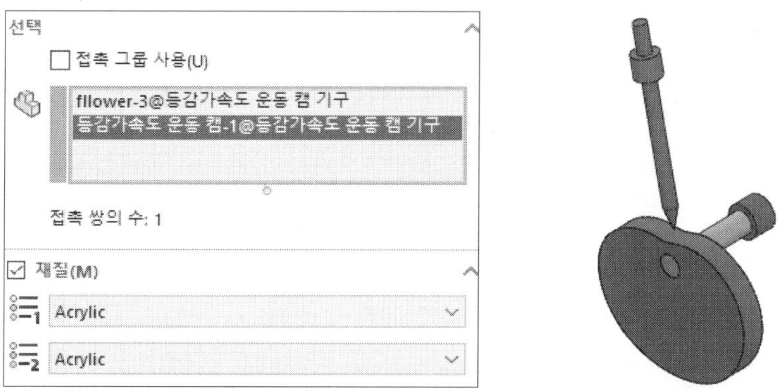

(a) 접촉 설정 창 (b) 접촉 선택 결과

그림 3-1-18 솔리드 바디 접촉 설정 창과 선택 결과

3) 모션 스터디 계산하기

① 모션 스터디 계산하기 아이콘을 클릭하여 설정된 모터의 구동 조건을 계산한다.

② 계산과 동시에 캠의 구동을 확인한다.

(3) 시뮬레이션 결과

① "결과와 플롯" 버튼을 클릭하여 그래프의 속성을 입력한다.

② 구동에 대한 구동절의 모션 해석 결과는 그림 3-1-19와 같다.

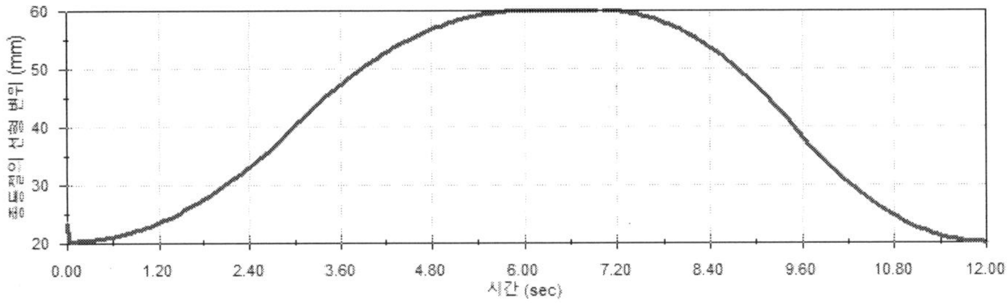

그림 3-1-19 종동절의 시뮬레이션 선형 변위 그래프

(4) 결과 고찰

종동절의 시뮬레이션 결과 그래프를 통해 설계 캠의 360° 회전(12초 동안)에 대해 그림 3.19과 같이 구동절이 40㎜ 폭으로 상하 운동 하고 있는 것을 알 수 있다. 한편 이론에 의한 설계한 그림 3-1-1의 엑셀 변위 그래프도 정확히 40㎜의 폭으로 종동절이 상하 운동 하고 있는 것을 알 수 있다. 따라서 이론적 해석의 변위 곡선에 따른 캠의 설계는 올바르다고 판단할 수 있다.

(5) 동영상 저장하기

① 모션 해석에서 저장 아이콘()을 클릭한다.

② 동영상 설정 창이 나타난다.

③ 파일 이름을 "등가속도 운동 캠 기구 동영상"으로 한다.

④ 비디오 압축 창이 나타나고 프레임 정보에서 초당 프레임을 25로 하고 저장을 누른다.

⑤ 압축 프로그램의 창이 나타나면 "전체 프레임(압축 안함)"을 선택하고 확인을 클릭한다.

⑥ 기구가 동작하면서 동영상으로 저장된다.

1.3 단순조화 운동 변위 선도에 의한 캠 설계

1.3.1 부품 사양 결정

(1) 이론적 고찰

단순조화 운동의 변위 곡선에서 캠이 180°(β)회전하는 동안 종동절은 h만큼 상승한다. 기초원이 각 ϕ 만큼 회전 했을 때 캠이 임의의 각 θ만큼 회전하며 이 때 종동절이 h만큼 상승한다면 다음과 같다.

$$s = \frac{h}{2} - \frac{h}{2}\cos\phi = \frac{h}{2}(1 - \cos\phi) \tag{3-1-8}$$

캠이 β만큼 회전하면 기초원은 πrad 회전하므로

$$\frac{\phi}{\pi} = \frac{\theta}{\beta}, \quad \text{즉 } \phi = \frac{\pi\theta}{\beta} \tag{3-1-9}$$

이 식을 식 (3-1-8)에 대입하면 다음과 같다.

$$s = \frac{h}{2}\left(1 - \cos\frac{\pi\theta}{\beta}\right) \tag{3-1-10}$$

이므로 $\phi = 90°$ 일 때 종동절의 변위 s는

$$s = 20\text{㎜}$$

(2) 설계 제한 조건

① 캠이 180°회전할 때 종동절은 단순 조화 운동으로 40㎜ 상승한다.

② 180°에서 210°까지 종동절은 정지한다.

③ 210°에서 360° 사이에 단순조화 운동으로 하강한다.

④ 캠 설계는 이론적 고찰에 의한 엑셀 데이터로부터 생성한다. 즉, 표 3-1-3과 같다.

표 3-1-3 운동 형태에 따른 변위 선도

운동형식	변위
단순조화 운동	$s=\frac{h}{2}\left(1-\cos\frac{\pi\theta}{\beta}\right)$

※ β는 캠의 회전각, h는 종동절의 전체 상승량

(3) 사양 결정

① 원판 캠 두께는 10㎜이다.

② 종동절의 최대 행정 거리는 40㎜이다.

③ 종동절의 지름은 6㎜이다.

④ 변위 곡선에 따른 캠 종동절의 변위는 표 3-1-3을 따르며 캠의 회전각도에 따른 접촉자의 변위는 표 3-1-4와 같으며 엑셀 그래프는 그림 3-1-20과 같다.

표 3-1-4 캠의 회전각도(θ)에 따른 변위(s)

각도	변위	각도	변위	각도	변위	각도	변위
15	0.6815	105	25.1764	195	40.0000	285	20.0000
30	2.6795	120	30.0000	210	40.0000	300	13.8197
45	5.8579	135	34.1421	225	39.0211	315	8.2443
60	10.0000	150	37.3205	240	36.1803	330	3.8197
75	14.8236	165	39.3185	255	31.7557	345	0.9789
90	20.0000	180	40.0000	270	26.1803	360	0

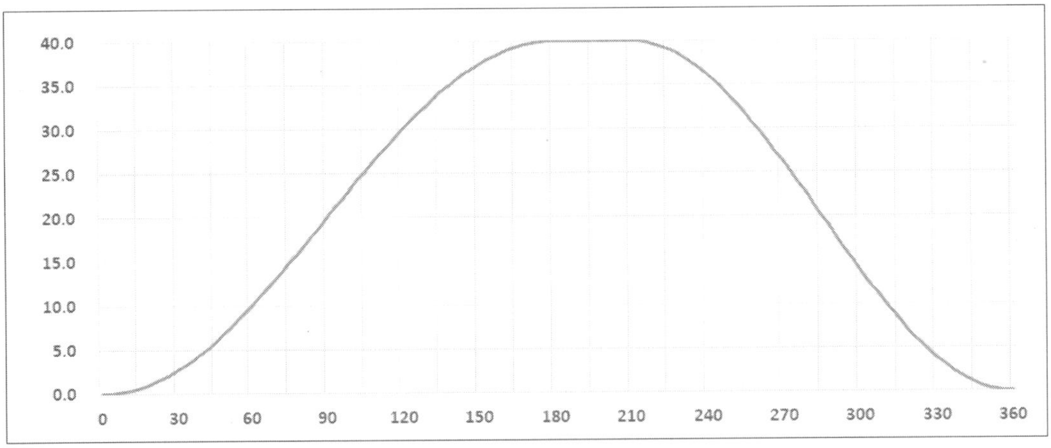

그림 3-1-20 종동절의 단순조화 운동에 의한 변위 선도

1.3.2 부품 형상모델링

등속 감가속도 운동에 의한 캠 설계에서 사용한 부품을 그대로 사용하기로 한다.

1.3.3 기구 구성

등속 감가속도 운동에 의한 캠 설계의 부품 조립도 동일하게 한다.

1.3.4 설계 캠 생성

(1) 기초 캠의 원형 모터 설정

① 모션 해석 탭으로 설정한다.

② 기초 캠의 구동을 위한 모터 유형을 원형 모터로 선택한다.

③ 부품/방향에서 모터 위치는 회전 구동을 위해 캠축에 원형 모터를 붙이고 모션 정의는 정속 5rpm(30deg/s)으로 한다.

④ 확인을 클릭한다.

(2) 종동절의 선형 모터 설정

① 종동절을 상하 구동하기 위해 모터를 정의한다. 종동절의 윗면에 선형 모터를 위로 향하게 붙인다. 모션 설정은 데이터 점의 함수 작성기에서 "데이터 점"을 선택한다. 값은 "변위"로, 독립변수는 "싸이클 각도"로, 보간 유형은 "Akima 자유곡선"을 선택한다. 데이터 불러오기를 클릭하고 "단순조화 운동 변위선도.csv" 엑셀 파일을 선택한다.

② 중력을 아래 방향의 Y로 첨가한다.

③ 시뮬레이션 스터디 특성을 100프레임/초로 싸이클 설정에서 싸이클 시간은 12s로 한다.

④ 키 속성을 12초로 한다.

(3) 종동절의 모션에 의한 궤적 생성

① 모션 스터디를 계산한다.

② "결과와 플롯" 버튼을 클릭하여 그래프의 속성 창을 연다.

③ 변위/속도/가속도를 선택하고 "궤적"을 선택한다.

④ 캠 프로파일을 정의하기 위한 종동절의 끝점과 참조 파트를 정의하기 위한 캠의 표면을 선택한다. 그리고 출력 옵션에서 그래픽 창에 벡터 표시를 체크로 한다.

⑤ 확인을 클릭한다.

(4) 설계 캠 생성을 위한 궤적 경로의 복사

① SolidWorks 파트에 궤적 곡선을 복사한다. 모션 해석 트리의 결과 폴더 밑의 궤적 플롯에 오른쪽 마우스 버튼을 누르고 "궤적 경로에서 곡선 작성"을 선택한다.

② 다음은 "새 파트 안의 경로에서 곡선 작성"을 클릭한다.

(5) 설계 캠 생성

① 새 파트 파일에 설계 캠의 궤적이 생성된 것을 알 수 있다.

② 정면을 선택하고 스케치로 들어간다.

③ 캠 곡선에 커서를 데고 오른쪽 버튼을 눌러 "요소 변환"을 클릭하여 정면에 곡선을 스케치 곡선으로 한다.

④ 스케치 완료를 한다.

⑤ 피처에서 중간평면 돌출을 10㎜로 한다.

⑥ 스케치의 원 도구를 선택하고 지름 10㎜의 원을 스케치 한다.

⑦ 확인을 클릭한다.

⑧ 피처에서 관통을 한다.

⑨ 확인을 클릭한다.

(6) 설계 캠 저장하기

① 풀다운 메뉴에서 저장 도구(💾)에서 "다른 이름으로 저장하기"를 클릭한다.

② 저장할 디렉토리를 정하고 파일이름을 "단순조화 운동 캠"으로 한다.

③ 저장 버튼을 클릭한다.

1.3.5 설계 캠 기구 시뮬레이션

(1) 설계 캠 조립

기초 캠 대신에 생성한 설계 캠을 기초 캠 조립과 마찬가지로 조립한다. 조립결과는 그림 3-1-21과 같다.

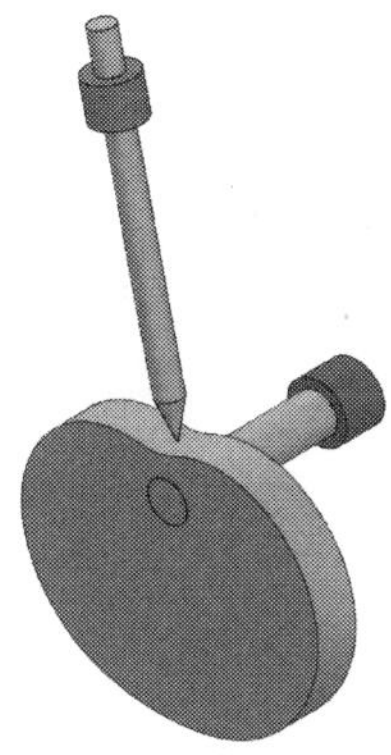

그림 3-1-21 새로 생성한 캠의 조립 모습

(2) 모션 조건 설정

1) 모터 설정

① 캠 기구의 구동을 보이기 위해 모델 탭 옆의 모션 스터디 탭을 클릭한다.

② 모션 해석 탭으로 설정한다.

③ 구동을 위한 모터를 선택한다.

④ 모터 유형을 원형 모터로 선택한다.

⑤ 부품/방향에서 모터 위치는 원형 구동을 위해 그림 3-1-22와 같이 캠으로 한다.

⑥ 확인을 클릭한다.

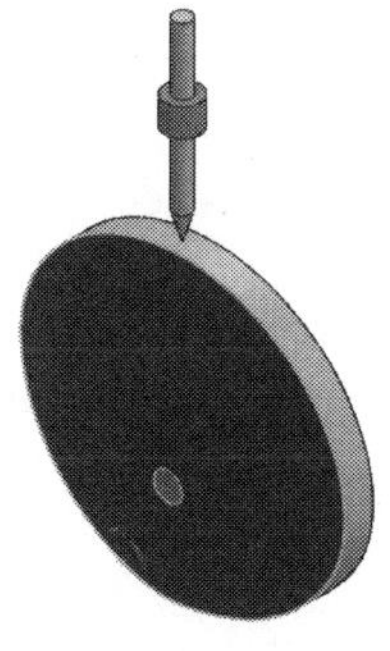

그림 3-1-22 모터 위치와 모터 방향 설정 모습

2) 모션 설정

① 모션은 모터 속성 창의 모션 설정에서 "정속"을 선택한다.

② 12초에 360° 회전 구동하도록 하려면 5rpm으로 해야 한다.

③ 확인을 클릭한다.

④ 접촉을 선택하고 솔리드 바디 접촉에서 캠과 종동절을 차례로 클릭한다.

⑤ 확인을 클릭한다.

⑥ 중력을 y방향으로 설정한다.

⑦ 모션 스터디 속성에서 초당 프레임을 100으로 하고 사이클 시간을 체크하고 12초로 한다.

⑧ 확인을 클릭한다.

3) 모션 스터디 계산하기

① 모션 스터디 계산하기 아이콘을 클릭하여 설정된 모터의 구동 조건을 계산한다.

② 계산과 동시에 캠의 구동을 확인한다.

(3) 운동 시뮬레이션

① "결과와 플롯" 버튼을 클릭하여 그래프의 속성을 입력한다.

② 구동에 대한 종동절의 모션 해석 결과는 그림 3-1-23과 같다.

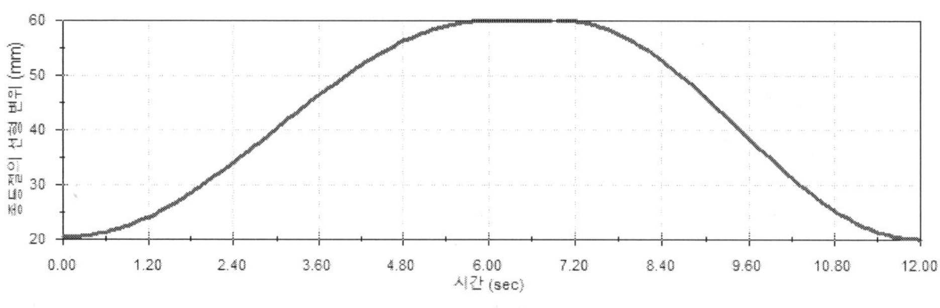

그림 3-1-23 종동절의 선형 변위 그래프

(4) 결과 고찰

위 시뮬레이션 결과 그래프를 통해 설계 캠의 360° 회전(12초 동안)에 대해 그림 3-1-23의 종동절이 40㎜ 폭으로 상하 운동 하고 있는 것을 알 수 있다. 한편 이론에 의한 설계한 그림 3-1-20 엑셀 그래프도 정확히 40㎜의 폭으로 상하 운동 하고 있는 것을 알 수 있다. 따라서 이론적 해석의 변위 곡선에 따른 설계 원판 캠의 설계는 올바르다고 판단할 수 있다.

(5) 동영상 저장하기

① 모션 해석에서 저장 아이콘()을 클릭한다.
② 동영상 설정 창이 나타난다.
③ 파일 이름을 "단순조화 운동 캠 기구 동영상"으로 한다.
④ 비디오 압축 창이 나타나고 프레임 정보에서 초당 프레임을 25로 하고 저장을 누른다.
⑤ 압축 프로그램의 창이 나타나면 "전체 프레임(압축 안함)"을 선택하고 확인을 클릭한다.
⑥ 기구가 동작하면서 동영상으로 저장된다.

1.4 사이클로이드 운동 변위 선도에 의한 캠 설계

1.4.1 부품 사양 결정

(1) 이론적 고찰

사이클로이드 운동 변위 곡선에서 기초원이 ϕ만큼 구를 때 캠은 θ만큼 회전한다. 이 때 종동절의 상승 변위 s는 다음과 같다.

$$s = R\phi - Rsin\phi = R(\phi - \sin\phi) \qquad (3\text{-}1\text{-}11)$$

여기서 R: 기초원의 반지름이다.

기초원이 1회전할 때 h만큼 상승하므로 다음과 같다.

$$\phi = 2\pi \frac{\theta}{\beta} \tag{3-1-12}$$

그리고

$$R = \frac{h}{2\pi} \tag{3-1-13}$$

위의 두 식을 s에 관한 식에 대입하면 다음과 같다.

$$s = \frac{h}{2\pi}\left(2\pi \frac{\theta}{\beta} - \sin 2\pi \frac{\theta}{\beta}\right) = h\frac{\theta}{\beta} - \frac{h}{2\pi}\sin 2\pi \frac{\theta}{\beta} \tag{3-1-14}$$

(2) 설계 제한 조건

① 캠이 180°회전할 때 종동절은 사이클로이드 운동으로 40㎜ 상승한다.

② 180°에서 210°까지 종동절은 정지한다.

③ 210°에서 360° 사이에 사이클로이드 운동으로 하강한다.

④ 캠 설계는 이론적 고찰에 의한 엑셀 데이터로부터 생성한다. 즉, 표 3-1-5와 같다.

표 3-1-5 운동 형태에 따른 변위 선도

운동형식	변위
사이클로이드 운동	$s = h\left(\frac{\theta}{\beta} - \frac{1}{2\pi}\sin\frac{2\pi\theta}{\beta}\right)$

※ β는 캠의 회전각, h는 종동절의 전체 상승량

(3) 사양 결정

① 원판 캠 두께는 10㎜이다.

② 종동절의 최대 행정 거리는 40㎜이다.

③ 종동절의 지름은 6㎜이다.

④ 변위 곡선에 따른 캠 종동절의 변위는 표 3-1-5를 따르며 캠의 회전각도에 따른 접촉자의 변위는 표 3-1-6과 같으며 엑셀 그래프는 그림 3-1-24와 같다.

표 3-1-6 캠의 회전각도(θ)에 따른 변위(s)

각도	변위	각도	변위	각도	변위	각도	변위
15	0.1502	105	26.5164	195	40.0000	285	20.0000
30	1.1534	120	32.1800	210	40.0000	300	12.2580
45	3.6338	135	36.3662	225	39.7420	315	5.9454
60	7.8200	150	38.8466	240	38.0546	330	1.9454
75	13.4836	165	39.8498	255	34.0546	345	0.2580
90	20.0000	180	40.0000	270	27.7420	360	0.0000

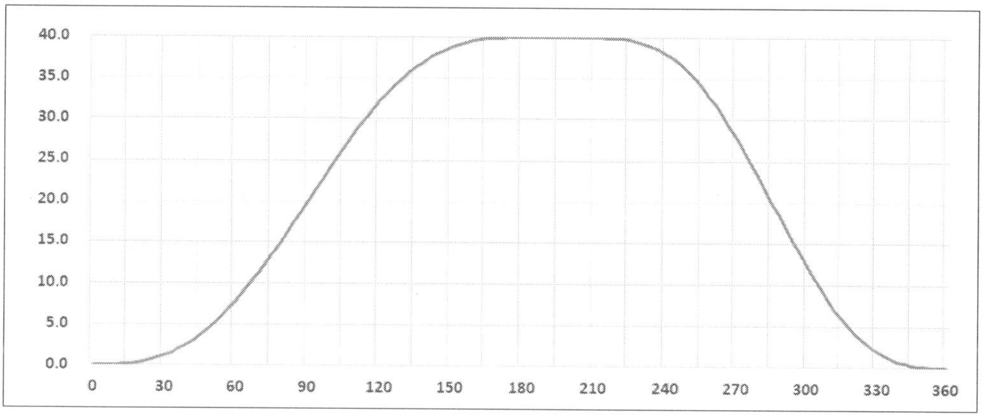

그림 3-1-24 종동절의 사이클로이드 운동에 의한 변위 선도

1.4.2 부품 형상모델링

사이클로이드 운동에 의한 캠 설계에서 사용한 부품을 그대로 사용하기로 한다.

1.4.3 기구 구성

사이클로이드 운동에 의한 캠 설계의 부품 조립도 동일하게 한다.

1.4.4 설계 캠 생성

(1) 기초 캠의 원형 모터 설정

① 모션 해석 탭으로 설정한다.

② 기초 캠의 구동을 위한 모터 유형을 원형 모터로 선택한다.

③ 부품/방향에서 모터 위치는 회전 구동을 위해 캠축에 원형 모터를 붙이고 모션 정의는 정속 5rpm(30deg/s)으로 한다.

④ 확인을 클릭한다.

(2) 종동절의 선형 모터 설정

① 종동절을 상하 구동하기 위해 모터를 정의한다. 종동절의 윗면에 선형 모터를 위로 향하게 붙인다. 모션 설정은 데이터 점의 함수 작성기에서 "데이터 점"을 선택한다. 값은 "변위"로, 독립변수는 "싸이클 각도"로, 보간 유형은 "Akima 자유곡선"을 선택한다. 데이터 불러오기를 클릭하고 "사이클로이드 운동 변위선도.csv" 엑셀 파일을 선택한다.

② 중력을 아래 방향의 Y로 첨가한다.

③ 시뮬레이션 스터디 특성을 100프레임/초로 싸이클 설정에서 싸이클 시간은 12s로 한다.

④ 키 속성을 12초로 한다.

(3) 종동절의 모션에 의한 궤적 생성

① 모션 스터디를 계산한다.

② "결과와 플롯" 버튼을 클릭하여 그래프의 속성 창을 연다.

③ 변위/속도/가속도를 선택하고 "궤적"을 선택한다.

④ 캠 프로파일을 정의하기 위한 종동절의 끝점과 참조 파트를 정의하기 위한 캠의 표면을 선택한다. 그리고 출력 옵션에서 그래픽 창에 벡터 표시를 체크로 한다.

⑤ 확인을 클릭한다.

(4) 설계 캠 생성을 위한 궤적 경로의 복사

① SolidWorks 파트에 궤적 곡선을 복사한다. 모션 해석 트리의 결과 폴더 밑의 궤적

플롯에 오른쪽 마우스 버튼을 누르고 “궤적 경로에서 곡선 작성”을 선택한다.

② 다음은 “새 파트 안의 경로에서 곡선 작성”을 클릭한다.

(5) 설계 캠 생성

① 새 파트 파일에 설계 캠의 궤적이 생성된 것을 알 수 있다.

② 정면을 선택하고 스케치로 들어간다.

③ 캠 곡선에 커서를 데고 오른쪽 버튼을 눌러 “요소 변환”을 클릭하여 정면에 곡선을 스케치 곡선으로 한다.

④ 스케치 완료를 한다.

⑤ 피처에서 중간평면 돌출을 10㎜로 한다.

⑥ 스케치의 원 도구를 선택하고 지름 10㎜의 원을 스케치 한다.

⑦ 확인을 클릭한다.

⑧ 피처에서 관통을 한다.

⑨ 확인을 클릭한다.

(6) 설계 캠 저장하기

① 풀다운 메뉴에서 저장 도구()에서 다른 이름으로 저장하기를 클릭한다.

② 저장할 디렉토리를 정하고 파일이름을 “사이클로이드 운동 캠”으로 한다.

③ 저장 버튼을 클릭한다.

1.4.5 설계 캠 기구 시뮬레이션

(1) 설계 캠 조립

기초 캠 대신에 생성한 설계 캠을 기초 캠 조립과 마찬가지로 조립한다. 조립결과는 그림 3-1-25와 같다.

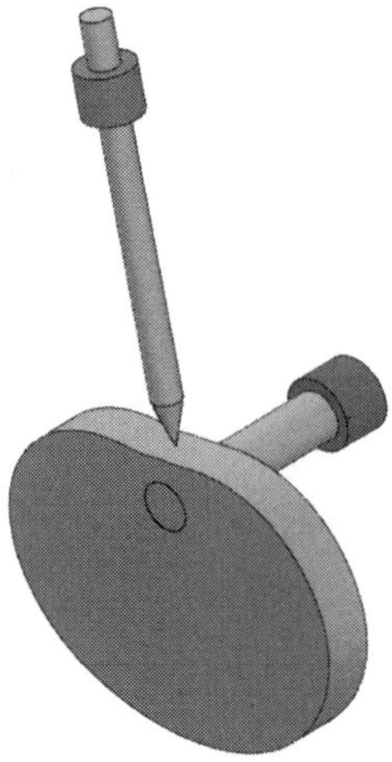

그림 3-1-25 새로 생성한 캠의 조립 모습

(2) 모션 조건 설정

1) 모터 설정

① 캠 기구의 구동을 보이기 위해 모델 탭 옆의 모션 스터디 탭을 클릭한다.

② 모션 해석 탭으로 설정한다.

③ 구동을 위한 모터를 선택한다.

④ 모터 유형을 원형 모터로 선택한다.

⑤ 부품/방향에서 모터 위치는 원형 구동을 위해 그림 3-1-26과 같이 캠으로 한다.

⑥ 확인을 클릭한다.

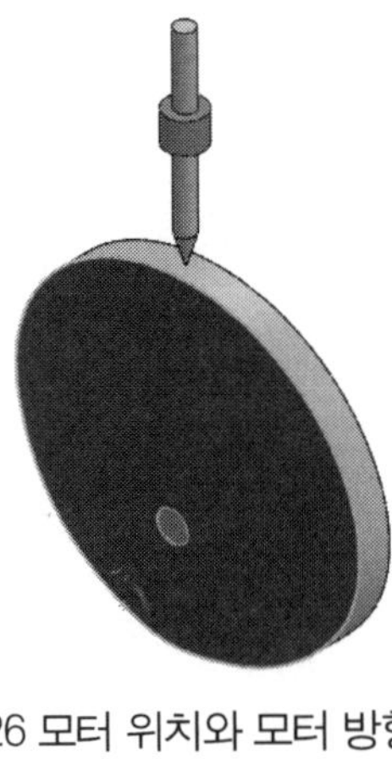

그림 3-1-26 모터 위치와 모터 방향 설정 모습

2) 모션 설정

① 모션은 모터 속성 창의 모션 설정에서 "정속"을 선택한다.

② 12초에 360° 회전 구동하도록 하려면 5rpm으로 해야 한다.

③ 확인을 클릭한다.

④ 접촉을 선택하고 솔리드 바디 접촉에서 캠과 접촉자를 차례로 클릭한다.

⑤ 확인을 클릭한다.

⑥ 중력을 y방향으로 설정한다.

⑦ 모션 스터디 속성에서 초당 프레임을 100으로 하고 사이클 시간을 체크하고 12초로 한다.

⑧ 확인을 클릭한다.

3) 모션 스터디 계산하기

① 모션 스터디 계산하기 아이콘을 클릭하여 설정된 모터의 구동 조건을 계산한다.

② 계산과 동시에 캠의 구동을 확인한다.

(3) 모션 시뮬레이션

① "결과와 플롯" 버튼을 클릭하여 그래프의 속성을 입력한다.

② 구동에 대한 종동절의 모션 해석 결과는 그림 3-1-27과 같다.

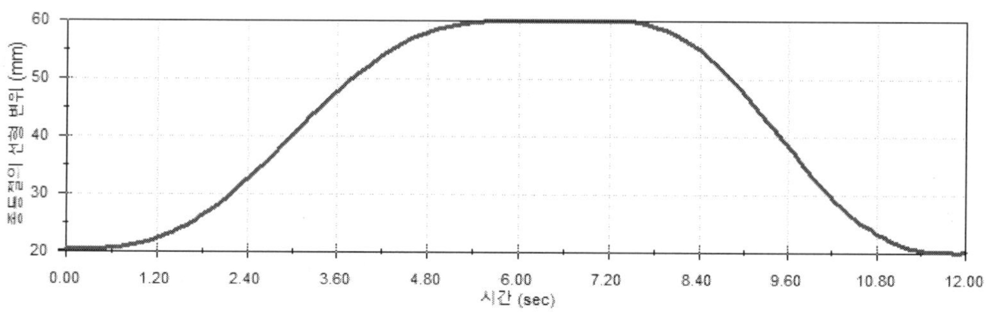

그림 3-1-27 접촉자의 시간에 따른 선형 변위 그래프 결과

(4) 결과 고찰

위 시뮬레이션 결과 그래프를 통해 설계 캠의 360° 회전(12초 동안)에 대해 그림 3-1-27의 종동절이 40㎜ 폭으로 상하 운동 하고 있는 것을 알 수 있다. 한편 이론에 의한 설계한 그

림 3-1-24 엑셀 그래프도 정확히 40㎜의 폭으로 상하 운동 하고 있는 것을 알 수 있다. 따라서 이론적 해석의 변위 곡선에 따른 설계 원판 캠의 설계는 올바르다고 판단할 수 있다.

(5) 동영상 저장하기

① 모션 해석에서 저장 아이콘( )을 클릭한다.

② 동영상 설정 창이 나타난다.

③ 파일 이름을 “사이클로이드 운동 캠 기구 동영상”으로 한다.

④ 비디오 압축 창이 나타나고 프레임 정보에서 초당 프레임을 25로 하고 저장을 누른다.

⑤ 압축 프로그램의 창이 나타나면 “전체 프레임(압축 안함)”을 선택하고 확인을 클릭한다.

⑥ 기구가 동작하면서 동영상으로 저장된다.

1.5 캠의 속도에 대한 비교 고찰

1.5.1 저속에 대한 비교 고찰

(1) 이론적 고찰

이론적으로 캠의 3가지 운동에 따른 종동절의 속도는 표 3-1-7과 같다.

표 3-1-7 운동 형태에 따른 속도

운동형식	속도
등감가속도 운동	$\frac{\theta}{\beta} \le 0.5$일 때, $\frac{ds}{dt} = \frac{4h\omega\theta}{\beta^2}$ $\frac{\theta}{\beta} > 0.5$일 때, $\frac{ds}{dt} = \frac{4h\omega}{\beta}\left(1 - \frac{\theta}{\beta}\right)$
단순조화 운동	$\frac{ds}{dt} = \frac{\pi h\omega}{2\beta}\sin\frac{\pi\theta}{\beta}$
사이클로이드 운동	$\frac{ds}{dt} = \frac{h\omega}{\beta}(1 - \cos\frac{2\pi\theta}{\beta})$

※ β는 캠의 회전각, h는 종동절의 전체 상승량, ω는 rad/s로서 각속도

1) 등감가속도 운동 캠 기구의 속도

캠의 각속도를 5rpm이라 하면 캠 종동절의 최대 가속도는 다음과 같다.

$$\omega = \frac{5}{60}(2\pi) = 0.52\,rad/s$$

종동절의 하강 부분에서는 캠의 회전 각도가 $\beta = 150°$ $(2.16rad)$이며 종동절이 등감속도 하강하면서 캠이 75°회전 부분에서 다시 등가속도로 하강하므로 75°$(1.309rad)$에서 최대속도가 되며 그 값은 다음과 같다.

$$V_{\max} = \frac{4h\omega\theta}{\beta^2} = \frac{4 \times 40 \times 0.52 \times 1.309}{2.618^2} = 15.9\text{mm/s}$$

2) 단순조화 운동 캠 기구의 속도

캠의 각속도를 5rpm이라 하면 캠 종동절의 최대 가속도는 다음과 같다.

$$\omega = \frac{5}{60}(2\pi) = 0.52\,rad/s$$

종동절의 하강 부분에서는 캠의 회전 각도가 $\beta = 150°$ $(2.16rad)$이며 종동절이 단순조화 운동으로 하강하면서 캠이 75°$(1.309rad)$에서 최대속도가 되며 그 값은 다음과 같다.

$$V_{\max} = \frac{\pi h\omega}{2\beta}\sin\frac{\pi\theta}{\beta} = \frac{40 \times \pi \times 0.52}{2 \times 2.618}\sin\frac{1.309 \times \pi}{2.618} = 12.48\text{mm/s}$$

3) 사이클로이드 운동 캠 기구의 속도

캠의 각속도를 5rpm이라 하면 캠 종동절의 최대 가속도는 다음과 같다.

$$\omega = \frac{5}{60}(2\pi) = 0.52\,rad/s$$

종동절의 하강 부분에서는 캠의 회전 각도가 $\beta = 150°$ $(2.16rad)$이며 종동절이 사이클로이드 운동 하강하면서 캠이 75°(1.309rad)에서 최대속도가 되며 그 값은 다음과 같다.

$$V_{\max} = 2\frac{h\omega}{\beta} = \frac{2\times 40\times 0.52}{2.618} = 15.89\text{㎜/s}$$

(2) 모션 조건 설정

1) 모터 설정

① 캠 기구의 구동을 보이기 위해 모델 탭 옆의 모션 스터디 탭을 클릭한다.

② 모션 해석 탭으로 설정한다.

③ 구동을 위한 모터를 선택한다.

④ 모터 유형을 원형 모터로 선택한다.

⑤ 부품/방향에서 모터 위치는 원형 구동을 위해 캠으로 한다.

⑥ 확인을 클릭한다.

2) 모션 설정

① 모션은 모터 속성 창의 모션 설정에서 "정속"을 선택한다.

② 12초에 5rpm으로 한다.

③ 확인을 클릭한다.

④ 접촉을 선택하고 솔리드 바디 접촉에서 캠과 접촉자를 차례로 클릭한다.

⑤ 확인을 클릭한다.

⑥ 중력을 y방향으로 설정한다.

⑦ 모션 스터디 속성에서 초당 프레임을 100으로 하고 사이클 시간을 체크하고 12초로 한다.

⑧ 확인을 클릭한다.

3) 모션 스터디 계산하기

① 모션 스터디 계산하기 아이콘을 클릭하여 설정된 모터의 구동 조건을 계산한다.

② 계산과 동시에 캠의 구동을 확인한다.

(3) 시뮬레이션 결과

① “결과와 플롯” 버튼을 클릭하여 그래프의 속성을 입력한다.

② 구동에 대한 접촉자의 모션 해석 결과는 그림 3-1-29~31과 같다.

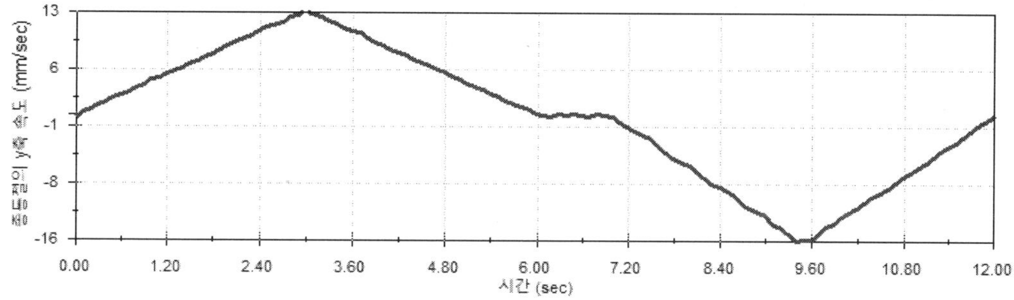

그림 3-1-29 등가속도 운동 기구의 선형 속도 그래프

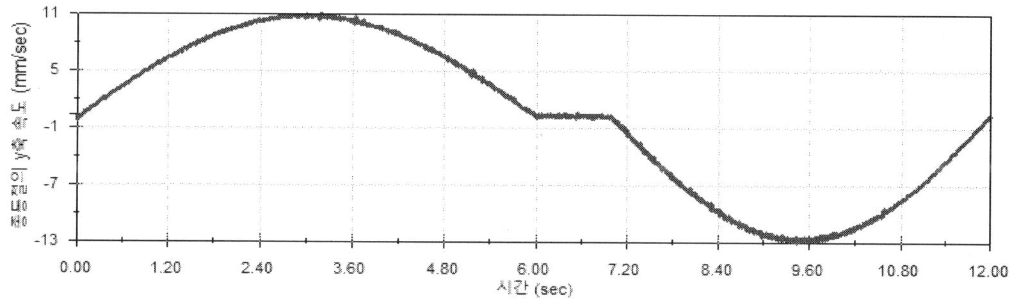

그림 3-1-30 단순조화 운동 기구의 선형 속도 그래프

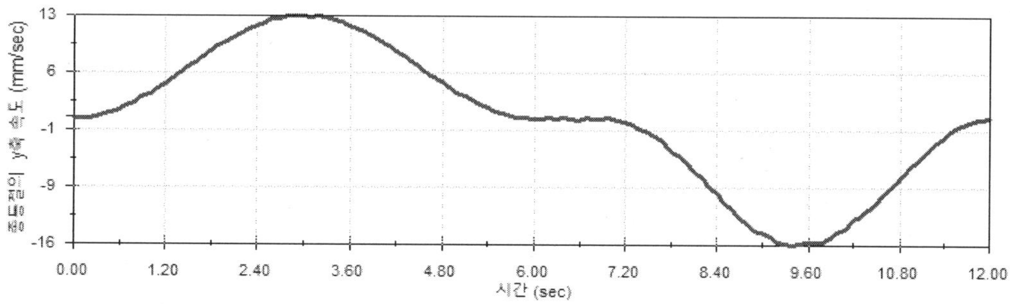

그림 3-1-31 사이클로이드 운동 기구의 선형 속도 그래프

1.5.2 고속에 대한 비교 고찰

(1) 이론적 고찰

1) 등감가속도 운동 캠 기구의 속도

캠의 각속도를 120rpm이라 하면 캠 종동절의 최대 가속도는 다음과 같다.

$$\omega = \frac{120}{60}(2\pi) = 12.57\,rad/s$$

종동절의 하강 부분에서는 캠의 회전 각도가 $\beta = 150°$ $(2.16rad)$이며 종동절이 등감속도 하강하면서 캠이 75°회전 부분에서 다시 등가속도로 하강하므로 75°$(1.309rad)$에서 최대속도가 되며 그 값은 다음과 같다.

$$V_{\max} = \frac{4h\omega\theta}{\beta^2} = \frac{4\times40\times12.57\times1.309}{2.618^2} = 384.11\text{mm/s}$$

2) 단순조화 운동 캠 기구의 속도

캠의 각속도를 120rpm이라 하면 캠 종동절의 최대 가속도는 다음과 같다.

$$\omega = \frac{120}{60}(2\pi) = 12.57\,rad/s$$

종동절의 하강 부분에서는 캠의 회전 각도가 $\beta = 150°$ $(2.16rad)$이며 종동절이 단순조화 운동으로 하강하면서 캠이 75°$(1.309rad)$에서 최대속도가 되며 그 값은 다음과 같다.

$$V_{\max} = \frac{\pi h\omega}{2\beta}\sin\frac{\pi\theta}{\beta} = \frac{40\times\pi\times12.57}{2\times2.618} = 301.68\text{mm/s}$$

3) 사이클로이드 운동 캠 기구의 속도

캠의 각속도를 120rpm이라 하면 캠 종동절의 최대 가속도는 다음과 같다.

$$\omega = \frac{120}{60}(2\pi) = 12.57\,rad/s$$

종동절의 하강 부분에서는 캠의 회전 각도가 $\beta = 150^\circ$ $(2.16rad)$이며 종동절이 사이클로이드 운동으로 하강하면서 캠이 75°$(1.309rad)$에서 최대속도가 되며 그 값은 다음과 같다.

$$V_{\max} = 2\frac{h\omega}{\beta} = \frac{2 \times 40 \times 12.57}{2.618} = 384.11\text{mm/s}$$

(2) 모션 조건 설정

1) 모터 설정

① 캠 기구의 구동을 보이기 위해 모델 탭 옆의 모션 스터디 탭을 클릭한다.

② 모션 해석 탭으로 설정한다.

③ 구동을 위한 모터를 선택한다.

④ 모터 유형을 원형 모터로 선택한다.

⑤ 부품/방향에서 모터 위치는 원형 구동을 위해 캠으로 한다.

⑥ 확인을 클릭한다.

2) 모션 설정

① 모션은 모터 속성 창의 모션 설정에서 "정속"을 선택한다.

② 12초에 120rpm으로 한다.

③ 확인을 클릭한다.

④ 접촉을 선택하고 솔리드 바디 접촉에서 캠과 접촉자를 차례로 클릭한다.

⑤ 확인을 클릭한다.

⑥ 중력을 y방향으로 설정한다.

⑦ 모션 스터디 속성에서 초당 프레임을 100으로 하고 사이클 시간을 체크하고 12초로 한다.

⑧ 확인을 클릭한다.

5) 모션 스터디 계산하기

① 모션 스터디 계산하기 아이콘을 클릭하여 설정된 모터의 구동 조건을 계산한다.

② 계산과 동시에 캠의 구동을 확인한다.

(3) 시뮬레이션 결과

① "결과와 플롯" 버튼을 클릭하여 그래프의 속성을 입력한다.

② 구동에 대한 접촉자의 모션 해석 결과는 그림 3-1-32~34와 같다.

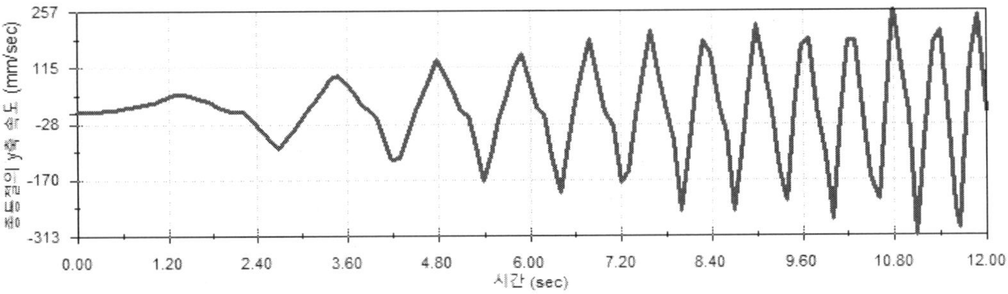

그림 3-1-32 등가속도 운동 기구의 선형 속도 그래프(고속의 경우)

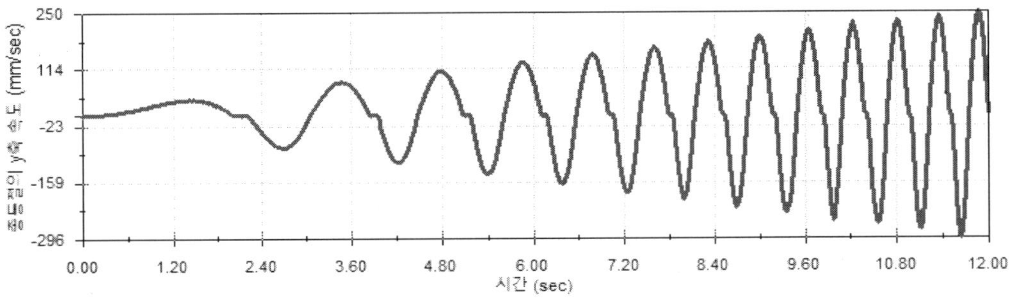

그림 3-1-33 단순조화 운동 기구의 선형 속도 그래프(고속의 경우)

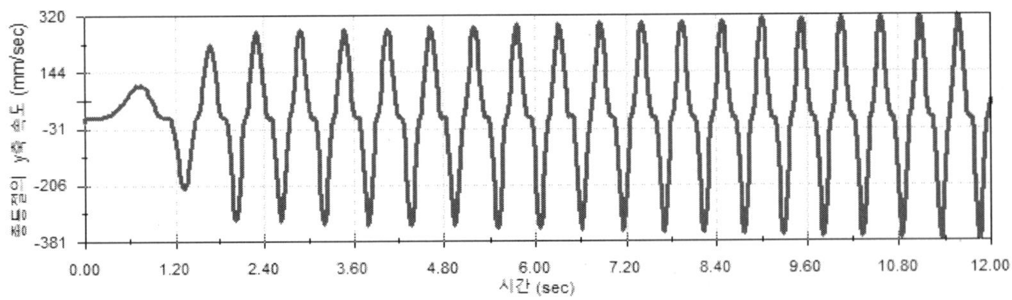

그림 3-1-34 사이클로이드 운동 기구의 선형 속도 그래프(고속의 경우)

1.5.3 종합 비교 고찰

저속의 경우 등가속도 운동 기구는 이론적인 값(15.9㎜/s)과 시뮬레이션 값(16㎜/s)이 거의 일치하는 것을 알 수 있으며, 단순조화 운동 기구는 이론적인 값(12.48㎜/s)과 시뮬레이션 값(13㎜/s)이 거의 일치하는 것을 알 수 있으며, 사이클로이드 운동 기구는 이론적인 값(15.89㎜/s)과 시뮬레이션 값(16㎜/s)이 거의 일치하는 것을 알 수 있다. 그러나 고속의 경우 등가속도 운동 기구는 이론적인 값(384.11㎜/s)과 시뮬레이션 값(313㎜/s)이 약간 차이가 있는 것을 알 수 있으며, 단순조화 운동 기구는 이론적인 값(301.68㎜/s)과 시뮬레이션 값(296㎜/s)이 약간 차이가 있는 것을 알 수 있으며, 사이클로이드 운동 기구는 이론적인 값(384.11㎜/s)과 시뮬레이션 값(381㎜/s)이 거의 일치하는 것을 알 수 있다.

따라서 저속의 경우는 큰 문제없으나 고속의 경우 등가속도 운동 변위곡선에 의한 캠 기구와 단순조화 운동 변위곡선에 의한 캠 기구는 이론적인 값과 조금 차이가 있으며 불안한 회전을 하는 것을 알 수 있다. 그러나 사이클로이드 운동 변위곡선에 의한 캠 기구는 이론적인 값과 거의 일치하며 빨리 안정화되는 것을 알 수 있다. 결론적으로 사이클로이드 운동 변위곡선에 의한 캠을 사용하는 것이 안정적인 기구를 구성할 수 있다.

1.6 자율 평가 문제

이 자율평가의 목적은 앞에서 익힌 내용을 다 이해하고 평가 문제에 대해 자기 주도적으로 문제를 해결하고 숙지 정도를 확인하기 위함이다. 본인의 부족한 점에 대해 파악하는 태도를 기르고 부족하다면 다른 사람의 도움을 받거나 본인 스스로 앞의 내용을 더욱 자세히 학습하는 자기주도 학습에 목적이 있다.

그림 3-1-1의 변위 선도에 의한 캠 설계에서 변위 선도가 다음과 같이 변경되었다고 하고 다음 작업을 실시하라.

변경 조건 사항

- 캠이 180° 회전하는 사이에 종동절이 60㎜ 상승한다.
- 180°에서 210°까지 종동절은 정지한다.
- 210°에서 360° 사이에 다시 종동절이 하강한다.
- 캠의 원판 두께는 20㎜로 한다.

문제 1

캠 기구가 단순 조화 운동을 하면서 변경된 변위 선도를 따라 구동하는 캠을 설계하고 설계 캠을 이용하여 기구를 생성하여 설계 캠에 의한 기구의 변위와 속도를 시뮬레이션으로 나타내어라.

문제 2

캠 기구가 사이클로이드 운동을 하면서 변경된 변위 선도를 따라 구동하는 캠을 설계하고 설계 캠을 이용하여 기구를 생성하여 설계 캠에 의한 기구의 변위와 속도를 시뮬레이션으로 나타내어라.

위의 문제에 대해 부록의 답안과 비교하여 일치한 답을 했다면 앞의 내용을 완전히 이해했다고 판단되지만 틀린 부분이 있다면 그 원인을 반드시 찾도록 하는 것이 좋을 것입니다. 본인의 답이 맞다고 생각하면 일치하지 않아도 좋지만 그 이유를 반드시 적어보고 확실한지 다시 한 번 확인하기 바랍니다.

자율 평가 결과 점검표

학습자 성명 :	평가 날짜 :
평가 제목 : 변위 선도에 의한 캠 설계	

	성취 수준		
	이해하지 못함	일부를 모르겠음	완전히 하였음
• 단순조화 운동을 하는 캠을 설계하고 형상모델링 하였다.			
• 단순조화 운동을 하는 캠 기구를 생성하고 모션 시뮬레이션을 하였다.			
• 단순조화 운동을 하는 캠 기구의 시뮬레이션 값과 이론 값을 비교 고찰 하였다.			
• 사이클로이드 운동을 하는 캠을 설계하고 형상모델링 하였다.			
• 사이클로이드 운동을 캠 기구를 생성하고 모션 시뮬레이션을 하였다.			
• 사이클로이드 운동을 하는 캠 기구의 시뮬레이션 값과 이론 값을 비교 고찰 하였다.			

성취수준

위의 모든 항목에 대해 “완전히 하였음”, 즉 완성도 100%로 답하여야 합니다. 만일 “하지 않았음” 또는 “했지만 잘 모르겠음”에 답을 했다면 앞에서 학습한 내용을 다시 한 번 확인하여 다시 수행하고 필요한 경우에는 교육자 또는 전문가와 상의하기 바랍니다.

제2장

원판 캠 기구

2.1 문제

여러분이 기계공학을 전공한 전문가이며 특히 캠 기구에 대한 전공자라고 하자. 한 회사에서 다음과 같은 조건으로 가상 캠 기구를 설계해 달라고 한다. (1) 종동절에 요구되는 변위에 따라 자유로운 형상의 윤곽곡선을 가공하여 사용한다. (2) 종동절을 밀어 올릴 뿐이고, 끌어내리는 데는 중력이나 스프링의 힘을 이용한다. (3) 회전시 회전 중심으로부터의 반지름 거리가 변하도록 원판의 중심에서 벗어난 점을 회전중심으로 고정한 캠 기구이다. 이럴 때 당신은 어떻게 해결할 것인가?

2.2 부품 준비

2.2.1 부품 사양 결정

(1) 요구 조건

① 종동절에 요구되는 변위에 따라 자유로운 형상의 윤곽곡선을 가공하여 사용한다.

② 종동절을 밀어 올릴 뿐이고, 끌어내리는 데는 중력이나 스프링의 힘을 이용한다.

③ 회전시 회전 중심으로부터의 반지름 거리가 변하도록 원판의 중심에서 벗어난 점을 회전중심으로 고정한 캠 기구이다.

(2) 설계 제한 조건

① 종동절에 요구되는 변위에 따라 자유로운 형상의 윤곽곡선을 가공하여 사용하는 것은 판 캠(plate cam)이다.

② 회전시 회전 중심으로부터의 반지름 거리가 변하도록 원판의 중심에서 벗어난 점을 회전중심으로 고정한 캠은 원판 캠(circular disk cam)이다

③ 종동절을 밀어 올릴 뿐이고, 끌어내리는 데는 중력이나 스프링의 힘을 이용하여야 하지만 가상 기구 설계이므로 캠과 종동절이 항상 접촉하도록 조건을 준다.

④ 원판 캠 기구는 그림 3-2-1과 같은 운동 기구이며 y 한 방향과 x, y 양 방향을 모두 설계한다.

⑤ 원판은 타원이고 장축과 단축의 차는 10㎜이다. 즉, 최대 행정 거리를 10㎜로 한다.

⑥ 원판 캠 두께는 6㎜로 한다.

⑦ 접촉자의 접촉 부분은 반원 면으로 한다.

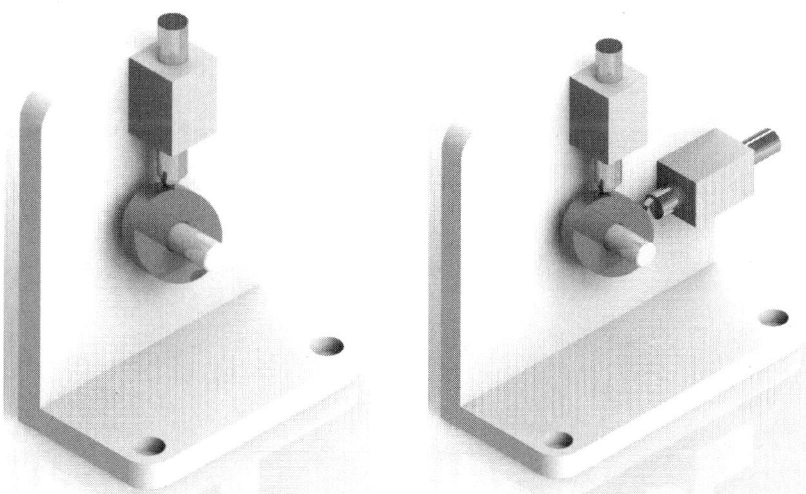

(a) 한 방향 직선 운동 (b) 양 방향 직선 운동

그림 3-2-1 원판 캠 운동 기구

(3) 사양 결정

① 원판 캠의 장축과 단축의 길이(그림 3-2-2)는 각각 25㎜와 15㎜이다.

② 접촉자 반원 면의 반원은 반지름 4㎜이다.

③ 원판 캠 직선 운동 기구의 부품은 5가지로 구성되며 부품 번호는 그림 3-2-3과 같다.

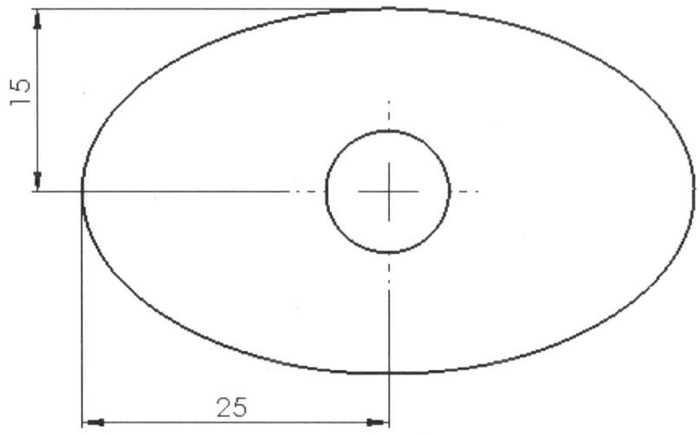

그림 3-2-2 원판 캠의 타원 치수

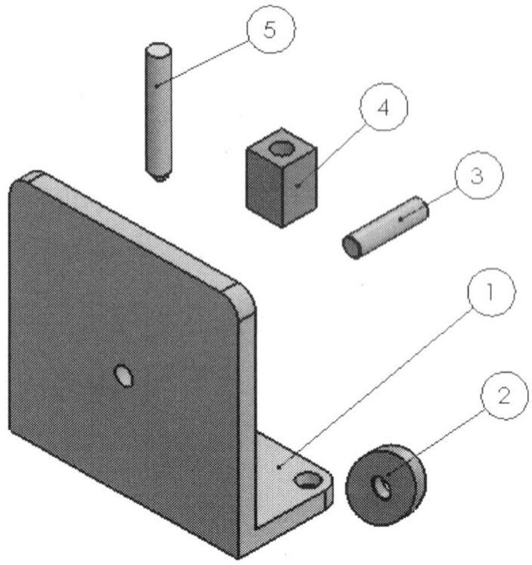

그림 3-2-3 원판 캠 직선운동 기구의 부품 번호

2.2.2 부품 형상모델링

(1) 베이스 부품(① 부품)

베이스는 원판 캠의 회전축을 지지하는 역할을 하며 회전축의 위치는 50㎜로 한다. 그림 3-2-4 (a)는 베이스의 외형이며 이 베이스를 그림 3-2-4 (b)의 치수대로 형상모델링 하고 저장 파일 이름을 "원판캠_베이스"로 한다.

(a) 외관

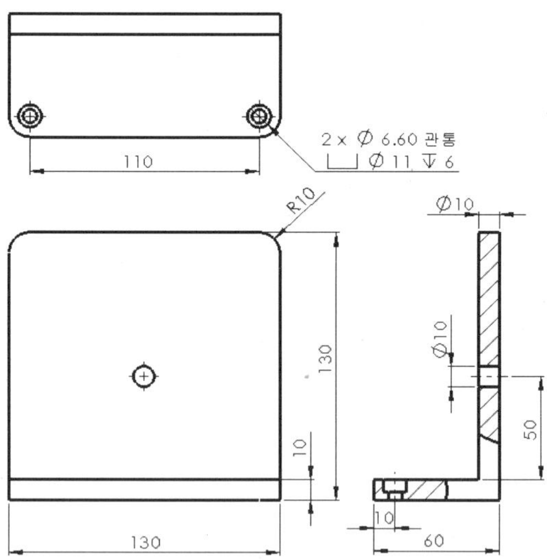

(b) 형상 치수

그림 3-2-4 베이스의 형상 정보

(2) 원판 캠 부품(② 부품)

원판 캠은 회전축에 의해 기구의 구동을 담당하는 역할을 하며 회전축의 지름은 10㎜로 한다. 그림 3-2-5 (a)는 원판 캠의 외형이며 이 원판 캠을 그림 3-2-5 (b)의 치수대로 형상 모델링 하고 저장 파일 이름을 “원판캠_캠”으로 한다.

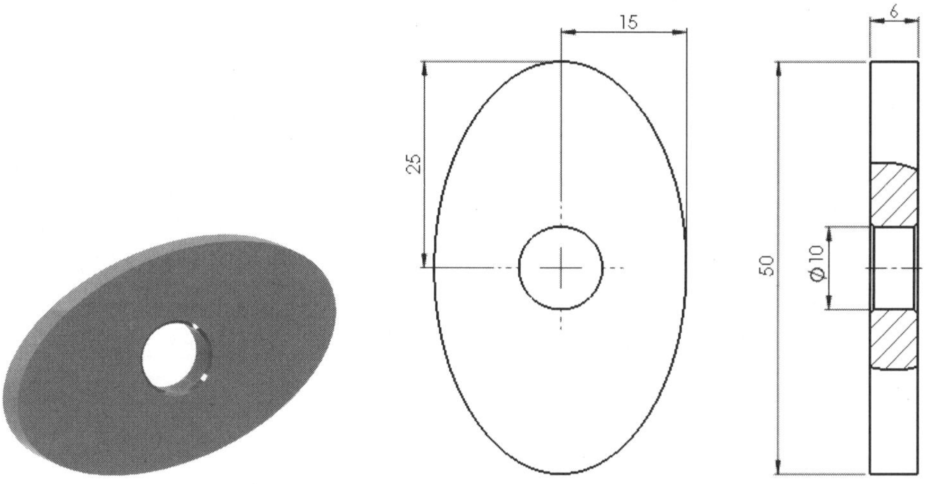

(a) 외관 (b) 형상 치수

그림 3-2-5 원판 캠의 형상 정보

(3) 종동 접촉자 부품(③ 부품)

종동 접촉자는 원판 캠에 의해 기구의 직선 운동을 담당하는 역할을 하며 접촉자의 지름은 ϕ10㎜로 한다. 그림 3-2-6 (a)는 접촉자의 외형이며 이 접촉자를 그림 3-2-6 (b)의 치수대로 형상모델링 하고 저장 파일 이름을 “원판캠_접촉자”로 한다.

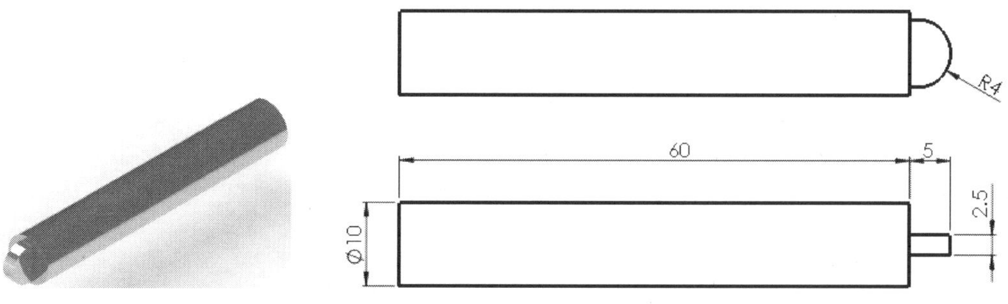

(a) 외관 (b) 형상 치수

그림 3-2-6 종동 접촉자의 형상 정보

(4) 홀더 부품(④ 부품)

홀더는 종동 접촉자의 슬라이딩을 안내하여 기구의 직선 운동을 할 수 있게 접촉자를 지지하는 역할을 하며 홀더의 구멍 지름은 ϕ10mm로 한다. 그림 3-2-7 (a)는 접촉자의 외형이며 이 접촉자를 그림 3-2-7 (b)의 치수대로 형상모델링 하고 저장 파일 이름을 "원판캠_홀더"로 한다.

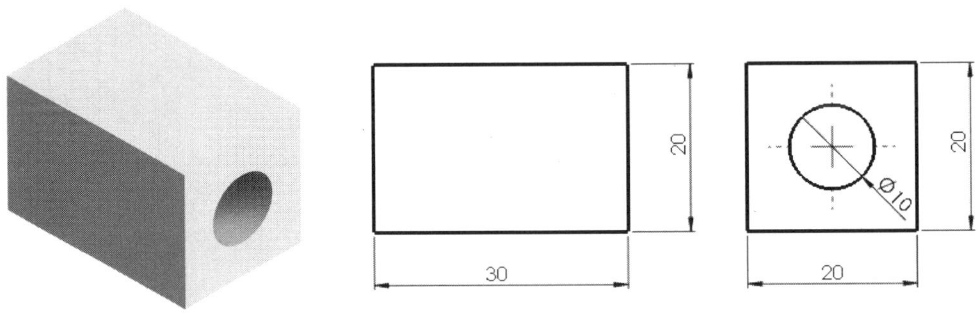

(a) 외관 (b) 형상 치수

그림 3-2-7 홀더의 형상 정보

(5) 회전축 부품(⑤ 부품)

회전축은 원판 캠과 조립되어 원판 캠을 회전 운동하게 하는 역할을 하며 회전축의 지름은 ϕ10mm로 한다. 그림 3-2-8 (a)는 접촉자의 외형이며 이 접촉자를 그림 3-2-8 (b)의 치수대로 형상모델링 하고 저장 파일 이름을 "원판캠_회전축"로 한다.

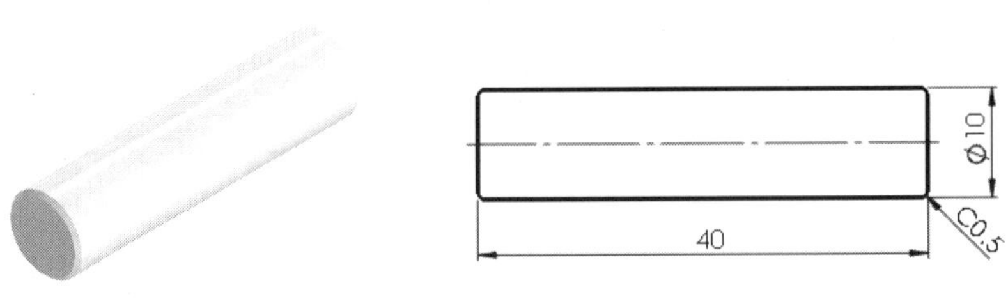

(a) 외관 (b) 형상 치수

그림 3-2-8 회전축의 형상 정보

2.3 한 방향 기구 설계

2.3.1 기구 구성

(1) 베이스의 조립

① 베이스(base) 파트모델을 불러온다.

② 베이스 모델에 커서를 데고 마우스 오른쪽 버튼을 누르고 "자유롭게 움직이기"를 클릭한다.

③ 베이스의 정면과 어셈블리 정면에 대해 일치 메이트 한다.

④ 베이스의 윗면과 어셈블리 윗면에 대해 일치 메이트 한다.

⑤ 베이스의 우측면과 어셈블리 우측면에 대해 일치 메이트 한다.

⑥ 확인을 클릭한다.

(2) 회전축의 조립

① 회전축(rotation axis)을 불러온다.

② 회전축의 구멍과 베이스의 구멍이 동심이 되도록 동심 메이트 한다.

③ 회전축의 한 쪽 끝 면과 베이스의 바깥 옆면을 일치 메이트 한다.

④ 확인을 클릭한다(그림 3-2-9).

(3) 원판 캠의 조립

① 원판 캠을 불러온다.

② 원판 캠의 구멍과 회전축의 원통이 동심이 되도록 동심 메이트 한다.

③ 원판 캠의 왼쪽 면과 베이스의 안쪽 옆면을 거리 7㎜되도록 거리 메이트 한다.

④ 확인을 클릭한다(그림 3-2-10).

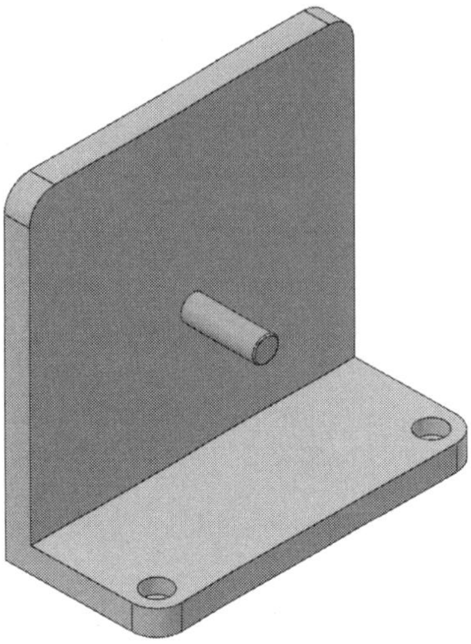

그림 3-2-9 회전축의 메이트 결과

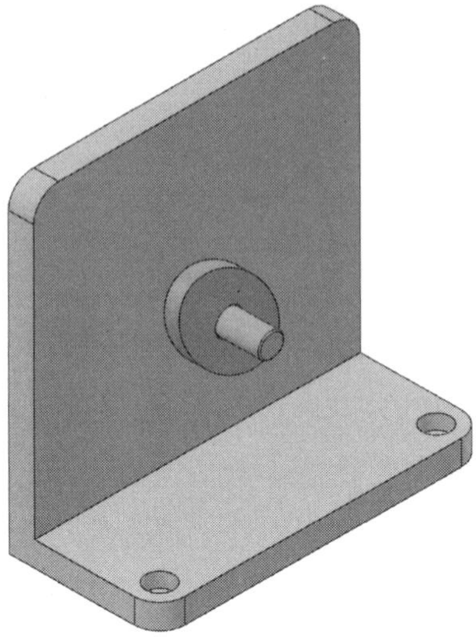

그림 3-2-10 원판 캠의 메이트 결과

(4) 홀더의 조립

① 홀더를 불러온다.

② 홀더의 정면과 베이스의 우측면이 일치가 되도록 일치 메이트 한다.

③ 홀더의 왼쪽 면과 베이스의 안쪽 옆면이 일치가 되도록 일치 메이트 한다.

④ 홀더의 위쪽 면과 베이스의 위쪽 면이 일치가 되도록 일치 메이트 한다.

⑤ 확인을 클릭한다(그림 3-2-11).

(5) 종동 접촉자의 조립

① 종동 접촉자를 불러온다.

② 종동 접촉자의 구멍과 회전축의 원통이 동심이 되도록 동심 메이트 한다.

③ 종동 접촉자의 윗면과 홀더의 정면이 일치가 되도록 일치 메이트 한다.

④ 확인을 클릭한다(그림 3-2-12).

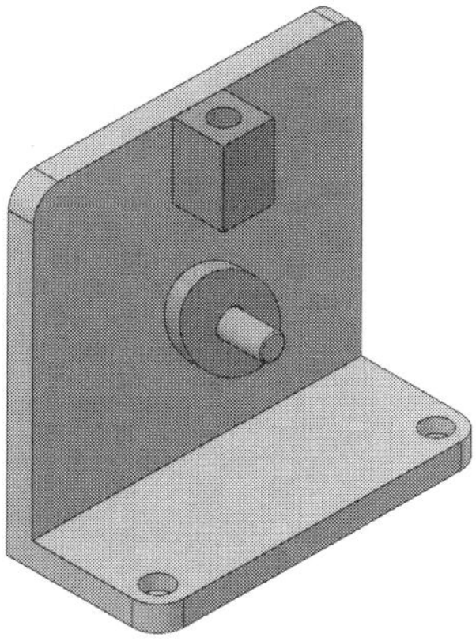

그림 3-2-11 홀더의 메이트 결과

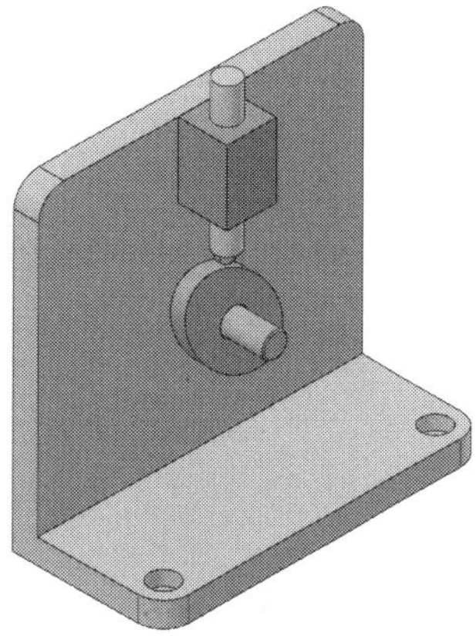

그림 3-2-12 종동 접촉자의 메이트 결과

(6) 캠 메이트 탄젠트 조립

① 기계 메이트에서 캠을 선택한다.

② 카메라 경로는 원판 캠 면(접촉면)을 선택하고 캠 팔로어는 종동 접촉자의 접촉면을 선택한다.

③ 확인한다.

(7) 저장하기

① 저장 도구에서 "다른 이름으로 저장하기"를 클릭한다.

② 저장할 디렉토리를 정하고 파일이름을 "원판 캠 한 방향 직선운동 기구"로 한다.

③ 저장 버튼을 클릭한다.

2.3.2 기구 모션 시뮬레이션

(1) 모션 조건 설정

캠이 2회전 할 때 접촉자가 상하로 10㎜ 정확히 슬라이드 하는지 모터의 설정부터 기구의 운동까지 그 과정과 결과를 알아보기로 한다.

1) 모터 설정

① 캠 기구의 구동을 보이기 위해 모델 탭 옆의 모션 스터디 탭을 클릭한다.

② 구동을 위한 모터를 선택한다.

③ 모터 유형을 원형 모터로 선택한다.

④ 부품/방향에서 모터 위치는 원형 구동을 위해 그림 3-2-13과 같이 캠의 중심축으로 한다.

⑤ 확인을 클릭한다.

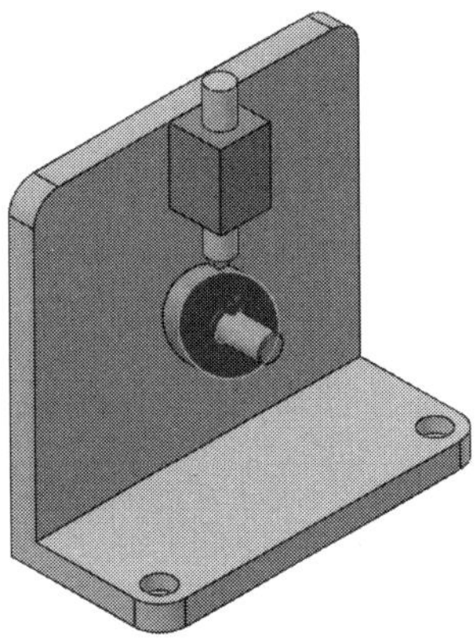

그림 3-2-13 모터 위치와 모터 방향 설정 모습

2) 모션 설정

① 모션은 모터 속성 창의 모션 설정에서 "방정식"을 선택한다.

② 방정식을 클릭하면 함수 작성기 창이 나타난다.

③ 함수는 ABS()로 하고 캠의 원형 기어가 5초에 720° 회전 구동하도록 하려면 1초에 144도 회전해야 하므로 72*2를 곱해줘야 한다. 즉, 방정식은 72*2*ABS(time)로 한다.

④ 확인을 클릭한다.

3) 모션 스터디 계산하기

① 모션 해석 탭으로 설정한다.

② 모션 스터디 계산하기 아이콘을 클릭하여 설정된 모터의 구동 조건을 계산한다.

③ 계산과 동시에 캠의 구동을 확인한다.

(2) 시뮬레이션 결과

① "결과와 플롯" 버튼을 클릭하여 그래프의 속성을 입력한다.

② 구동에 대한 접촉자의 모션 해석 결과는 그림 3-2-14와 같다.

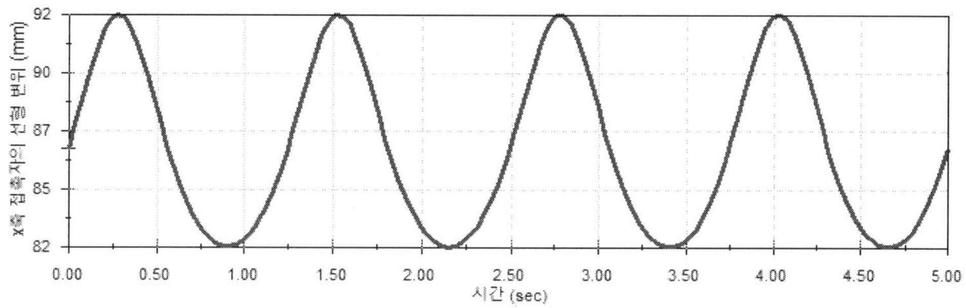

그림 3-2-14 접촉자의 시간에 따른 선형 변위 그래프 결과 모습

(3) 결과 고찰

캠의 720° 회전에 대해 그림 3-2-14의 접촉자가 상하 일정 거리 슬라이드 하고 있는 것을 알 수 있다. 따라서 캠의 회전 구동에 의해 접촉자를 병진운동으로 전달하는 캠 기구 설계는 올바르다고 판단할 수 있다.

(4) 동영상 저장하기

① 저장 아이콘을 클릭한다.

② 동영상 설정 창이 나타난다.

③ 파일 이름을 "한 방향 직선운동 기구 동영상"로 저장한다.

④ 비디오 압축 창이 나타나고 프레임 정보에서 초당 프레임을 25로 하고 저장을 누른다.

⑤ 압축 프로그램의 창이 나타나면 "전체 프레임(압축 안함)"을 선택하고 확인을 클릭한다.

⑥ 기구가 동작하면서 동영상으로 저장된다.

2.4 양 방향 기구 설계

2.4.1 기구 구성

부품은 원판 캠에 의한 한 방향 직선운동 기구와 동일하고 다만 홀더와 종동접촉자(follower)만이 한 번씩 더 사용된다. 따라서 한 방향 직선운동 기구의 (1)~(5)까지는 조립이 동일하며 나머지만 조립하면 된다.

(1) 홀더2의 조립

① 홀더를 불러온다.

② 홀더의 윗면과 베이스의 아래쪽 면이 거리 60㎜가 되도록 거리 메이트 한다.

③ 홀더의 오른쪽 면과 베이스의 오른쪽 옆면이 일치가 되도록 일치 메이트 한다.

④ 홀더의 안쪽 면과 베이스의 안쪽 면이 일치가 되도록 일치 메이트 한다.

⑤ 확인을 클릭한다(그림 3-2-15).

(2) 종동 접촉자2의 조립

① 종동 접촉자를 불러온다.

② 종동 접촉자의 구멍과 회전축의 원통이 동심이 되도록 동심 메이트 한다.

③ 종동 접촉자의 윗면과 홀더의 윗면이 일치가 되도록 일치 메이트 한다.

④ 확인을 클릭한다(그림 3-2-16).

(3) 캠 메이트 탄젠트 조립

① 기계 메이트에서 캠을 선택한다.

② 카메라 경로는 원판 캠 면(접촉면)을 선택하고 캠 팔로어는 종동 접촉자2의 접촉면을 선택한다.

③ 확인한다.

(4) 저장하기

① 저장 도구에서 "다른 이름으로 저장하기"를 클릭한다.

② 저장할 디렉토리를 정하고 파일이름을 "원판 캠 양방향 직선운동 기구"로 한다.

③ 저장 버튼을 클릭한다.

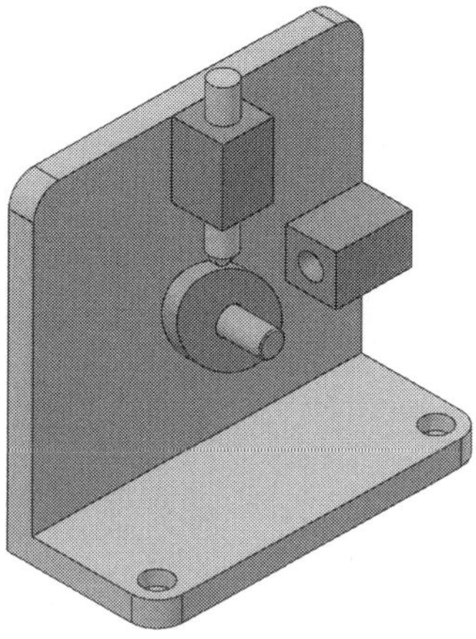

그림 3-2-15 홀더2의 메이트 결과

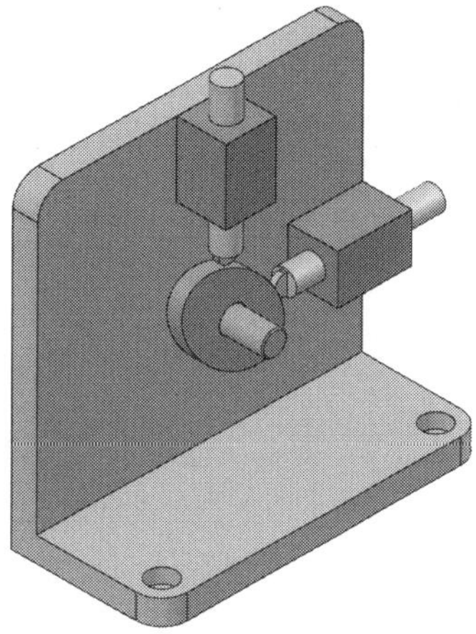

그림 3-2-16 종동 접촉자2의 메이트 결과

2.4.2 기구 모션 시뮬레이션

(1) 모션 조건 설정

캠이 2회전 할 때 2개의 접촉자가 상하 좌우 10㎜ 정확히 슬라이드 하는지 모터의 설정부터 기구의 운동까지 그 과정과 결과를 알아보기로 한다.

1) 모터 설정

① 캠 기구의 구동을 보이기 위해 모델 탭 옆의 모션 스터디 탭을 클릭한다.

② 구동을 위한 모터를 선택한다.

③ 모터 유형을 원형 모터로 선택한다.

④ 부품/방향에서 모터 위치는 원형 구동을 위해 그림 3-2-17과 같이 캠의 중심축으로 한다.

⑤ 확인을 클릭한다.

2) 모션 설정

① 모션은 모터 속성 창의 모션 설정에서 “방정식”을 선택한다.

② 방정식을 클릭하면 함수 작성기 창이 나타난다.

③ 함수는 ABS()로 하고 캠의 원형 기어가 5초에 720° 회전 구동하도록 하려면 1초에 144도 회전해야 하므로 72*2를 곱해줘야 한다. 즉, 방정식은 72*2*ABS(time)로 한다.

④ 확인을 클릭한다.

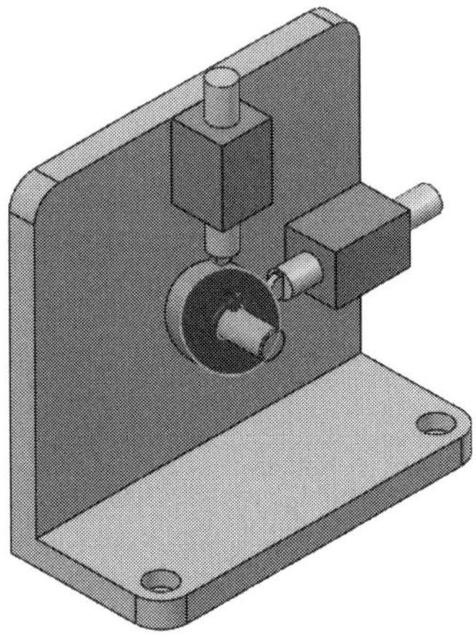

그림 3-2-17 모터 위치와 모터 방향 설정 모습

3) 모션 스터디 계산하기

① 모션 해석 탭으로 설정한다.

② 모션 스터디 계산하기 아이콘을 클릭하여 설정된 모터의 구동 조건을 계산한다.

③ 계산과 동시에 캠의 구동을 확인한다.

(2) 시뮬레이션 결과

① "결과와 플롯" 버튼을 클릭하여 그래프의 속성을 입력한다.

② 구동에 대한 접촉자의 모션 해석 결과는 그림 3-2-18과 같다.

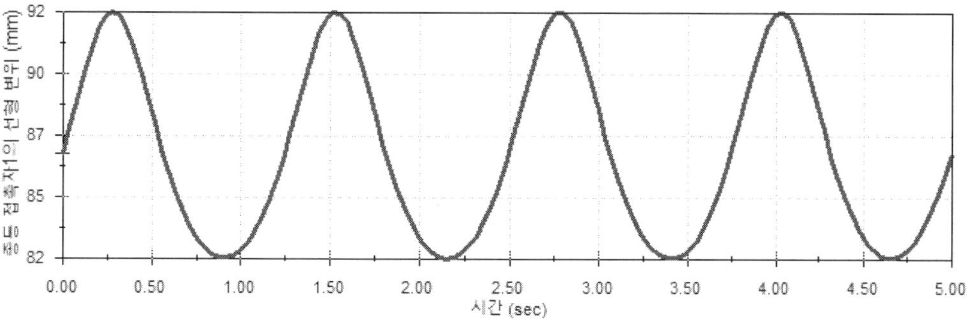

(a) 상하 접촉자의 선형 변위 결과

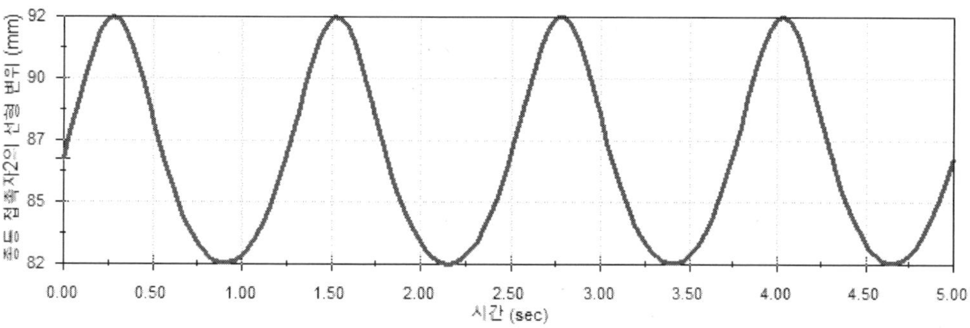

(b) 좌우 접촉자의 선형 변위 결과

그림 3-2-18 접촉자의 시간에 따른 선형 변위 그래프 결과 모습

(3) 결과 고찰

캠의 720° 회전에 대해 그림 3-2-18 (a)와 같이 접촉자가 상하로 10㎜, 그림 3-2-18 (b)와 같이 접촉자가 좌우로 10㎜ 슬라이드 하고 있는 것을 알 수 있다. 따라서 원판 캠 양 방향 직선 운동 기구 설계는 올바르다고 판단할 수 있다.

(4) 동영상 저장하기

① 저장 아이콘을 클릭한다.

② 동영상 설정 창이 나타난다.

③ 파일 이름을 "원판 캠 양 방향 직선운동 기구 동영상"로 한다.

④ 비디오 압축 창이 나타나고 프레임 정보에서 초당 프레임을 25로 하고 저장을 누른다.

⑤ 압축 프로그램의 창이 나타나면 "전체 프레임(압축 안함)"을 선택하고 확인을 클릭한다.

⑥ 기구가 동작하면서 동영상으로 저장된다.

2.5 자율 평가 문제

이 자율평가의 목적은 앞에서 익힌 내용을 다 이해하고 평가 문제에 대해 자기 주도적으로 문제를 해결하고 숙지 정도를 확인하기 위함이다. 본인의 부족한 점에 대해 파악하는 태도를 기르고 부족하다면 다른 사람의 도움을 받거나 본인 스스로 앞의 내용을 더욱 자세히 학습하는 자기주도 학습에 목적이 있다.

그림 3-2-1의 원판 캠 기구에서 원판 캠이 다음과 같이 변경되었다고 하고 다음 문제를 해결하라.

변경 조건 사항

- 원판 캠은 180° 회전하는 사이에 접촉자가 40㎜ 이동한다.
- 원판 캠은 180°에서 210°까지 접촉자는 정지한다.
- 원판 캠은 210°에서 360° 사이에 다시 접촉자가 이동한다.

문제 1

캠 기구가 사이클로이드 운동을 하는 캠을 설계하고 설계 캠을 이용하여 양 방향 운동 기구를 구성하고 모션 시뮬레이션에 의한 기구의 x 및 y 변위를 각도에 따라 엑셀 그래프로 나타내어라.

문제 2

사이클로이드 운동 캠의 모션 동영상을 제작하라.

위의 문제에 대해 부록의 답안과 비교하여 일치한 답을 했다면 앞의 내용을 완전히 이해했다고 판단되지만 틀린 부분이 있다면 그 원인을 반드시 찾도록 하는 것이 좋을 것입니다. 본인의 답이 맞다고 생각하면 일치하지 않아도 좋지만 그 이유를 반드시 적어보고 확실한지 다시 한 번 확인하기 바랍니다.

자율 평가 결과 점검표

학습자 성명 :	평가 날짜 :
평가 제목 : 사이클로이드 캠에 의한 양 방향 운동 기구 설계	

	성취 수준		
	이해하지 못함	일부를 모르겠음	완전히 하였음
• 사이클로이드 운동을 하는 캠에 의한 양방향 운동 기구를 구성하였다.			
• 캠 기구를 모션 시뮬레이션하고 x축 선형 변위를 시간에 따른 그래프로 나타내었다.			
• 캠 기구를 모션 시뮬레이션하고 y축 선형 변위를 시간에 따른 그래프로 나타내었다.			
• 사이클로이드 운동 캠 양방향 운동 기구의 시뮬레이션 결과로부터 설계 검증을 하였다.			
• 사이클로이드 운동 캠 양방향 운동 기구의 시뮬레이션 결과를 각도에 따른 엑셀 그래프로 나타내었다.			
• 사이클로이드 운동 캠 양방향 운동 기구의 모션을 동영상으로 나타내었다.			

성취수준

위의 모든 항목에 대해 "완전히 하였음", 즉 완성도 100%로 답하여야 합니다. 만일 "하지 않았음" 또는 "했지만 잘 모르겠음"에 답을 했다면 앞에서 학습한 내용을 다시 한 번 확인하여 다시 수행하고 필요한 경우에는 교육자 또는 전문가와 상의하기 바랍니다.

제3장

삼각 캠 기구

3.1 문제

삼각 캠(triangular cam)은 정삼각형의 꼭지점을 중심으로 하고 그 한 변을 반지름으로 하여 그린 원호로써 형성되기 때문에, 어디서 측정하여도 폭이 같다. 또한, 삼각형의 한 꼭지점을 중심으로 회전하기 위해서는 종동절의 평행면 사이의 폭이 삼각 캠의 원호의 반지름과 같아야 한다.

여러분이 기계공학을 전공한 전문가이며 특히 캠 기구에 대한 전공자라고 하자. 한 회사에서 그림 3-3-1과 같은 삼각 캠 직선 운동 기구를 대상으로 입력(삼각 캠)을 6rpm으로 회전할 때 출력(접촉자)이 14㎜ 상하 왕복 직선 운동하는 기구를 설계해 달라고 하면 당신은 어떻게 해결할 것인가?

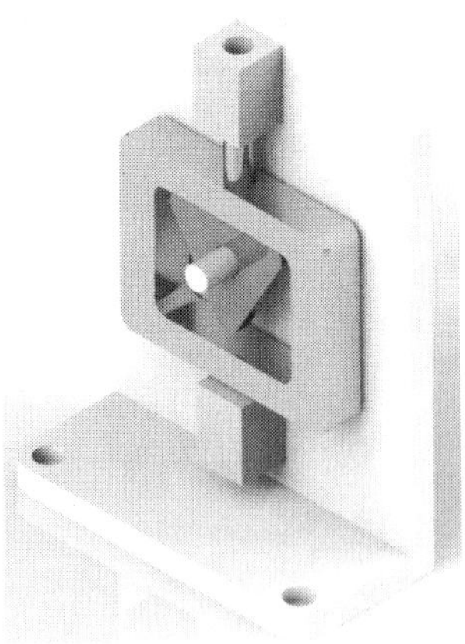

그림 3-3-1 삼각 캠 상하 왕복 직선 운동 기구

3.2 부품 준비

3.2.1 부품 사양 결정

(1) 요구 조건

① 삼각 캠 상하 왕복 직선 운동 기구이다.

② 상하 선형 출력(접촉자)의 행정 거리는 모두 14mm이다.

(2) 설계 제한 조건

① 삼각 캠의 단면은 정삼각형으로 한다.

② 삼각 캠 두께는 6mm로 한다.

③ 접촉자는 삼각 캠의 회전 접촉에 의해 상하로 움직일 수 있는 사각 접촉자로 한다.

(3) 사양 결정

① 삼각 캠 단면 외접원의 지름은 65mm이다.

② 삼각 캠 단면 내접원의 지름은 65mm이다.

③ 삼각 캠의 설치 위치는 베이스 바닥으로부터 100mm이다.

④ 삼각 캠 상하 왕복 직선 운동 기구의 부품은 5가지로 구성되며 부품 번호는 그림 3-3-2와 같다.

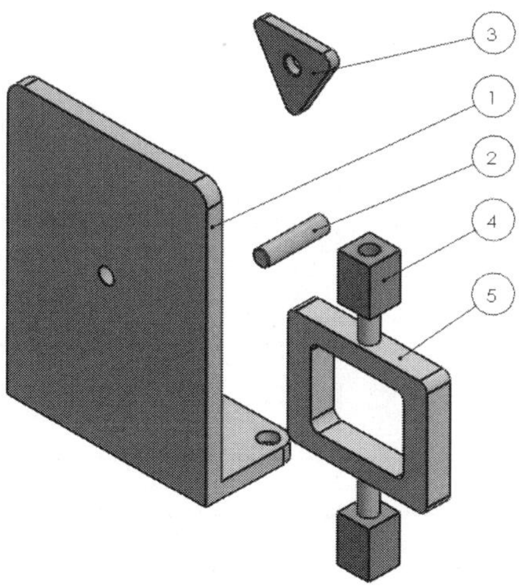

그림 3-3-2 삼각 캠 상하 왕복 직선 기구의 부품 번호

3.2.2 부품 형상모델링

(1) 삼각캠_베이스 부품(① 부품)

삼각캠_베이스는 삼각 캠을 회전시키는 회전축을 지지하여 역할을 하며 회전축의 위치는 베이스 바닥으로부터 100㎜이다. 그림 3-3-3 (a)는 삼각캠_베이스의 외형이며 이 삼각캠_베이스를 그림 3-3-3 (b)의 치수대로 형상모델링 하고 저장 파일 이름을 “삼각캠_베이스”로 한다.

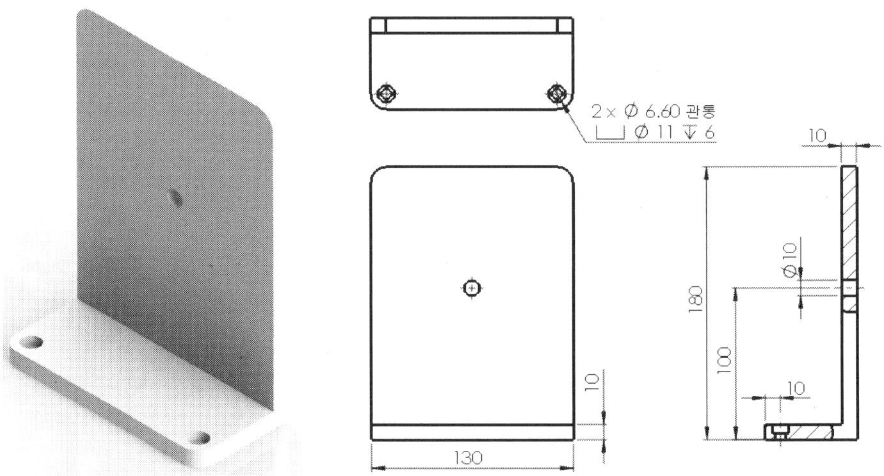

(a) 외관 (b) 형상 치수

그림 3-3-3 삼각캠_베이스의 형상 정보

(2) 삼각캠_회전축 부품(② 부품)

삼각캠_회전축은 삼각 캠을 회전시키는 역할을 하며 회전축의 지름은 ∅10㎜이다. 그림 3-3-4 (a)는 삼각캠_베이스의 외형이며 이 삼각캠_회전축을 그림 3-3-4 (b)의 치수대로 형상모델링 하고 저장 파일 이름을 “삼각캠_회전축”로 한다.

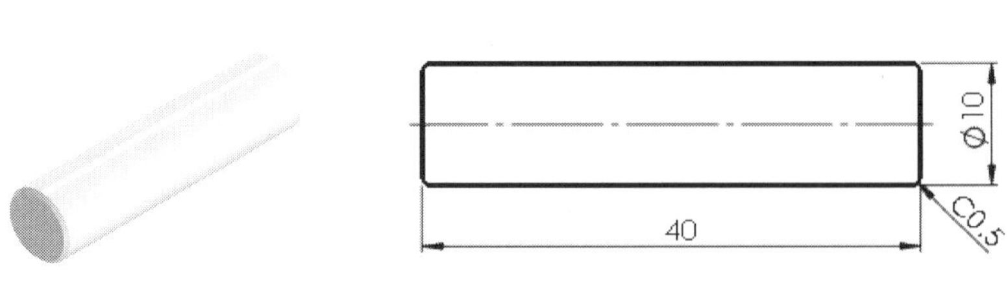

(a) 외관 (b) 형상 치수

그림 3-3-4 삼각캠_회전축의 형상 정보

(3) 삼각캠_캠 부품(③ 부품)

삼각캠_캠은 회전에 의해 접촉자를 상하 운동시키는 역할을 하며 삼각캠은 정삼각형으로 삼각형의 외접원의 지름은 ∅65㎜이다. 그림 3-3-5 (a)는 삼각캠_캠의 외형이며 이 삼각캠_캠을 그림 3-3-5 (b)의 치수대로 형상모델링 하고 저장 파일 이름을 "삼각캠_캠"로 한다.

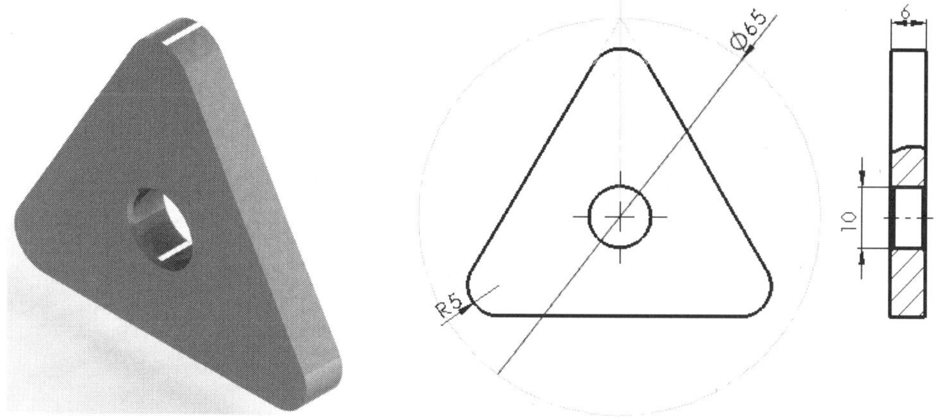

(a) 외관 (b) 형상 치수

그림 3-3-5 삼각캠_캠의 형상 정보

(4) 삼각캠_홀더 부품(④ 부품)

삼각캠_홀더는 베이스에 장착되어 접촉자를 상하 운동 가능하도록 가이드 역할을 하며 홀더의 내경은 회전축 지름인 ∅10㎜이다. 그림 3-3-6 (a)는 삼각캠_홀더의 외형이며 이 삼각캠_홀더를 그림 3-3-6 (b)의 치수대로 형상모델링 하고 저장 파일 이름을 "삼각캠_홀더"로 한다.

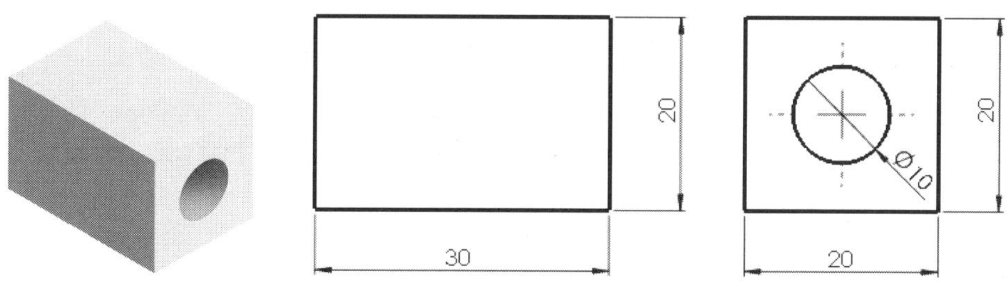

(a) 외관 (b) 형상 치수

그림 3-3-6 삼각캠_홀더의 형상 정보

(5) 삼각캠_접촉자 부품(⑤ 부품)

삼각캠_접촉자는 삼각캠의 회전에 의해 홀더의 가이드를 받으며 상하 운동하는 역할을 하며 접촉자는 캠과 접촉하는 부분이 사각형 모양이고 홀더와 조립되는 부분은 축 모양으로 축 지름은 ∅10mm이다. 그림 3-3-7 (a)는 삼각캠_접촉자의 외형이며 이 삼각캠_접촉자를 그림 3-3-7 (b)의 치수대로 형상모델링 하고 저장 파일 이름을 "삼각캠_접촉자"로 한다.

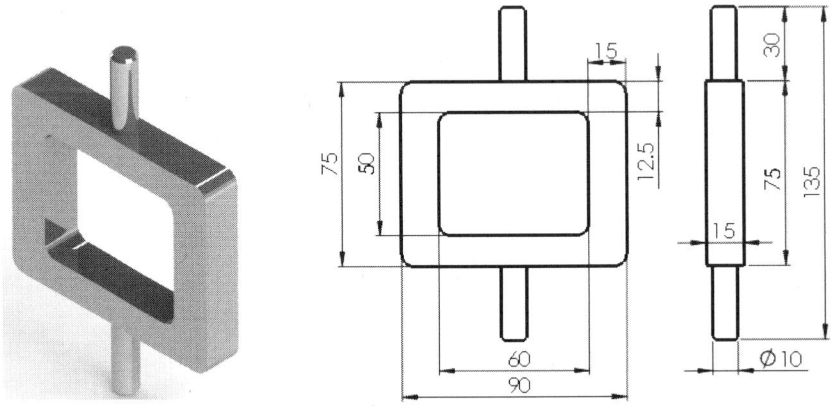

(a) 외관 (b) 형상 치수

그림 3-3-7 삼각캠_회전축 부품

3.3 기구 구성

3.3.1 부품 조립

(1) 삼각캠_베이스의 조립

① 삼각캠_베이스 파트모델을 불러온다.

② 삼각캠_베이스 모델에 커서를 데고 마우스 오른쪽 버튼을 누르고 "자유롭게 움직이기"를 클릭한다.

③ 삼각캠_베이스의 정면과 어셈블리 정면에 대해 일치 메이트 한다.

④ 삼각캠_베이스의 윗면과 어셈블리 윗면에 대해 일치 메이트 한다.

⑤ 삼각캠_베이스의 아랫면과 어셈블리 아랫면에 대해 일치 메이트 한다.

⑥ 확인을 클릭한다.

(2) 삼각캠_회전축의 조립

① 삼각캠_회전축을 불러온다.

② 삼각캠_회전축의 구멍과 삼각캠_베이스의 구멍이 동심이 되도록 동심 메이트 한다.

③ 삼각캠_회전축의 한 쪽 끝 면과 베이스의 바깥 옆면을 일치 메이트 한다.

① 확인을 클릭한다(그림 3-3-8).

(3) 삼각캠_캠의 조립

① 삼각캠_캠을 불러온다.

② 삼각캠_캠의 구멍과 삼각캠_회전축의 원통이 동심이 되도록 동심 메이트 한다.

③ 삼각캠_캠의 왼쪽 면과 삼각캠_베이스의 안쪽 옆면을 거리 10㎜되도록 거리 메이트 한다.

④ 확인을 클릭한다(그림 3-3-9).

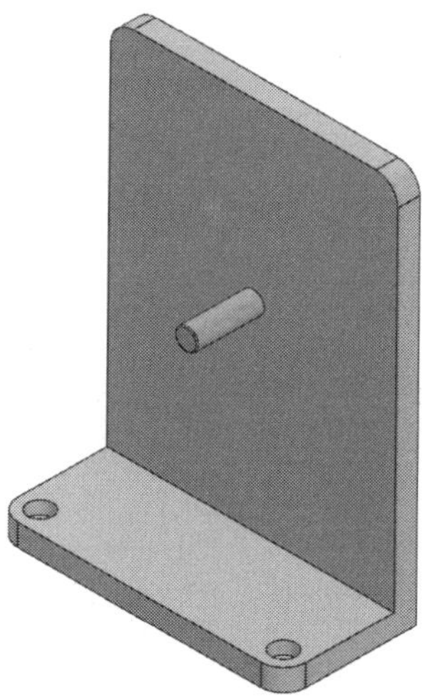

그림 3-3-8 삼각캠_회전축의 메이트 결과

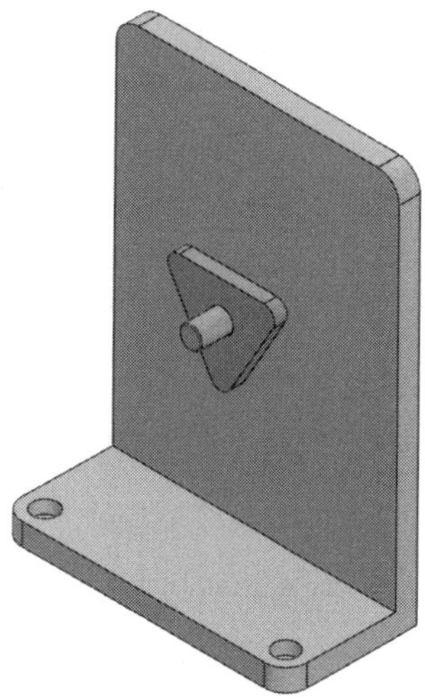

그림 3-3-9 삼각캠_캠의 메이트 결과

(4) 삼각캠_홀더1의 조립

① 삼각캠_홀더를 불러온다.

② 삼각캠_홀더1의 정면과 삼각캠_베이스의 우측면이 일치가 되도록 일치 메이트 한다.

③ 삼각캠_홀더1의 뒤쪽 면과 삼각캠_베이스의 앞쪽 면이 일치가 되도록 일치 메이트 한다.

④ 삼각캠_홀더1의 위쪽 면과 삼각캠_베이스의 위쪽 면이 일치가 되도록 일치 메이트 한다.

⑤ 삼각캠_홀더1의 밑쪽 면과 삼각캠_베이스의 아래쪽 윗면을 거리 140㎜되도록 거리 메이트 한다.

⑥ 확인을 클릭한다(그림 3-3-10).

(5) 삼각캠_홀더1의 조립

① 삼각캠_홀더를 불러온다.

② 삼각캠_홀더2의 정면과 삼각캠_베이스의 우측면이 일치가 되도록 일치 메이트 한다.

③ 삼각캠_홀더2의 뒤쪽 면과 삼각캠_베이스의 앞쪽 면이 일치가 되도록 일치 메이트 한다.

④ 삼각캠_홀더2의 위쪽 면과 삼각캠_베이스의 위쪽 면이 일치가 되도록 일치 메이트 한다.

⑤ 삼각캠_홀더2의 밑쪽 면과 삼각캠_베이스의 아래쪽 윗면을 거리 10㎜되도록 거리 메이트 한다.

⑦ 확인을 클릭한다(그림 3-3-10).

(6) 삼각캠_접촉자의 조립

① 삼각캠_접촉자를 불러온다.

② 삼각캠_접촉자의 우측면과 삼각캠_베이스의 우측면이 일치가 되도록 일치 메이트 한다.

③ 삼각캠_접촉자의 원통과 삼각캠_홀더의 구멍이 동심이 되도록 동심 메이트 한다.

⑤ 확인을 클릭한다(그림 3-3-11).

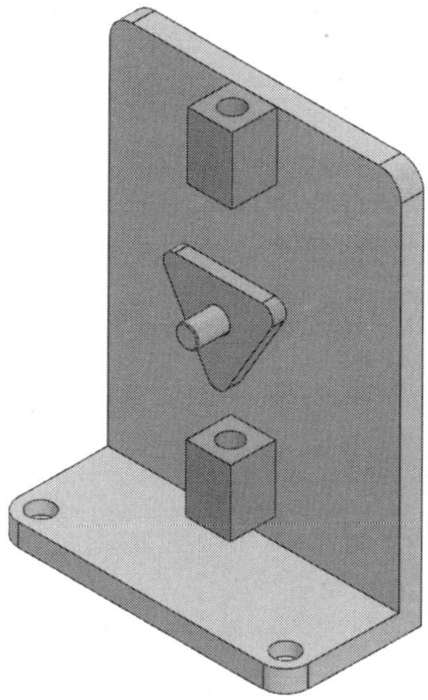

그림 3-3-10 삼각 캠_홀더의 메이트 결과

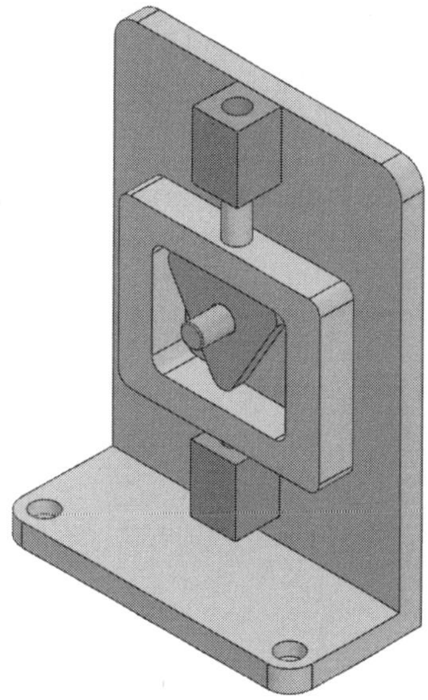

그림 3-3-11 삼각 캠_접촉자의 메이트 결과

3.3.2 저장하기

① 저장 도구에서 "다른 이름으로 저장하기"를 클릭한다.

② 저장할 디렉토리를 정하고 파일이름을 "삼각 캠 직선운동 기구"로 한다.

③ 저장 버튼을 클릭한다.

3.4 기구 모션 시뮬레이션

3.4.1 모션 조건 설정

캠이 1회전 할 때 삼각캠_접촉자가 상하로 제대로 슬라이드 하는지 모터의 설정부터 기구의 운동까지 그 과정과 결과를 알아보기로 한다.

(1) 모터 설정

① 캠 기구의 구동을 보이기 위해 모델 탭 옆의 모션 스터디 탭을 클릭한다.

② 모션 해석 탭으로 설정한다.

③ 구동을 위한 모터를 선택한다.

④ 모터 유형을 원형 모터로 선택한다.

⑤ 부품/방향에서 모터 위치는 원형 구동을 위해 그림 3-3-12와 같이 캠의 중심축으로 한다.

⑥ 확인을 클릭한다.

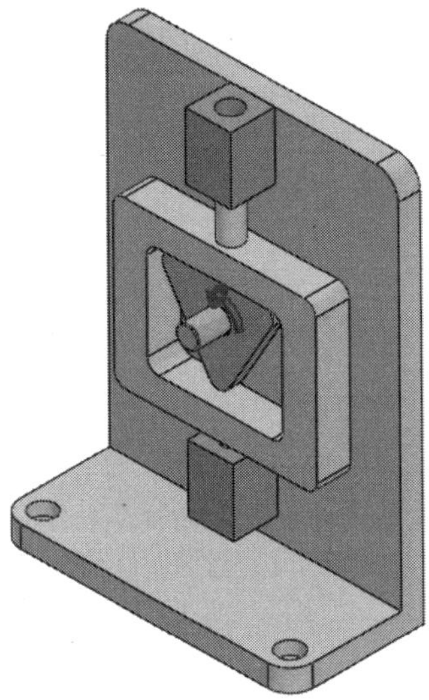

그림 3-3-12 모터 위치와 모터 방향 설정 모습

(2) 모션 설정

① 모션은 모터 속성 창의 모션 설정에서 "정속"을 선택한다.

② 10초에 360° 회전 구동하도록 하려면 6rpm으로 해야 한다.

③ 확인을 클릭한다.

④ 접촉을 선택하고 솔리드 바디 접촉에서 그림 3-3-13과 같이 삼각캠_캠과 삼각캠_접촉자를 차례로 클릭한다.

⑤ 확인을 클릭한다.

⑥ 모션 스터디 속성에서 초당 프레임을 120으로 하고 사이클 시간을 체크하고 10초로 한다.

⑦ 확인을 클릭한다.

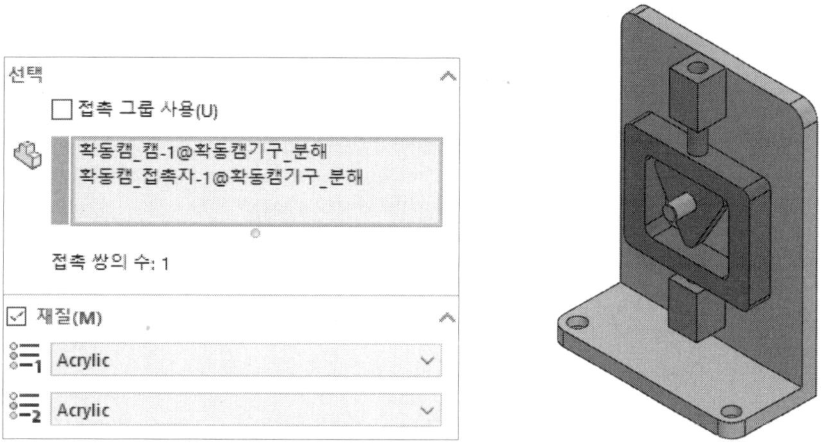

(a) 접촉 설정 창 (b) 접촉 선택 모습

그림 3-3-13 솔리드 바디 접촉 설정 창과 선택 결과

(3) 모션 스터디 계산하기

① 모션 스터디 계산하기 아이콘을 클릭하여 설정된 모터의 구동 조건을 계산한다.

② 계산과 동시에 캠의 구동을 확인한다.

3.4.2 시뮬레이션 결과

(1) 구동부의 운동 시뮬레이션 결과

① "결과와 플롯" 버튼을 클릭하여 그래프의 속성을 입력한다.

② 삼각캠_캠의 360° 회전 입력에 대한 모션 해석 결과는 그림 3-3-14와 같다.

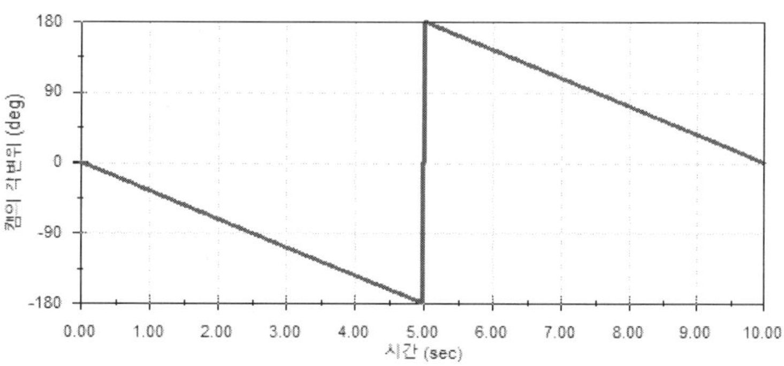

그림 3-3-14 캠의 시간에 따른 각 변위 결과 그래프

(2) 종동부의 운동 시뮬레이션 결과

① “결과와 플롯” 버튼을 클릭하여 그래프의 속성을 입력한다.

② 구동에 대한 삼각캠_접촉자의 모션 해석 결과는 그림 3-3-15와 같다.

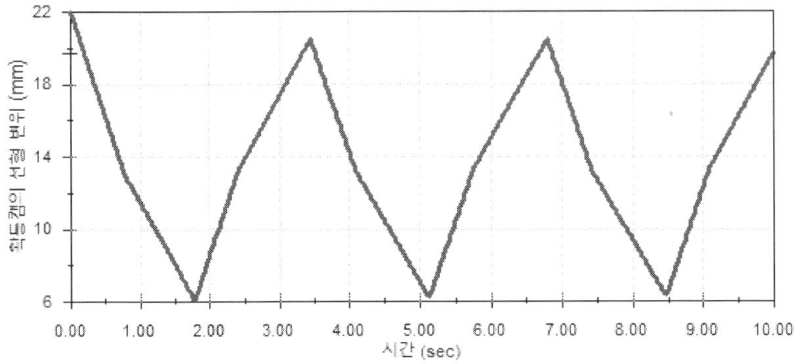

그림 3-3-15 삼각캠_접촉자의 시간에 따른 선형 변위 그래프 결과 모습

(3) 결과 고찰

이 그래프를 통해 그림 3-3-14의 캠이 10초 동안 360° 회전하는 것에 대해 그림 3-3-15의 삼각캠_접촉자가 상하 최대 16㎜ 슬라이드 하고 있는 것을 알 수 있다. 따라서 캠의 회전 구동에 의해 삼각캠_접촉자를 병진운동으로 전달하는 캠 기구 설계는 약간의 오차는 있지만 올바르다고 판단할 수 있다.

(4) 동영상 저장하기

① 저장 아이콘을 클릭한다.

② 동영상 설정 창이 나타난다.

③ 파일 이름을 “삼각캠 기구 동영상”으로 한다.

④ 비디오 압축 창이 나타나고 프레임 정보에서 초당 프레임을 25로 하고 저장을 누른다.

⑤ 압축 프로그램의 창이 나타나면 “전체 프레임(압축 안함)”을 선택하고 확인을 클릭한다.

⑥ 기구가 동작하면서 동영상으로 저장된다.

3.5 자율 평가 문제

이 자율평가의 목적은 앞에서 익힌 내용을 다 이해하고 평가 문제에 대해 자기 주도적으로 문제를 해결하고 숙지 정도를 확인하기 위함이다. 본인의 부족한 점에 대해 파악하는 태도를 기르고 부족하다면 다른 사람의 도움을 받거나 본인 스스로 앞의 내용을 더욱 자세히 학습하는 자기주도 학습에 목적이 있다.

그림 3-3-1의 삼각 캠 기구에서 변위 조건이 다음과 같다고 하고 다음 문제를 해결하라.

변경 조건 사항

- 삼각 캠의 내접원 지름이 40㎜이다.
- 삼각 캠의 끝 부분의 라운드 반경은 10㎜이다.
- 나머지 부품은 삼각 캠의 크기에 맞춰 변경한다.

문제 1

변경 조건에 따른 삼각 캠 기구를 구성하라.

문제 2

삼각 캠 기구의 모션 시뮬레이션에 의한 기구의 y축 선형 변위와 y축 선형 속도를 각도에 따른 엑셀 그래프로 나타내어라.

문제 3

삼각 캠 기구의 모션 동영상을 제작하라.

위의 문제에 대해 부록의 답안과 비교하여 일치한 답을 했다면 앞의 내용을 완전히 이해했다고 판단되지만 틀린 부분이 있다면 그 원인을 반드시 찾도록 하는 것이 좋을 것입니다. 본인의 답이 맞다고 생각하면 일치하지 않아도 좋지만 그 이유를 반드시 적어보고 확실한지 다시 한 번 확인하기 바랍니다.

자율 평가 결과 점검표

학습자 성명 :	평가 날짜 :
평가 제목 : 삼각 캠 기구 설계	

	성취 수준		
	이해하지 못함	일부를 모르겠음	완전히 하였음
• 삼각 캠 운동 기구를 변경조건에 따라 구성하였다.			
• 삼각 캠 기구를 모션 시뮬레이션하고 시간에 따른 y축 선형 변위를 구하였다.			
• 삼각 캠 기구를 모션 시뮬레이션하고 시간에 따른 y축 선형 속도를 구하였다.			
• 삼각 캠 기구의 모션 시뮬레이션 결과를 각도에 따라 y축 선형 변위 엑셀 그래프로 나타내었다.			
• 삼각 캠 기구의 모션 시뮬레이션 결과를 각도에 따라 y축 선형 속도 엑셀 그래프로 나타내었다.			
• 삼각 캠 운동 기구의 모션 동영상을 나타내었다.			

성취수준

위의 모든 항목에 대해 "완전히 하였음", 즉 완성도 100%로 답하여야 합니다. 만일 "하지 않았음" 또는 "했지만 잘 모르겠음"에 답을 했다면 앞에서 학습한 내용을 다시 한 번 확인하여 다시 수행하고 필요한 경우에는 교육자 또는 전문가와 상의하기 바랍니다.

제4장

정면 캠 기구

4.1 문제

여러분이 기계공학을 전공한 전문가이며 특히 캠 기구에 대한 전공자라고 하자. 한 회사에서 그림 3-4-1과 같이 캠이 직선운동을 하면 종동절이 상하방향으로 움직이는 정면 캠 직선 운동 기구를 대상으로 입력(정면 캠)을 300㎜로 직선 구동 시킬 때 출력(접촉자)이 30㎜ 상하 왕복 직선 운동하는 기구를 설계해 달라고 하면 당신은 어떻게 해결할 것인가?

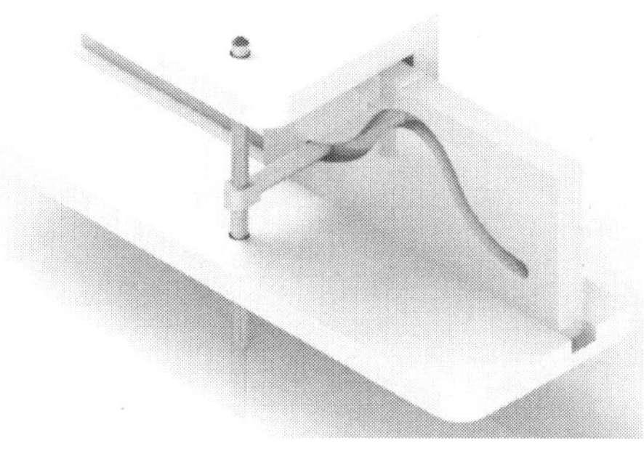

그림 3-4-1 정면 캠에 의한 상하 직선운동 기구

4.2 부품 준비

4.2.1 부품 사양 결정

(1) 요구 조건

① 정면 캠 상하 왕복 직선 운동 기구이다.

② 입력(정면 캠)의 구동 거리는 300㎜이다.

③ 출력(접촉자)의 행정 거리는 30㎜이다.

(2) 설계 제한 조건

① 정면 캠의 접촉면은 접촉자와 부드럽게 접촉할 수 있는 자유 곡선에 의한 곡면으로 한다.

② 접촉자의 접촉 부분은 정면 캠과 곡면 접촉이 가능한 반원 면 접촉자로 한다.

(3) 사양 결정

① 접촉자의 행정 거리는 30㎜이므로 정면 캠의 곡면 최대 높이 차는 30㎜이다.

② 정면 캠 두께는 10㎜이다.

③ 정면 캠 상하 왕복 직선 운동 기구의 부품은 3가지로 구성되며 부품 번호는 그림 3-4-2이다.

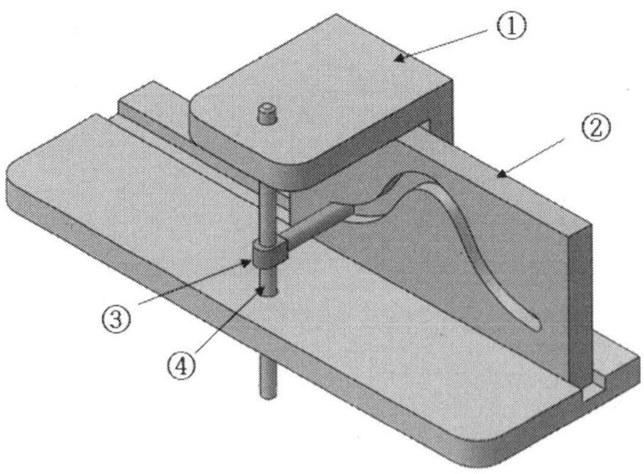

그림 3-4-2 정면 캠 기구의 부품 번호

4.2.2 부품 형상모델링

(1) 베이스 부품(① 부품)

베이스는 정면 캠을 직선 운동 시키는 가이드 역할을 함과 동시에 접촉자가 상하 운동 가능하도록 가이드 역할을 한다. 그림 3-4-3 (a)는 베이스의 외형이며 이 베이스를 그림 3-4-3 (b)의 치수대로 형상모델링 하고 저장 파일 이름을 "베이스"로 한다.

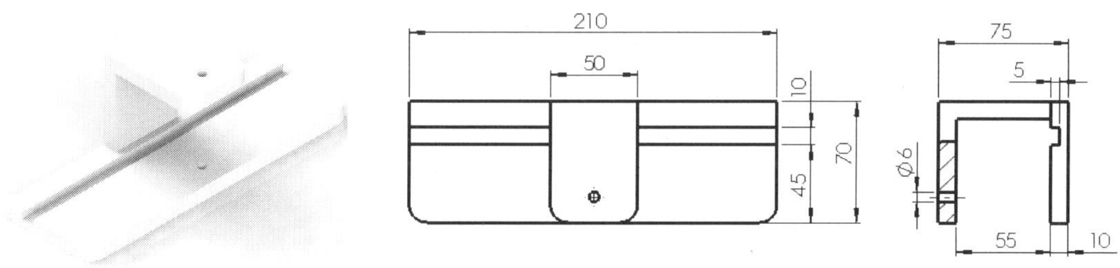

(a) 외관 (b) 형상 치수

그림 3-4-3 베이스의 형상 정보

(2) 정면 캠 부품(② 부품)

정면 캠은 직선 운동에 의해 접촉자를 상하 운동시키는 역할을 한다. 그림 3-4-4 (a)는 정면 캠의 외형이며 이 정면 캠을 그림 3-4-4 (b)의 치수대로 형상모델링 하고 저장 파일 이름을 "정면 캠"로 한다.

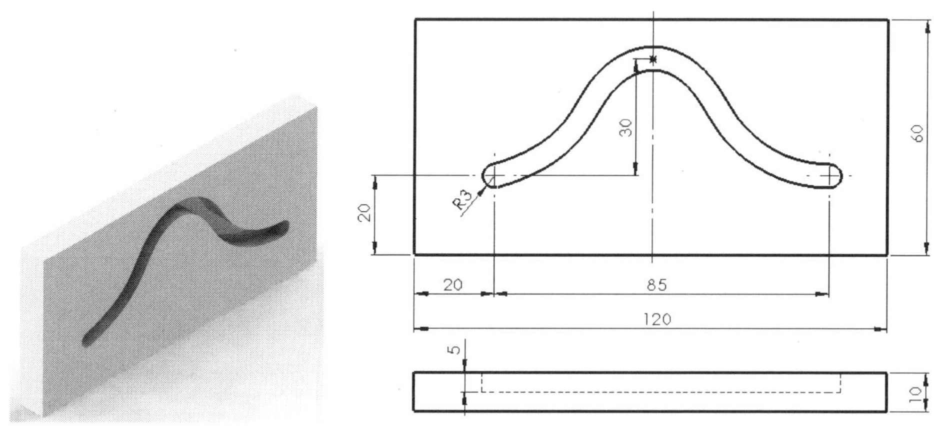

(a) 외관 (b) 형상 치수

그림 3-4-4 정면 캠의 형상 정보

(3) 접촉자 부품(③ 부품)

접촉자는 정면 캠의 직선 운동에 따라 상하 운동하는 역할을 한다. 그림 3-4-5 (a)는 접촉자의 외형이며 이 접촉자를 그림 3-4-5 (b)의 치수대로 형상모델링 하고 저장 파일 이름을 "접촉자"로 한다.

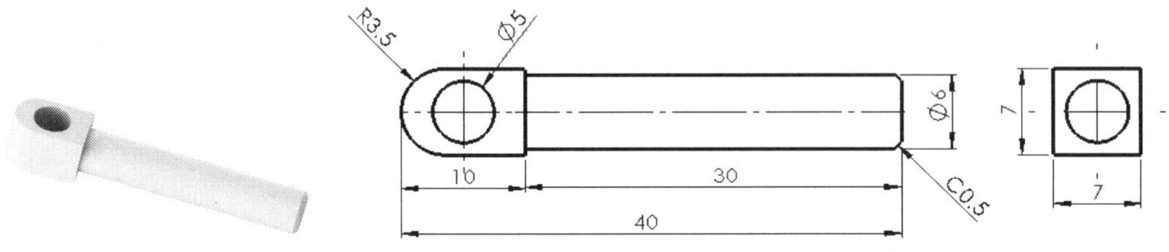

(a) 외관 (b) 형상 치수

그림 3-4-5 접촉자의 형상 정보

(4) 이동바 부품(④ 부품)

이동바는 접촉자를 가이드 해주는 역할을 한다. 그림 3-4-6 (a)는 이동바의 외형이며 이 이동바를 그림 3-4-6 (b)의 치수대로 형상모델링 하고 저장 파일 이름을 "이동바"로 한다.

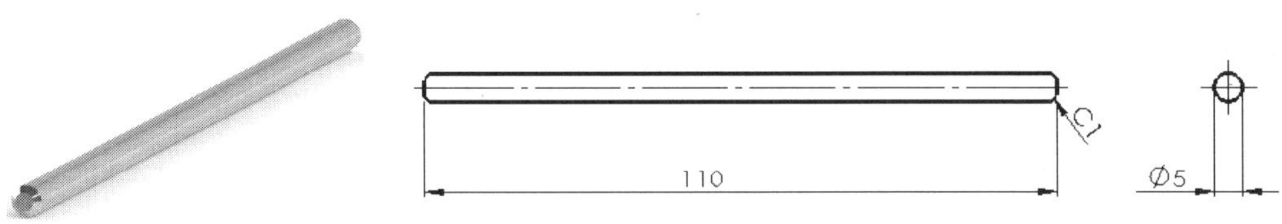

(a) 외관 (b) 형상 치수

그림 3-4-6 이동바의 형상 정보

4.3 기구 구성

4.3.1 부품 조립

(1) 베이스의 조립

① 베이스 파트모델을 불러온다.

② 베이스 모델에 커서를 데고 마우스 오른쪽 버튼을 누르고 "자유롭게 움직이기"를 클릭한다.

③ 베이스의 정면과 어셈블리 정면에 대해 일치 메이트 한다.

④ 베이스의 윗면과 어셈블리 윗면에 대해 일치 메이트 한다.

⑤ 베이스의 아랫면과 어셈블리 아랫면에 대해 일치 메이트 한다.

⑥ 확인을 클릭한다.

(2) 정면 캠의 조립

① 정면 캠을 불러온다.

② 정면 캠의 옆면과 베이스의 홈의 옆면이 일치가 되도록 일치 메이트 한다.

③ 정면 캠의 밑면과 베이스의 홈의 윗면이 일치가 되도록 일치 메이트 한다.

④ 확인을 클릭한다(그림 3-4-7).

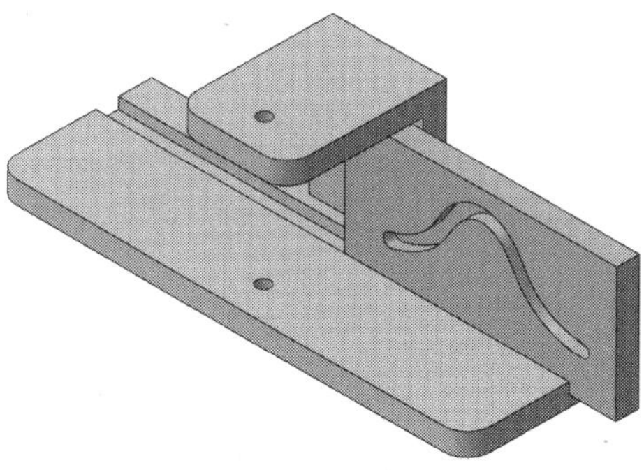

그림 3-4-7 정면 캠의 메이트 결과

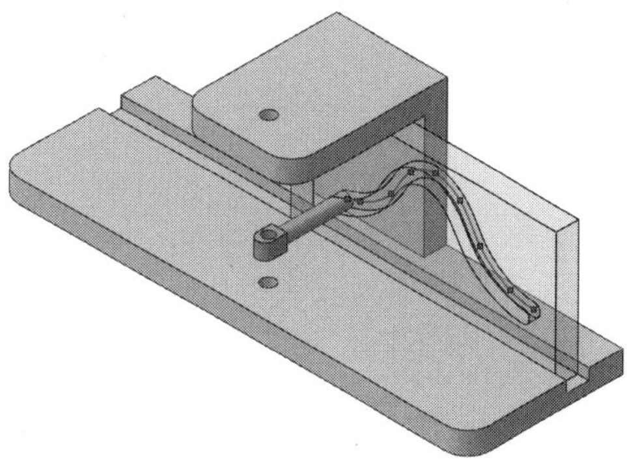

그림 3-4-8 접촉자의 경로 메이트 결과

(3) 접촉자의 조립

① 접촉자를 불러온다.

② 접촉자의 정면과 베이스의 정면이 일치하도록 일치 메이트 한다.

③ 접촉자의 바닥 중심점과 정면 캠의 이동 경로를 경로 메이트 한다(그림 3-4-8).

④ 확인을 클릭한다.

(4) 이동바의 조립

① 이동바를 불러온다.

② 이동바의 원통 면과 베이스의 구멍 면이 동심하도록 동심 메이트 한다.

③ 이동바의 원통 면과 접촉자의 구멍 면이 동심하도록 동심 메이트 한다.

④ 이동바의 정면(중간 면)과 접촉자의 우측면이 일치하도록 일치 메이트 한다.

⑤ 확인을 클릭한다(그림 3-4-9).

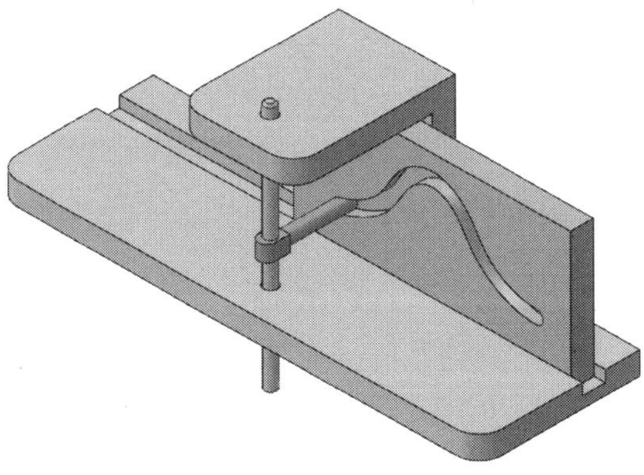

그림 3-4-9 이동바의 메이트 결과

4.3.2 저장하기

① 저장 도구에서 "다른 이름으로 저장하기"를 클릭한다.

② 저장할 디렉토리를 정하고 파일이름을 "정면 캠 기구"로 한다.

③ 저장 버튼을 클릭한다.

4.4 기구 모션 시뮬레이션

4.4.1 모션 조건 설정

(1) 모터 설정

① 정면 캠 기구의 구동을 보이기 위해 모델 탭 옆의 모션 스터디 탭을 클릭한다.

② 구동을 위한 모터를 선택한다.

③ 모터 유형을 경로 메이트 모터로 선택한다.

④ 부품/방향에서 모터 위치는 직선 구동을 위해 그림 3-4-10과 같이 정면 캠의 경로를 선택하고 상대적으로 이동하는 부품은 정면 캠으로 한다.

⑤ 확인을 클릭한다.

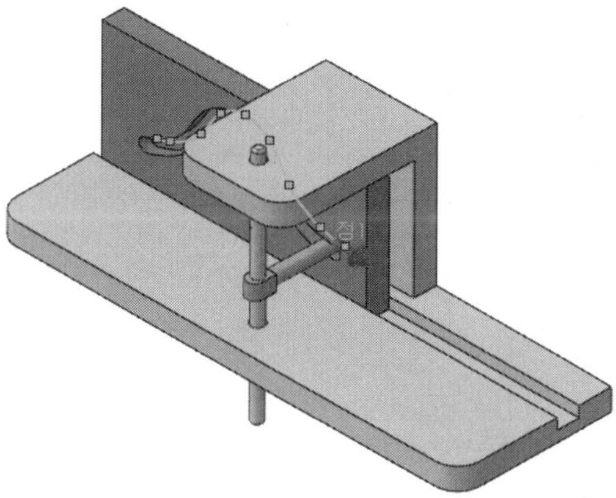

그림 3-4-10 모터 위치와 모터 방향 설정 모습

(2) 모션 설정

① 모션은 모터 속성 창의 모션 설정에서 “거리”를 선택한다.

② 10초에 105㎜ 구동하도록 설정한다.

③ 확인을 클릭한다.

(3) 모션 스터디 계산하기

① 애니메이션으로 설정한다.

② 모션 스터디 계산하기 아이콘을 클릭하여 설정된 모터의 구동 조건을 계산한다.

③ 계산과 동시에 정면 캠의 구동을 확인한다.

4.4.2 시뮬레이션 결과

(1) 구동부의 운동 시뮬레이션

① "결과와 플롯" 버튼을 클릭하여 그래프의 속성을 입력한다.

② 정면 캠의 105㎜ 홈 이동에 대한 모션 해석 결과는 그림 3-4-11과 같다.

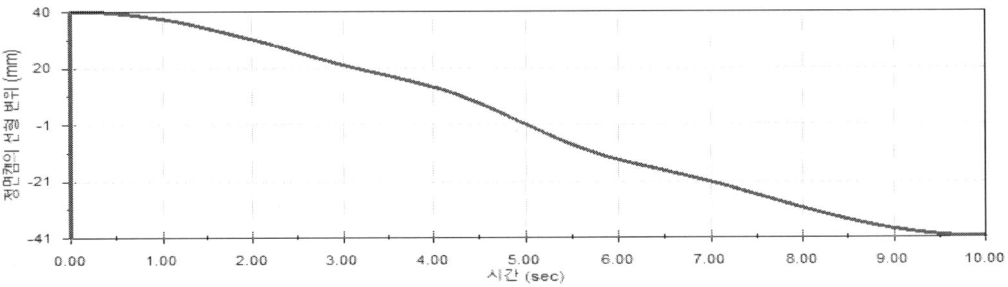

그림 3-4-11 정면 캠의 홈 경로 105㎜에 대한 선형 변위 결과

(2) 이동바의 운동 해석

① "결과와 플롯" 버튼을 클릭하여 그래프의 속성을 입력한다.

② 구동에 대한 이동바의 모션 해석 결과는 그림 3-4-12와 같다.

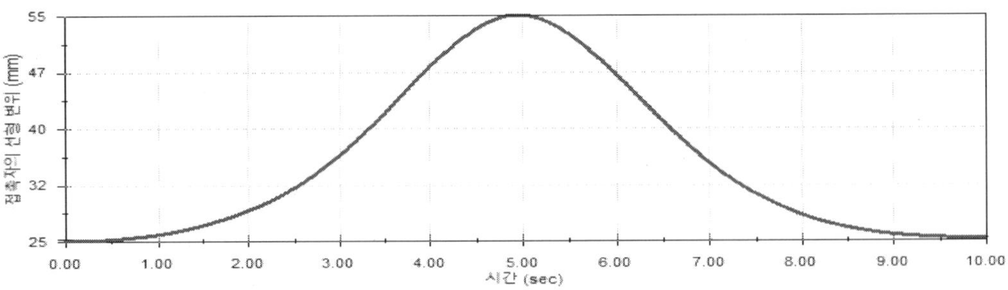

그림 3-4-12 이동바의 시간에 따른 선형 변위 결과

4.4.3 결과 고찰

이 그래프를 통해 그림 3-4-11의 정면 캠의 105mm 홈 이동에 대해 그림 3-4-12의 접촉자가 상하 30mm 운동 하고 있는 것을 알 수 있다. 따라서 정면 캠의 직선 구동에 의해 접촉자를 병진운동으로 전달하는 캠 기구 설계는 올바르다고 판단할 수 있다.

4.4.4 동영상 저장하기

① 저장 아이콘을 클릭한다.

② 동영상 설정 창이 나타난다.

③ 파일 이름을 "정면 캠 기구 동영상"으로 한다.

④ 비디오 압축 창이 나타나고 프레임 정보에서 초당 프레임을 25로 하고 저장을 누른다.

⑤ 압축 프로그램의 창이 나타나면 "전체 프레임(압축 안함)"을 선택하고 확인을 클릭한다.

⑥ 기구가 동작하면서 동영상으로 저장된다.

4.4 자율 평가 문제

이 자율평가의 목적은 앞에서 익힌 내용을 다 이해하고 평가 문제에 대해 자기 주도적으로 문제를 해결하고 숙지 정도를 확인하기 위함이다. 본인의 부족한 점에 대해 파악하는 태도를 기르고 부족하다면 다른 사람의 도움을 받거나 본인 스스로 앞의 내용을 더욱 자세히 학습하는 자기주도 학습에 목적이 있다.

그림 3-4-1의 정면 캠 기구에서 조건이 다음과 같이 변경되었다고 하고 다음 작업을 실시하라.

변경 조건 사항

- 정면 캠의 이동 거리는 10초에 130㎜이다.
- 이동바의 최대 이동 변위는 45㎜이다.
- 이동바의 최초 위치는 슬롯 끝 원통 부분과의 동심 지점이다.
- 정면 캠의 슬롯 부분의 형상은 다음과 같이 변형된다.

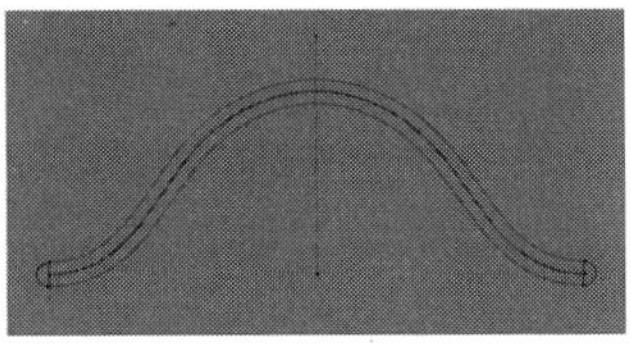

문제 1

변경 조건에 맞게 정면 캠 기구를 구성하고 최초 위치로 조립 모델을 나타내시오.

문제 2

정면 캠 기구의 변위 시뮬레이션 결과를 엑셀 그래프로 나타내고 동영상을 제작 하시오.

위의 문제에 대해 부록의 답안과 비교하여 일치한 답을 했다면 앞의 내용을 완전히 이해했다고 판단되지만 틀린 부분이 있다면 그 원인을 반드시 찾도록 하는 것이 좋을 것입니다. 본인의 답이 맞다고 생각하면 일치하지 않아도 좋지만 그 이유를 반드시 적어보고 확실한지 다시 한 번 확인하기 바랍니다.

자율 평가 결과 점검표

학습자 성명 :	평가 날짜 :
평가 제목 : 정면 캠 기구 설계	

	성취 수준		
	이해하지 못함	일부를 모르겠음	완전히 하였음
• 정면 캠 운동 기구를 설계대로 구성하였다.			
• 정면 캠 기구를 모션 시뮬레이션하고 시간에 따른 이동바의 선형 변위를 플롯으로 나타내었다.			
• 정면 캠 기구를 모션 시뮬레이션하고 시간에 따른 이동바의 선형 속도를 플롯으로 나타내었다.			
• 정면 캠 기구의 모션 시뮬레이션 결과를 시간에 따른 이동바의 변위 엑셀 그래프로 나타내었다.			
• 정면 캠 기구의 모션 시뮬레이션 결과를 시간에 따라 이동바의 속도 엑셀 그래프로 나타내었다.			
• 정면 캠 운동 기구의 모션 동영상을 나타내었다.			

성취수준

위의 모든 항목에 대해 "완전히 하였음", 즉 완성도 100%로 답하여야 합니다. 만일 "하지 않았음" 또는 "했지만 잘 모르겠음"에 답을 했다면 앞에서 학습한 내용을 다시 한 번 확인하여 다시 수행하고 필요한 경우에는 교육자 또는 전문가와 상의하기 바랍니다.

제5장 역 캠 기구

5.1 문제

재봉틀에는 역 캠 기구가 사용된다. 여러분이 기계공학을 전공한 전문가이며 특히 캠 기구에 대한 전공자라고 하자. 한 재봉틀 회사에서 그림 3-5-1과 같이 캠은 고정되어 있고 구동 암이 진동을 하면 종동축이 상하방향으로 움직이는 역 캠 직선 운동 기구를 대상으로 입력(구동 암)의 위치에 따른 진동에 의해 종동축이 상하 왕복 직선 운동하는 기구를 설계해 달라고 한다. 이럴 때 당신은 어떻게 해결할 것인가?

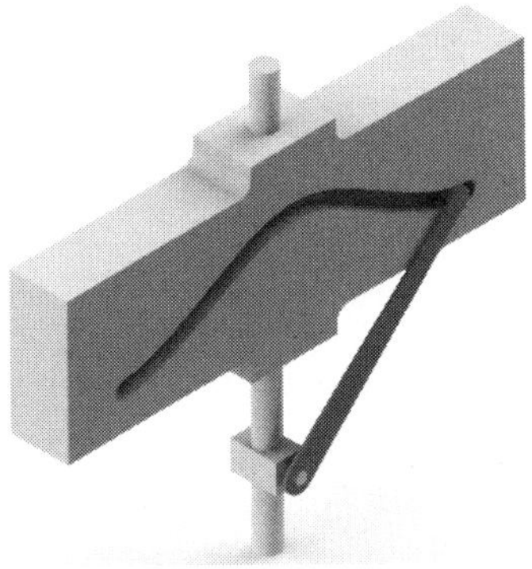

그림 3-5-1 역 캠에 의한 상하 직선운동 기구

5.2 부품 준비

5.2.1 부품 사양 결정

(1) 설계 제한 조건

① 역 캠의 접촉면은 구동 암과 부드럽게 접촉할 수 있는 자유 곡선에 의한 곡면으로 한다.

② 구동 암의 시작 위치는 임의의 3가지 위치로 한다.

(3) 사양 결정

① 역 캠의 슬롯 곡면 최대 높이 차는 120㎜이다.

② 역 캠 두께는 10㎜이다.

③ 역 캠 상하 왕복 직선 운동 기구의 부품은 3가지로 구성되며 부품 번호는 그림 3-5-2이다.

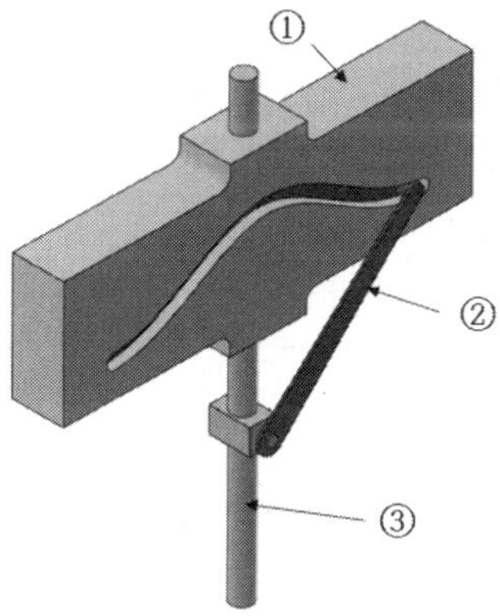

그림 3-5-2 역 캠 기구의 부품 번호

5.2.2 부품 형상모델링

(1) 슬롯 캠 부품(① 부품)

슬롯 캠은 슬롯을 따라 운동 시키는 가이드 역할을 함과 동시에 종동축이 상하 운동 가능하도록 가이드 역할을 한다. 그림 3-5-3 (a)는 슬롯 캠의 외형이며 이 슬롯 캠을 그림

3-5-3 (b)의 치수대로 형상모델링 하고 저장 파일 이름을 "슬롯 캠"으로 한다.

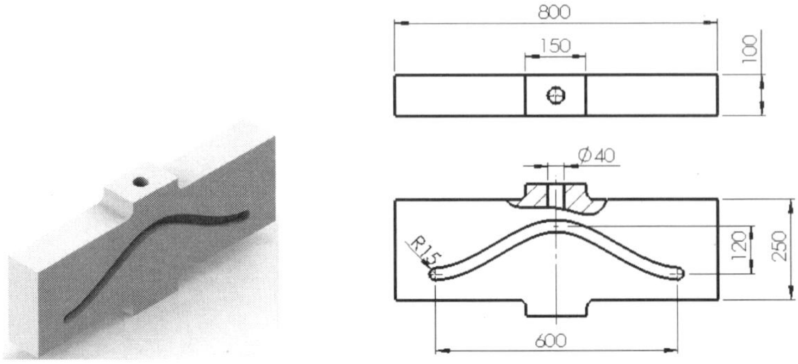

(a) 외관 (b) 형상 치수

그림 3-5-3 슬롯 캠의 형상 정보

(2) 구동 암 부품(② 부품)

구동 암은 요동 운동에 의해 종동축을 상하 운동시키는 역할을 한다. 그림 3-5-4 (a)는 구동 암의 외형이며 이 구동 암을 그림 3-5-4 (b)의 치수대로 형상모델링 하고 저장 파일 이름을 "구동 암"으로 한다.

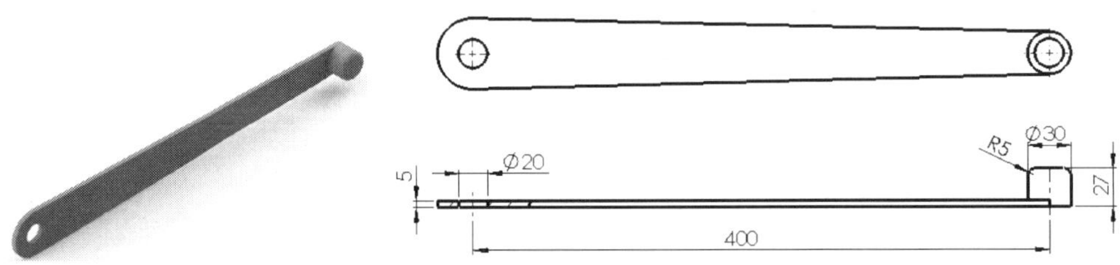

(a) 외관 (b) 형상 치수

그림 3-5-4 구동 암의 형상 정보

(3) 종동축 부품(③ 부품)

종동축은 슬롯 캠의 홈을 따라 상하 운동하는 역할을 한다. 그림 3-5-5 (a)는 종동축의 외형이며 이 종동축을 그림 3-5-5 (b)의 치수대로 형상모델링 하고 저장 파일 이름을 "종동축"으로 한다.

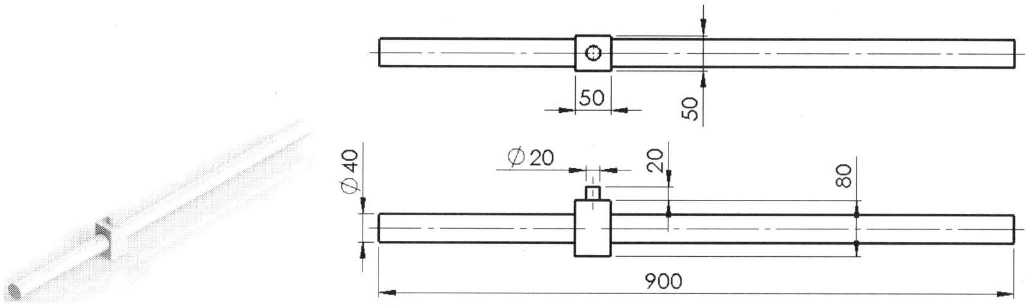

(a) 외관 (b) 형상 치수

그림 3-5-5 종동축의 형상 정보

5.3 기구 구성

5.3.1 부품 조립

(1) 슬롯 캠의 조립

① 슬롯 캠 파트모델을 불러온다.

② 슬롯 캠 모델에 커서를 대고 마우스 오른쪽 버튼을 누르고 "자유롭게 움직이기"를 클릭한다.

③ 슬롯 캠의 정면과 어셈블리 정면에 대해 일치 메이트 한다.

④ 슬롯 캠의 윗면과 어셈블리 윗면에 대해 일치 메이트 한다.

⑤ 슬롯 캠의 우측면과 어셈블리 우측면에 대해 일치 메이트 한다.

⑥ 확인을 클릭한다.

(2) 종동축의 조립

① 종동축을 불러온다.

② 종동축의 형상 원통 면과 슬롯 캠의 형상 구멍 면을 동심 메이트 한다.

③ 종동축의 윗면과 슬롯 캠 정면에 대해 일치 메이트 한다.

④ 확인을 클릭한다(그림 3-5-6).

(3) 구동 암의 조립

① 구동 암을 불러온다.

② 구동 암의 구멍 면과 종동축의 볼록 원통 면이 동심이 되도록 동심 메이트 한다.

③ 구동 암의 원통 바닥 중심점과 역 캠의 이동 경로를 경로 메이트 한다(그림 3-5-7).

④ 확인을 클릭한다.

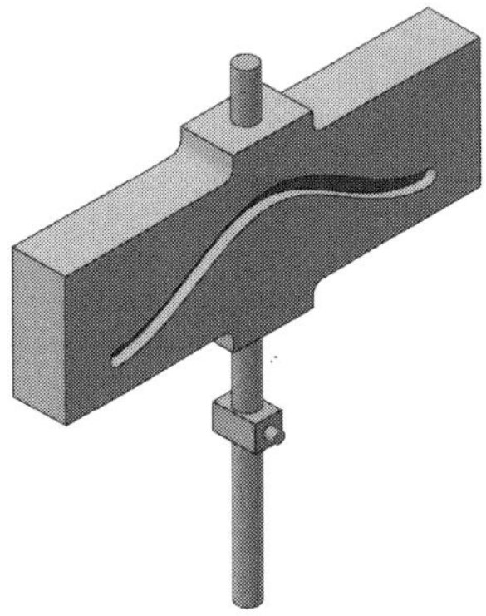

그림 3-5-6 종동축의 메이트 결과

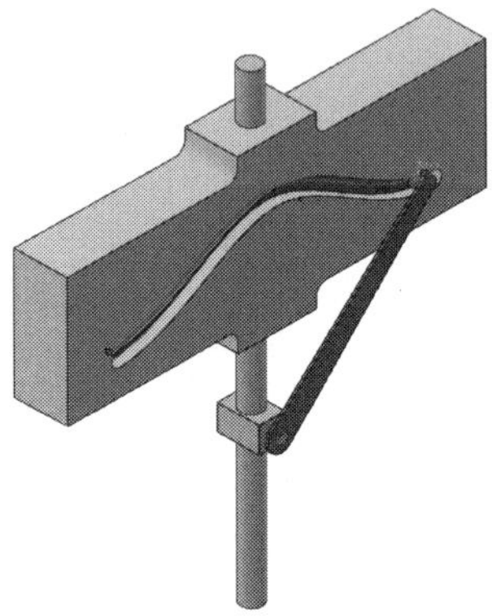

그림 3-5-7 구동 암의 메이트 결과

5.3.2 저장하기

① 저장 도구에서 "다른 이름으로 저장하기"를 클릭한다.

② 저장할 디렉토리를 정하고 파일이름을 "역 캠 기구"로 한다.

③ 저장 버튼을 클릭한다.

5.4 기구 모션 시뮬레이션

5.4.1 모션 조건 설정

(1) 입력부의 초기 위치

입력부의 초기 위치는 그림 3-5-8과 같이 3가지로 형태로 한다.

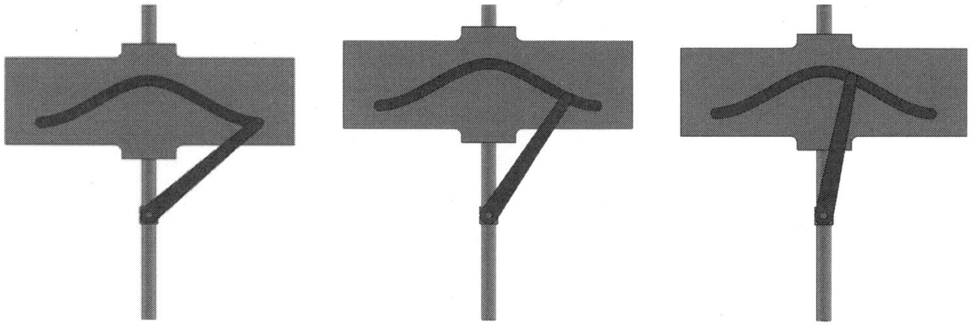

(a) 1형태　　　　(b) 2형태　　　　(c) 3형태

그림 3-5-8 구동 암의 3가지 초기 위치

(2) 모터 설정

① 역 캠 기구의 구동을 보이기 위해 모델 탭 옆의 모션 스터디 탭을 클릭한다.

② 구동을 위한 모터를 선택한다.

③ 모터 유형을 원형 모터로 선택한다.

④ 부품/방향에서 모터 위치는 진동 구동을 위해 그림 3-5-9와 같이 구동 암의 형상 면으로 한다.

⑤ 확인을 클릭한다.

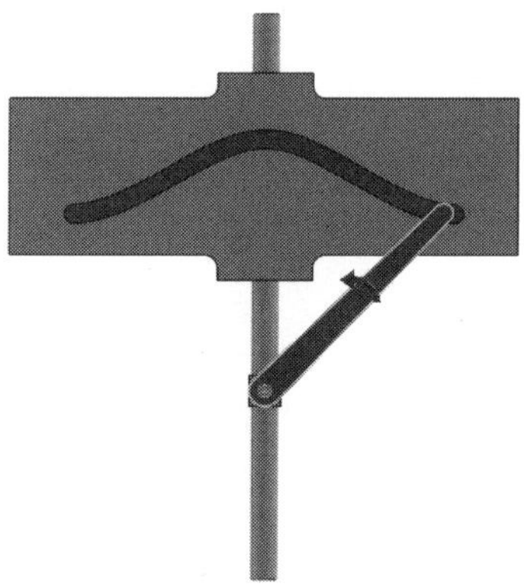

그림 3-5-9 모터 위치와 모터 방향 설정 모습

(2) 모션 설정

① 모션은 모터 속성 창의 모션 설정에서 "진동"을 선택한다.

② 5초에 20° 진동하도록 설정한다.

③ 확인을 클릭한다.

(3) 모션 스터디 계산하기

① 모션 해석으로 설정한다.

② 모션 스터디 계산하기 아이콘을 클릭하여 설정된 모터의 구동 조건을 계산한다.

③ 계산과 동시에 역 캠의 구동을 확인한다.

5.4.2 시뮬레이션 결과

① "결과와 플롯" 버튼을 클릭하여 그래프의 속성을 입력한다.

② 3가지 형태의 구동에 대한 종동축의 모션 해석 결과는 그림 3-5-10과 같다.

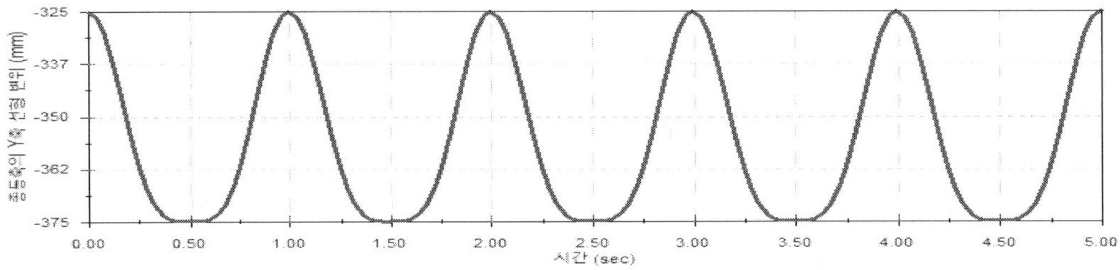

(a) 초기 위치 1형태의 시뮬레이션 결과

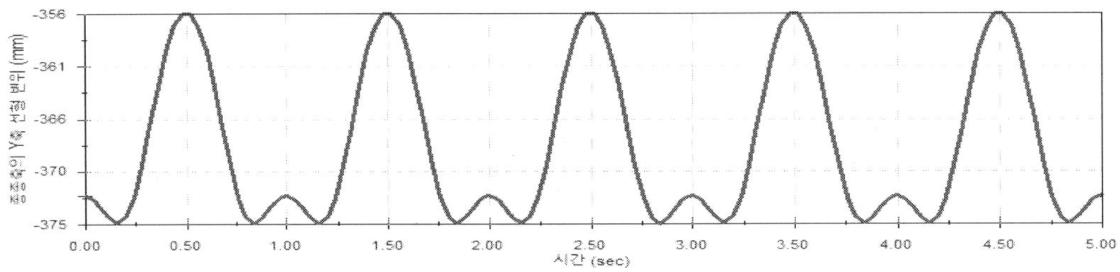

(b) 초기 위치 2형태의 시뮬레이션 결과

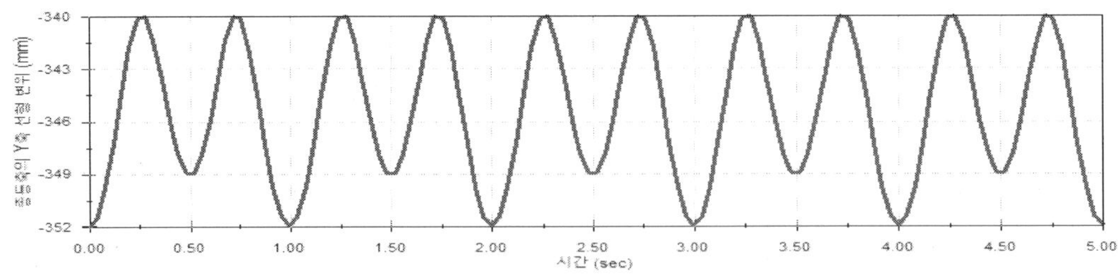

(c) 초기 위치 3형태의 시뮬레이션 결과

그림 3-5-10 종동축의 초기 위치에 따른 선형 변위 결과

5.4.3 결과 고찰

그림 3-5-8과 같이 구동 암의 초기 위치에 따라 똑같이 20°의 진동을 주었을 때 그림 3-5-10과 같은 초기 위치에 따라 운동의 형태가 다르게 되는 것을 알 수 있다. 이것을 잘 활용한 것이 자동 재봉틀인데 초기 위치에 따라 운동 형태 및 상하 움직임의 변위가 다르므로 박음질 천의 이송 속도를 일정하게 하면 박음의 길이가 달라진다는 것을 알 수 있다.

5.4.4 동영상 저장하기

① 저장 아이콘을 클릭한다.

② 동영상 설정 창이 나타난다.

③ 파일 이름을 "역 캠 기구 동영상"으로 한다.

④ 비디오 압축 창이 나타나고 프레임 정보에서 초당 프레임을 25로 하고 저장을 누른다.

⑤ 압축 프로그램의 창이 나타나면 "전체 프레임(압축 안함)"을 선택하고 확인을 클릭한다.

⑥ 기구가 동작하면서 동영상으로 저장된다.

5.5 자율 평가 문제

이 자율평가의 목적은 앞에서 익힌 내용을 다 이해하고 평가 문제에 대해 자기 주도적으로 문제를 해결하고 숙지 정도를 확인하기 위함이다. 본인의 부족한 점에 대해 파악하는 태도를 기르고 부족하다면 다른 사람의 도움을 받거나 본인 스스로 앞의 내용을 더욱 자세히 학습하는 자기주도 학습에 목적이 있다.

그림 3-5-1의 역 캠 기구에서 조건이 다음과 같이 변경되었다고 하고 다음 작업을 실시하라.

변경 조건 사항

- 종동축의 최대 이동 변위는 100㎜이다.
- 구동 암의 최초 위치는 종동축과 45° 되는 지점이다.
- 구동 암은 90° 회전한다.
- 슬롯 캠의 슬롯 부분의 형상만 다음과 같이 변형된다.

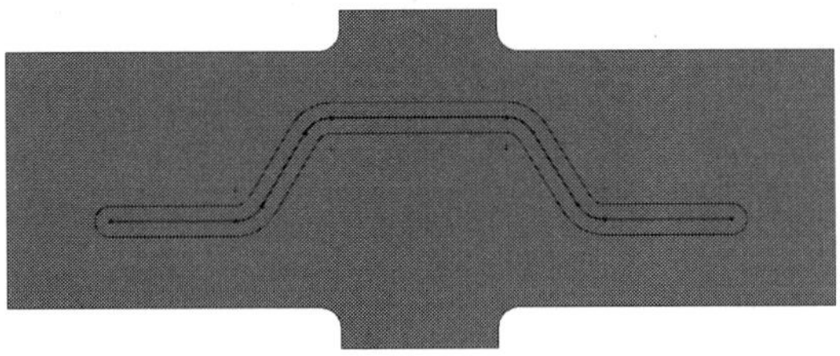

문제 1

변경 조건에 맞게 역 캠 기구를 구성하고 최초 위치로 조립 모델을 나타내시오.

문제 2

역 캠 기구의 변위 시뮬레이션 결과를 시간에 따른 엑셀 그래프로 나타내고 동영상을 제작하시오.

위의 문제에 대해 부록의 답안과 비교하여 일치한 답을 했다면 앞의 내용을 완전히 이해했다고 판단되지만 틀린 부분이 있다면 그 원인을 반드시 찾도록 하는 것이 좋을 것입니다. 본인의 답이 맞다고 생각하면 일치하지 않아도 좋지만 그 이유를 반드시 적어보고 확실한지 다시 한 번 확인하기 바랍니다.

자율 평가 결과 점검표

학습자 성명 :	평가 날짜 :
평가 제목 : 역 캠 기구 설계	

	성취 수준		
	이해하지 못함	일부를 모르겠음	완전히 하였음
• 역 캠 운동 기구를 구성하고 최초 위치로 조립 모델을 나타내었다.			
• 역 캠 기구를 모션 시뮬레이션하고 종동축의 선형 변위를 시간에 따라 플롯으로 나타내었다.			
• 역 캠 기구를 모션 시뮬레이션하고 종동축의 선형 속도를 시간에 따라 플롯으로 나타내었다.			
• 역 캠 기구의 모션 시뮬레이션 결과를 시간에 따른 종동축의 변위 엑셀 그래프로 나타내었다.			
• 역 캠 기구의 모션 시뮬레이션 결과를 시간에 따라 종동축의 속도 엑셀 그래프로 나타내었다.			
• 역 캠 운동 기구의 모션 동영상을 나타내었다.			

성취수준

위의 모든 항목에 대해 "완전히 하였음", 즉 완성도 100%로 답하여야 합니다. 만일 "하지 않았음" 또는 "했지만 잘 모르겠음"에 답을 했다면 앞에서 학습한 내용을 다시 한 번 확인하여 다시 수행하고 필요한 경우에는 교육자 또는 전문가와 상의하기 바랍니다.

제6장

원통 캠 기구

6.1 문제

기계의 구조상 캠의 회전축을 종동절과 평행하게 하고자 할 때 사용되는 캠으로 원통 위에 안내 홈으로써 캠의 형상을 형성한다. 공작기계에 주로 사용하며 안내 홈에 맞물리는 종동절의 종류에 따라 좌우 왕복운동 혹은 요동운동을 한다.

여러분이 기계공학을 전공한 전문가이며 특히 캠 기구에 대한 전공자라고 하자. 한 회사에서 그림 3-6-1과 같은 기계의 구조상 캠의 회전축을 종동절과 평행하게 하고자 할 때 사용되는 원통 캠(cylindrical or drum cam) 직선 운동 기구를 대상으로 입력(원통 캠)을 360°회전 구동 시킬 때 출력(접촉자)이 봉(가이드)을 따라 총 30㎜ 상하 왕복 직선 운동하는 기구를 설계해 달라고 하면 당신은 어떻게 해결할 것인가?

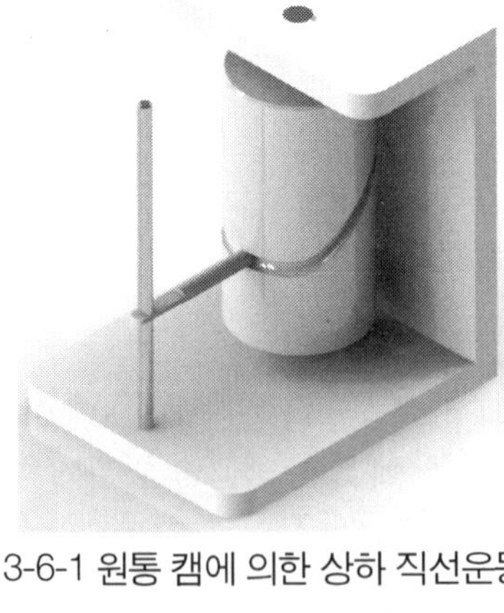

그림 3-6-1 원통 캠에 의한 상하 직선운동 기구

6.2 부품 준비

6.2.1 부품 사양 결정

(1) 요구 조건

① 원통 캠 상하 왕복 직선 운동 기구이다.

② 출력(접촉자)의 원통 캠의 1회전에 총 행정 거리는 30㎜이다.

(2) 설계 제한 조건

① 원통 캠의 접촉면은 ∅6㎜인 반원의 오목 곡면으로 한다.

② 원통 캠 접촉면 사이의 최대 폭은 30㎜로 한다.

③ 접촉자의 접촉 부분은 원통 캠과 곡면 접촉이 가능한 반원 구 접촉자로 한다.

(3) 사양 결정

① 원통 캠의 직경은 ∅50㎜이다.

② 원통 캠의 접촉면은 ∅6㎜인 반원의 오목 곡면이다.

③ 원통 캠 접촉면 사이의 폭은 30㎜이다.

④ 접촉자 끝의 반원 구 지름은 ∅6㎜이다.

⑤ 원통 캠 상하 왕복 직선 운동 기구의 부품은 5가지로 구성되며 부품 번호는 그림 3-6-2와 같다.

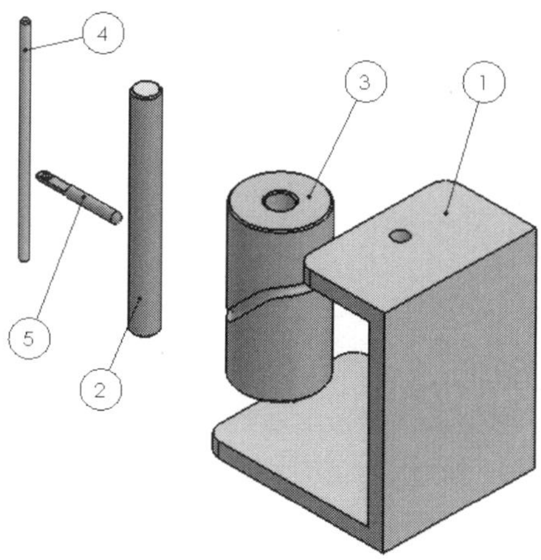

그림 3-6-2 원통 캠 기구의 부품 번호

6.2.2 부품 형상모델링

(1) 베이스 부품(① 부품)

베이스는 원통 캠을 회전 운동시키는 가이드 역할을 함과 동시에 이동바를 고정하는 역할을 하며 베이스의 원통 캠 회전축 지름은 ∅10㎜이다. 그림 3-6-3 (a)는 베이스의 외형이며 이 베이스를 그림 3-6-3 (b)의 치수대로 형상모델링 하고 저장 파일 이름을 "베이스"로 한다.

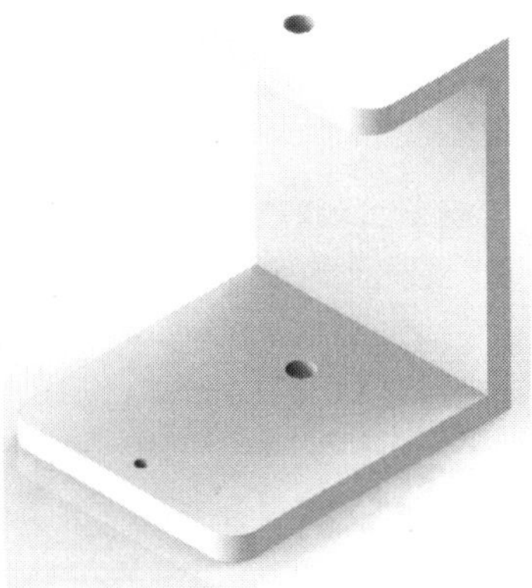

(a) 외관

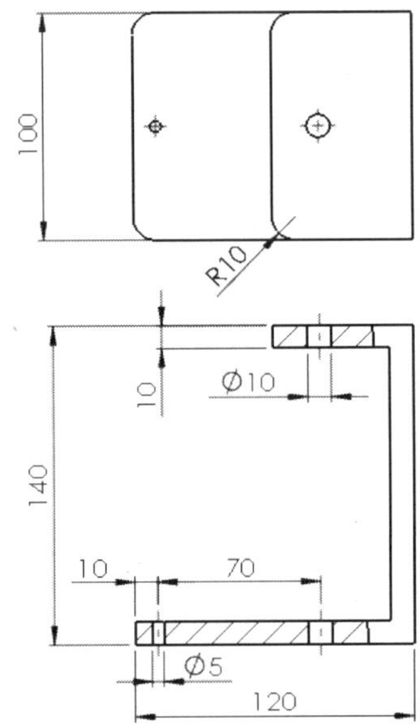

(b) 형상 치수

그림 3-6-3 베이스의 형상 정보

(2) 회전축 부품(② 부품)

회전축은 원통 캠을 회전 운동시키는 역할을 하며 회전축의 지름은 ∅15㎜이다. 그림 3-6-4 (a)는 회전축의 외형이며 이 회전축을 그림 3-6-4 (b)의 치수대로 형상모델링 하고 저장 파일 이름을 "회전축"으로 한다.

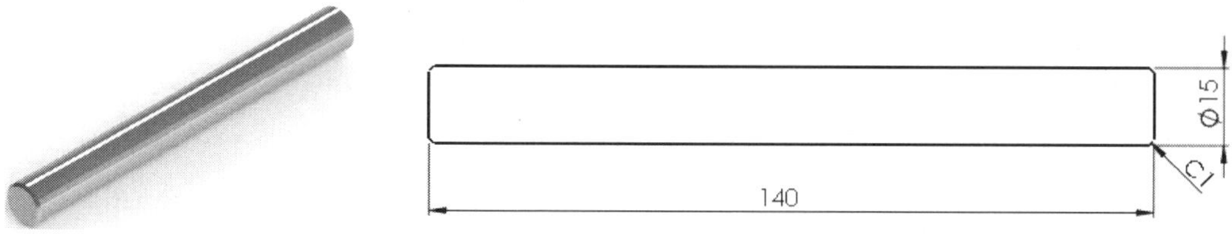

(a) 외관 (b) 형상 치수

그림 3-6-4 회전축의 형상 정보

(3) 원통 캠 부품(③ 부품)

원통 캠은 회전 운동에 의해 접촉자를 상하 운동시키는 역할을 하며 원통 캠의 오목 곡면 최대 높이차는 30mm이다. 그림 3-6-5 (a)는 원통 캠의 외형이며 이 원통 캠을 그림 3-6-5 (b)의 치수대로 형상모델링 하고 저장 파일 이름을 "원통 캠"로 한다.

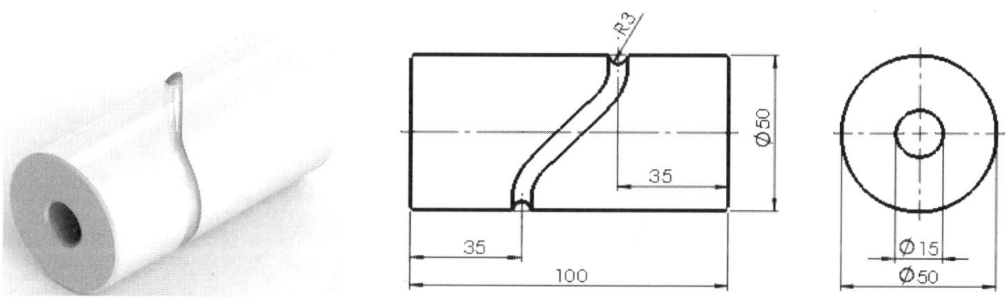

(a) 외관 (b) 형상 치수

그림 3-6-5 원통 캠의 형상 정보

(4) 이동바 부품(④ 부품)

이동바는 접촉자를 가이드 해주는 역할을 하며 이동바의 지름은 ∅5mm이다. 그림 3-6-6 (a)는 이동바의 외형이며 이 이동바를 그림 3-6-6 (b)의 치수대로 형상모델링 하고 저장 파일 이름을 "이동바"으로 한다.

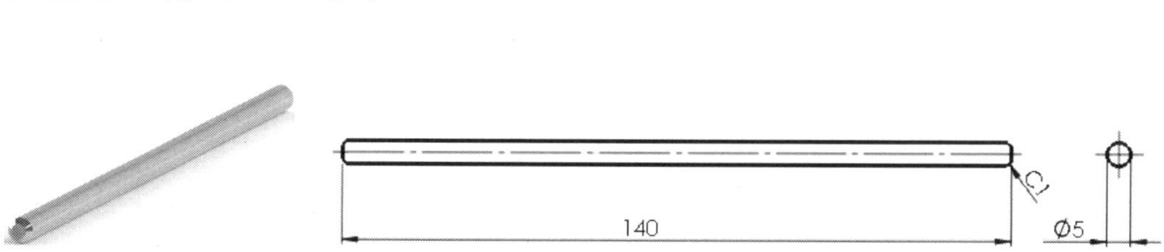

(a) 외관 (b) 형상 치수

그림 3-6-6 이동바의 형상 정보

(5) 접촉자 부품(⑤ 부품)

접촉자는 원통 캠의 회전 운동에 따라 상하 운동하는 역할을 하며 접촉자의 지름은 ∅6㎜이며 접촉자 끝의 반원면 지름 역시 ∅6㎜이다. 그림 3-6-7 (a)는 접촉자의 외형이며 이 접촉자를 그림 3-6-7 (b)의 치수대로 형상모델링 하고 저장 파일 이름을 "접촉자"로 한다.

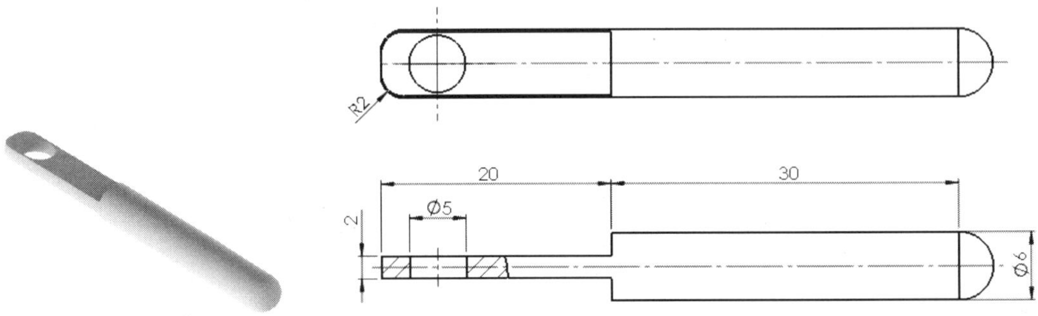

(a) 외관 (b) 형상 치수

그림 3-6-7 접촉자의 형상 정보

6.3 기구 구성

6.3.1 부품 조립

(1) 베이스의 조립

① 베이스(base) 파트모델을 불러온다.

② 베이스 모델에 커서를 데고 마우스 오른쪽 버튼을 누르고 "자유롭게 움직이기"를 클릭한다.

③ 베이스의 정면과 어셈블리 정면에 대해 일치 메이트 한다.

④ 베이스의 윗면과 어셈블리 윗면에 대해 일치 메이트 한다.

⑤ 베이스의 우측면과 어셈블리 우측면에 대해 일치 메이트 한다.

⑥ 확인을 클릭한다.

(2) 회전축의 조립

① 회전축(rotation axis)을 불러온다.

② 회전축의 구멍과 베이스의 구멍이 동심이 되도록 동심 메이트 한다.

③ 회전축의 위쪽 끝 면과 베이스의 바깥 윗면을 일치 메이트 한다.

④ 확인을 클릭한다(그림 3-6-8).

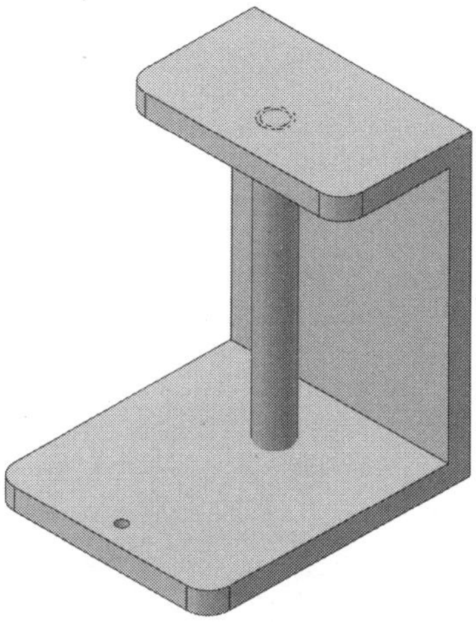

그림 3-6-8 회전축의 메이트 결과

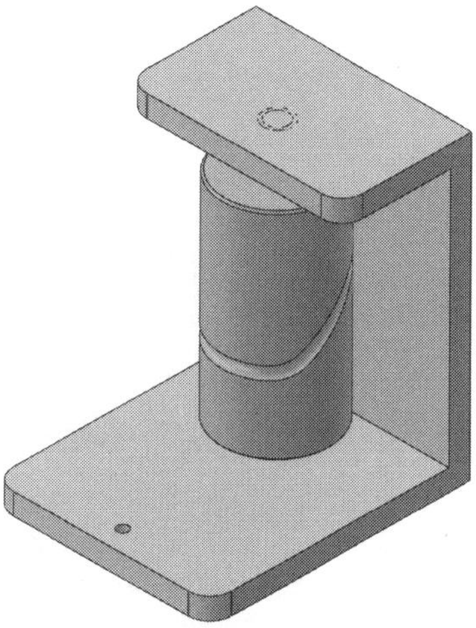

그림 3-6-9 원통 캠의 메이트 결과

(3) 원통 캠의 조립

① 원통 캠을 불러온다.

② 원통 캠의 구멍과 회전축의 원통이 동심이 되도록 동심 메이트 한다.

③ 원통 캠의 밑면과 베이스의 바깥쪽 밑면을 거리 10㎜되도록 거리 메이트 한다.

④ 확인을 클릭한다(그림 3-6-9).

(4) 이동바의 조립

① 이동바를 불러온다.

② 이동바의 정면과 베이스의 우측면이 일치가 되도록 일치 메이트 한다.

③ 이동바의 왼쪽 면과 베이스의 안쪽 옆면이 일치가 되도록 일치 메이트 한다.

④ 이동바의 위쪽 면과 베이스의 위쪽 면이 일치가 되도록 일치 메이트 한다.

⑤ 확인을 클릭한다(그림 3-6-10).

(5) 접촉자의 조립

① 접촉자를 불러온다.

② 접촉자의 구멍과 이동바의 원통이 동심이 되도록 동심 메이트 한다.

③ 접촉자의 스케치 반 구면선과 원통 캠의 이동 홈이 탄제트가 되도록 탄젠트 메이트 한다.

④ 베이스의 정면과 접촉자의 정면이 일치하도록 일치 메이트 한다.

⑤ 원통 캠의 중심축과 접촉자의 평평한 옆면이 평행이 되도록 평행 메이트 한다.

⑥ 확인을 클릭한다(그림 3-6-11).

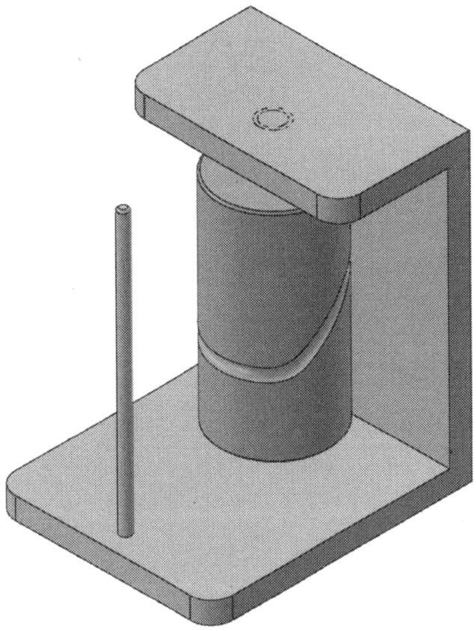

그림 3-6-10 이동바의 메이트 결과

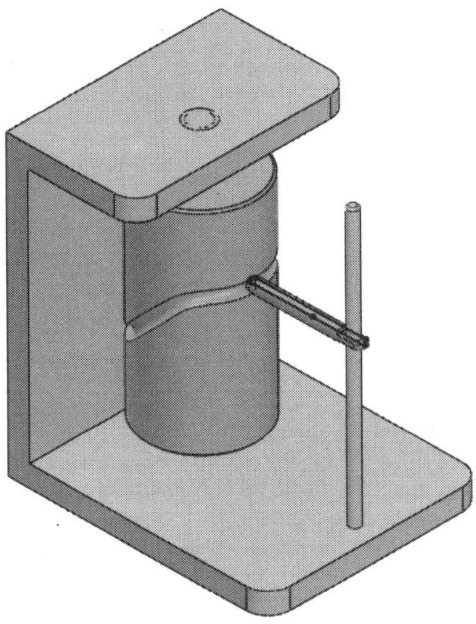

그림 3-6-11 접촉자의 메이트 결과

6.3.2 저장하기

① 저장 도구에서 “다른 이름으로 저장하기”를 클릭한다.

② 저장할 디렉토리를 정하고 파일이름을 “원통 캠 기구”로 한다.

③ 저장 버튼을 클릭한다.

6.4 기구 모션 시뮬레이션

6.4.1 모션 조건 설정

(1) 모터 설정

① 원통 캠 기구의 구동을 보이기 위해 모델 탭 옆의 모션 스터디 탭을 클릭한다.

② 구동을 위한 모터를 선택한다.

③ 모터 유형을 원형 모터로 선택한다.

④ 부품/방향에서 모터 위치는 원형 구동을 위해 그림 3-6-12와 같이 원통 캠의 바깥 원통면으로 한다.

⑤ 확인을 클릭한다.

그림 3-6-12 모터 위치와 모터 방향 설정 모습

(2) 모션 설정

① 모션은 모터 속성 창의 모션 설정에서 "정속"을 선택한다.

② 10초에 720° 회전 구동하도록 하려면 12rpm으로 설정 한다.

③ 접촉을 선택하고 "솔리드 바디 접촉"에서 그림 3-6-13과 같이 캠과 접촉자를 차례로 클릭한다.

④ 확인을 클릭한다.

⑤ 모션 스터디 속성에서 초당 프레임을 120으로 하고 사이클 시간을 체크하고 10초로 한다.

⑥ 확인을 클릭한다.

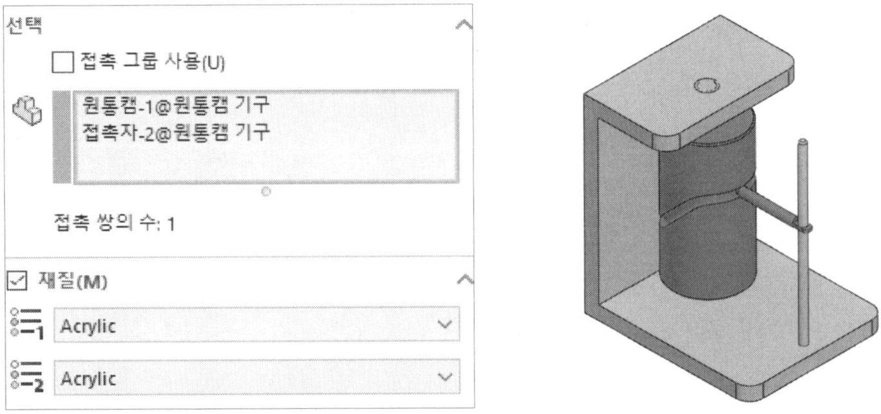

(a) 접촉 설정 창　　　　　　(b) 접촉 선택 모습

그림 3-6-13 솔리드 바디 접촉 설정 창과 선택 결과

(3) 모션 스터디 계산하기

① 모션 해석으로 설정한다.

② 모션 스터디 계산하기 아이콘을 클릭하여 설정된 모터의 구동 조건을 계산한다.

③ 계산과 동시에 원통 캠의 구동을 확인한다.

6.4.2 시뮬레이션 결과

(1) 구동부의 시뮬레이션 결과

① "결과와 플롯" 버튼을 클릭하여 그래프의 속성을 입력한다.

② 원통 캠의 720˚ 회전에 대한 모션 해석 결과는 그림 3-6-14와 같다.

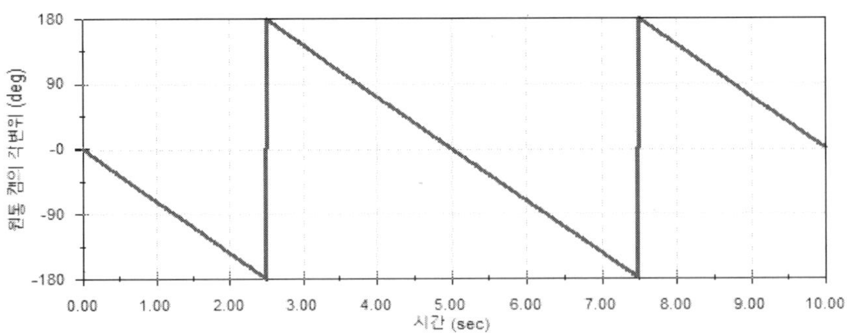

그림 3-6-14 원통 캠의 시간에 따른 각 변위 결과 그래프

(2) 종동부의 시뮬레이션 결과

① "결과와 플롯" 버튼을 클릭하여 그래프의 속성을 입력한다.

② 구동에 대한 접촉자의 모션 해석 결과는 그림 3-6-15와 같다.

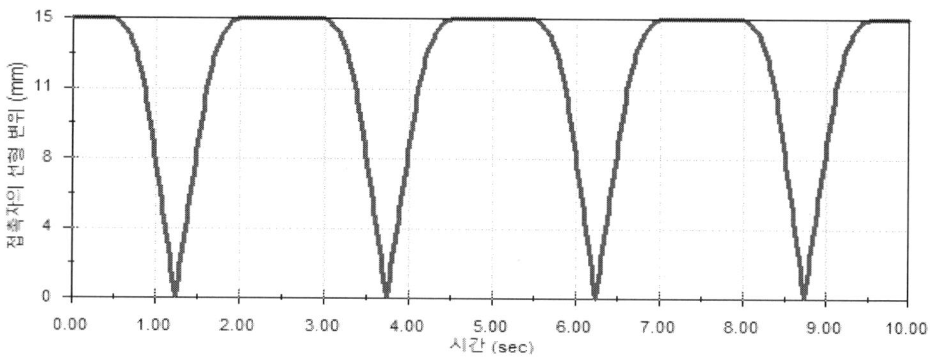

그림 3-6-15 접촉자의 시간에 따른 선형 변위 그래프 결과 모습

6.4.3 결과 고찰

결과 그래프를 통해 원통 캠의 360°(5초) 회전에 대해 접촉자가 상하 15㎜씩 두 번 꺾이며 총 30㎜ 운동하고 있는 것을 알 수 있다. 따라서 회전 구동에 의해 접촉자를 병진운동으로 전달하는 원통 캠의 설계는 올바르다고 판단할 수 있다.

6.4.4 동영상 저장하기

① 저장 아이콘을 클릭한다.

② 동영상 설정 창이 나타난다.

③ 파일 이름을 "원통 캠 기구 동영상"으로 한다.

④ 비디오 압축 창이 나타나고 프레임 정보에서 초당 프레임을 25로 하고 저장을 누른다.

⑤ 압축 프로그램의 창이 나타나면 "전체 프레임(압축 안함)"을 선택하고 확인을 클릭한다.

⑥ 기구가 동작하면서 동영상으로 저장된다.

6.5 자율 평가 문제

이 자율평가의 목적은 앞에서 익힌 내용을 다 이해하고 평가 문제에 대해 자기 주도적으로 문제를 해결하고 숙지 정도를 확인하기 위함이다. 본인의 부족한 점에 대해 파악하는 태도를 기르고 부족하다면 다른 사람의 도움을 받거나 본인 스스로 앞의 내용을 더욱 자세히 학습하는 자기주도 학습에 목적이 있다.

그림 3-6-16의 원통 캠 기구에서 아래와 같은 설계 조건일 때 다음 문제를 해결하라.

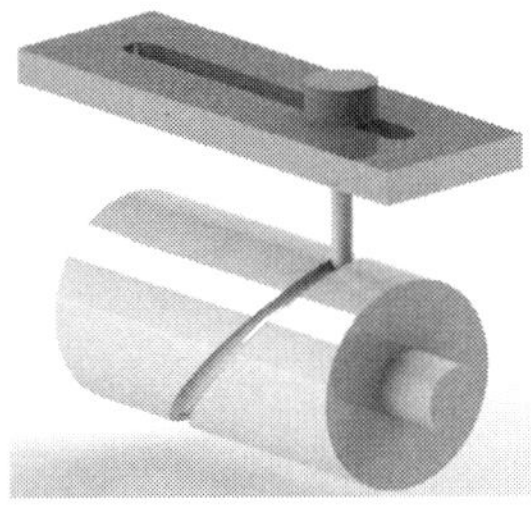

그림 3-6-16 원통 캠 기구

설계 조건

- 가이드의 슬롯 총 길이는 10㎜이다.
- 총 60㎜ 좌우 왕복 직선 운동한다.
- 5초간은 60㎜ 1번 왕복 운동하고 다음 5초간은 60㎜ 2번 왕복 운동한다.

문제 1

설계 조건에 따른 원통 홈을 따라 구동하는 캠 기구를 구성하고 초기 위치의 조립 모델로 나타내어라.

문제 2

캠 기구의 선형 변위와 선형 속도를 시뮬레이션하고 시간에 따른 엑셀 그래프로 나타내어라.

위의 문제에 대해 부록의 답안과 비교하여 일치한 답을 했다면 앞의 내용을 완전히 이해했다고 판단되지만 틀린 부분이 있다면 그 원인을 반드시 찾도록 하는 것이 좋을 것입니다. 본인의 답이 맞다고 생각하면 일치하지 않아도 좋지만 그 이유를 반드시 적어보고 확실한지 다시 한 번 확인하기 바랍니다.

자율 평가 결과 점검표

학습자 성명 :	평가 날짜 :
평가 제목 : 원통 캠 기구 설계	

	성취 수준		
	이해하지 못함	일부를 모르겠음	완전히 하였음
• 원통 캠 운동 기구를 변경된 설계대로 구성하였다.			
• 원통 캠 기구를 모션 시뮬레이션하고 시간에 따른 포인터의 선형 변위를 엑셀 그래프로 나타내었다.			
• 원통 캠 기구를 모션 시뮬레이션하고 시간에 따른 포인터의 선형 속도를 엑셀 그래프로 나타내었다.			
• 원통 캠 운동 기구의 모션 동영상을 나타내었다.			

성취수준

위의 모든 항목에 대해 "완전히 하였음", 즉 완성도 100%로 답하여야 합니다. 만일 "하지 않았음" 또는 "했지만 잘 모르겠음"에 답을 했다면 앞에서 학습한 내용을 다시 한 번 확인하여 다시 수행하고 필요한 경우에는 교육자 또는 전문가와 상의하기 바랍니다.

제7장

단면 캠 기구

7.1 문제

여러분이 기계공학을 전공한 전문가이며 특히 캠 기구에 대한 전공자라고 하자. 한 회사에서 그림 3-7-1과 같은 원통의 단면에 특수한 형상을 만들어 회전시키면 종동절은 상하운동을 하는 단면 캠 직선 운동 기구를 대상으로 입력(단면 캠)을 360°회전 구동 시킬 때 출력(접촉자)이 20㎜ 상하 왕복 직선 운동하는 기구를 설계해 달라고 하면 당신은 어떻게 해결할 것인가?

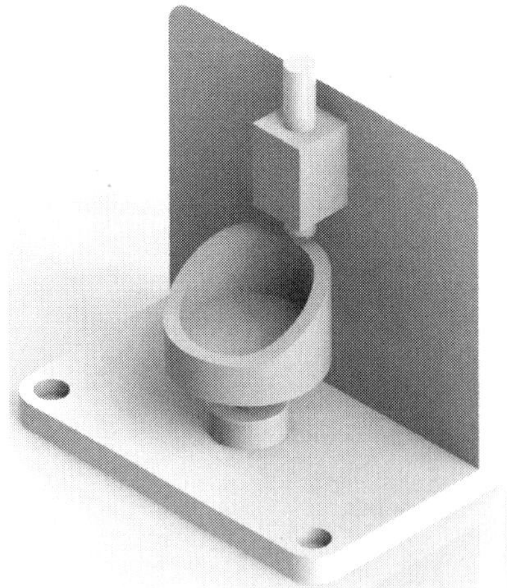

그림 3-7-1 단면 캠에 의한 상하 직선운동 기구

7.2 부품 준비

7.2.1 부품 사양 결정

(1) 요구 조건

① 단면 캠(end cam) 상하 왕복 직선 운동 기구이다.

② 입력(단면 캠)의 회전은 1회전으로 360°이다.

③ 단면 캠의 1회전에 출력(접촉자)의 총 행정 거리는 20mm이다.

(2) 설계 제한 조건

① 단면 캠의 접촉면은 원통에 대해 곡선 단면으로 한다.

② 단면 캠 접촉면 사이의 최대 높이차는 20mm로 한다.

③ 접촉자의 접촉 부분은 단면 캠과 곡면 접촉이 가능한 반원 단면 접촉자로 한다.

(3) 사양 결정

① 단면 캠의 원통 직경은 ∅50mm이다.

② 단면 캠의 접촉면은 폭이 5mm인 곡면이다.

③ 단면 캠 접촉면 사이의 폭은 20mm이다.

④ 접촉자 끝의 반원 단면 지름은 ∅9mm이다.

⑤ 단면 캠 상하 왕복 직선 운동 기구의 부품은 4가지로 구성되며 부품 번호는 그림 3-7-2이다.

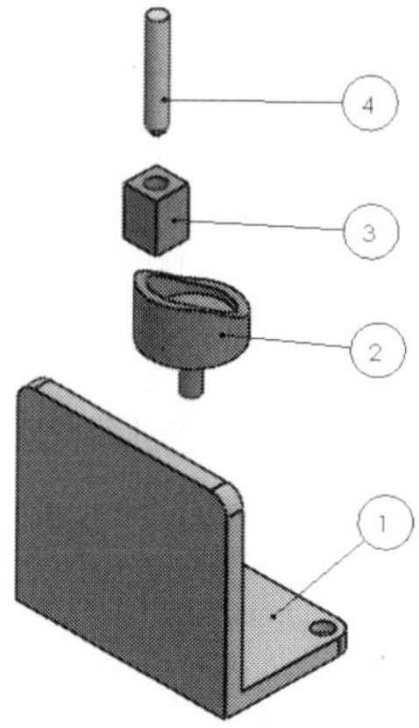

그림 3-7-2 단면 캠 기구의 부품 번호

7.2.2 부품 형상모델링

(1) 베이스 부품(① 부품)

베이스는 단면 캠을 회전 운동시키는 지지 역할을 하며 베이스의 단면 캠 회전축 지름은 ∅10㎜이다. 그림 3-7-3 (a)는 베이스의 외형이며 이 베이스를 그림 3-7-3 (b)의 치수대로 형상모델링 하고 저장 파일 이름을 “베이스”로 한다.

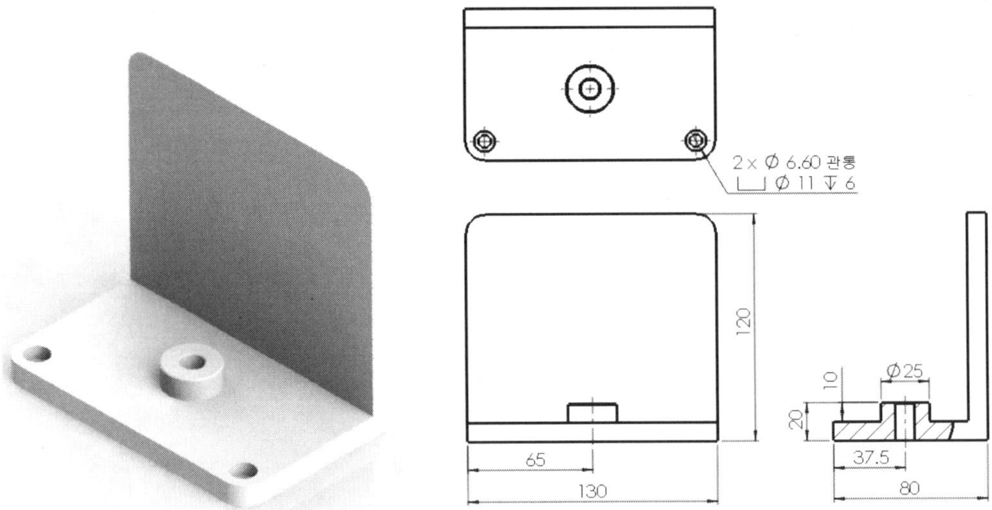

(a) 외관 (b) 형상 치수

그림 3-7-3 베이스의 형상 정보

(2) 단면 캠 부품(② 부품)

단면 캠은 회전 운동에 의해 접촉자를 상하 운동시키는 역할을 하며 단면 캠의 접촉 곡면 최대 높이차는 20㎜이다. 그림 3-7-4 (a)는 단면 캠의 외형이며 이 단면 캠을 그림 3-7-4 (b)의 치수대로 형상모델링 하고 저장 파일 이름을 “단면 캠”으로 한다.

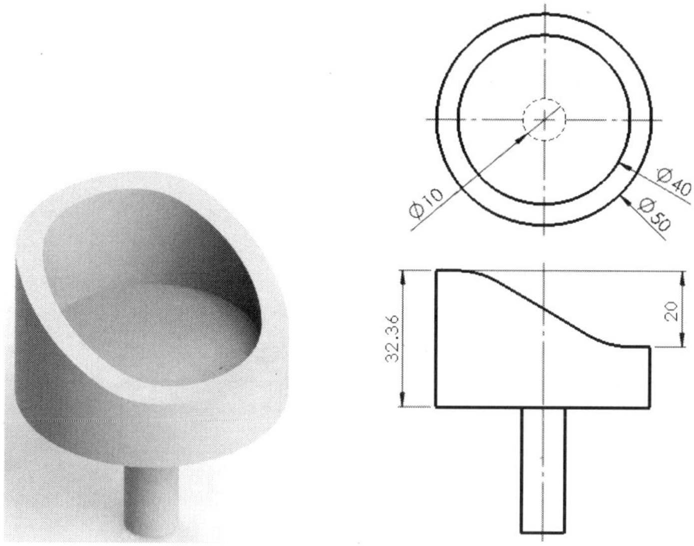

(a) 외관 (b) 형상 치수

그림 3-7-4 단면 캠의 형상 정보

(3) 홀더 부품(③ 부품)

홀더는 베이스에 장착되어 접촉자를 상하 운동 가능하도록 가이드 역할을 하며 홀더의 내경은 회전축 지름인 ∅10㎜이다. 그림 3-7-5 (a)는 홀더의 외형이며 이 홀더를 그림 3-7-5 (b)의 치수대로 형상모델링 하고 저장 파일 이름을 "홀더"로 한다.

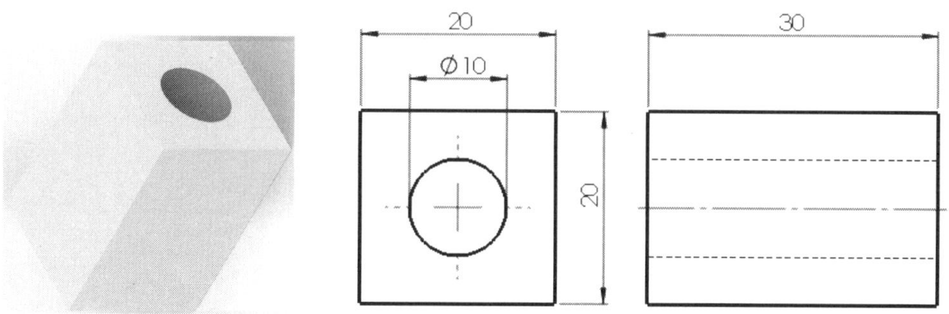

(a) 외관 (b) 형상 치수

그림 3-7-5 홀더의 형상 정보

(4) 접촉자 부품(④ 부품)

접촉자는 선형 캠의 직선 운동에 따라 상하 운동하는 역할을 하며 접촉자의 지름은 ∅10㎜이며 접촉자 끝의 반원면 지름은 ∅9㎜이다. 그림 3-7-6 (a)는 접촉자의 외형이며 이 접촉자를 그림 3-7-6 (b)의 치수대로 형상모델링 하고 저장 파일 이름을 "접촉자"로 한다.

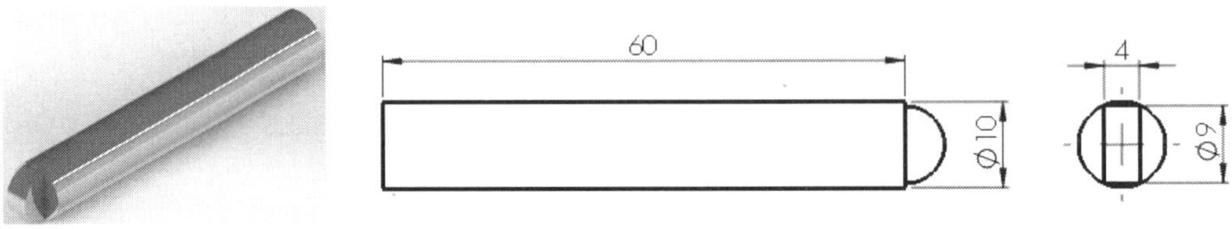

(a) 외관 (b) 형상 치수

그림 3-7-6 접촉자의 형상 정보

7.3 기구 구성

7.3.1 부품 조립

(1) 베이스의 조립

① 베이스(base) 파트모델을 불러온다.

② 베이스 모델에 커서를 데고 마우스 오른쪽 버튼을 누르고 "자유롭게 움직이기"를 클릭한다.

③ 베이스의 정면과 어셈블리 정면에 대해 일치 메이트 한다.

④ 베이스의 윗면과 어셈블리 윗면에 대해 일치 메이트 한다.

⑤ 베이스의 아래면과 어셈블리 아래면에 대해 일치 메이트 한다.

⑥ 확인을 클릭한다(그림 3-7-7).

(2) 단면 캠의 조립

① 단면 캠을 불러온다.

② 단면 캠의 원통과 베이스의 구멍이 동심이 되도록 동심 메이트 한다.

③ 단면 캠의 원통 밑면과 베이스의 볼록 원통 윗면을 거리 15㎜되도록 거리 메이트 한다.

④ 확인을 클릭한다(그림 3-7-8).

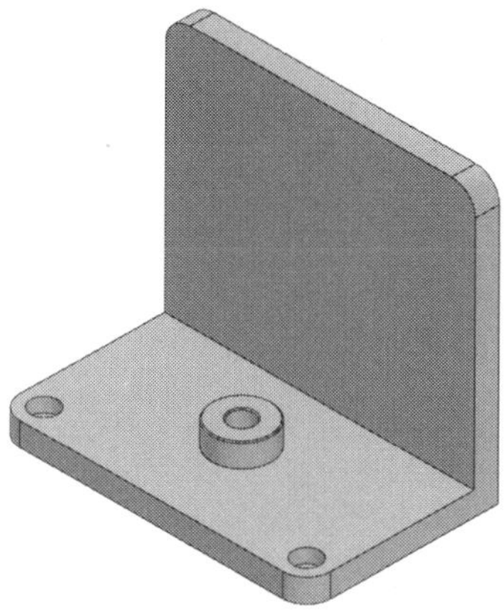

그림 3-7-7 베이스의 메이트 결과

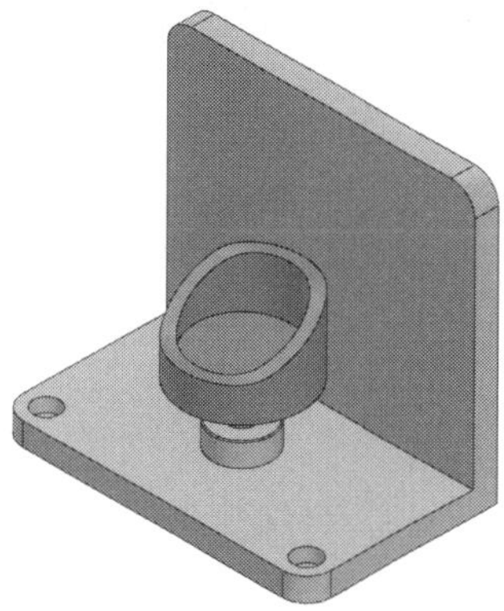

그림 3-7-8 단면 캠의 메이트 결과

(3) 홀더의 조립

① 홀더를 불러온다.

② 홀더의 정면과 베이스의 우측면이 일치가 되도록 일치 메이트 한다.

③ 홀더의 뒤쪽 면과 베이스의 안쪽 면이 일치가 되도록 일치 메이트 한다.

④ 홀더의 위쪽 면과 베이스의 위쪽 면이 거리 10㎜되도록 거리 메이트 한다.

⑤ 확인을 클릭한다(그림 3-7-9).

(4) 접촉자의 조립

① 접촉자를 불러온다.

② 접촉자의 원통과 홀더의 구멍이 동심이 되도록 동심 메이트 한다.

③ 접촉자 둥근 반구면의 스케치 선과 단면 캠의 단면 이동면이 탄제트가 되도록 탄젠트 메이트 한다.

④ 확인을 클릭한다(그림 3-7-10).

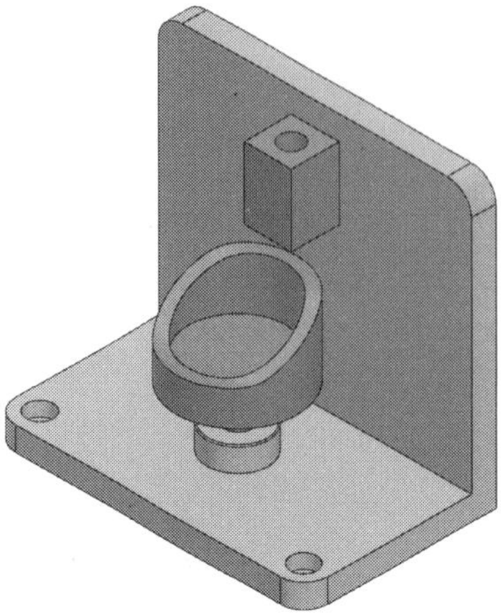

그림 3-7-9 홀더의 메이트 결과

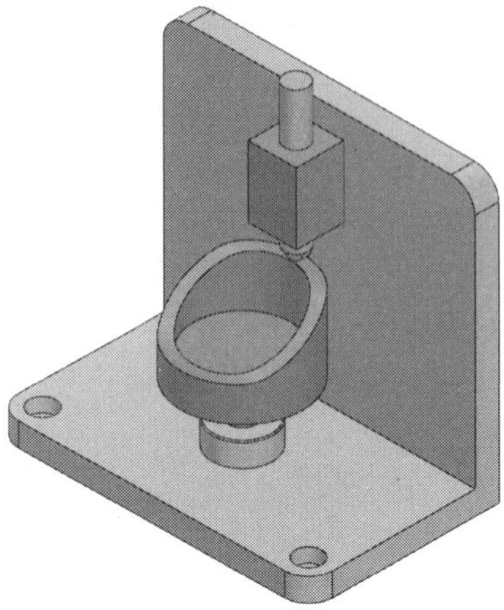

그림 3-7-10 접촉자의 메이트 결과

7.3.2 저장하기

① 저장 도구에서 "다른 이름으로 저장하기"를 클릭한다.
② 저장할 디렉토리를 정하고 파일이름을 "단면 캠 기구"로 한다.
③ 저장 버튼을 클릭한다.

7.4 기구 모션 시뮬레이션

7.4.1 모션 조건 설정

(1) 모터 설정

① 캠 기구의 구동을 보이기 위해 모델 탭 옆의 모션 스터디 탭을 클릭한다.
② 모션 해석 탭으로 설정한다.
③ 구동을 위한 모터를 선택한다.
④ 모터 유형을 원형 모터로 선택한다.
⑤ 부품/방향에서 모터 위치는 원형 구동을 위해 그림 3-7-11과 같이 캠으로 한다.

⑥ 확인을 클릭한다.

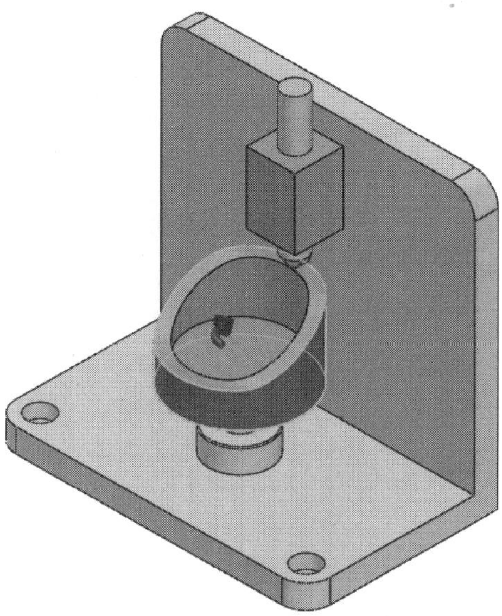

그림 3-7-11 모터 위치와 모터 방향 설정 모습

(2) 모션 설정

① 모션은 모터 속성 창의 모션 설정에서 “정속”을 선택한다.

② 10초에 360° 회전 구동하도록 하려면 6rpm으로 해야 한다.

③ 확인을 클릭한다.

④ 접촉을 선택하고 솔리드 바디 접촉에서 그림 3-7-12 (a)과 같이 캠과 접촉자를 차례로 클릭한다.

⑤ 확인을 클릭한다.

⑥ 모션 스터디 속성에서 초당 프레임을 120으로 하고 사이클 시간을 체크하고 10초로 한다.

⑦ 확인을 클릭한다.

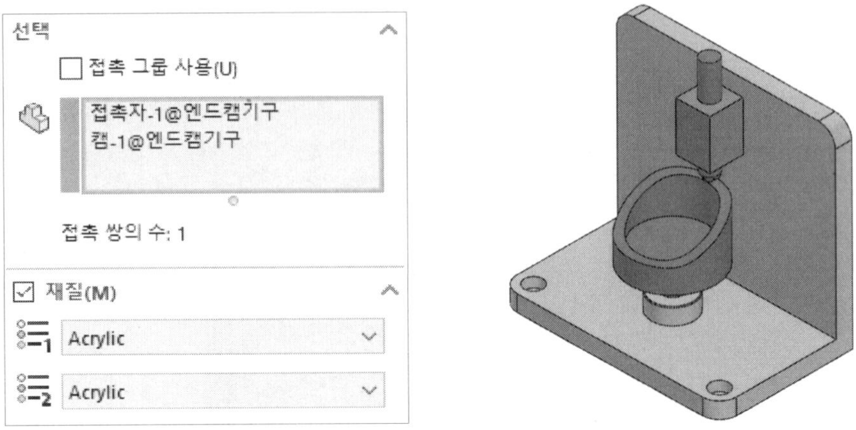

(a) 접촉 설정 창　　　　　(b) 접촉 선택 결과

그림 3-7-12 솔리드 바디 접촉 설정 창과 선택 결과

(3) 모션 스터디 계산하기

① 모션 스터디 계산하기 아이콘을 클릭하여 설정된 모터의 구동 조건을 계산한다.

② 계산과 동시에 캠의 구동을 확인한다.

7.4.2 시뮬레이션 결과

(1) 구동부의 운동 시뮬레이션

① "결과와 플롯" 버튼을 클릭하여 그래프의 속성을 입력한다.

② 구동에 대한 캠의 360° 회전에 대한 모션 해석 결과는 그림 3-7-13과 같다.

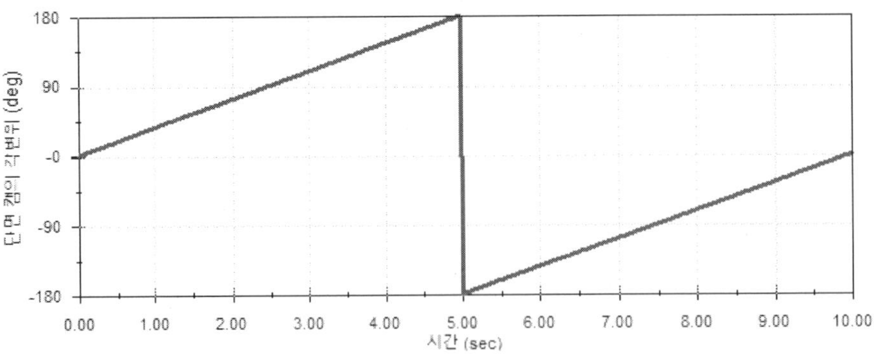

그림 3-7-13 단면 캠의 시간에 따른 각 변위 결과 그래프

(2) 종동부의 운동 시뮬레이션

① "결과와 플롯" 버튼을 클릭하여 그래프의 속성을 입력한다.

② 구동에 대한 접촉자의 모션 해석 결과는 그림 3-7-14와 같다.

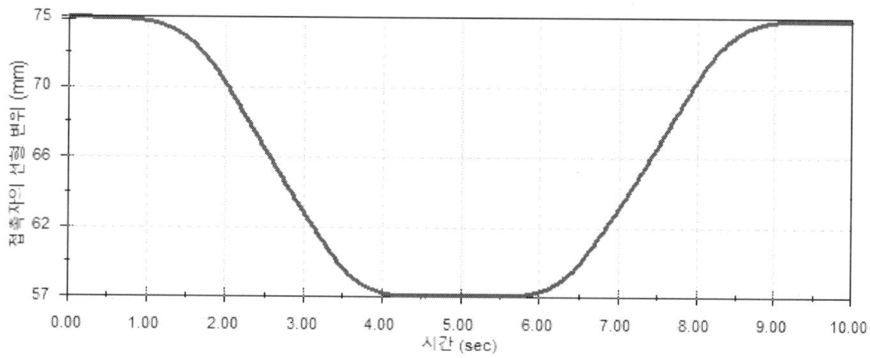

그림 3-7-14 접촉자의 시간에 따른 선형 변위 그래프 결과 모습

7.4.3 결과 고찰

그림 3-7-14 그래프를 통해 단면 캠의 360° 회전에 대해 접촉자가 상하 약 20㎜ 운동 하고 있는 것을 알 수 있다. 따라서 단면 캠의 회전 구동에 의해 접촉자를 왕복 직선 운동으로 전달하는 캠 기구 설계는 올바르다고 판단할 수 있다.

7.4.4 동영상 저장하기

① 저장 아이콘을 클릭한다.

② 동영상 설정 창이 나타난다.

③ 파일 이름을 "단면 캠 기구 동영상"으로 한다.

④ 비디오 압축 창이 나타나고 프레임 정보에서 초당 프레임을 25로 하고 저장을 누른다.

⑤ 압축 프로그램의 창이 나타나면 "전체 프레임(압축 안함)"을 선택하고 확인을 클릭한다.

⑥ 기구가 동작하면서 동영상으로 저장된다.

7.5 자율 평가 문제

이 자율평가의 목적은 앞에서 익힌 내용을 다 이해하고 평가 문제에 대해 자기 주도적으로 문제를 해결하고 숙지 정도를 확인하기 위함이다. 본인의 부족한 점에 대해 파악하는 태도를 기르고 부족하다면 다른 사람의 도움을 받거나 본인 스스로 앞의 내용을 더욱 자세히 학습하는 자기주도 학습에 목적이 있다.

그림 3-7-1의 단면 캠 기구에서 아래와 같은 변경 조건일 때 다음 문제를 해결하라.

변경 조건 사항

- 캠의 단면은 원판 경사 캠과 유사하게 완전 경사면이다.
- 단면 캠의 경사각은 그림과 같이 20° 이다.

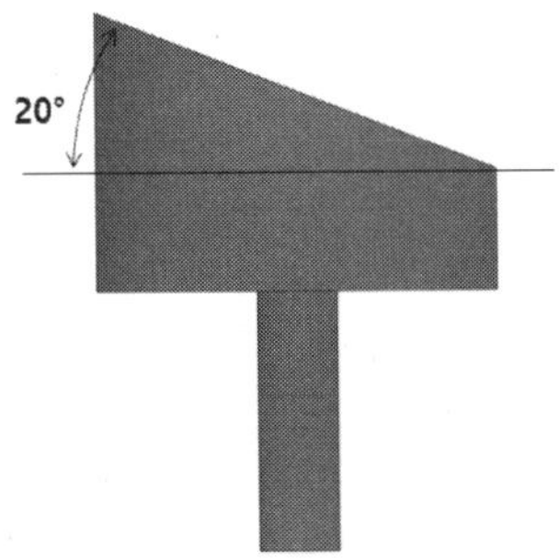

문제 1

변경 조건에 따라 단면 캠 기구를 구성하고 초기 위치 조립 모델로 나타내어라.

문제 2

단면 캠 기구의 선형 변위와 선형 속도를 시뮬레이션하고 시간에 따른 플롯으로 나타내어라.

위의 문제에 대해 부록의 답안과 비교하여 일치한 답을 했다면 앞의 내용을 완전히 이해했다고 판단되지만 틀린 부분이 있다면 그 원인을 반드시 찾도록 하는 것이 좋을 것입니다. 본인의 답이 맞다고 생각하면 일치하지 않아도 좋지만 그 이유를 반드시 적어보고 확실한지 다시 한 번 확인하기 바랍니다.

자율 평가 결과 점검표

학습자 성명 :	평가 날짜 :
평가 제목 : 단면 캠 기구 설계	

	성취 수준		
	이해하지 못함	일부를 모르겠음	완전히 하였음
• 단면 캠 운동 기구를 변경 조건대로 구성하고 초기 위치 조립 모델로 나타내었다.			
• 단면 캠 기구를 모션 시뮬레이션하고 시간에 따른 포인터의 선형 변위를 플롯으로 나타내었다.			
• 단면 캠 기구를 모션 시뮬레이션하고 시간에 따른 포인터의 선형 속도를 플롯으로 나타내었다.			
• 단면 캠 운동 기구의 모션 동영상을 나타내었다.			

성취수준

위의 모든 항목에 대해 "완전히 하였음", 즉 완성도 100%로 답하여야 합니다. 만일 "하지 않았음" 또는 "했지만 잘 모르겠음"에 답을 했다면 앞에서 학습한 내용을 다시 한 번 확인하여 다시 수행하고 필요한 경우에는 교육자 또는 전문가와 상의하기 바랍니다.

제 IV 단원

특수 운동 기구 설계

제1장 링크 평행 운동 기구

제2장 기어에 의한 평행 운동 기구

제3장 제네바 기구

제4장 조인트 기구

제5장 평 벨트 풀리 기구

제6장 좌표형 운동변환 기구

학습 개요

특수 운동 기구를 대상으로 설계 요구 문제에 대한 부품 사양을 설계 제한 조건에 따라 결정하고 부품 형상모델링 하며 부품 조립을 통해 가상 기구를 구성한다. 그리고 모션 시뮬레이션에 의해 설계 기구가 모션 조건 설정에 따라 구동이 정확히 이루어지고 있는지를 고찰하는 내용으로 이루어졌다. 마지막으로 자율 평가 문제를 통해 내용을 완전히 이해했는지에 대한 판단을 스스로 하고 부족한 부분에 대해 해결하는 자기 주도적 학습으로 이루어졌다.

학습 목표

본 학습을 마친 학습자는

- **특수 운동 기구**의 요구 문제에 대한 설계 제한 조건에 따라 기구 부품 사양을 결정할 수 있다.
- **특수 운동 기구**를 구성하고 모션 조건 설정을 통해 기구 시뮬레이션을 할 수 있다.
- **특수 운동 기구**의 모션 시뮬레이션 결과를 바탕으로 설계 기구의 타당성을 고찰할 수 있다.
- **특수 운동 기구**의 모션 시뮬레이션 과정을 동영상으로 제작할 수 있다.

학습 성과

(1) 공학의 지식과 정보기술을 공학문제 해결에 응용할 수 있는 능력
이론적 해석을 바탕으로 특수 운동 기구 설계의 타당성 검증에 응용할 수 있다.

(2) 공학문제를 해결하기 위해 도구를 활용할 수 있는 능력
특수 운동 기구의 설계 타당성 여부를 위해 CAD도구의 모션 해석을 활용할 수 있다.

(3) 제한조건을 고려하여 기구를 설계할 수 있는 능력
요구 문제에 따른 제한 조건 등을 고려하여 특수 운동 기구를 설계할 수 있다.

(4) 자기 주도적인 능력
자율 평가 문제를 통해 자신의 이해정도를 파악함으로써 자기 스스로 발전성을 추구할 수 있다.

제1장

링크 평행 운동 기구

1.1 Hart's parallel 기구

1.1.1 문제

여러분이 기계공학을 전공한 전문가이며 특히 평행 왕복 운동 기구에 대한 전공자라고 하자. 한 회사에서 그림 4-1-1과 같은 평행 왕복 운동 기구(Hart's parallel 기구)를 대상으로 입력(크랭크)을 1초에 90°로 진동시킬 때 출력(종동 링크)이 평행 왕복 운동하는 기구를 설계해 달라고 하면 당신은 어떻게 해결할 것인가?

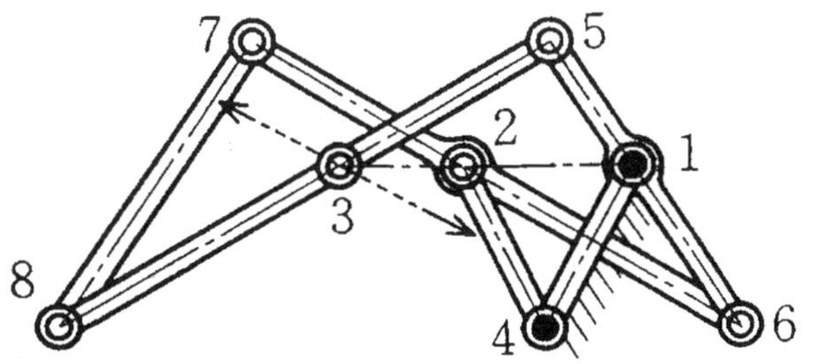

그림 4-1-1 Hart's parallel 기구

1.1.2 부품 준비

(1) 부품 사양 결정

1) 설계 제한 조건

① 그림 4-1-1에서 link_56과 link_78이 서로 길이가 같다.

② 그림 4-1-1에서 link_67과 link_58이 서로 길이가 같다.

③ 그림 4-1-1에서 link_14와 link_24도 서로 길이가 같다.

④ 그림 4-1-1에서 회전 대우 1, 2의 중심 및 점 3은 각각 link_56, link_67, link_58의 중심선 상에 있으며 이것을 같은 비로 나눈다.

⑤ link_14를 고정한다.

2) 사양 결정

① link_14의 길이는 150㎜이다.

② link_56의 길이는 300㎜이다.

③ link_67의 길이는 500㎜이다.

④ link_14=link_24로부터 link_24의 길이는 150㎜이다.

⑤ link_56=link_78로부터 link_78의 길이는 300㎜이다.

⑥ link_67=link_58로부터 link_58의 길이는 500㎜이다.

(2) 부품 형상모델링

1) 고정 링크(link_1_4)

그림 4-1-1의 link_14의 2D 도면을 그림 4-1-2와 같이 3D 파트모델링 하고 "link_1_4"의 파일 이름으로 저장한다.

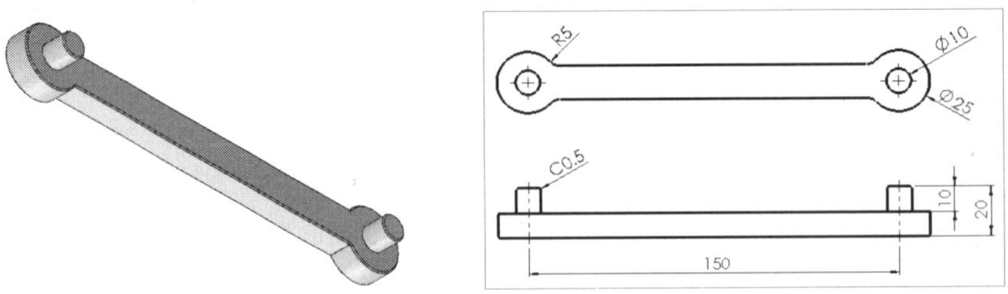

(a) 외관 (b) 형상 치수

그림 4-1-2 link_1_4의 형상 정보

2) 크랭크 링크(link_2_4)

그림 4-1-1의 link_24의 2D 도면을 그림 4-1-3과 같이 3D 파트모델링 하고 “link_2_4”의 파일 이름으로 저장한다.

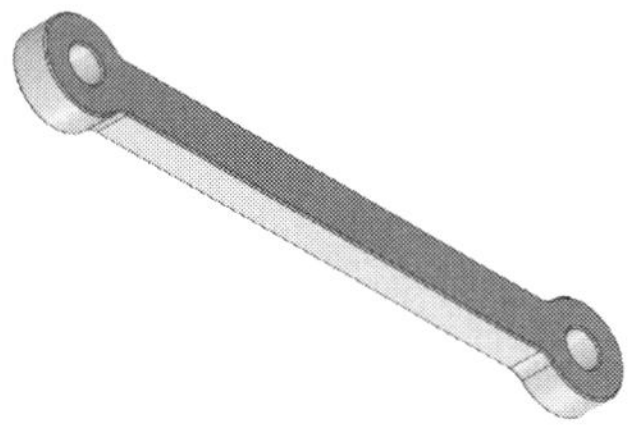

(a) 외관

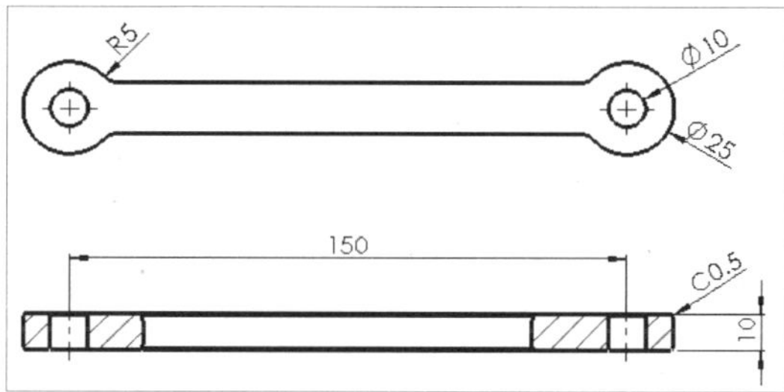

(b) 형상 치수

그림 4-1-3 link_2_4의 형상 정보

3) link_5_6

그림 4-1-1의 link_56의 2D 도면을 그림 4-1-4와 같이 3D 파트모델링 하고 “link_5_6”의 파일 이름으로 저장한다.

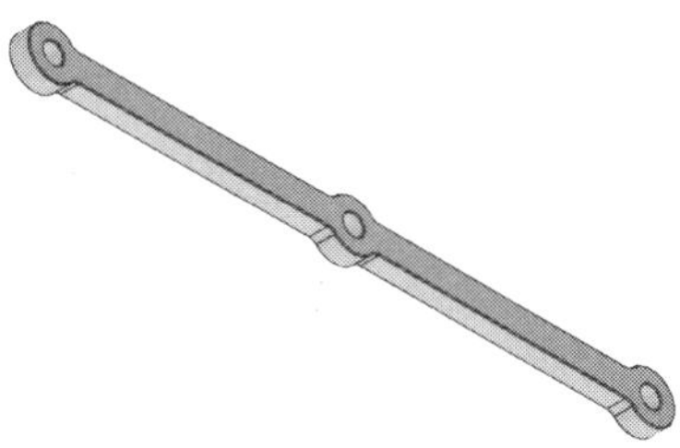

(a) 외관

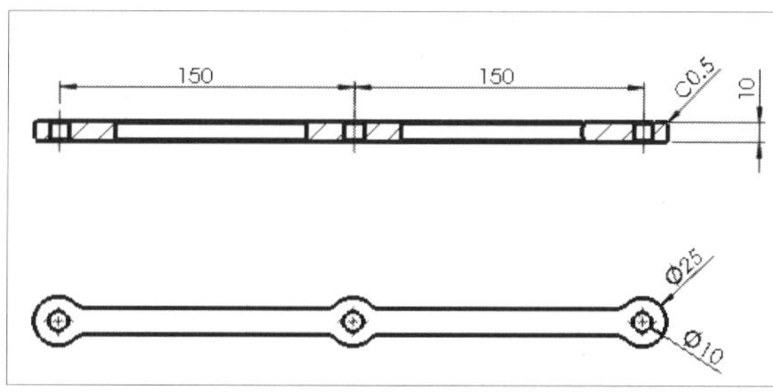

(b) 형상 치수

그림 4-1-4 link_5_6의 형상 정보

4) link_5_8

그림 4-1-1의 link_58의 2D 도면을 그림 4-1-5와 같이 3D 파트모델링 하고 “link_5_8”의 파일 이름으로 저장한다.

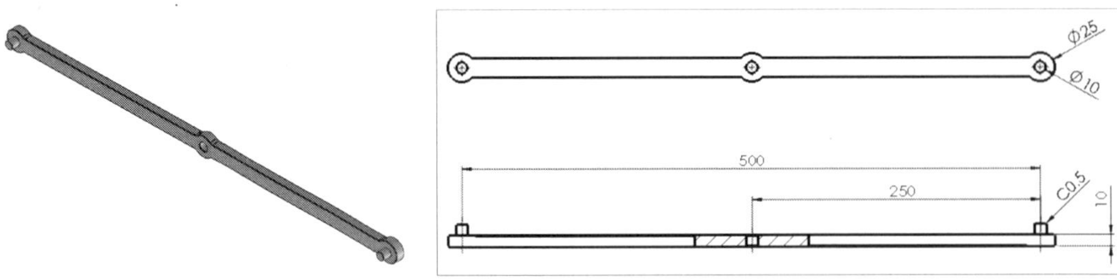

(a) 외관 (b) 형상 치수

그림 4-1-5 link_5_8의 형상 정보

5) link_7_6

그림 4-1-1의 link_76의 2D 도면을 그림 4-1-6과 같이 3D 파트모델링 하고 “link_7_6”의 파일 이름으로 저장한다.

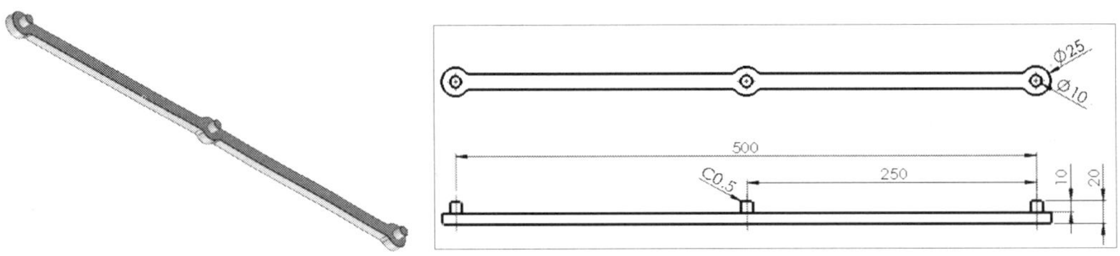

(a) 외관 (b) 형상 치수

그림 4-1-6 link_7_6의 형상 정보

6) link_7_8

그림 4-1-1의 link_78의 2D 도면을 그림 4-1-7과 같이 3D 파트모델링 하고 “link_7_8”의 파일 이름으로 저장한다.

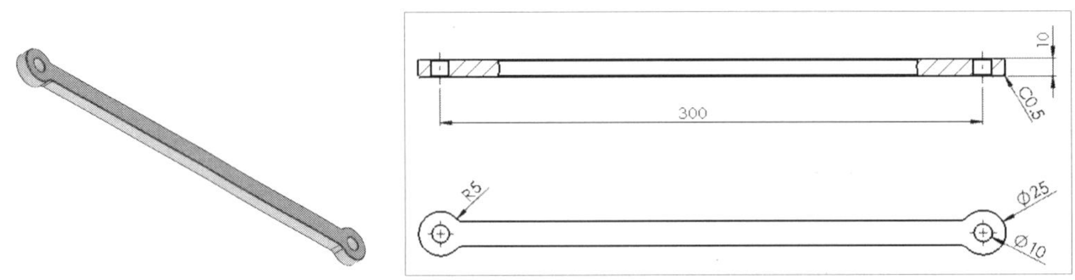

(a) 외관 (b) 형상 치수

그림 4-1-7 link_7_8의 형상 정보

7) pointer

pointer의 2D 도면을 그림 4-1-8과 같이 3D 파트모델링 하고 "pointer"의 파일 이름으로 저장한다.

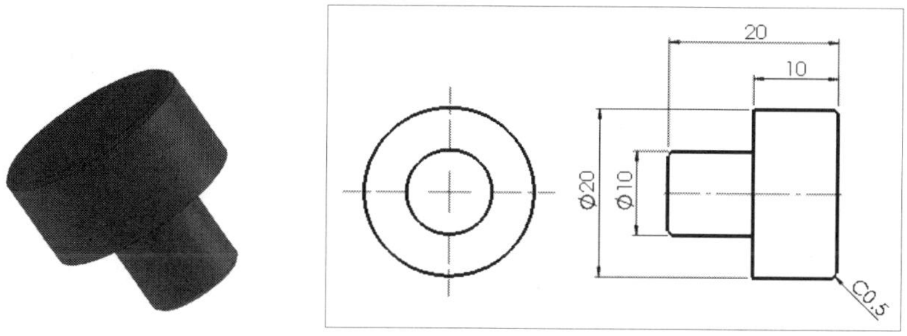

(a) 외관 (b) 형상 치수

그림 4-1-8 pointer의 형상 정보

1.1.3 기구 구성

(1) 고정 링크(link_1_4) 조립

① 어셈블리 창의 찾아보기를 클릭한다.

② 해당 파일이 창에 있으면 더블 클릭하고 Drag & Drop으로 link_1_4 부품을 어셈블리 창에 갖다 놓는다.

③ 마우스의 오른쪽 버튼을 눌러 메뉴 가운데 "자유롭게 움직이기"를 선택한다.

④ link_1_4의 정면과 어셈블리 정면이 일치하도록 메이트 한다.

⑤ link_1_4의 우측면과 어셈블리 우측면이 일치하도록 메이트 한다.

⑥ link_1_4의 윗면과 어셈블리 윗면이 일치하도록 메이트 한다.

⑦ 다시 마우스의 오른쪽 버튼을 눌러 메뉴가운데 "고정"을 선택한다.

(2) 크랭크 링크(link_2_4)의 조립

① link_2_4를 부품 삽입한다.

② link_2_4의 구멍과 link_1_4의 조립 원통에 대해 동심으로 메이트 한다.

③ link_2_4의 밑면과 link_1_4의 윗면이 일치하도록 메이트 한다.

④ link_2_4가 회전이 제대로 되는지 체크를 하고 확인을 누른다(그림 4-1-9).

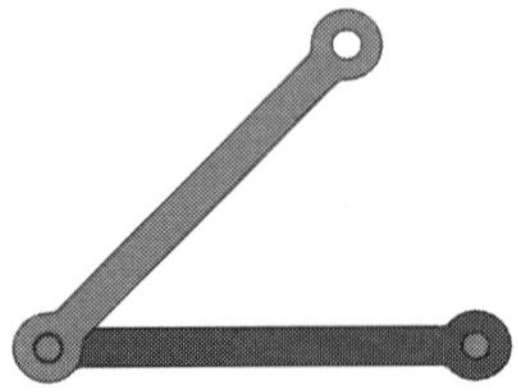

그림 4-1-9 link_2_4에 대해 link_1_4 연결

(3) link_5_6의 조립

① link_5_6을 부품 삽입한다.

② link_5_6의 가운데 구멍과 link_1_4의 돌출 원통에 대해 동심으로 메이트 한다.

③ link_5_6의 밑면과 link_1_4의 윗면이 일치하도록 메이트 한다.

④ link_5_6이 회전이 제대로 되는지 체크를 하고 확인을 누른다(그림 4-1-10).

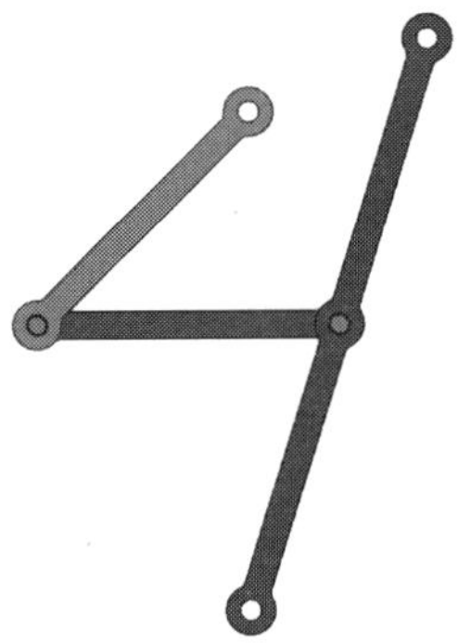

그림 4-1-10 link_5_6에 대해 link_1_4 연결

(4) link_7_6의 조립

① link_7_6을 부품 삽입한다.

② link_7_6의 돌출 원통과 link_2_4의 조립 구멍에 대해 동심으로 메이트 한다.

③ link_7_6의 밑면과 link_2_4의 윗면이 일치하도록 메이트 한다.

④ link_7_6의 돌출 원통과 link_5_6의 조립 구멍에 대해 동심으로 메이트 한다.

⑤ link_7_6의 밑면과 link_5_6의 윗면이 일치하도록 메이트 한다.

⑥ link_7_6이 회전이 제대로 되는지 체크를 하고 확인을 누른다(그림 4-1-11).

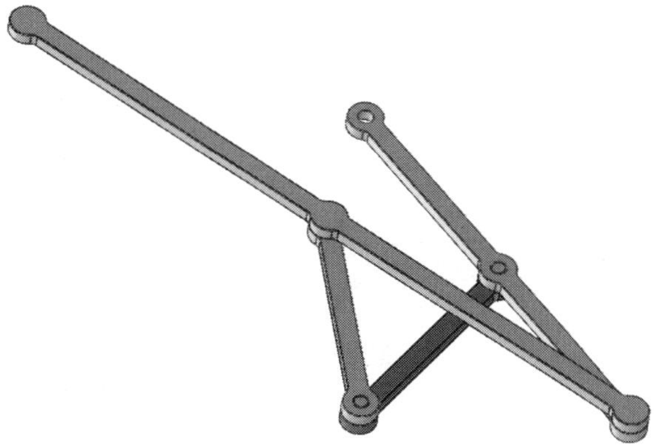

그림 4-1-11 link_7_6에 대해 link_2_4 및 link_5_6 연결

(5) link_7_8의 조립

① link_7_8을 부품 삽입한다.

② link_7_8의 가운데 구멍과 link_7_6의 돌출 원통에 대해 동심으로 메이트 한다.

③ link_7_8의 밑면과 link_7_6의 윗면이 일치하도록 메이트 한다.

④ link_7_8이 회전이 제대로 되는지 체크를 하고 확인을 누른다(그림 4-1-12).

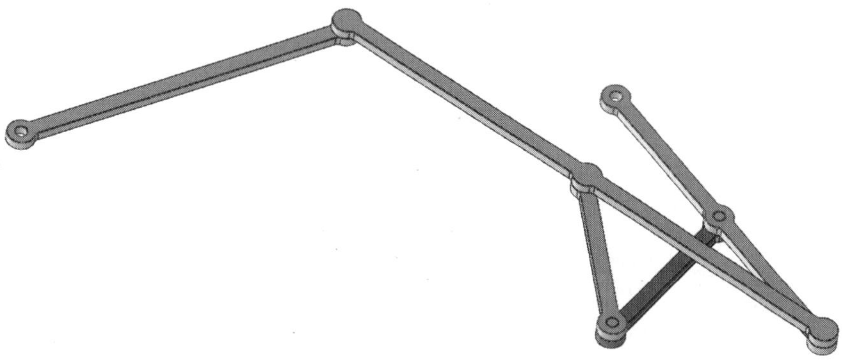

그림 4-1-12 link_7_8에 대해 link_7_6 연결

(6) link_5_8의 조립

① link_5_8을 부품 삽입한다.

② link_5_8의 돌출 원통과 link_7_8의 조립 구멍에 대해 동심으로 메이트 한다.

③ link_5_8의 윗면과 link_7_8의 밑면이 일치하도록 메이트 한다.

④ link_5_8의 돌출 원통과 link_5_6의 조립 구멍에 대해 동심으로 메이트 한다.

⑤ link_5_8의 윗면과 link_5_6의 밑면이 일치하도록 메이트 한다.

⑥ link_5_8이 회전이 제대로 되는지 체크를 하고 확인을 누른다(그림 4-1-13).

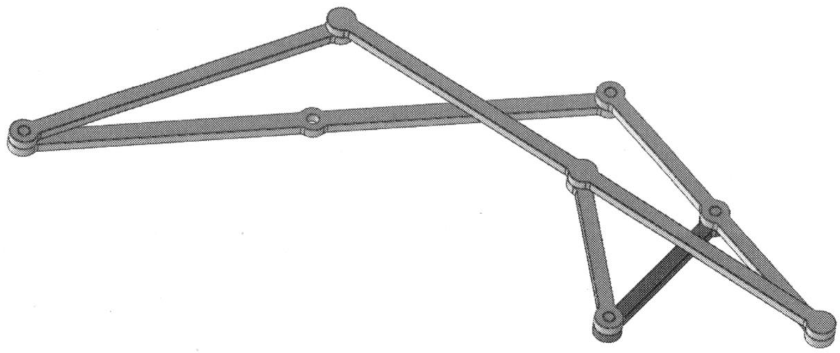

그림 4-1-13 link_5_8에 대해 link_5_6 및 link_7_8 연결

(7) pointer의 조립

① pointer를 부품 삽입한다.

② pointer의 돌출 원통과 link_5_8의 가운데 구멍에 대해 동심으로 메이트 한다.

③ pointer의 밑면과 link_5_8의 윗면이 일치하도록 메이트 한다.

④ pointer의 우측면과 link_1_4의 윗면이 수직하도록 메이트 한다(그림 4-1-14).

⑤ 확인을 누른다.

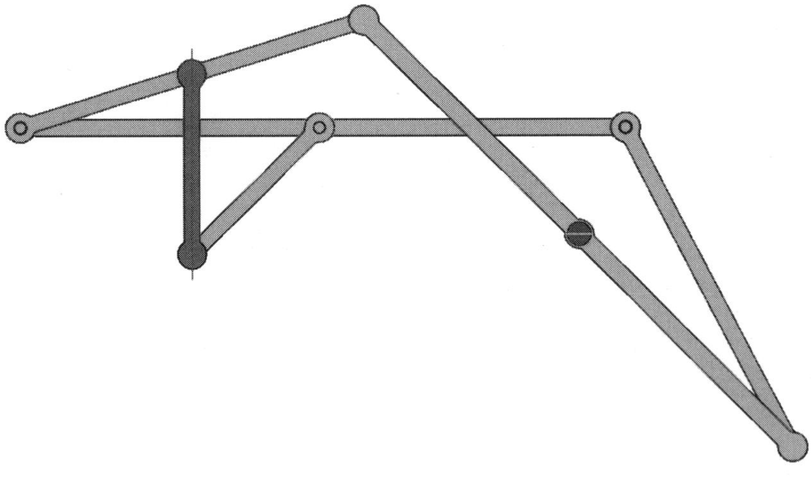

그림 4-1-14 포인터 연결

(8) 초기 위치 설정

① link_1_4의 윗면과 link_7_6의 윗면을 수직으로 메이트 한다.

② 옵션에서 "위치 배치에만"을 체크한다.

③ 확인을 누른다(그림 4-1-15).

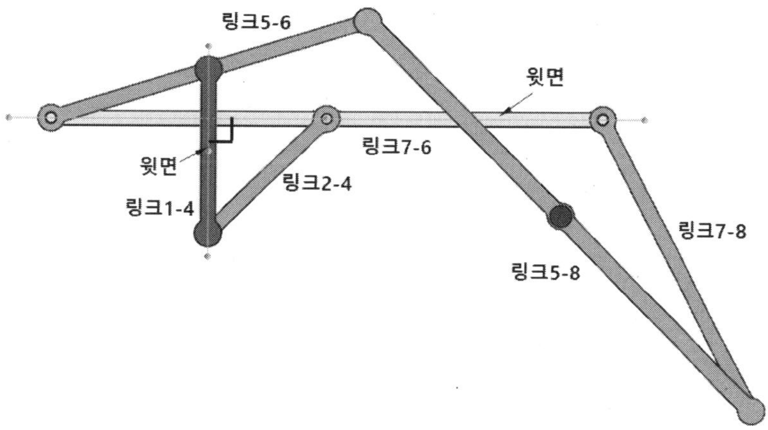

그림 4-1-15 Hart's parallel 기구 운동 방향과 초기 설정 모습

(9) 저장하기

① 풀다운 메뉴에서 저장 도구(💾)에서 "다른 이름으로 저장하기"를 클릭한다.

② 저장할 디렉토리를 정하고 파일이름을 "Hart's parallel 기구"로 한다.

③ 저장 버튼을 클릭한다.

1.1.4 기구 모션 시뮬레이션

(1) 모션 조건 설정

크랭크의 90° 요동 회전각에 따른 포인터의 link_1_4에 대한 수직운동을 하도록 한다. 이에 따른 포인터의 수직 운동 상태를 체크하기 위해 모터의 설정부터 기구의 운동까지 그 과정과 결과를 알아보기로 한다.

1) 모터 설정

① 기어의 구동을 보이기 위해 모델 탭 옆의 모션 스터디 탭을 클릭한다.

② 구동을 위한 모터( )를 선택한다.

③ 모터 유형을 원형 모터로 선택한다.

④ 부품/방향에서 모터 위치는 요동 구동을 위해 크랭크(링크2-4)로 한다.

⑤ 그림 4-1-16 (a)와 같이 모터 방향은 모터 위치와 같이 시계방향으로 적용한다. 반시계방향으로 하려면 반대방향을 클릭한다.

⑥ 확인을 클릭한다.

2) 모션 설정

① 모션은 모터 속성 창의 모션 설정에서 한 가지를 선택한다.

② 진동을 선택하고 클릭하면 그림 4-1-16 (b)와 같은 함수 작성기 창이 나타난다.

③ 디폴트 값 그대로 적용하고 확인을 클릭한다.

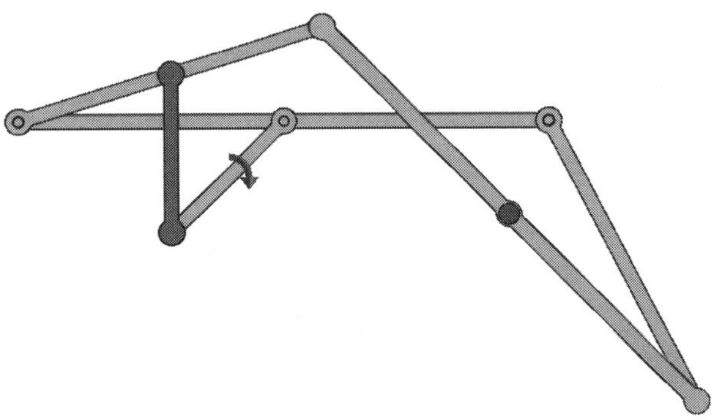

(a) 모터 설정 모습

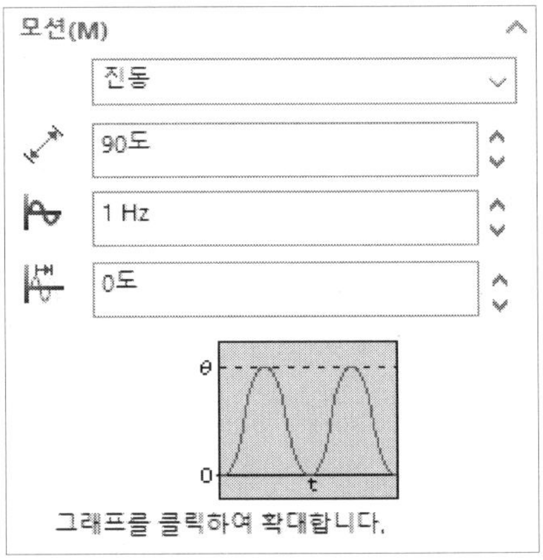

(b) 모션 설정 모습

그림 4-1-16 모터 설정과 진동 조건 설정 모습

(3) 모션 스터디 계산하기

① 스터디 유형을 모션 해석으로 설정한다. 만일 모션 해석 유형이 없으면 SOLIDWORKS 애드인에서 SOLIDWORKS Motion을 로드한다.

② 계산하기( ) 아이콘을 클릭하여 기구 모션을 계산한다.

③ 계산과 동시에 기구의 구동을 확인한다.

(4) 시뮬레이션 결과

1) 그래프 속성 설정

① "결과와 플롯" ( ) 버튼을 클릭한다.

② 유형은 "변위/속도/가속도"를 선택하고 하위 유형 선택은 "선형 변위"로 하며 결과 성분 선택은 "크기"로 그래프의 속성을 입력한다(그림 4-1-17 (a)).

③ 그리고 MotionManager 트리의 포인터 메이트에서 "평행"을 선택한다.

④ XYZ좌표가 나타나며 여기서 Z축(위쪽 방향)을 선택한다(그림 4-1-17 (b)).

⑤ 확인을 클릭한다.

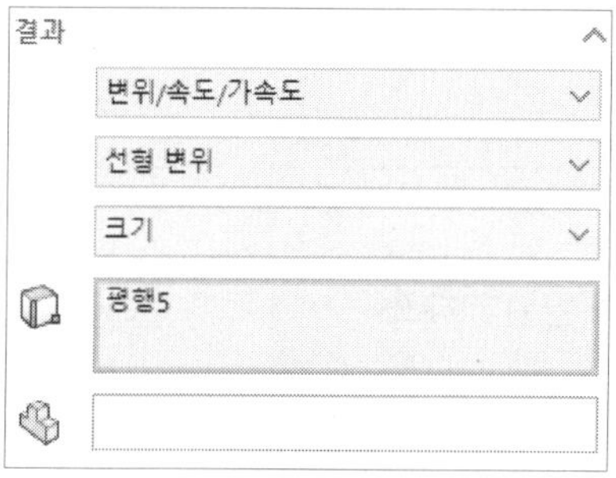

(a) 그래프 유형 설정 모습

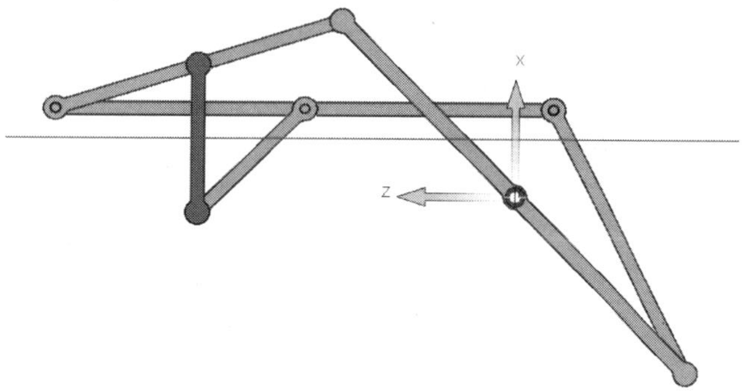

(b) 포인터의 평행 방향 설정 모습

그림 4-1-17 그래프 속성 설정

2) link_5_6과 link_7_8의 길이 500㎜의 경우 시뮬레이션 결과

구동된 포인터의 선 변위 그래프는 그림 4-1-18과 같으며 크랭크의 90° 요동 회전각에 대해 포인터가 link_1_4에 대해 최대 95㎜ 수직 운동하는 것을 확인할 수 있다. 한편 크랭크의 105° 요동 회전각에 대해서도 그림 4-1-19와 같이 포인터가 link_1_4에 대해 최대 95㎜ 수직 운동하는 것을 확인할 수 있지만 중간 지점인 2.5초에서 보다 균형적인 것을 알 수 있다. 따라서 크랭크의 요동 회전각을 어떻게 설정하느냐에 따라 균형된 운동을 얻을 수 있다.

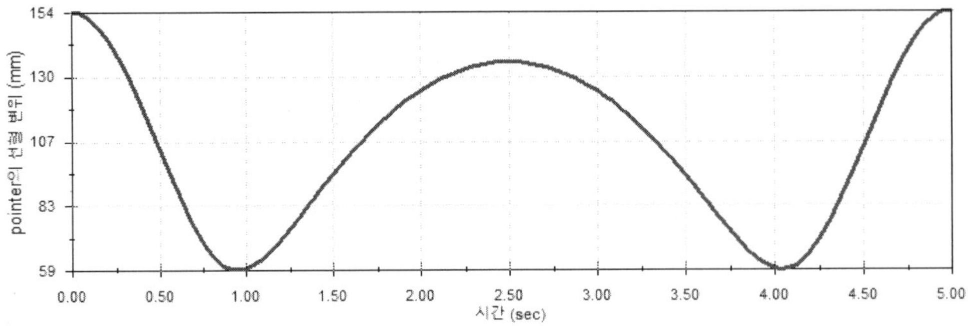

그림 4-1-18 진동 90도의 경우 pointer의 변위 그래프

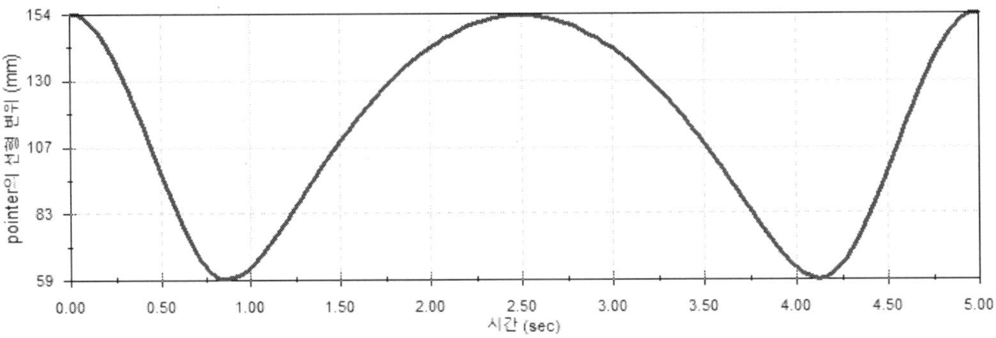

그림 4-1-19 진동 105도의 경우 pointer의 변위 그래프

3) link_5_6과 link_7_8의 길이 400㎜의 경우 시뮬레이션 결과

구동된 포인터의 선 변위 그래프는 그림 4-1-20과 같으며 크랭크의 90° 요동 회전각에 대해 포인터가 link_1_4에 대해 73㎜ 수직 운동하는 것을 확인할 수 있다.

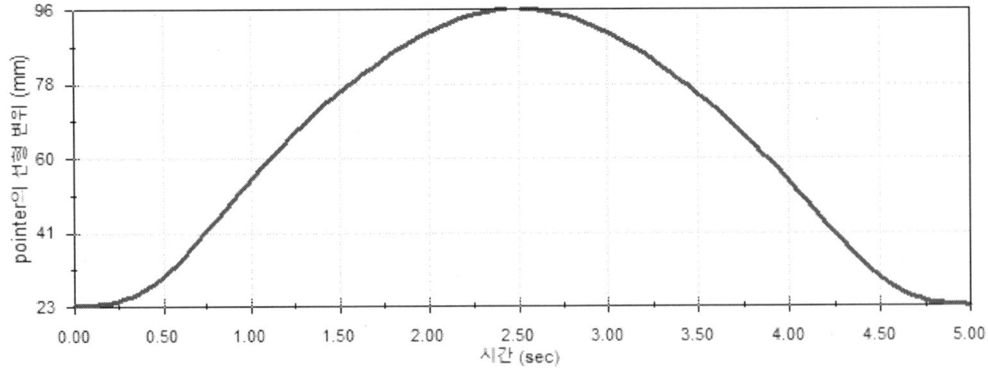

그림 4-1-20 진동 105도의 경우 pointer의 변위 그래프

(5) 결과 고찰

위의 결과들로부터 link_5_6과 link_7_8의 길이를 조정함에 따라 수직 운동 변위가 변하는 것을 알 수 있다. 따라서 수직 운동 변위 범위를 알면 그것에 따라 길이를 조정하면 된다는 것을 알 수 있다.

(6) 동영상 저장

① 모션 해석에서 저장 아이콘( )을 클릭한다.

② 동영상 설정 창이 나타난다.

③ 파일 이름을 "Hart's parallel 기구 동영상"으로 한다.

④ 비디오 압축 창이 나타나고 프레임 정보에서 초당 프레임을 25로 하고 저장을 누른다.

⑤ 압축 프로그램의 창이 나타나면 "전체 프레임(압축 안함)"을 선택하고 확인을 클릭한다.

⑥ 기구가 동작하면서 동영상으로 저장된다.

1.2 Bricard's parallel 기구

1.2.1 문제

여러분이 기계공학을 전공한 전문가이며 특히 평행 왕복 운동 기구에 대한 전공자라고 하자. 한 회사에서 그림 4-1-21과 같은 평행 왕복 운동 기구(Bricard's parallel 기구)를 대상으로 입력(크랭크)을 1초에 25°로 진동시킬 때 출력(종동 링크)이 평행 왕복 운동하는 기구를 설계해 달라고 하면 당신은 어떻게 해결할 것인가?

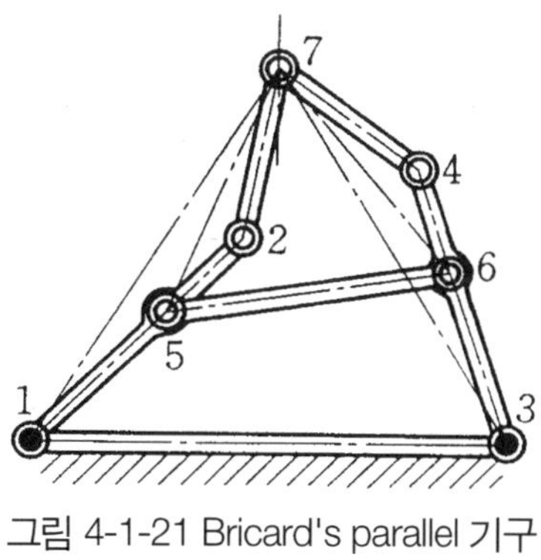

그림 4-1-21 Bricard's parallel 기구

1.2.2 부품 준비

(1) 기구 사양

1) 요구 조건

① Hart's parallel 기구이다.

② 크랭크는 1초에 25°의 진동으로 입력한다.

③ 출력(종동 링크의 7번)은 선형 운동이다.

2) 설계 제한 조건

① 그림 4-1-21에서 link_27과 link_47은 서로 길이가 같다.

② 그림 4-1-21에서 link_12와 link_34도 서로 길이가 같다.

③ 그림 4-1-21에서 3점 1, 2, 5 및 3, 4, 6은 각각 일직선상에 있다.

④ 그림 4-1-21에서 $\overline{25} : \overline{27} = \overline{27} : \overline{12}$, $\overline{46} : \overline{47} = \overline{47} : \overline{34}$, $\overline{56} : \overline{13} = \overline{27} : \overline{12}$이다.

⑤ 그림 4-1-21에서 link_13을 고정하면 점 7은 link_13을 직각으로 2등분하는 직선상으로 운동한다.

3) 사양 결정

① link_13의 길이는 300mm이다.

② link_12의 길이는 225mm이다.

③ link_27의 길이는 150mm이다.

④ link_27=link_47로부터 link_47의 길이는 150mm이다.

⑤ link_12=link_34로부터 link_34의 길이는 225mm이다.

⑥ $\overline{56} : \overline{13} = \overline{27} : \overline{12}$로부터 link_56의 길이는 500mm이다.

⑦ $\overline{25} : \overline{27} = \overline{27} : \overline{12}$로부터 link_12의 중간점까지의 길이($\overline{25}$)는 100mm이다.

⑧ $\overline{46} : \overline{47} = \overline{47} : \overline{43}$로부터 link_34의 중간점까지의 길이($\overline{46}$)는 100mm이다.

(2) 부품 형상모델링

1) 고정 링크(link_1_3)

그림 4-1-22 (a)는 link_13의 외관이며 그림 4-1-22 (b)는 2D 도면으로 형상 치수를 나

타낸 것이다. 3D 파트모델링의 파일 이름은 “link_1_3”으로 한다.

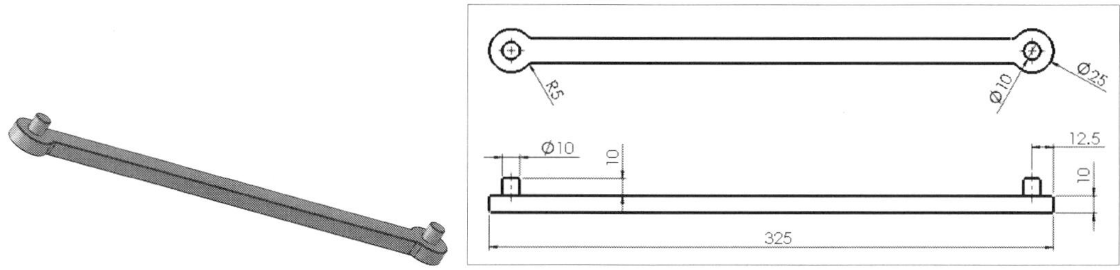

(a) 외관 (b) 형상 치수

그림 4-1-22 link_1_3의 형상 정보

2) 크랭크 링크(link_1_5_2)

그림 4-1-23 (a)는 link_1_5_2의 외관이며 그림 4-1-23 (b)는 2D 도면으로 형상 치수를 나타낸 것이다. 3D 파트모델링의 파일 이름은 “link_1_5_2”로 한다.

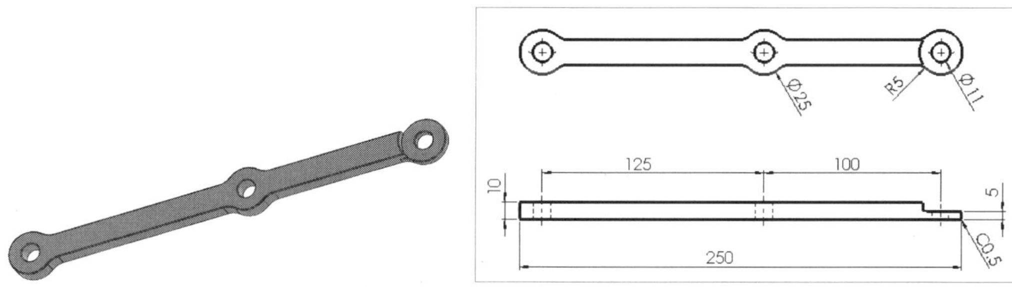

(a) 외관 (b) 형상 치수

그림 4-1-23 link_1_5_2의 형상 정보

3) link_2_7

그림 4-1-24 (a)는 link_2_7의 외관이며 그림 4-1-24 (b)는 2D 도면으로 형상 치수를 나타낸 것이다. 3D 파트모델링의 파일 이름은 “link_2_7”로 한다.

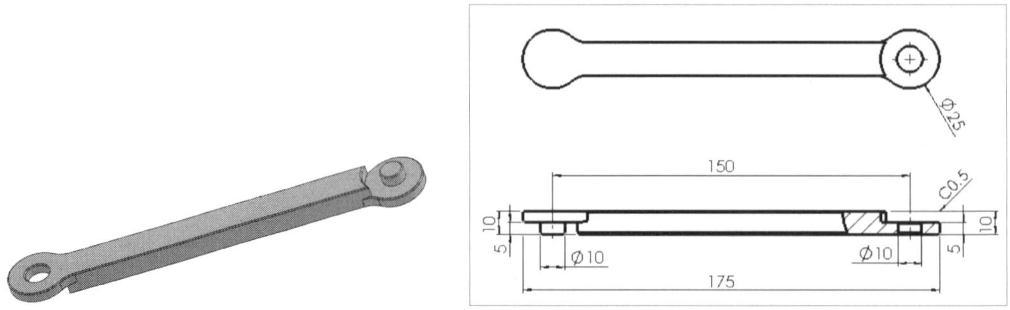

(a) 외관 (b) 형상 치수

그림 4-1-24 link_2_7의 형상 정보

4) link_4_7

그림 4-1-25 (a)는 link_4_7의 외관이며 그림 4-1-25 (b)는 2D 도면으로 형상 치수를 나타낸 것이다. 3D 파트모델링의 파일 이름은 "link_4_7"로 한다.

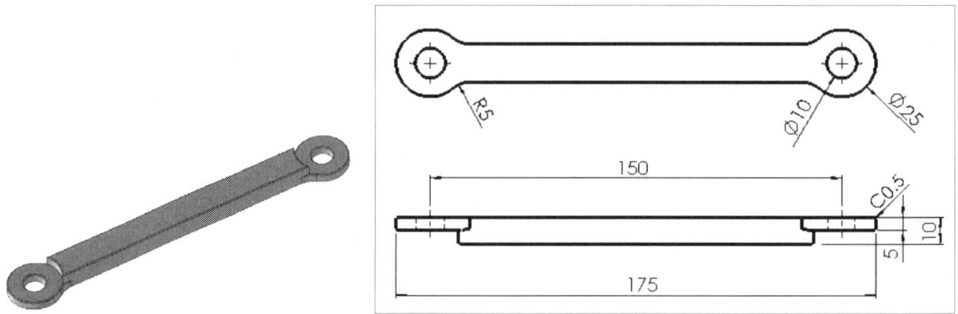

(a) 외관 (b) 형상 치수

그림 4-1-25 link_4_7의 형상 정보

5) link_3_6_4

그림 4-1-26 (a)는 link_3_6_4의 외관이며 그림 4-1-26 (b)는 2D 도면으로 형상 치수를 나타낸 것이다. 3D 파트모델링의 파일 이름은 "link_3_6_4"로 한다.

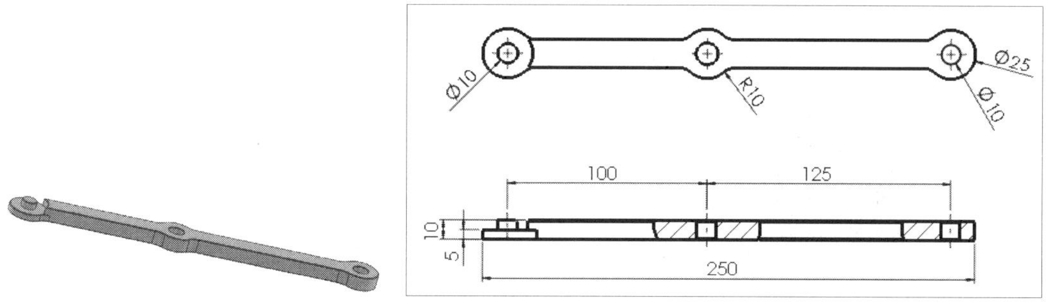

(a) 외관 (b) 형상 치수

그림 4-1-26 link_3_6_4의 형상 정보

6) link_5_6

그림 4-1-27 (a)는 link_5_6의 외관이며 그림 4-1-27 (b)는 2D 도면으로 형상 치수를 나타낸 것이다. 3D 파트모델링의 파일 이름은 "link_5_6"로 한다.

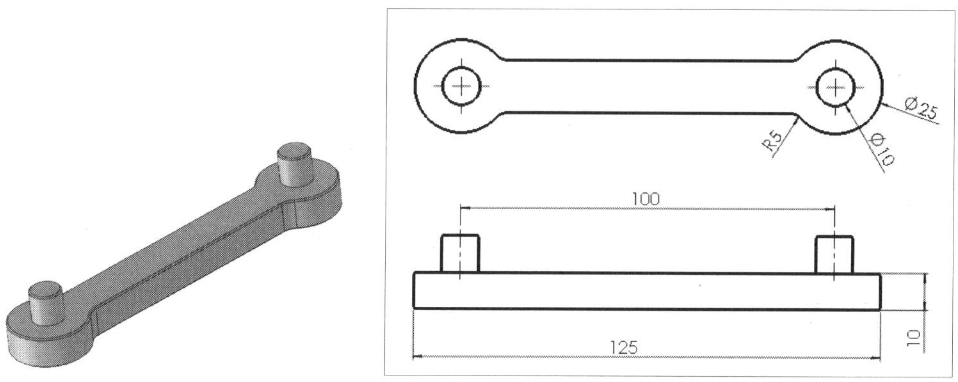

(a) 외관 (b) 형상 치수

그림 4-1-27 link_5_6의 형상 정보

7) 포인터

그림 4-1-28 (a)는 포인터의 외관이며 그림 4-1-28 (b)는 2D 도면으로 형상 치수를 나타낸 것이다. 3D 파트모델링의 파일 이름은 "pointer"로 한다.

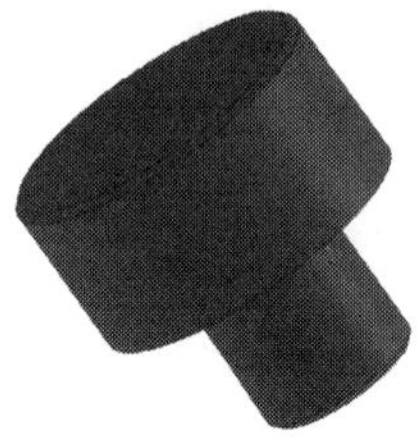

(a) 외관

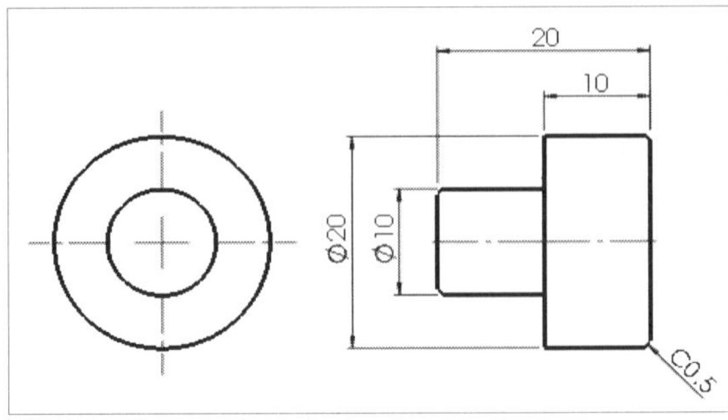

(b) 형상 치수

그림 4-1-28 pointer의 형상 정보

1.2.3 기구 구성

(1) 고정 링크(link_1_3) 조립

① 어셈블리 창의 찾아보기를 클릭한다.

② 해당 파일이 창에 있으면 더블 클릭하고 Drag & Drop으로 link_1_3 부품을 어셈블리 창에 갖다 놓는다.

③ 마우스의 오른쪽 버튼을 눌러 메뉴 가운데 "자유롭게 움직이기"를 선택한다.

④ link_1_3의 정면과 어셈블리 정면이 일치하도록 메이트 한다.

⑤ link_1_3의 우측면과 어셈블리 우측면이 일치하도록 메이트 한다.

⑥ link_1_3의 윗면과 어셈블리 윗면이 일치하도록 메이트 한다.

⑦ 다시 마우스의 오른쪽 버튼을 눌러 메뉴가운데 "고정"을 선택한다.

(2) 크랭크 링크(link_1_5_2)의 조립

① link_1_5_2를 부품 삽입한다.

② link_1_5_2의 조립 구멍과 link_1_3의 조립 원통에 대해 동심으로 메이트 한다.

③ link_1_5_2의 밑면과 link_1_3의 윗면이 일치하도록 메이트 한다.

④ link_1_5_2가 회전이 제대로 되는지 체크를 하고 확인을 누른다(그림 4-1-29).

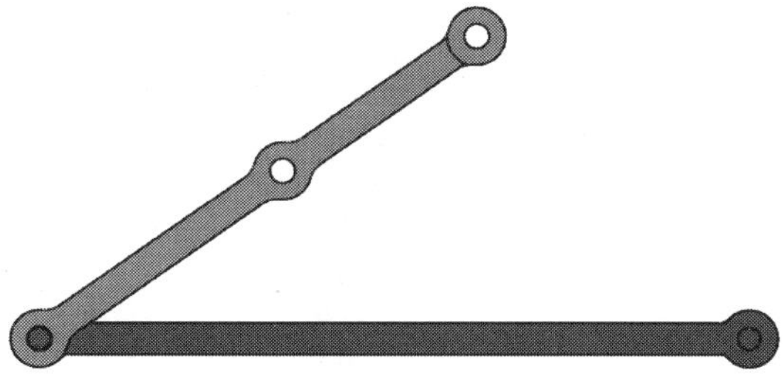

그림 4-1-29 link_1_3에 대해 link_1_5_2 연결

(3) link_2_7의 조립

① link_2_7을 부품 삽입한다.

② link_2_7의 조립 구멍과 link_1_5_2의 조립 원통에 대해 동심으로 메이트 한다.

③ link_2_7의 밑면과 link_1_5_2의 윗면이 일치하도록 메이트 한다.

④ link_2_7이 회전이 제대로 되는지 체크를 하고 확인을 누른다(그림 4-1-30).

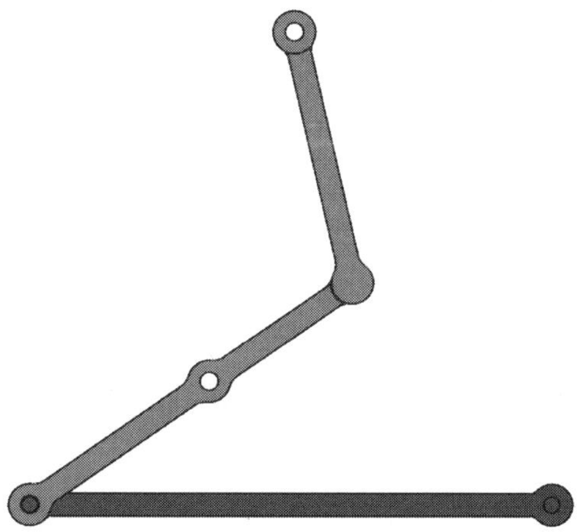

그림 4-1-30 link_1_5_2에 대해 link_2_7 연결

(4) link_4_7의 조립

① link_4_7을 부품 삽입한다.

② link_4_7의 조립 구멍과 link_2_7의 조립 구멍에 대해 동심으로 메이트 한다.

③ link_4_7의 밑면과 link_2_7의 윗면이 일치하도록 메이트 한다.

④ link_4_7이 회전이 제대로 되는지 체크를 하고 확인을 누른다(그림 4-1-31).

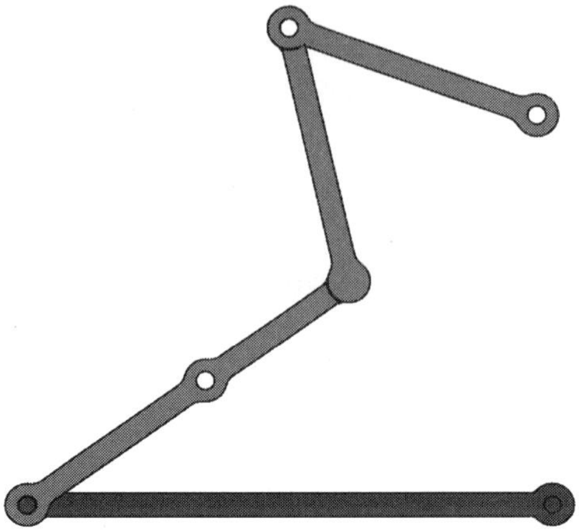

그림 4-1-31 link_4_7에 대해 link_2_7 연결

(5) link_3_6_4의 조립

① link_3_6_4를 부품 삽입한다.

② link_3_6_4의 조립 원통과 link_4_7의 조립 구멍에 대해 동심으로 메이트 한다.

③ link_3_6_4의 밑면과 link_4_7의 윗면이 일치하도록 메이트 한다.

④ link_3_6_4의 조립 구멍과 link_1_3의 조립 원통에 대해 동심으로 메이트 한다.

⑤ link_3_6_4의 밑면과 link_1_3의 윗면이 일치하도록 메이트 한다.

⑥ link_3_6_4이 회전이 제대로 되는지 체크를 하고 확인을 누른다(그림 4-1-32).

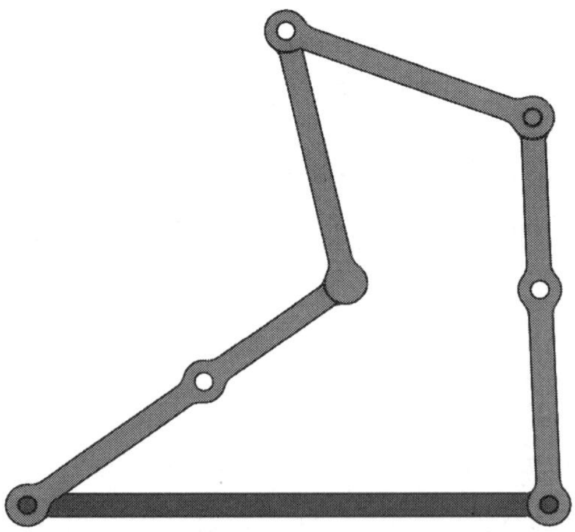

그림 4-1-32 link_3_6_4에 대해 link_4_7 및 link_1_3의 연결

(6) link_5_6의 조립

① link_5_6을 부품 삽입한다.

② link_5_6의 조립 원통과 link_1_5_2의 가운데 조립 구멍에 대해 동심으로 메이트 한다.

③ link_5_6의 윗면과 link_1_5_2의 밑면이 일치하도록 메이트 한다.

④ link_5_6의 조립 원통과 link_3_6_4의 가운데 조립 구멍에 대해 동심으로 메이트 한다.

⑤ link_5_6의 윗면과 link_3_6_4의 밑면이 일치하도록 메이트 한다.

⑥ link_5_6이 회전이 제대로 되는지 체크를 하고 확인을 누른다(그림 4-1-33).

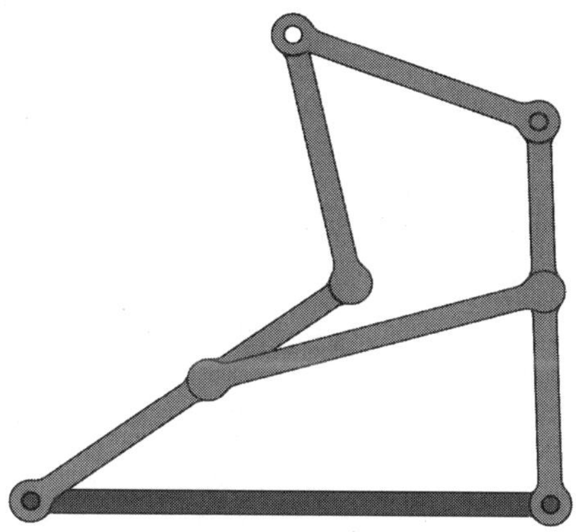

그림 4-1-33 link_5_6에 대해 link_1_5_2와 link_3_6_4 연결

(7) pointer의 조립

① pointer를 부품 삽입한다.

② pointer의 조립 원통과 link_2_7의 조립 구멍에 대해 동심으로 메이트 한다.

③ pointer의 밑면과 link_2_7의 윗면이 일치하도록 메이트 한다.

④ pointer의 우측면과 link_1_3의 윗면이 수직하도록 메이트 한다(그림 4-1-34).

⑤ 확인을 누른다.

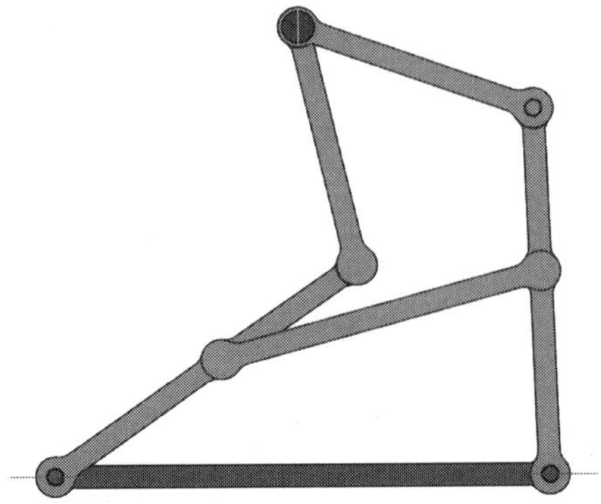

그림 4-1-34 포인터 연결

(8) 초기 위치 결정

① link_1_3의 윗면과 link_1_5_2 윗면을 각도 35°로 메이트 한다.

② 옵션에서 “위치 배치에만”을 체크한다.

③ 확인을 누른다(그림 4-1-35).

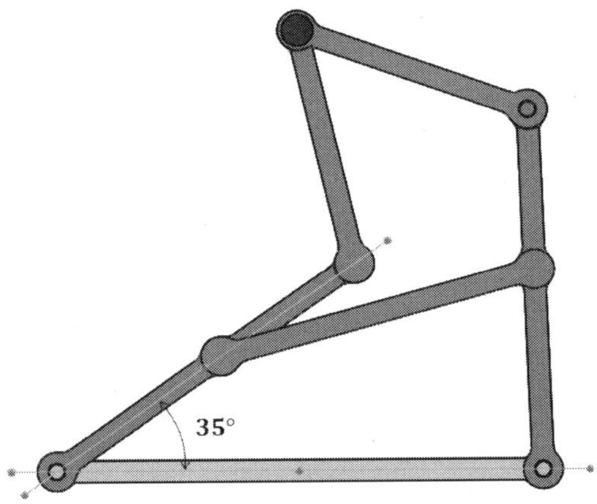

그림 4-1-35 초기 설정 모습

(9) 기구 저장하기

① 풀다운 메뉴에서 저장 도구(💾)에서 “다른 이름으로 저장하기”를 클릭한다.

② 저장할 디렉토리를 정하고 파일이름을 “Bricard's parallel 기구”로 한다.

③ 저장 버튼을 클릭한다.

1.2.4 기구 모션 시뮬레이션

(1) 모션 조건 설정

1) 모터 설정

① 기어의 구동을 보이기 위해 모델 탭 옆의 모션 스터디 탭을 클릭한다.

② 구동을 위한 모터( )를 선택한다.

③ 모터 유형을 원형 모터로 선택한다.

④ 부품/방향에서 모터 위치는 요동 구동을 위해 크랭크(링크2-4)로 한다.

⑤ 그림 4-1-36 (a)와 같이 모터 방향은 모터 위치와 같이 반시계방향으로 적용한다. 시계방향으로 하려면 반대방향을 클릭한다.

⑥ 확인을 클릭한다.

2) 모션 설정

① 모션은 모터 속성 창의 모션 설정에서 한 가지를 선택한다.

② 진동을 선택하고 클릭하면 그림 4-1-36 (b)와 같은 함수 작성기 창이 나타난다.

③ 디폴트 값 그대로 적용하고 확인을 클릭한다.

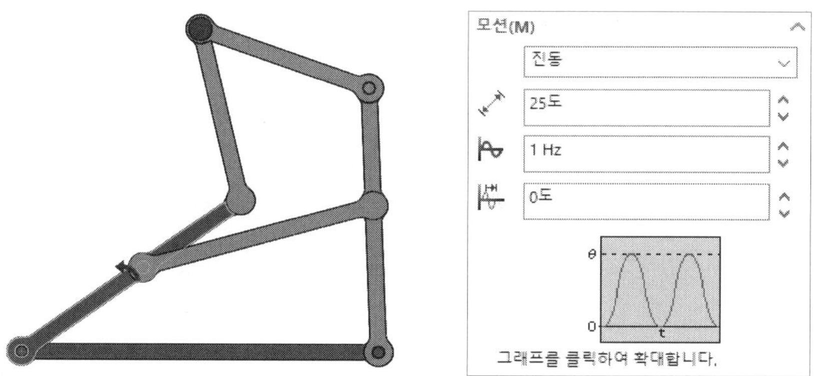

(a) 모터 설정 모습　　　(b) 모션 설정 모습

그림 4-1-36 모터와 모션 설정 모습

3) 모션 스터디 계산하기

① 스터디 유형을 모션 해석으로 설정한다. 만일 모션 해석 유형이 없으면 SOLIDWORKS

애드인에서 SOLIDWORKS Motion을 로드한다.

② 계산하기( ) 아이콘을 클릭하여 기구 모션을 계산한다.

③ 계산과 동시에 기구의 구동을 확인한다.

(2) 시뮬레이션 결과

1) 그래프 속성 설정

① "결과와 플롯" ( ) 버튼을 클릭한다.

② 유형은 "변위/속도/가속도"를 선택하고 하위 유형 선택은 "선형 변위"로 하며 결과 성분 선택은 "크기"로 그래프의 속성을 입력한다.

③ 그리고 MotionManager 트리의 포인터 메이트에서 "수직"을 선택한다(그림 4-1-37 (a)).

④ XYZ좌표가 나타나며 여기서 Y축(위쪽 방향)을 선택한다(그림 4-1-37 (b)).

⑤ 확인을 클릭한다.

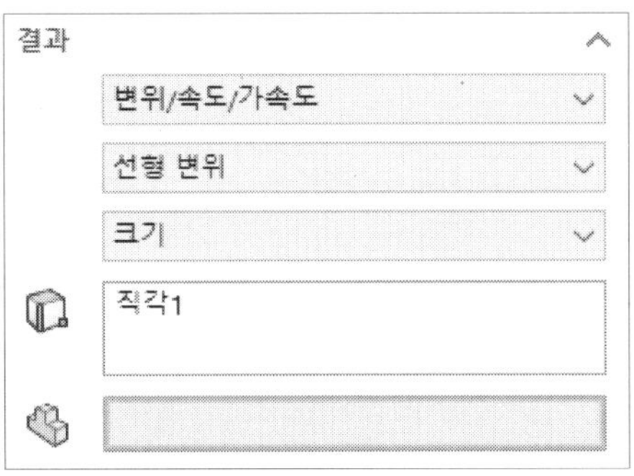

(a) 그래프 유형 설정 모습

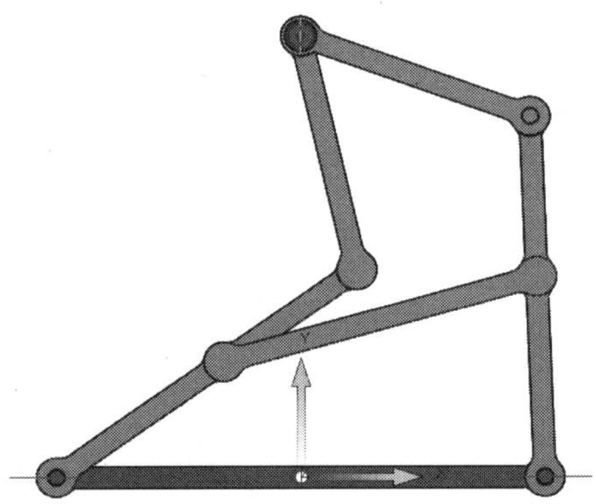

(b) 포인터의 평행 방향 설정 모습

그림 4-1-37 그래프 속성 설정

(2) 포인터의 시뮬레이션 결과

구동된 포인터의 선 변위 그래프는 그림 4-1-38과 같으며 크랭크의 1초 25° 진동에 따라 포인터의 link_1_3이 65㎜ 수직운동을 하는 것을 확인할 수 있다.

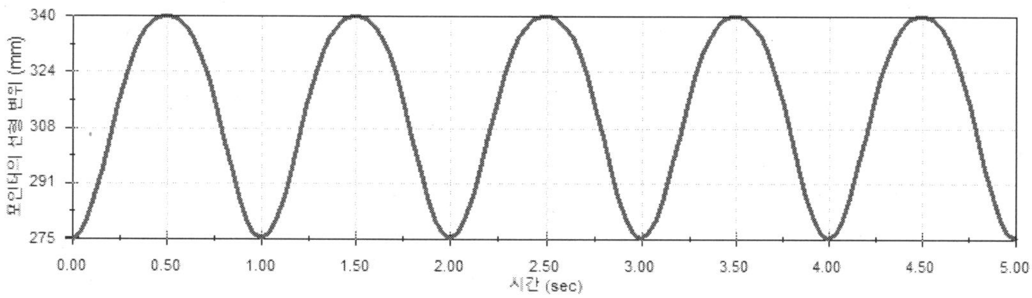

그림 4-1-38 진동 25도의 경우 pointer의 변위 그래프

(2) 동영상 저장하기

① 모션 해석에서 저장 아이콘( )을 클릭한다.

② 동영상 설정 창이 나타난다.

③ 파일 이름을 "Bricard's parallel 기구 동영상"으로 한다.

④ 비디오 압축 창이 나타나고 프레임 정보에서 초당 프레임을 25로 하고 저장을 누른다.

⑤ 압축 프로그램의 창이 나타나면 "전체 프레임(압축 안함)"을 선택하고 확인을 클릭한다.

⑥ 기구가 동작하면서 동영상으로 저장된다.

1.3 Hiscox's parallel 기구

1.3.1 문제

여러분이 기계공학을 전공한 전문가이며 특히 평행 왕복 운동 기구에 대한 전공자라고 하자. 한 회사에서 그림 4-1-39와 같은 평행 왕복 운동 기구(Hiscox's parallel 기구)를 대상으로 입력(크랭크)을 1초에 60°로 진동시킬 때 출력(종동 링크의 7번)이 평행 왕복 직선 운동하는 기구를 설계해 달라고 하면 당신은 어떻게 해결할 것인가?

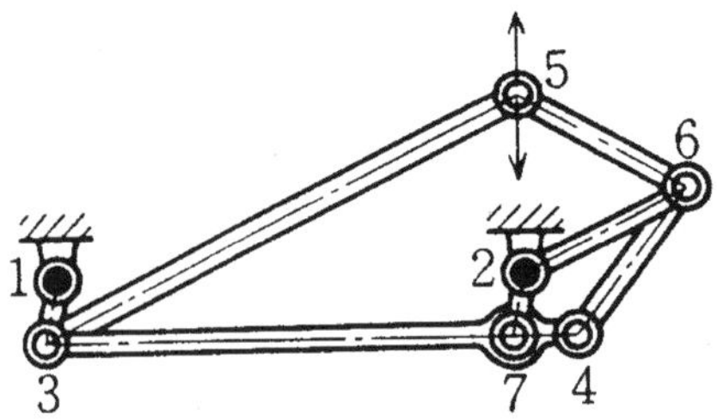

그림 4-1-39 Hiscox's parallel 기구

1.3.2 부품 준비

(1) 부품 사양 결정

1) 알고 있는 사실

① Hiscox's parallel 기구이다.

② 크랭크는 1초에 60°의 진동으로 입력한다.

③ 출력(종동 링크의 5번)은 평행 왕복 직선 운동이다.

2) 기본 결정 사항

① 그림 4-1-39에서 link_35와 link_34는 서로 길이가 같다.

② 그림 4-1-39에서 link_56과 link_26은 서로 길이가 같다.

③ 그림 4-1-39에서 link_56과 link_46은 서로 길이가 같다.

④ 그림 4-1-39에서 link_27과 link_13이 서로 길이가 같다.

⑤ 그림 4-1-39에서 $\overline{37} = \overline{12}$ 로 한다.

⑥ 그림 4-1-39에서 $\overline{35} : \overline{56} = \overline{56} : \overline{27}$ 로 한다.

⑦ 그림 4-1-39에서 3점 3, 7, 4는 일직선상에 놓는다.

⑧ 그림 4-1-39에서 점 5가 $\overline{12}$ 에 직각인 방향으로 직선운동을 한다.

3) 사양 결정

① link_13의 길이는 50mm이다.

② link_56의 길이는 100mm이다.

③ link_13 = link_27로부터 link_27의 길이는 50mm이다.

④ link_56 = link_26로부터 link_26의 길이는 100mm이다.

⑤ link_56 = link_46로부터 link_46의 길이는 100mm이다.

⑥ $\overline{35}$: $\overline{56}$ = $\overline{56}$: $\overline{27}$로부터 link_35의 길이는 200mm이다.

⑦ link_35 = link_34로부터 link_34는 200mm이다.

⑧ $\overline{47}$은 link_13의 길이와 같으므로 $\overline{47}$=50mm이다.

(2) 부품 형상모델링

1) 크랭크 링크(link_1_3)

그림 4-1-40 (a)는 link_1_3의 외관이며 그림 4-1-40 (b)는 2D 도면으로 형상 치수를 나타낸 것이다. 3D 파트모델링의 파일 이름은 "link_1_3"로 한다.

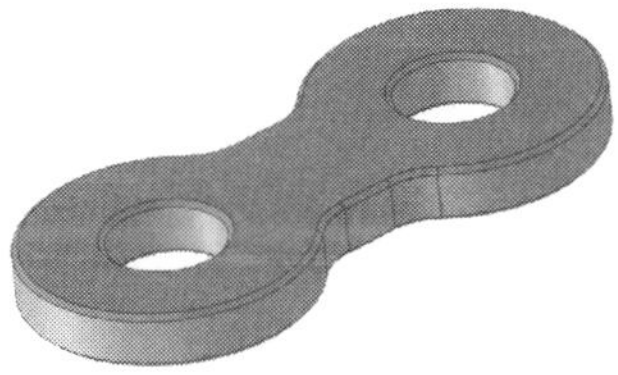

(a) 외관

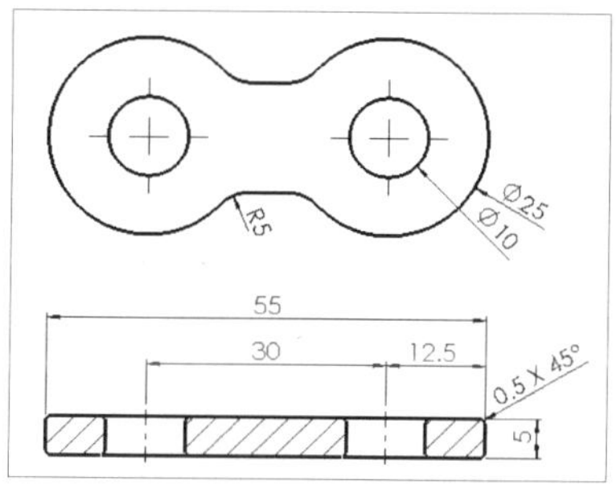

(b) 형상 치수

그림 4-1-40 link_1_3의 형상 정보

2) link_3_7_4

그림 4-1-41 (a)는 link_3_7_4의 외관이며 그림 4-1-41 (b)는 2D 도면으로 형상 치수를 나타낸 것이다. 3D 파트모델링의 파일 이름은 "link_3_7_4"로 한다.

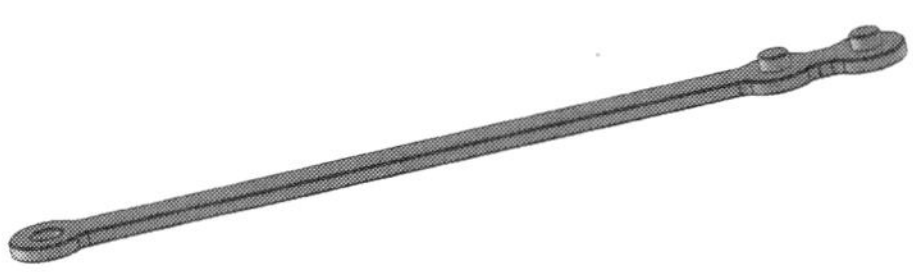

(a) 외관

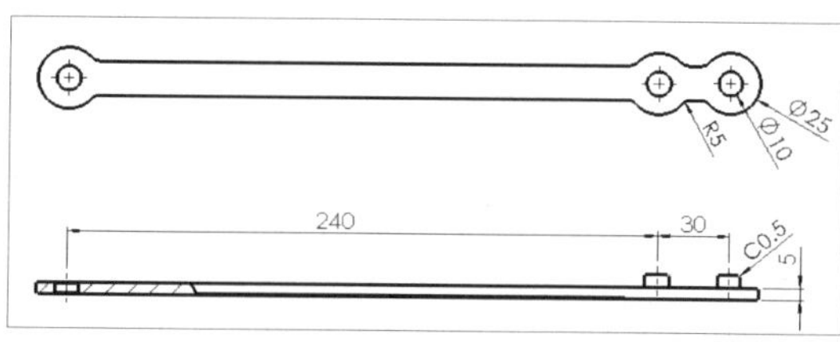

(b) 형상 치수

그림 4-1-41 link_3_7_4의 형상 정보

3) link_2_7

그림 4-1-42 (a)는 link_2_7의 외관이며 그림 4-1-42 (b)는 2D 도면으로 형상 치수를 나타낸 것이다. 3D 파트모델링의 파일 이름은 "link_2_7"로 한다.

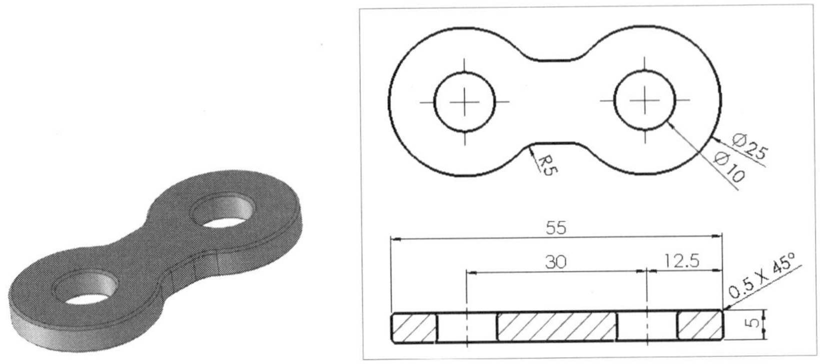

(a) 외관 (b) 형상 치수

그림 4-1-42 link_2_7의 형상 정보

4) link_2_6

그림 4-1-43 (a)는 link_2_6의 외관이며 그림 4-1-43 (b)는 2D 도면으로 형상 치수를 나타낸 것이다. 3D 파트모델링의 파일 이름은 "link_2_6"로 한다.

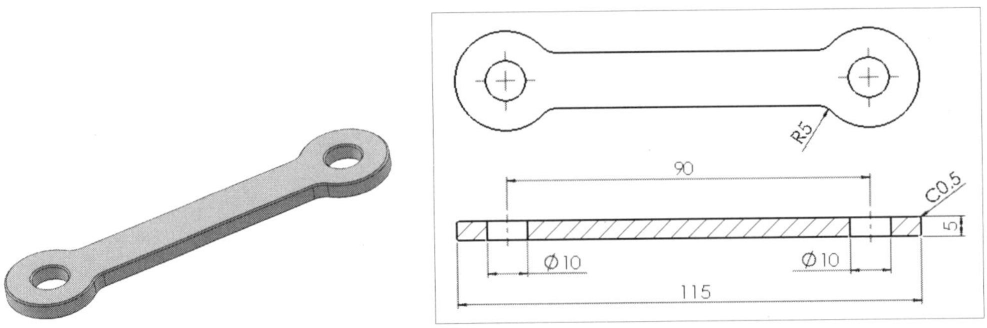

(a) 외관 (b) 형상 치수

그림 4-1-43 link_2_6의 형상 정보

5) link_3_5

그림 4-1-44 (a)는 link_2_7의 외관이며 그림 4-1-44 (b)는 2D 도면으로 형상 치수를

나타낸 것이다. 3D 파트모델링의 파일 이름은 “link_3_5”로 한다.

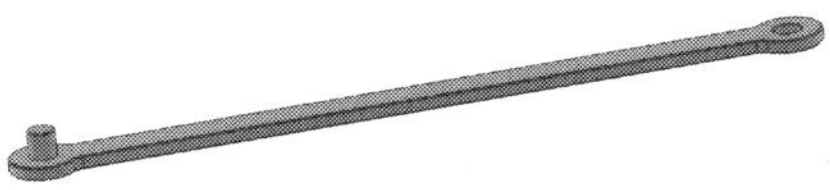

(a) 외관

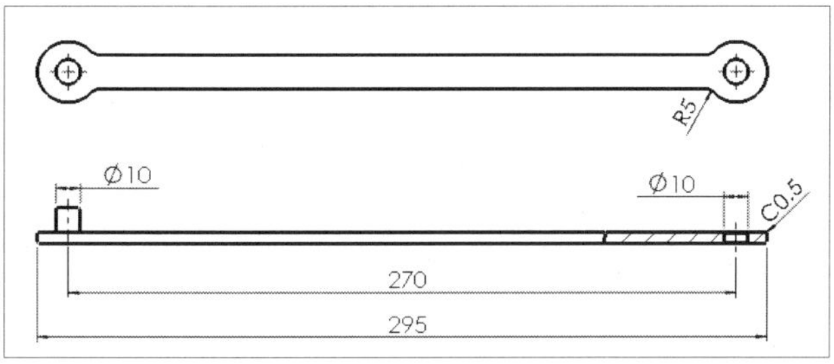

(b) 형상 치수

그림 4-1-44 link_3_5의 형상 정보

6) link_4_6

그림 4-1-45 (a)는 link_4_6의 외관이며 그림 4-1-45 (b)는 2D 도면으로 형상 치수를 나타낸 것이다. 3D 파트모델링의 파일 이름은 “link_4_6”로 한다.

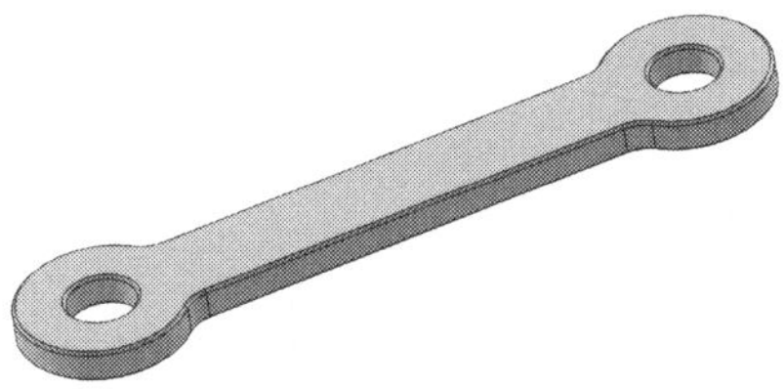

(a) 외관

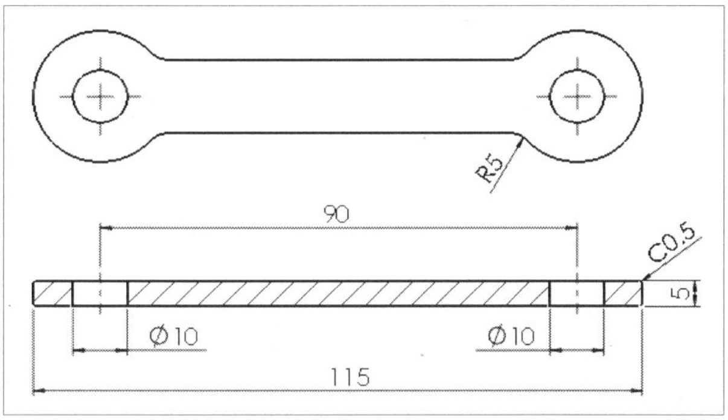

(b) 형상 치수

그림 4-1-45 link_4_6의 형상 정보

7) link_5_6

그림 4-1-46 (a)는 link_5_6의 외관이며 그림 4-1-46 (b)는 2D 도면으로 형상 치수를 나타낸 것이다. 3D 파트모델링의 파일 이름은 “link_5_6”로 한다.

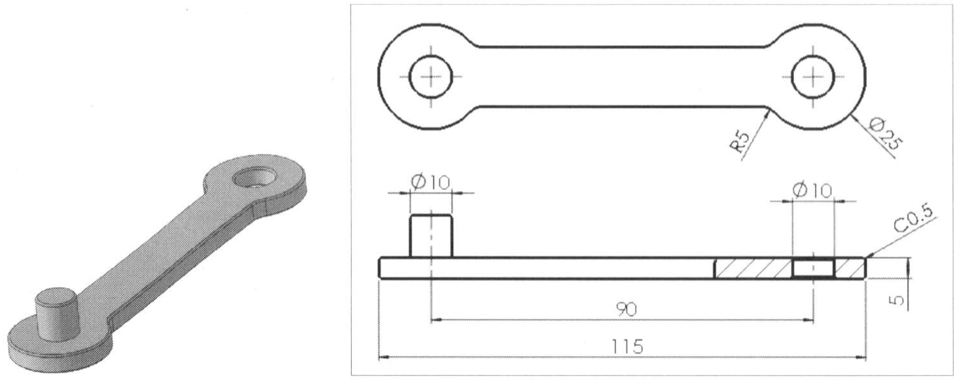

(a) 외관 (b) 형상 치수

그림 4-1-46 link_5_6의 형상 정보

8) 고정 피봇1

그림 4-1-47 (a)는 고정 피봇1의 외관이며 그림 4-1-47 (b)는 2D 도면으로 형상 치수를 나타낸 것이다. 3D 파트모델링의 파일 이름은 “pivot_1”로 한다.

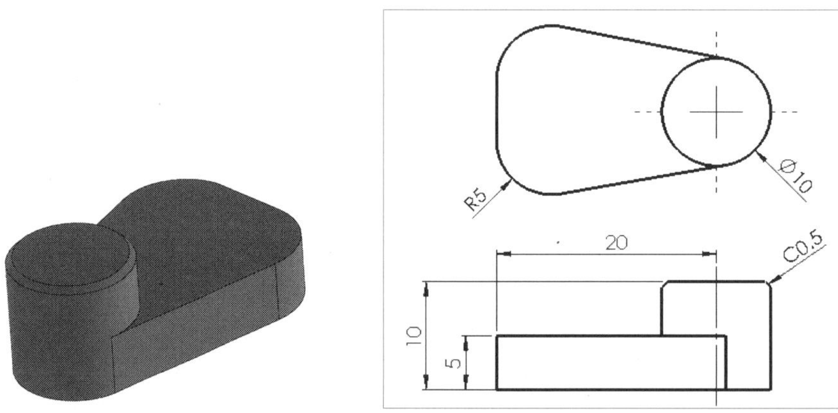

(a) 외관 (b) 형상 치수

그림 4-1-47 pivot_1의 형상 정보

9) 고정 피봇2

그림 4-1-48 (a)는 고정 피봇2의 외관이며 그림 4-1-48 (b)는 2D 도면으로 형상 치수를 나타낸 것이다. 3D 파트모델링의 파일 이름은 “pivot_2”로 한다.

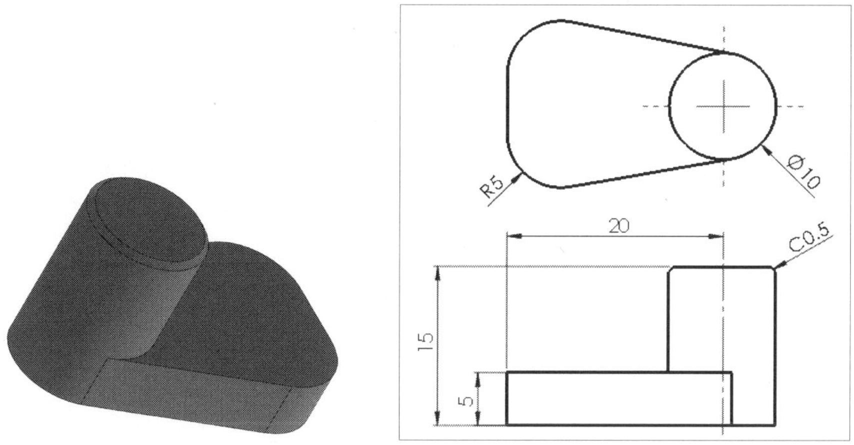

(a) 외관 (b) 형상 치수

그림 4-1-48 pivot_2의 형상 정보

10) 포인터

그림 4-1-49 (a)는 포인터의 외관이며 그림 4-1-49 (b)는 2D 도면으로 형상 치수를 나타낸 것이다. 3D 파트모델링의 파일 이름은 “pointer”로 한다.

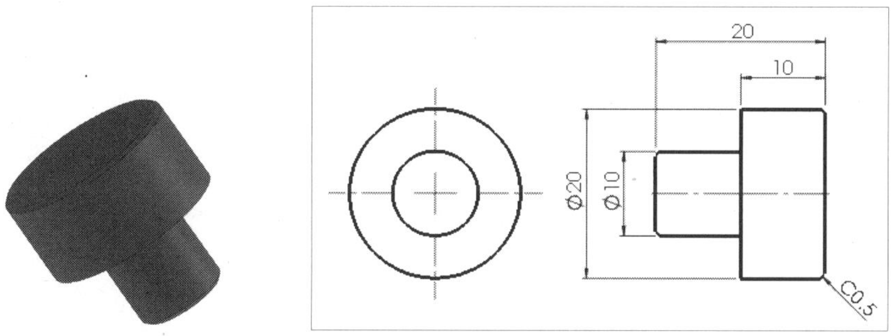

(a) 외관 (b) 형상 치수

그림 4-1-49 pointer의 형상 정보

1.3.3 기구 구성

(1) 고정 피봇1(pivot_1) 조립

① 어셈블리 창의 찾아보기를 클릭한다.

② 해당 파일이 창에 있으면 더블 클릭하고 Drag & Drop으로 pivot_1 부품을 어셈블

리 창에 갖다 놓는다.

③ 마우스의 오른쪽 버튼을 눌러 메뉴가운데 "자유롭게 움직이기"를 선택한다.

④ pivot_1의 정면과 어셈블리 정면이 일치하도록 메이트 한다.

⑤ pivot_1의 우측면과 어셈블리 우측면이 일치하도록 메이트 한다.

⑥ pivot_1의 윗면과 어셈블리 윗면이 일치하도록 메이트 한다.

⑦ 다시 마우스의 오른쪽 버튼을 눌러 메뉴가운데 "고정"을 선택한다.

(2) 고정 피봇2(pivot_2) 조립

① 어셈블리 창의 찾아보기를 클릭한다.

② 해당 파일이 창에 있으면 더블 클릭하고 Drag & Drop으로 pivot_2 부품을 어셈블리 창에 갖다 놓는다.

③ pivot_2의 정면과 어셈블리 정면이 일치하도록 메이트 한다.

④ pivot_2의 윗면과 어셈블리 윗면이 일치하도록 메이트 한다.

⑤ pivot_2의 우측면과 어셈블리 우측면이 거리 240㎜가 되도록 거리 메이트 한다(그림 4-1-50).

⑥ 확인을 선택한다.

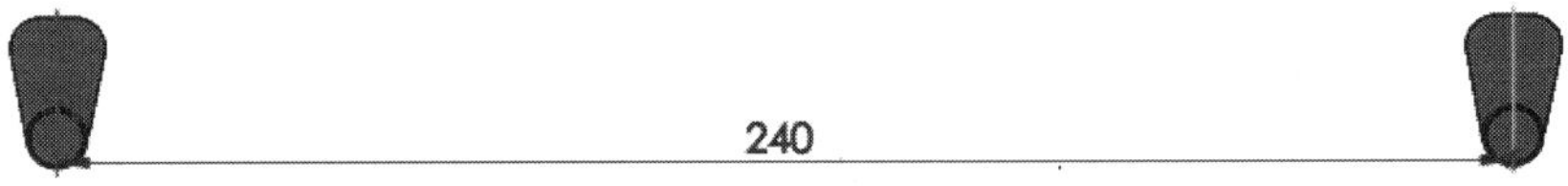

그림 4-1-50 pivot_2에 대해 pivot_1과의 거리 메이트

(3) 크랭크 링크(link_1_3) 조립

① 어셈블리 창의 찾아보기를 클릭한다.

② 해당 파일이 창에 있으면 더블 클릭하고 Drag & Drop으로 link_1_3 부품을 어셈블리 창에 갖다 놓는다.

③ link_1_3의 조립 구멍과 pivot_1의 조립 원통이 동심하도록 메이트 한다.

④ link_1_3의 밑면과 pivot_1의 윗면이 일치하도록 메이트 한다.

⑤ 확인을 선택한다(그림 4-1-51).

그림 4-1-51 link_1_3에 대해 pivot_1 연결

(4) link_2_7 조립

① 어셈블리 창의 찾아보기를 클릭한다.

② 해당 파일이 창에 있으면 더블 클릭하고 Drag & Drop으로 link_2_7 부품을 어셈블리 창에 갖다 놓는다.

③ link_2_7의 조립 구멍과 pivot_2의 조립 원통이 동심하도록 메이트 한다.

④ link_2_7의 밑면과 pivot_2의 윗면이 일치하도록 메이트 한다.

⑤ 확인을 선택한다(그림 4-1-52).

그림 4-1-52 link_2_7에 대해 pivot_2 연결

(5) link_3_7_4의 조립

① link_3_7_4를 부품 삽입한다.

② link_3_7_4의 조립 구멍과 link_1_3의 조립 구멍에 대해 동심으로 메이트 한다.

③ link_3_7_4의 윗면과 link_1_3의 밑면이 일치하도록 메이트 한다.

④ link_3_7_4의 가운데 조립 원통과 link_2_7의 조립 구멍에 대해 동심으로 메이트 한다.

⑤ link_3_7_4의 윗면과 link_2_7의 밑면이 일치하도록 메이트 한다.

⑥ 확인을 누른다(그림 4-1-53).

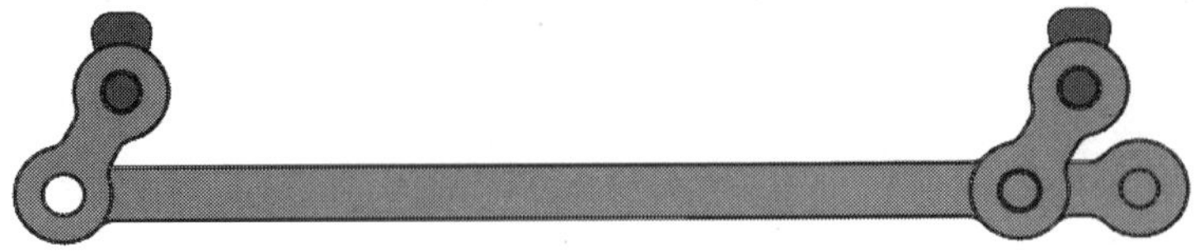

그림 4-1-53 link_3_7_4에 대해 link_1_3과 link_2_7 연결

(6) link_2_6의 조립

① link_2_6을 부품 삽입한다.

② link_2_6의 조립 구멍과 pivot_2의 조립 원통에 대해 동심으로 메이트 한다.

③ link_2_6의 밑면과 pivot_2의 윗면이 일치하도록 메이트 한다.

④ 확인을 누른다(그림 4-1-54).

그림 4-1-54 link_2_6에 대해 pivot_2 연결

(7) link_3_5의 조립

① link_3_5를 부품 삽입한다.

② link_3_5의 조립 원통과 link_3_7_4의 조립 구멍에 대해 동심으로 메이트 한다.

③ link_3_5의 윗면과 link_3_7_4의 밑면이 일치하도록 메이트 한다.

④ 확인을 누른다(그림 4-1-55).

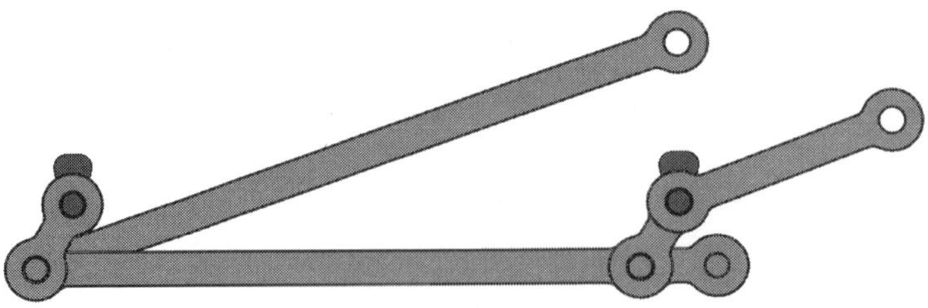

그림 4-1-55 link_3_5에 대해 link_3_7_4 연결

(8) link_5_6의 조립

① link_5_6을 부품 삽입한다.

② link_5_6의 조립 구멍과 link_3_5의 조립 구멍에 대해 동심으로 메이트 한다.

③ link_5_6의 밑면과 link_3_5의 윗면이 일치하도록 메이트 한다.

④ link_5_6의 조립 원통과 link_2_6의 조립 구멍에 대해 동심으로 메이트 한다.

⑤ link_5_6의 윗면과 link_2_6의 밑면이 일치하도록 메이트 한다.

⑥ 확인을 누른다(그림 4-1-56).

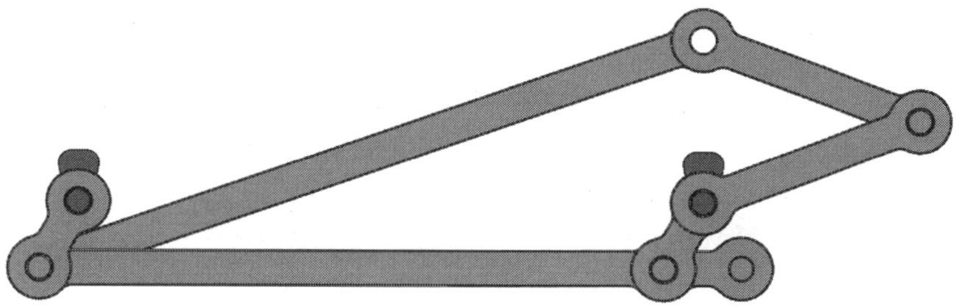

그림 4-1-56 link_5_6에 대해 link_3_5 및 link_2_7의 연결

(9) link_4_6의 조립

① link_4_6을 부품 삽입한다.

② link_4_6의 조립 구멍과 link_3_7_4의 조립 원통에 대해 동심으로 메이트 한다.

③ link_4_6의 밑면과 link_3_7_4의 윗면이 일치하도록 메이트 한다.

④ link_4_6의 조립 구멍과 link_5_6의 조립 원통에 대해 동심으로 메이트 한다.

⑤ link_4_6의 밑면과 link_5_6의 윗면이 일치하도록 메이트 한다.

⑥ 확인을 누른다(그림 4-1-57).

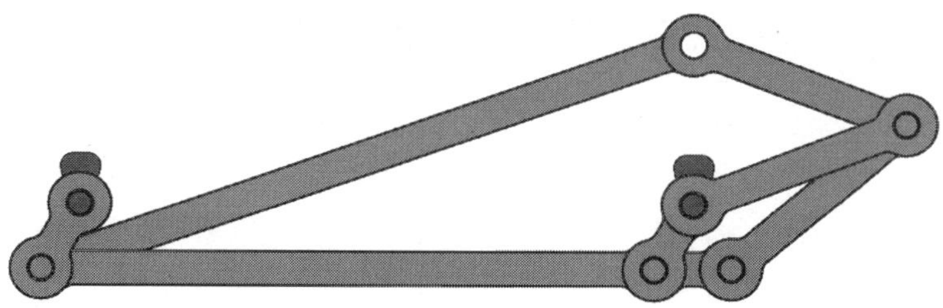

그림 4-1-57 link_4_6에 대해 link_3_7_4와 link_5_6 연결

(9) pointer의 조립

① pointer를 부품 삽입한다.

② pointer의 조립 원통과 link_5_6의 조립 구멍에 대해 동심으로 메이트 한다.

③ pointer의 밑면과 link_5_6의 윗면이 일치하도록 메이트 한다.

④ pointer의 우측면과 어셈블리 윗면이 수직하도록 메이트 한다(그림 4-1-58).

⑤ 확인을 누른다.

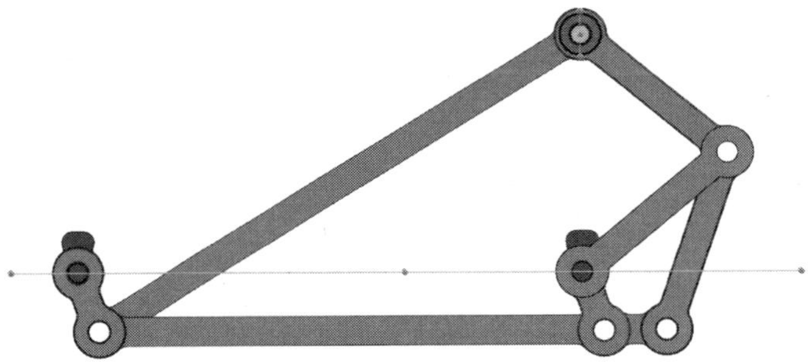

그림 4-1-58 포인터 연결

(10) 초기 위치 결정

① link_1_3의 윗면과 어셈블리 우측면을 각도 30°로 메이트 한다.

② 옵션에서 "위치 배치에만"을 체크한다.

③ 확인을 누른다(그림 4-1-59).

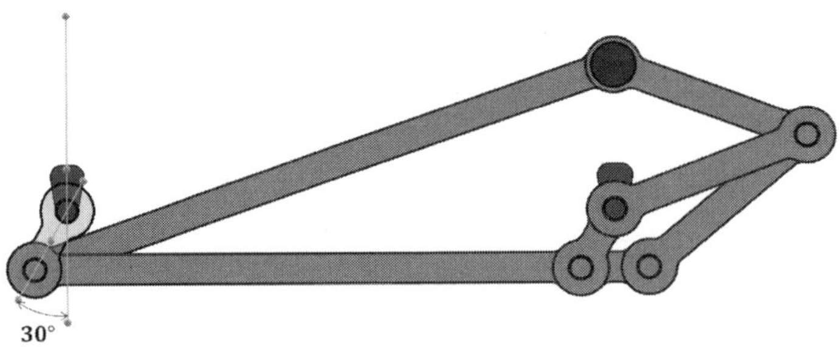

그림 4-1-59 초기 설정 모습

(11) 기구 저장하기

① 풀다운 메뉴에서 저장 도구(💾)에서 "다른 이름으로 저장하기"를 클릭한다.

② 저장할 디렉토리를 정하고 파일이름을 “Hiscox's parallel 기구”로 한다.

③ 저장 버튼을 클릭한다.

1.3.4 기구 모션 시뮬레이션

(1) 모션 조건 설정

1) 모터 설정

① 기어의 구동을 보이기 위해 모델 탭 옆의 모션 스터디 탭을 클릭한다.

② 구동을 위한 모터( )를 선택한다.

③ 모터 유형을 원형 모터로 선택한다.

④ 부품/방향에서 모터 위치는 요동 구동을 위해 크랭크 링크(link_1_3)로 한다.

⑤ 그림 4-1-60 (a)와 같이 모터 방향은 모터 위치와 같이 반시계방향으로 적용한다. 시계방향으로 하려면 반대방향을 클릭한다.

⑥ 확인을 클릭한다.

2) 모션 설정

① 모션은 모터 속성 창의 모션 설정에서 한 가지를 선택한다.

② 진동을 선택하고 클릭하면 그림 4-1-60 (b)와 같은 함수 작성기 창이 나타난다.

③ 변위를 60°로 적용하고 확인을 클릭한다.

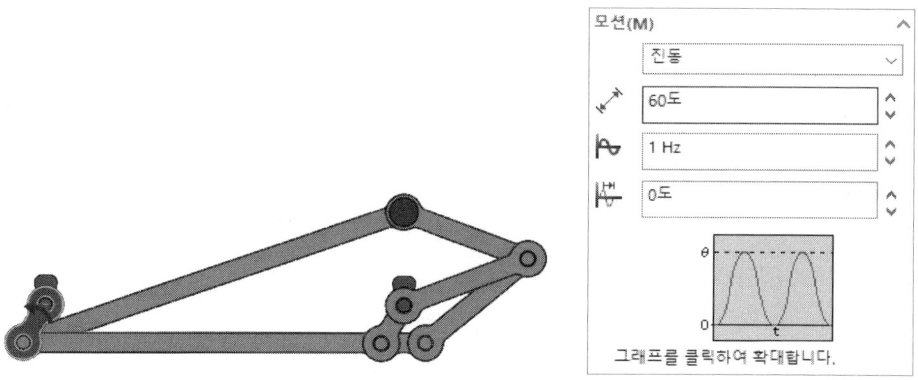

(a) 모터 설정 모습　　(b) 모션 설정 모습

그림 4-1-60 모터와 모션 설정 모습

3) 모션 스터디 계산하기

① 스터디 유형을 모션 해석으로 설정한다. 만일 모션 해석 유형이 없으면 SOLIDWORKS 애드인에서 SOLIDWORKS Motion을 로드한다.

② 계산하기( ) 아이콘을 클릭하여 기구 모션을 계산한다.

③ 계산과 동시에 기구의 구동을 확인한다.

(2) 시뮬레이션 결과

1) 그래프 속성 설정

① "결과와 플롯" ( ) 버튼을 클릭한다.

② 유형은 "변위/속도/가속도"를 선택하고 하위 유형 선택은 "선형 변위"로 하며 결과 성분 선택은 "크기"로 그래프의 속성을 입력한다(그림 4-1-61 (a)).

③ 그리고 MotionManager 트리의 포인터 메이트에서 "수직"을 선택한다(그림 4-1-61 (b)).

④ XYZ좌표가 나타나며 여기서 Z축(위쪽 방향)을 선택한다.

⑤ 확인을 클릭한다.

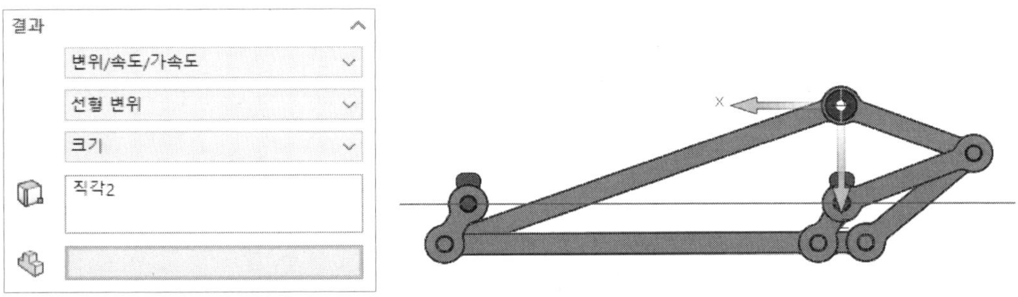

(a) 그래프 유형 설정 모습

(b) 포인터의 평행 방향 설정 모습

그림 4-1-61 그래프 속성 설정

2) 포인터의 시뮬레이션 결과

구동된 포인터의 선 변위 그래프는 그림 4-1-62와 같으며 크랭크가 1초에 60° 진동할 때 포인터 link_3_7_4는 44㎜ 수직운동을 하는 것을 확인할 수 있다.

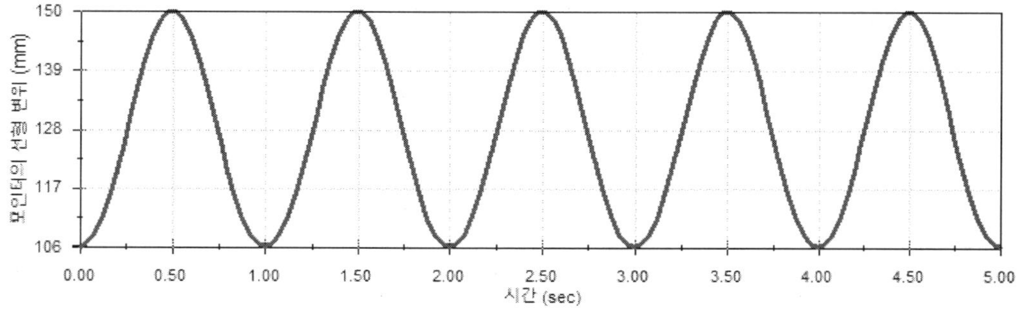

그림 4-1-62 진동 60도의 경우 pointer의 변위 그래프

(3) 동영상 저장하기

① 모션 해석에서 저장 아이콘( )을 클릭한다.

② 동영상 설정 창이 나타난다.

③ 파일 이름을 "Hiscox's parallel 기구 동영상"으로 한다.

④ 비디오 압축 창이 나타나고 프레임 정보에서 초당 프레임을 25로 하고 저장을 누른다.

⑤ 압축 프로그램의 창이 나타나면 "전체 프레임(압축 안함)"을 선택하고 확인을 클릭한다.

⑥ 기구가 동작하면서 동영상으로 저장된다.

1.4 자율평가 문제

이 자율 평가의 목적은 앞에서 익힌 내용을 다 이해하고 조건 변경 사항에 대해 자기 주도적으로 문제를 해결하고 숙지 정도를 확인하기 위함이다. 본인의 부족한 점에 대해 파악하는 태도를 기르고 부족하다면 다른 사람의 도움을 받거나 본인 스스로 앞의 내용을 더욱 자세히 학습하는 자기주도 학습에 목적이 있다.

문제 1

그림 4-1-63은 ITO parallel 기구의 외형과 조건을 나타내고 있다. 이 평행운동 기구를 모델링 및 조립하고 운동 분석을 통해 점 8이 평행 운동하는 지를 확인하고 동영상도 만들어 보아라.

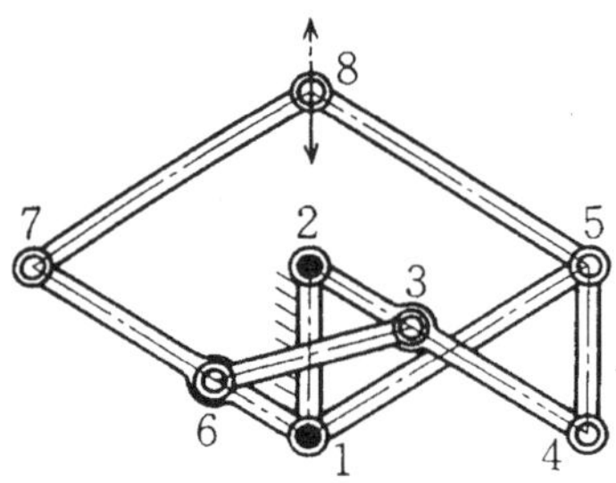

(a) 외형

- $\overline{12}=\overline{45}=\overline{36}$, $\overline{15}=\overline{24}=\overline{17}$, $\overline{23}=\overline{16}$이다.
- $\overline{23}:\overline{12}=\overline{12}:\overline{24}$이다.
- 링크 $\overline{58}$, $\overline{78}$을 어느 쪽도 $\overline{15}$와 같게 한다.
- 링크 $\overline{12}$를 고정한다.

(b) 조건

그림 4-1-63 ITO parallel 기구

문제 2

그림 4-1-64는 ASAKAWA parallel 기구의 외형과 조건을 나타내고 있다. 이 평행운동 기구를 모델링 및 조립하고 운동 분석을 통해 점 8이 평행 운동하는 지를 확인하고 동영상도 만들어 보아라.

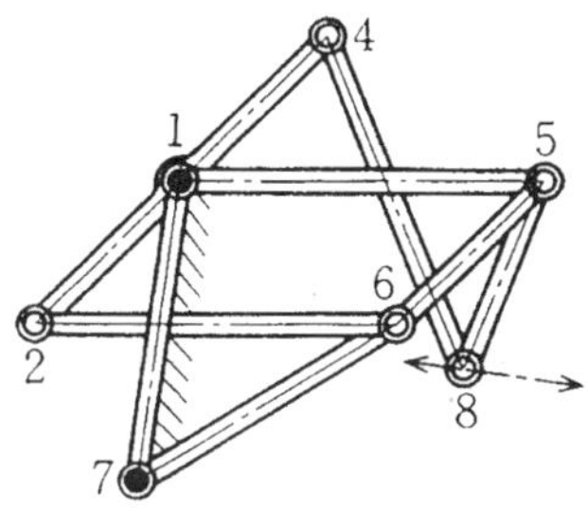

(a) 외형

- $\overline{12}=\overline{14}=\overline{58}=\overline{56}$, $\overline{15}=\overline{48}=\overline{26}$, $\overline{17}=\overline{67}$로 한다.
- 링크 $\overline{17}$을 고정 고정한다.

(b) 조건

그림 4-1-64 ASAKAWA parallel 기구

위의 문제에 대해 부록의 답안과 비교하여 일치한 답을 했다면 앞의 내용을 완전히 이해했다고 판단되지만 틀린 부분이 있다면 그 원인을 반드시 찾도록 하는 것이 좋을 것입니다. 본인의 답이 맞다고 생각하면 일치하지 않아도 좋지만 그 이유를 반드시 적어보고 확실한지 다시 한 번 확인하기 바랍니다.

자율 평가 결과 점검표

학습자 성명 :	평가 날짜 :
평가 제목 : 링크 평행 운동 기구 설계	

	성취 수준		
	하지 못했음	했지만 잘 모르겠음	완전히 하였음
• ITO parallel 기구를 구성하였다.			
• ITO parallel 기구의 모터 설정 및 모션 결정을 하고 시뮬레이션을 하였다.			
• ITO parallel 기구의 설계 조건과 시뮬레이션 결과를 비교 검토하였다.			
• ASAKAWA parallel 기구를 구성하였다.			
• ASAKAWA parallel 기구의 모터 설정 및 모션 결정을 하고 시뮬레이션을 하였다.			
• ASAKAWA parallel 기구의 설계 조건과 시뮬레이션 결과를 비교 검토하였다.			

성취수준

위의 모든 항목에 대해 "완전히 하였음", 즉 완성도 100%로 답하여야 합니다. 만일 "하지 않았음" 또는 "했지만 잘 모르겠음"에 답을 했다면 앞에서 학습한 내용을 다시 한 번 확인하여 다시 수행하고 필요한 경우에는 교육자 또는 전문가와 상의하기 바랍니다.

제2장

기어에 의한 평행 운동 기구

2.1 문제

한 학교에서 평행운동 기구를 교육용으로 만들고자 한다. 그림 4-2-1 (a)와 같이 3개의 기어 트레인으로 구성된 평행 운동 기구는 기어 트레인의 링크와 다른 연결 링크 길이가 같아야만 하며 구동 기어와 종동 기어의 잇수비가 2:1이어야만 평행운동을 하는 기구이다. 그림 4-2-1 (b)와 같이 내접 기어로 구성된 평행 운동 기구는 링 기어와 내접 기어의 잇수비가 2:1이어야만 평행운동을 하는 기구이다. 그런데 학생들이 이해하기 어려워 이 기구의 동작 모습을 학생들에게 이해시키기 위해 기구를 가상 설계하고 작동 동영상을 만들어 달라는 주문이 들어왔을 때 당신은 어떻게 해결할 것인가?

(a) 외접 기어 트레인에 의한 평행 운동 기구

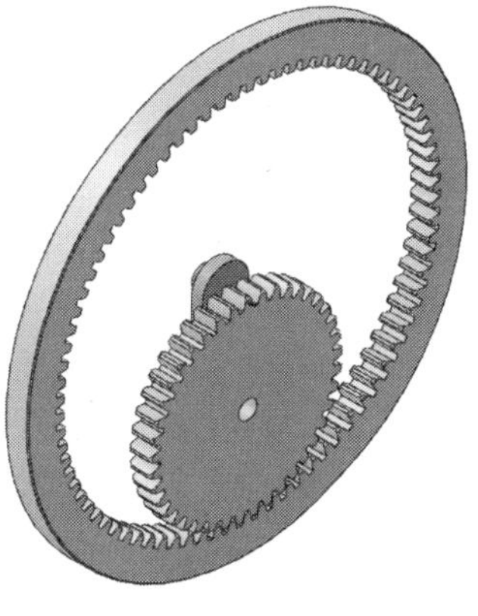

(a) 내접 기어에 의한 평행 운동 기구

그림 4-2-1 기어에 의한 평행 운동 기구

2.2 외접 기어 트레인에 의한 평행 운동 기구 설계

2.2.1 부품 준비

(1) 부품 사양 결정

1) 설계 제한 조건

① 3개의 기어 트레인으로 구성한다.

② 3개의 기어와 연결된 링크의 회전 구동에 의해 기구의 다른 링크가 평행 운동한다.

③ 가장 큰 기어의 잇수는 가장 우측에 있는 기어의 잇수보다 2배 많아야 한다.

④ 3개의 기어와 연결된 링크의 길이와 기구의 다른 링크의 길이는 같아야 한다.

2) 사양 결정

① 기구의 가장 큰 기어의 잇수는 30이다.

② 기구의 가장 우측 기어의 잇수는 설계 제한 조건에 따라 15이다.

③ 기구의 중간 기어의 잇수는 10이다.

④ 기어의 잇수를 고려하여 링크의 길이는 65㎜이다.

⑤ 회전 핀의 직경은 ∅5㎜이다.

(2) 부품 형상모델링

1) 기어1

기어1은 기어 트레인에서 가장 큰 기어로서 고정되는 부품으로 기어 잇수를 30으로 했다. 그림 4-2-2 (a)는 기어1 외관을 나타내며 그림 4-2-2 (b)는 형상 치수를 나타낸다.

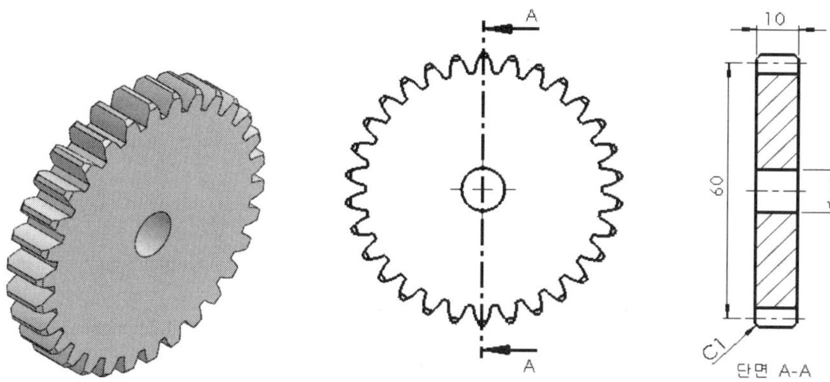

(a) 외관 (b) 형상 치수

그림 4-2-2 기어1 형상 정보

2) 기어2

기어2는 가장 큰 기어의 잇수에 비해 절반의 잇수를 가지는 스퍼 기어이다. 그림 4-2-3 (a)는 기어2 외관을 나타내며 그림 4-2-3 (b)는 형상 치수를 나타낸다.

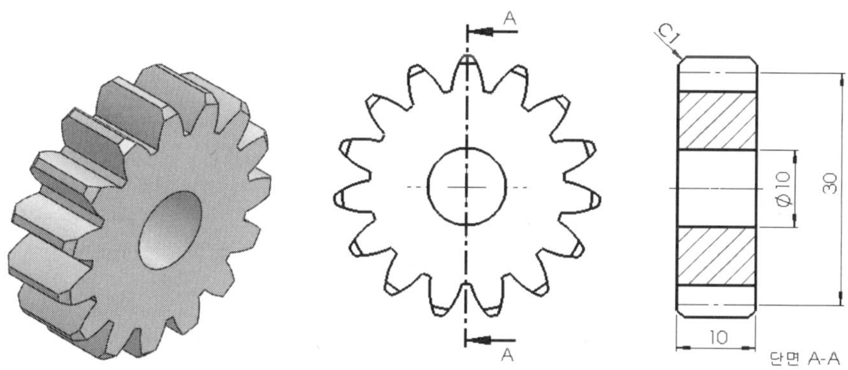

(a) 외관 (b) 형상 치수

그림 4-2-3 기어2 형상 정보

3) 기어3

기어3은 기어 트레인의 중간에서 연결 역할을 한다. 그림 4-2-4 (a)는 기어3 외관을 나타내며 그림 4-2-4 (b)는 형상 치수를 나타낸다.

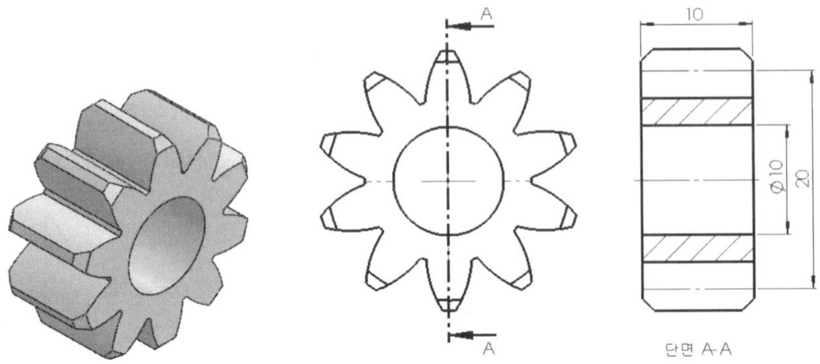

(a) 외관 (b) 형상 치수

그림 4-2-4 기어3 형상 정보

4) 링크1

링크1은 기어 트레인을 이동시키기 위한 회전 구동 역할을 한다. 그림 4-2-5 (a)는 링크1 외관을 나타내며 그림 4-2-5 (b)는 형상 치수를 나타낸다.

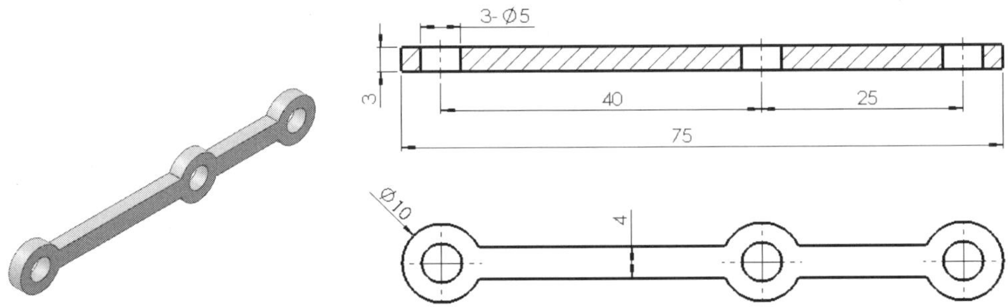

(a) 외관 (b) 형상 치수

그림 4-2-5 링크1 형상 정보

5) 링크2

링크2는 기어의 회전에 따라 직선 왕복 운동을 하는 역할을 한다. 그림 4-2-6 (a)는 링크2 외관을 나타내며 그림 4-2-6 (b)는 형상 치수를 나타낸다.

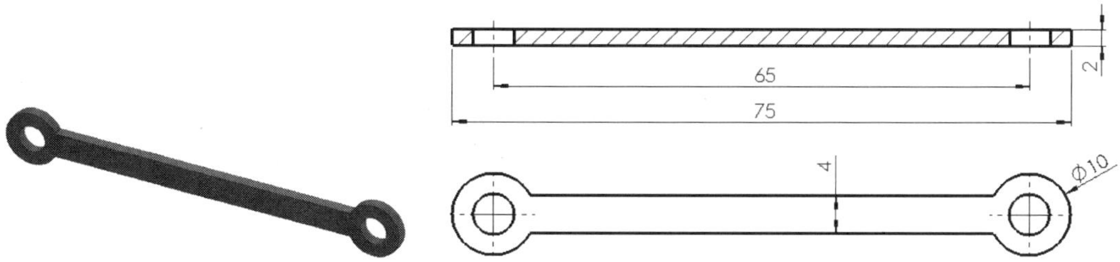

(a) 외관　　　　　　　　　　(b) 형상 치수

그림 4-2-6 링크2 형상 정보

6) 회전 핀과 포인터

회전 핀과 포인터의 형상 정보는 생략하지만 적절히 형상모델링하여 부품에 포함한다.

2.2.2 기구 구성

(1) 부품 조립

1) 기어1

① 기어1 파트모델을 불러온다.

② 기어1에 커서를 데고 마우스 오른쪽 버튼을 누르고 "자유롭게 움직이기"를 클릭한다.

③ 기어1의 정면과 어셈블리 정면에 대해 일치 메이트 한다.

④ 기어1의 윗면과 어셈블리 윗면에 대해 일치 메이트 한다.

⑤ 기어1의 우측면과 어셈블리 우측면에 대해 일치 메이트 한다.

⑥ 확인을 클릭한다.

2) 링크1 조립

① 링크1 파트모델을 불러온다.

② 링크1의 맨 왼쪽 구멍 면과 기어1의 구멍 면에 대해 동심 메이트 한다.

③ 링크1의 형상 윗면과 기어1의 형상 밑면에 대해 일치 메이트 한다.

④ 확인을 클릭한다(그림 4-2-7).

그림 4-2-7 링크1의 조립 모습

3) 기어2 조립

① 기어2 파트모델을 불러온다.

② 기어2의 구멍 면과 링크1의 맨 오른쪽 구멍 면에 대해 동심 메이트 한다.

③ 기어2의 형상 윗면과 링크1의 형상 밑면에 대해 일치 메이트 한다.

④ 확인을 클릭한다(그림 4-2-8).

그림 4-2-8 기어2의 조립 모습

4) 기어3 조립

① 기어3 파트모델을 불러온다.

② 기어3의 구멍 면과 링크1의 중간 구멍 면에 대해 동심 메이트 한다.

③ 기어3의 형상 윗면과 링크1의 형상 밑면에 대해 일치 메이트 한다.

④ 확인을 클릭한다(그림 4-2-9).

그림 4-2-9 기어3의 조립 모습

5) 운동 초기 위치 설정

① 어셈블리 우측면과 링크1의 윗면이 일치하도록 메이트 한다.

② 옵션에서 "위치 배치에만"을 체크한다.

③ 확인을 클릭한다(그림 4-2-10).

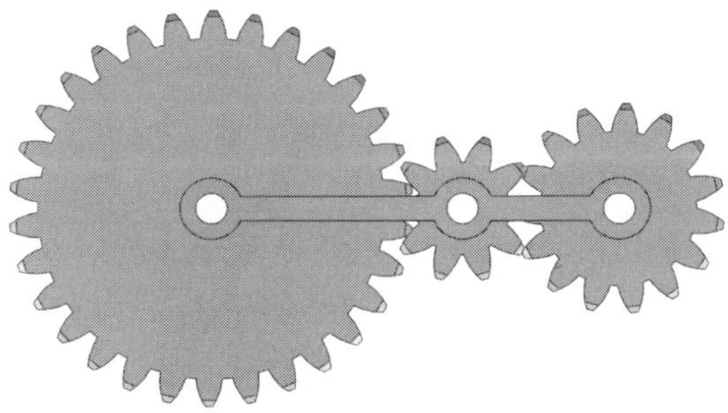

그림 4-2-10 운동 초기 위치 모습

6) 기어 메이트

① 기계 메이트의 기어 메이트를 클릭한다.

② 피치원이 보이도록 스케치 활성화 한다.

③ 기어1의 피치원과 기어3의 피치원을 차례로 클릭한다.

④ 다시 기어 메이트를 클릭한다.

⑤ 기어3의 피치원과 기어2의 피치원을 차례로 클릭한다.

⑥ 확인을 클릭한다(그림 4-2-11).

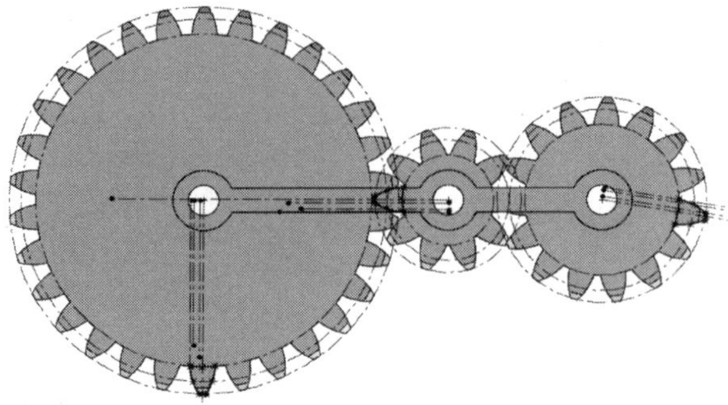

그림 4-2-11 기어 메이트 결과

7) 링크2 조립

① 링크2 파트모델을 불러온다.

② 링크2의 구멍 면과 링크1의 구멍 면에 대해 동심 메이트 한다.

③ 링크2의 형상 밑면과 링크1의 형상 윗면에 대해 일치 메이트 한다.

④ 확인을 클릭한다(그림 4-2-12).

그림 4-2-12 링크2의 조립 모습

8) 핀 및 포인터 조립

① 3개의 핀 및 포인터 파트모델을 불러온다.

② 3개의 핀의 원통 면과 링크1의 3개의 구멍 면에 대해 동심 메이트 한다.

③ 3개의 핀의 형상 윗면과 링크1의 형상 윗면에 대해 일치 메이트 한다.

④ 포인터의 원통 면과 링크2의 구멍 면에 대해 동심 메이트 한다.

⑤ 포인터의 형상 밑면과 링크2의 형상 밑면을 일치 메이트 한다.

⑥ 확인을 클릭한다(그림 4-2-13).

그림 4-2-13 핀 및 포인터의 조립 모습

(2) 기구 저장하기

① 풀다운 메뉴에서 저장 도구(💾)에서 "다른 이름으로 저장하기"를 클릭한다.

② 저장할 디렉토리를 정하고 파일이름을 "외접 기어 트레인 직선 왕복 운동 기구"로 한다.

③ 저장 버튼을 클릭한다.

2.2.3 기구 모션 시뮬레이션

(1) 모션 조건 설정

1) 모터 설정

① 기구의 구동을 보이기 위해 모델 탭 옆의 모션 스터디 탭을 클릭한다.

② 모션 해석을 선택한다.

③ 모터 유형을 원형 모터로 선택한다.

④ 부품/방향에서 모터 위치는 원형 구동을 위해 2개의 모터를 설정해야 하는데 하나는 그림 4-2-14 (a)와 같이 모터 위치는 링크1를 선택하고 또 다른 하나는 그림 4-2-14 (b)와 같이 링크2에 모터를 설정하며 방향은 그림과 같이 설정한다.

(a) 모터1

(b) 모터2

그림 4-2-14 모터 위치와 모터 방향 설정 모습

2) 모션 설정

① 모션은 모터 속성 창의 모션 설정에서 "진동"을 선택한다.

② 모터1 및 모터2 모두 진동은 0.2Hz에 90° 구동하도록 설정한다.

③ 확인을 클릭한다.

3) 모션 스터디 계산하기

① 모션 스터디 계산하기 아이콘을 클릭하여 설정된 모터의 구동 조건을 계산한다.

② 계산과 동시에 기구의 구동을 확인한다.

(2) 시뮬레이션 결과

1) 입력 결과

① "결과와 플롯" 버튼을 클릭하여 그래프의 속성을 입력한다.

② 유형 선택은 "변위/속도/가속도", 보조 유형 선택은 "궤적"으로 한다.

③ 그래프 작성 지점은 포인터의 끝 부분으로 한다.

2) 링크 길이 변화에 따른 출력 결과

① "결과와 플롯" 버튼을 클릭하여 그래프의 속성을 입력한다.

② 링크2의 운동 결과는 그림 4-2-15와 같다.

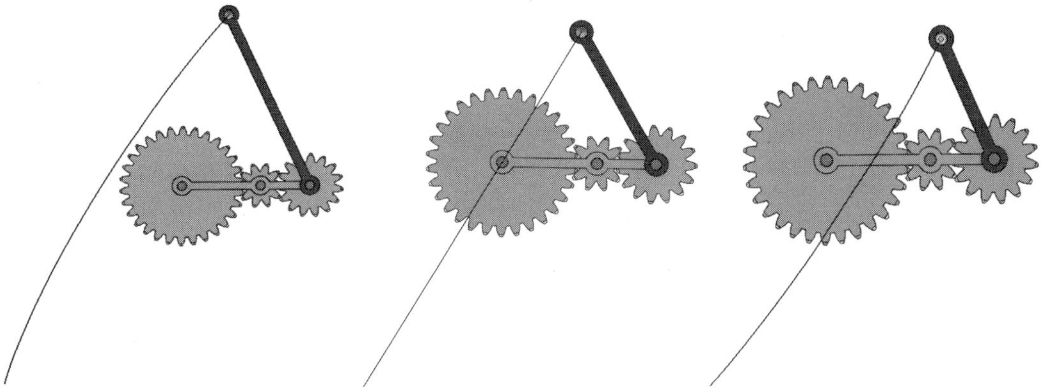

(a) 링크1<링크2 (b) 링크1=링크2 (c) 링크1>링크2

그림 4-2-15 연결 링크(링크1)의 길이 변화에 따른 링크2의 운동 결과

3) 링크 길이 변화에 따른 기구 설계 평가

링크2의 길이가 링크1에 비해 긴 경우는 링크1의 90° 진동 구동에 따라 기구 포인터의 궤적이 그림 4-2-15 (a)와 같으며 링크2의 길이가 링크1와 같은 경우는 링크1의 90° 진동 구동에 따라 기구 포인터의 궤적이 그림 4-2-15 (b)와 같으며 링크2의 길이가 링크1에 비해 짧은 경우는 링크1의 90° 진동 구동에 따라 기구 포인터의 궤적이 그림 4-2-15 (c)와 같다. 따라서 링크1의 90° 진동 구동에 따라 기구 포인터의 궤적이 직선 왕복 운동을 하는 것은 링크2의 길이가 링크1과 같은 경우만인 것을 알 수 있으며 포인터가 회전 중심을 지나도록 설계되어야 한다.

4) 종동 기어 잇수 변화에 따른 출력 결과

① “결과와 플롯” 버튼을 클릭하여 그래프의 속성을 입력한다.

② 링크2의 운동 결과는 그림 4-2-16과 같다.

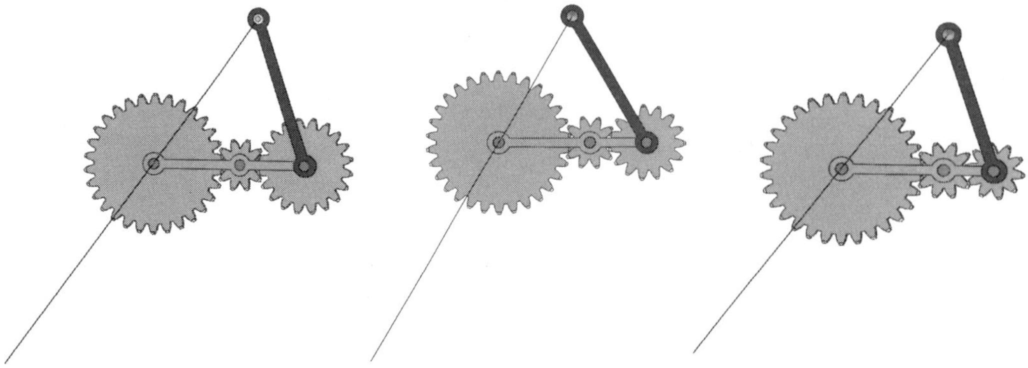

(a) 종동 기어 잇수 20 (b) 종동 기어 잇수 15 (c) 종동 기어 잇수 10

그림 4-2-16 종동 기어 잇수 변화에 따른 링크2의 운동 결과

5) 잇수 변화에 따른 기구 설계 평가

종동 링크의 길이는 기어 트레인의 링크 길이에 따라 변하며 종동 기어의 잇수가 구동 기어 잇수의 2/3인 경우는 링크1의 90° 진동 구동에 따라 기구 포인터의 궤적이 그림 4-2-16 (a)와 같으며 종동 기어의 잇수가 구동 기어 잇수의 1/2인 경우는 링크1의 90° 진동 구동에 따라 기구 포인터의 궤적이 그림 4-2-16 (b)와 같으며 종동 기어의 잇수가 구동 기어 잇수의 1/3인 경우는 링크1의 90° 진동 구동에 따라 기구 포인터의 궤적이 그림 4-2-16 (c)와 같다. 그림에서 알 수 있듯이 모두가 직선 왕복운동을 하고 있으나 (a)와 (c)는 근사 직선운동을 하며 (b)만이 정확 직선 운동을 한다. 따라서 종동 기어 잇수가 구동 기어 잇수의 1/2이 되어야 한다.

6) 포인터의 선형 변위 평가

구동 기어 잇수 30 및 종동 기어 잇수 15인 평행 운동 기구의 포인터 선형 변위는 그림 4-2-17과 같다. 이것을 엑셀 파일의 데이터로부터 분석한 결과, 포인터의 최대 변위는 158 ㎜인 것으로 나타났다.

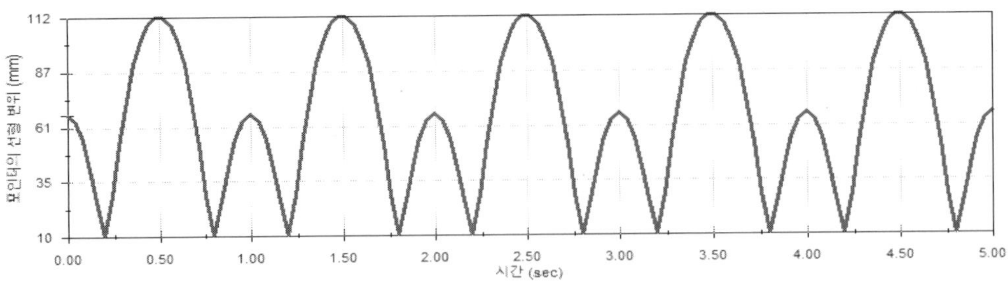

그림 4-2-17 포인터의 선형 변위 결과

(3) 동영상 제작

① 저장 아이콘을 클릭한다.

② 동영상 설정 창이 나타난다.

③ 파일 이름을 "외접 기어트레인에 의한 평행운동 기구 동영상"으로 한다.

④ 비디오 압축 창이 나타나고 프레임 정보에서 초당 프레임을 25로 하고 저장을 누른다.

⑤ 압축 프로그램의 창이 나타나면 "전체 프레임(압축 안함)"을 선택하고 확인을 클릭한다.

⑥ 기구가 동작하면서 동영상으로 저장된다.

2.3 내접 기어 장치에 의한 평행 운동 기구 설계

2.3.1 부품 준비

(1) 부품 사양 결정

1) 설계 제한 조건

① 내접 기어(링 기어)와 평 기어로 구성한다.

② 평 기어의 피치원 상에 점이 평행 운동한다.

③ 링 기어의 잇수는 평 기어의 잇수보다 2배이다.

④ 회전 암의 길이는 링기어 잇수에서 평기어의 잇수를 뺀 길이로 한다.

2) 사양 결정

① 링 기어의 잇수는 82이다.

② 평 기어의 잇수는 설계 제한 조건에 따라 41이다.

③ 회전 암의 길이는 설계 제한 조건에 따라 41㎜이다.

(2) 부품 형상모델링

1) 링 기어

링 기어는 내접 기어 장치에 의한 평행 기구에서 고정되는 부품으로 기어 잇수를 82로 했다. 그림 4-2-18 (a)는 링 기어 외관을 나타내며 그림 4-2-18 (b)는 형상 치수를 나타낸다.

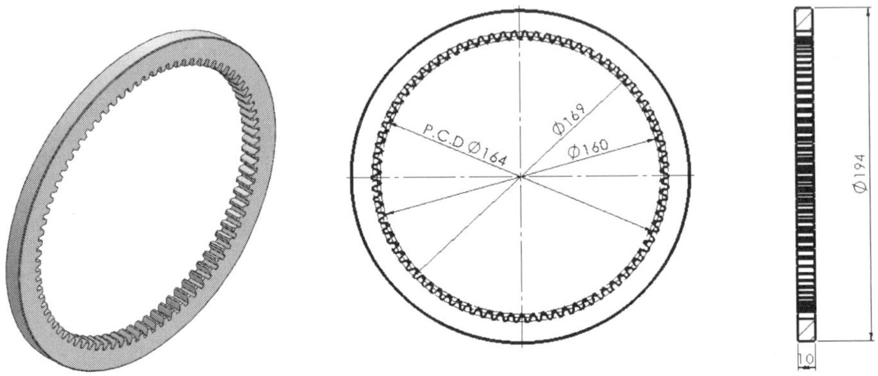

(a) 외관 (b) 형상 치수

그림 4-2-18 링 기어 형상 정보

2) 평 기어

평 기어는 링 기어의 잇수에 비해 절반의 잇수를 가지는 스퍼 기어이다. 그림 4-2-19 (a)는 평 기어 외관을 나타내며 그림 4-2-19 (b)는 형상 치수를 나타낸다.

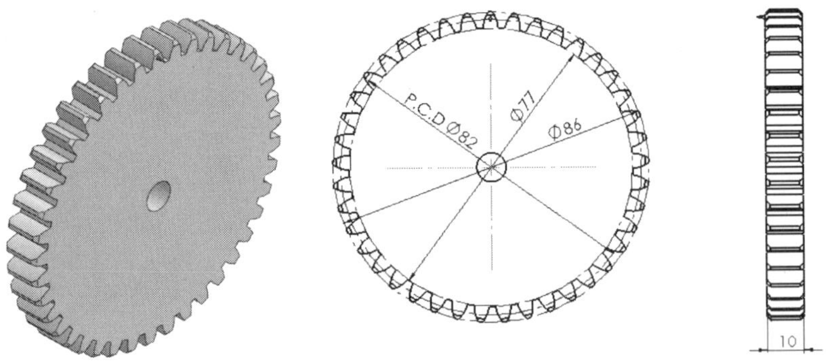

(a) 외관 (b) 형상 치수

그림 4-2-19 평 기어 형상 정보

3) 암

암은 평 기어를 회전시키는 역할을 한다. 그림 4-2-20 (a)는 암 외관을 나타내며 그림 4-2-20 (b)는 형상 치수를 나타낸다.

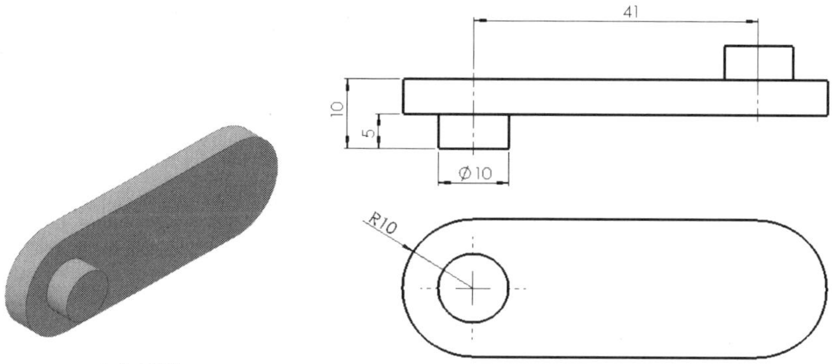

(a) 외관

(b) 형상 치수

그림 4-2-20 암 형상 정보

2.3.2 기구 구성

(1) 부품 조립

1) 링 기어

① 링 기어 파트모델을 불러온다.

② 링 기어에 커서를 데고 마우스 오른쪽 버튼을 누르고 “자유롭게 움직이기”를 클릭한다.

③ 링 기어의 정면과 어셈블리 정면에 대해 일치 메이트 한다.

④ 링 기어의 기준축1(중심축)과 어셈블리 기준축1(어셈블리 윗면과 어셈블리 우측면의 교차)에 대해 일치 메이트 한다.

⑤ 확인을 클릭한다.

2) 암 조립

① 암 파트모델을 불러온다.

② 암의 맨 오른쪽 볼록 원통 면의 기준축1(중심축)과 어셈블리 기준축1(어셈블리 윗면과 어셈블리 우측면의 교차)에 대해 일치 메이트 한다.

③ 암의 형상 밑면과 링 기어의 형상 밑면에 대해 일치 메이트 한다.

④ 확인을 클릭한다(그림 4-2-21).

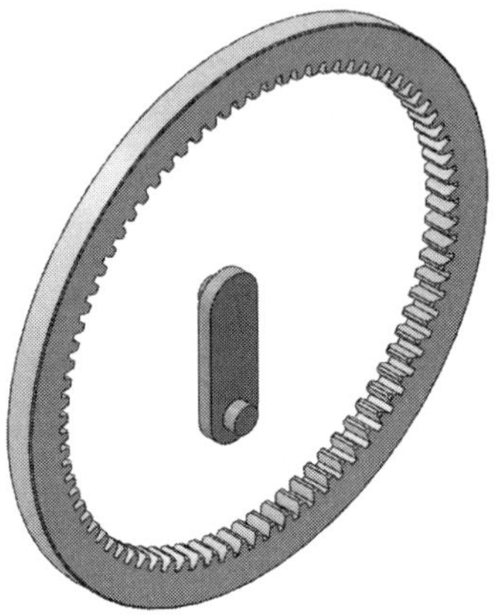

그림 4-2-21 암의 조립 모습

3) 평 기어 조립

① 평 기어 파트모델을 불러온다.

② 평 기어의 구멍 면과 암의 왼쪽 볼록 원통 면에 대해 동심 메이트 한다.

③ 평 기어의 형상 밑면과 암의 형상 윗면에 대해 일치 메이트 한다.

④ 확인을 클릭한다(그림 4-2-22).

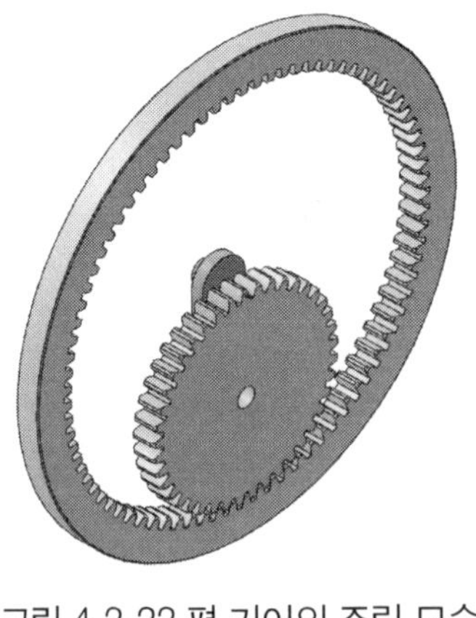

그림 4-2-22 평 기어의 조립 모습

4) 운동 초기 위치 설정

① 어셈블리 정면과 암의 윗면이 일치하도록 메이트 한다.

② 옵션에서 "위치 배치에만"을 체크한다.

③ 링 기어의 정면과 평기어의 정면이 일치하도록 메이트 한다.

④ 옵션에서 "위치 배치에만"을 체크한다.

⑤ 확인을 클릭한다(그림 4-2-23).

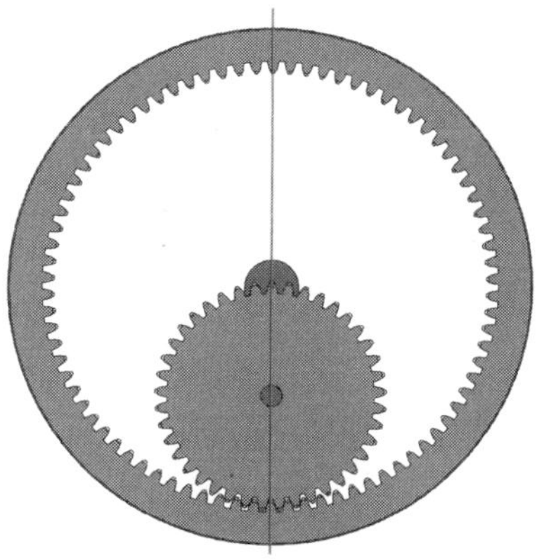

그림 4-2-23 운동 초기 위치 모습

5) 기어 메이트

① 기계 메이트의 기어 메이트를 클릭한다.

② 피치원이 보이도록 스케치 활성화 한다.

③ 링 기어의 피치원과 평 기어의 피치원을 차례로 클릭한다.

④ 확인을 클릭한다(그림 4-2-24).

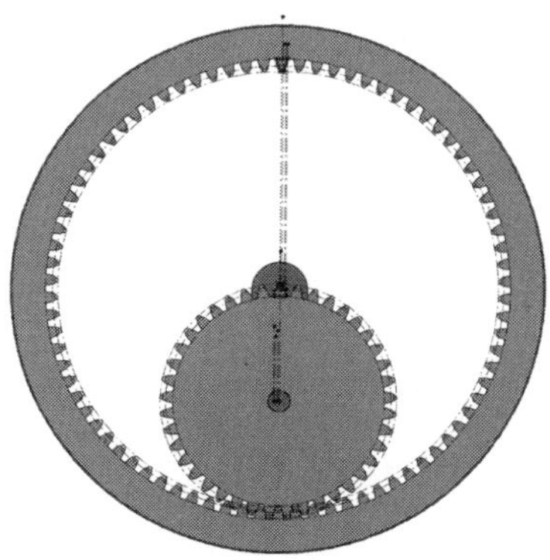

그림 4-2-24 기어 메이트 결과

(2) 기구 저장하기

① 풀다운 메뉴에서 저장 도구(💾)에서 “다른 이름으로 저장하기”를 클릭한다.

② 저장할 디렉토리를 정하고 파일이름을 “내접 기어 직선 왕복 운동 기구”로 한다.

③ 저장 버튼을 클릭한다.

2.3.3 기구 모션 시뮬레이션

(1) 모션 조건 설정

1) 모터 설정

① 기구의 구동을 보이기 위해 모델 탭 옆의 모션 스터디 탭을 클릭한다.

② 모션 해석을 선택한다.

③ 모터 유형을 원형 모터로 선택한다.

④ 부품/방향에서 모터 위치는 암 구동을 위해 그림 4-2-25와 같이 모터 위치는 암을 선택하며 방향은 그림과 같이 설정한다.

그림 4-2-25 모터 위치와 모터 방향 설정 모습

2) 모션 설정

① 모션은 모터 속성 창의 모션 설정에서 “거리”를 선택한다.

② 거리는 5초 동안에 360° 구동하도록 설정한다.

③ 확인을 클릭한다.

3) 모션 스터디 계산하기

① 모션 스터디 계산하기 아이콘을 클릭하여 설정된 모터의 구동 조건을 계산한다.

② 계산과 동시에 기구의 구동을 확인한다.

(2) 시뮬레이션 결과

1) 입력 결과

① "결과와 플롯" 버튼을 클릭하여 그래프의 속성을 입력한다.

② 유형 선택은 "변위/속도/가속도", 보조 유형 선택은 "궤적"으로 한다.

③ 그래프 작성 지점은 포인터의 끝 부분으로 한다.

2) 링크 길이 변화에 따른 출력 결과

① "결과와 플롯" 버튼을 클릭하여 그래프의 속성을 입력한다.

② 평 기어의 포인터 운동 결과는 그림 4-2-26과 같다.

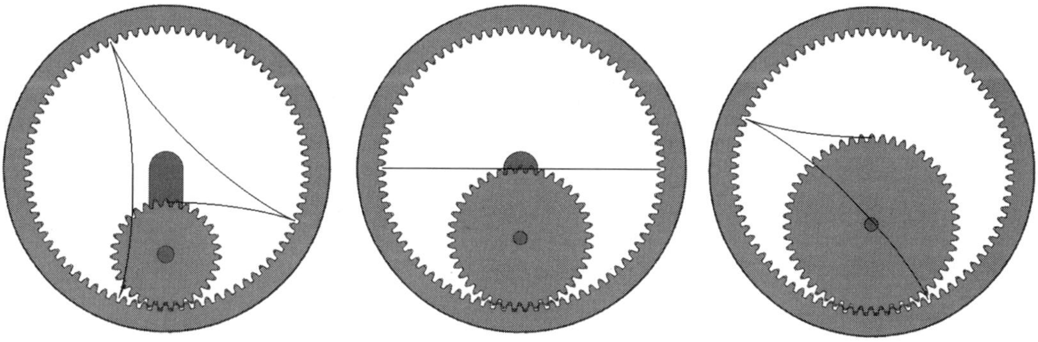

(a) 평 기어 잇수 31 (b) 평 기어 잇수 41 (c) 평 기어 잇수 51

그림 4-2-26 평 기어 잇수 변화에 따른 포인터의 운동 결과

3) 평 기어 잇수 변화에 따른 기구 설계 평가

평 기어 잇수가 링 기어 잇수의 1/2보다 작은 경우는 암의 360° 회전 구동에 따라 평 기어 포인터의 궤적이 그림 4-2-26 (a)와 같으며 평 기어 잇수가 링 기어 잇수의 1/2과 같은 경우는 암의 360° 회전 구동에 따라 평 기어 포인터의 궤적이 그림 4-2-26 (b)와 같으며 평 기어 잇수가 링 기어 잇수의 1/2보다 큰 경우는 암의 360° 회전 구동에 따라 평 기어 포인터의 궤적이 그림 4-2-26 (c)와 같다. 따라서 암의 360° 회전 구동에 따라 평 기어 포인터의 궤적

이 직선 왕복 운동을 하는 것은 링 기어 잇수의 1/2과 같은 경우에만 적용되는 것을 알 수 있으며 포인터가 암의 회전 중심을 지나도록 설계되어야 한다.

(3) 동영상 제작

① 저장 아이콘을 클릭한다.

② 동영상 설정 창이 나타난다.

③ 파일 이름을 "내접 기어 장치에 의한 평행운동 기구 동영상"으로 한다.

④ 비디오 압축 창이 나타나고 프레임 정보에서 초당 프레임을 25로 하고 저장을 누른다.

⑤ 압축 프로그램의 창이 나타나면 "전체 프레임(압축 안함)"을 선택하고 확인을 클릭한다.

⑥ 기구가 동작하면서 동영상으로 저장된다.

2.4 자율평가 문제

이 자율 평가의 목적은 앞에서 익힌 내용을 다 이해하고 조건 변경 사항에 대해 자기 주도적으로 문제를 해결하고 숙지 정도를 확인하기 위함이다. 본인의 부족한 점에 대해 파악하는 태도를 기르고 부족하다면 다른 사람의 도움을 받거나 본인 스스로 앞의 내용을 더욱 자세히 학습하는 자기주도 학습에 목적이 있다.

그림 4-2-1과 같은 기어 트레인에 의한 평행 운동 기구에 대해 변경된 설계 조건이 주어졌다고 하자. 이 변경된 설계 조건에 따라 다음 문제를 해결하시오.

변경 설계 조건

- 구동 기어의 잇수는 40으로 한다.
- 링크의 길이는 160㎜이다.

문제 1

기어 트레인에 의한 평행 운동 기구를 모델링하시오.

문제 2

기어 트레인에 의한 평행 운동 기구의 모션 시뮬레이션을 하고 포인터의 궤적과 선형 변위 및 이동 거리를 나타내시오.

문제 3

기어 트레인에 의한 평행 운동 기구의 모션 동영상을 작성하시오.

위의 문제에 대해 부록의 답안과 비교하여 일치한 답을 했다면 앞의 내용을 완전히 이해했다고 판단되지만 틀린 부분이 있다면 그 원인을 반드시 찾도록 하는 것이 좋을 것입니다. 본인의 답이 맞다고 생각하면 일치하지 않아도 좋지만 그 이유를 반드시 적어보고 확실한지 다시 한 번 확인하기 바랍니다.

자율 평가 결과 점검표

학습자 성명 :	평가 날짜 :
평가 제목 : 기어 트레인에 의한 평행 운동 기구 설계	

	성취 수준		
	하지 못했음	했지만 잘 모르겠음	완전히 하였음
• 설계 조건에 맞춰 기어 트레인에 의한 평행운동 기구를 구성하였다.			
• 기구 모션 해석 결과를 바탕으로 기구의 포인터 궤적을 나타내었다.			
• 기구 모션 해석 결과를 바탕으로 기구의 포인터 선형 변위를 플롯으로 나타내었다.			
• 기구 모션 해석 결과를 바탕으로 기구의 포인터 이동 거리를 고찰하였다.			
• 기구 시뮬레이션 결과 동영상을 만들었다.			

성취수준

위의 모든 항목에 대해 "완전히 하였음", 즉 완성도 100%로 답하여야 합니다. 만일 "하지 않았음" 또는 "했지만 잘 모르겠음"에 답을 했다면 앞에서 학습한 내용을 다시 한 번 확인하여 다시 수행하고 필요한 경우에는 교육자 또는 전문가와 상의하기 바랍니다.

제3장

제네바 기구

3.1 문제

생산 공장에서 그림 4-3-1과 같은 제네바 기구를 만들려고 하고 있다. 기구를 만들기에 앞서 사용자에게 제네바 기구를 이해시키기 위해 제네바 기구의 정확한 작동 및 기구 설계의 검증을 통해 용도에 따른 다양한 제네바 기구의 제작이 가능하다는 것을 입증해 달라는 주문이 들어왔다고 하자. 그렇다면 당신은 어떻게 해결할 것인가?

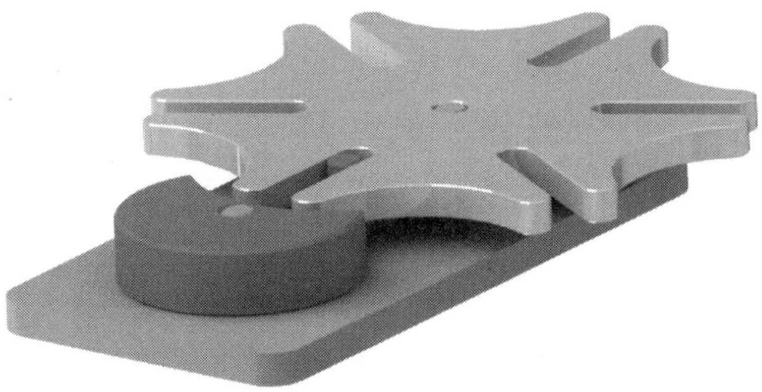

그림 4-3-1 6슬롯의 제네바 기구

3.2 부품 준비

3.2.1 이론적 고찰

(1) 제네바 기구 구조

특수 전동기구 가운데 제네바 기구가 자동화에서 많이 사용되고 있으므로 이에 대해 서술하기로 한다. 제네바 기구는 입력측에 고정된 핀(롤러)이 출력측의 슬롯 중심을 이동하므로써 간헐 운동을 주는 기구이다. 위치 결정이 정확하며 구조가 간단하지만 운동의 시점, 종점의 가속도가 크며 진동을 발생시키기 쉽다. 그림 4-3-2는 제네바 기구의 명칭을 나타낸다.

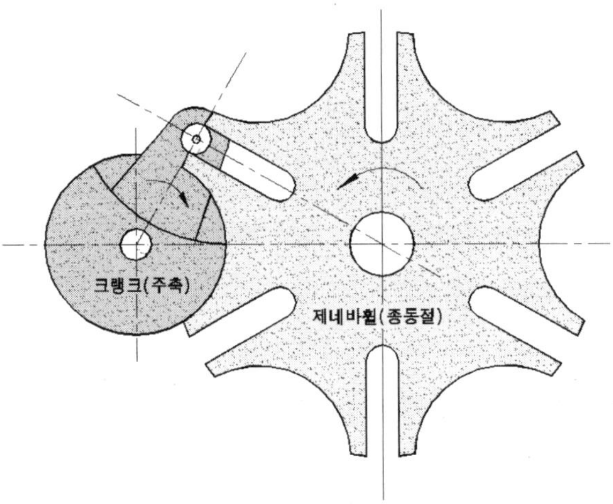

그림 4-3-2 제네바 기구 명칭

(2) 운동 메커니즘

그림 4-3-3은 제네바 기구의 운동 메커니즘을 나타낸 것이다.

n 개의 슬롯을 가진 제네바에 있어서 주동절(크랭크) 1회전에 의한 종동절(제네바 휠)의 출력(회전) Q_i 는

$$Q_i = \frac{2\pi}{n} \tag{4-3-1}$$

이다. 그림 4-3-3 (b)에서 종동절의 반경 r_i 는

$$r_i = d\cos\frac{Q_i}{2} \tag{4-3-2}$$

이고, 주동절의 반경 r_d 는

$$r_d = d\sin\frac{Q_i}{2} = d cos\frac{Q_d}{2} \tag{4-3-3}$$

이다. 따라서 주동절 대 종동절의 비는 다음과 같다.

$$\frac{r_i}{r_d} = \frac{\cos(Q_i/2)}{\sin(Q_i/2)} = \frac{\cos(Q_i/2)}{\cos(Q_d/2)} \tag{4-3-4}$$

로 표현된다. 여기서 Q_i, Q_d : 종동절과 주동절의 최초각이다.

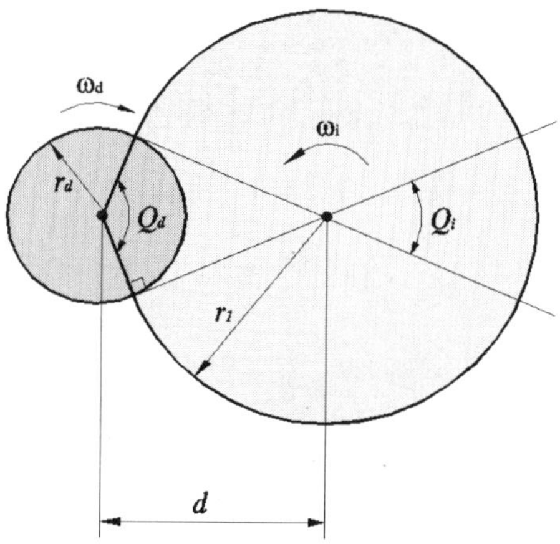

그림 4-3-3 제네바 기구의 운동 메커니즘

3.2.2 부품 사양 결정

(1) 설계 제한 조건

① 제네바 휠의 슬롯 수는 6으로 한다.

② 축간 거리(d)는 100mm이다.

(2) 사양 결정

① 6개의 슬롯을 가진 제네바에 있어서 주동절(크랭크) 1회전에 의한 종동절(제네바 휠)의 출력(회전) Q_i 는 식 (4-3-1)에 의해 (360°/6=60°)이다.

② 종동절(제네바 휠)의 반경 r_i 는 식 (4-3-2)에 의해 소수점 이하 절사하여 86mm로 한다.

③ 주동절(크랭크)의 반경 r_d 는 식 (4-3-3)에 의해 50mm이다.

④ 제네바 기구의 구성 요소는 그림 4-3-4와 같다.

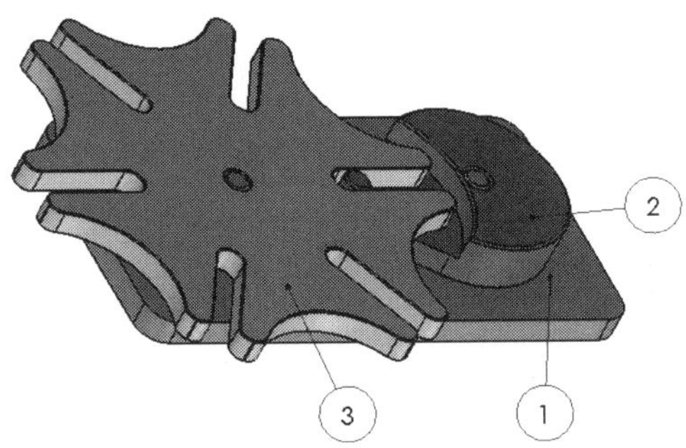

(a) 부품 번호

품번	품명	수량
1	geneva_base	1
2	geneva_crank	1
3	geneva_wheel	1

(b) 부품 명칭

그림 4-3-4 제네바 기구의 구성 요소

3.2.3 부품 형상모델링

(1) 베이스(① 부품)

베이스는 크랭크와 제네바 휠을 회전 지지하는 역할을 한다. 그림 4-3-5 (a)는 베이스 외관을 나타내며 그림 4-3-5 (b)는 형상 치수를 나타낸다.

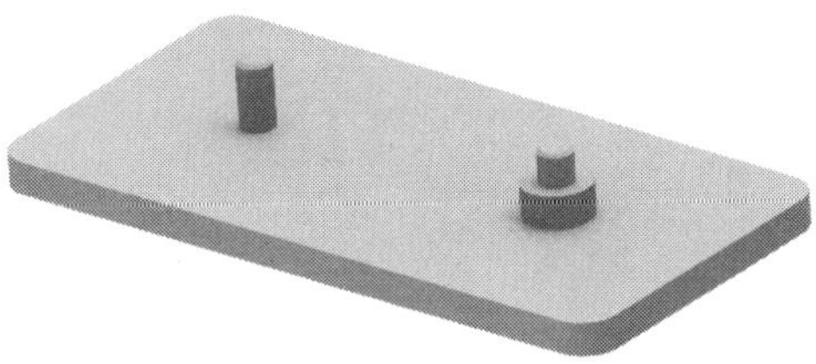

(a) 외관

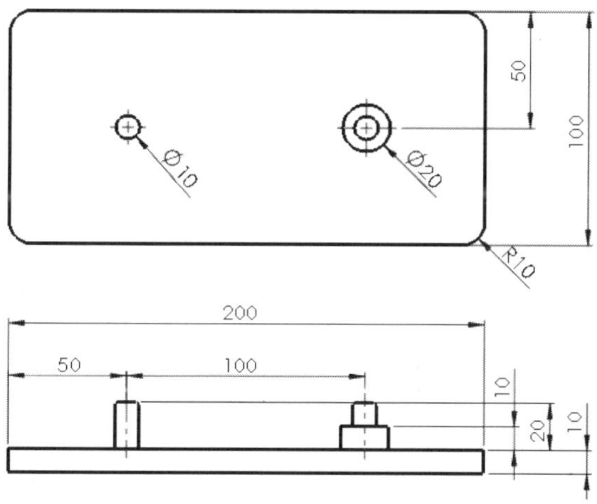

(b) 형상 치수

그림 4-3-5 베이스의 형상 정보

(2) 크랭크(② 부품)

크랭크는 제네바 휠을 회전시키는 역할을 한다. 그림 4-3-6 (a)는 크랭크 외관을 나타내며 그림 4-3-6 (b)는 형상 치수를 나타낸다.

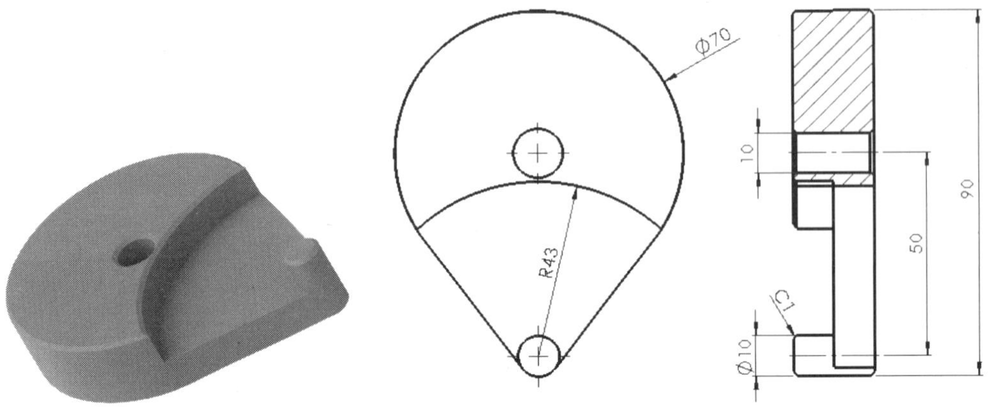

(a) 외관 (b) 형상 치수

그림 4-3-6 크랭크의 형상 정보

(3) 제네바 휠(③ 부품)

제네바 휠은 간헐 운동을 할 수 있게 하는 역할을 한다. 그림 4-3-7 (a)는 제네바 휠 외관을 나타내며 그림 4-3-7 (b)는 형상 치수를 나타낸다.

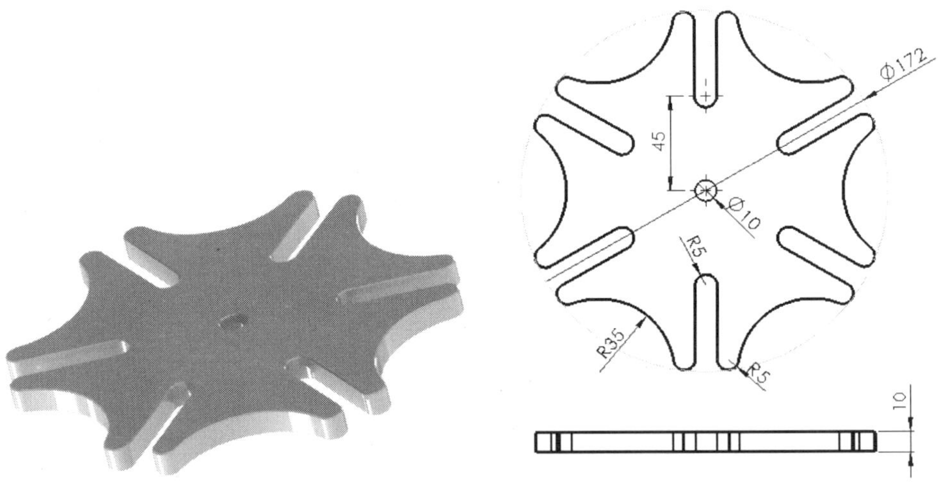

(a) 외관 (b) 형상 치수

그림 4-3-7 제네바 휠의 형상 정보

3.3 기구 구성

3.3.1 부품 조립

(1) 베이스의 조립

① 베이스(base) 파트모델을 불러온다.

② 베이스 모델에 커서를 데고 마우스 오른쪽 버튼을 누르고 “자유롭게 움직이기”를 클릭한다.

③ 베이스의 정면과 어셈블리 정면에 대해 일치 메이트 한다.

④ 베이스의 윗면과 어셈블리 윗면에 대해 일치 메이트 한다.

⑤ 베이스의 우측면과 어셈블리 우측면에 대해 일치 메이트 한다.

⑥ 확인을 클릭한다.

(2) 크랭크의 조립

① 크랭크를 불러온다.

② 크랭크의 구멍과 베이스의 원통이 동심이 되도록 동심 메이트 한다.

③ 크랭크의 부품 밑면과 베이스의 부품 윗면을 일치 메이트 한다.

④ 확인을 클릭한다(그림 4-3-8).

(3) 제네바 휠의 조립

① 제네바 휠을 불러온다.

② 제네바 휠의 구멍과 베이스의 원통이 동심이 되도록 동심 메이트 한다.

③ 제네바 휠의 부품 밑면과 베이스의 부품 볼록 윗면을 일치 메이트 한다.

④ 확인을 클릭한다(그림 4-3-9).

(4) 초기 위치 설정

① 원판을 숨기기 한다.

② 초기 상태를 위해 크랭크의 우축면과 제네바 휠의 우측면이 일치하도록 하고 “위치 배치에만”을 체크한다.

③ 다시 원판을 보기로 한다.

④ 확인을 클릭한다(그림 4-3-9).

그림 4-3-8 크랭크의 메이트 결과

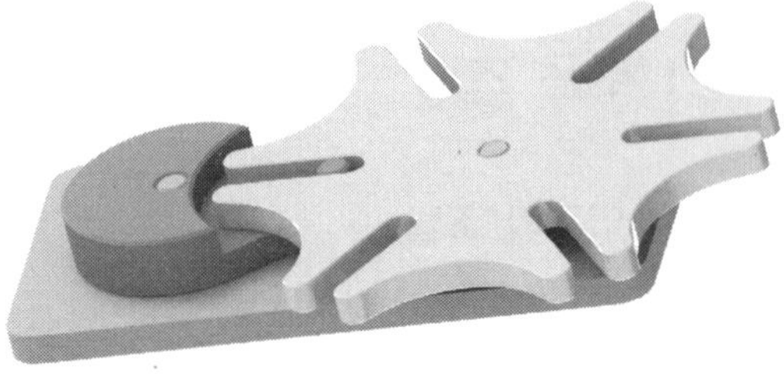

그림 4-3-9 제네바 휠의 메이트

3.3.2 기구 저장하기

① 풀다운 메뉴에서 저장 도구(💾)에서 "다른 이름으로 저장하기"를 클릭한다.

② 저장할 디렉토리를 정하고 파일이름을 "제네바 기구"로 한다.

③ 저장 버튼을 클릭한다.

3.4 기구 모션 시뮬레이션

3.4.1 모션 조건 설정

크랭크가 6회전 할 때 제네바가 6번 간헐 운동하는지 모터의 설정부터 기구의 운동까지 그 과정과 결과를 알아보기로 한다.

(1) 모터 설정

① 제네바 기구의 구동을 보이기 위해 모델 탭 옆의 모션 스터디 탭을 클릭한다.

② 모션 해석을 선택한다.

③ 모터 유형을 원형 모터로 선택한다.

④ 부품/방향에서 모터 위치는 원형 구동을 위해 그림 4-3-10과 같이 크랭크의 부품 윗면을 클릭 한다.

⑤ 확인을 클릭한다.

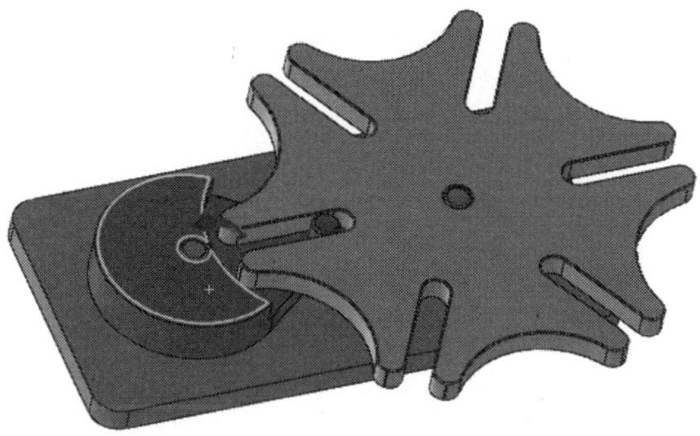

그림 4-3-10 모터 위치와 모터 방향 설정 모습

(2) 모션 설정

① 모션은 모터 속성 창의 모션 설정에서 "방정식"을 선택한다.

② 방정식 편집에서 크랭크가 10초에 6회전 구동하도록 설정한다. 즉, 36*6*ABS(time)으로 설정한다.

③ 확인을 클릭한다.

(3) 모션 스터디 계산하기

① 모션 해석 탭으로 설정한다.

② 접촉 탭을 클릭하여 "솔리드 바디 접촉"으로 하고 크랭크와 제네바 휠을 차례로 클릭하여 설정한다.

③ 모션 스터디 계산하기 아이콘을 클릭하여 설정된 모터의 구동 조건을 계산한다.

④ 계산과 동시에 제네바의 구동을 확인한다.

3.4.2 시뮬레이션 결과

① "결과와 플롯" 버튼을 클릭하여 그래프의 속성을 입력한다.

② 구동에 대한 제네바 휠의 모션 해석 결과는 그림 4-3-11과 같다.

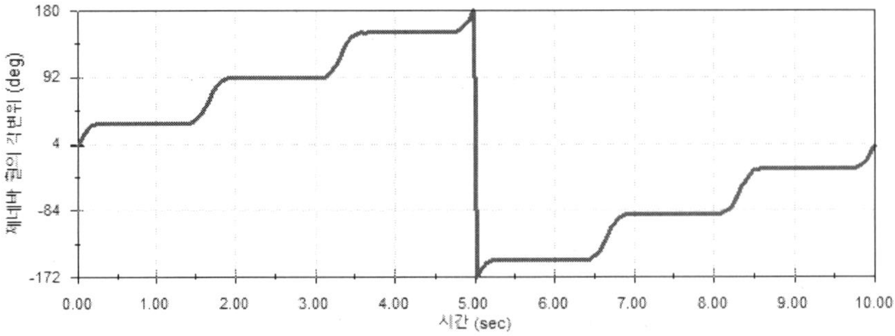

그림 4-3-11 제네바 휠의 시간에 따른 각 변위 그래프 결과 모습

3.4.3 결과 고찰

이 그래프를 통해 크랭크의 6*360° 회전에 대해 그림 4-3-11의 제네바 휠이 60°마다 정지하고 있는 것을 알 수 있다. 따라서 크랭크의 회전 구동에 의해 6슬롯의 제네바 기구는 6번의 간헐 운동, 즉 6번 회전 운동하고 6번 정지하고 있는 것을 알 수 있으므로 설계는 올바르다고 판단할 수 있다.

3.4.4 동영상 저장하기

① 저장 아이콘을 클릭한다.

② 동영상 설정 창이 나타난다.

③ 파일 이름을 "제네바 기구 동영상"으로 한다.

④ 비디오 압축 창이 나타나고 프레임 정보에서 초당 프레임을 25로 하고 저장을 누른다.

⑤ 압축 프로그램의 창이 나타나면 "전체 프레임(압축 안함)"을 선택하고 확인을 클릭한다.

⑥ 기구가 동작하면서 동영상으로 저장된다.

3.5 자율평가 문제

이 자율 평가의 목적은 앞에서 익힌 내용을 다 이해하고 조건 변경 사항에 대해 자기 주도적으로 문제를 해결하고 숙지 정도를 확인하기 위함이다. 본인의 부족한 점에 대해 파악하는 태도를 기르고 부족하다면 다른 사람의 도움을 받거나 본인 스스로 앞의 내용을 더욱 자세히 학습하는 자기주도 학습에 목적이 있다.

그림 4-3-1과 같은 6슬롯의 제네바 기구에 대해 변경된 설계 조건이 주어졌다고 하자. 이 변경된 설계 조건에 따라 다음 문제를 해결하시오.

변경 설계 조건

- 제네바 휠의 슬롯 수는 4로 한다.
- 축간 거리(d)는 100㎜이다.

문제 1

변경된 제네바 기구를 구성하고 초기 위치의 조립 형상모델을 나타내시오.

문제 2

변경된 제네바 기구를 모션 해석하고 시간에 따른 제네바 휠의 각 변위 플롯으로 나타내시오.

문제 3

제네바 기구의 시뮬레이션 결과 동영상을 작성하시오.

위의 문제에 대해 부록의 답안과 비교하여 일치한 답을 했다면 앞의 내용을 완전히 이해했다고 판단되지만 틀린 부분이 있다면 그 원인을 반드시 찾도록 하는 것이 좋을 것입니다. 본인의 답이 맞다고 생각하면 일치하지 않아도 좋지만 그 이유를 반드시 적어보고 확실한지 다시 한 번 확인하기 바랍니다.

자율 평가 결과 점검표

학습자 성명 :	평가 날짜 :
평가 제목 : 제네바 기구 설계	

	성취 수준		
	하지 못했음	했지만 잘 모르겠음	완전히 하였음
• 변경 설계 조건에 맞춰 제네바 기구를 구성하였다.			
• 기구 모션 해석 결과를 바탕으로 구동 크랭크의 시간에 따른 각 변위를 플롯으로 나타내었다.			
• 기구 모션 해석 결과를 바탕으로 제네바 휠의 시간에 따른 각 변위를 플롯으로 나타내었다.			
• 기구 모션 해석 결과를 바탕으로 기구 설계의 타당성을 고찰하였다.			
• 기구 시뮬레이션 결과 동영상을 만들었다.			

성취수준

위의 모든 항목에 대해 "완전히 하였음", 즉 완성도 100%로 답하여야 합니다. 만일 "하지 않았음" 또는 "했지만 잘 모르겠음"에 답을 했다면 앞에서 학습한 내용을 다시 한 번 확인하여 다시 수행하고 필요한 경우에는 교육자 또는 전문가와 상의하기 바랍니다.

제4장

조인트 기구

4.1 유니버셜 조인트 기구

4.1.1 문제

일정 각도를 유지하면서 회전 운동을 시키고자 할 때 설계할 수 있는 대표적인 기구는 유니버설 조인트 기구이다.

생산 공장에서 그림 4-4-1과 같은 후크 이음의 유니버셜 조인트 기구를 만들려고 하고 있다. 기구를 만들기에 앞서 사용자에게 유니버설 조인트 기구를 이해시키기 위해 유니버설 조인트 기구의 교차 각도에 따른 작동과 각각의 교차 각도에 따른 비교 검토를 해 달라는 주문이 들어왔다고 하자. 그렇다면 당신은 어떻게 해결할 것인가?

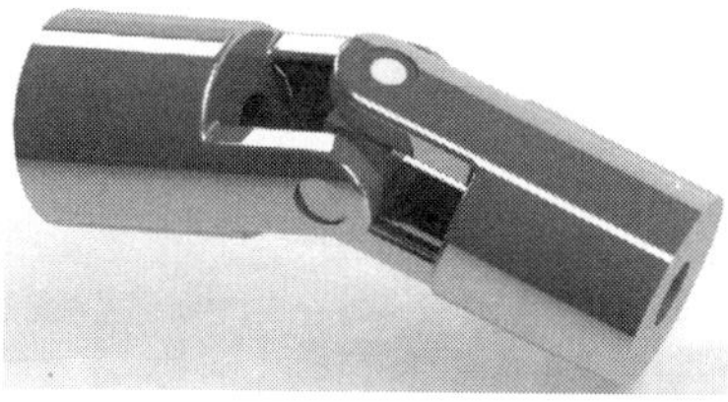

그림 4-4-1 유니버셜 조인트

4.1.2 부품 준비

(1) 부품 사양 결정

1) 설계 제한 조건

① 두 축의 교차 각도는 3가지 20°, 25°, 30°로 한다.

② 입력측의 각속도는 108deg/s로 한다.

2) 사양 결정

① 구동부와 종동부는 같은 구조로 원통 부분의 지름은 ∅30㎜이다.

② 조인트와 구동부 및 종동부의 결합 부분은 십자형의 원통형 프레임이며 구동부와 종동부의 원통 부분에서 튀어 나오지 않게 전체 길이는 28㎜이다.

(2) 부품 형상모델링

1) 구동부 및 종동부

구동부와 종동부는 같다고 하면 이것의 외관은 그림 4-4-2 (a)와 같으며 형상치수는 그림 4-4-2 (b)와 같다.

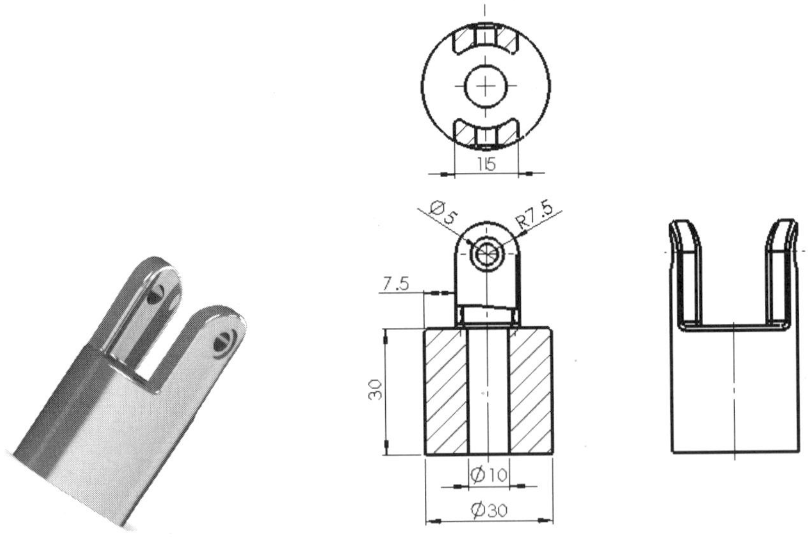

(a) 외관 (b) 형상 치수

그림 4-4-2 구동 풀리의 형상 정보

2) 조인트

조인트의 외관은 그림 4-4-3 (a)와 같으며 형상치수는 그림 4-4-3 (b)와 같다.

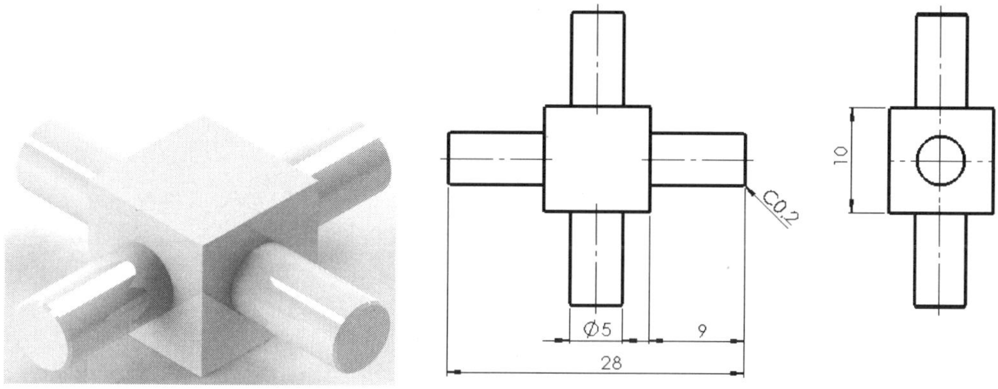

(a) 외관 (b) 형상 치수

그림 4-4-3 조인트의 형상 정보

4.1.3 기구 구성

(1) 조립 전 준비

① 구동부를 조립하기 위해 정면과 윗면이 교차하는 기준축1을 생성한다.

② 종동부를 교차각으로 조립하기 위해 우측면으로부터 47.5㎜ 떨어지도록 기준면(PLANE1)을 생성한다.

③ PLANE1을 회전 시켜 새로운 기준면을 생성하기 위해 기준축2를 생성한다.

④ PLANE1을 교차각 만큼 회전시켜 새로운 기준면(PLANE2)를 생성한다.

⑤ PLANE2와 윗면이 교차하는 기준축3을 생성한다.

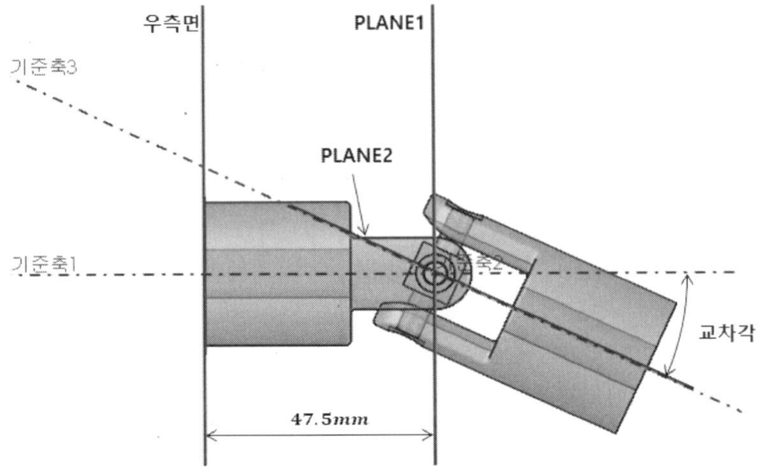

그림 4-4-4 조립을 위한 기준면과 기준축 생성

(2) 부품 조립

1) 구동부 조립

① 구동부 파트모델을 불러온다.

② 구동부의 기준축1과 어셈블리 기준축1에 대해 일치 메이트 한다.

③ 구동부의 우측면과 어셈블리 우측면에 대해 일치 메이트 한다.

④ 확인을 클릭한다(그림 4-4-5).

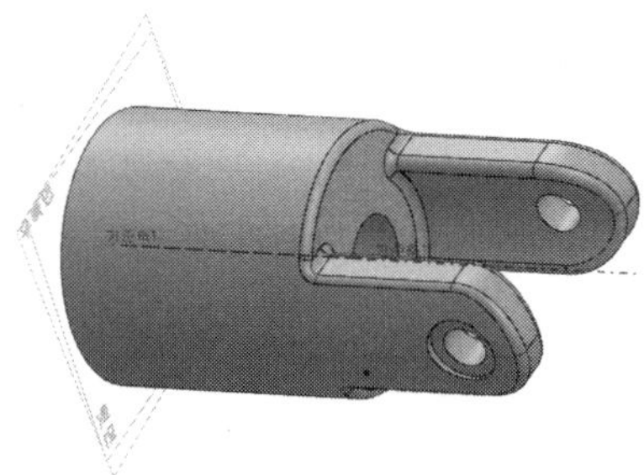

그림 4-4-5 구동부의 조립

2) 조인트 조립

① 조인트 파트모델을 불러온다.

② 조인트의 원통 부분과 구동부의 원통 구멍 부분에 대해 동심 메이트 한다.

③ 구동부의 구멍 바깥 부분의 평면 부분과 조인트의 원통 끝 부분이 일치하도록 일치 메이트 한다.

④ 확인을 클릭한다(그림 4-4-6).

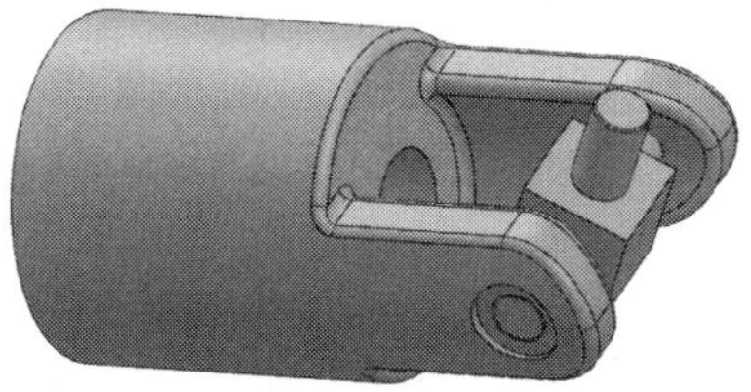

그림 4-4-6 구동부와 조인트의 조립 결과

3) 종동부 조립

① 종동부 파트모델을 불러온다.

② 종동부의 내부 원통면과 기준축3에 대해 동심 메이트 한다.

③ 조인트의 원통 부분과 종동부의 원통 구멍 부분에 대해 동심 메이트 한다.

④ 종동부의 윗면 부분과 조인트의 원통 끝 부분이 일치하도록 일치 메이트 한다.

⑤ 확인을 클릭한다(그림 4-4-7).

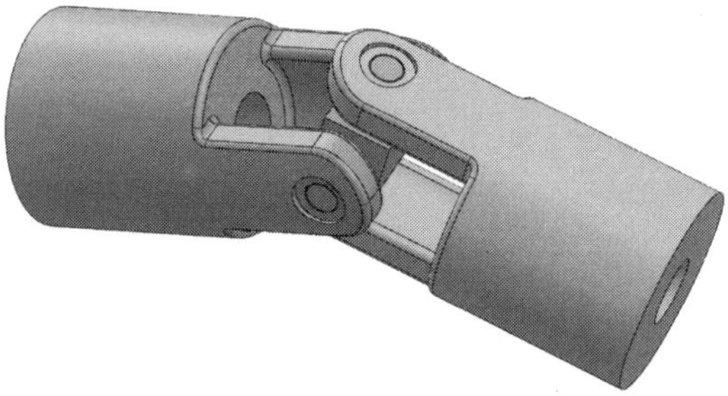

그림 4-4-7 종동부의 조립 결과

4) 회전에 따른 구동부의 추종 각도 한계 설정

① 고급 메이트를 클릭한다.

② 각도 메이크를 클릭하고 구동부의 정면과 조인트의 정면을 선택한다.

③ 최대값(50°)과 최소값(-50°)을 넣는다.

④ 확인을 클릭한다(그림 4-4-8).

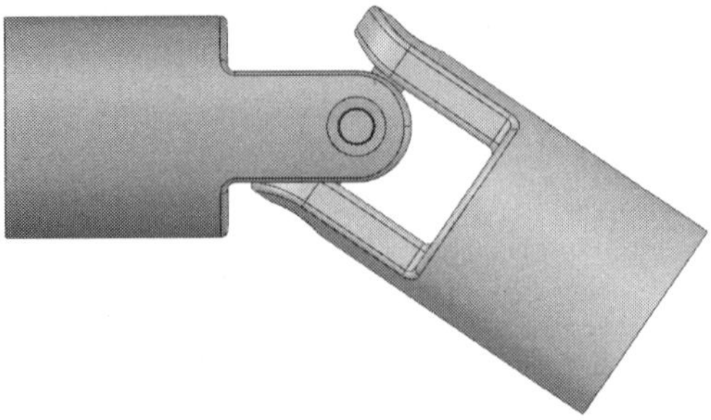

그림 4-4-8 추종 각도 설정과 초기 상태

(3) 기구 저장하기

① 풀다운 메뉴에서 저장 도구(💾)에서 "다른 이름으로 저장하기"를 클릭한다.

② 저장할 디렉토리를 정하고 파일이름을 "유니버셜 조인트 기구"로 한다.

③ 저장 버튼을 클릭한다.

4.1.4 기구 모션 시뮬레이션

(1) 모션 조건 설정

1) 모터 설정

① 유니버설 조인트의 구동을 보이기 위해 모델 탭 옆의 모션 스터디 탭을 클릭한다.

② 모션 해석을 선택한다.

③ 모터 유형을 원형 모터로 선택한다.

④ 부품/방향에서 모터 위치는 원형 구동을 위해 그림 4-4-9와 같이 모터 위치는 구동부를 선택한다.

⑤ 확인을 클릭한다.

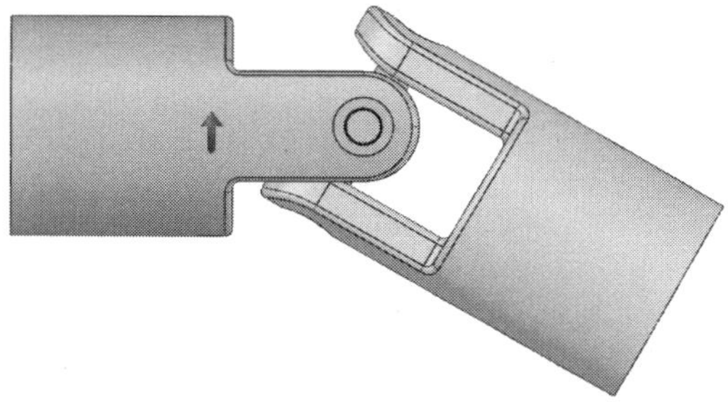

그림 4-4-9 모터 위치와 모터 방향 설정 모습

2) 모션 설정

① 모션은 모터 속성 창의 모션 설정에서 "거리"를 선택한다.

② 구동부가 5초에 1회전 구동하도록 설정한다. 즉, 360°로 설정한다.

③ 확인을 클릭한다.

3) 모션 스터디 계산하기

① 모션 스터디 계산하기 아이콘을 클릭하여 설정된 모터의 구동 조건을 계산한다.

② 계산과 동시에 유니버설 조인트의 구동을 확인한다.

(2) 시뮬레이션 결과

1) 교차각 30° 의 해석 결과

① "결과와 플롯" 버튼을 클릭하여 그래프의 속성을 입력한다.

② 구동부에 대한 종동부의 모션 해석 결과는 그림 4-4-10과 같다.

2) 교차각 25° 의 해석 결과

① "결과와 플롯" 버튼을 클릭하여 그래프의 속성을 입력한다.

② 구동부에 대한 종동부의 모션 해석 결과는 그림 4-4-11과 같다.

3) 교차각 20° 의 해석 결과

① "결과와 플롯" 버튼을 클릭하여 그래프의 속성을 입력한다.

② 구동부에 대한 종동부의 모션 해석 결과는 그림 4-4-12와 같다.

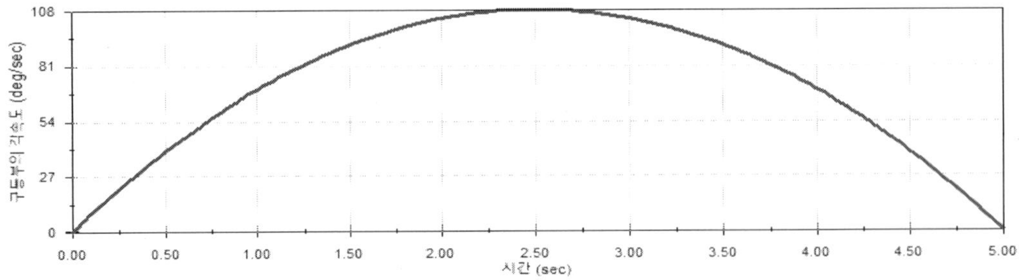

(a) 구동부의 각 속도 결과 그래프

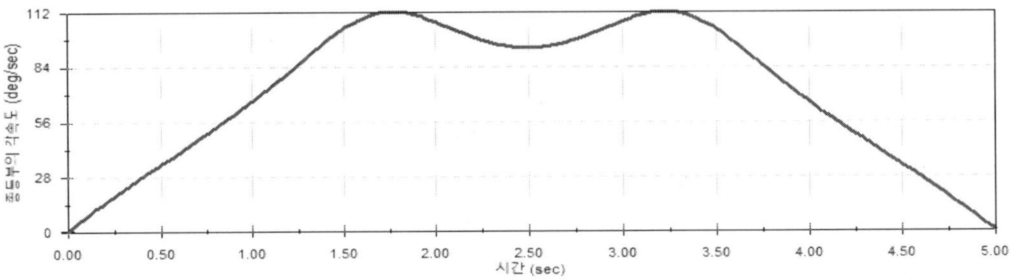

(b) 종동부의 각 속도 결과 그래프

그림 4-4-10 교차각 30°에 따른 시뮬레이션 결과 그래프

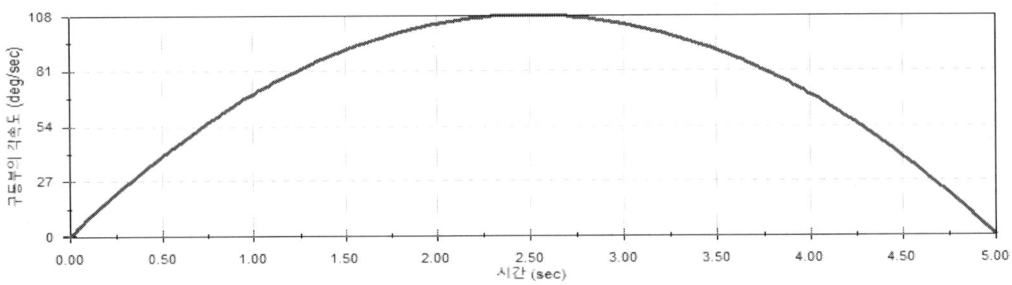

(a) 구동부의 각 속도 결과 그래프

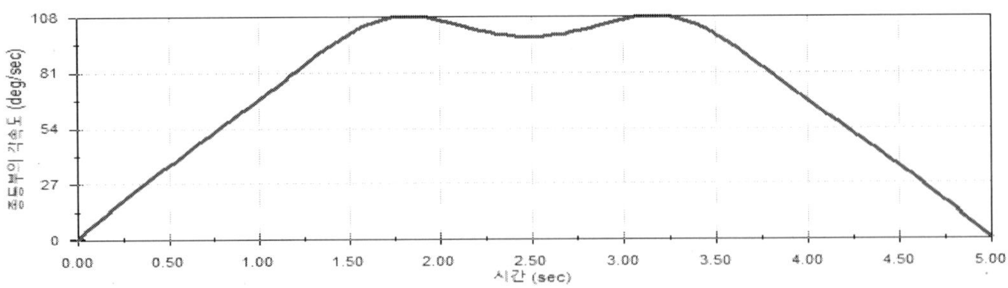

(b) 종동부의 각 속도 결과 그래프

그림 4-4-11 교차각 25°에 따른 시뮬레이션 결과 그래프

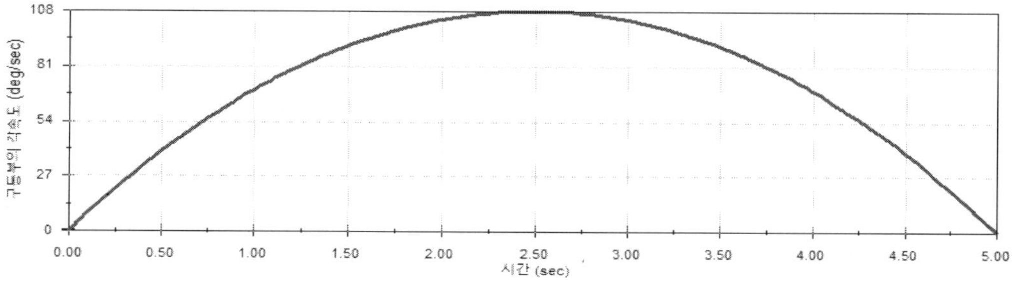

(a) 구동부의 각 속도 결과 그래프

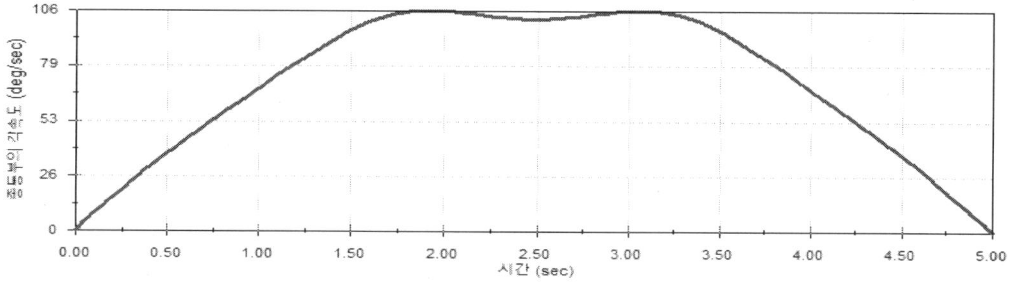

(b) 종동부의 각 속도 결과 그래프

그림 4-4-12 교차각 20°에 따른 시뮬레이션 결과 그래프

(3) 시뮬레이션 결과 고찰

이 그래프를 통해 구동측의 5초 동안의 360° 회전에 대해 교차각 30°일 때는 그림 4-4-10의 결과처럼 112deg/s의 각속도를 나타냈으며 교차각 25°일 때는 그림 4-4-11의 결과처럼 108deg/s의 각속도를 나타냈다. 또한 교차각 20°일 때는 그림 4-4-12의 결과처럼 106deg/s의 각속도를 나타냈다. 구동측의 5초 동안의 360° 회전, 즉 108deg/s의 각속도에 대해 교차각 25°일 때가 가장 이상적인 결과를 나타내었다. 이것은 교차각이 25°일 때 입력에 대한 출력의 결과가 가장 좋다고 판단되며 교차각 25°로 설계하는 것이 가장 이상적이라 할 수 있다.

(4) 동영상 저장하기

① 저장 아이콘을 클릭한다.

② 동영상 설정 창이 나타난다.

③ 파일 이름을 "유니버설 조인트 기구 동영상"으로 한다.

④ 비디오 압축 창이 나타나고 프레임 정보에서 초당 프레임을 25로 하고 저장을 누른다.

⑤ 압축 프로그램의 창이 나타나면 "전체 프레임(압축 안함)"을 선택하고 확인을 클릭한다.

⑥ 기구가 동작하면서 동영상으로 저장된다.

4.2 볼 소켓 조인트 기구

4.2.1 문제

일정 각도를 유지하면서 회전 운동을 시키고자 할 때 설계할 수 있는 또 하나의 기구는 볼 소켓 조인트 기구이다.

생산 공장에서 그림 4-4-13과 같은 볼 소켓 조인트 기구를 만들려고 하고 있다. 기구를 만들기에 앞서 사용자에게 볼 소켓 조인트 기구를 이해시키기 위해 볼 소켓 조인트 기구의 작동에 대해 동영상을 제작 해 달라는 주문이 들어왔다고 하자. 그렇다면 당신은 어떻게 해결할 것인가?

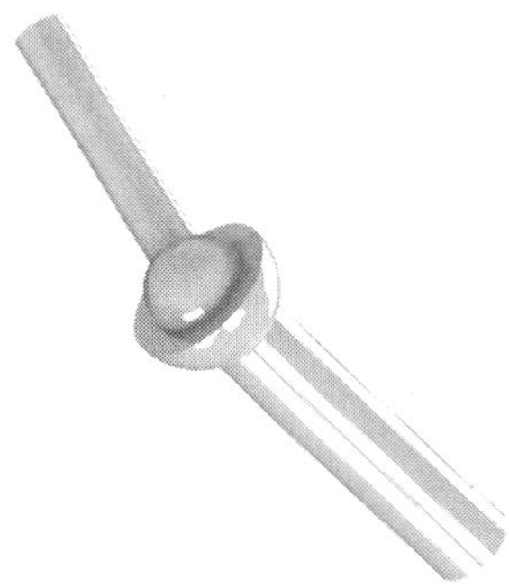

그림 4-4-13 볼 소켓 조인트

4.2.2 부품 준비

(1) 부품 사양 결정

1) 설계 제한 조건

① 두 중심축의 기울기 각도는 125°로 한다.

② 입력측의 각 변위는 10초에 1회전으로 한다.

2) 사양 결정

① 볼 운동바의 볼 지름은 ∅10mm이다.

② 볼 지지바의 소켓 지름은 ∅10mm이다.

③ 구동부와 종동부의 축 길이는 각각 30mm와 40mm이다.

(2) 부품 형상모델링

1) 볼 운동 바

볼 운동바의 외관은 그림 4-4-14 (a)와 같으며 형상치수는 그림 4-4-14 (b)와 같다.

(a) 외관

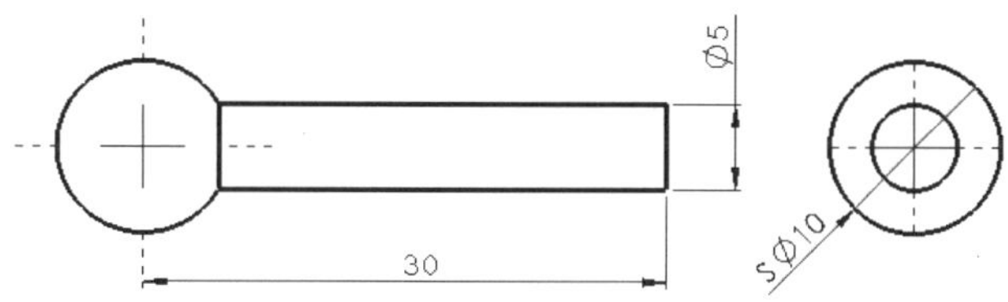

(b) 형상 치수

그림 4-4-14 볼 운동바의 형상 정보

2) 볼 지지 바

볼 지지바의 외관은 그림 4-4-15 (a)와 같으며 형상치수는 그림 4-4-15 (b)와 같다.

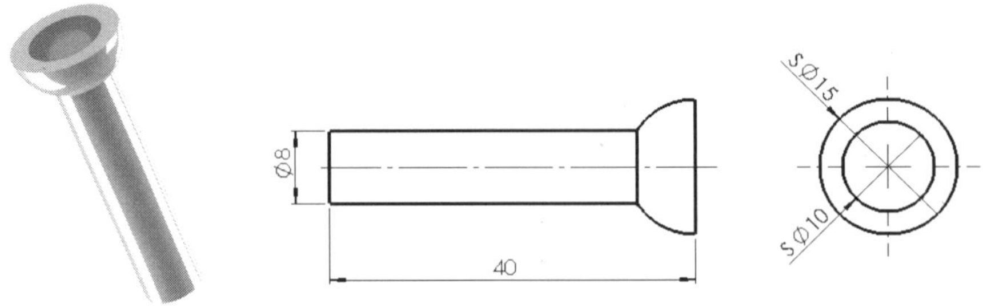

(a) 외관 (b) 형상 치수

그림 4-4-15 볼 지지바의 형상 정보

4.2.3 기구 구성

(1) 부품 조립

1) 볼 지지바 조립

① 볼 지지바 파트모델을 불러온다.

② 볼 지지바 모델에 커서를 데고 마우스 오른쪽 버튼을 누르고 "자유롭게 움직이기"를 클릭한다.

③ 볼 지지바의 정면과 어셈블리 정면에 대해 일치 메이트 한다.

④ 볼 지지바의 윗면과 어셈블리 윗면에 대해 일치 메이트 한다.

⑤ 볼 지지바의 우측면과 어셈블리 우측면에 대해 일치 메이트 한다.

⑥ 확인을 클릭한다.

2) 볼 운동바 조립

① 볼 운동바 파트모델을 불러온다.

② 볼 운동바의 볼 부분과 볼 지지바의 오목 볼 부분에 대해 동심 메이트 한다.

③ 볼 운동바의 중심축과 볼 지지바가 중심축에 대해 각도 125°되도록 각도 메이트 한다.

④ 확인을 클릭한다(그림 4-4-16).

그림 4-4-16 볼과 볼 소켓 조립 결과

(2) 기구 저장하기

① 풀다운 메뉴에서 저장 도구( )에서 "다른 이름으로 저장하기"를 클릭한다.

② 저장할 디렉토리를 정하고 파일이름을 "볼 소켓 조인트 기구"로 한다.

③ 저장 버튼을 클릭한다.

4.2.4 기구 모션 시뮬레이션

(1) 모션 조건 설정

1) 모터 설정

① 유니버설 조인트의 구동을 보이기 위해 모델 탭 옆의 모션 스터디 탭을 클릭한다.

② 모션 해석을 선택한다.

③ 모터 유형을 원형 모터로 선택한다.

④ 부품/방향에서 모터 위치는 원형 구동을 위해 그림 4-4-17과 같이 모터 위치는 볼을 선택하고 방향은 조인트의 기준축을 클릭한다.

⑤ 확인을 클릭한다.

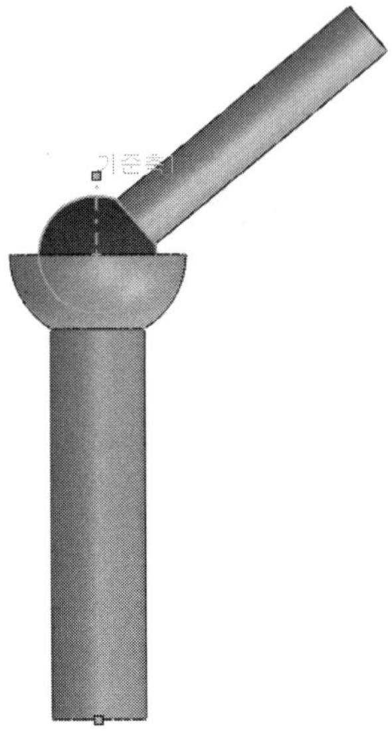

그림 4-4-17 모터 위치와 모터 방향 설정 모습

2) 모션 설정

① 모션은 모터 속성 창의 모션 설정에서 "방정식"을 선택한다.

① 방정식 편집에서 볼이 10초에 1회전 구동하도록 설정한다. 즉, 36*ABS(time)으로 설정한다.

② 확인을 클릭한다.

3) 모션 스터디 계산하기

① 모션 스터디 계산하기 아이콘을 클릭하여 설정된 모터의 구동 조건을 계산한다.

② 계산과 동시에 볼 소켓 조인트의 구동을 확인한다.

(2) 시뮬레이션 결과

① "결과와 플롯" 버튼을 클릭하여 그래프의 속성을 입력한다.

② 볼 운동바의 1회전에 대한 모션 해석 결과는 그림 4-4-18과 같다.

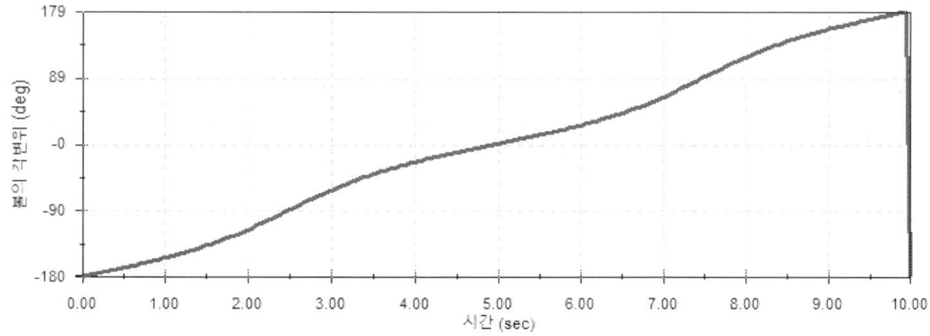

그림 4-4-18 볼 운동바의 1회전에 따른 각 변위 결과 그래프

(3) 동영상 저장하기

① 저장 아이콘을 클릭한다.

② 동영상 설정 창이 나타난다.

③ 파일 이름을 "볼 소켓 조인트 기구 동영상"으로 한다.

④ 비디오 압축 창이 나타나고 프레임 정보에서 초당 프레임을 25로 하고 저장을 누른다.

⑤ 압축 프로그램의 창이 나타나면 "전체 프레임(압축 안함)"을 선택하고 확인을 클릭한다.

⑥ 기구가 동작하면서 동영상으로 저장된다.

4.3 자율평가 문제

이 자율평가의 목적은 앞에서 익힌 내용을 다 이해하고 설계 변경 사항에 대해 자기 주도적으로 작업을 실시하고 평가가 가능한지를 확인하기 위함이다. 본인의 부족한 점에 대해 파악하는 태도를 기르고 부족하다면 다른 사람의 도움을 받거나 본인 스스로 앞의 내용을 더욱 자세히 학습하는 자기주도 학습에 목적이 있다.

그림 4-4-1과 같은 유니버셜 조인트 기구와 그림 4-4-13과 같은 볼 소켓 조인트 기구를 조합하여 그림 4-4-19와 같은 기구를 생성하려 한다. 앞의 조인트 기구 부품은 그대로 사용하고 나머지 부품은 각자 생성하는 것으로 하자. 이 때 다음 문제에 대해 해결하시오.

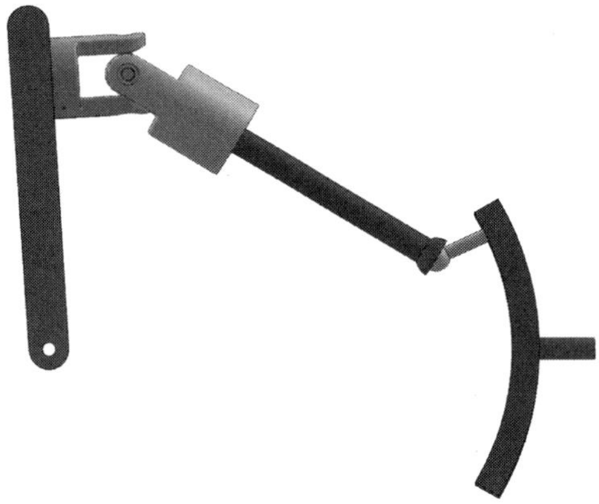

그림 4-4-19 유니버셜 조인트와 볼 소켓 조인트 조합 기구

문제 1

그림 4-4-19와 같은 조인트 기구를 모델링하시오.

문제 2

그림 4-4-19와 같은 조인트 기구의 모션 시뮬레이션을 하고 로테이터 및 레버의 출력 각변위를 그래프로 나타내시오.

위의 문제에 대해 부록의 답안과 비교하여 일치한 답을 했다면 앞의 내용을 완전히 이해했다고 판단되지만 틀린 부분이 있다면 그 원인을 반드시 찾도록 하는 것이 좋을 것입니다. 본인의 답이 맞다고 생각하면 일치하지 않아도 좋지만 그 이유를 반드시 적어보고 확실한지 다시 한 번 확인하기 바랍니다.

자율 평가 결과 점검표

학습자 성명 :	평가 날짜 :
평가 제목 : 조인트 기구	

	성취 수준		
	하지 못했음	했지만 잘 모르겠음	완전히 하였음
• 유니버설 조인트 기구 조립을 적절하게 설정하였다.			
• 볼 소켓 조인트 기구 조립을 적절하게 설정하였다.			
• 기구 시뮬레이션을 하고 로테이터의 출력 각변위를 그래프로 나타내었다.			
• 기구 시뮬레이션을 하고 레버의 출력 각변위를 그래프로 나타내었다.			
• 기구 모션 시뮬레이션 동영상을 작성하였다.			

성취수준

위의 모든 항목에 대해 "완전히 하였음", 즉 완성도 100%로 답하여야 합니다. 만일 "하지 않았음" 또는 "했지만 잘 모르겠음"에 답을 했다면 앞에서 학습한 내용을 다시 한 번 확인하여 다시 수행하고 필요한 경우에는 교육자 또는 전문가와 상의하기 바랍니다.

제5장

평 벨트 풀리 기구

5.1 문제

벨트가 접촉하는 면인 림의 형상이 접촉면의 지름과 같은 원통형 풀리를 평 벨트 풀리라 한다.

학교에서 그림 4-5-1과 같은 오픈 평 벨트 풀리 기구를 만들려고 하고 있다. 기구를 만들기에 앞서 학생들에게 오픈 평 벨트 풀리 기구를 이해시키기 위해 오픈 평 벨트 풀리 기구의 정확한 작동 및 기구 설계의 검증을 해 달라는 주문이 들어왔다고 하자. 그렇다면 당신은 어떻게 해결할 것인가?

그림 4-5-1 오픈 평 벨트 풀리의 모습

5.2 부품 준비

(1) 이론적 고찰

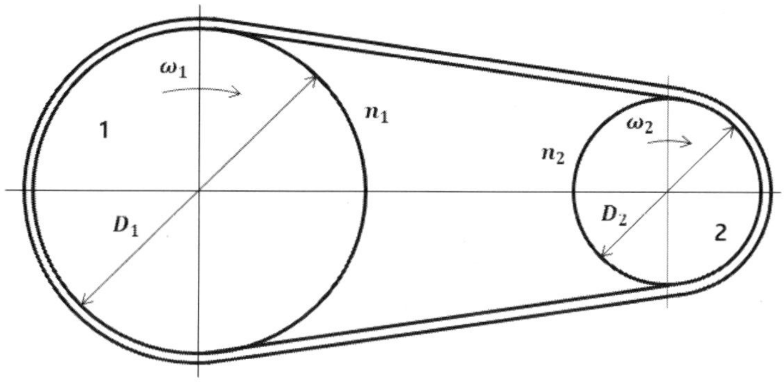

그림 4-5-2 오픈 평 벨트 풀리 기구

그림 4-5-2와 같이 오픈 평 벨트 풀리 기구의 회전비(ϵ)와 속도비는 벨트의 두께가 있기 때문에 벨트를 벨트 풀리에 감을 때 바깥쪽은 늘어나게 되고 안쪽은 줄어들게 되며 중앙부는 신장과 수축을 하지 않는다고 생각되므로 벨트의 두께를 t라 하면 다음과 같다.

$$\epsilon = \frac{n_1}{n_2} = \frac{\omega_2}{\omega_1} = \frac{D_1 + t}{D_2 + t} \tag{4-5-1}$$

벨트 길이는 다음과 같다.

$$L \fallingdotseq 2a + \pi(D_1/2 + D_2/2) + \frac{(D_2/2 - D_1/2)^2}{a} \tag{4-5-2}$$

여기서 a는 풀리의 중심 사이 거리이다.

(2) 부품 사양 결정

1) 설계 제한 조건

① 벨트의 두께(t)는 5㎜로 한다.

② 감속비(ϵ)는 1.7로 한다.

③ 구동 풀리의 지름(D_1)은 140㎜로 한다.

④ 풀리 중심사이 거리(a)는 200㎜로 한다.

2) 사양 결정

① 식 (4-5-1)에 의해 종동 풀리의 지름은 80㎜이다.

② 오픈 평 벨트 풀리 기구의 구성 요소는 그림 4-5-3과 같다.

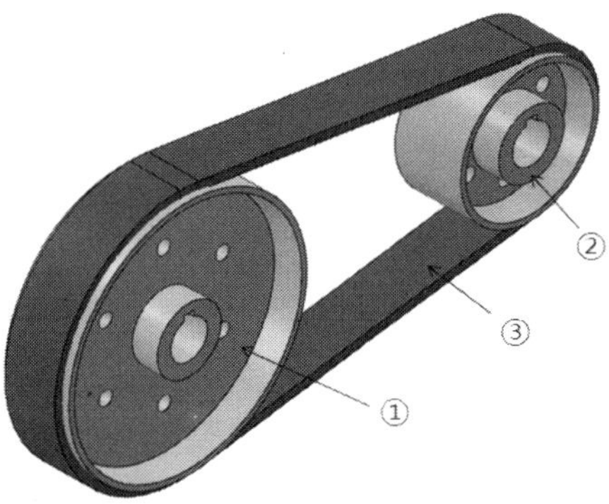

(a) 부품 번호

품번	품명	수량
1	구동 풀리	1
2	종동 풀리	1
3	평 벨트	1

(b) 부품 명칭

그림 4-5-3 오픈 평 벨트 풀리 기구의 구성 요소

(3) 부품 형상모델링

1) 구동 풀리(① 부품)

구동 풀리는 평 벨트와 연결된 종동 풀리를 구동하는 역할을 한다. 그림 4-5-4 (a)는 구동 풀리 외관을 나타내며 그림 4-5-4 (b)는 형상 치수를 나타낸다.

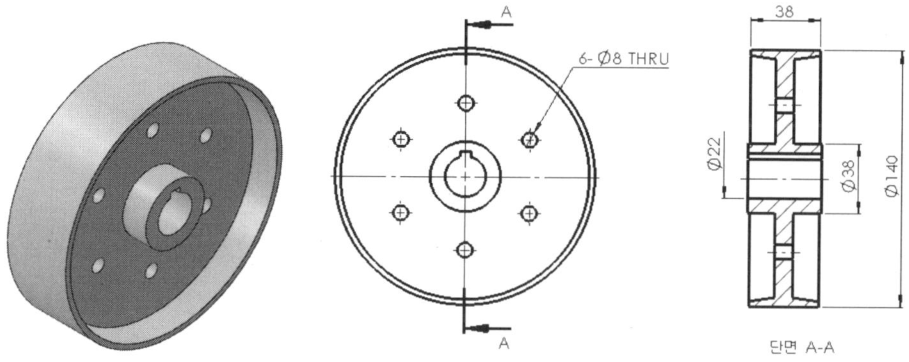

(a) 외관 (b) 형상 치수

그림 4-5-4 구동 풀리의 형상 정보

2) 종동 풀리(② 부품)

종동 풀리는 구동 풀리의 회전에 의한 구동을 실행하는 역할을 한다. 그림 4-5-5 (a)는 종동 풀리 외관을 나타내며 그림 4-5-5 (b)는 형상 치수를 나타낸다.

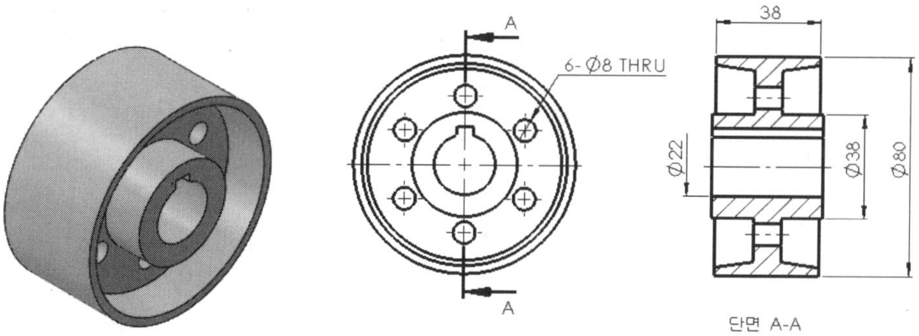

(a) 외관 (b) 형상 치수

그림 4-5-5 종동 풀리의 형상 정보

3) 벨트(③ 부품)

벨트는 구동 풀리와 종동 풀리를 연결하여 구동을 전달하는 역할을 한다. 그림 4-5-6 (a)는 벨트 외관을 나타내며 그림 4-5-6 (b)는 형상 치수를 나타낸다.

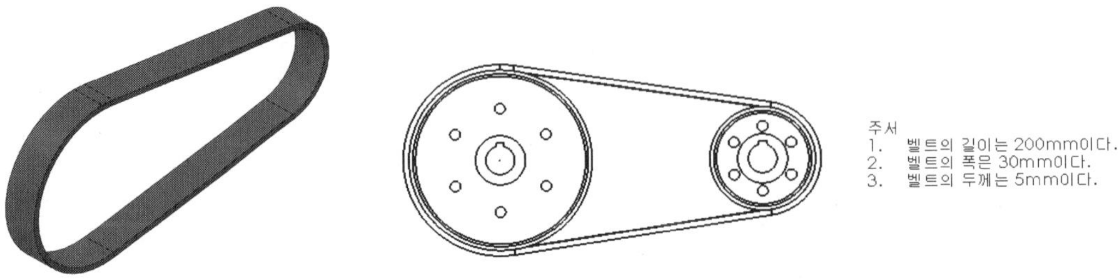

(a) 외관

(b) 형상 치수

그림 4-5-6 벨트의 외관과 형상 정보

5.3 기구 구성

(1) 부품 조립

1) 조립 전 준비

① 구동 풀리를 조립하기 위해 윗면과 우측면을 교차하는 기준축1을 생성한다.

② 종동 풀리를 조립하기 위해 우측면으로부터 200㎜ 떨어진 새로운 기준면1을 생성한다.

③ 종동 풀리를 조립하기 위해 생성 기준면1과 윗면을 교차하는 기준축2를 생성한다.

2) 구동 풀리의 조립

① 구동 풀리의 파트모델을 불러온다.

② 구동 풀리 모델에 커서를 데고 마우스 오른쪽 버튼을 누르고 "자유롭게 움직이기"를 클릭한다.

③ 구동 풀리의 축 삽입 원통 내면과 어셈블리 기준축1을 동심 메이트 한다.

④ 구동 풀리의 정면과 어셈블리 정면에 대해 일치 메이트 한다.

⑤ 확인을 클릭한다.

3) 종동 풀리의 조립

① 종동 풀리를 불러온다.

② 종동 풀리의 축 삽입 원통 내면과 어셈블리 기준축2를 동심 메이트 한다.

③ 종동 풀리의 정면과 어셈블리 정면에 대해 일치 메이트 한다.

④ 확인을 클릭한다(그림 4-5-7).

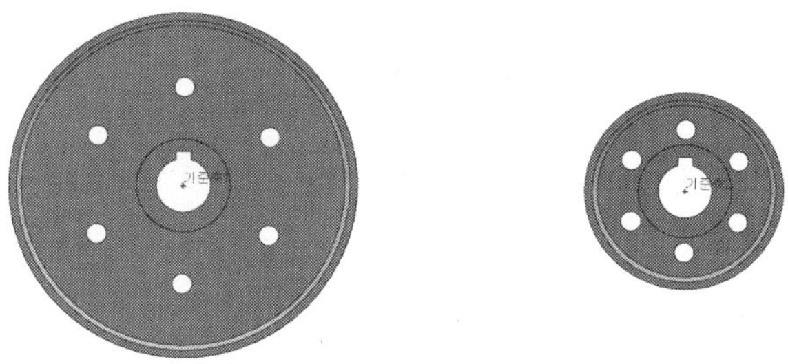

그림 4-5-7 구동 풀리와 종동 풀리의 조립 결과

4) 벨트의 조립

① 그림 4-5-8 (a)와 같이 어셈블리 피처의 벨트/체인을 클릭한다.

② 그림 4-5-8 (b)와 같이 벨트 스윕 경로 스케치 화면이 나타난다.

③ 우측면을 스윕 단면 스케치 면으로 하고 그림 4-5-8 (c)와 같이 직사각형 벨트 단면을 스케치하고 종료한다.

④ 피처에서 스윕 형상도구를 이용하여 단면과 경로를 차례로 클릭하여 스윕 형상을 그림 4-5-8 (d)와 같이 생성하며 자동적으로 벨트 메이트 된다.

⑤ 확인을 클릭한다.

⑥ 벨트로 저장한다.

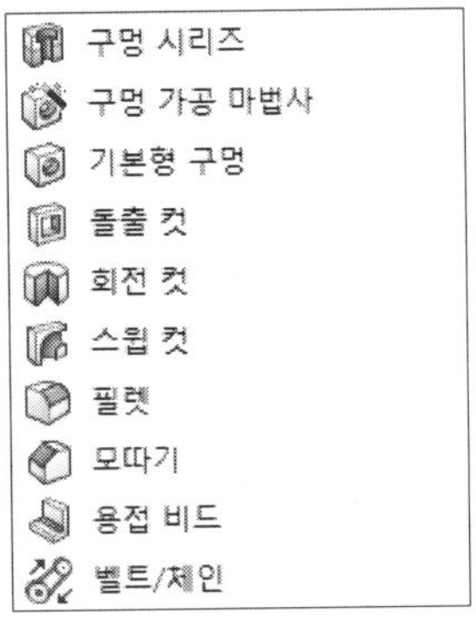

(a) 어셈블리 피처

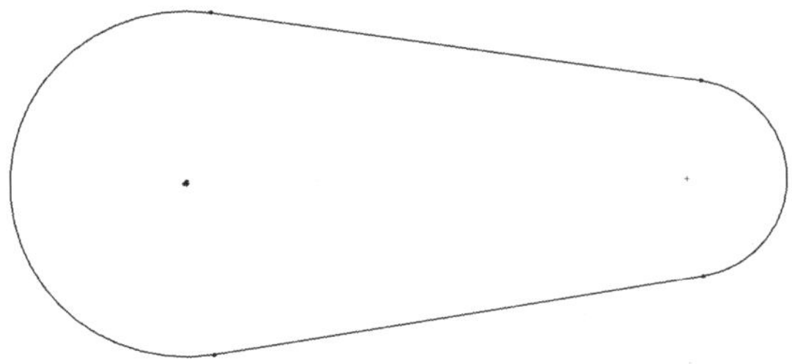

(b) 벨트 스윕 경로

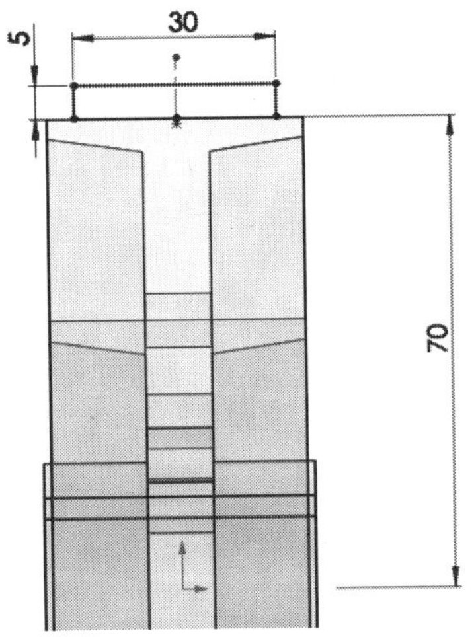

(c) 벨트 스윕 단면

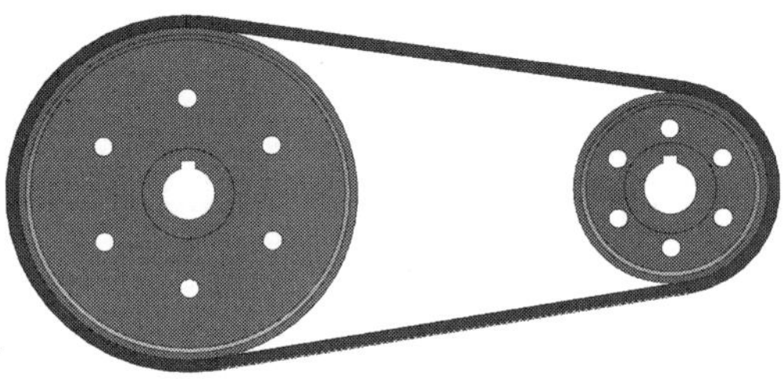

(d) 스윕 형상

그림 4-5-8 벨트 조립 결과

(2) 기구 저장하기

① 풀다운 메뉴에서 저장 도구(💾)에서 "다른 이름으로 저장하기"를 클릭한다.

② 저장할 디렉토리를 정하고 파일이름을 "오픈 평 벨트 풀리 기구"로 한다.

③ 저장 버튼을 클릭한다.

5.4 기구 모션 시뮬레이션

5.4.1 모션 조건 설정

(1) 모터 설정

① 기구의 구동을 보이기 위해 모델 탭 옆의 모션 스터디 탭을 클릭한다.

② 모션 해석을 선택한다.

③ 모터 유형을 원형 모터로 선택한다.

④ 부품/방향에서 모터 위치는 회전 구동을 위해 그림 4-5-9와 같이 구동 풀리의 부품을 클릭한다.

⑤ 확인을 클릭한다.

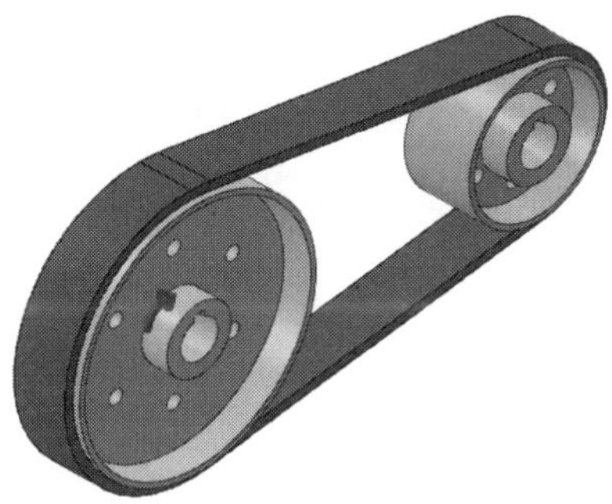

그림 4-5-9 모터 위치와 모터 방향 설정 모습

(2) 모션 설정

① 모션은 모터 속성 창의 모션 설정에서 "거리"를 선택한다.

② 구동 풀리가 5초에 1회전 구동하도록 설정한다. 즉, 360°로 설정한다.

③ 확인을 클릭한다.

(3) 모션 스터디 계산하기

① 모션 해석 탭으로 설정한다.

② 모션 스터디 계산하기 아이콘을 클릭하여 설정된 모터의 구동 조건을 계산한다.

③ 계산과 동시에 종동 풀리의 구동을 확인한다.

5.4.2 시뮬레이션 결과

① "결과와 플롯" 버튼을 클릭하여 그래프의 속성을 입력한다.

② 구동 풀리의 1회전에 대한 종동 풀리의 모션 해석 결과는 그림 4-5-10 및 그림 4-5-11과 같다.

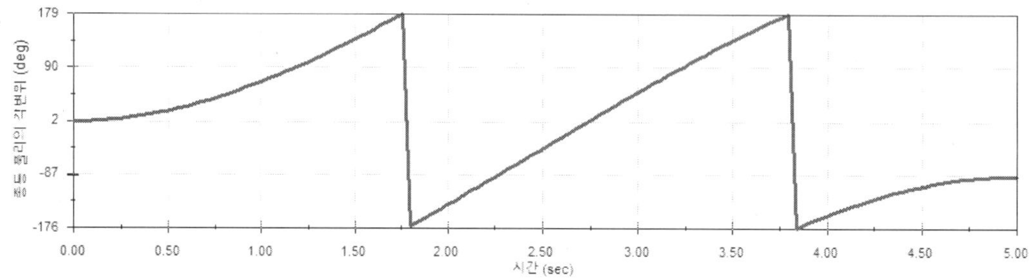

그림 4-5-10 종동 풀리의 시간에 따른 각 변위 그래프 결과 모습

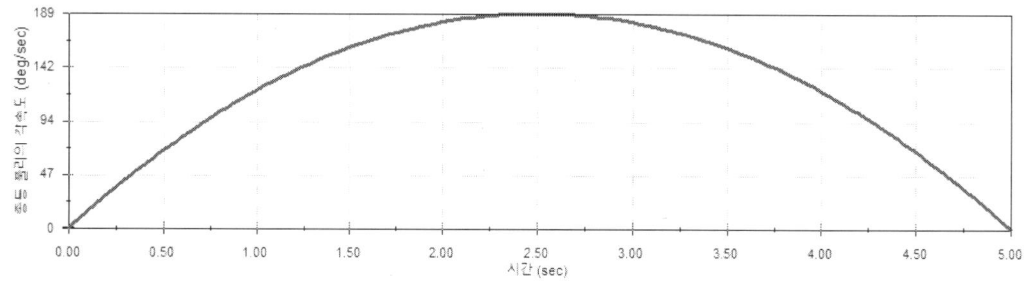

그림 4-5-11 종동 풀리의 시간에 따른 각 속도 그래프 결과 모습

5.4.3 결과 고찰

이 그래프를 통해 구동 풀리의 360° 회전에 대해 그림 4-5-10의 종동 풀리가 627°회전한 것으로 나타났으며 이것은 1.74 증속한 것으로 설계 회전비 1.7과 거의 일치하는 것을 알 수 있다. 또한 구동 풀리의 각속도는 2.5초 때 최대 속도 144deg/s에 대해 종동 풀리의 각속도는 2.5초 때 그림 4-5-11와 같이 최대 속도 189deg/s로 1.3배인 것으로 나타났다. 이것은 1.7배에 비해 작게 나타난 것으로 원인은 슬립 등에 의해 작게 나타난 것으로 판단된다.

5.4.4 동영상 저장하기

① 저장 아이콘을 클릭한다.

② 동영상 설정 창이 나타난다.

③ 파일 이름을 "오픈 평 벨트 풀리 기구 동영상"으로 한다.

④ 비디오 압축 창이 나타나고 프레임 정보에서 초당 프레임을 25로 하고 저장을 누른다.

⑤ 압축 프로그램의 창이 나타나면 "전체 프레임(압축 안함)"을 선택하고 확인을 클릭한다.

⑥ 기구가 동작하면서 동영상으로 저장된다.

5.5 자율평가 문제

이 자율 평가의 목적은 앞에서 익힌 내용을 다 이해하고 조건 변경 사항에 대해 자기 주도적으로 문제를 해결하고 숙지 정도를 확인하기 위함이다. 본인의 부족한 점에 대해 파악하는 태도를 기르고 부족하다면 다른 사람의 도움을 받거나 본인 스스로 앞의 내용을 더욱 자세히 학습하는 자기주도 학습에 목적이 있다.

그림 4-5-1과 같은 오픈 평 벨트 풀리 기구에 대해 다음과 같이 조건이 변경되었다고 하자. 이 때 다음 문제에 대해 해결하시오.

조건 변경

- 평 벨트를 V벨트로 바꾼다.
- 구동 V벨트 풀리는 M형으로 한다.
- 구동 V벨트 풀리의 호칭 지름은 87㎜로 한다.
- 종동 V벨트 풀리의 호칭 지름은 72㎜로 한다.
- V 벨트의 두께는 KS 규격에 따라 5.5㎜로 한다.
- 풀리 중심사이 거리는 150㎜로 한다.

문제 1

오픈 V벨트 풀리 기구 부품을 생성하시오.

문제 2

오픈 V벨트 풀리 부품을 조립하여 기구를 모델링하고 기구의 작동 및 모션 시뮬레이션 결과 그래프를 나타내시오.

문제 3

오픈 V벨트 풀리 기구의 모션 시뮬레이션 동영상을 작성하시오.

위의 문제에 대해 부록의 답안과 비교하여 일치한 답을 했다면 앞의 내용을 완전히 이해했다고 판단되지만 틀린 부분이 있다면 그 원인을 반드시 찾도록 하는 것이 좋을 것입니다. 본인의 답이 맞다고 생각하면 일치하지 않아도 좋지만 그 이유를 반드시 적어보고 확실한지 다시 한 번 확인하기 바랍니다.

자율 평가 결과 점검표

학습자 성명 :	평가 날짜 :
평가 제목 : 평 벨트 풀리 기구	

	성취 수준		
	하지 못했음	했지만 잘 모르겠음	완전히 하였음
• M형 V벨트 풀리 형상모델링을 하였다.			
• M형 V벨트 풀리 기구에 맞는 V벨트를 형상 모델링 하였다.			
• M형 V벨트 풀리 기구에 대한 모터 설정 및 모션 결정을 하였다.			
• M형 V벨트 풀리 기구 시뮬레이션 결과를 각변위 및 각속도 그래프로 나타내었다.			
• 기구의 모션 시뮬레이션 동영상을 만들었다.			

성취수준

위의 모든 항목에 대해 "완전히 하였음", 즉 완성도 100%로 답하여야 합니다. 만일 "하지 않았음" 또는 "했지만 잘 모르겠음"에 답을 했다면 앞에서 학습한 내용을 다시 한 번 확인하여 다시 수행하고 필요한 경우에는 교육자 또는 전문가와 상의하기 바랍니다.

제6장

좌표형 운동변환 기구

6.1 3축의 직교 좌표형 운동변환 기구 설계

6.1.1 문제

좌표형 운동 기구는 부록 3과 같이 매우 여러 종류가 있는데 그 가운데 직각좌표계 기구의 특징은 서로 직각인 2축 이상 운동의 조합으로 공간상의 한 점을 결정해주는 기구이다.

한 산업용 직교 좌표 기구 생산 공장에서 그림 4-6-1과 같은 직교 좌표 기구의 x축의 최대 동작 거리가 80㎜, y축의 최대 동작 거리가 80㎜인 직교 좌표 기구를 생산하고 있다. 생산되는 직교 좌표 기구의 동작 모습을 일반 사람들에게 이해시키기 위해 기구 모션 동영상으로 만들어 달라는 주문이 들어왔을 때 당신은 어떻게 해결할 것인가?

그림 4-6-1 직교 좌표 기구

6.1.2 부품 준비

(1) 부품 사양 결정

1) 요구 조건

① 기구 설계 대상은 직교 좌표 기구이다.

② 기구의 x축 최대 동작 거리가 80mm이다.

③ 기구의 y축 최대 동작 거리가 80mm이다.

2) 설계 제한 조건

① 직교 좌표 기구의 동작은 논리제어로 한다.

② 10초 동안에 X축과 Y축 동시에 동작하는 것으로 한다.

3) 사양 결정

① 직교 좌표 기구의 구성요소는 그림 4-6-2와 같다.

② 직교 좌표 기구는 표 4-6-1과 같은 제어 설계표에 의해 작동한다.

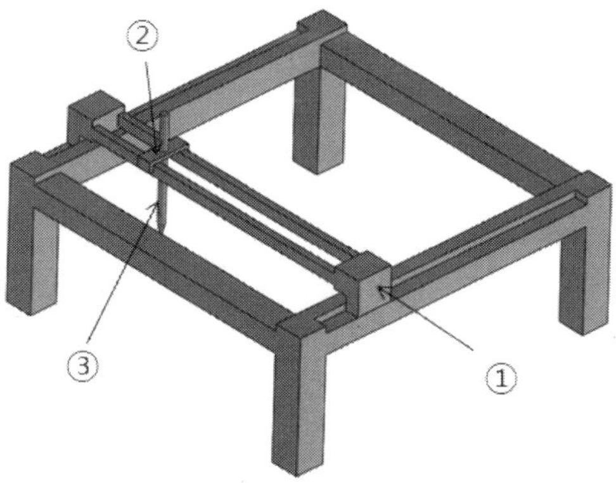

(a) 부품 번호

품번	품명	수량
1	base	1
2	x_rail	1
3	y_rail	1
4	pen	1

(b) 부품 명칭

그림 4-6-2 직교 좌표 기구의 구성 요소

표 4-6-1 제어 설계표

작동 시간	모터 종류	제어 대상	제어 조건
0초~10초	선형 모터	x축 레일	1초에 10mm 이동(총 1000mm)
0초~10초	선형 모터	y축 레일	1초에 15mm 이동(총 1500mm)

(2) 부품 형상모델링

1) 베이스

베이스는 x축 레일 및 y축 레일을 슬라이딩 지지하는 역할을 한다. 그림 4-6-3 (a)는 외관을 그림 4-6-3 (b)는 형상 치수를 나타낸다.

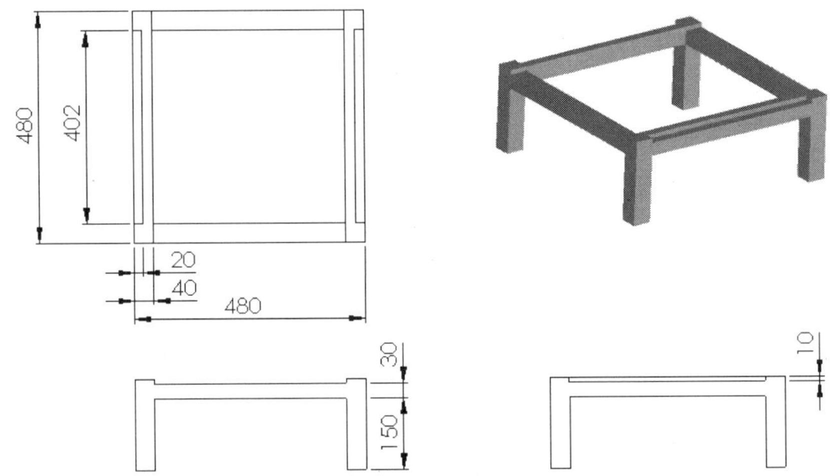

그림 4-6-3 베이스의 형상 정보

2) x축 레일

x축 레일은 베이스와 결합되어 x축 운동을 담당하는 역할을 한다. 그림 4-6-4 (a)는 외관을 그림 4-6-4 (b)는 형상 치수를 나타낸다.

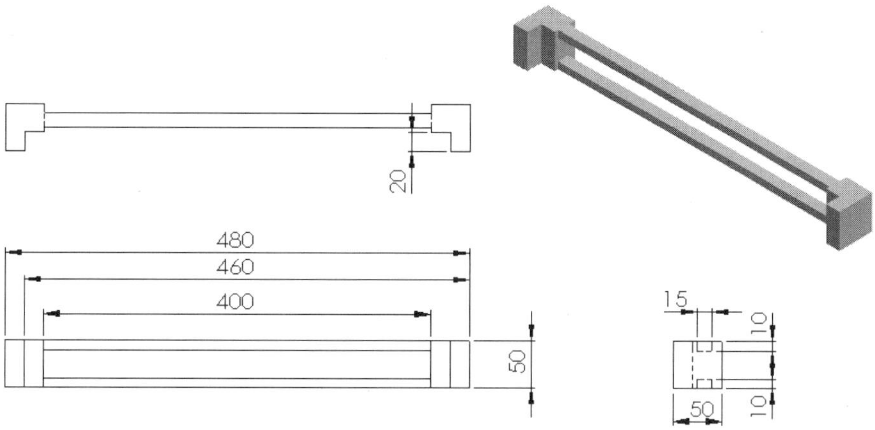

그림 4-6-4 x축 레일의 형상 정보

3) y축 레일

y축 레일은 베이스와 결합되어 y축 운동을 담당하는 역할을 한다. 그림 4-6-5 (a)는 외관을 그림 4-6-5 (b)는 형상 치수를 나타낸다.

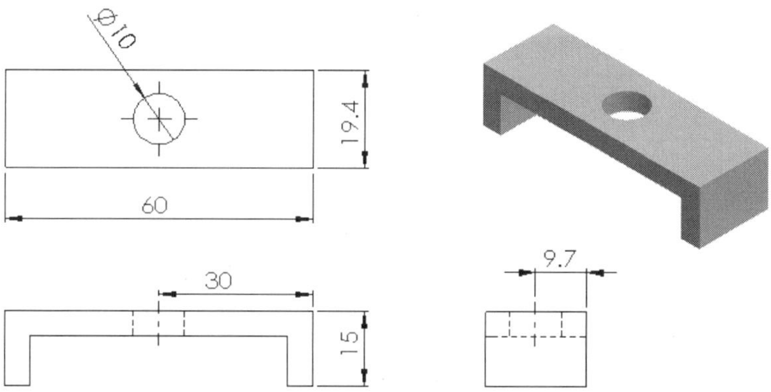

그림 4-6-5 y축 레일의 형상 정보

4) 펜

펜은 y축 레일과 결합되어 기구 운동의 궤적을 나타내는 역할을 한다. 그림 4-6-6 (a)는 외관을 그림 4-6-6 (b)는 형상 치수를 나타낸다.

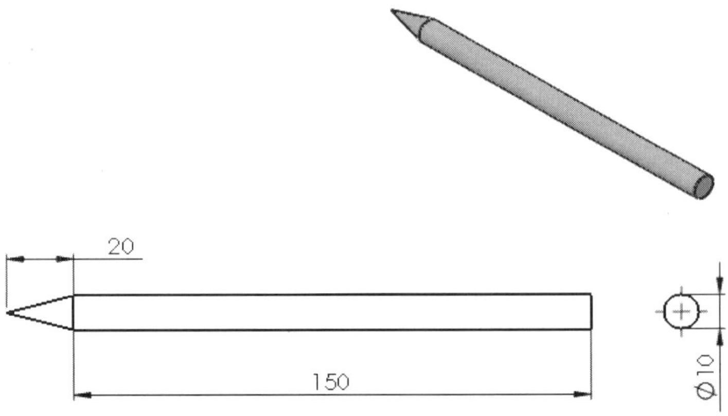

그림 4-6-6 펜의 형상 정보

6.1.3 기구 구성

(1) 부품 조립

1) 베이스의 조립

① 베이스(base) 파트모델을 불러온다.

② 마우스 우측 버튼을 클릭하고 "자유롭게 움직이기"를 클릭한다.

③ 어셈블리의 우측면과 베이스의 우측면을 일치 메이트 한다.

④ 베이스의 원점과 어셈블리의 원점을 일치 메이트 한다.

⑤ 마우스 우측 버튼을 클릭하고 "고정"을 클릭한다.

⑥ 확인을 누른다.

2) Y레일의 조립

① Y레일을 부품 삽입한다.

② 베이스의 옆면과 Y레일의 옆면에 대해 표준메이트에서 일치로 한다.

③ Y레일의 밑면이 베이스의 윗면과 밀착하면서 슬라이딩하도록 일치로 한다.

④ 확인을 누른다(그림 4-6-7).

3) X레일의 조립

① X레일을 부품 삽입한다.

② Y레일의 옆면과 Y레일의 옆면에 밀착하면서 슬라이딩하도록 일치로 한다.

③ X레일의 밑면이 Y레일의 윗면밀착하면서 슬라이딩하도록 일치로 한다.

④ 확인을 누른다(그림 4-6-7).

4) Z레일(펜)의 조립

① 펜을 부품 삽입한다.

② Y레일의 형상 구멍 면과 Z레일(펜)의 형상 원통 면이 동심이 되도록 메이트 한다.

③ Y레일의 윗면이 펜의 윗면과 일치하도록 메이트 한다.

④ 확인을 누른다(그림 4-6-7).

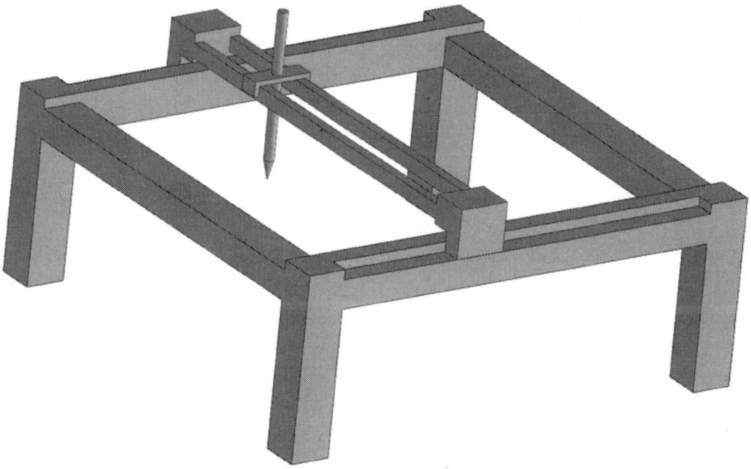

그림 4-6-7 조립이 완성된 모습

5) 기구의 초기 위치 선정

① 기구를 구동하기에 앞서 기구의 초기 위치를 설정해야 한다.

② 베이스의 옆면과 Y레일의 옆면에 대해 표준 메이트에서 일치로 하고 “위치 설정에만”을 선택한다.

③ Y레일의 옆면과 X레일의 옆면을 일치로 하고 “위치 설정에만”을 선택한다.

④ 확인을 누른다(그림 4-6-8).

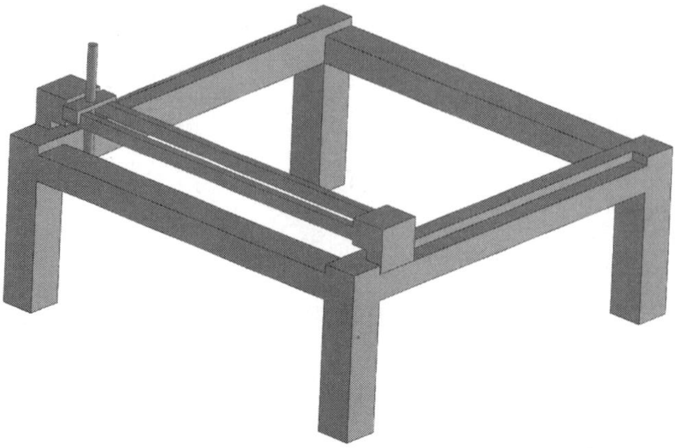

그림 4-6-8 기구의 초기 위치

(2) 기구 저장하기

① 풀다운 메뉴에서 저장 도구(💾)에서 "다른 이름으로 저장하기"를 클릭한다.

② 저장할 디렉토리를 정하고 파일이름을 "직교 좌표형 운동 기구"로 한다.

③ 저장 버튼을 클릭한다.

6.1.4 기구 모션 시뮬레이션

(1) 모션 조건 설정

1) X축 구동 모터 및 모션 설정

① X축 구동자에 구동을 주기 위해 모델 탭 옆의 모션 스터디 탭을 클릭한다.

② 구동을 위한 모터를 선택한다.

③ 모터 유형을 선형 모터로 선택한다.

① 부품/방향에서 모터 위치는 선형 구동을 위해 그림 4-6-9 (a)과 같이 X축 구동자의 X방향 모서리를 클릭한다.

④ 모션은 모터 속성 창의 모션 설정에서 거리를 선택한다.

⑤ 거리는 x방향으로 10초 동안 350㎜ 이동하는 것으로 설정한다.

⑥ 확인을 클릭한다.

2) Y축 구동 모터 및 모션 설정

① Y축 구동자에 구동을 주기 위해 모델 탭 옆의 모션 스터디 탭을 클릭한다.

② 구동을 위한 모터를 선택한다.

③ 모터 유형을 선형 모터로 선택한다.

④ 부품/방향에서 모터 위치는 선형 구동을 위해 그림 4-6-9 (b)과 같이 Y축 구동자의 Y방향 모서리를 클릭한다.

⑤ 모션은 모터 속성 창의 모션 설정에서 거리를 선택한다.

⑥ 거리는 y방향으로 10초 동안 250㎜ 이동하는 것으로 설정한다.

⑦ 확인을 클릭한다.

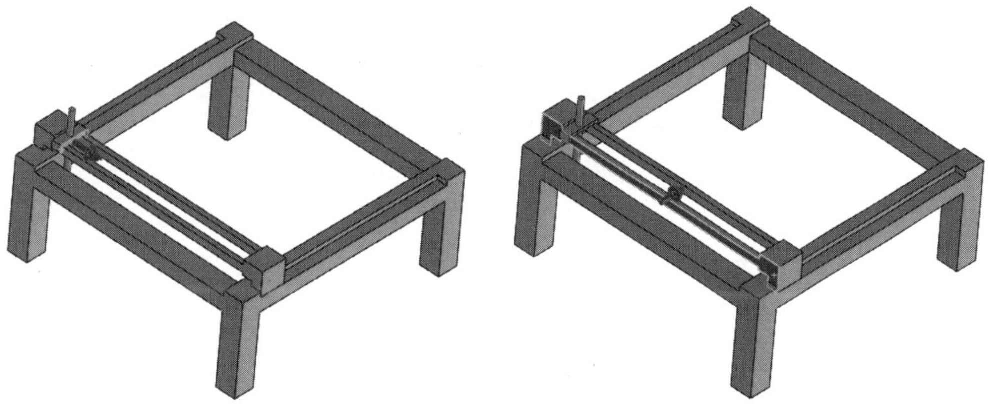

(a) x축의 선형 모터 설정 (b) y축의 선형 모터 설정

그림 4-6-9 모터 설정 모습

3) 모션 스터디 계산하기

① 모션 스터디 계산하기 아이콘을 클릭하여 설정된 모터의 구동 조건을 계산한다.

② 계산과 동시에 직교 좌표 기구의 구동을 확인한다.

(2) 시뮬레이션 결과

1) 펜의 운동 궤적

① "결과와 플롯" 버튼을 클릭하여 그래프의 속성을 입력한다.

② 구동에 대한 펜의 모션 해석 결과는 그림 4-6-10과 같다.

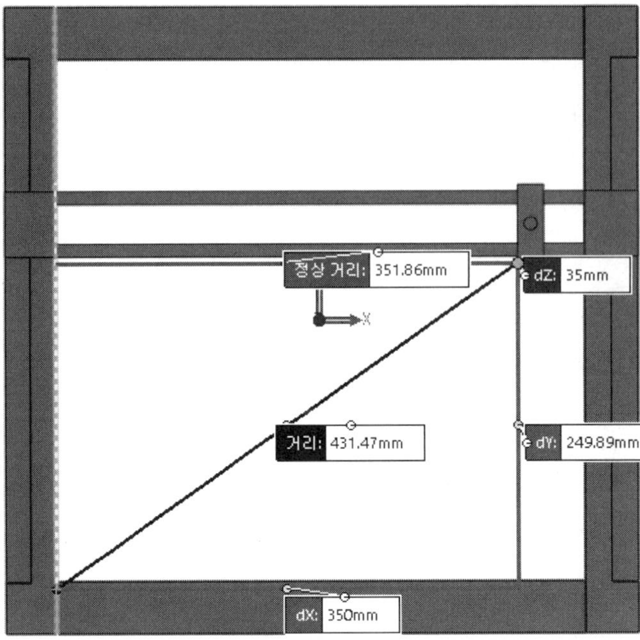

그림 4-6-10 펜의 시간에 따른 궤적 그래프 결과 모습

2) 펜의 X방향 운동 결과

① "결과와 플롯" 버튼을 클릭하여 그래프의 속성을 입력한다.

② 구동에 대한 펜의 모션 해석 결과는 그림 4-6-11과 같다.

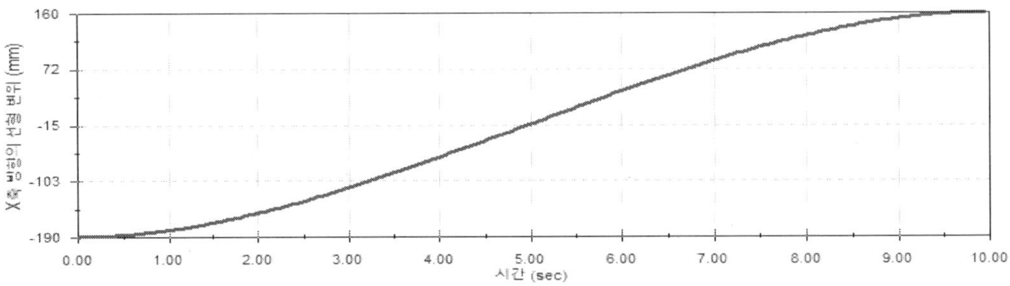

그림 4-6-11 X축 방향의 선형 변의 결과

3) 펜의 Y방향 운동 결과

① "결과와 플롯" 버튼을 클릭하여 그래프의 속성을 입력한다.

② 구동에 대한 펜의 모션 해석 결과는 그림 4-6-12와 같다.

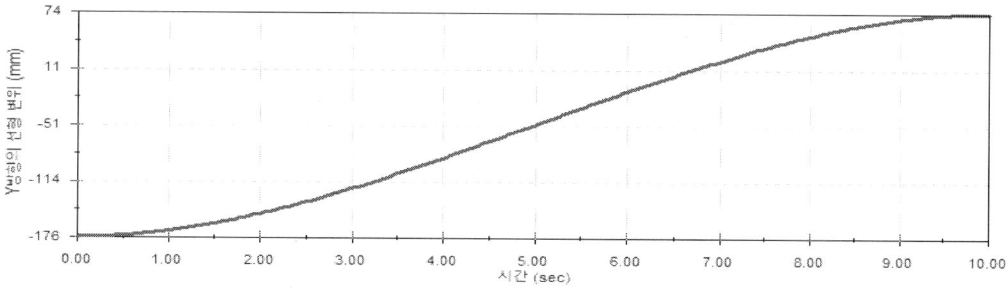

그림 4-6-12 Y축 방향의 선형 변의 결과

(3) 결과 고찰

그림 4-6-11의 그래프 결과를 보면 기구 운동이 x축으로 350㎜ 이동하고 그림 4-6-12의 그래프 결과를 보면 기구 운동이 y축으로 250㎜ 이동한 것을 알 수 있으며 제어 설계한 대로 구동되므로 직교 좌표 기구 설계는 올바르다고 판단할 수 있다.

(4) 동영상 저장하기

① 저장 아이콘을 클릭한다.

② 동영상 설정 창이 나타난다.

③ 파일 이름을 "직교 좌표형 운동 기구 동영상"로 한다.

④ 비디오 압축 창이 나타나고 프레임 정보에서 초당 프레임을 25로 하고 저장을 누른다.

⑤ 압축 프로그램의 창이 나타나면 "전체 프레임(압축 안함)"을 선택하고 확인을 클릭한다.

⑥ 기구가 동작하면서 동영상으로 저장된다.

6.2 2축의 원통 좌표형 운동변환 기구

6.2.1 문제

좌표형 운동 기구는 부록 3과 같이 매우 여러 종류가 있다. 그 가운데 회전과 병진을 융합하여 운동 시키고자 할 때 설계할 수 있는 대표적인 기구는 2축의 원통 좌표형 운동변환 기구이다. 즉, 그림 4-6-13에서 1 및 3과 같이 위 아래로 병진 운동을 하고 2와 같이 회전 운동을 하는 2축의 원통 좌표형 운동 기구가 대표적이라 할 수 있다.

한 산업용 원통 좌표 기구 생산 공장에서 원통 좌표 기구의 최대 상하 동작 거리가 80㎜, 원통 좌표 기구의 회전각도가 360°인 2축의 원통 좌표형 운동 변환 기구를 생산하고 있다. 생산되는 2축의 원통 좌표형 운동변환 기구의 동작 모습을 일반 사람들에게 이해시키기 위해 기구 모션 동영상으로 만들어 달라는 주문이 들어왔을 때 당신은 어떻게 해결할 것인가?

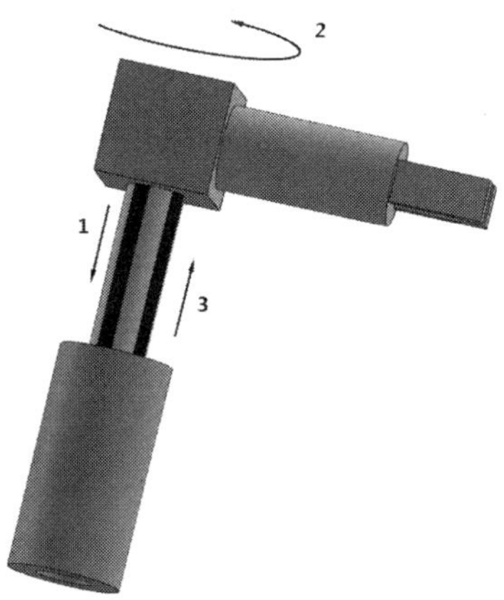

그림 4-6-13 2축의 원통 좌표형 운동변환 기구

6.2.2 부품 준비

(1) 부품 사양 결정

1) 요구 조건

① 기구 설계 대상은 2축의 원통 좌표형 운동 변환 기구이다.

② 기구의 최대 상하 동작 거리가 80㎜이다.

③ 기구의 회전각도가 360°이다.

2) 설계 제한 조건

① 2축의 원통 좌표형 운동 변환 기구의 동작은 순서제어를 한다.

② 순서 제어는 그림 4-6-13의 번호 순서로 한다.

③ 기구의 상하 동작은 50㎜이고 회전은 180도만 한다.

④ 2축의 원통 좌표형 운동 변환 기구의 작업은 표 4-6-2와 같다.

표 4-6-2 작업 순서 논리표

작업 순서	행동	액추에이터	제어 조건
작업1	암 홀더를 내림	선형 모터	하강 슬라이딩(50㎜)
작업2	암을 돌림	원형 모터	회전(180°)
작업3	암 홀더를 올림	선형 모터	상승 슬라이딩(50㎜)
작업4	원 상태로 돌림	원형 모터	회전(180°)

3) 사양 결정

① 2축의 원통 좌표형 운동 변환 기구의 구성요소는 그림 4-6-14와 같다.

② 2축의 원통 좌표형 운동 변환 기구의 서보모터 제어 시간은 표 4-6-3과 같다.

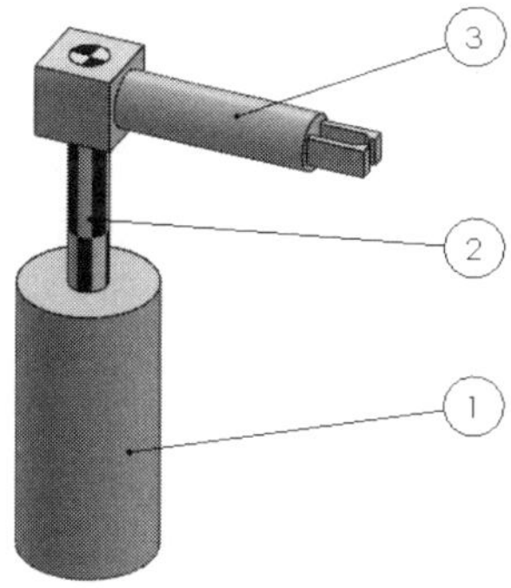

(a) 부품 번호

품번	품명	수량
1	base	1
2	arm_holder	1
3	arm	1

(b) 부품 명칭

그림 4-6-14 원통 좌표 기구의 구성 요소

표 4-6-3 서보모터 제어 시간표

제어 시간	모터 종류	제어 대상	제어 조건
0초~5초	선형 모터	arm_holder	하강 슬라이딩(50㎜)
2초~5초	원형 모터	arm	회전(180°)
5초~10초	선형 모터	arm_holder	상승 슬라이딩(50㎜)
7초~10초	원형 모터	arm	회전(180°)

(2) 부품 형상모델링

1) 베이스

베이스는 암 홀더를 슬라이딩 지지하는 역할을 하며 중간 평면으로 보스돌출을 한다. 그림 4-6-15 (a)는 외관을 그림 4-6-15 (b)는 형상 치수를 나타내며 파일 이름은 “베이스”로 한다.

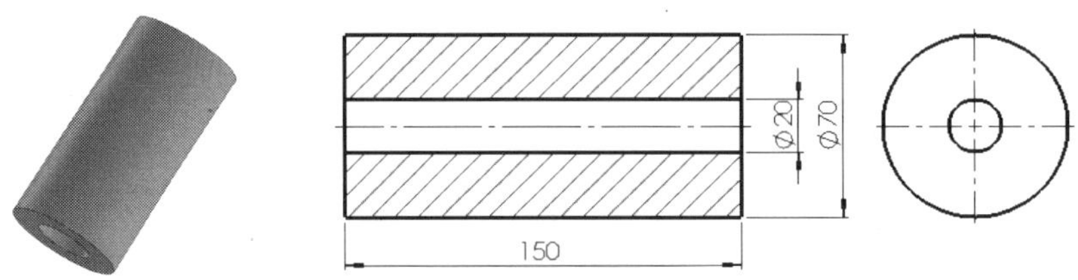

(a) 외관 (b) 형상 치수

그림 4-6-15 베이스의 형상 정보

2) 암 홀더

암 홀더는 암과 결합되어 암의 상하 운동을 담당하는 역할을 한다. 그림 4-6-16 (a)는 외관을 그림 4-6-16 (b)는 형상 치수를 나타내며 파일 이름은 “암 홀더”로 한다.

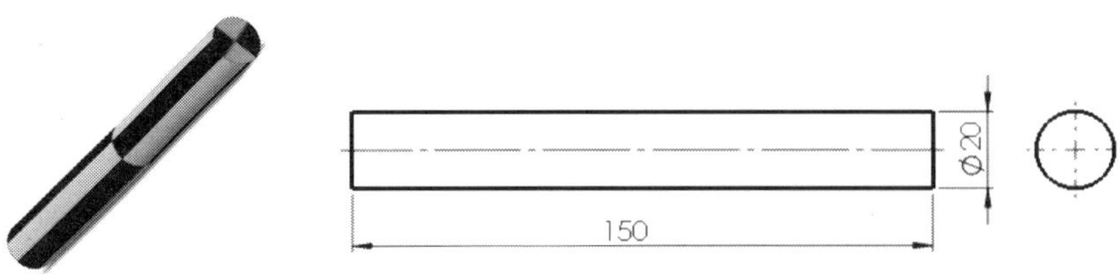

(a) 외관 (b) 형상 치수

그림 4-6-16 암 홀더의 형상 정보

3) 암

암은 암 홀더와 결합되어 회전 운동을 담당하는 역할을 한다. 그림 4-6-17 (a)는 외관을 그림 4-6-17 (b)는 형상 치수를 나타내며 파일 이름은 “암”으로 한다.

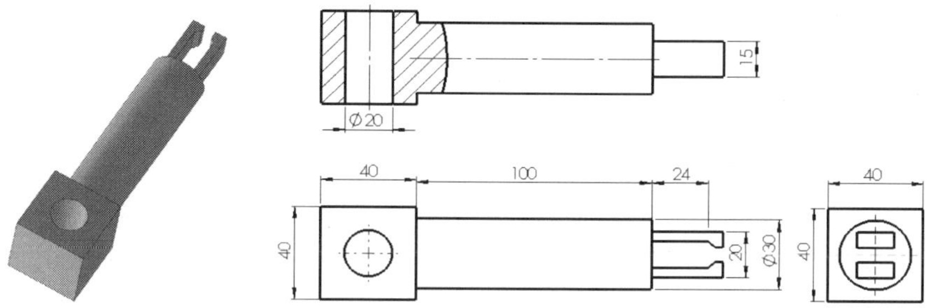

(a) 외관 (b) 형상 치수

그림 4-6-17 암의 형상 정보

6.2.3 기구 구성

(1) 부품 조립

1) 베이스의 조립

① 베이스(base) 파트모델을 불러온다.

② 마우스 우측 버튼을 클릭하고 “자유롭게 움직이기”를 클릭한다.

③ 어셈블리의 우측면과 베이스의 우측면을 일치 메이트 한다.

④ 베이스의 원점과 어셈블리의 원점을 일치 메이트 한다.

⑤ 마우스 우측 버튼을 클릭하고 “고정”을 클릭한다.

⑥ 확인을 누른다.

2) 암 홀더의 조립

① 암 홀더(arm_holder)을 불러온다.

② 암 홀더의 원통 옆면과 베이스의 구멍 옆면을 동심 메이트 한다.

③ 고급메이트의 거리 메이트를 클릭하고 암 홀더의 밑면과 베이스의 윗면을 클릭한다. 그리고 거리를 20, 최대값을 70, 최소값을 20으로 한다.

④ 확인을 눌러 메이트를 벗어난다.

3) 암의 조립

① 암(arm)을 불러온다.

② 암의 구멍 옆면과 암 홀더의 원통 옆면을 동심 메이트 한다.

③ 암 홀더의 윗면과 암의 윗면을 일치 메이트 한다.

④ 확인을 눌러 메이트를 벗어난다.

(2) 기구 저장하기

① 풀다운 메뉴에서 저장 도구()에서 “다른 이름으로 저장하기”를 클릭한다.

② 저장할 디렉토리를 정하고 파일이름을 “2축의 원통 좌표형 운동 기구”로 한다.

③ 저장 버튼을 클릭한다.

6.2.4 기구 모션 시뮬레이션

(1) 모션 조건 설정

1) 선형 구동 모터 설정

① 암의 아래로의 슬라이드 구동을 시키기 위해 모델 탭 옆의 모션 스터디 탭을 클릭한다.

② 구동을 위한 모터를 선택한다.

③ 모터 유형을 선형 모터로 선택한다.

④ 부품/방향에서 모터 위치는 선형 구동을 위해 그림 4-6-18 (a)와 같이 암 홀더의 중심축으로 한다.

(a) 선형 모터 설정 (b) 모션 설정 창

그림 4-6-18 모터 설정과 모션 설정 창 모습

2) 선형 모션 설정

① 모션은 모터 속성 창(그림 4-6-18 (b))의 모션 설정에서 세그먼트를 선택한다.

② 하강 이동 거리는 처음부터 5초 동안 50㎜이고 5초에서 10초 사이는 다시 상승 이동 거리로서 50㎜이므로 그림 4-6-19와 같이 설정한다.

③ 확인을 클릭한다.

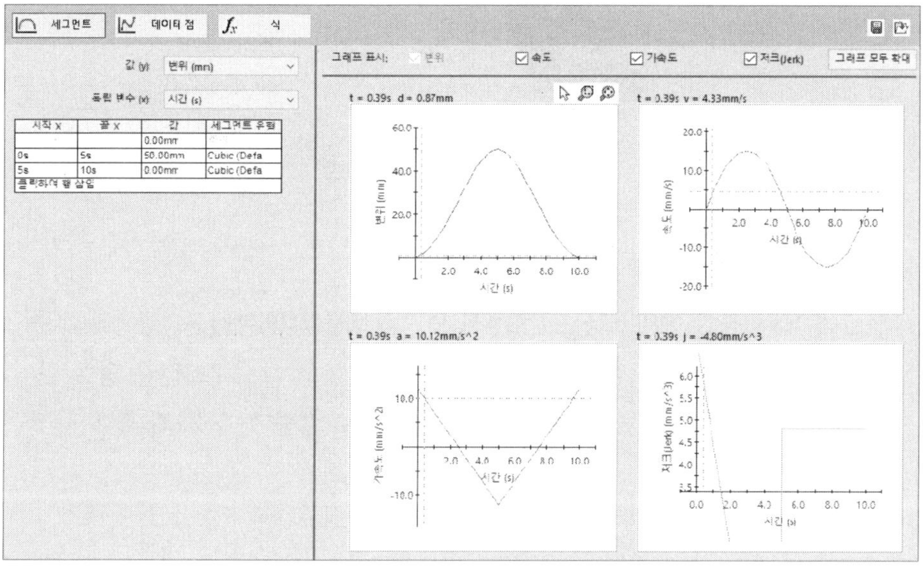

그림 4-6-19 세그먼트 모션 설정 모습

3) 회전 구동 모터 설정

① 암의 회전 구동을 시키기 위해 모델 탭 옆의 모션 스터디 탭을 클릭한다.

② 구동을 위한 모터를 선택한다.

③ 모터 유형을 원형 모터로 선택한다.

④ 부품/방향에서 모터 위치는 회전 구동을 위해 그림 4-6-20과 같이 암의 중심축으로 한다.

그림 4-6-20 모터 선정 모습

4) 회전 모션 설정

① 모션은 모터 속성 창의 모션 설정에서 세그먼트를 선택한다.

② 2초간은 멈춰 있다가 2초 후에 3초간 180° 회전하고 다시 2초간은 멈춰 있다가 2초 후에 3초간 180° 회전하여 원 상태로 복귀하므로 그림 4-6-21과 같이 설정한다.

③ 확인을 클릭한다.

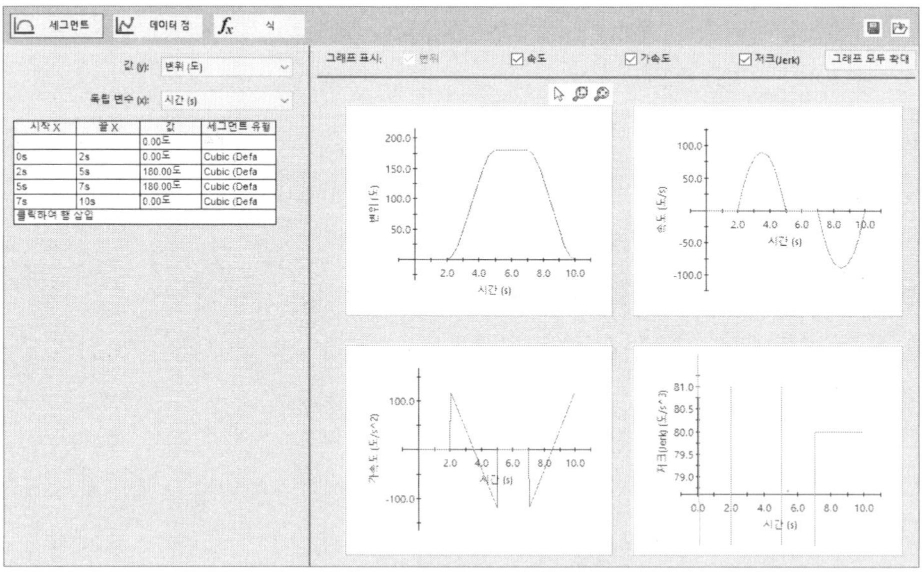

그림 4-6-21 세그먼트 모션 설정 모습

5) 모션 스터디 계산하기

① 모션 스터디 계산하기 아이콘을 클릭하여 설정된 모터의 구동 조건을 계산한다.

② 계산과 동시에 원통 좌표 기구의 구동을 확인한다.

(2) 시뮬레이션 결과

1) 암 홀더의 상하 운동 결과

① "결과와 플롯" 버튼을 클릭하여 그래프의 속성을 입력한다.

② 구동에 대한 암 홀더의 모션 해석 결과는 그림 4-6-22와 같다.

이 그래프를 통해 그림 4-6-22에서 암 홀더가 0초에서 5초 사이에 또한 10초에서 15초 사이에 상하 일정 거리 50㎜ 슬라이드 하고 있는 것을 알 수 있다.

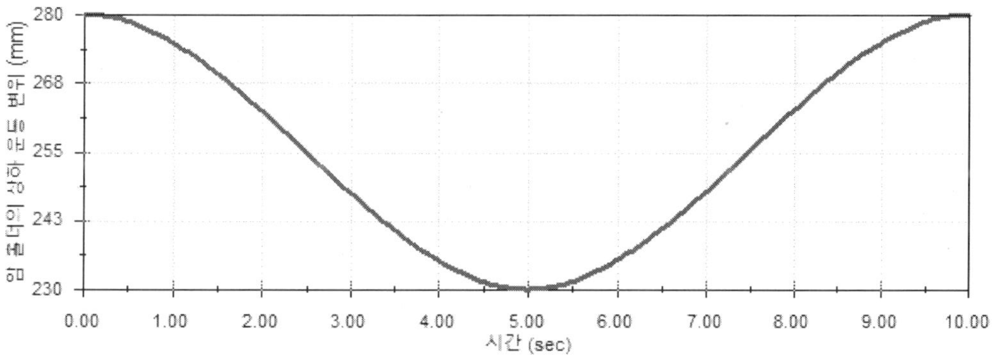

그림 4-6-22 암 홀더의 시간에 따른 y축 선형 변위 그래프 결과 모습

2) 암의 회전 운동 결과

① "결과와 플롯" 버튼을 클릭하여 그래프의 속성을 입력한다.

② 구동에 대한 암의 모션 해석 결과는 그림 4-6-23과 같다.

이 그래프를 통해 그림 4-6-23에서 암이 0초와 2초 사이는 멈춰 있다가 2초에서 5초 사이에 180° 회전하고 있으며 다시 5초에서 7초 사이 2초간 멈춰 있다가 7초에서 10초 사이에 180° 회전하고 있는 것을 알 수 있다.

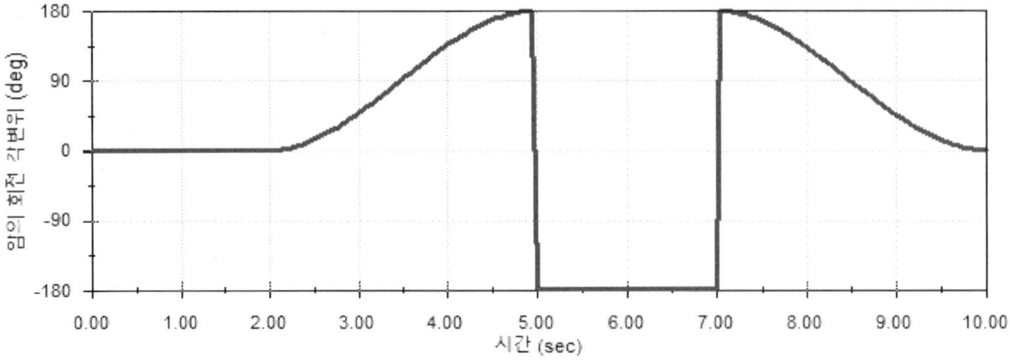

그림 4-6-23 암의 시간에 따른 각 변위 그래프 결과 모습

(3) 결과 고찰

그림 4-6-22와 그림 4-6-23의 그래프 결과를 보면 기구 운동이 제어 설계한 대로 구동되므로 원통형 좌표 기구 설계는 올바르다고 판단할 수 있다. 즉, 원통형 좌표 기구는 병진 운동과 회전 운동을 병행해서 구동되는데 2개의 모터를 사용하고 이 모터에 의한 구동이 제어 설계대로 잘 구동되는 것을 알 수 있었다. 다만 여기서 유의할 것은 2개 이상의 모터를 사용할 때 모션의 구동조건을 잘 선택하지 않으면 제대로의 모션 해석을 할 수 없다. 여기서 선형 모터 및 원형 모터에 의한 모션 조건에 세그먼트를 사용한 것은 다른 모션 조건에서는 잘 구동이 되지 않았다는 점이 좋은 예라고 할 수 있다. 그리고 애니메이션에서 구동된다고 모션 해석에서 설계대로 구동되지 않는 경우도 있으나 모션 해석에서 구동되면 애니메이션에서는 반드시 구동된다는 것을 명심하고 모션 해석에 맞추어 모션 조건을 주도록 하는 것이 바람직하다.

(4) 동영상 저장하기

① 저장 아이콘을 클릭한다.
② 동영상 설정 창이 나타난다.
③ 파일 이름을 "2축의 원통 좌표형 운동변환 기구 동영상"으로 한다.
④ 비디오 압축 창이 나타나고 프레임 정보에서 초당 프레임을 25로 하고 저장을 누른다.
⑤ 압축 프로그램의 창이 나타나면 "전체 프레임(압축 안함)"을 선택하고 확인을 클릭한다.
⑥ 기구가 동작하면서 동영상으로 저장된다.

6.3 3축의 관절형 운동 변환 기구

6.3.1 문제

좌표형 운동 기구는 부록 3과 같이 매우 여러 종류가 있는데 병진과 회전 및 회전을 융합하여 운동 시키고자 할 때 설계할 수 있는 대표적인 기구는 그림 4-6-24와 같은 3축의 관절형 운동변환 기구($Z_m - \theta - \theta$)이다.

한 로봇 기구 생산 공장에서 3축의 관절형 운동변환 기구를 생산하고 있다. 생산되는 3축의 관절형 운동변환 기구의 동작 모습을 일반 사람들에게 이해시키기 위해 기구 모션 동영상으로 만들어 달라는 주문이 들어왔을 때 당신은 어떻게 해결할 것인가?

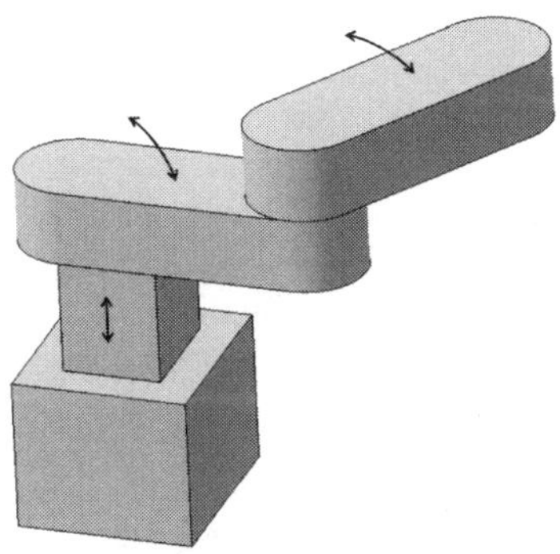

그림 4-6-24 3축의 관절형 운동변환 기구

6.3.2 부품 준비

(1) 부품 사양 결정

1) 설계 제한 조건

① 3축의 관절형 운동변환 기구의 동작은 순서제어를 한다.

② 기구 모션 해석을 동영상으로 나타낸다.

③ 3축의 관절형 운동변환 기구의 작업 순서는 표 4-6-4와 같다.

표 4-6-4 작업 순서 논리표

작업 순서	행동	제어 대상
작업1	암 홀더를 내림	arm_holder
작업2	암1 좌회전	arm1
작업3	암2 우회전	arm2
작업4	암2 좌회전	arm2
작업5	암1 우회전	arm1
작업6	원 상태로 올림	arm_holder

2) 사양 결정

① 3축의 관절형 운동 변환 기구의 구성요소는 그림 4-6-25와 같다.

② 3축의 관절형 운동 변환 기구의 모터 제어 시간은 표 4-6-5와 같다.

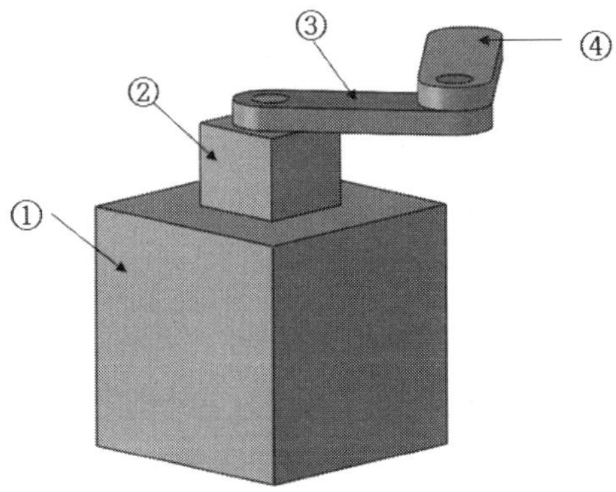

(a) 부품 번호

품번	품명	수량
1	base	1
2	arm_holder	1
3	arm1	1
4	arm2	1

(b) 부품 명칭

그림 4-6-25 원통 좌표 기구의 구성 요소

표 4-6-5 서보모터 제어 시간표

제어 시간	모터 종류	제어 대상	제어 조건
0초~1초	선형 모터	arm_holder	하강 슬라이딩(80㎜)
1초~2초	원형 모터1	arm1	좌회전(90°)
2초~3초	원형 모터2	arm2	우회전(60°)
3초~4초	원형 모터2	arm2	좌회전(60°)
4초~5초	원형 모터1	arm1	우회전(90°)
5초~6초	선형 모터	arm_holder	상승 슬라이딩(80㎜)

(2) 부품 형상모델링

1) 베이스

베이스는 암 홀더를 슬라이딩 지지하는 역할을 한다. 그림 4-6-26 (a)는 외관을 그림 4-6-26 (b)는 형상 치수를 나타내며 파일 이름은 "베이스"로 한다.

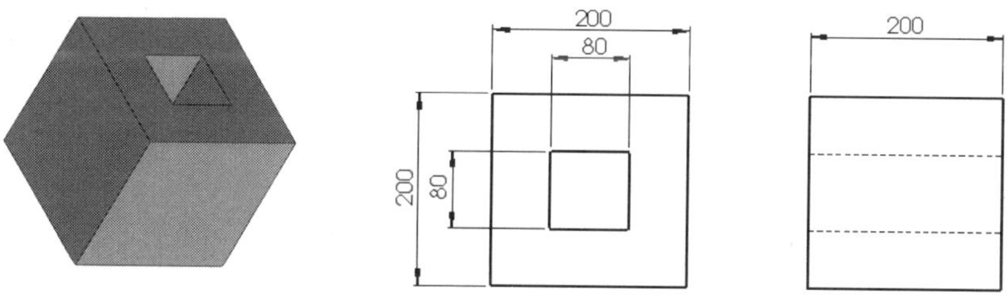

(a) 외관 (b) 형상 치수

그림 4-6-26 베이스의 형상 정보

2) 암 홀더

암 홀더는 암과 결합되어 암의 회전 운동을 담당하는 역할을 한다. 그림 4-6-27 (a)는 외관을 그림 4-6-27 (b)는 형상 치수를 나타내며 파일 이름은 "암 홀더"로 한다.

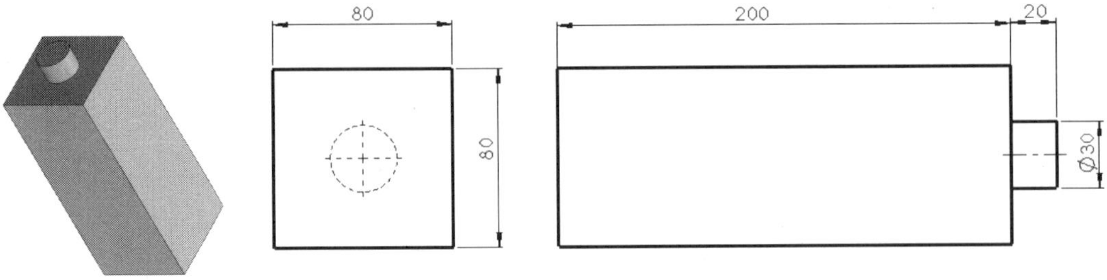

(a) 외관 (b) 형상 치수

그림 4-6-27 암 홀더의 형상 정보

3) 암1

암1은 암 홀더와 결합되어 회전 운동을 담당하는 역할을 한다. 그림 4-6-28 (a)는 외관을 그림 4-6-28 (b)는 형상 치수를 나타내며 파일 이름은 "암1"로 한다.

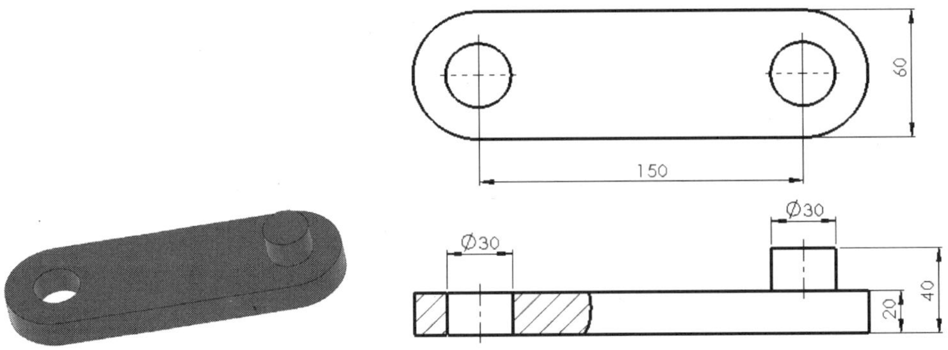

(a) 외관 (b) 형상 치수

그림 4-6-28 암1의 형상 정보

4) 암2

암2는 암1과 결합되어 회전 운동을 담당하는 역할을 한다. 그림 4-6-29 (a)는 외관을 그림 4-6-29 (b)는 형상 치수를 나타내며 파일 이름은 "암2"로 한다.

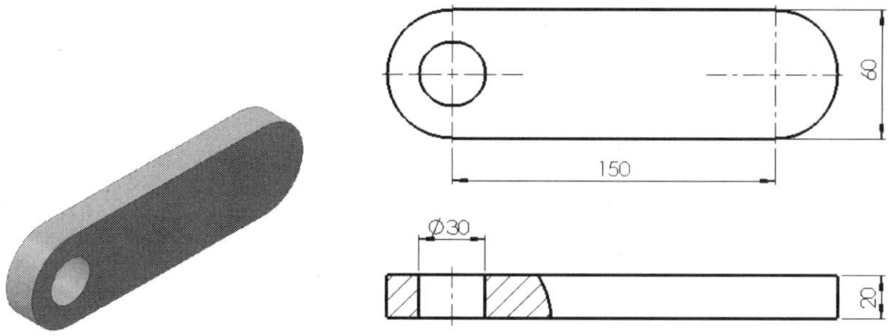

(a) 외관　　　　　　　　(b) 형상 치수

그림 4-6-29 암2의 형상 정보

6.3.3 기구 구성

(1) 부품 조립

1) 베이스의 조립

① 베이스(base) 파트모델을 불러온다.
② 마우스 우측 버튼을 클릭하고 "자유롭게 움직이기"를 클릭한다.
③ 어셈블리의 우측면과 베이스의 우측면을 일치 메이트 한다.
④ 베이스의 원점과 어셈블리의 원점을 일치 메이트 한다.
⑤ 마우스 우측 버튼을 클릭하고 "고정"을 클릭한다.
⑥ 확인을 누른다.

2) 암 홀더의 조립

① 암 홀더(arm_holder)을 불러온다.
② 암 홀더의 가로 옆면과 베이스의 구멍 가로 옆면을 일치 메이트 한다.
③ 암 홀더의 세로 옆면과 베이스의 구멍 세로 옆면을 일치 메이트 한다.
④ 고급메이트의 거리 메이트를 클릭하고 암 홀더의 윗면과 베이스의 윗면을 클릭한다. 그리고 거리를 50, 최대값을 150, 최소값을 50으로 한다.
⑤ 확인을 눌러 메이트를 벗어난다.

3) 암1의 조립

① 암1(arm_1)을 불러온다.

② 암1의 구멍 옆면과 암 홀더의 원통 옆면을 동심 메이트 한다.

③ 암 홀더의 원통 윗면과 암1의 윗면을 일치 메이트 한다.

④ 확인을 눌러 메이트를 벗어난다.

4) 암2의 조립

① 암2(arm_2)을 불러온다.

② 암2의 구멍 옆면과 암1의 원통 옆면을 동심 메이트 한다.

③ 암1의 볼록 원통 윗면과 암2의 형상 윗면을 일치 메이트 한다.

④ 확인을 눌러 메이트를 벗어난다(그림 4-6-30).

그림 4-6-30 최종 기구 구성 모습

(2) 기구 저장하기

① 풀다운 메뉴에서 저장 도구()에서 "다른 이름으로 저장하기"를 클릭한다.

② 저장할 디렉토리를 정하고 파일이름을 "3축의 관절형 운동 기구"로 한다.

③ 저장 버튼을 클릭한다.

6.3.4 기구 모션 시뮬레이션

(1) 모션 조건 설정

1) 선형 구동 모터 설정

① 암의 아래로의 슬라이드 구동을 시키기 위해 모델 탭 옆의 모션 스터디 탭을 클릭한다.

② 구동을 위한 모터를 선택한다.

③ 모터 유형을 선형 모터로 선택한다.

④ 부품/방향에서 모터 위치는 선형 구동을 위해 그림 4-6-31 (a)과 같이 암 홀더의 옆면으로 한다.

(a) 선형 모터 설정

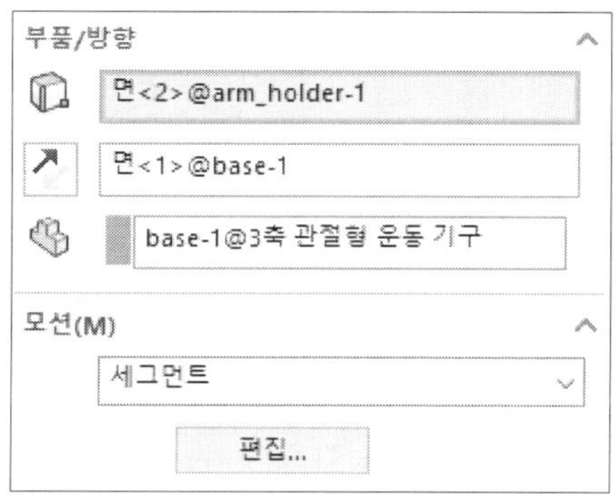

(b) 모터 설정 창

그림 4-6-31 선형 모터 설정 모습

2) 선형 모션 설정

① 모션은 모터 속성 창(그림 4-6-31 (b))의 모션 설정에서 세그먼트를 선택한다.

② 하강 이동 거리는 처음부터 1초 동안 100㎜이고 5초에서 6초 사이는 다시 상승 이동 거리로서 100㎜로 설정한다.

③ 확인을 클릭한다.

3) 회전 구동 모터 설정

① 암1 및 암2의 회전 구동을 시키기 위해 모델 탭 옆의 모션 스터디 탭을 클릭한다.

② 구동을 위한 모터를 선택한다.

③ 모터 유형을 원형 모터로 선택한다.

④ 부품/방향에서 모터 위치는 회전 구동을 위해 그림 4-6-32와 같이 암1 및 암2의 동심 메이트로 한다.

(a) 원형 모터1 설정

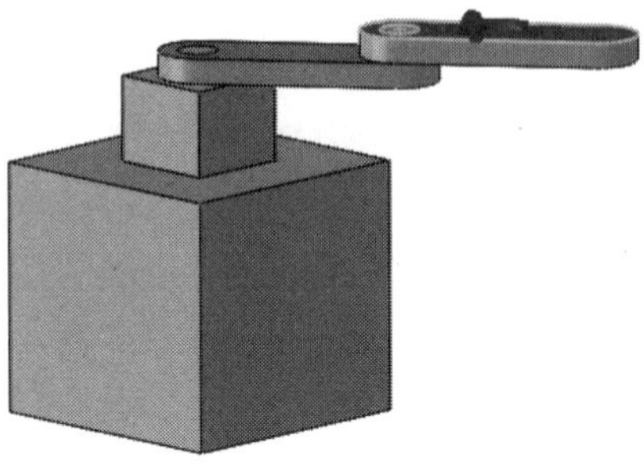

(b) 원형 모터2 설정

그림 4-6-32 원형 모터 설정 모습

4) 회전 모션 설정

① 모션은 모터 속성 창의 모션 설정에서 세그먼트를 선택한다.

② 원형 모터1은 1초간은 멈춰 있다가 2초와 3초 사이에 90° 좌회전하고 다시 4초와 5초 사이에 90° 우회전하도록 설정한다.

③ 확인을 클릭한다.

④ 원형 모터2는 2초간은 멈춰 있다가 3초와 4초 사이에 60° 좌회전하고 다시 4초와 5초 사이에 60° 우회전하도록 설정한다.

⑤ 확인을 클릭한다.

5) 모션 스터디 계산하기

① 모션 스터디 계산하기 아이콘을 클릭하여 설정된 모터의 구동 조건을 계산한다.

② 계산과 동시에 3축 관절형 기구의 구동을 확인한다.

(2) 시뮬레이션 결과

1) 암 홀더의 회전 운동 결과

① "결과와 플롯" 버튼을 클릭하여 그래프의 속성을 입력한다.

② 구동에 대한 암 홀더의 모션 해석 결과는 그림 4-6-33과 같다.

이 그래프를 통해 그림 4-6-33에서 암 홀더가 0초에서 1초 사이에 또한 5초에서 6초 사이에 100㎜ 선형 변위하고 있는 것을 알 수 있다.

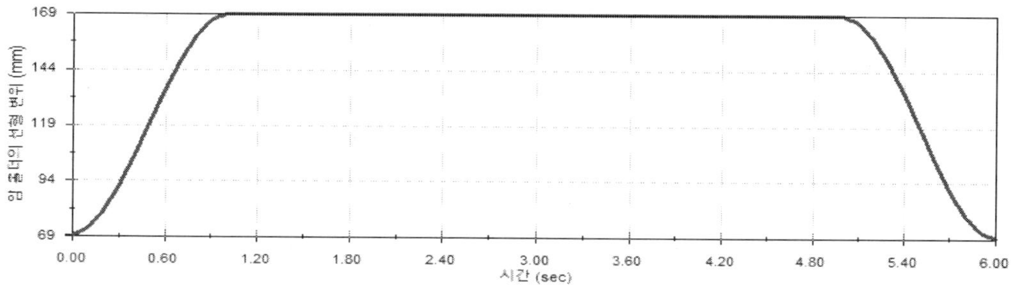

그림 4-6-33 암 홀더의 시간에 따른 Z축 선형 변위 결과 그래프

2) 암1의 회전 운동 결과

① "결과와 플롯" 버튼을 클릭하여 그래프의 속성을 입력한다.

② 구동에 대한 암1의 모션 해석 결과는 그림 4-6-34와 같다.

이 그래프를 통해 그림 4-6-34에서 암1이 1초에서 2초 사이에 또한 4초에서 5초 사이에 90° 각 변위하고 있는 것을 알 수 있다.

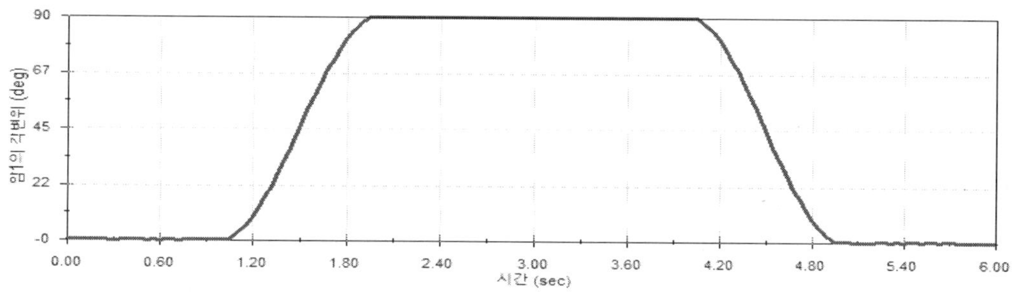

그림 4-6-34 암1의 시간에 따른 각 변위 결과 그래프

3) 암2의 회전 운동 결과

① "결과와 플롯" 버튼을 클릭하여 그래프의 속성을 입력한다.

② 구동에 대한 암2의 모션 해석 결과는 그림 4-6-35와 같다.

이 그래프를 통해 그림 4-6-35에서 암2가 2초와 3초 사이에 60° 회전하고 있는 것을 알 수 있다.

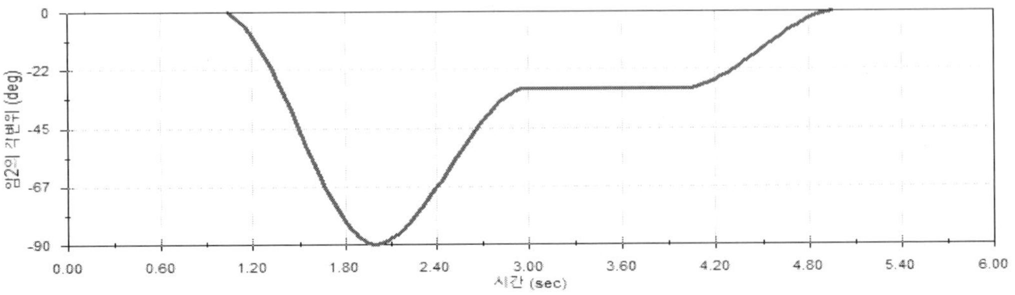

그림 4-6-35 암2의 시간에 따른 각 변위 결과 그래프

(3) 결과 고찰

그림 4-6-33에서 그림 4-6-35까지의 그래프 결과를 보면 기구 운동이 제어 설계한 대로 구동되므로 3축 관절형 기구 설계는 올바르다고 판단할 수 있다. 즉, 3축 관절형 기구는 0초와 1초 사이에 병진운동으로 암 홀더가 100㎜ 상승하였고 암1이 1초에서 2초 사이에 또한 4초에서 5초 사이에 90˚ 회전 운동을 하였으며 암2가 2초와 3초 사이에 60˚ 회전하므로 3개의 모터에 의한 구동이 제어 설계대로 잘 구동되는 것을 알 수 있었다.

(4) 동영상 저장하기

① 저장 아이콘을 클릭한다.

② 동영상 설정 창이 나타난다.

③ 파일 이름을 "3축의 관절형 운동 변환 기구 동영상"으로 한다.

④ 비디오 압축 창이 나타나고 프레임 정보에서 초당 프레임을 25로 하고 저장을 누른다.

⑤ 압축 프로그램의 창이 나타나면 "전체 프레임(압축 안함)"을 선택하고 확인을 클릭한다.

⑥ 기구가 동작하면서 동영상으로 저장된다.

6.4 자율평가 문제

이 자율평가의 목적은 앞에서 익힌 내용을 다 이해하고 평가 문제에 대해 자기 주도적으로 문제를 해결하고 숙지 정도를 확인하기 위함이다. 본인의 부족한 점에 대해 파악하는 태도를 기르고 부족하다면 다른 사람의 도움을 받거나 본인 스스로 앞의 내용을 더욱 자세히 학습하는 자기주도 학습에 목적이 있다.

그림 4-6-14를 변형한 부록 3의 3축의 원통 좌표형 운동변환 기구($\theta - Z_m - X_m$)에 대해 다음과 같은 제어 조건이 주어졌다고 하자. 이 때 다음 문제에 대해 해결하시오.

※ 작업 순서 논리표

작업 순서	행동	제어 대상	제어 조건
스텝1	베이스 회전	base	회전(90˚)
스텝2	암 홀더를 돌림	arm_holder	하강 슬라이딩(80㎜)
스텝3	암을 뻗음	arm	슬라이딩(80㎜)
스텝4	암을 오므림	arm	슬라이딩(-80㎜)
스텝5	암 홀더를 올림	arm_holder	상승 슬라이딩(80㎜)
스텝6	베이스 원상태	base	회전(90˚)

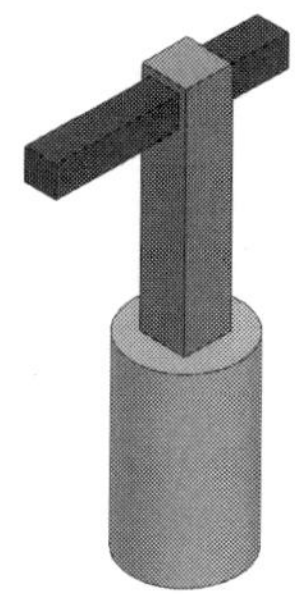

대상 기구

문제 1

작업 논리표와 같이 움직일 수 있는 3축의 원통 좌표형 운동변환 기구를 구성하시오.

문제 2

3축의 원통 좌표형 운동변환 기구의 모션 시뮬레이션을 하고 기구 끝점의 궤적을 나타내며 최종적으로 동영상을 작성하시오.

위의 문제에 대해 부록의 답안과 비교하여 일치한 답을 했다면 앞의 내용을 완전히 이해했다고 판단되지만 틀린 부분이 있다면 그 원인을 반드시 찾도록 하는 것이 좋을 것입니다. 본인의 답이 맞다고 생각하면 일치하지 않아도 좋지만 그 이유를 반드시 적어보고 확실한지 다시 한 번 확인하기 바랍니다.

자율 평가 결과 점검표

학습자 성명 :	평가 날짜 :
평가 제목 : 3축 원통 좌표형 운동변환 기구 설계	

	성취 수준		
	하지 못했음	했지만 잘 모르겠음	완전히 하였음
• 3축 원통 좌표형 기구 구성을 하였다.			
• 3축 원통 좌표형 기구의 모션 시뮬레이션을 하였다.			
• 3축 원통 좌표형 기구의 모션 시뮬레이션 결과에 따른 궤적 그래프를 나타내었다.			
• 3축 원통 좌표형 기구의 모션 시뮬레이션 결과에 따라 암의 선형 변위 플롯을 나타내었다.			
• 3축 원통 좌표형 기구 시뮬레이션 모션 동영상을 제작하였다.			

성취수준

위의 모든 항목에 대해 "완전히 하였음", 즉 완성도 100%로 답하여야 합니다. 만일 "하지 않았음" 또는 "했지만 잘 모르겠음"에 답을 했다면 앞에서 학습한 내용을 다시 한 번 확인하여 다시 수행하고 필요한 경우에는 교육자 또는 전문가와 상의하기 바랍니다.

제 V 단원

메카트로닉스용 기구 설계

제1장 랙과 피니언 응용 평행 개폐형 로봇 핸드
제2장 링크 기구 응용 자동차 와이퍼
제3장 캠 기구 응용 스탬프 기구
제4장 제네바 기구 응용 간헐 컨베이어
제5장 직교 좌표 기구에 의한 글자 쓰기

학습 개요

앞에서 배운 기어, 링크, 캠 및 특수 운동 기구를 바탕으로 모터 구동에 의해 요구 운동 목적을 달성하도록 가상 메카트로닉스용 기구를 구성하는 내용으로 이루어졌다. 그리고 모션 시뮬레이션에 의해 기구의 요구 운동 목적이 정확히 이루어지고 있는지를 고찰하는 내용으로 이루어졌다.

학습 목표

본 학습을 마친 학습자는

- **메카트로닉스용 기구**를 구성하고 기구 요구 운동 조건에 따른 기구 시뮬레이션을 할 수 있다.
- **메카트로닉스용 기구**의 모션 시뮬레이션 결과를 바탕으로 기구 요구 운동의 타당성을 고찰할 수 있다.
- **메카트로닉스용 기구**의 모션 동영상을 제작할 수 있다.

학습 성과와 수행준거

(1) 공학문제를 해결하기 위해 도구를 활용할 수 있는 능력
메카트로닉스용 기구의 요구 운동 목적 달성을 위해 CAD도구의 모션 해석을 활용할 수 있다.

(2) 제한조건을 고려하여 기구를 설계할 수 있는 능력
요구 문제에 따른 제한 운동 조건 등을 고려하여 메카트로닉스용 기구를 설계 할 수 있다.

(3) 자기 주도적인 능력
메카트로닉스용 기구에 대한 기초 기구의 응용을 통해 여러 응용 기구 구성 능력 향상의 자기 발전성을 추구할 수 있다.

제1장

랙과 피니언 응용 평행 개폐형 로봇 핸드

1.1 문제

여러분이 기계공학을 전공한 전문가이며 특히 로봇 핸드 설계 분야에 대해 전공이라고 하자. 한 자동차 회사에서 자동화 생산 라인에 사용할 그림 5-1-1과 같은 랙과 피니언에 의한 평행 개폐형 로봇핸드를 주문하였다 하자. 다만 공작물을 파악할 수 있는 최소 파악 직경은 140㎜, 최대 파악 직경은 380㎜로 주문할 때 당신은 어떻게 해결할 것인가?

그림 5-1-1 평행 개폐형 로봇 핸드

1.2 부품 준비

1.2.1 기구 사양

(1) 요구 조건

① 평행 개폐형 로봇 핸드 장치이다.

② 기어(랙과 피니언)에 의해 조(손가락)가 작동한다.

③ 로봇 핸드 조(손가락)의 공작물 최소 파악 직경은 ∅140㎜로 한다.

④ 로봇 핸드 조(손가락)의 공작물 최대 파악 직경은 ∅380㎜로 한다.

(2) 설계 제한 조건

① 구동은 선형 모터로 조정하는 것으로 한다. 즉, 실린더가 전진 시 조가 닫히고 후진 시 조가 열리는 형태로 한다.

② 손가락의 최소 이동범위는 좌우 조가 맞붙는 변위로 0㎜로 한다. 따라서 그림 5-1-2와 같이 최소 공작물 파악 시의 공작물 직경을 참고로 손가락 모양을 결정한다.

③ 손가락의 최대 이동범위는 공작물 최대 파악 반지름(∅380㎜)보다 커야 하므로 그림 5-1-3과 같이 최대 공작물을 손가락으로 파악한 이상적인 지름인 394㎜를 가정하여 로봇 핸드 양쪽 조의 최대 벌림 변위는 양쪽 벌림 변위가 같으며 공작물이 어느 방향에서도 파악 가능한 약 330㎜로 한다.

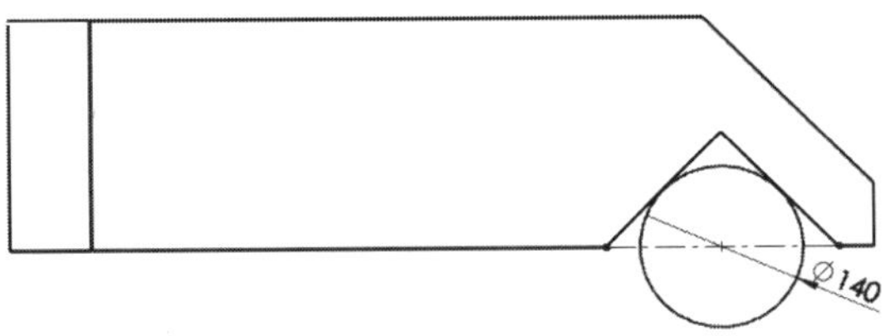

그림 5-1-2 로봇 핸드 조의 최소 공작물 파악 시의 모습

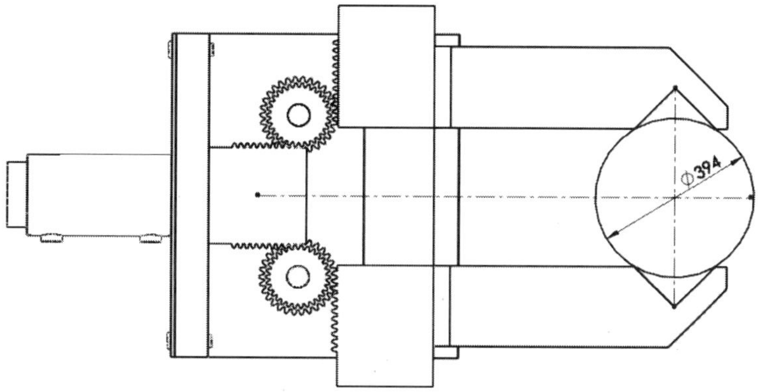

그림 5-1-3 로봇 핸드 조의 최대 변위 모습

(3) 사양 결정

① 피니언의 압력각은 20이다.

② 조의 움직임과 관련된 피니언 b의 잇수는 30이다.

③ 조의 움직임과 관련된 조 랙과 피니언의 모듈은 6이다. 즉, 피치는 18.850㎜이다.

④ 피스톤과 관련된 피니언 a의 잇수는 30이다.

⑤ 피스톤과 관련된 피스톤 랙과 피니언의 모듈은 5이다. 즉, 피치는 15.707㎜이다.

이상을 정리하면 표 5-1-1과 같이 된다.

표 5-1-1 기어 사양

기어명	모듈	압력각	피치원 및 랙 피치	잇수
pinion_a	5	20	150(피치원지름)	30
piston_rack	5	-	5π(=15.707, 랙 피치)	12
pinion_b	6	20	180(피치원지름)	30
jaw_rack	6	-	6π(=18.850, 랙 피치)	10

1.2.2 부품 형상모델링

(1) 베이스

베이스는 피스톤 랙과 피니언 및 조 랙 등을 지지하고 가이드 하는 역할을 한다. 그림 5-1-4 (a)는 베이스의 외형이며 이 베이스를 그림 5-1-4 (b)의 치수대로 형상모델링 하고 저장 파일 이름을 "base"으로 한다.

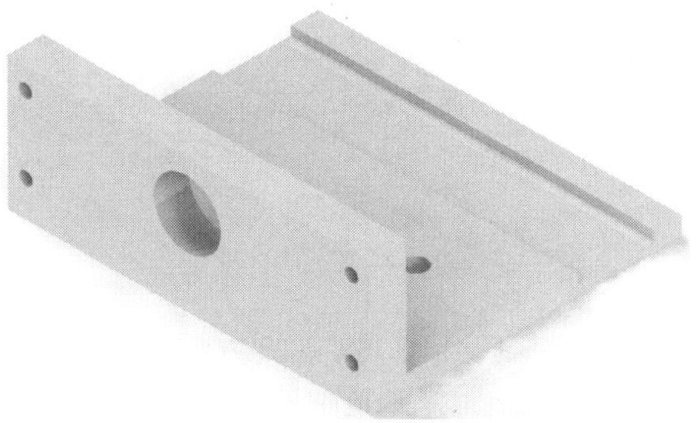

(a) 외관

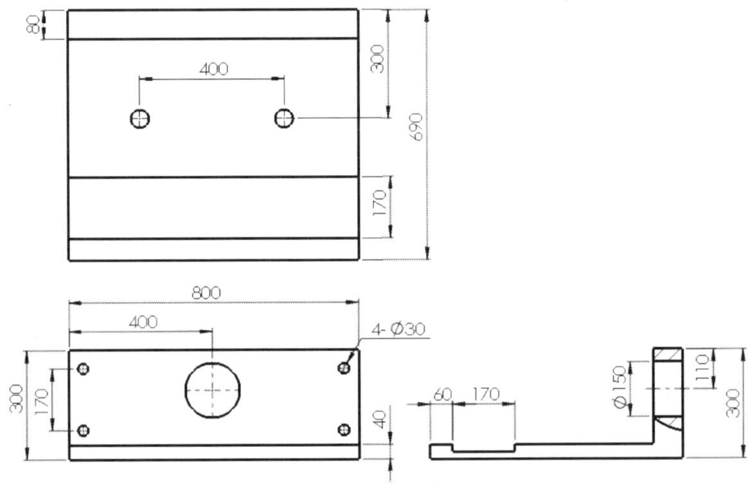

(b) 형상 치수

그림 5-1-4 베이스 형상 정보

(2) 베이스 핀

베이스 핀은 실린더 케이스를 고정하는 역할을 한다. 그림 5-1-5 (a)는 베이스 핀의 외형이며 이 베이스 핀을 그림 5-1-5 (b)의 치수대로 형상모델링 하고 저장 파일 이름을 "base_pin"으로 한다.

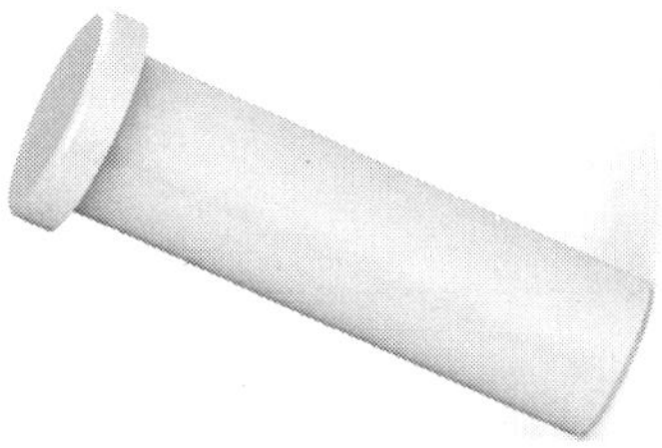

(a) 외관

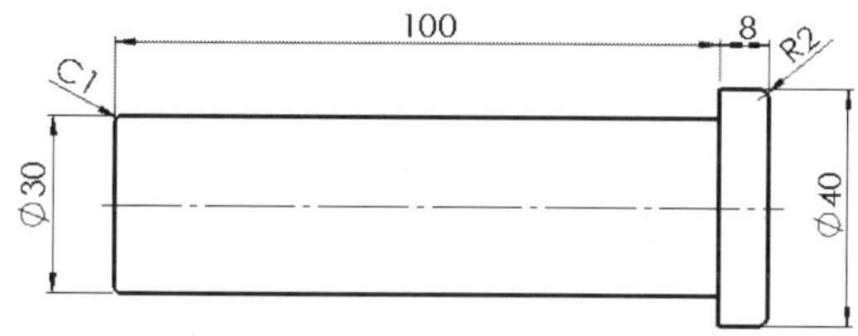

(b) 형상 치수

그림 5-1-5 베이스 핀 형상 정보

(3) 실린더 케이스

실린더 케이스는 피스톤 랙을 작동하기 위한 유압 실린더 케이스이다. 그림 5-1-6 (a)는 실린더 케이스의 외형이며 이 실린더 케이스를 그림 5-1-6 (b)의 치수대로 형상모델링 하고 저장 파일 이름을 "cylinder_case"으로 한다.

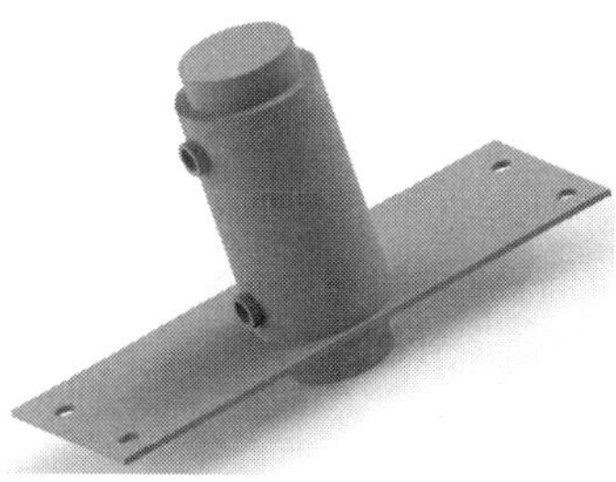

(a) 외관

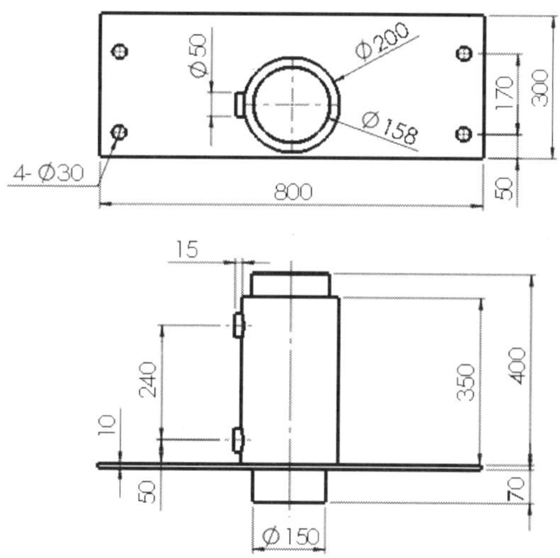

(b) 형상 치수

그림 5-1-6 실린더 케이스 형상 정보

(5) 조

조는 공작물을 파악하기 위한 로봇의 핸드에 해당한다. 그림 5-1-7 (a)는 조의 외형이며 이 조를 그림 5-1-7 (b)의 치수대로 형상모델링 하고 저장 파일 이름을 "jaw"으로 한다.

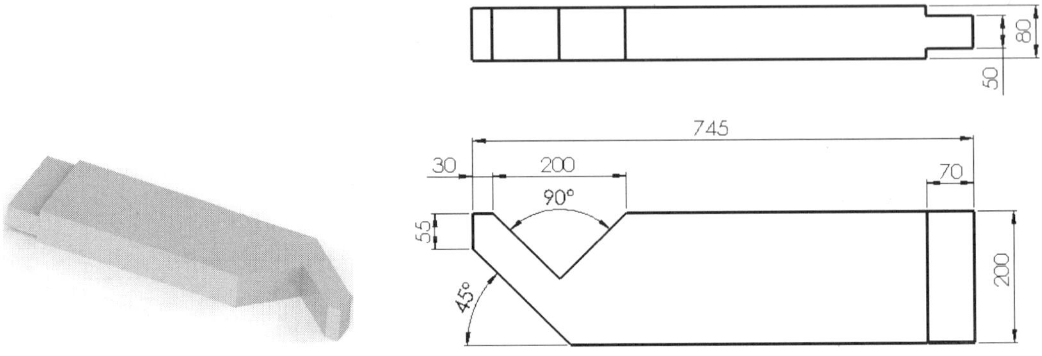

(a) 외관 (b) 형상 치수

그림 5-1-7 조 형상 정보

(6) 왼쪽 조 랙

왼쪽 조 랙은 조를 움직이게 하여 공작물을 파악하여야 하므로 피니언과 조립되어 랙과 피니언 역할을 한다. 그림 5-1-8 (a)는 왼쪽 조 랙의 외형이며 이 왼쪽 조 랙을 그림 5-1-8 (b)의 치수대로 형상모델링 하고 저장 파일 이름을 "jaw_rack_left"로 한다. 랙과 피니언 기어 메이트 조립이므로 랙의 피치선을 나타나게 하며 조립할 때 이와 이가 서로 정확히 맞물리도록 하기 위해 출발면을 생성하는 것이 중요하다.

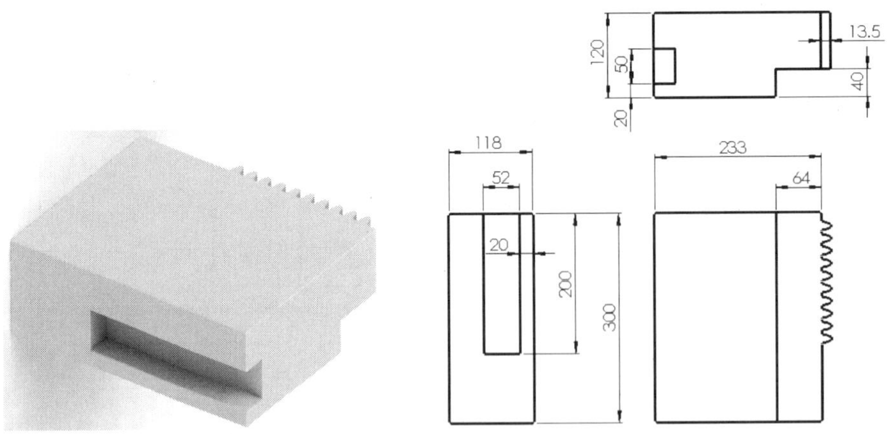

(a) 외관 (b) 형상 치수

그림 5-1-8 왼쪽 조 랙 형상 정보

(7) 오른쪽 조 랙

오른쪽 조 랙은 조를 움직이게 하여 공작물을 파악하여야 하므로 피니언과 조립되어 랙과 피니언 역할을 한다. 그림 5-1-9 (a)는 오른쪽 조 랙의 외형이며 이 오른쪽 조 랙을 그림 5-1-9 (b)의 치수대로 형상모델링 하고 저장 파일 이름을 "jaw_rack_right"로 한다. 랙과 피니언 기어 메이트 조립이므로 랙의 피치선을 나타나게 하며 조립할 때 이와 이가 서로 정확히 맞물리도록 하기 위해 출발면을 생성하는 것이 중요하다.

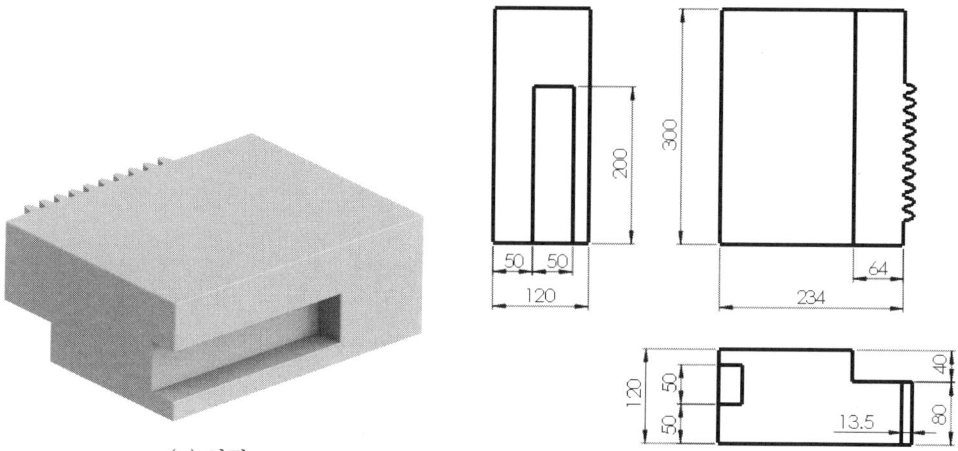

(a) 외관

(b) 형상 치수

그림 5-1-9 오른쪽 조 랙 형상 정보

(8) 피니언 a

피니언 a는 피스톤 랙과 맞물려서 랙과 피니언 역할을 한다. 그림 5-1-10 (a)는 피니언 a의 외형이며 이 피니언 a를 그림 5-1-10 (b)의 치수대로 형상모델링 하고 저장 파일 이름을 "pinion_a"로 한다. 랙과 피니언 기어 메이트 조립이므로 피니언의 피치선을 나타나게 하며 조립할 때 이와 이가 서로 정확히 맞물리도록 하기 위해 출발면을 생성하는 것이 중요하다.

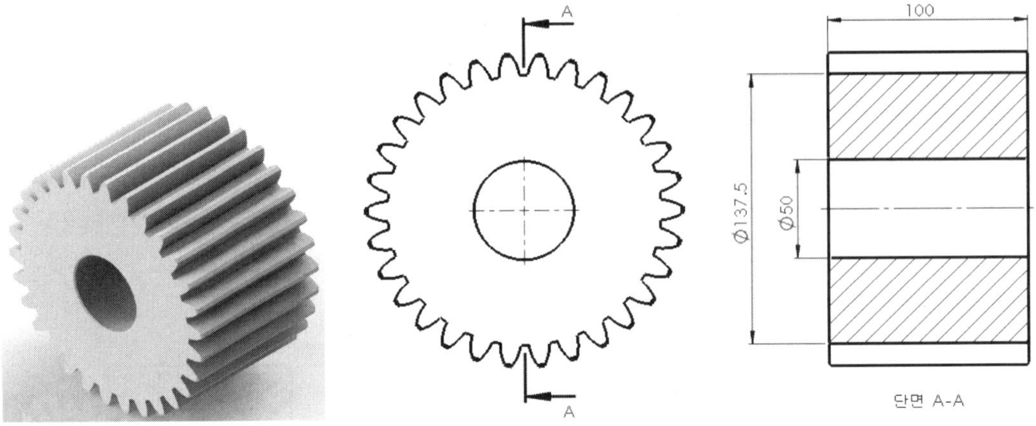

(a) 외관 (b) 형상 치수

그림 5-1-10 피니언 a 형상 정보

(9) 피니언 b

피니언 b 역시 피스톤 랙과 맞물려서 랙과 피니언 역할을 한다. 그림 5-1-11 (a)는 피니언 b의 외형이며 이 피니언 b를 그림 5-1-11 (b)의 치수대로 형상모델링 하고 저장 파일 이름을 "pinion_b"로 한다. 랙과 피니언 기어 메이트 조립이므로 피니언의 피치선을 나타나게 하며 조립할 때 이와 이가 서로 정확히 맞물리도록 하기 위해 출발면을 생성하는 것이 중요하다.

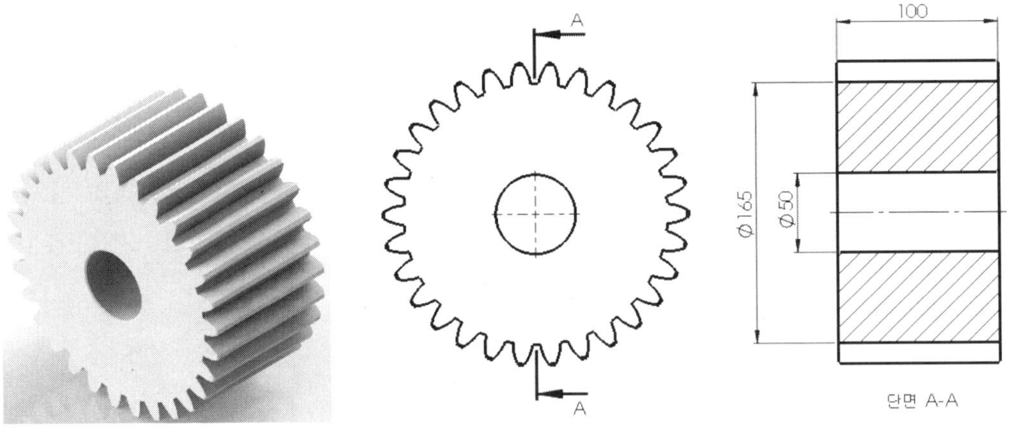

(a) 외관 (b) 형상 치수

그림 5-1-11 피니언 b 형상 정보

(10) 피니언 핀

피니언 핀은 피니언 세트(피니언 a와 피니언 b의 조립)를 고정하는 역할을 한다. 그림 5-1-12 (a)는 피니언 핀의 외형이며 이 피니언 핀을 그림 5-1-12 (b)의 치수대로 형상모델링 하고 저장 파일 이름을 "pinion_pin"으로 한다.

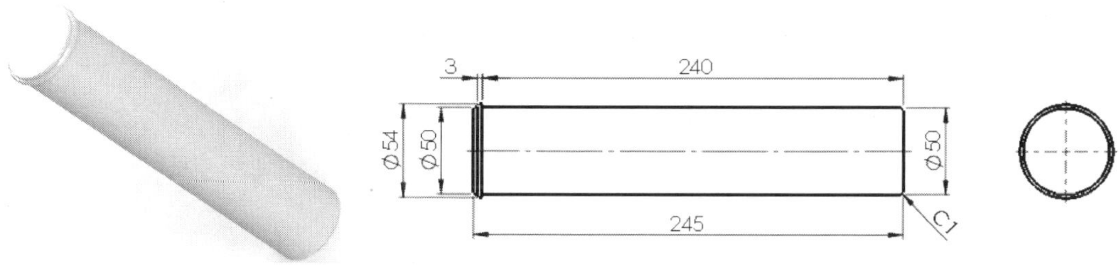

(a) 외관 (b) 형상 치수

그림 5-1-12 피니언 핀 형상 정보

(11) 피스톤 랙

피스톤 랙은 피니언 a와 조립되어 피니언 세트를 회전시키는 역할을 한다. 그림 5-1-13 (a)는 피스톤 랙의 외형이며 이 피스톤 랙을 그림 5-1-13 (b)의 치수대로 형상모델링 하고 저장 파일 이름을 "piston_rack"로 한다. 랙과 피니언 기어 메이트 조립이므로 랙의 피치선을 나타나게 하며 조립할 때 이와 이가 서로 정확히 맞물리도록 하기 위해 출발면을 생성하는 것이 중요하다.

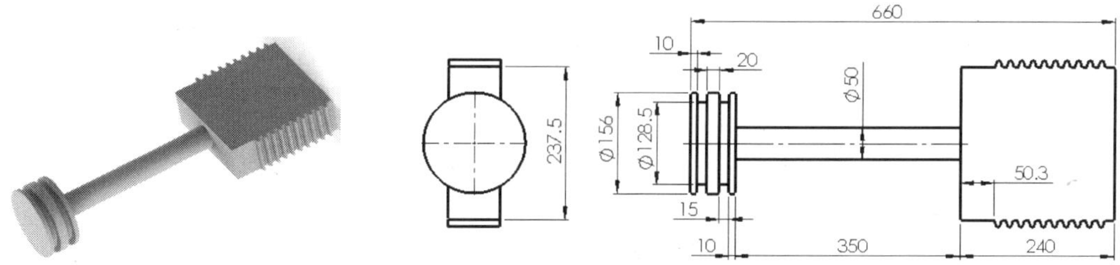

(a) 외관 (b) 형상 치수

그림 5-1-13 피스톤 랙 형상 정보

1.3 기구 구성

1.3.1 부품 조립

(1) 베이스 세트 조립 형상모델링

1) 베이스 조립

① 베이스(base) 파트모델을 불러온다.

② 베이스 모델에 커서를 데고 마우스 오른쪽 버튼을 누르고 "자유롭게 움직이기"를 클릭한다.

③ 베이스의 정면과 어셈블리 정면에 대해 일치 메이트 한다.

④ 베이스의 윗면과 어셈블리 윗면에 대해 일치 메이트 한다.

⑤ 베이스의 아래면과 어셈블리 아래면에 대해 일치 메이트 한다.

⑥ 확인을 클릭한다.

2) 실린더 케이스

① cylinder_case 파트 파일을 불러온다.

② 실린더 케이스의 하나의 구멍과 베이스의 구멍이 동심이 되도록 동심 메이트 한다.

③ 실린더 케이스의 또 하나의 구멍과 베이스의 구멍이 동심이 되도록 동심 메이트 한다.

④ 실린더 케이스의 한 쪽 끝 면과 베이스의 바깥 옆면을 일치 메이트 한다.

⑤ 확인을 클릭한다(그림 5-1-14).

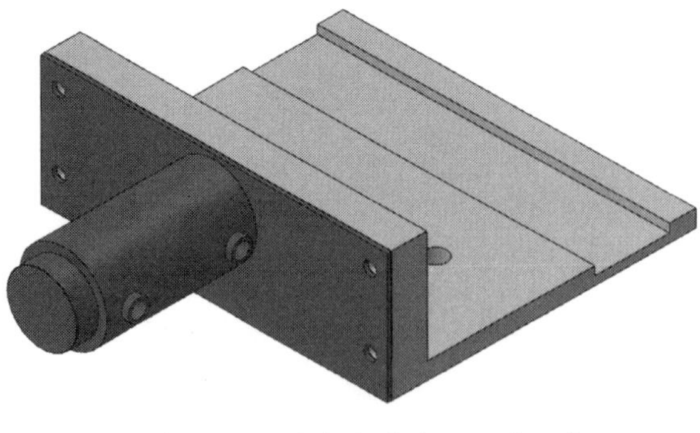

그림 5-1-14 실린더 케이스 조립 모습

3) 베이스 핀

① base_pin 파일을 불러온다.

② 첫 번째 베이스 핀의 원통과 베이스의 구멍이 동심이 되도록 동심 메이트 한다.

③ 첫 번째 베이스 핀의 머리 부분 끝 면과 실린더 케이스의 바깥 옆면을 일치 메이트 한다.

④ 두 번째부터 네 번째 베이스 핀의 경우도 ②와 ③의 과정을 거쳐 메이트 한다.

⑤ 확인을 클릭한다(그림 5-1-15).

⑥ "base_set" 이름으로 저장한다.

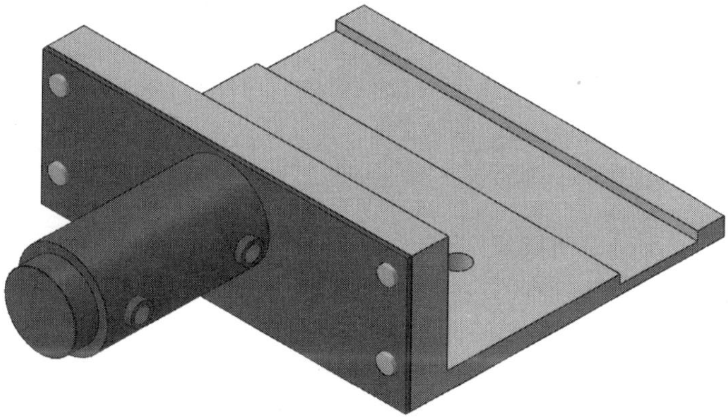

그림 5-1-15 베이스 핀 4개 조립한 모습

(2) 왼쪽 조 세트 조립 형상모델링

1) 왼쪽 조 랙 조립

① jaw_rack_left 파트 파일을 불러온다.

② 첫 번째 부품은 자동으로 고정이 된다.

③ 확인 버튼을 누른다.

2) 조 조립

① jaw 파트 파일을 불러온다.

② 3번의 면 맞춤의 일치 메이트를 한다(그림 5-1-16).

④ 확인 버튼을 누른다.

⑤ "left_jaw_set" 이름으로 저장한다.

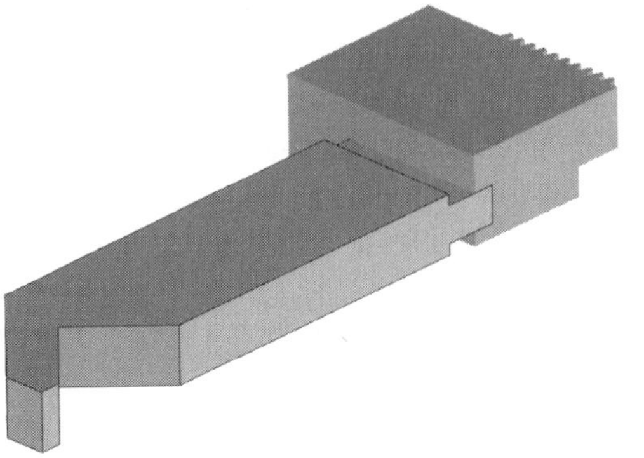

그림 5-1-16 왼쪽 조 조립 모습

(3) 오른쪽 조 세트 조립 형상모델링

1) 왼쪽 조 랙 조립

① jaw_rack_right 파트 파일을 불러온다.

② 첫 번째 부품은 자동으로 고정이 된다.

③ 확인 버튼을 누른다.

2) 조 조립

① jaw 파트 파일을 불러온다.

② 3번의 면 맞춤의 일치 메이트를 한다(그림 5-1-17).

④ 확인 버튼을 누른다.

⑤ "right_jaw_set" 이름으로 저장한다.

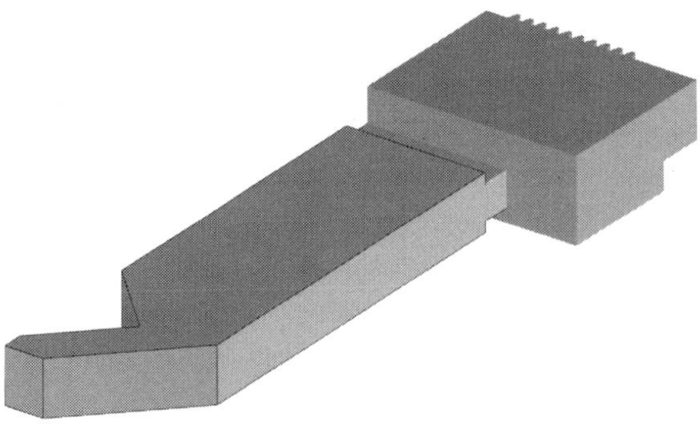

그림 5-1-17 오른쪽 조 조립 모습

(4) 피니언 세트 조립 형상모델링

1) 피니언 b 조립

① pinion_b 파트 파일을 불러온다.

② 첫 번째 부품은 자동으로 고정이 된다.

③ 확인 버튼을 누른다.

2) 피니언 b

① pinion_a 파일을 불러온다.

② 피니언 a의 축 구멍과 피니언 b의 축 구멍을 동심 메이트 한다.

③ 피니언 a의 평면과 피니언 b의 평면을 일치 메이트 한다.

④ 피니언 a의 정면과 피니언 b의 정면을 일치 메이트 한다(그림 5-1-18).

④ 확인 버튼을 누른다.

⑤ "pinion_set" 이름으로 저장한다.

그림 5-1-18 피니언을 조립한 모습

(5) 전체 조립 형상모델링

1) 베이스 세트 조립

① base.asm 파일을 불러온다.

② 첫 번째 부품은 자동으로 고정이 된다.

③ 확인 버튼을 누른다.

2) 왼쪽 조 랙 조립

① left_jaw.asm 파일을 불러온다.

② 두 번의 면 일치 메이트를 한다(그림 5-1-19).

③ 확인을 누른다.

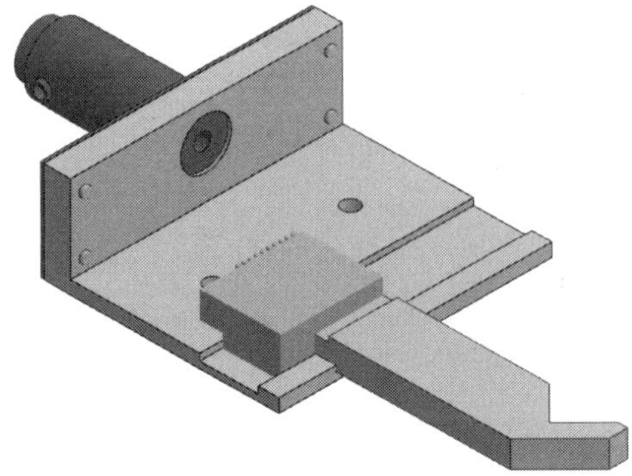

그림 5-1-19 왼쪽 조를 조립한 모습

3) 오른쪽 조 랙 조립

① right_jaw.asm 파일을 불러온다.

② 두 번의 면 일치 메이트를 한다(그림 5-1-20).

③ 확인을 누른다.

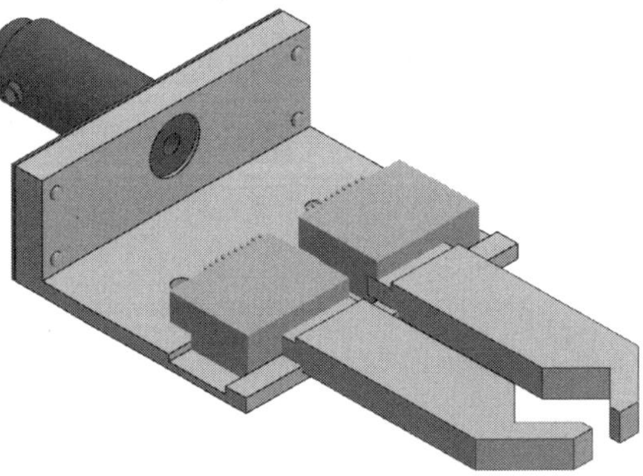

그림 5-1-20 오른쪽 조를 조립한 모습

4) 피니언 핀 조립

① pinion_pin 파트 파일을 불러온다.

② 하나의 피니언 핀의 원통과 베이스의 핀 구멍을 동심 메이트 한다.

③ 또 하나의 피니언 핀의 원통과 베이스의 핀 구멍을 동심 메이트 한다(그림 5-1-21).

④ 확인 버튼을 누른다.

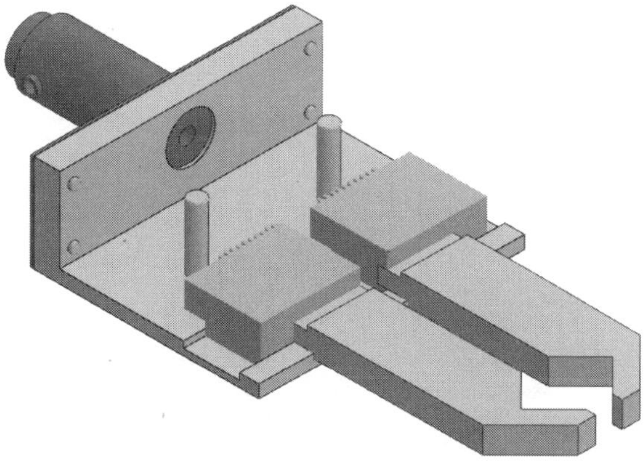

그림 5-1-21 두 개의 피니언 핀을 조립한 모습

5) 왼쪽 피니언 조립

① pinion_set 파일을 불러온다.
② 왼쪽 피니언 핀의 원통과 피니언 세트의 구멍이 동심되도록 동심 메이트 한다.
③ 피니언 세트의 밑면과 베이스의 윗면이 일치하도록 일치 메이트 한다(그림 5-1-22).
④ 확인 버튼을 누른다.

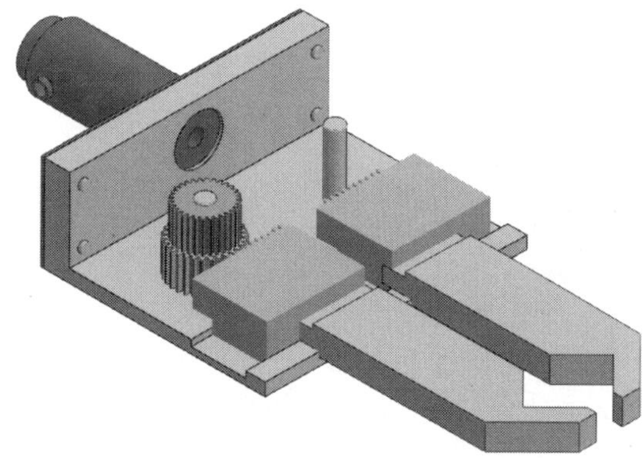

그림 5-1-22 왼쪽 피니언 조합을 조립한 모습

6) 오른쪽 피니언 조립

① pinion_set 파일을 불러온다.

② 오른쪽 피니언 핀의 원통과 피니언 세트의 구멍이 동심되도록 동심 메이트 한다.

③ 피니언 세트의 밑면과 베이스의 윗면이 일치하도록 일치 메이트 한다(그림 5-1-23).

④ 확인 버튼을 누른다.

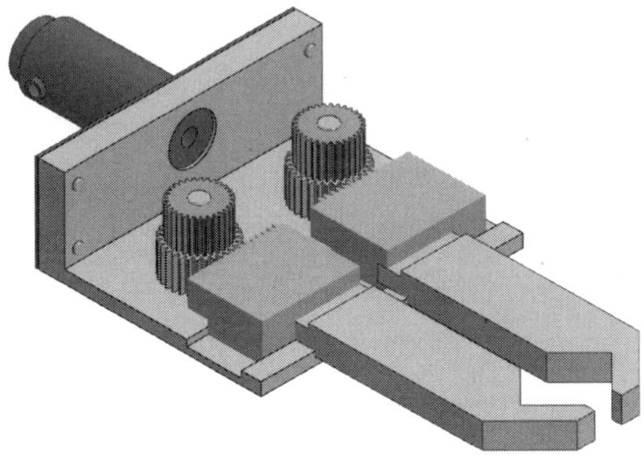

그림 5-1-23 오른쪽 피니언 조합을 조립한 모습

7) 피스톤 조립

① piston 파트 파일을 불러온다.

② 피스톤의 작은 원통면과 실린더 케이스의 구멍이 동심이 되도록 동심 메이트 한다.

③ 베이스의 정면(베이스의 중간면)과 피스톤의 우측면이 일직선으로 정렬되도록 일치 메이트 한다.

④ 확인 버튼을 누른다(그림 5-1-24).

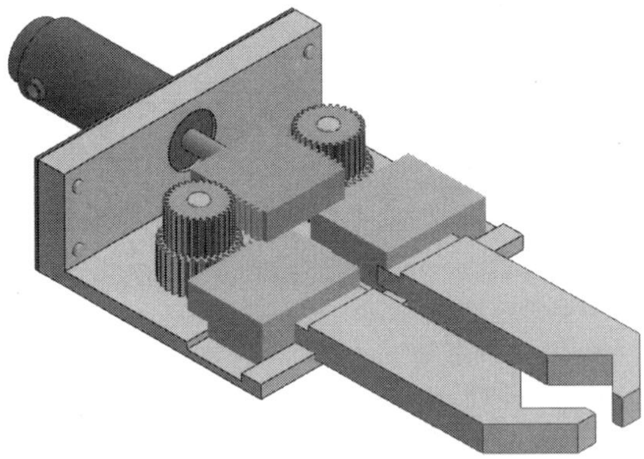

그림 5-1-24 피스톤을 조립한 모습

(4) 피스톤 랙과 피니언의 초기 위치결정

① 표준 메이트에서 왼쪽 피니언의 윗면과 피스톤 랙의 출발면이 서로 일치하도록 메이트 설정 한다.

② 옵션에서 "위치 배치에만 사용"을 체크한다.

③ 표준 메이트에서 오른쪽 피니언의 윗면과 피스톤 랙의 출발면이 서로 일치하도록 메이트 설정 한다.

④ 옵션에서 "위치 배치에만 사용"을 체크한다.

⑤ 확인을 클릭한다.

(5) 조 랙과 오른쪽 피니언의 초기 위치결정

① 표준 메이트에서 왼쪽 피니언의 정면과 조 랙의 출발면이 서로 일치하도록 메이트 설정 한다.

② 옵션에서 "위치 배치에만 사용"을 체크한다.

③ 표준 메이트에서 오른쪽 피니언의 정면과 조 랙의 출발면이 서로 일치하도록 메이트 설정 한다.

④ 옵션에서 "위치 배치에만 사용"을 체크한다.

⑤ 확인을 클릭한다(그림 5-1-25).

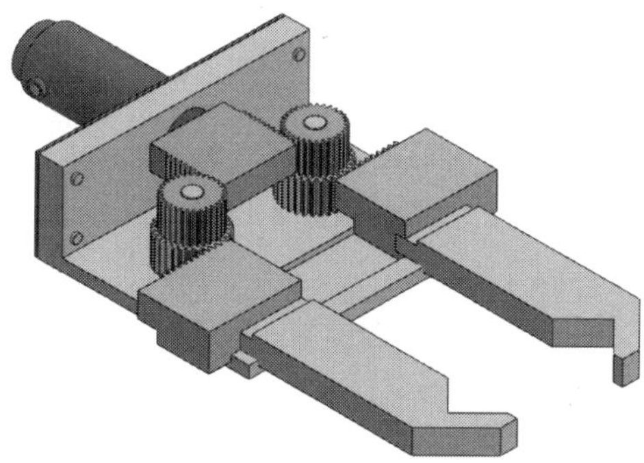

그림 5-1-25 초기 위치 설정 결과

(6) 기어 메이트

① 메이트로 들어가서 "기계 메이트"를 클릭한다.

② 아래 피니언의 피치원을 클릭하고 이어서 피스톤 랙의 기준 피치원을 클릭한다.

③ 기계 메이트에서 아래 피니언의 지름은 180mm로 하고 기어의 방향은 “반대 방향”으로 한다.

④ 확인을 클릭한다.

⑤ 메이트로 들어가서 “기계 메이트”를 클릭한다.

⑥ 위 피니언의 피치원을 클릭하고 이어서 조 랙의 기준 피치원을 클릭한다.

⑦ 기계 메이트에서 위 피니언의 지름은 150mm로 하고 기어의 방향은 “반대 방향”으로 한다(그림 5-1-26).

⑧ 확인을 클릭한다.

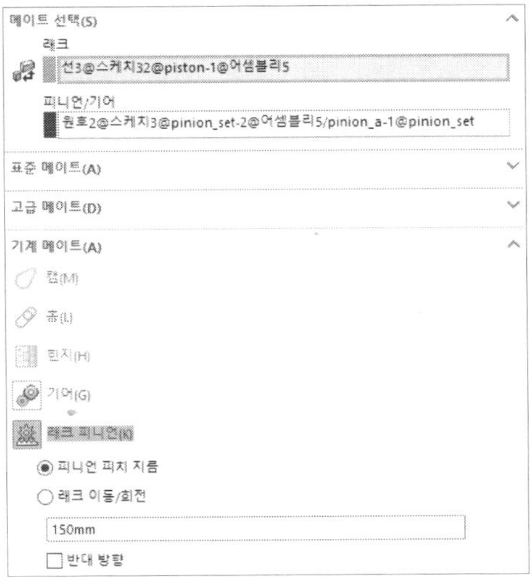

(a) 설정 창 모습

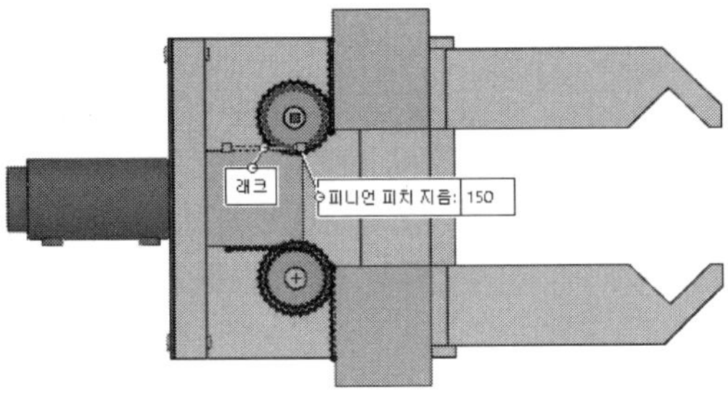

(b) 기어 메이트 설정 모습

그림 5-1-26 피니언 a와 피스톤 랙의 기어 메이트 설정 결과

1.3.2 저장하기

① 저장 도구(💾)에서 “다른 이름으로 저장하기”를 클릭한다.

② 저장할 디렉토리를 정하고 파일이름을 “rack_pinion_robot_hand”로 한다.

③ 저장 버튼을 클릭한다.

1.4 기구 모션 시뮬레이션

1.4.1 모션 조건 설정

(1) 모터 설정

① 기어의 구동을 보이기 위해 모델 탭 옆의 모션 스터디 탭을 클릭한다.

② 구동을 위한 모터를 선택한다.

③ 모터 유형을 선형 모터로 선택한다.

④ 부품/방향에서 모터 위치는 선형 구동을 위해 피스톤 랙으로 한다.

⑤ 그림 1.137 (a)와 같이 모터 방향은 피스톤의 진행 방향으로 적용한다.

⑥ 확인을 클릭한다.

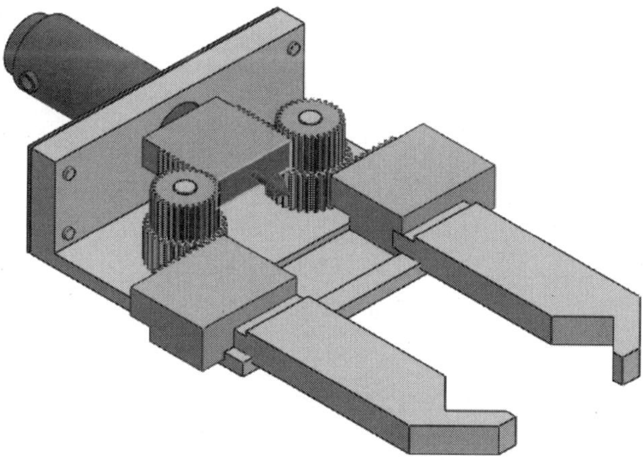

(a) 선형 모터 방향

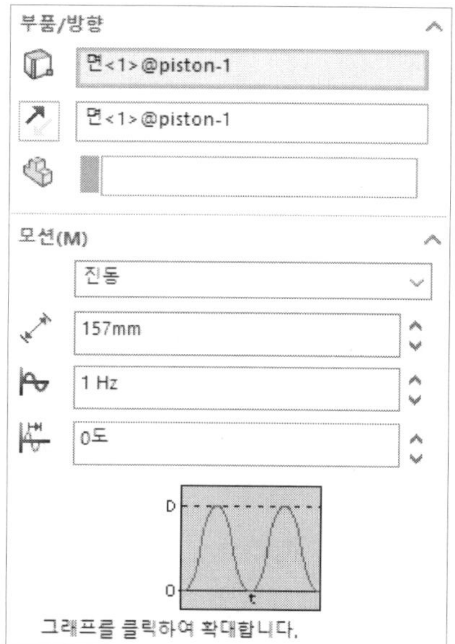

(b) 모션 설정 창 모습

그림 5-1-27 모터 위치와 모션 설정 모습

(2) 모션 설정

① 모션은 모터 속성 창의 모션 설정에서 한 가지를 선택한다. 여기서는 진동을 선택하였다.

② 설정 창에서 그림 5-1-27 (b)와 같이 설정한다. 즉, 피스톤 랙의 피치가 15.707mm이고 맞물리는 이의 수가 10개이므로 1초에 158mm씩 왕복 운동한다.

③ 확인을 클릭한다.

(3) 모션 스터디 계산하기

① 모션 해석 탭으로 설정한다.

② 모션스터디 계산하기 아이콘을 클릭하여 설정된 모터의 구동 조건을 계산한다.

③ 계산과 동시에 피니언의 구동을 확인한다.

1.4.2 시뮬레이션 결과

① "결과와 플롯" 버튼을 클릭하여 조의 경우는 선형 변위 그래프의 속성을 입력한다.

② 피스톤 랙의 158mm 이동에 대한 그래프는 조의 결과 그래프는 그림 5-1-28과 같다.

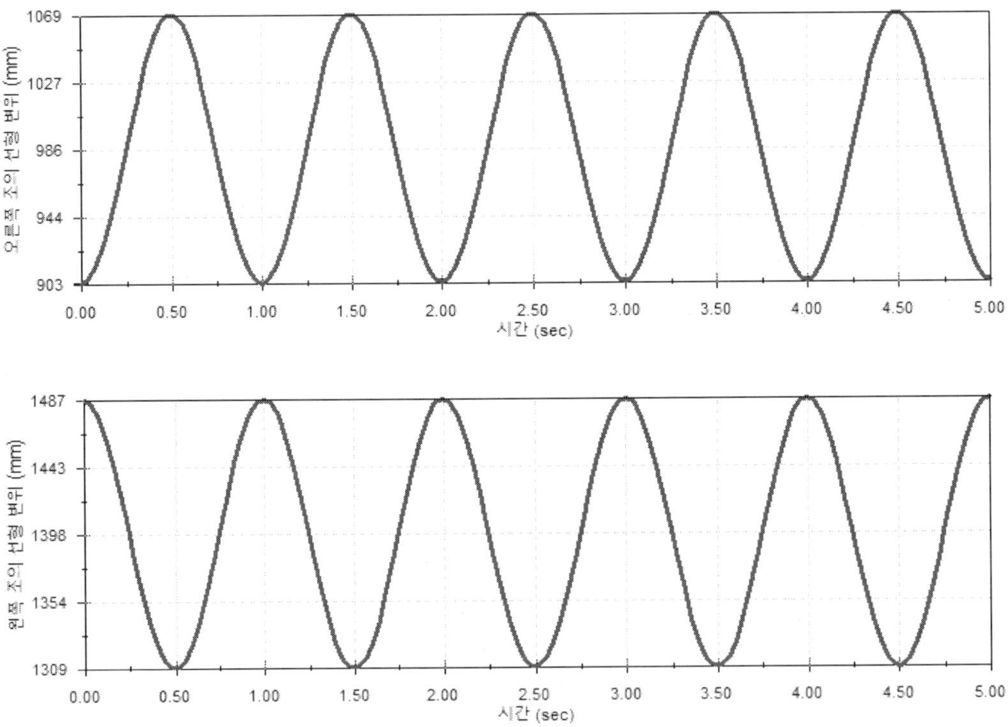

그림 5-1-28 랙의 시간에 따른 선형 변위 결과 그래프

1.4.3 결과 고찰

이 그래프를 통해 피스톤 랙의 158mm 이동에 대해 한쪽 조가 166mm, 양쪽으로 조의 최대 벌림 폭이 332mm인 것을 알 수 있다. 따라서 피스톤 랙의 직선 운동에 의해 조의 선형 이동이 166mm씩 똑같으며 최대 벌림 설계가 약 330mm이었고 설계 값과 거의 일치하므로 공작물 파악 로봇 핸드 설계는 올바르다고 판단할 수 있다.

1.4.4 동영상 저장하기

① 저장 아이콘을 클릭한다.

② 동영상 설정 창이 나타난다.

③ 파일 이름을 "rack_pinion_robot_hand 동영상"로 저장한다.

④ 비디오 압축 창이 나타나고 프레임 정보에서 초당 프레임을 25로 하고 저장을 누른다.

⑤ 압축 프로그램의 창이 나타나면 "전체 프레임(압축 안함)"을 선택하고 확인을 클릭한다.

⑥ 기구가 동작하면서 동영상으로 저장된다.

제2장

링크 기구 응용 자동차 와이퍼

2.1 문제

우리 주변에 승용차가 있는데 자동차 앞 유리창을 주위 깊게 살펴보면 와이퍼가 있다. 자동차의 종류에 따라 다르기는 하지만 보편적인 것은 2탠덤 방식의 와이퍼 구조가 가장 많은 것을 알 수 있다.

여러분이 기계공학 전문가라고 하자. 자동차 회사에서 직사각형으로 폭 W=2m, 높이 H=1.2m인 자동차 앞 유리창에 맞는 2탠덤 방식의 와이퍼를 설계해 달라는 요구가 들어오면 여러분은 어떻게 하겠는가?

2.2 부품 준비

2.2.1 부품 사양 결정

(1) 설계 제한 조건

① 될 수 있으면 넓은 범위를 닦는 것으로 한다.

② 운전석 측(우측)의 닦기 영역을 될 수 있는 한 작게 한다.

③ 블레이드는 유리창으로부터 벗어나지 않게 한다.

④ 와이퍼 구동부는 유리창의 하부로부터 벗어나지 않게 한다(차폭 내에서 억제한다).

⑤ 와이퍼 회전 구동 모터는 일반적으로 승용차에 많이 사용하는 것으로 한다.

⑥ 와이퍼 회전 속도는 3단계로 한다. 즉, 저속, 중속, 고속으로 한다.

⑦ 회전 구동 모터에 의한 회전축의 길이는 30㎜로 한다.

(2) 조사된 사실들

① 그림 5-2-1과 같이 2탠덤 방식의 자동용 와이퍼는 평행운동 기구와 레버 크랭크 기구로 이루어져 있다.

② 일반적인 평행 운동 기구의 구성 조건은 그림 5-2-2 (a)와 같으며 와이퍼에서의 평행운동 기구 부분은 그림 5-2-2 (b)와 같다.

③ 레버 크랭크 기구의 일반적인 운동 구조는 그림 5-2-3 (a)와 같으며 와이퍼에서 레버 크랭크 기구 부분은 그림 5-2-3 (b)와 같다.

④ 닦아야 할 유리창의 크기는 문제에서 제공했듯이 직사각형으로 2000×1200(W×H)㎜이다.

⑤ 모터의 회전운동은 레버 크랭크 기구에 의해 레버-암-블레이드의 요동운동으로 변환하며 될 수 있는 대로 넓은 범위를 닦기 위해서는 블레이드가 수평으로부터 수직까지 최대한으로 움직여야 한다. 즉, 암의 요동의 최대각은 90°이다.

⑥ 운전석 측의 닦기 영역을 될 수 있는 대로 작게 하려면 조수 측에서 운전석 측으로 블레이드가 회전해야 한다.

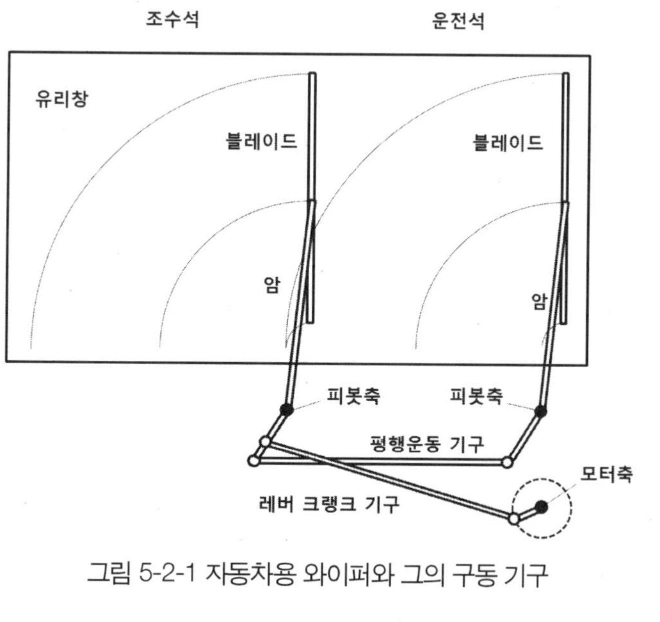

그림 5-2-1 자동차용 와이퍼와 그의 구동 기구

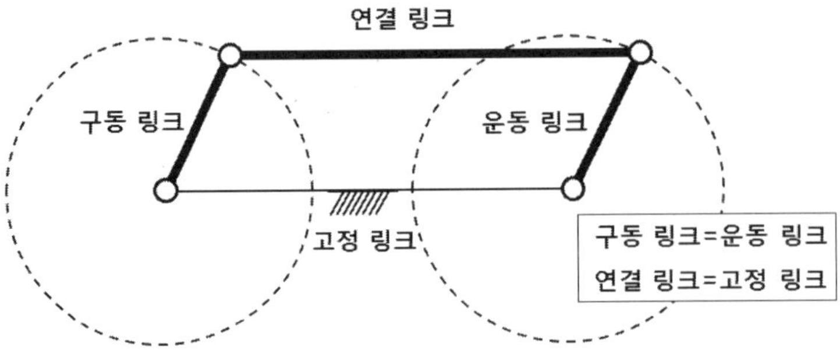

(a) 일반적인 구성 조건

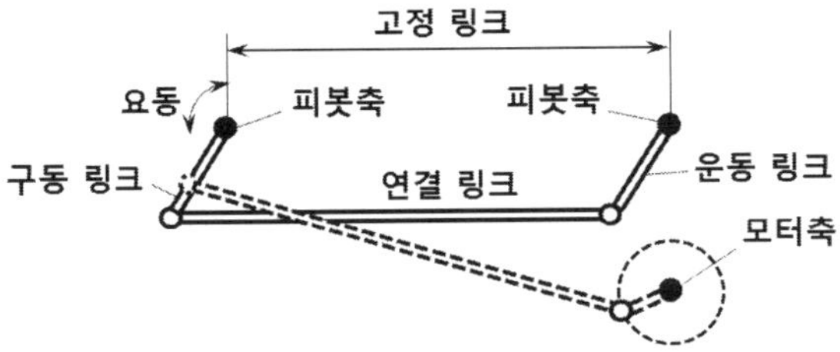

(b) 와이퍼의 평행운동 기구 부분

그림 5-2-2 평행 운동 기구

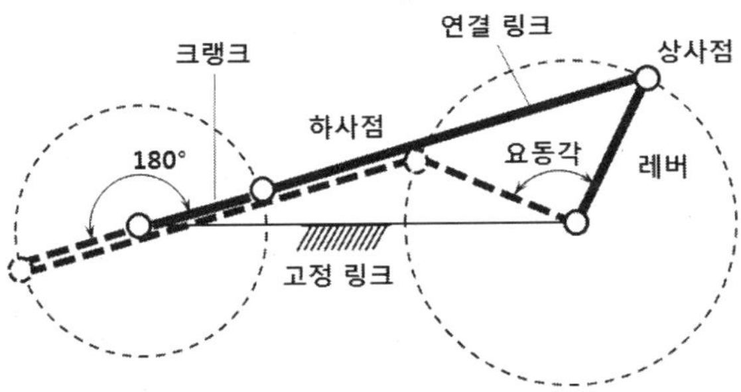

(a) 일반적인 운동 구조

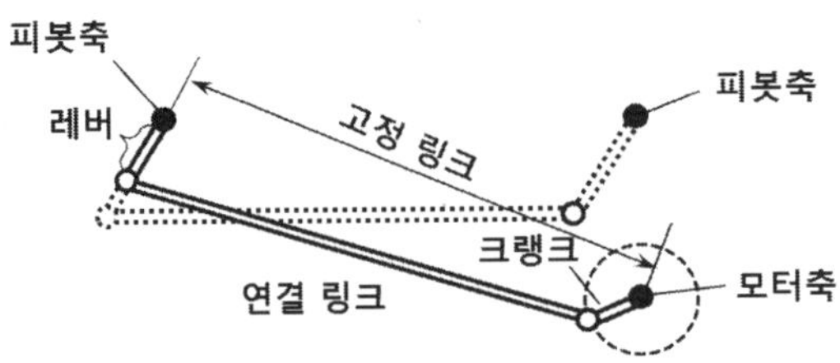

(b) 와이퍼의 레버 크랭크 기구 부분

그림 5-2-3 레버 크랭크 기구

(3) 사양 결정

① 피봇축의 위치는 그림 5-2-4와 같이 정하며 따라서 유리창 밑면으로부터 50㎜, 옆면으로부터 170㎜이다.

② 모터축의 위치는 그림 5-2-4와 같이 정하며 따라서 유리창 밑면으로부터 560㎜, 옆면으로부터 170㎜이다.

③ 블레이드의 길이는 그림 5-2-4와 같이 정하며 따라서 유리창의 높이 가운데 윗부분에서 100㎜, 아랫 부분에서 200㎜를 제외한 900㎜이다.

④ 그림 5-2-4에서 피봇 축과 피봇 축 사이의 거리를 680㎜로 정하면 연결 링크의 길이는 두 피봇축 사이의 거리와 같으므로 680㎜가 된다.

⑤ 그림 5-2-4에서 암의 길이는 블레이드의 중간에 암이 연결되므로 블레이드의 절반 길인 450㎜와 유리창의 밑부분 여유와 피봇 축의 위치를 감안하여 700㎜로 정한다.

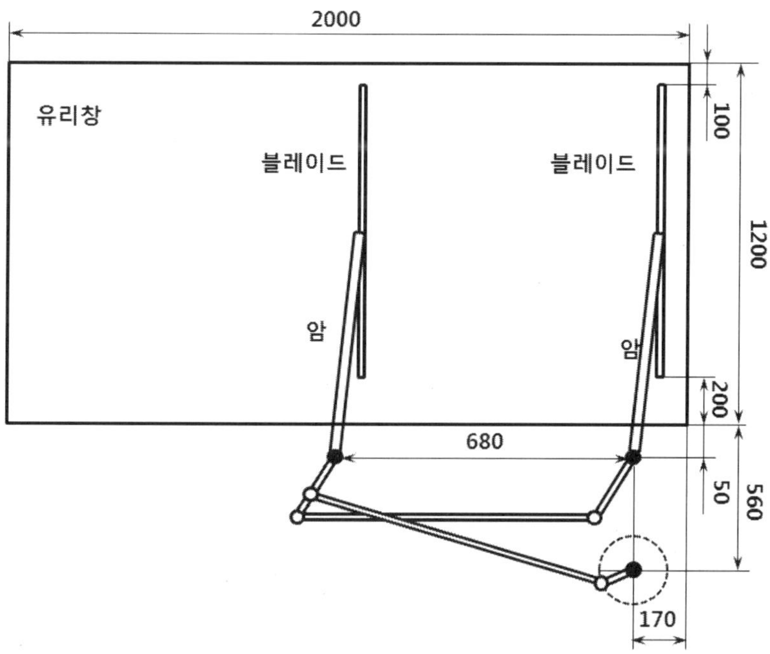

그림 5-2-4 유리창에 대한 피봇축의 위치

⑥ 그림 5-2-4에서 고정 링크의 길이 즉, 모터 축과 피봇 축 사이의 거리는 두 피봇 축 사이의 거리보다 긴 850㎜로 정한다.

⑦ 그림 5-2-4에서 크랭크의 길이를 100㎜로 정하면 레버의 길이는 그림 5-2-5에 의해 다음 식으로 구해진다.

$$c = \frac{a}{\sin\frac{\alpha}{2}} = \frac{100}{\sin\frac{90°}{2}} = \sqrt{2}\,a \fallingdotseq 141\text{㎜}$$

여기서 c는 레버의 길이, a는 크랭크 길이, α는 요동 각이다.

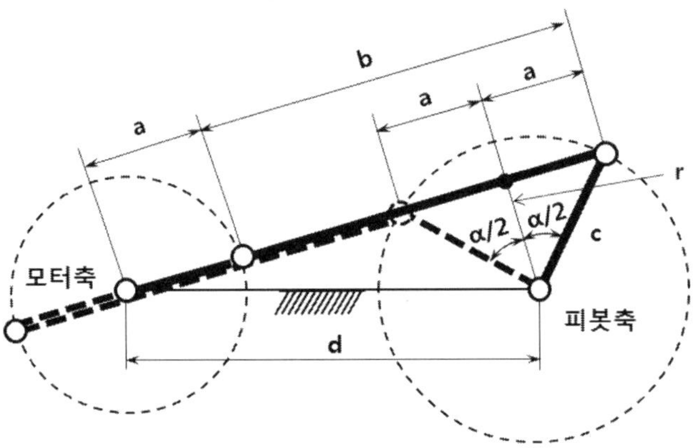

그림 5-2-5 각 요소의 변수와 각 링크 사이의 관계

⑧ 그림 5-2-5에서 요동각 α가 90°이므로 피봇 축으로부터 연결링크까지의 거리 r은 다음과 같다.

$$r = \frac{a}{\tan\frac{\alpha}{2}} = \frac{a}{\tan\frac{90°}{2}} = a = 100\text{㎜}$$

⑨ ②에서 d가 850㎜로 했으므로 그림 5-2-5의 연결링크 b의 길이는 다음과 같다.

$$b^2 = d^2 - r^2 = 850^2 - 100^2 = 722500 - 10000 = 712500$$
$$\therefore b = \sqrt{712500} \fallingdotseq 844$$

⑩ 그림 5-2-2 (a)처럼 평행운동하기 위해서는 대응하는 구동 링크와 운동 링크의 길이

가 같아야 한다. 또한 그림 5-2-2 (b)로부터 운동링크의 길이가 레버 길이 c의 길이보다 길어야 한다. 따라서 레버 길이가 141이므로 운동 링크길이는 200으로 정한다.

2.2.2 부품 형상모델링

(1) 유리창

그림 5-2-6 (a)은 유리창의 치수(2000×1200)를 나타낸 외관이다. 그림 5-2-6 (b)는 외관을 형상치수로 나타낸 것이며 파일 이름은 "유리창"이다.

(a) 외형

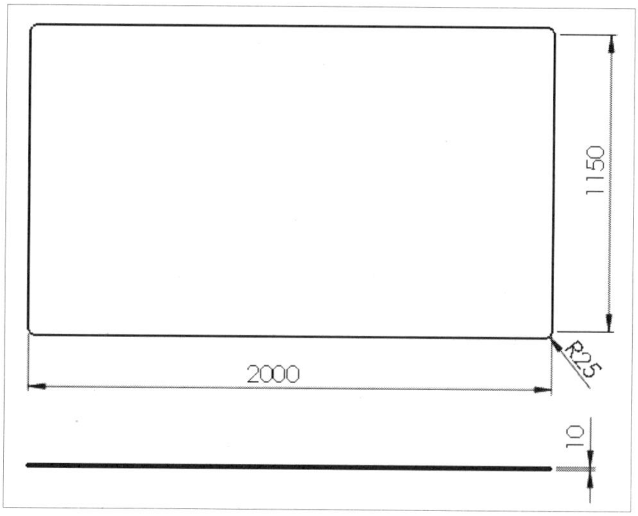

(b) 형상 치수

그림 5-2-6 유리창 형상 정보

(2) 기판(base)

와이퍼가 작동하기 위해 모터축과 피봇축이 위치할 장소를 필요한 부품들을 고정 시킬 수 있는 부분으로 그림 5-2-7 (a)의 외관을 고려하여 기판의 형상치수를 나타낸 것이 그림 5-2-7 (b)이며 파일 이름은 "기판"이다.

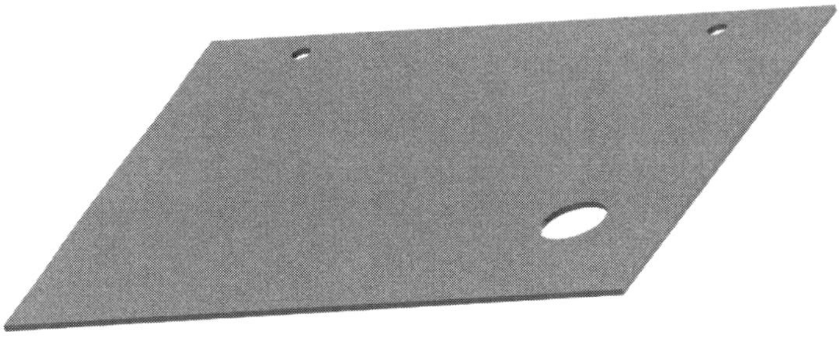

(a) 외형

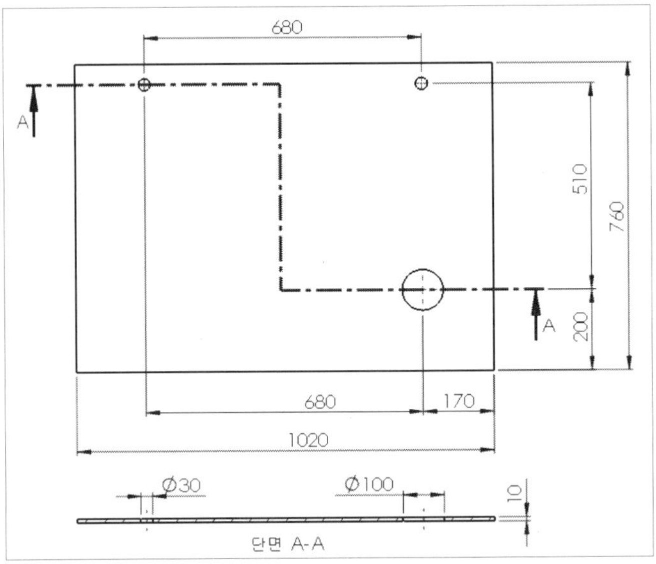

(b) 형상 치수

그림 5-2-7 기판의 형상 정보

(3) 블레이드(blade)

블레이드는 유리창을 닦는 역할을 한다. 이 블레이드는 레버-암의 암에 부착되어 와이퍼 세트를 이룬다. 실제 물이 닦이는 부분의 유리창 크기는 2000×1200이므로 높이 1200㎜보다 작아야 하며 3.2.1항의 (3)으로부터 블레이드의 길이는 900㎜이다.

그림 5-2-8 (a)는 외관이며, 그림 5-2-8 (b)는 형상 치수이며 파일 이름은 "블레이드"이다.

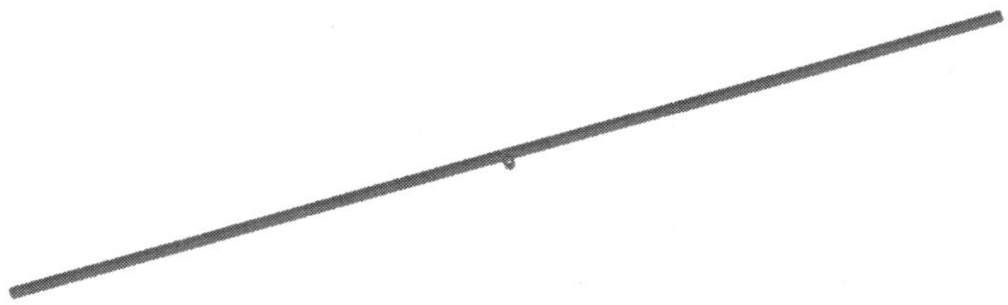

(a) 외형

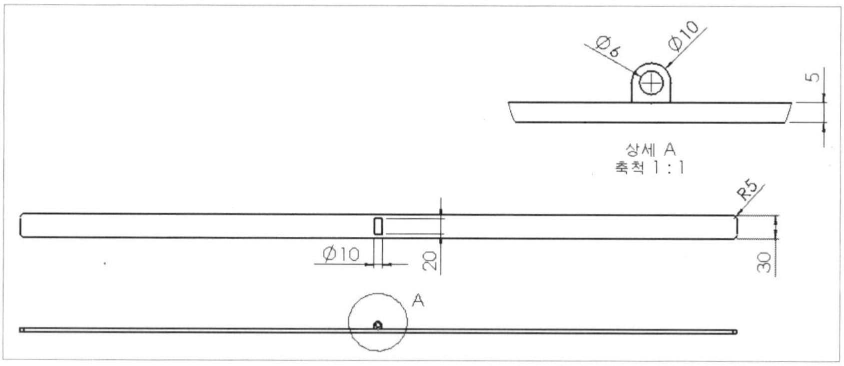

(b) 형상 치수

그림 5-2-8 블레이드의 형상 정보

(4) 크랭크 축(crank shaft)

그림 5-2-9 (a)는 크랭크축의 외관이며 그림 5-2-9 (a)는 크랭크축의 형상 치수를 나타낸 2D도면이다. 모터와 크랭크축을 따로 모델링하는 이유는 크랭크축이 모터를 기준으로 회전운동을 해야 하기 때문이다. 4절 링크에서 크랭크축이 모터에 고정되며 이 크랭크의 길이는 조건에서 100㎜로 했으므로 100㎜이며 파일 이름은 "크랭크 축"이다.

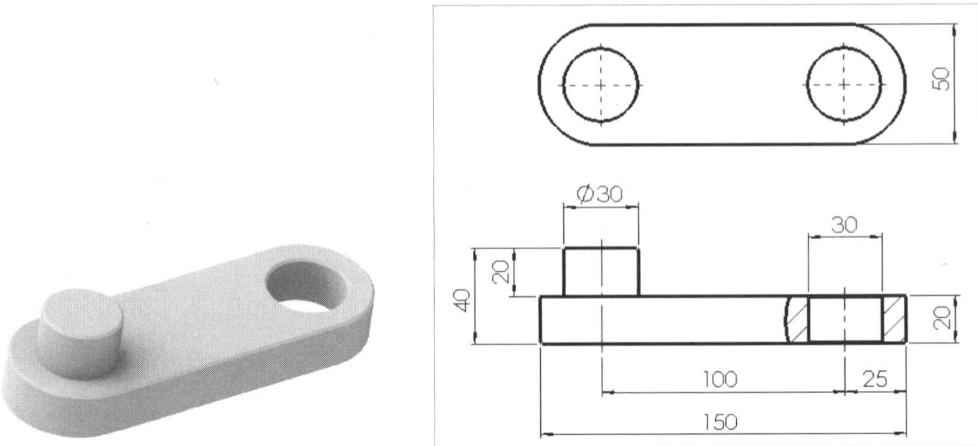

(a) 외형 (b) 형상 치수

그림 5-2-9 크랭크 축의 형상 정보

(5) 모터(motor)

그림 5-2-10 (a)는 모터의 외관이며 그림 5-2-10 (b)는 회전 구동모터의 형상 치수를 나타낸 2차원 도면이며 파일 이름은 "모터"이다. 모터의 실제 형상보다 운동 메커니즘에 중점을 두었기에 단순화 하여 모델링 하였다. 모터가 기판에 고정되고 모터의 축이 회전운동을 한다.

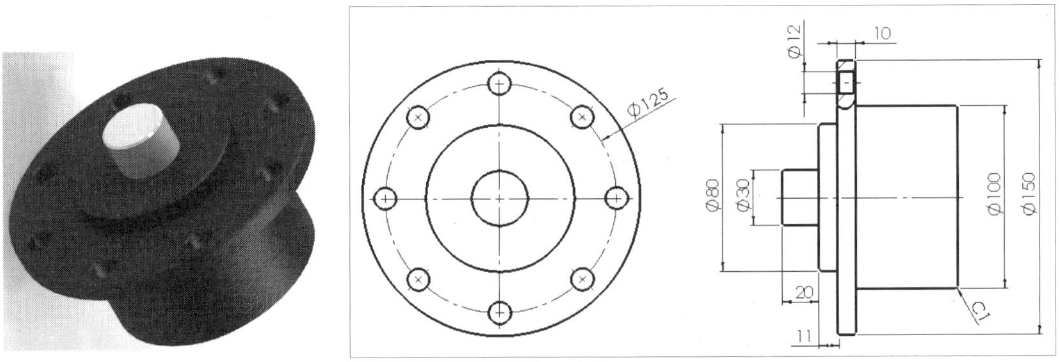

(a) 외형 (b) 형상 치수

그림 5-2-10 모터의 형상 정보

(6) 구동 링크-암(driving link-arm)

구동 링크-암은 두 가지 운동을 동시에 하는 부분이다. 즉, 크랭크와 연결되는 연결봉과 연결되어 크랭크에서 전달하는 각 변위에 따라 구동 링크-암이 요동운동을 하는 레버 크랭크 기구 부분과 구동 링크-암을 평행운동 시키는 평행운동 기구 부분이다.

3.2.1항에서 레버 크랭크 기구의 레버의 길이는 141㎜이고 평행 운동 기구의 구동 링크의 길이는 200㎜로 결정되었다. 그림 5-2-11 (a)는 구동 링크-암의 외관이며 그림 5-2-11 (b)는 형상치수를 나타낸 도면이며 파일 이름은 "구동 링크 암"이다.

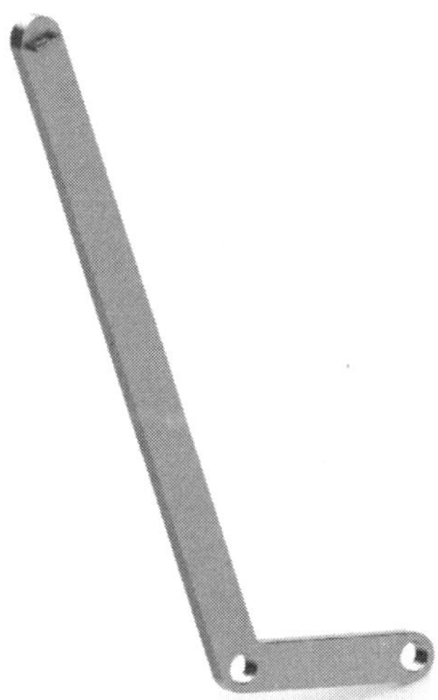

(a) 외형

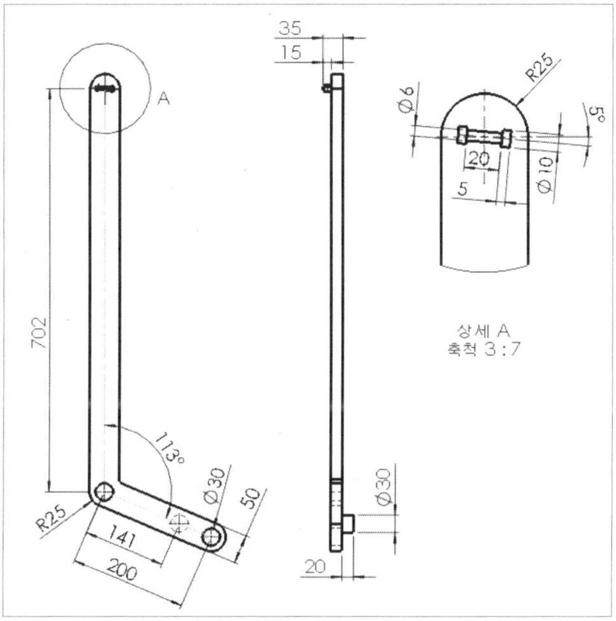

(b) 형상 치수

그림 5-2-11 구동 링크-암의 형상 정보

(7) 운동 링크-암(driven link-arm)

운동 링크-암은 구동 링크-암과 연결되어 평행운동을 하는 레버-암이다. 따라서 평행 운동 조건에 따라 운동 링크의 길이는 구동 링크-암의 구동 링크와 마찬가지로 200㎜로 동일해야 한다. 그림 5-2-12 (a)는 외관이며 5-2-12 (b)는 이상의 치수를 정리하여 나타낸 2차원 도면이며 파일 이름은 "운동 링크 암"이다.

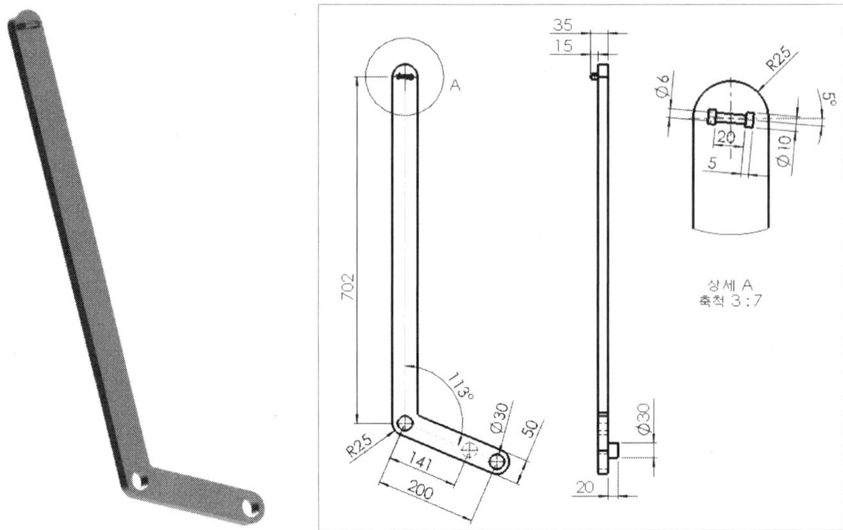

(a) 외형 (b) 형상 치수

그림 5-2-12 운동 링크-암 형상 정보

(8) 크랭크 연결봉(crank_connector)

크랭크 연결봉은 크랭크축과 구동 링크-암을 연결하는 연결봉으로 레버 크랭크 기구를 형성하는 하나의 요소이다. 이 크랭크 연결봉은 3.2.1항에서 정한 844㎜이다. 그림 5-2-13 (a)는 외관이며 그림 5-2-13 (b)는 이상의 치수를 정리하여 나타낸 2차원 도면이며 파일 이름은 "크랭크 연결봉"이다.

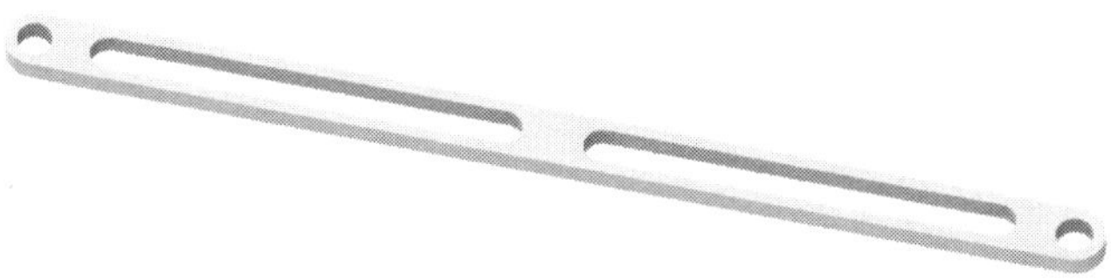

(a) 외형

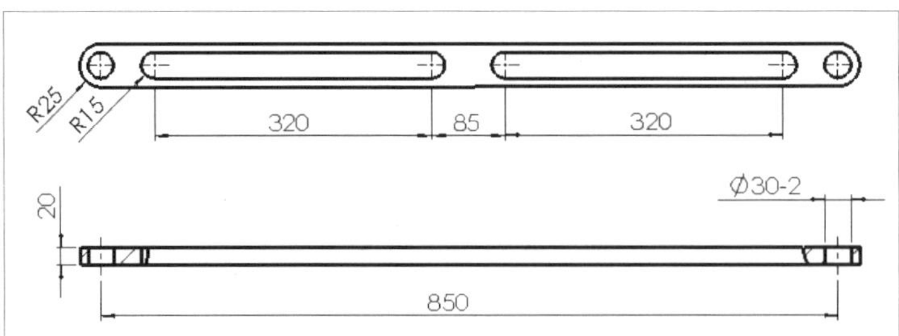

(b) 형상 치수

그림 5-2-13 크랭크 연결봉 형상 정보

(9) 운동 링크 연결봉(driven link_connector)

운동 링크 연결봉은 구동 링크-암과 운동 링크-암을 연결해 주는 연결봉으로 평행운동 기구를 형성하는 하나의 요소이다. 운동 링크 연결봉의 길이는 3.2.1에서 정한 680㎜이다. 그림 5-2-14 (a)는 외관 이며 그림 5-2-14 (b)는 이상의 치수를 정리하여 나타낸 2차원 도면이며 파일 이름은 "운동 링크 연결봉"이다.

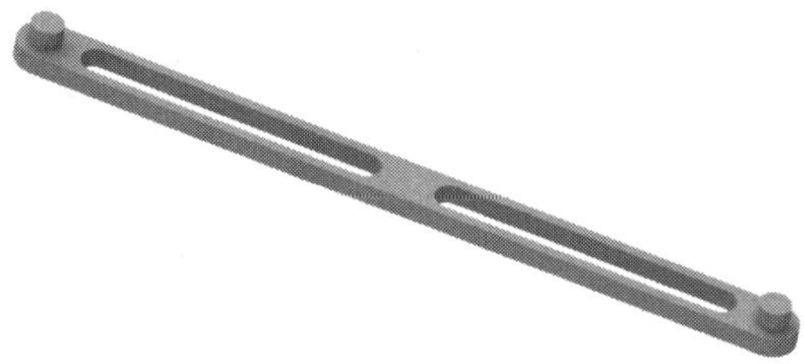

(a) 외형

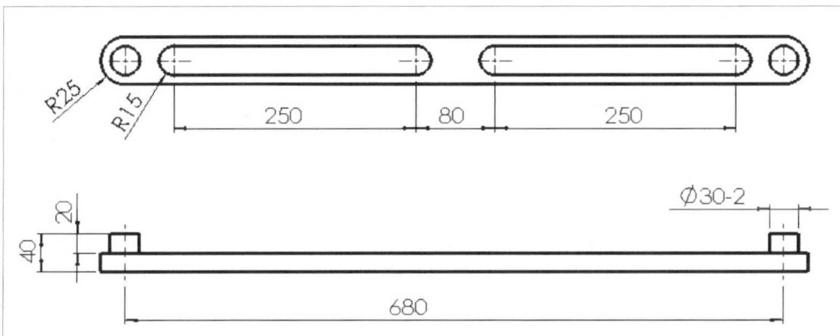

(b) 형상 치수

그림 5-2-14 레버 연결봉 형상 정보

(10) 회전 지지자(holder)

회전 지지자는 기판에 고정되어 구동 링크-암과 운동 링크 암이 요동운동을 하도록 암을 회전 지지하는 피봇 요소이다. 이 회전 지지자는 두 군데에 사용된다. 즉, 레버 크랭크 기구에 의해 크랭크가 회전을 하면 구동 링크-암이 요동운동을 하도록 회전 지지하는 부분과 평행 운동 기구에 의해 운동 링크 암이 요동운동을 하도록 회전 지지하는 부분에 사용된다. 회전 지지자의 지름은 그림 5-2-7의 기판 도면으로부터 50㎜이고 암이 회전 지지되는 내부 지름은 30㎜이다. 그림 5-2-15 (a)는 외관 이며 그림 5-2-15 (b)는 이상의 치수를 정리하여 나타낸 2차원 도면이며 파일 이름은 "회전 지지자"이다.

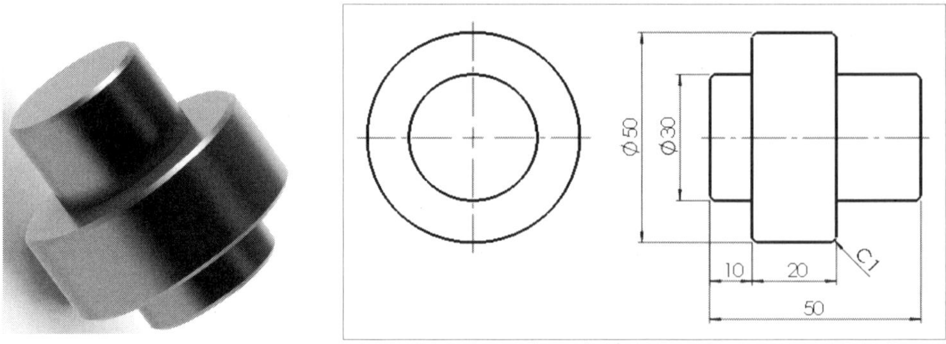

(a) 외형 (b) 형상 치수

그림 5-2-15 회전 지지자 형상 정보

2.3 기구 구성

2.3.1 부분 기구 조립

(1) 와이퍼 세트1

와이퍼 세트 1(blade_set1)은 구동 링크 암과 블레이드를 조합하는 것으로 다음의 순서로 한다.

① 구동 링크 암을 삽입하며 기본 조립 형상으로 고정한다.

② 블레이드를 삽입하고 블레이드의 중심부 구멍과 구동 링크 암의 끝부분의 원통형상을 동심 메이트 한다(그림 5-2-16).

그림 5-2-16 블레이드의 구멍과 구동 링크 암의 동심 메이트 과정

③ 중심부의 끝단과 원통의 끝단을 그림 5-2-17과 같이 고급 메이트에서 너비 0으로 한다.

그림 5-2-17 고급 메이트 너비 설정 모습

④ 블레이드의 윗면과 레버 암의 밑면이 평행을 유지하도록 그림 5-2-18과 같이 표준 메이트에서 평행 조립을 한다. 그림 5-2-19는 그 결과이다.

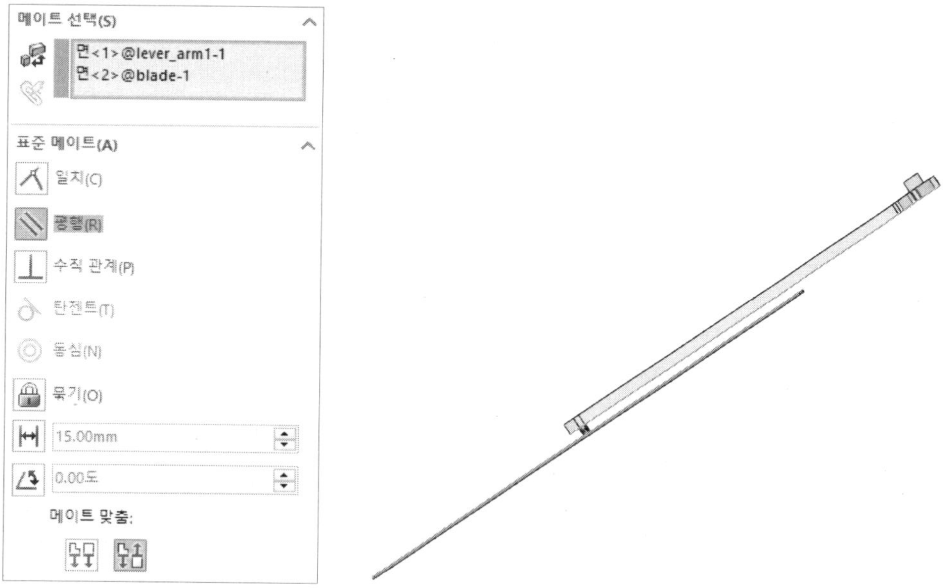

(a) 평행 메이트 설정

(b) 평행 설정 모습

그림 5-2-18 블레이드의 평행 조립 과정 및 모습

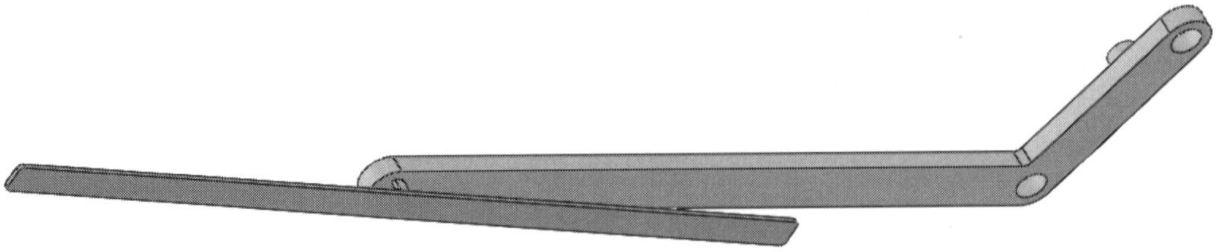

그림 5-2-19 완성된 와이어 세트1 모습

(2) 와이퍼 세트2

와이어 세트2는 운동 링크 암과 블레이드를 메이트 한 것이며 위와 큰 차이가 없다.

그림 5-2-20은 완성된 와이어 세트2 모습이다.

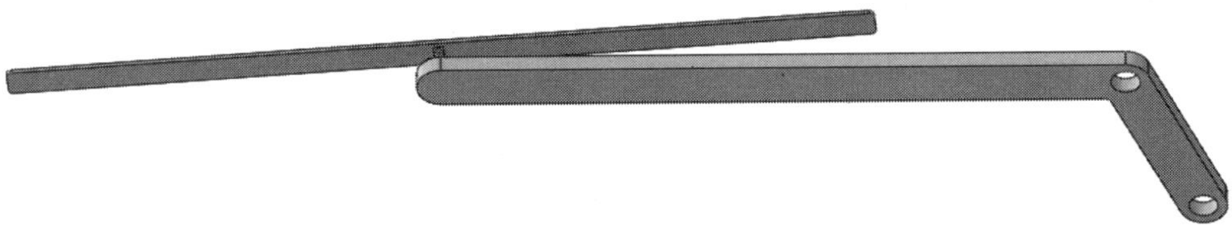

그림 5-2-20 완성된 와이어 세트2 모습

2.3.2 와이퍼 기구 조립

(1) 베이스 조립

① 베이스를 삽입한다.

② 마우스 오르쪽 버튼을 눌러 서브 메뉴에서 “고정”을 “자유롭게 움직이기”로 바꾼다.

③ 어셈블리 원점과 모터 삽입 중심과 그림 5-2-21과 같이 일치시킨다.

④ 메이트 확인을 클릭한다.

⑤ 마우스 오른쪽 버튼을 눌러 서브 메뉴에서 “자유롭게 움직이기”를 “고정”로 바꾼다.

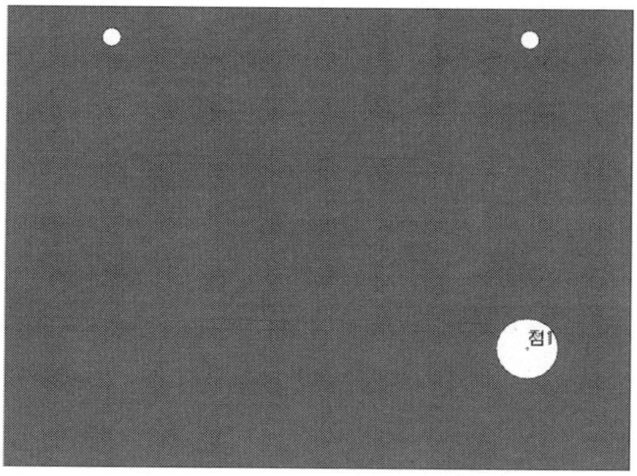

그림 5-2-21 모터 삽입 중심과 어셈블리 원점과 일치 모습

(2) 유리창 조립

① 유리창 부품을 삽입하고 표준 메이트에서 베이스의 윗면과 유리창 윗면을 일치시킨다.

② 베이스의 옆면과 유리창 옆면을 일치시킨다.

③ 베이스의 옆면과 유리창 옆면을 그림 5-2-22와 같이 일치 메이트 한다.

④ 메이트 확인을 클릭한다.

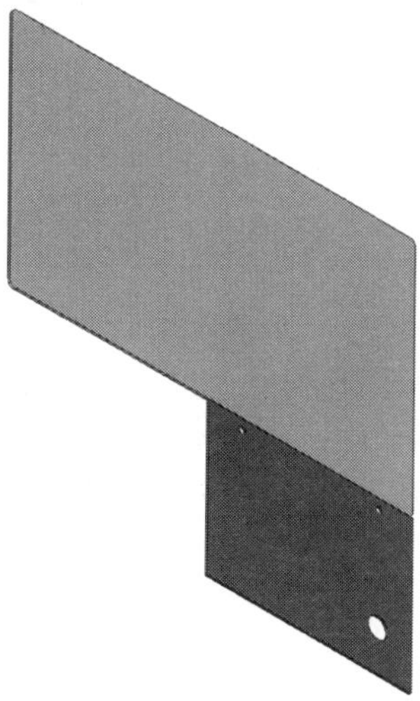

그림 5-2-22 유리창의 조립 모습

(3) 모터 조립

① 모터 부품을 삽입하고 표준 메이트에서 베이스 모터 구멍의 기준축과 모터의 기준축을 일치시킨다.

② 베이스의 윗면과 모터 밑면을 일치 메이트 시킨다.

③ 모터의 회전을 막기 위해 모터의 우측면와 베이스의 우측면을 평행 메이트 한다.

④ 메이트 확인을 클릭하면 그림 5-2-23과 같다.

그림 5-2-23 모터의 조립 모습

(4) 크랭크 축 조립

① 크랭크축 부품을 삽입 한다.

② 크랭크축의 구멍을 모터의 돌출형상에 동심 메이트 한다.

③ 크랭크축의 밑면과 모터의 윗면을 일치 메이트 한다.

④ 메이트 확인을 클릭하면 그림 5-2-24와 같다.

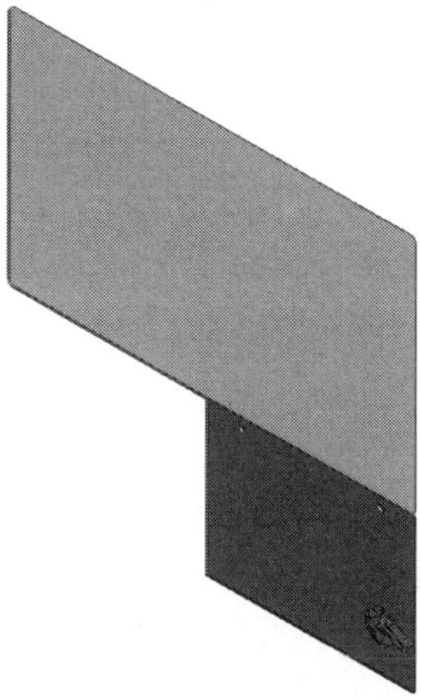

그림 5-2-24 크랭크축과 모터 조립 모습

(5) 홀더 조립

① 홀더 부품을 삽입 한다.

② 홀더의 돌출이 작은 부위를 베이스의 구멍에 동심 메이트 한다.

③ 홀더의 밑면과 베이스의 윗면을 일치 메이트 한다.

④ 홀더도 모터와 마찬가지로 완전 구속이 되어야 하므로 홀더의 우측면을 베이스의 우측면과 그림 5-2-25 (a)와 같이 평행 메이트 한다.

⑤ 메이트 확인을 클릭하면 그림 5-2-25 (b)와 같다.

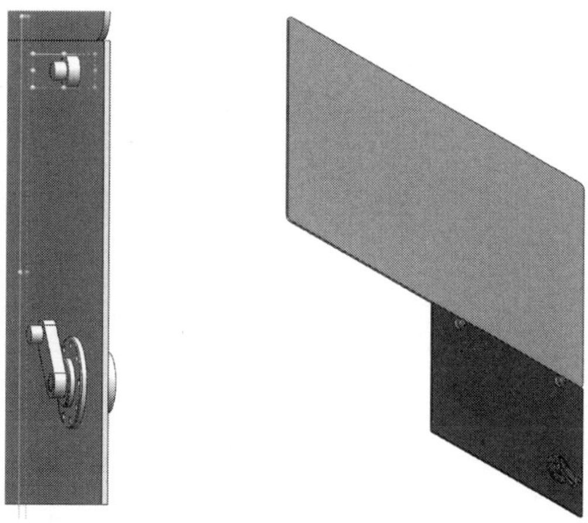

(a) 평행 메이트 (b) 조립 완성 모습

그림 5-2-25 홀더의 조립 과정

(6) 와이퍼 세트1 조립

① 와이퍼 세트1 부품(부분 어셈블리 된 부품)을 삽입 한다.

② 와이퍼 세트 1의 연결 구멍과 좌측 홀더를 동심 메이트 한다.

③ 와이퍼 세트 1의 아랫면과 홀더의 윗면을 일치 메이트 한다.

④ 메이트 확인을 클릭하면 그림 5-2-26과 같다.

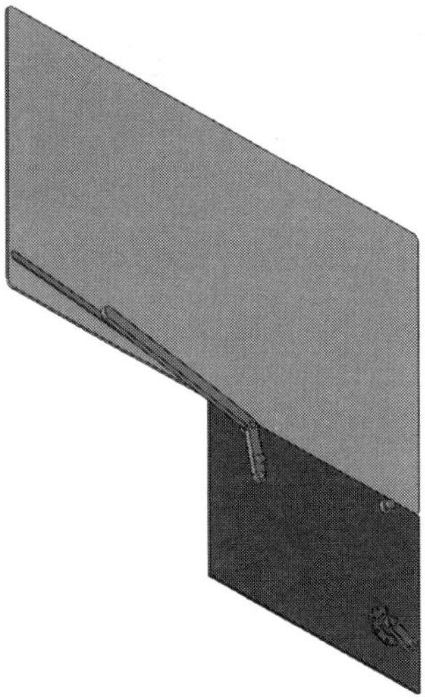

그림 5-2-26 와이퍼 세트1의 조립 완성 모습

(7) 와이퍼 세트2 조립

① 와이퍼 세트2 부품(부분 어셈블리 된 부품)을 삽입 한다.

② 와이퍼 세트2의 연결 구멍과 우측 홀더를 동심 메이트 한다.

③ 와이퍼 세트2의 아랫면과 홀더의 윗면을 일치 메이트 한다.

④ 메이트 확인을 클릭하면 그림 5-2-27과 같다.

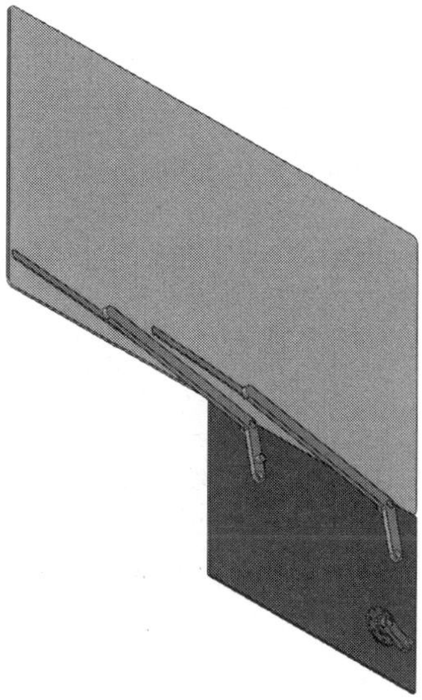

그림 5-2-27 와이퍼 세트2의 조립 완성 모습

(8) 평행운동 연결 링크 조립

① connector1 부품을 삽입 한다.

② connector1의 연결 왼쪽 돌출 원통과 좌측 와이퍼 세트1의 구멍을 그림 5-2-28 (a)와 같이 동심 메이트 한다.

③ connector1의 연결 오른쪽 돌출 원통과 우측 와이퍼 세트1의 구멍을 그림 5-2-28 (b)와 같이 동심 메이트 한다.

④ connector1의 윗면과 좌측 와이퍼 세트1의 밑면을 일치 메이트 한다.

⑤ connector1의 윗면과 우측 와이퍼 세트1의 밑면을 일치 메이트 한다.

⑥ 메이트 확인을 클릭한다(그림 5-2-29).

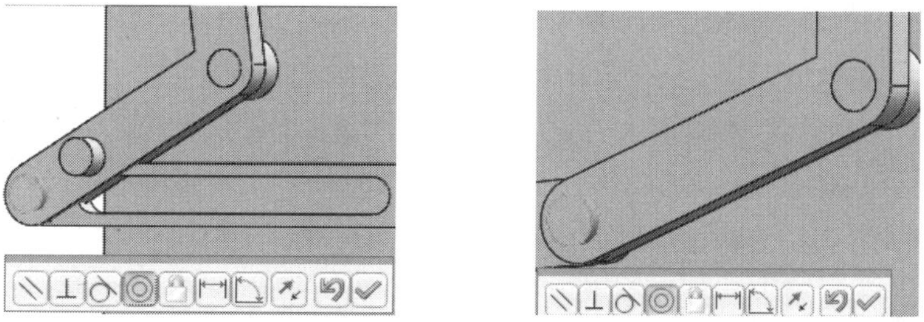

(a) 왼쪽 동심 메이트 (b) 오른쪽 동심 메이트

그림 5-2-28 평행운동 연결 링크의 동심 메이트 과정

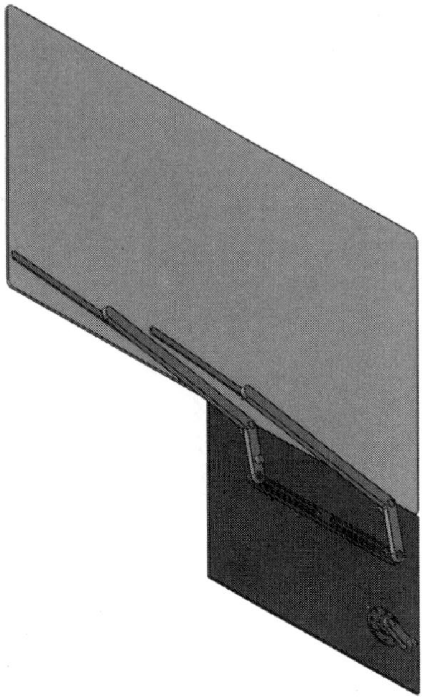

그림 5-2-29 평행운동 연결 링크의 일치 메이트 과정

(9) 구동 연결 링크 조립

① connector2 부품을 삽입 한다.

② connector2의 좌측 구멍과 좌측 와이퍼 세트1의 가운데 돌출 원동 부분을 동심 메이트 한다.

③ sconnector2의 우측 구멍과 크랭크의 돌출 원통 부분을 동심 메이트 한다.

④ connector2의 밑면과 좌측 와이퍼 세트1의 윗면을 일치 메이트 한다.

⑤ connector2의 옆면과 크랭크의 옆면을 서로 일직선으로 겹치게 일치 메이트 시키고 초기 구동 위치를 위해 "위치 결정에만"을 선택 클릭한다.

⑥ 메이트 확인을 클릭하면 그림 5-2-30과 같다.

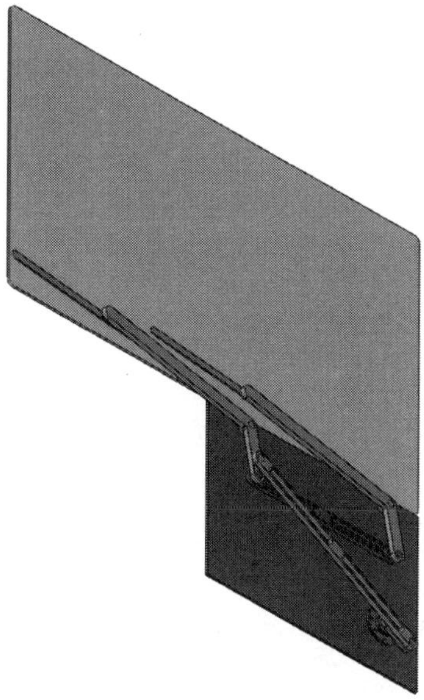

그림 5-2-30 완성된 와이퍼 구동 조립 모습

2.3.3 저장하기

① 저장 도구(💾)에서 "다른 이름으로 저장하기"를 클릭한다.

② 저장할 디렉토리를 정하고 파일이름을 "wiper_mechanism"로 한다.

③ 저장 버튼을 클릭한다.

2.4 기구 모션 시뮬레이션

와이퍼 기구의 기본적인 요구 설계는 크랭크 링크가 1회전 하면 와이퍼가 90° 요동해야 한다. 그러면 과연 크랭크 링크의 1회전에 따라 와이퍼가 90° 요동을 하는지 체크하기 위해 모터의 설정부터 기구의 운동까지 그 과정과 결과를 알아보기로 한다.

2.4.1 모션 조건 설정

(1) 모터 설정

① 크랭크 링크에 구동을 주기 위해 모델 탭 옆의 모션 스터디 탭을 클릭한다.

② 구동을 위한 모터를 선택한다.

③ 모터 유형을 원형 모터로 선택한다.

④ 부품/방향에서 모터 위치는 원형 구동을 위해 그림 5-2-31과 같이 크랭크 링크의 둥근 옆면을 클릭한다.

⑤ 확인을 클릭한다.

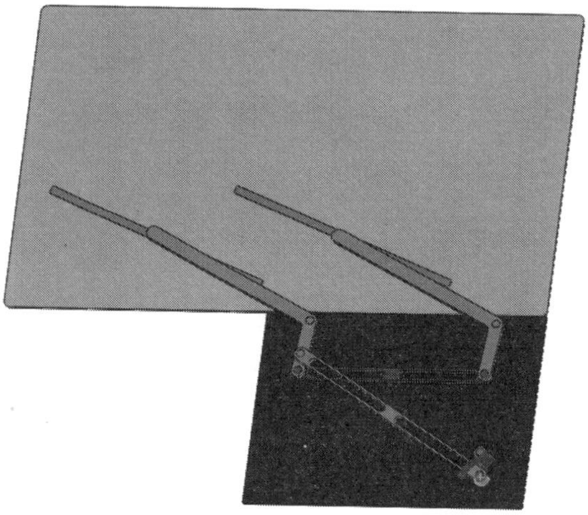

그림 5-2-31 모터 위치와 모터 방향 설정 모습

(2) 모션 설정

① 모션은 모터 속성 창의 모션 설정에서 방정식을 선택한다.

② 방정식을 선택하고 클릭하면 함수 작성기 창이 나타난다.

③ 함수는 ABS()로 하고 선형 기어가 10초에 5회 구동하도록 하려면 방정식은 36*5*ABS (time)로 한다.

④ 확인을 클릭한다.

(3) 모션 스터디 계산하기

① 모션 해석 탭으로 설정한다.

② 모션 스터디 계산하기 아이콘을 클릭하여 설정된 모터의 구동 조건을 계산한다.

③ 계산과 동시에 운동 링크의 구동을 확인한다.

2.4.2 시뮬레이션 결과

(1) 와이퍼 정속 1단 시뮬레이션 결과

① "결과와 플롯" 버튼을 클릭하여 그래프의 속성을 입력한다.

② 구동에 대한 크랭크 링크의 모션 해석 결과는 그림 5-2-32와 같으며 그림 5-2-33은 와이퍼의 각 변위 결과이다. 이 그래프를 통해 크랭크 링크의 1회전에 대해 와이퍼가 90°의 요동운동을 하고 있으며, 이것은 요구 설계에 잘 일치하는 것을 알 수 있다.

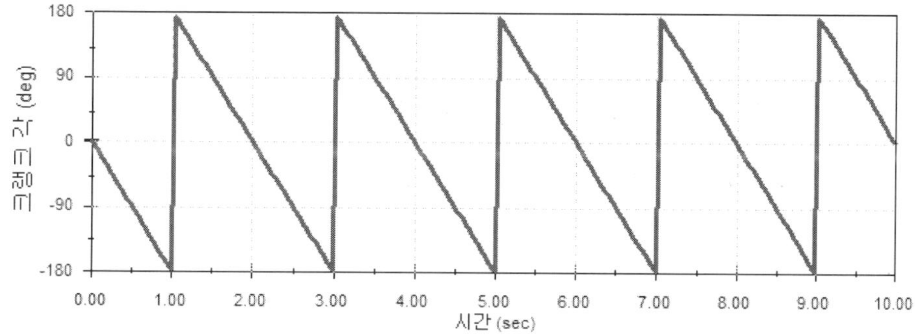

그림 5-2-32 크랭크 링크의 각 변위 그래프 결과 모습

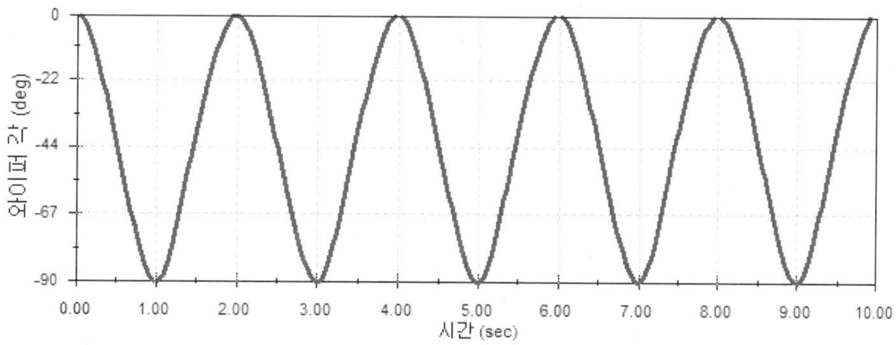

그림 5-2-33 운동(종동) 링크의 각 변위 그래프 결과 모습

(2) 와이퍼 3단 시뮬레이션 결과

와이퍼 기구의 요구 설계에 저속, 중속, 고속의 3단계 속도 조절 기능을 부여해야 한다. 크랭크 링크의 속도가 10, 20, 30rpm일 때 와이퍼의 속도를 체크하기 위해 3개의 모터와 그에 따른 속도 설정을 달리하여 그 결과를 알아보기로 한다.

1) 저속 모터(10rpm) 설정

① 크랭크 링크에 구동을 주기 위해 모델 탭 옆의 모션 스터디 탭을 클릭한다.

② 구동을 위한 원형 모터를 선택한다.

③ 모션은 모터 속성 창의 모션 설정에서 정속을 선택한다.

④ 정속을 10rpm으로 선택한다.

⑤ 확인을 클릭한다.

2) 중속 모터(20rpm) 설정

① 크랭크 링크에 구동을 주기 위해 모델 탭 옆의 모션 스터디 탭을 클릭한다.

② 구동을 위한 원형 모터를 선택한다.

③ 모션은 모터 속성 창의 모션 설정에서 정속을 선택한다.

④ 정속을 20rpm으로 선택한다.

⑤ 확인을 클릭한다.

3) 고속 모터(30rpm) 설정

① 크랭크 링크에 구동을 주기 위해 모델 탭 옆의 모션 스터디 탭을 클릭한다.

② 구동을 위한 원형 모터를 선택한다.

③ 모션은 모터 속성 창의 모션 설정에서 정속을 선택한다.

④ 정속을 30rpm으로 선택한다.

⑤ 확인을 클릭한다.

4) 저속 모터(10rpm) 결과

① 저속 모터만 구동하도록 하고 나머지 중속과 고속 모터는 오른쪽 마우스를 눌러 "억제"를 선택한다.

② 모션 스터디 계산하기 아이콘을 클릭하여 설정된 모터의 구동 조건을 계산한다.

③ “결과와 플롯” 버튼을 클릭하여 그래프의 속성을 입력하면 그림 5-2-34 (a)와 같게 된다.

5) 중속 모터(20rpm) 결과

① 중속 모터만 구동하도록 하고 나머지 저속과 고속 모터는 오른쪽 마우스를 눌러 “억제”를 선택한다.

② 모션 스터디 계산하기 아이콘을 클릭하여 설정된 모터의 구동 조건을 계산한다.

③ “결과와 플롯” 버튼을 클릭하여 그래프의 속성을 입력하면 그림 5-2-34 (b)와 같게 된다.

6) 고속 모터(30rpm) 결과

① 고속 모터만 구동하도록 하고 나머지 저속과 중속 모터는 오른쪽 마우스를 눌러 “억제”를 선택한다.

② 모션 스터디 계산하기 아이콘을 클릭하여 설정된 모터의 구동 조건을 계산한다.

③ “결과와 플롯” 버튼을 클릭하여 그래프의 속성을 입력하면 그림 5-2-34 (c)와 같게 된다.

2.4.3 결과 고찰

저속, 중속, 고속 구동에 대한 와이퍼의 모션 해석 결과는 그림 5-2-34 (a)~(c)이다. 이 결과를 통해 3단계 속도 변화에 대해 와이퍼가 3단계 변속 운동을 정확하게 하고 있으며, 이것은 요구 설계에 잘 일치하는 것을 알 수 있다.

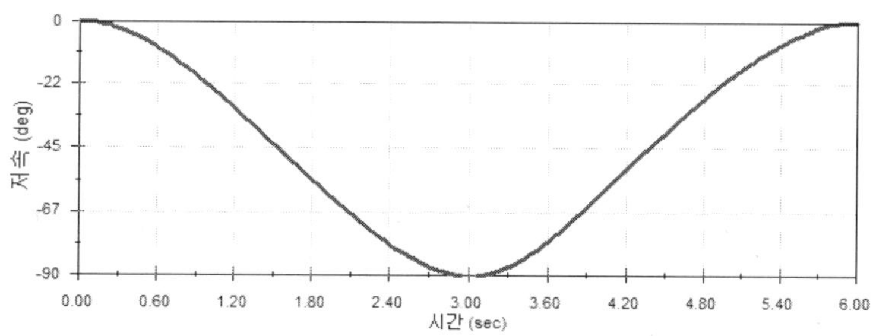

(a) 저속의 경우

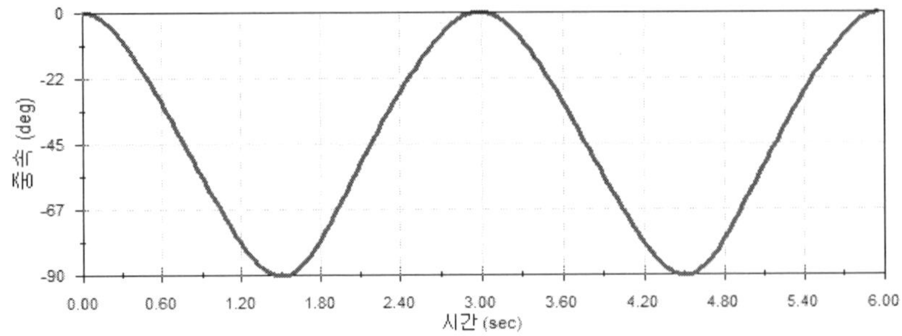

(b) 중속의 경우

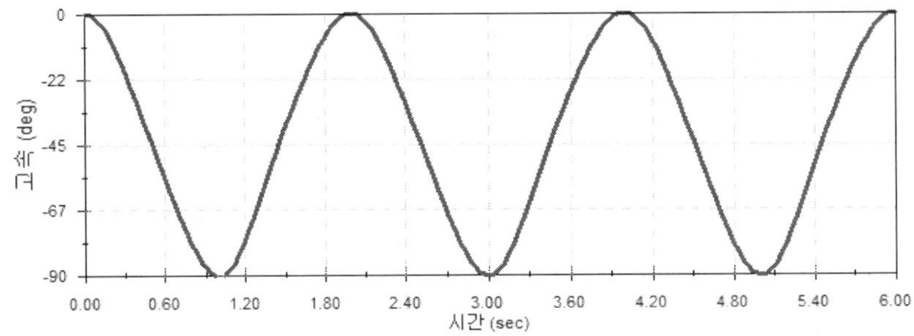

(c) 고속의 경우

그림 5-2-34 와이퍼 기구의 3단계 변속 결과 그래프

2.4.4 동영상 저장하기

① 저장 아이콘을 클릭한다.

② 동영상 설정 창이 나타난다.

③ 파일 이름을 "wiper_mechanism 동영상"으로 저장한다.

④ 비디오 압축 창이 나타나고 프레임 정보에서 초당 프레임을 25로 하고 저장을 누른다.

⑤ 압축 프로그램의 창이 나타나면 "전체 프레임(압축 안함)"을 선택하고 확인을 클릭한다.

⑥ 기구가 동작하면서 동영상으로 저장된다.

제3장

캠 기구 응용 스탬프 기구

3.1 문제

여러분이 기계공학을 전공한 전문가이며 특히 캠 기구에 대해 전공이라고 하자. 어떤 우체국에서 우표에 찍는 직인용 스탬프의 원리를 어린 학생들에게 설명하기 위해 가상 스탬프 기구를 만들어 달라는 요청이 왔다고 하자. 이럴 때 여러분은 어떻게 할 것인가?

3.2 부품 준비

3.2.1 기구 사양

(1) 설계 제한 조건

① 지역 우체국 직인 모양은 원형으로 직경은 30㎜로 한다.

② 회전축이 1회전 할 때 4회의 스탬핑 작업을 하는 기구를 가정한다.

③ 스탬프 헤드의 무게로 스탬핑 작업이 이루어지며 직인 찍는 힘은 헤드 무게로 충분하다고 가정한다.

④ 기구의 전체 치수는 설명을 위한 것이므로 임의로 정하기로 한다.

(2) 기구 개략도 결정

가설 및 조건에 따라 회전축의 1회전에 4회의 스탬핑을 하기 위해서는 하나의 회전 휠에 90도 간격의 4개의 돌출 부분이 있어야 한다. 이 돌출부가 스탬프의 헤드를 들어 올려 주는 메커니즘이 되어야 한다. 따라서 돌출부와 스탬프 헤드가 연결되어야 하며 스탬프 헤드가 들어 올려지기 위해서는 지렛대 형식을 취해야 한다. 말하자면 지렛대를 회전 돌출부가 눌러서 스탬프 헤드를 들어 올려 주어야 한다는 것이다. 스탬프 헤드는 무게가 있어 내려올 때는 자중에 의해 내려오도록 설계해야 한다. 회전 돌출부는 지렛대와 접촉할 때 부드럽게 눌러 주어야 하며 가장 좋은 돌출부의 형태는 곡면이 될 것이다. 이상을 종합하여 전체적인 스탬프 기구를 나타내면 그림 5-3-1과 같은 형태가 될 것이다.

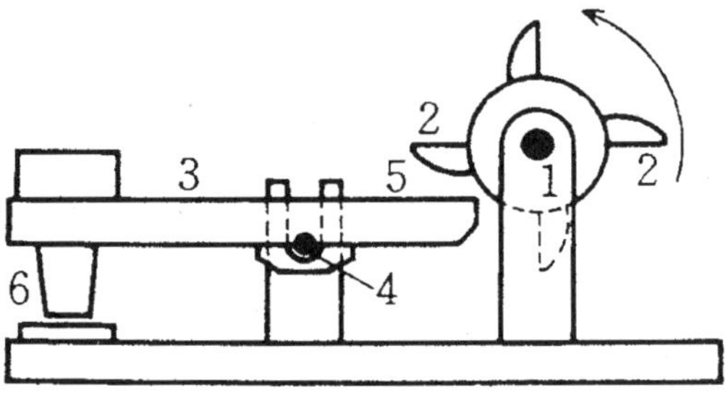

그림 5-3-1 스탬프 기구 개략도

3.2.2 부품 형상모델링

(1) 스탬프 베이스

스탬프 베이스는 휠 캠과 레버의 회전축을 지지하는 역할을 한다. 그림 5-3-2 (a)는 베이스의 외관이며 이 베이스를 그림 5-3-2 (b)의 치수대로 형상모델링 하고 저장 파일 이름을 “stamp_base”로 한다.

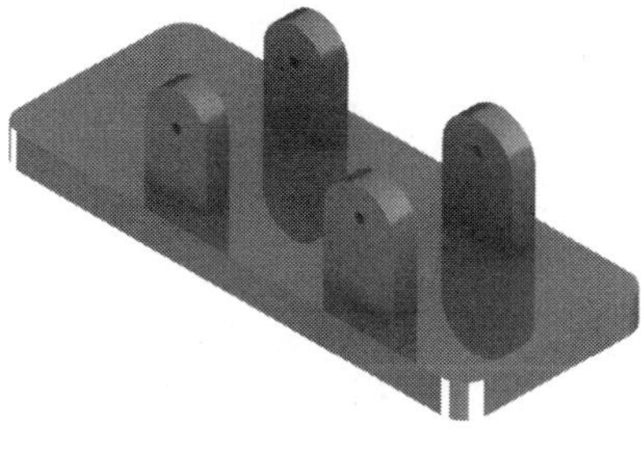

(a) 외관

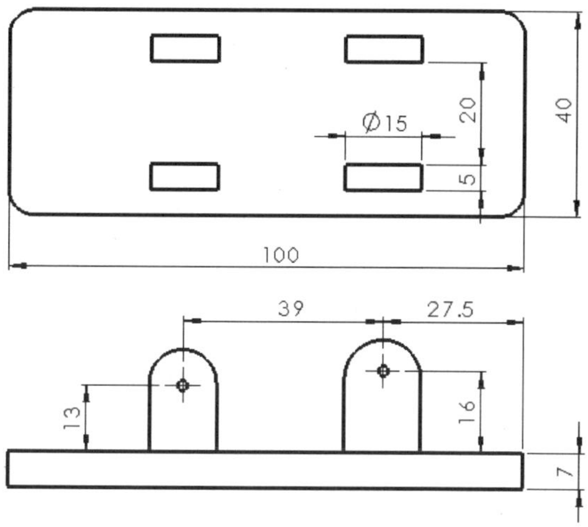

(b) 형상 치수

그림 5-3-2 스탬프 베이스의 향상 정보

(2) 휠 캠

휠 캠은 베이스와 조립되어 레버에 간헐적 동력을 전달하는 역할을 한다. 그림 5-3-3 (a)는 휠 캠의 외관이며 이 휠 캠을 그림 5-3-3 (b)의 치수대로 형상모델링 하고 저장 파일 이름을 “wheel_cam”로 한다.

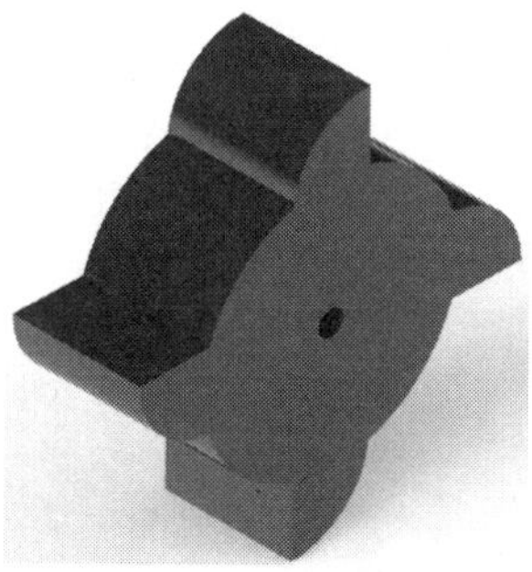

(a) 외관

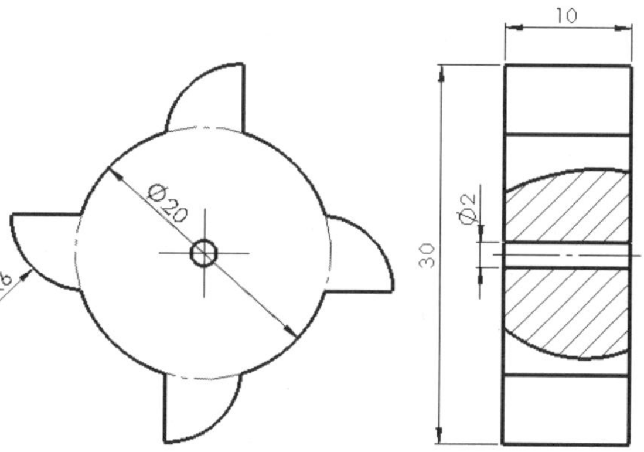

(b) 형상 치수

그림 5-3-3 휠 캠의 형상 정보

(3) 레버

레버는 베이스와 조립되어 휠 캠에 의해 전달된 동력을 이용하여 스탬프하기 위한 지렛대 역할을 한다. 그림 5-3-4 (a)는 레버의 외관이며 이 레버를 그림 5-3-4 (b)의 치수대로 형상모델링 하고 저장 파일 이름을 “lever”로 한다.

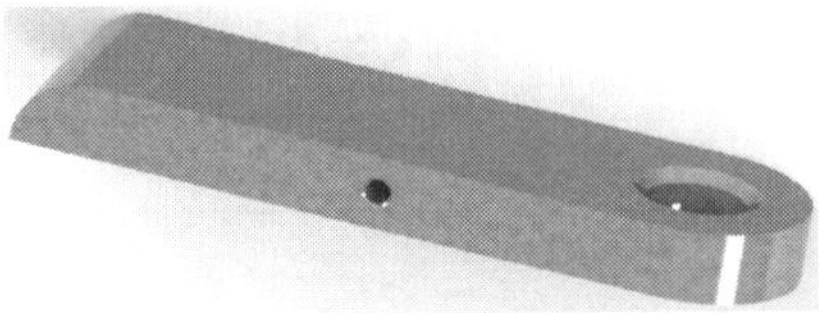

(a) 외관

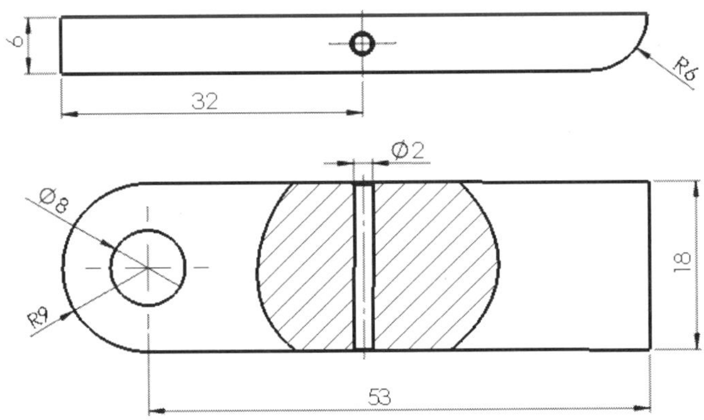

(b) 형상 치수

그림 5-3-4 레버의 형상 정보

(4) 스탬프 해머

해머는 레버에 조립되어 휠 캠에 의해 전달된 동력을 이용하여 스탬프 하는 역할을 한다. 그림 5-3-5 (a)는 해머의 외관이며 이 해머를 그림 5-3-5 (b)의 치수대로 형상모델링 하고 저장 파일 이름을 “head”로 한다.

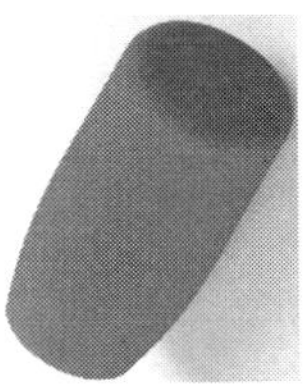

(a) 외관

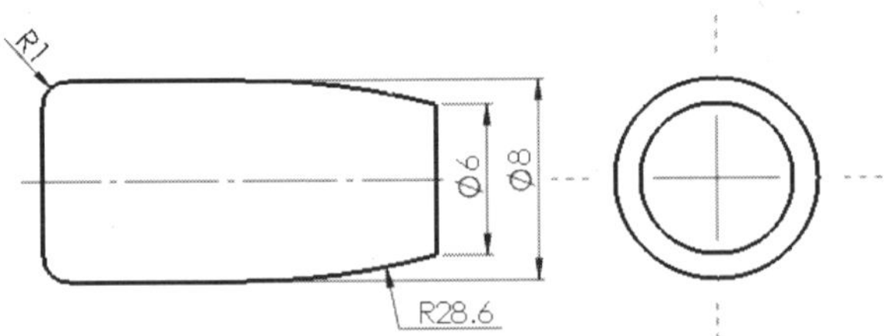

(b) 형상 치수

그림 5-3-5 스탬프 해머의 형상 정보

(5) 스탬프 원판

스탬프 원판은 스탬프 할 때 스탬프 할 것을 올려놓는 받침대 역할을 한다. 그림 5-3-6 (a)는 스탬프 원판의 외관이며 이 스탬프 원판을 그림 5-3-6 (b)의 치수대로 형상모델링 하고 저장 파일 이름을 “ground”로 한다.

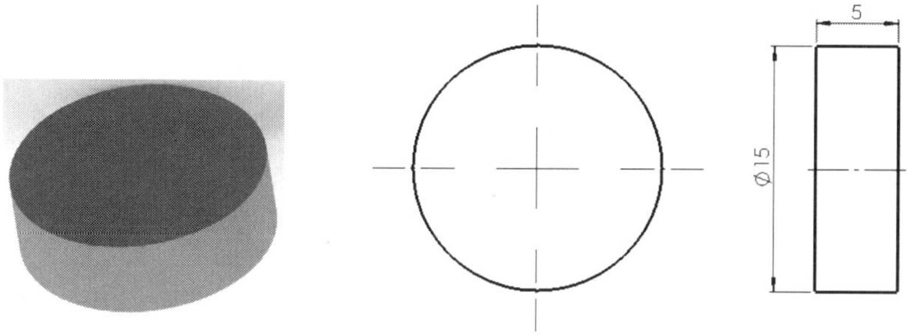

(a) 외관

(b) 형상 치수

그림 5-3-6 스탬프 원판의 형상 정보

(6) 휠 캠 고정핀

휠 캠 고정 핀은 휠 캠을 회전할 수 있게 고정하는 역할을 한다. 그림 5-3-7 (a)는 휠 캠 고정 핀의 외관이며 이 휠 캠 고정 핀을 그림 5-3-7 (b)의 치수대로 형상모델링 하고 저장 파일 이름을 “pin”로 한다.

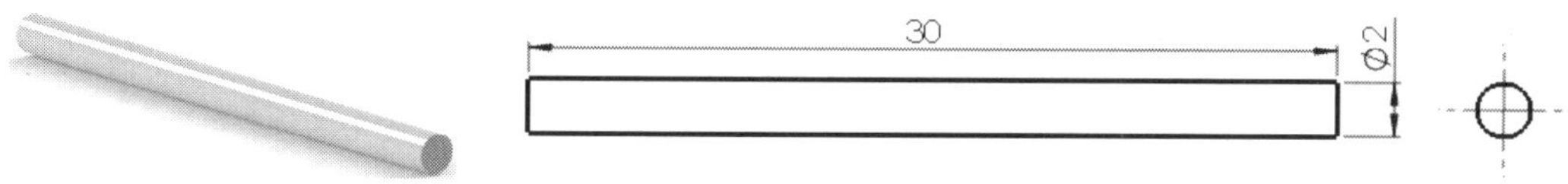

(a) 외관

(b) 형상 치수

그림 5-3-7 휠 캠 고정핀의 형상 정보

(7) 레버 고정핀

레버 고정 핀은 레버를 회전할 수 있게 고정하는 역할을 한다. 레버 고정 핀은 그림 5-3-7의 휠 캠 고정 핀의 형상 정보와 같으며 저장 파일 이름을 휠 캠 고정 핀과 똑같이 “pin”로 한다.

3.3 기구 구성

3.3.1 부품 조립

(1) 바닥 고정 스탬프 베이스

스탬프 베이스를 어셈블리 좌표 평면과 일치시키고 고정한다.

① 부품 삽입을 클릭한다.

② 스탬프 베이스 파일을 어셈블리 창에 갖다 놓는다.

③ 마우스의 오른쪽 버튼을 눌러 메뉴 가운데 "자유롭게 움직이기"를 선택한다.

④ 스탬프 베이스의 정면과 어셈블리 정면이 일치하도록 메이트 한다.

⑤ 스탬프 베이스의 우측면과 어셈블리 우측면이 일치하도록 메이트 한다.

⑥ 스탬프 베이스의 윗면과 어셈블리 윗면이 일치하도록 메이트 한다.

⑦ 다시 마우스의 오른쪽 버튼을 눌러 메뉴 가운데 "고정"을 선택한다(그림 5-3-8).

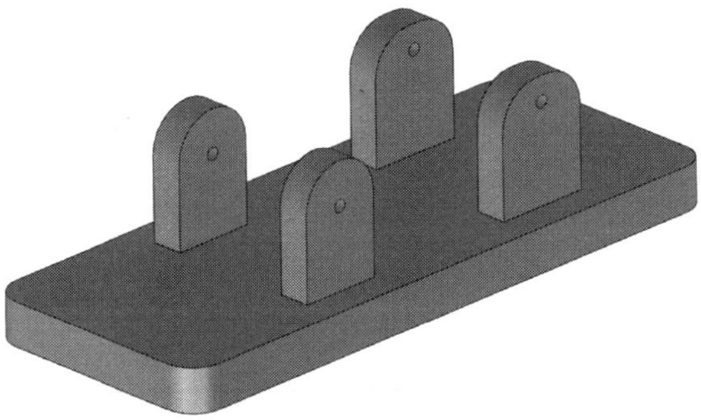

그림 5-3-8 스탬프 베이스 바닥 고정

(2) 휠 캠 조립

① 부품삽입 도구를 클릭하여 휠 캠 파일을 삽입한다.

② 휠 캠의 핀 조립 구멍과 스탬프 베이스 핀 조립 구멍과 동심 메이트 한다.

③ 휠 캠의 정면과 스탬프 베이스의 정면을 선택하고 일치 메이트 한다.

④ 확인 버튼을 누른다(그림 5-3-9).

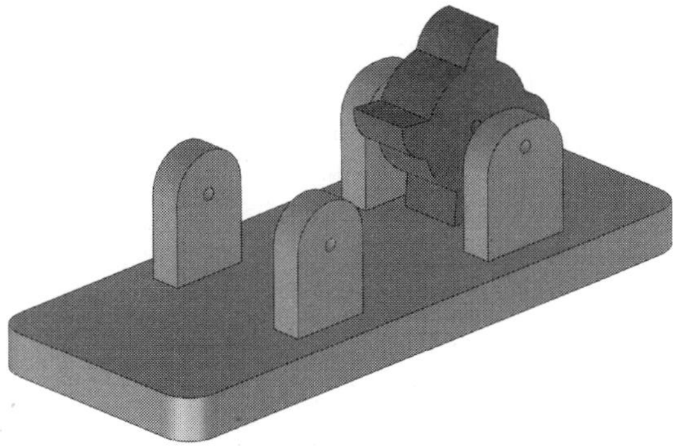

그림 5-3-9 휠 캠의 동심 메이트

(3) 휠 캠 핀 조립

① 부품삽입 도구를 클릭하여 핀 파일을 삽입한다.
② 핀의 원통과 스탬프 베이스 핀 조립 구멍과 동심 메이트 한다.
③ 핀의 끝 면과 스탬프 베이스의 기둥 옆면을 선택하고 일치 메이트 한다.
④ 확인 버튼을 누른다.

(4) 레버 조립

① 부품삽입 도구를 클릭하여 레버 파일을 삽입한다.
② 레버의 핀 조립 구멍과 스탬프 베이스 핀 조립 구멍과 동심 메이트 한다.
③ 레버의 정면과 스탬프 베이스의 정면을 선택하고 일치 메이트 한다.
④ 확인 버튼을 누른다(그림 5-3-10).

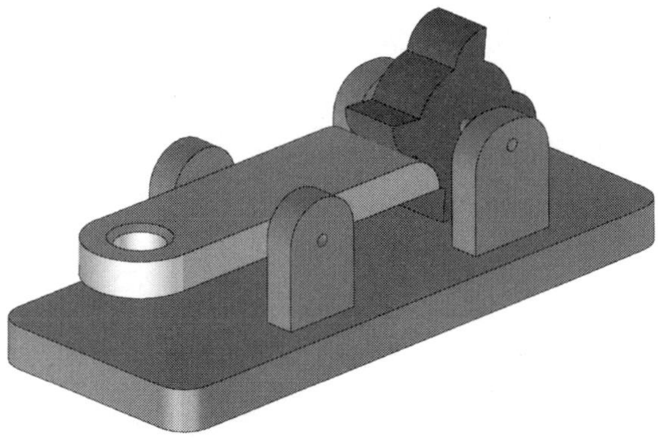

그림 5-3-10 레버의 조립 결과

(5) 레버 핀 조립

① 부품삽입 도구를 클릭하여 핀 파일을 삽입한다.
② 핀의 원통과 스탬프 베이스 핀 조립 구멍과 동심 메이트 한다.
③ 핀의 끝 면과 스탬프 베이스의 기둥 옆면을 선택하고 일치 메이트 한다.
④ 확인 버튼을 누른다.

(6) 해머 조립

① 부품삽입 도구를 클릭하여 해머 파일을 삽입한다.
② 해머의 원통과 레버의 해머 조립 구멍과 동심 메이트 한다.
③ 레버 위의 면과 해머 위의 면을 선택하고 거리 20㎜로 거리 메이트 한다.
④ 확인 버튼을 누른다(그림 5-3-11).

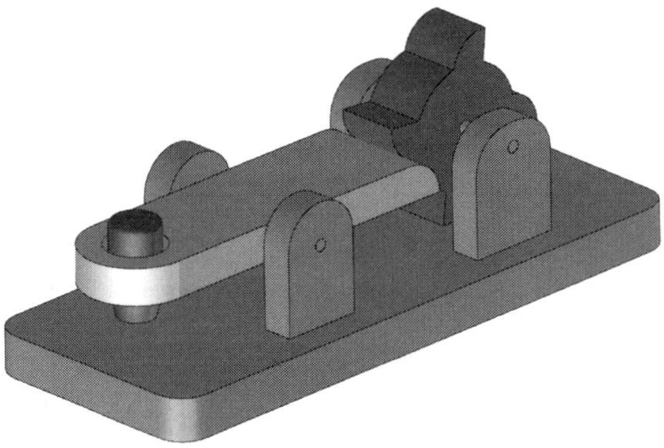

그림 5-3-11 해머의 조립 모습

(7) 스탬프 그라운드 조립

① 부품삽입 도구를 클릭하여 그라운드 파일을 삽입한다.
② 그라운드의 원점과 스탬프 베이스 좌측 옆면을 거리 20㎜로 거리 메이트 한다.
③ 그라운드의 정면과 스탬프 베이스의 정면을 선택하고 일치 메이트 한다.
④ 확인 버튼을 누른다(그림 5-3-12).

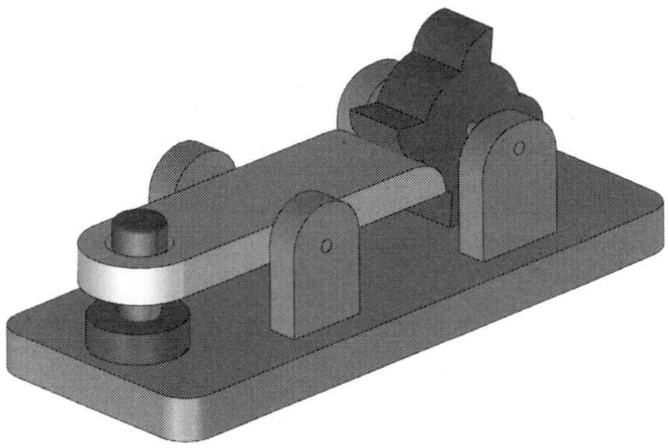

그림 5-3-12 스탬프 그라운드의 조립 모습

3.3.2 초기 위치 결정과 저장하기

① 휠 캠을 돌려 레버와 맞닿게 하여 초기 위치를 결정한다.

② 저장 도구( )에서 "다른 이름으로 저장하기"를 클릭한다.

③ 저장할 파일이름을 "스탬프 기구"로 한다.

④ 저장 버튼을 클릭한다.

3.4 기구 모션 시뮬레이션

3.4.1 모션 조건 설정

(1) 모터 설정

① 스탬프 장치의 구동을 보이기 위해 모델 탭 옆의 모션 스터디 탭을 클릭한다.

② 모션 해석을 선택한다.

③ 모터 유형을 원형 모터로 선택한다.

④ 부품/방향에서 모터 위치는 회전 구동을 위해 휠 캠으로 한다.

⑤ 확인을 클릭한다.

1) 모션 설정

① 모션은 모터 속성 창의 모션 설정에서 "방정식"을 선택한다.

② 방정식 편집에서 휠 캠이 5초에 2회전 구동하도록 설정한다. 즉, 5초에 2회전 하는 것으로 하여 72*2*ABS(time)으로 설정한다.

③ 확인을 클릭한다.

2) 모션 스터디 계산하기

① 모션 해석 탭으로 설정한다.

② 접촉 탭을 클릭하여 "솔리드 바디 접촉"으로 하고 휠 캠과 레버를 차례로 클릭하여 설정한다(그림 5-3-13 (a)).

③ 접촉 탭을 또 한 번 클릭하여 "솔리드 바디 접촉"으로 하고 스탬프 해머와 스탬프 그라운드를 차례로 클릭하여 설정한다(그림 5-3-13 (b)).

④ 모션 스터디 계산하기 아이콘을 클릭하여 설정된 모터의 구동 조건을 계산한다.

⑤ 계산과 동시에 스탬프 장치의 구동을 확인한다.

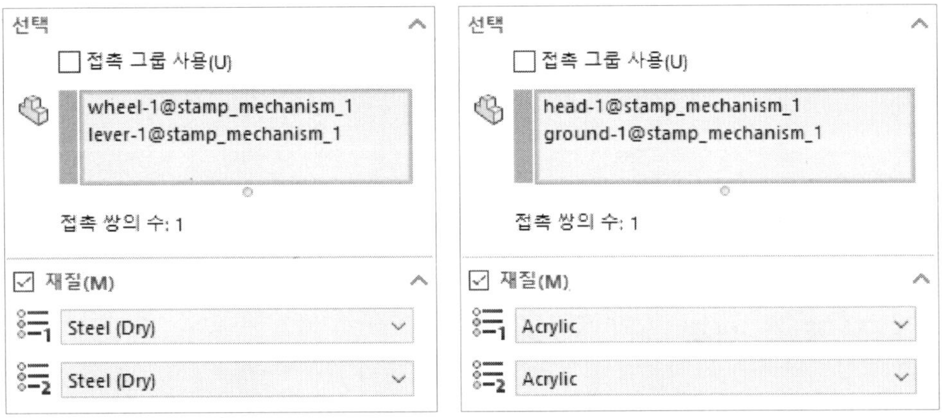

(a) 휠 캠과 레버 접촉 (b) 해머와 그라운드 접촉

그림 5-3-13 스탬프 장치의 솔리드 바디 접촉 설정 과정

3.4.2 시뮬레이션 결과

(1) 휠 캠의 동작 결과

① "결과와 플롯" 버튼을 클릭하여 그래프의 속성을 입력한다.

② 휠 캠의 2회전에 대한 모션 해석 결과는 그림 5-3-14와 같다.

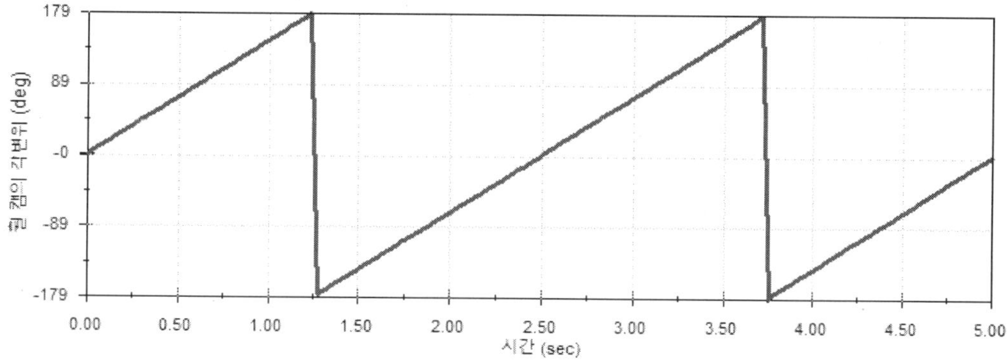

그림 5-3-14 휠 캠의 시간에 따른 각 변위 결과 그래프

(2) 스탬프 해머의 동작 결과

① "결과와 플롯" 버튼을 클릭하여 그래프의 속성을 입력한다.

② 구동에 대한 스탬프 해머의 모션 해석 결과는 그림 5-3-15와 같다.

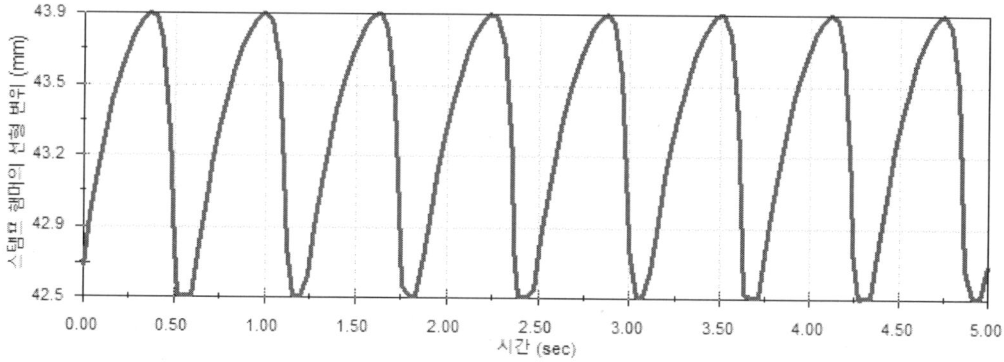

그림 5-3-15 스탬프 해머의 시간에 따른 선형 변위 결과 그래프

3.4.3 결과 고찰

이 그래프를 통해 그림 5-3-14의 휠 캠의 2회전에 대해 그림 5-3-15의 스탬프 해머가 8회 스탬핑 하고 있는 것을 알 수 있다. 따라서 휠 캠의 회전 구동에 의해 스탬프 해머의 8번의 스탬핑을 하고 있으므로 장치 설계는 올바르다고 판단할 수 있다.

3.4.4 동영상 저장하기

① 저장 아이콘을 클릭한다.

② 동영상 설정 창이 나타난다.

③ 파일 이름을 "스탬프 기구 동영상"으로 한다.

④ 비디오 압축 창이 나타나고 프레임 정보에서 초당 프레임을 25로 하고 저장을 누른다.

⑤ 압축 프로그램의 창이 나타나면 "전체 프레임(압축 안함)"을 선택하고 확인을 클릭한다.

⑥ 기구가 동작하면서 동영상으로 저장된다.

제4장

제네바 기구 응용 간헐 컨베이어

4.1 문제

생산 자동화 라인의 공작물 또는 제품의 이동에 컨베이어 시스템을 이용한다. 컨베이어 시스템에는 여러 종류가 있지만 일정 시간 간헐적으로 이동하는 컨베이어 시스템이 매우 유용할 때가 많이 있다.

여러분이 기계공학을 전공한 전문가이며 특히 컨베이어 설계 분야에 대해 전공이라고 하자. 한 학교에서 3m자동화 생산 라인에 제품의 크기가 최대 50㎜인 물건을 이동시키는 컨베이어 시스템을 구축하려 한다. 그런데 이 컨베이어 시스템이 간헐적으로 움직이는 것으로 간헐 이동 거리 400㎜를 5초간 움직이다가 작업을 위해 5초간 멈추었다 다시 진행하는 컨베이어 시스템이라 한다. 이 컨베이어 시스템을 학생들에게 쉽게 설명하기 위해 동영상으로 제작해 달라는 주문을 받았다고 할 때 당신은 어떻게 해결할 것인가?

4.2 부품 준비

4.2.1 기구 사양

(1) 설계 제한 조건

① 간헐 이동 컨베이어 시스템이다.

② 컨베이어 간헐 이동 거리 400㎜이다.

③ 간헐 이동 시간은 5초이다.

④ 작동 중 멈춤 시간은 5초이다.

⑤ 컨베이어 총 길이는 3m이다.

⑥ 제품의 크기는 최대 50㎜이다.

⑦ 컨베이어 시스템의 모션 해석 결과로부터 설계 검증한다.

(2) 사양 결정

위의 사실로부터 가장 적절한 컨베이어 시스템은 모터를 이용하여 할 수도 있지만 경제적인 면을 고려하여 제네바 기구에 의한 간헐 이송 컨베이어 시스템이 좋다는 결론을 얻었다고 하자.

① 제네바 기구를 사용하기로 한다면 제네바 1회전 당 컨베이어가 400㎜이동하기 위해서 제네바의 반지름은 200㎜가 되어야 한다.

② 그리고 전체적인 구동 시스템은 그림 5-4-1과 같이 될 것이며 크랭크 부분과 맞물려 움직여야 하는 슬롯의 길이 역시 200㎜가 되어야 한다.

③ 슬롯의 개수는 컨베이어가 총 3m이고 한번 이송길이가 400㎜이므로 최대 이송 거리는 2.8m가 되어야 하며 따라서 슬롯의 개수는 8개가 된다.

④ 또한 제네바가 1회전하는 시간을 10초로 설정해야 간헐 이동 시간이 5초가 된다. 즉, 제네바가 180도 회전할 때 400㎜이동되고 나머지 180도 회전 동안은 컨베이어가 멈추게 되는 시스템이 된다.

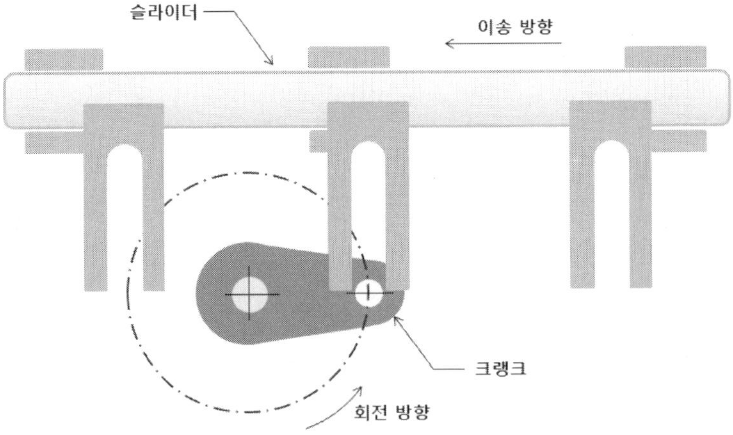

그림 5-4-1 간헐 컨베이어 구동장치

4.2.2 부품 형상모델링

(1) 크랭크

그림 5-4-2 (a)는 크랭크의 외관이고 그림 5-4-2 (b)는 크랭크의 형상 치수이다. "crank"의 파일 이름으로 저장한다.

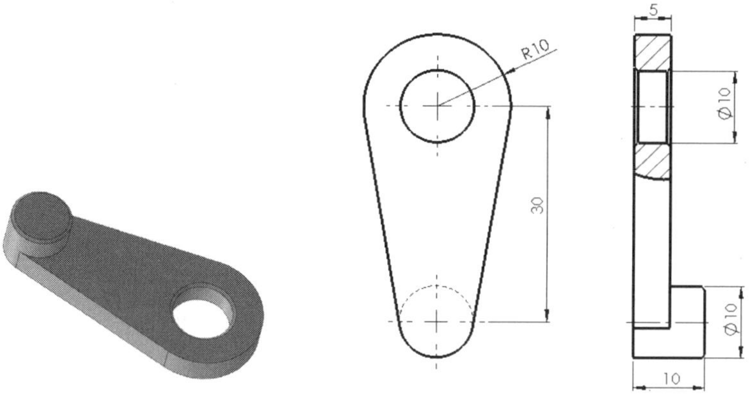

(a) 외관 (b) 형상 치수

그림 5-4-2 크랭크의 형상 정보

(2) 제네바 슬롯

그림 5-4-3 (a)는 제네바 슬롯의 외관이고 그림 5-4-3 (b)는 제네바 슬롯의 형상 치수이다. "geneva_slot"의 파일 이름으로 저장한다.

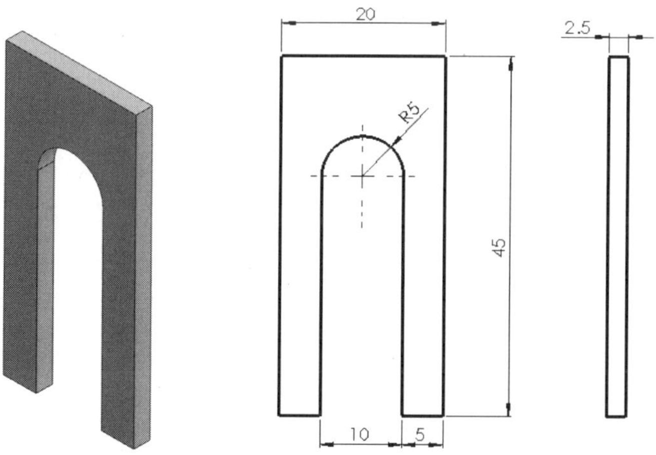

(a) 외관 (b) 형상 치수

그림 5-4-3 제네바 슬롯의 형상 정보

(3) 가이드

그림 5-4-4 (a)는 가이드의 외관이고 그림 5-4-4 (b)는 가이드의 형상 치수이다. “guide”의 파일 이름으로 저장한다.

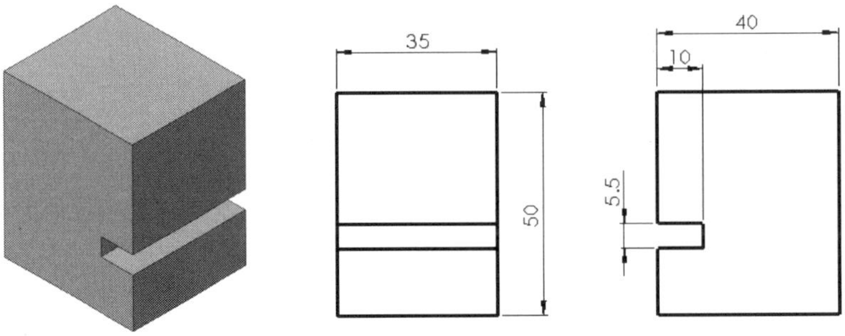

(a) 외관 (b) 형상 치수

그림 5-4-4 가이드의 형상 정보

(4) 슬라이더

그림 5-4-5 (a)는 슬라이더의 외관이고 그림 5-4-5 (b)는 슬라이더의 형상 치수이다. “guide”의 파일 이름으로 저장한다.

(a) 외관

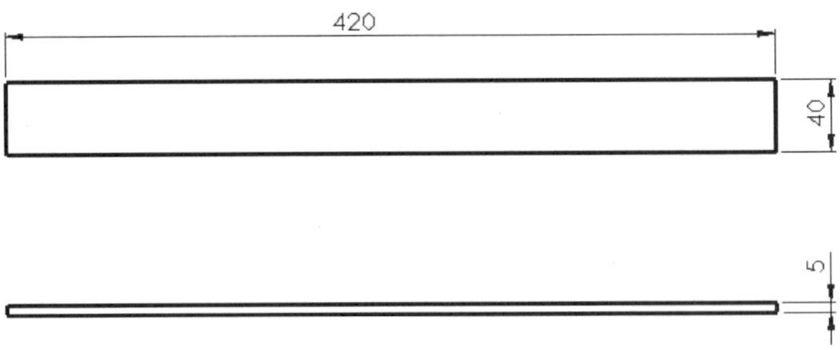

(b) 형상 치수

그림 5-4-5 슬라이더의 형상 정보

(5) 모터

그림 5-4-6 (a)는 모터의 외관이고 그림 5-4-6 (b)는 모터의 형상 치수이다. "guide"의 파일 이름으로 저장한다.

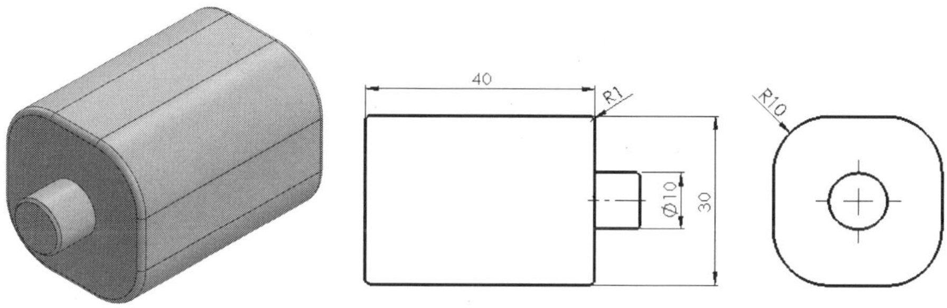

(a) 외관 (b) 형상 치수

그림 5-4-6 모터의 형상 정보

4.3 기구 구성

4.3.1 부품 조립

(1) 모터 조립

① 모터 파트모델을 불러온다.

② 모터 모델에 커서를 데고 마우스 오른쪽 버튼을 누르고 "자유롭게 움직이기"를 클릭한다.

③ 모터의 정면과 어셈블리 정면에 대해 일치 메이트 한다.

④ 모터의 윗면과 어셈블리 윗면에 대해 일치 메이트 한다.

⑤ 모터의 아랫면과 어셈블리 아랫면에 대해 일치 메이트 한다.

⑥ 확인을 클릭한다.

(2) 크랭크 조립

① 크랭크를 불러온다.

② 크랭크의 구멍 면과 모터의 볼록 원통 면이 동심이 되도록 동심 메이트 한다.

③ 크랭크의 한 쪽 끝 면과 모터 볼록 원통 형상 끝 면을 일치 메이트 한다.

④ 확인을 클릭한다(그림 5-4-7).

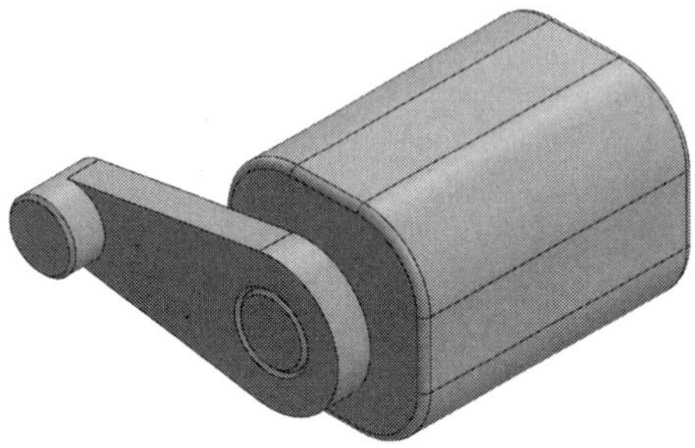

그림 5-4-7 크랭크의 조립 결과

(3) 가이드 조립

① 가이드 파트모델을 불러온다.

② 3개의 가이드의 정면과 어셈블리 정면에 대해 일치 메이트 한다.

③ 3개의 가이드의 윗면과 어셈블리 윗면에 대해 30㎜ 거리 메이트 한다.

④ 첫 번째 가이드의 형상 오른쪽 면과 모터의 형상 오른쪽 면에 대해 일치 메이트 한다.

⑤ 첫 번째 가이드의 형상 왼쪽 면과 두 번째 가이드의 형상 오른쪽 면에 대해 70㎜ 거리 메이트 한다.

⑥ 두 번째 가이드의 형상 왼쪽 면과 세 번째 가이드의 형상 오른쪽 면에 대해 70㎜ 거리 메이트 한다.

⑦ 확인을 클릭한다(그림 5-4-8).

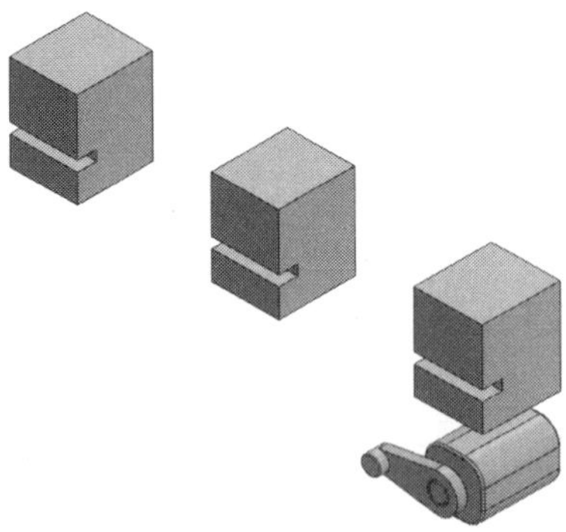

그림 5-4-8 가이드의 조립 결과

(4) 슬라이더 조립

① 슬라이더 파트모델을 불러온다.

② 슬라이더의 형상 우측 옆면과 가이드의 홈 안 쪽 옆면에 대해 일치 메이트 한다.

③ 슬라이더의 형상 윗면과 가이드의 홈 윗면에 대해 일치 메이트 한다.

④ 첫 번째 가이드의 형상 왼쪽 면과 두 번째 가이드의 형상 오른쪽 면에 대해 70mm 거리 메이트 한다.

⑤ 두 번째 가이드의 형상 왼쪽 면과 세 번째 가이드의 형상 오른쪽 면에 대해 70mm 거리 메이트 한다.

⑥ 확인을 클릭한다(그림 5-4-9).

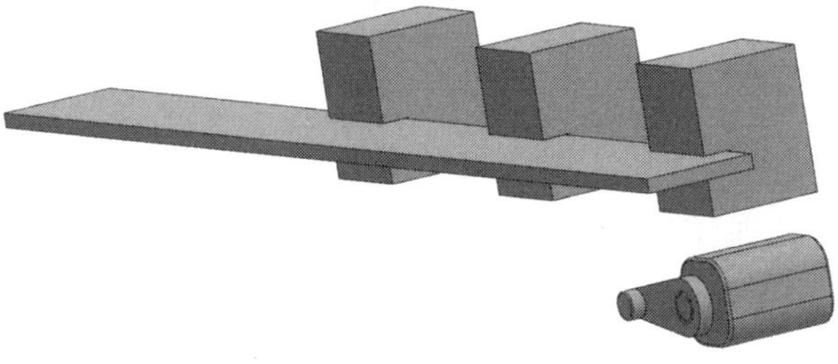

그림 5-4-9 슬라이더의 조립 결과

(5) 제네바 슬롯 조립

① 제네바 슬롯 파트모델을 불러온다.

② 제네바 슬롯의 형상 윗면과 슬라이더의 형상 밑면에 대해 일치 메이트 한다.

③ 제네바 슬롯의 정면과 슬라이더의 정면에 대해 일치 메이트 한다.

④ 제네바 슬롯의 형상 오른쪽 면과 슬라이더의 형상 오른쪽 면에 대해 50mm 거리 메이트 한다.

⑤ 첫 번째 제네바 슬롯에 대해 60mm 간격으로 6개의 선형 패턴 한다.

⑥ 확인을 클릭한다(그림 5-4-10).

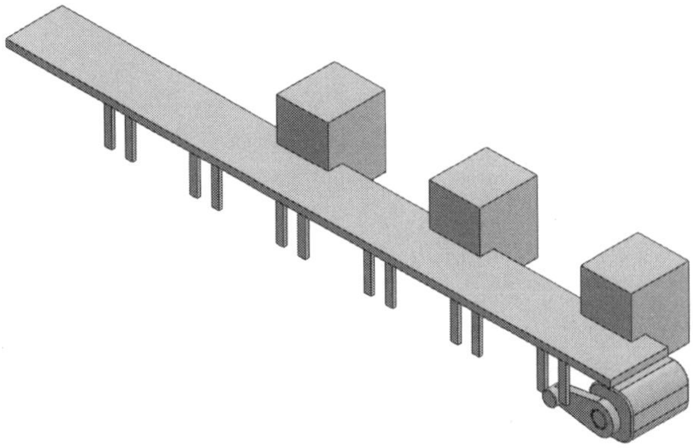

그림 5-4-10 제네바 슬롯의 조립 결과

(5) 초기 위치결정

① 표준 메이트에서 크랭크의 우측면과 어셈블리의 윗면이 서로 일치하도록 메이트 설정 한다.

② 옵션에서 "위치 배치에만 사용"을 체크한다.

③ 확인을 클릭한다(그림 5-4-11).

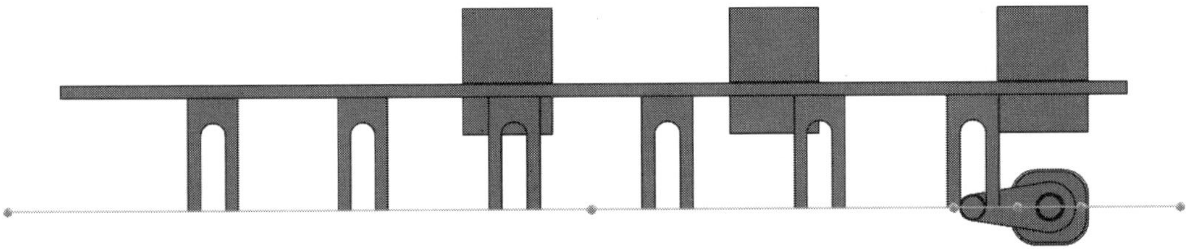

그림 5-4-11 초기 위치 설정 결과

4.3.2 저장하기

① 저장 도구(💾)에서 "다른 이름으로 저장하기"를 클릭한다.

② 저장할 디렉토리를 정하고 파일이름을 "간헐 컨베이어"로 한다.

③ 저장 버튼을 클릭한다.

4.4 기구 모션 시뮬레이션

4.4.1 모션 조건 설정

(1) 모터 설정

① 제네바 기구의 구동을 보이기 위해 모델 탭 옆의 모션 스터디 탭을 클릭한다.

② 모션 해석을 선택한다.

③ 모터 유형을 원형 모터로 선택한다.

④ 부품/방향에서 모터 위치는 원형 구동을 위해 그림 5-4-12와 같이 크랭크의 부품 윗면을 클릭 한다.

⑤ 확인을 클릭한다.

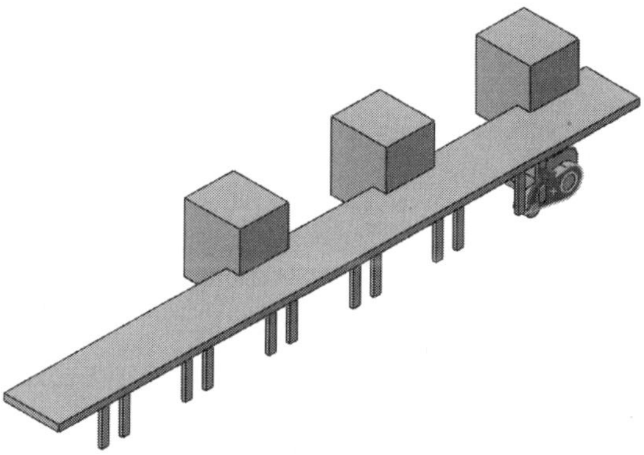

그림 5-4-12 모터 설정 결과

(2) 모션 설정

① 모션은 모터 속성 창의 모션 설정에서 "방정식"을 선택한다.

② 방정식 편집에서 크랭크가 10초에 6회전 구동하도록 설정한다. 즉, 10초에 6회전 하는 것으로 하여 36*6*ABS(time)으로 설정한다.

④ 확인을 클릭한다.

(3) 모션 스터디 계산하기

① 모션 해석 탭으로 설정한다.

② 접촉 탭을 클릭하여 "솔리드 바디 접촉"으로 하고 크랭크와 제네바를 차례로 클릭

하여 설정한다.

③ 모션 스터디 계산하기 아이콘을 클릭하여 설정된 모터의 구동 조건을 계산한다.

④ 계산과 동시에 제네바의 구동을 확인한다.

4.4.2 시뮬레이션 결과

(1) 구동부의 동작 결과

① "결과와 플롯" 버튼을 클릭하여 그래프의 속성을 입력한다.

② 크랭크의 6회전에 대한 모션 해석 결과는 그림 5-4-13과 같다.

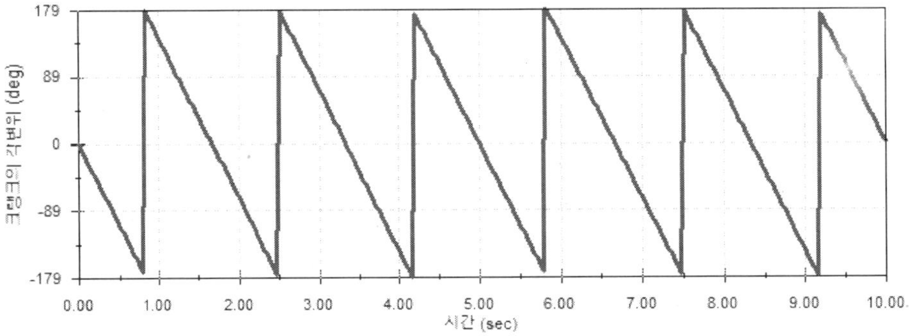

그림 5-4-13 크랭크의 시간에 따른 각 변위 결과 그래프

(2) 종동부의 동작 결과

① "결과와 플롯" 버튼을 클릭하여 그래프의 속성을 입력한다.

② 구동에 대한 제네바 휠의 모션 해석 결과는 그림 5-4-14와 같다.

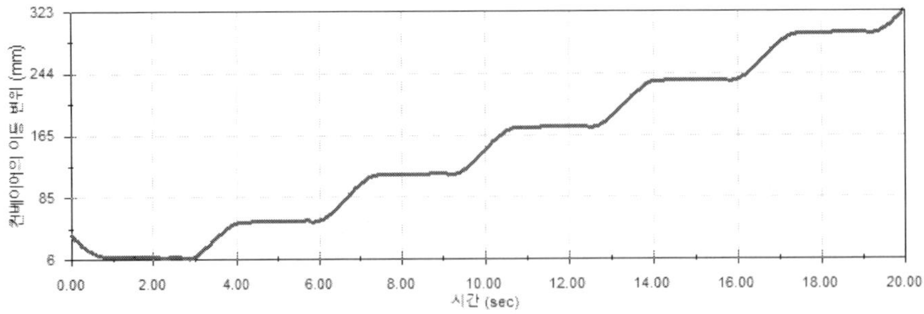

그림 5-4-14 제네바의 시간에 따른 각 변위 그래프 결과 모습

4.4.3 결과 고찰

이 그래프를 통해 그림 5-4-13의 크랭크의 6*360° 회전에 대해 그림 5-4-14의 제네바 휠이 60°마다 정지하고 있는 것을 알 수 있다. 따라서 크랭크의 회전 구동에 의해 컨베이어 장치가 설계대로 6번의 간헐 운동을 하므로 기구는 올바르게 구성되었다.

4.4.4 동영상 저장하기

① 저장 아이콘을 클릭한다.

② 동영상 설정 창이 나타난다.

③ 파일 이름을 "간헐 컨베이어 장치 동영상"으로 한다.

④ 비디오 압축 창이 나타나고 프레임 정보에서 초당 프레임을 25로 하고 저장을 누른다.

⑤ 압축 프로그램의 창이 나타나면 "전체 프레임(압축 안함)"을 선택하고 확인을 클릭 한다.

⑥ 기구가 동작하면서 동영상으로 저장된다.

제5장

직교 좌표 기구에 의한 글자 쓰기

5.1 문제

한 산업용 직교 좌표 기구 생산 공장에서 그림 5-5-1과 같은 직교 좌표 기구를 생산하고 있는데 NC(Numerical Control; 수치제어) 공작기계에서 적용하는 디지털 제어의 대수 연산 디지털제어방식을 이용하고 있다고 한다. 생산되는 직교 좌표 기구가 직교 좌표 상에서 글자 쓰기를 어떻게 제어하고 있는지의 동작 모습을 일반 사람들에게 이해시키기 위해 모션 해석에 의한 제어된 글자쓰기 궤적 모습을 보여 달라는 주문이 들어왔다. 이럴 때 당신은 어떻게 해결할 것인가?

그림 5-5-1 직교 좌표 기구(그림 4-6-1과 같음)

5.2 제어 준비

5.2.1 제어 사양 결정

(1) 기구 구성요소

기구 부품은 6.1.2항 (2)의 부품 형상모델링 한 것과 똑같으며 기구 구성은 그림 4-6-2와 똑같은 것으로 한다. 직교 좌표 기구의 구성요소를 다시 한 번 나타내면 그림 5-5-2와 같다.

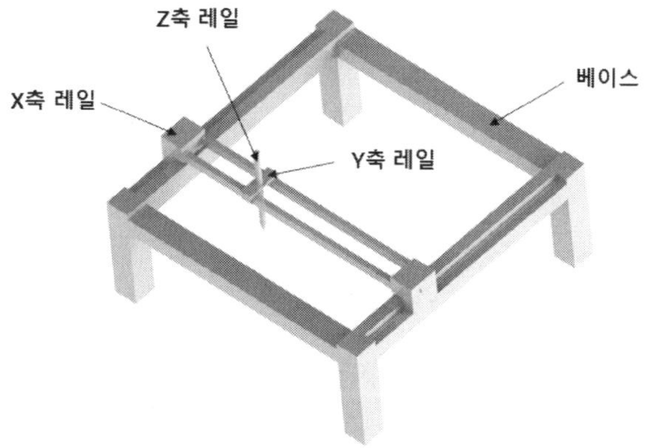

그림 5-5-2 직교 좌표 기구의 구성 요소

(2) 제어 사양

① 대수 연산 방식을 이용하여 "승"이라는 글자를 표현한다.

② "승"자를 나타내기 위해 좌표계에 각 상한에 따라 각각의 선분을 나타낸 것이 그림 5-5-3이다.

③ 먼저 제 2상한부터 시작하는 것으로 하여 좌표 (-30,50)을 시작점으로 하여 좌표 ((0,90)을 거치며 여기서 다시 좌표 (30,50)으로 움직여 "ㅅ"을 쓴다.

④ 다음은 좌표 (-35,40)에서 시작하여 x축에 수평으로 좌표 (0,40)으로 움직이고, 다시 (0,40)에서 (35,40)으로 수평으로 움직여 "ㅡ"을 쓴다.

⑤ 마지막으로 받침 "ㅇ"의 경우는 2상한에서 좌표(0,30)로부터 (-30,0)으로 좌회전하며 다시 좌표(-30,0)으로부터 (0,-30)으로 좌회전하며 (0,-30)으로부터 (30,0)으로 좌회전하며 마지막으로 (30,0)에서 (0,30)으로 좌회전 한다.

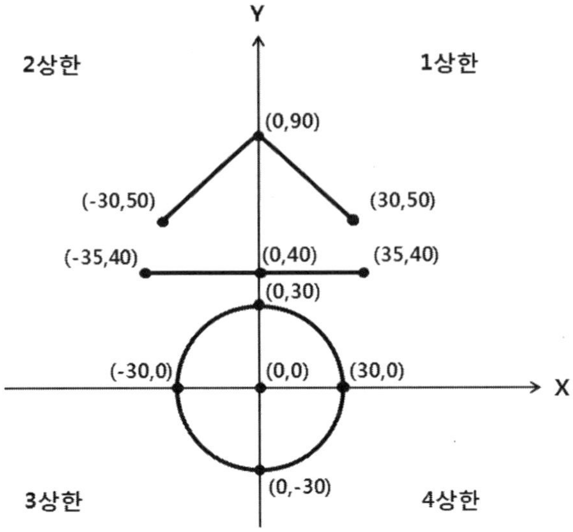

그림 5-5-3 "승"자의 좌표 표현

5.2.2 이론에 근거한 X축과 Y축의 증분 데이터

동작 요소 및 동작 조건을 주기 전에 제어할 수 있도록 "승"자를 좌표 표현하여야 한다. 이러한 좌표 표현은 이미 그림 5-5-3에서 나타내었다. 이것을 기본으로 대수연산 방식을 이용하여 X, Y, Z값의 증분값을 주어 "승"자를 만들 수 있도록 직각좌표 기구를 제어해 보도록 한다.

우선 동작 요소는 X, Y, Z축을 움직이는 것이 슬라이드 직선운동이므로 모두 모터로만 움직이면 된다. 한편 각 축의 모터를 제어하기 위한 동작 조건은 각 상한에 맞춰 대수연산 방식을 이용하여 한 축에 대해 1스텝씩만 움직이도록 설계하면 목표하는 직선 보간과 원호 보간을 할 수 있다. 각각의 직선 보간과 원호 보간에 대해 한 축에 대해 어떻게 1스텝을 주어 움직이게 하였는지를 그림 5-5-4에서 그림 5-5-6까지 나타내었다. 이것을 전체에 대해 표로 나타낸 것은 표 5-5-1이다.

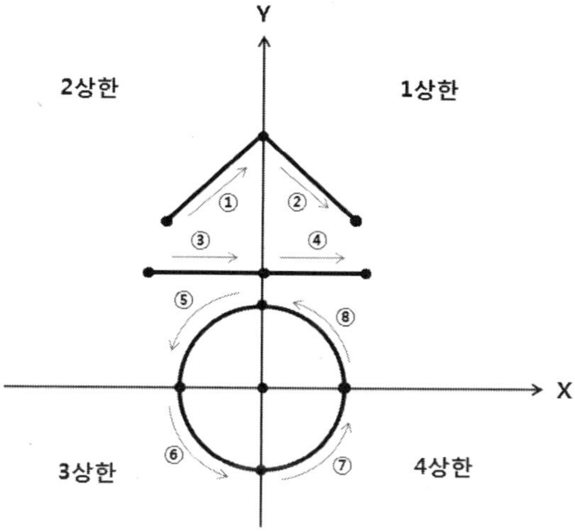

그림 5-5-4 "승"자의 표현 순서

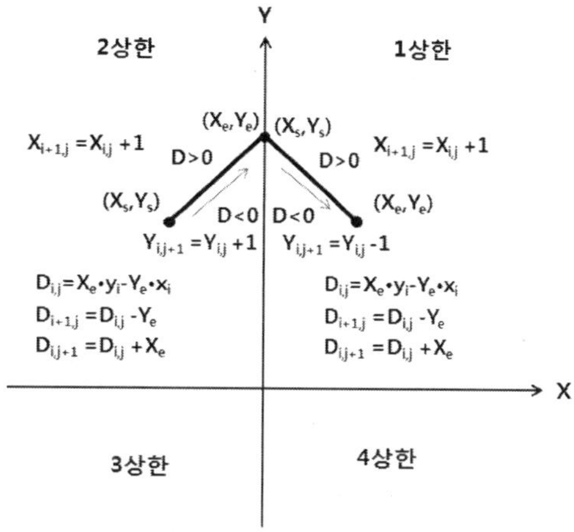

그림 5-5-5 "ㅅ"자의 판별식과 증분값

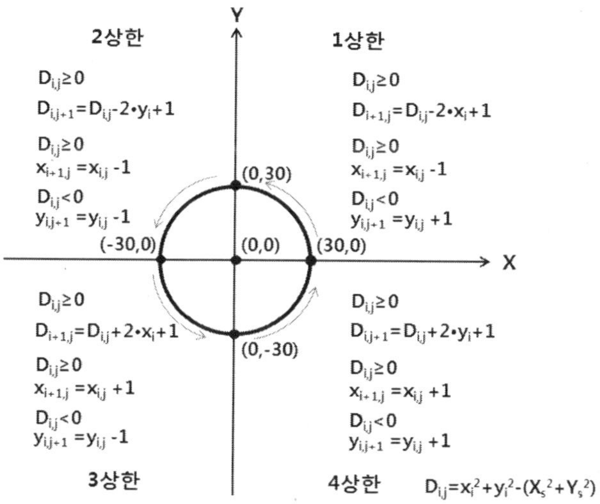

그림 5-5-6 "ㅇ"자의 판별식과 증분값

표 5-5-1 대수연산에 의한 직선 보간("ㅅ"자)과 원호 보간("ㅇ"자)의 x축과 y축의 증분값

항목 \ 번호	직선보간1		직선보간2		원호보간							
					2상한		3상한		4상한		1상한	
	dx	dy	dx	dy	dx	dy	dx	dy	dx	dy	dx	dy
1	1	0	1	0	1	0	1	0	0	1	1	0
2	0	1	0	1	0	1	1	0	1	0	0	1
3	0	1	0	1	1	0	0	1	1	0	0	1
4	1	0	1	0	1	0	0	1	1	0	0	1
5	0	1	0	1	1	0	0	1	1	0	0	1
6	1	0	1	0	1	0	1	0	1	0	0	1
7	0	1	0	1	1	0	0	1	1	0	0	1
8	1	0	1	0	1	0	0	1	1	0	0	1
9	0	1	0	1	1	0	0	1	1	0	0	1
10	0	1	0	1	0	1	0	1	0	1	1	0
11	1	0	1	0	1	0	0	1	1	0	0	1
12	0	1	0	1	1	0	0	1	1	0	0	1
13	1	0	1	0	1	0	1	0	1	0	0	1
14	0	1	0	1	0	1	0	1	0	1	1	0
15	1	0	1	0	1	0	0	1	1	0	0	1
16	0	1	0	1	1	0	0	1	1	0	0	1
17	0	1	0	1	0	1	1	0	1	0	0	1
18	1	0	1	0	1	0	0	1	0	1	1	0
19	0	1	0	1	1	0	0	1	1	0	0	1
20	1	0	1	0	0	1	1	0	0	1	1	0
21	0	1	0	1	1	0	0	1	1	0	0	1
22	1	0	1	0	1	0	0	1	1	0	0	1
23	0	1	0	1	0	1	1	0	0	1	1	0
24	0	1	0	1	1	0	0	1	1	0	0	1
25	1	0	1	0	0	1	0	1	0	1	1	0
26	0	1	0	1	1	0	0	1	1	0	0	1
27	1	0	1	0	0	1	1	0	0	1	1	0
28	0	1	0	1	1	0	0	1	1	0	0	1
29	1	0	1	0	0	1	1	0	0	1	1	0
30	0	1	0	1	1	0	0	1	1	0	0	1
31	0	1	0	1	0	1	0	1	0	1	1	0
32	1	0	1	0	1	0	1	0	1	0	0	1
33	0	1	0	1	0	1	0	1	0	1	1	0
34	1	0	1	0	1	0	1	0	1	0	0	1
35	0	1	0	1	0	1	1	0	0	1	1	0

표 5-5-1 대수연산에 의한 직선 보간과 원호 보간의 x축과 y축의 증분값(이어서)

항목 / 번호	직선보간1		직선보간2		원호보간							
					2상한		3상한		4상한		1상한	
	dx	dy	dx	dy	dx	dy	dx	dy	dx	dy	dx	dy
36	1	0	1	0	0	1	0	1	0	1	1	0
37	0	1	0	1	1	0	1	0	1	0	0	1
38	0	1	0	1	0	1	0	1	0	1	1	0
39	1	0	1	0	1	0	1	0	1	0	0	1
40	0	1	0	1	0	1	0	1	0	1	1	0
41	1	0	1	0	0	1	1	0	0	1	1	0
42	0	1	0	1	1	0	1	0	1	0	0	1
43	1	0	1	0	0	1	0	1	0	1	1	0
44	0	1	0	1	0	1	1	0	1	0	0	1
45	0	1	0	1	1	0	1	0	0	1	1	0
46	1	0	1	0	0	1	0	1	0	1	1	0
47	0	1	0	1	0	1	1	0	0	1	1	0
48	1	0	1	0	1	0	1	0	1	0	0	1
49	0	1	0	1	0	1	0	1	0	1	1	0
50	1	0	1	0	0	1	1	0	0	1	1	0
51	0	1	0	1	0	1	1	0	0	1	1	0
52	0	1	0	1	1	0	1	0	1	0	0	1
53	1	0	1	0	0	1	0	1	0	1	1	0
54	0	1	0	1	0	1	1	0	0	1	1	0
55	1	0	1	0	0	1	1	0	0	1	1	0
56	0	1	0	1	0	1	1	0	0	1	1	0
57	1	0	1	0	0	1	1	0	0	1	1	0
58	0	1	0	1	0	1	1	0	0	1	1	0
59	0	1	0	1	0	1	1	0	0	1	1	0
60	1	0	1	0								
61	0	1	0	1								
62	1	0	1	0								
63	0	1	0	1								
64	1	0	1	0								
65	0	1	0	1								
66	0	1	0	1								
67	1	0	1	0								
68	0	1	0	1								
69	1	0	1	0								
70	0	1	0	1								

5.2.3 기구의 초기 위치 선정

① 기구를 구동하기에 앞서 기구의 초기 위치를 설정해야 한다.

② 베이스의 옆면과 Y레일의 옆면에 대해 표준 메이트에서 일치로 하고 "위치 설정에만"을 선택한다.

③ Y레일의 옆면과 X레일의 옆면을 일치로 하고 "위치 설정에만"을 선택한다.

④ 확인을 누른다(그림 5-5-12).

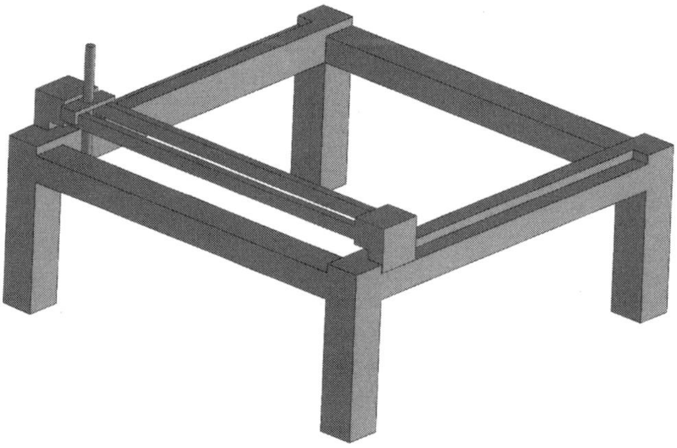

그림 5-5-12 기구의 초기 위치

5.3 기구 모션 시뮬레이션

5.3.1 모션 조건 설정

(1) X축 구동 모터 및 모션 설정

① X축 구동자에 구동을 주기 위해 모델 탭 옆의 모션 스터디 탭을 클릭한다.

② 구동을 위한 모터를 선택한다.

③ 모터 유형을 선형 모터로 선택한다.

④ 부품/방향에서 모터 위치는 선형 구동을 위해 그림 5-5-13 (a)과 같이 X축 구동자의 X방향 모서리를 클릭한다.

⑤ 모션은 모터 속성 창의 모션 설정에서 “데이터 점”을 선택한다.

⑥ 편집에서 값은 변위로 하고 데이터 불러오기를 한다. 즉, “승”자의 X축 구동 조건을 엑셀 파일에서 총 459개 데이터를 불러온다.

⑦ 확인을 클릭한다.

(2) Y축 구동 모터 및 모션 설정

① Y축 구동자에 구동을 주기 위해 모델 탭 옆의 모션 스터디 탭을 클릭한다.

② 구동을 위한 모터를 선택한다.

③ 모터 유형을 선형 모터로 선택한다.

④ 부품/방향에서 모터 위치는 선형 구동을 위해 그림 5-5-13 (b)과 같이 Y축 구동자의 Y방향 모서리를 클릭한다.

⑤ 모션은 모터 속성 창의 모션 설정에서 “데이터 점”을 선택한다.

⑥ 편집에서 값은 변위로 하고 데이터 불러오기를 한다. 즉, “승”자의 Y축 구동 조건을 엑셀 파일에서 총 459개 데이터를 불러온다.

⑦ 확인을 클릭한다.

(3) Z축 구동 모터 및 모션 설정

① Z축 구동자에 구동을 주기 위해 모델 탭 옆의 모션 스터디 탭을 클릭한다.

② 구동을 위한 모터를 선택한다.

③ 모터 유형을 선형 모터로 선택한다.

④ 부품/방향에서 모터 위치는 선형 구동을 위해 그림 5-5-13 (b)과 같이 Z축 구동자의 원통 부분을 클릭한다.

⑤ 모션은 모터 속성 창의 모션 설정에서 “데이터 점”을 선택한다.

⑥ 편집에서 값은 변위로 하고 데이터 불러오기를 한다. 즉, “승”자의 Z축 구동 조건을 엑셀 파일에서 총 459개 데이터를 불러온다.

⑦ 확인을 클릭한다.

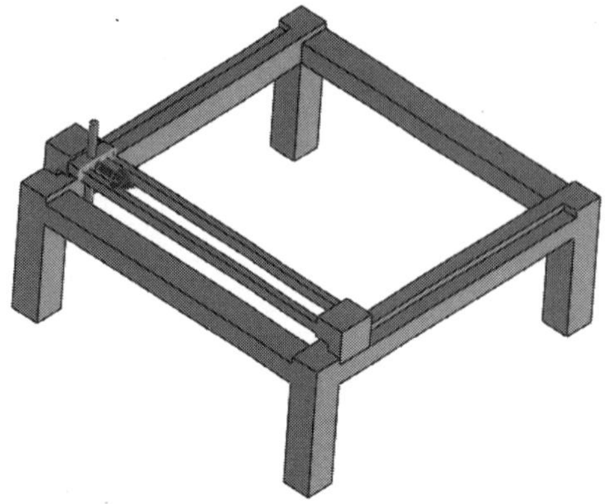

(a) x축의 선형 모터 설정

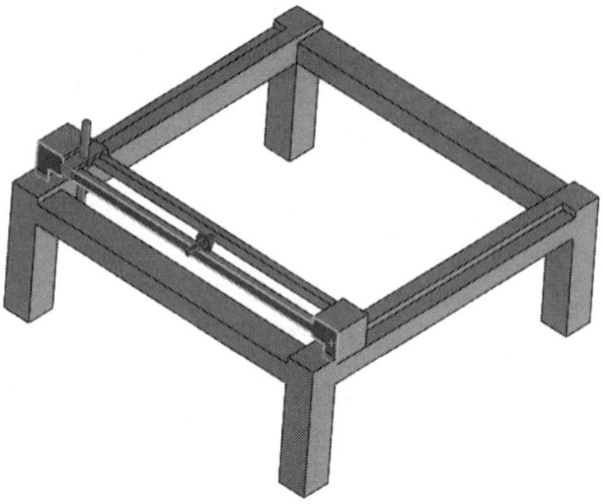

(b) y축의 선형 모터 설정

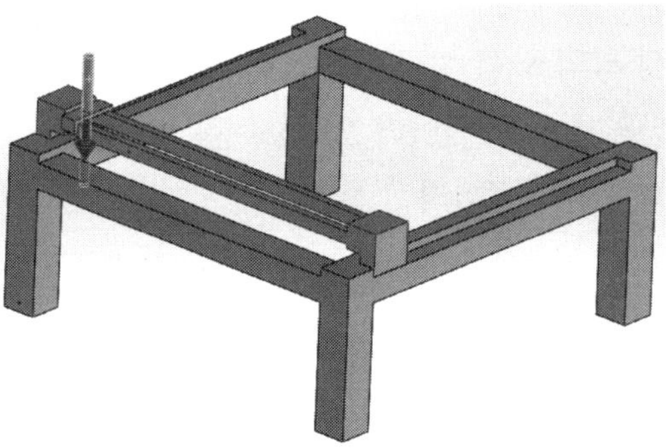

(c) Z축 모터를 설정 한 후의 모습

그림 5-5-13 모터 설정 모습

(4) 모션 스터디 계산하기

① 모션 스터디 계산하기 아이콘을 클릭하여 설정된 모터의 구동 조건을 계산한다.

② 계산과 동시에 직교 좌표 기구의 구동을 확인한다.

5.3.2 시뮬레이션 결과

(1) 펜의 운동 결과

① "결과와 플롯" 버튼을 클릭하여 그래프의 속성을 입력한다.

② 구동에 대한 펜의 모션 해석 결과는 그림 5-5-14와 같다.

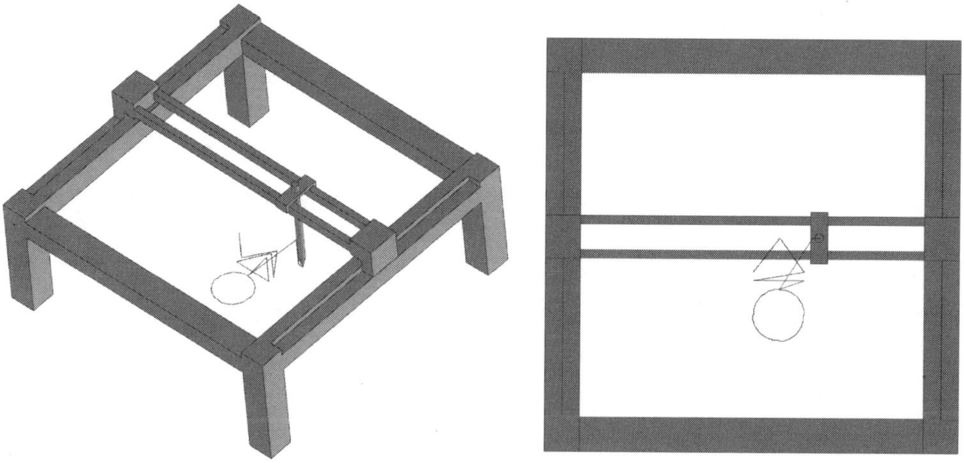

그림 5-5-14 펜의 시간에 따른 궤적 그래프 결과 모습

(2) 결과 고찰

이 결과를 보면 "승"자가 정확히 써진 것을 확인할 수 있으며 직각좌표 기구로 글자 쓰기가 정확히 설계가 되었음을 알 수 있다.

5.3.3 동영상 저장하기

① 저장 아이콘을 클릭한다.

② 동영상 설정 창이 나타난다.

③ 파일 이름을 "x_y_mechanism 글자 쓰기 동영상"로 한다.

④ 비디오 압축 창이 나타나고 프레임 정보에서 초당 프레임을 25로 하고 저장을 누른다.

⑤ 압축 프로그램의 창이 나타나면 "전체 프레임(압축 안함)"을 선택하고 확인을 클릭한다.

⑥ 기구가 동작하면서 동영상으로 저장된다.

부 록

1. 자율 평가 문제 답안
2. 유성 기어 감속기에서의 기어 잇수 결정표
3. 좌표형 운동 변환 기구

제 I 단원 기어 기구 설계

제1장 자율 평가 문제 답안

[문제1 답안]

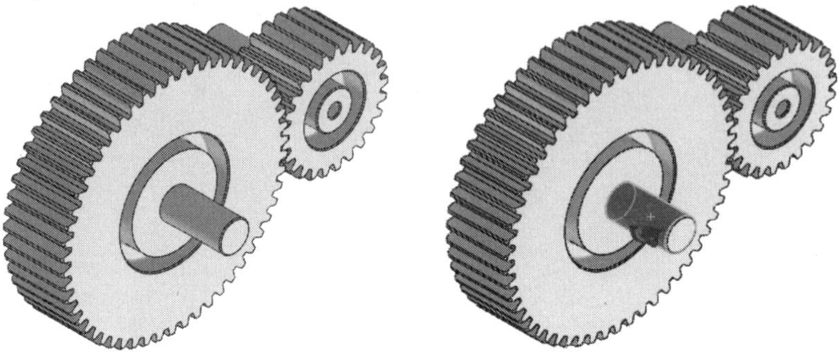

(a) 조립 모습　　　　　　　　　　(b) 모터 설정 결과

답안 그림 1-1 조립 형상과 모터 설정 결과

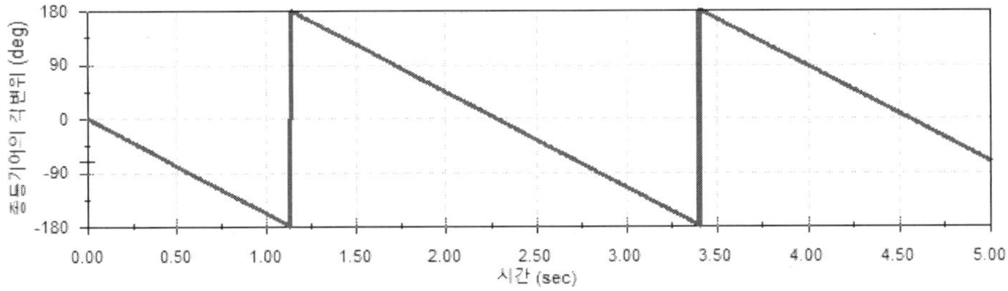

(a) 종동 기어의 시간에 따른 출력 각 변위 결과

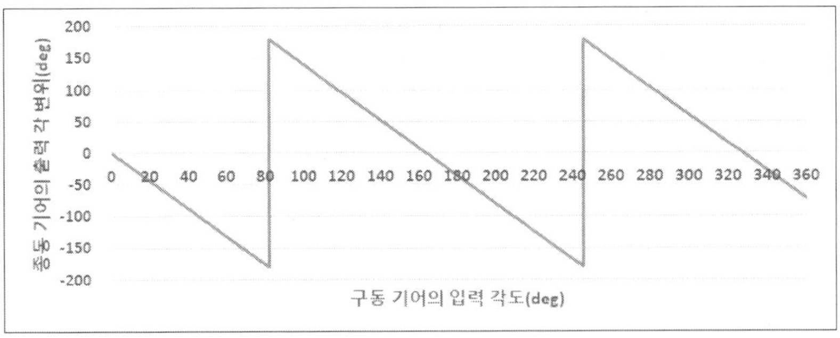

(b) 종동 기어의 출력 각 변위 결과(엑셀)

답안 그림 1-2 시뮬레이션 결과 그래프

❖ 구동 기어 잇수 55에 대한 종동 기어 잇수 25의 모션 해석 결과는 792˚회전 했으므로 감속비가 2.2이며 이론적으로 감속비가 55/25=2.2이므로 서로 일치하는 것을 알 수 있다.

[문제2 답안]

(a) 조립 모습

(b) 모터 설정 결과

답안 그림 2-1 조립 형상과 모터 설정 결과

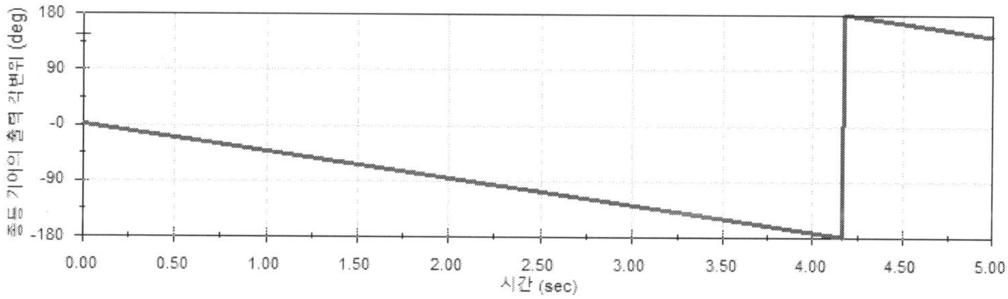

(a) 종동 기어의 시간에 따른 출력 각 변위 결과

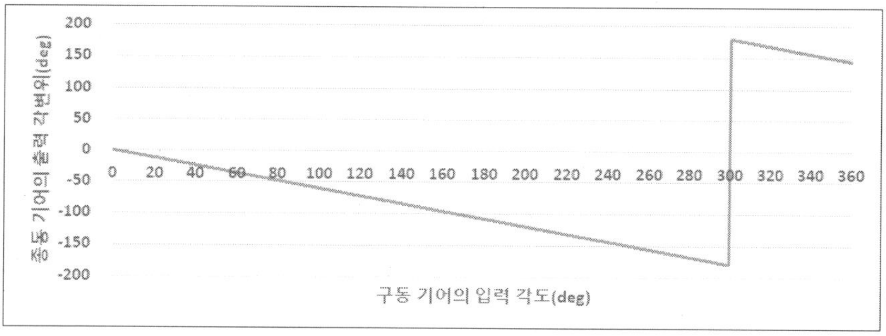

(b) 종동 기어의 출력 각 변위 결과(엑셀)

답안 그림 2-2 시뮬레이션 결과 그래프

❖ 구동 기어 잇수 30에 대한 종동 기어 잇수 50의 모션 해석 결과는 216° 회전 했으므로 감속비가 0.6이며 이론적으로 감속비가 30/50=0.6이므로 서로 일치하는 것을 알 수 있다.

제2장 자율 평가 문제 답안

[문제1 답안]

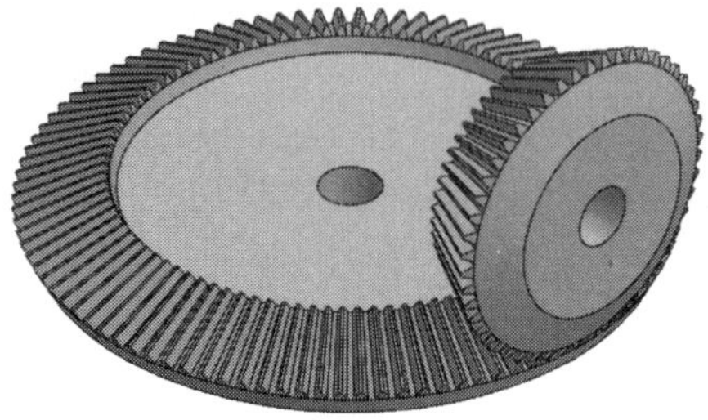

(a) 조립 모습

(b) 모션 입력 결과

답안 그림 1-1 조립 형상과 모션 입력 결과

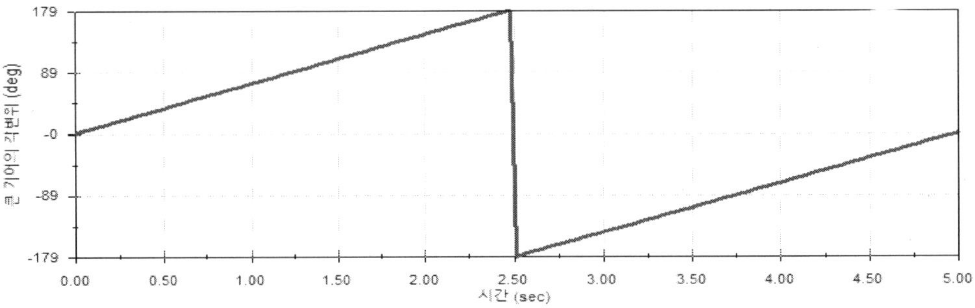

(a) 구동 기어의 각 변위 입력 결과

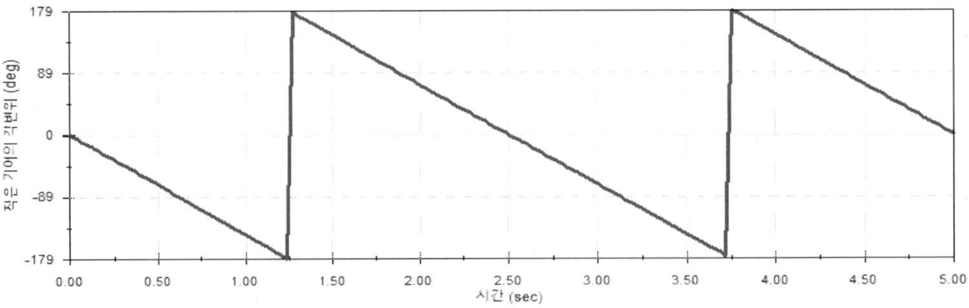

(b) 종동 기어의 각 변위 출력 결과

답안 그림 1-2 시뮬레이션 결과 그래프

❖ 구동 기어 잇수 100에 대한 종동 기어 잇수 50의 모션 해석 결과는 감속비가 2이며 이론적으로 감속비가 100/50=2이므로 서로 일치하는 것을 알 수 있다.

[문제2 답안]

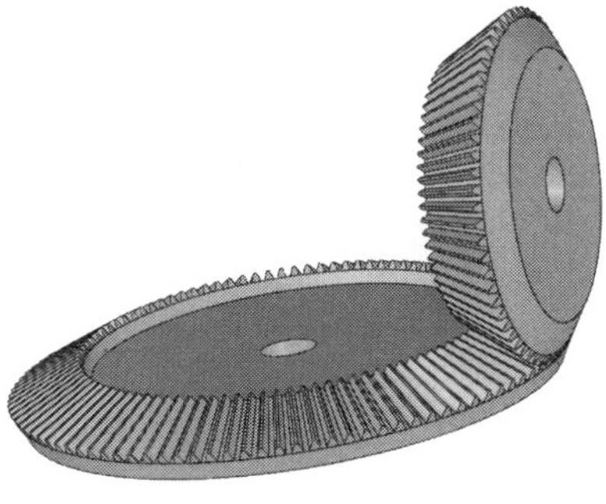

(a) 조립 모습

(b) 모션 입력 결과

답안 그림 1-1 조립 형상과 모션 입력 결과

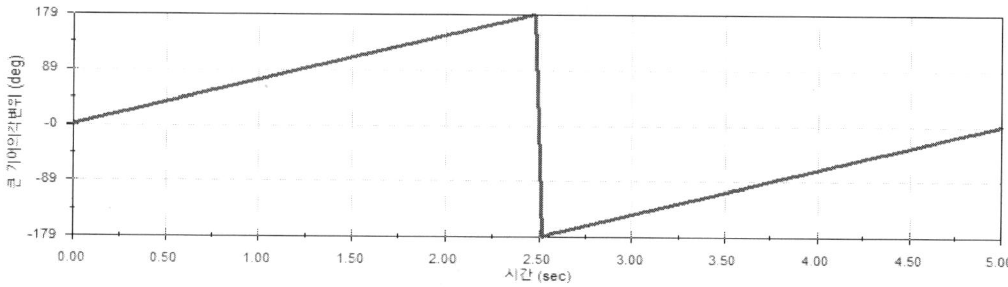

(a) 구동 기어의 각 변위 입력 결과

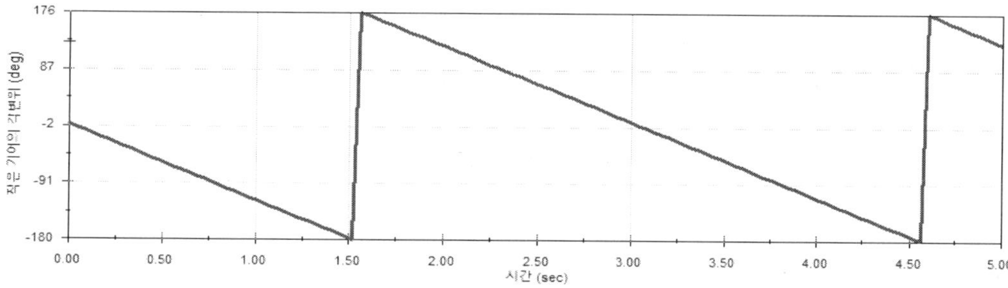

(b) 종동 기어의 각 변위 출력 결과

답안 그림 1-2 시뮬레이션 결과 그래프

❖ 구동 기어 잇수 100에 대한 종동 기어 잇수 62의 모션 해석 결과는 종동 기어가 1회전에 232° 를 더 회전하여 총 592°회전했으므로 감속비가 1.64이며 이론적으로 감속비가 100/62=1.61 이므로 서로 일치하는 것을 알 수 있다.

제3장 자율 평가 문제 답안

[문제1 답안]

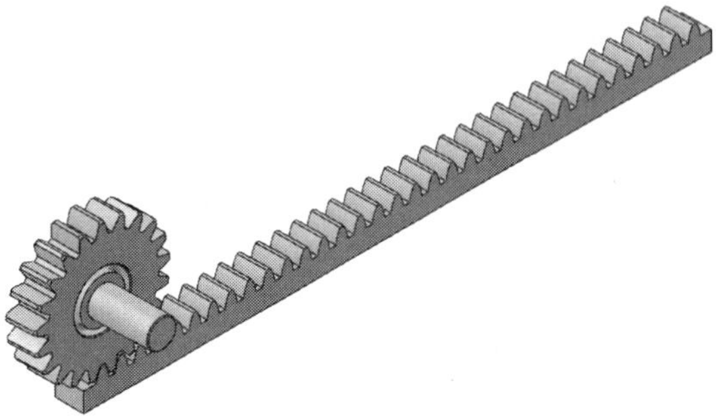

답안 그림 1-1 조립 형상

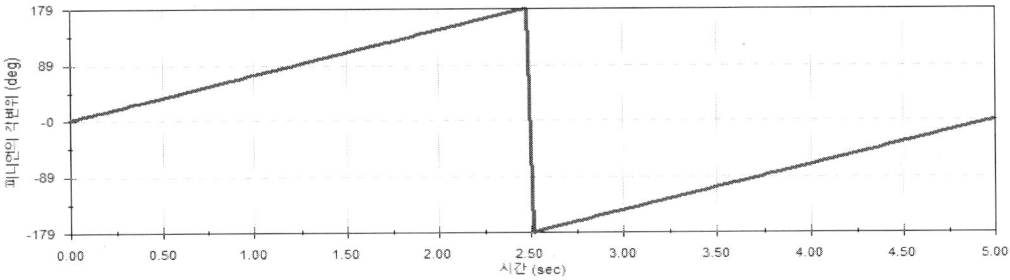

(a) 피니언의 각 변위 입력 결과

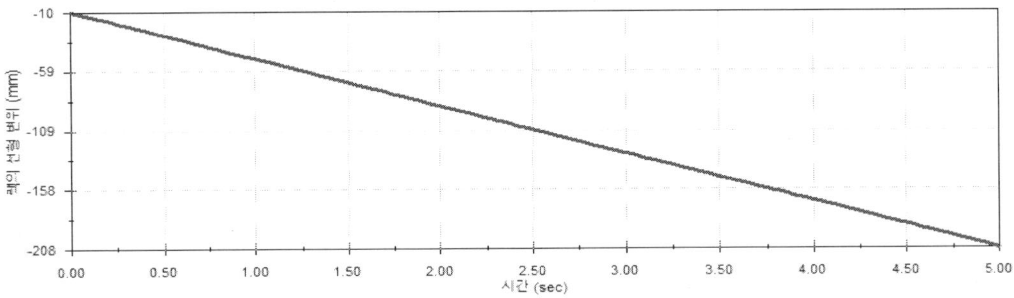

(b) 랙의 각 변위 출력 결과

답안 그림 1-2 시뮬레이션 결과 그래프

❖ 랙의 선형 변위가 200㎜를 넘지 않는 랙과 피니언 기구에 대한 랙의 모션 해석 결과는 이동 거리가 198㎜이며 이론적으로 이동거리가 21(잇수)*3(모듈)*3.14=197.8㎜이므로 서로 일치하는 것을 알 수 있다.

[문제2 답안]

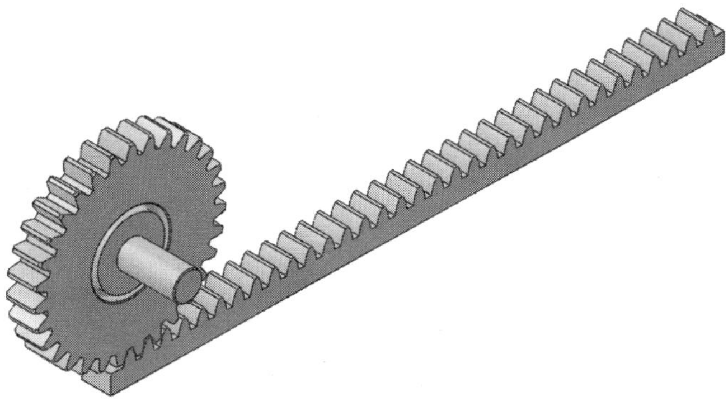

답안 그림 2-1 조립 형상

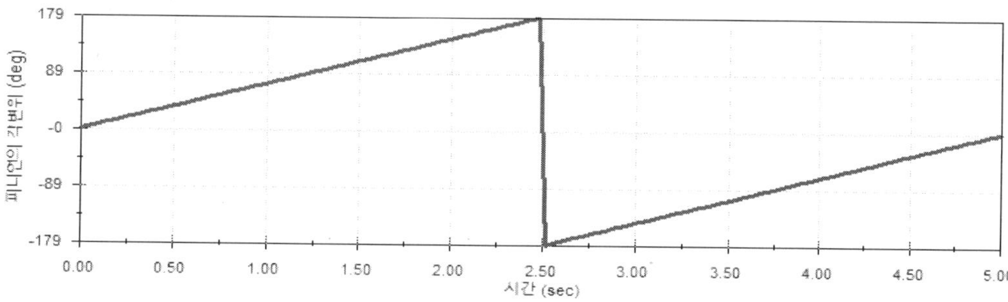

(a) 피니언의 각 변위 입력 결과

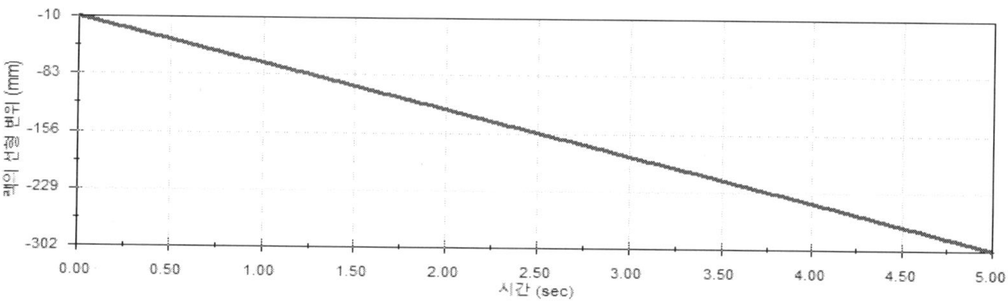

(b) 랙의 각 변위 출력 결과

답안 그림 2-2 시뮬레이션 결과 그래프

❖ 랙의 선형 변위가 300㎜를 넘지 않는 랙과 피니언 기구에 대한 랙의 모션 해석 결과는 이동 거리가 292㎜이며 이론적으로 이동거리가 31(잇수)*3(모듈)*3.14=292.02㎜이므로 서로 일치하는 것을 알 수 있다.

제4장 자율 평가 문제 답안

[문제1 답안]

※ 입력 기어와 출력 기어의 회전 방향이 다르면 기어의 수는 짝수이다.

답안 그림 1-1 조립 형상

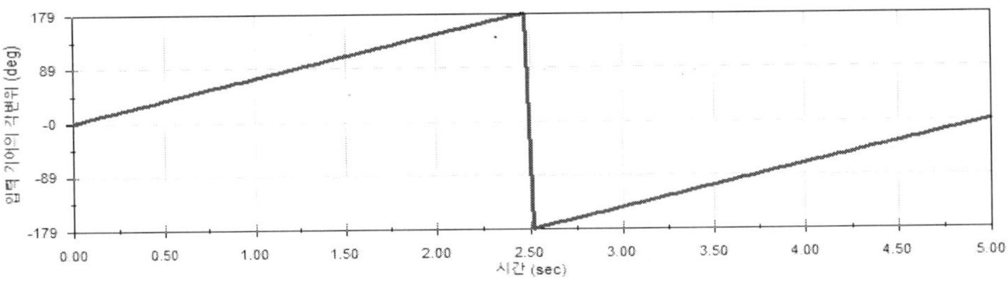

(a) 입력 기어의 각 변위 입력 결과

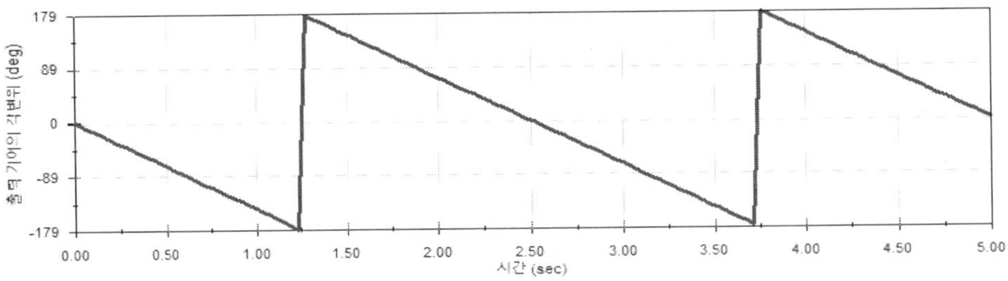

(b) 출력 기어의 각 변위 출력 결과

답안 그림 1-2 시뮬레이션 결과 그래프

❖ 잇수가 40인 출력 기어의 각 변위가 2회전 했으므로 잇수가 80인 입력 기어에 대한 출력 기어의 모션 해석 결과는 이론적으로 설계한 감속비 2와 서로 일치하는 것을 알 수 있다.

[문제2 답안]

※ 입력 기어와 출력 기어의 회전 방향이 다르면 기어의 수는 짝수이다.

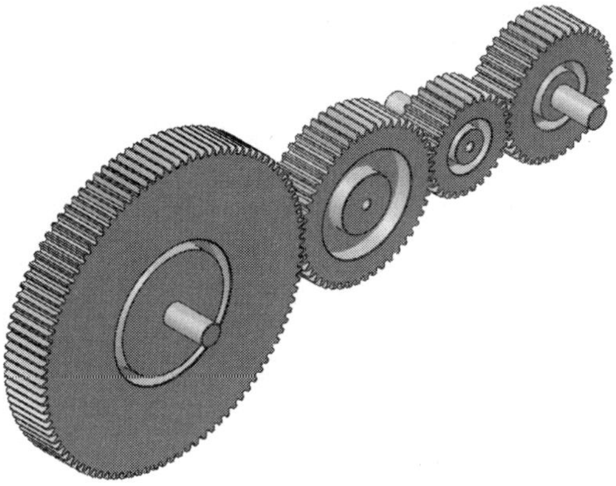

답안 그림 1-1 조립 형상

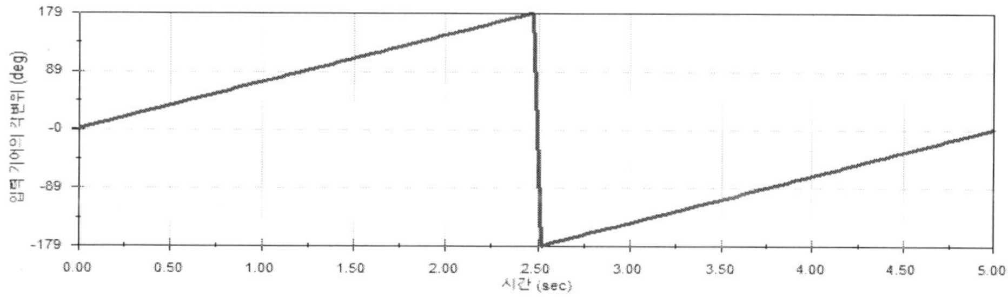

(a) 입력 기어의 각 변위 입력 결과

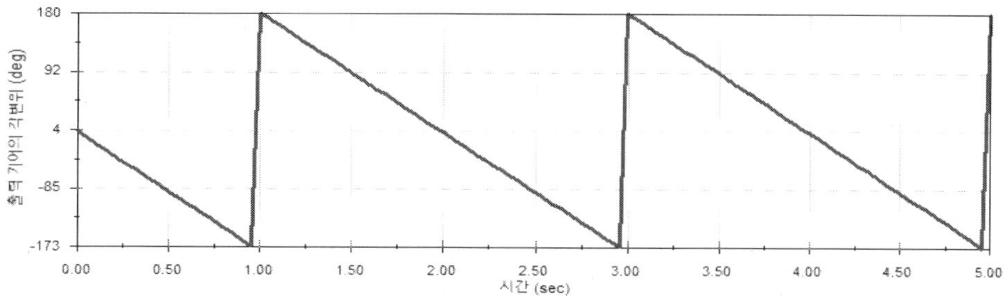

(b) 출력 기어의 각 변위 출력 결과

답안 그림 1-2 시뮬레이션 결과 그래프

❖ 잇수가 40인 출력 기어의 각 변위가 2회전에서 180° 더 회전했으므로 잇수가 100인 입력 기어에 대한 출력 기어의 모션 해석 결과는 이론적으로 설계한 감속비 2.5와 서로 일치하는 것을 알 수 있다.

제5장 자율 평가 문제 답안

[문제1 답안]

태양 기어 잇수	유성 기어 잇수	링 기어 잇수	이론 감속비
19	29	77	1.247

답안 그림 1-1 태양 기어 고정의 증속 기구 조립 형상

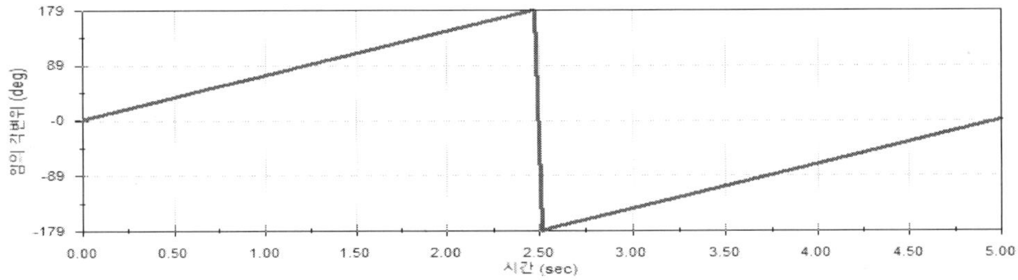

(a) 입력 측의 각 변위 입력 결과

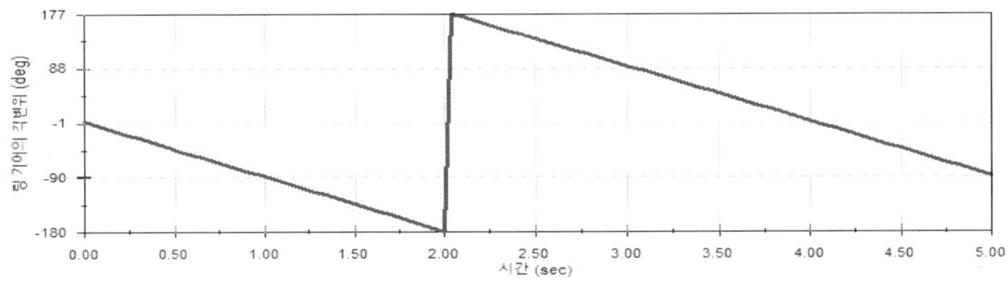

(b) 출력 측의 각 변위 출력 결과

답안 그림 1-2 시뮬레이션 결과 그래프

❖ 입력 측(암)의 1회전(360°)에 대해 출력 기어의 모션 해석 결과는 링 기어의 출력이 449° 회전하였으므로 감속비가 1.222이다. 이론적으로는 감속비가 1.247이므로 시뮬레이션 결과와 매우 일치하는 것을 알 수 있다.

[문제2 답안]

태양 기어 잇수	유성 기어 잇수	링 기어 잇수	이론 감속비
23	34	91	0.253

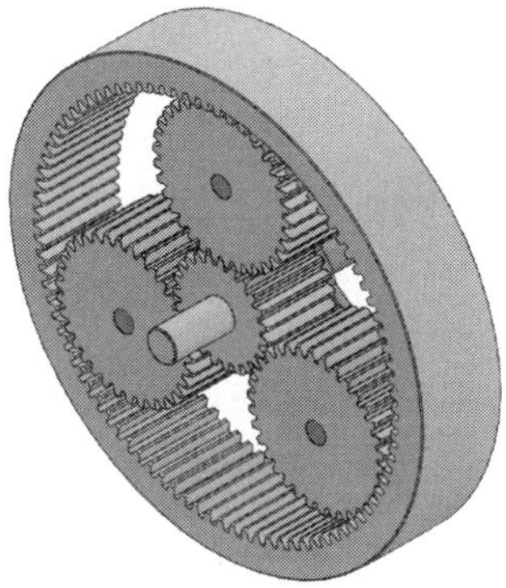

답안 그림 1-1 암 고정의 감속 기구 조립 형상

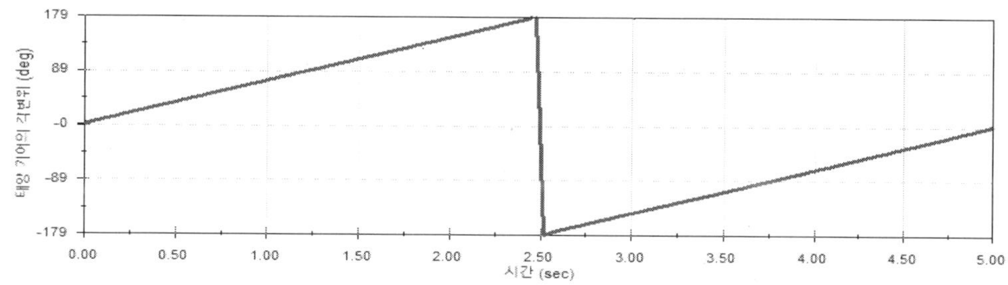

(a) 입력 측의 각 변위 입력 결과

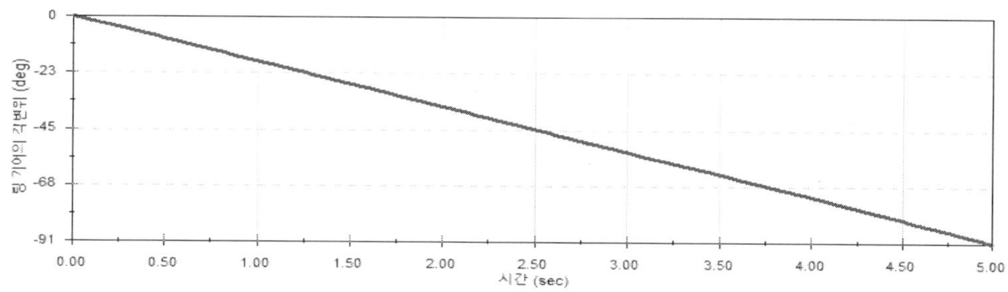

(b) 출력 측의 각 변위 출력 결과

답안 그림 1-2 시뮬레이션 결과 그래프

❖ 입력 측(암)의 1회전(360°)에 대해 출력 기어의 모션 해석 결과는 링 기어의 출력이 91° 회전하였으므로 감속비가 0.253이다. 이론적으로는 감속비가 0.253이므로 시뮬레이션 결과와 정확히 일치하는 것을 알 수 있다.

제 Ⅱ 단원 링크 기구 설계

제1장 자율 평가 문제 답안

[문제1 답안]

링크4	설계요동각	이론 요동각
120	40	38.94

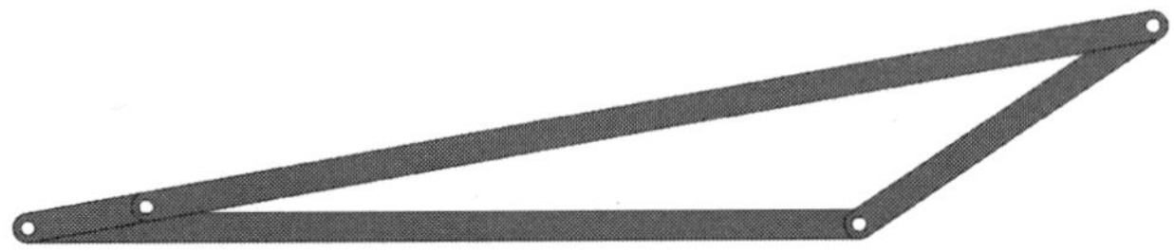

답안 그림 1-1 링크 기구 조립 형상

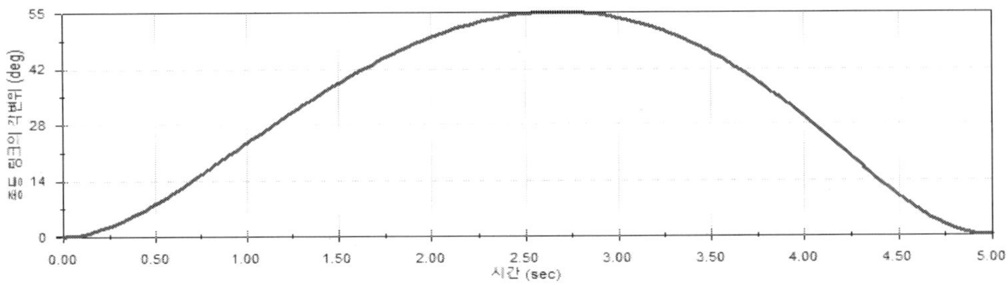

답안 그림 1-2 시뮬레이션 결과 그래프

❖ 크랭크의 1회전(360°)에 대해 종동 링크(120㎜)의 모션 해석 결과는 종동 링크의 출력이 55° 요동하였다. 이론적으로는 요동 각이 38.94이고 40° 설계와 시뮬레이션 결과와 15° 차이가 있어 종동 링크 길이(145㎜)를 조절한 결과 답안 그림 1-3과 같이 일치하게 되었다.

링크4	설계요동각	이론 요동각	모션 해석 요동각	모션 오차
120	40	38.94	55	15

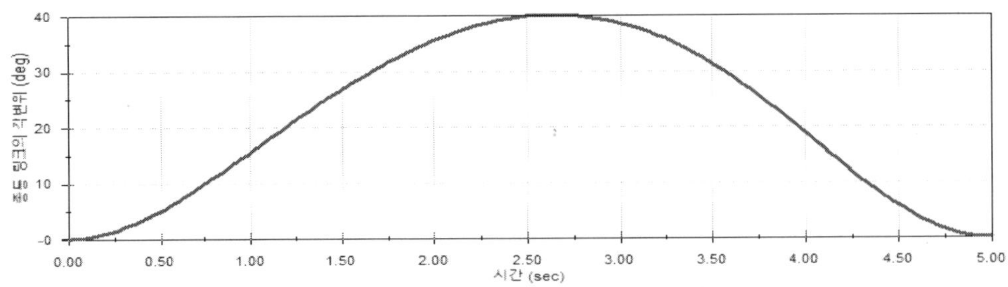

답안 그림 1-3 설계 요동각에 맞춘 종동 링크의 조절 결과 그래프

[문제2 답안]

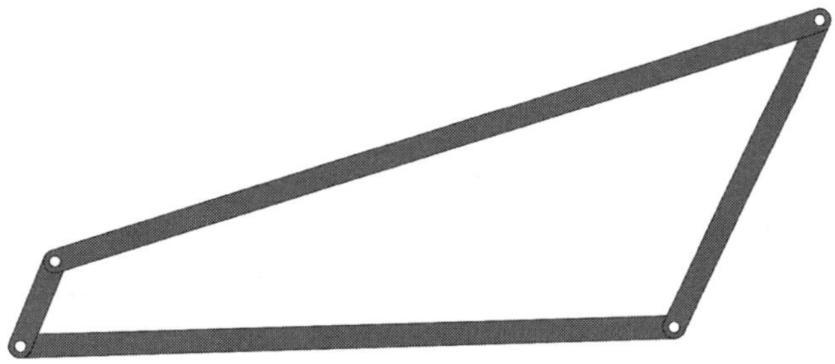

답안 그림 2-1 링크 기구 조립 형상

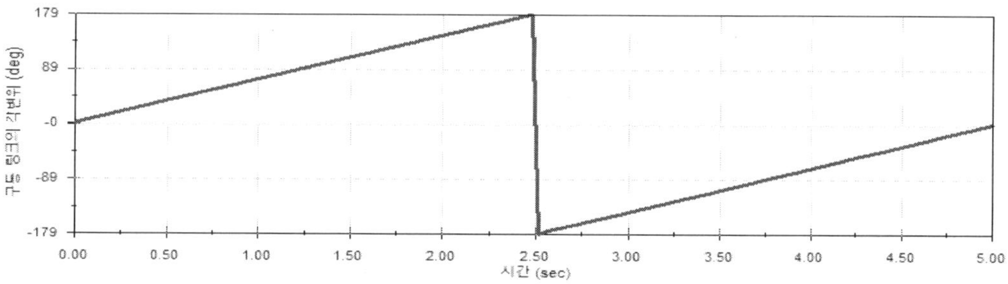

(a) 구동 링크의 각 변위 입력 결과

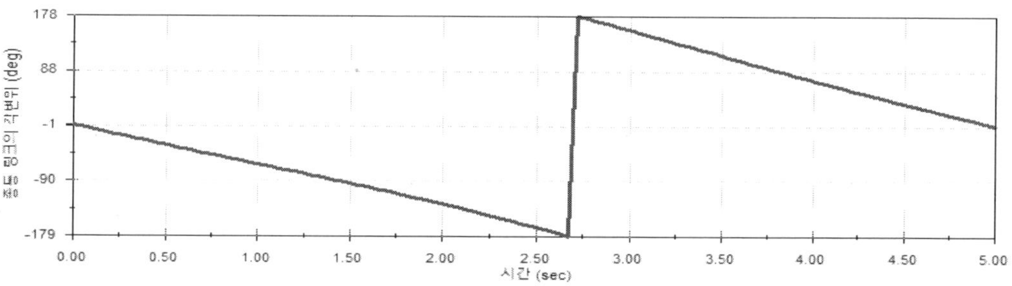

(b) 종동 링크의 각 변위 출력 결과

답안 그림 2-2 시뮬레이션 결과 그래프

❖ 크랭크(링크3)의 1회전(360°)에 대해 종동 링크(링크1)의 모션 해석 결과는 종동 링크의 출력이 1회전 하였다. 따라서 양 크랭크 기구임을 알 수 있다.

[문제3 답안]

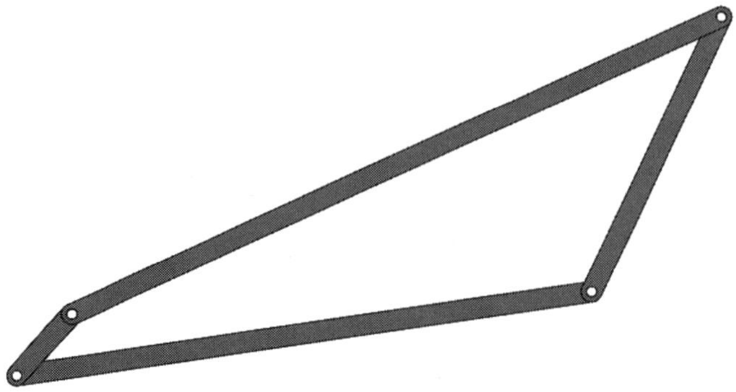

답안 그림 2-1 링크 기구 조립 형상

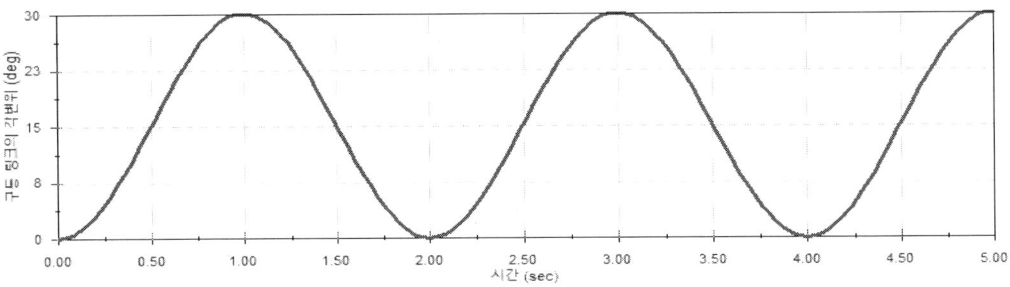

(a) 구동 링크의 각 변위 입력 결과

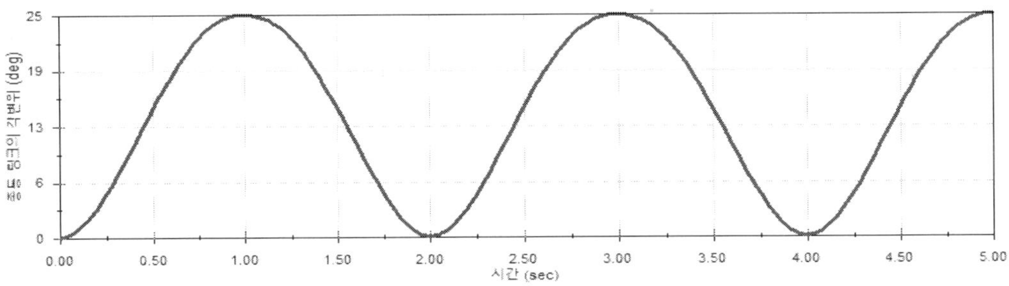

(b) 종동 링크의 각 변위 출력 결과

답안 그림 2-2 시뮬레이션 결과 그래프

❖ 링크1의 30° 진동에 대해 종동 링크(링크3)의 모션 해석 결과는 종동 링크의 출력이 25° 요동하였다. 따라서 양 레버 기구임을 알 수 있다.

제2장 자율 평가 문제 답안

[문제1 답안]

크랭크 회전수(rpm)	이론 최대 속도(mm/s)
100	319.80

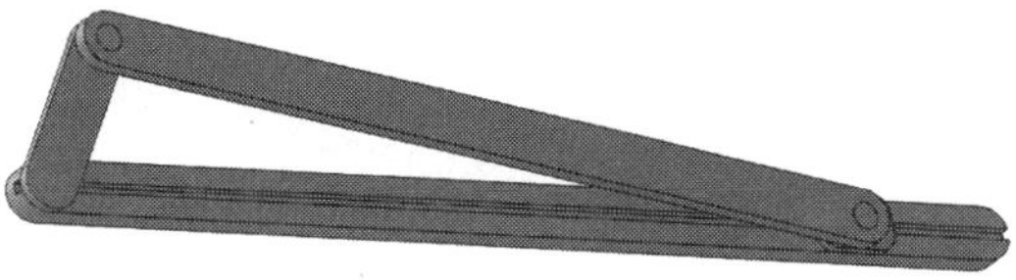

답안 그림 1-1 링크 기구 조립 형상

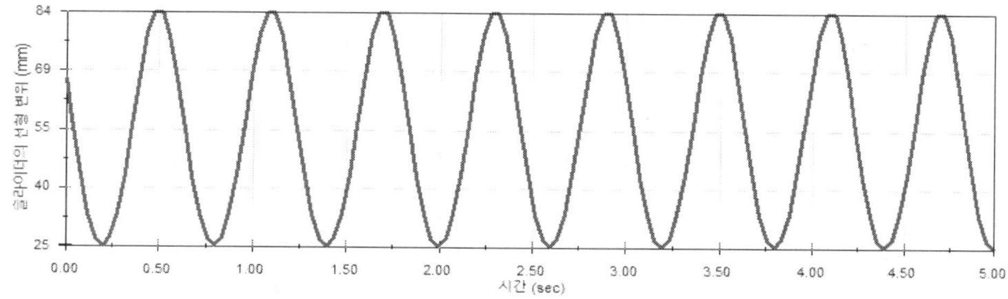

(a) 종동 링크(슬라이더; 링크D)의 선형 변위 결과

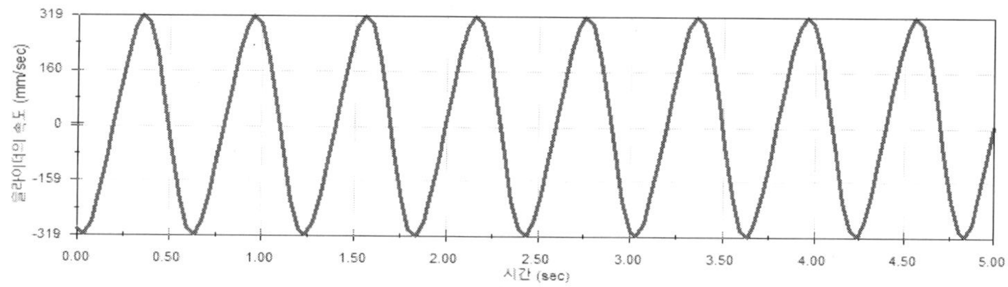

(b) 종동 링크(슬라이더; 링크D)의 선형 속도 출력 결과

답안 그림 1-2 시뮬레이션 결과 그래프

크랭크	회전수	이론적 최대 속도	모션 해석 최대 속도	모션 오차
40	100	319.80	319	0.8

❖ 크랭크의 정속 반시계 방향 100rpm(-600deg/s)에 대해 종동 링크(슬라이더; 링크D)의 모션 해석 결과는 종동 링크의 선형 속도가 319㎜/s로 나타났다. 이론적으로는 선형 속도가 319.80㎜/s이므로 이론과 시뮬레이션 결과의 차이가 0.8㎜/s로 거의 없다.

[문제2 답안]

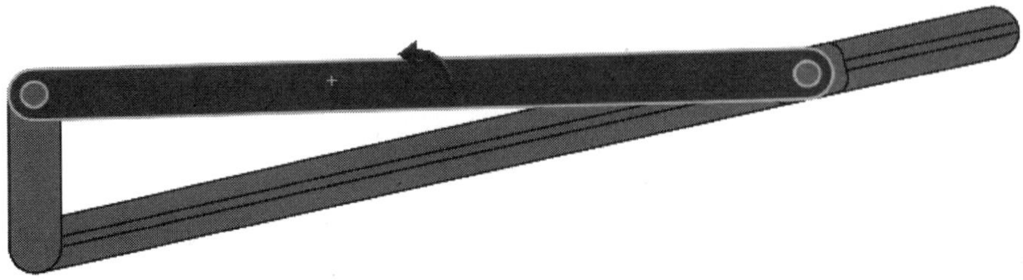

답안 그림 2-1 링크 기구 조립과 구동 방향

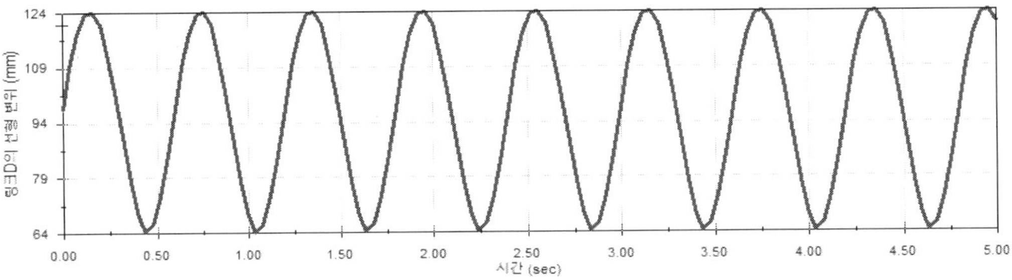

(a) 종동 링크(링크D)의 슬라이딩 선형 변위 출력 결과

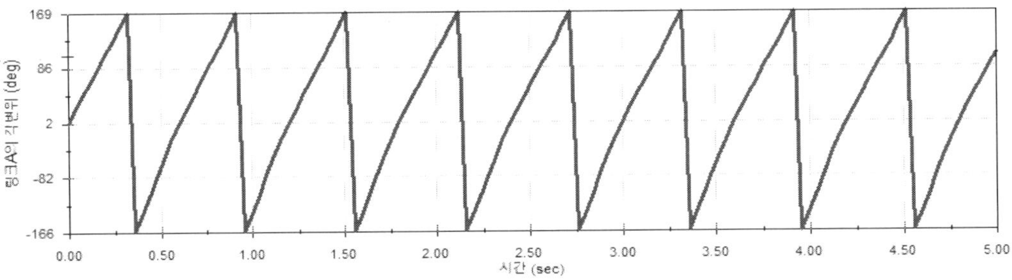

(b) 종동 링크(링크A)의 각 변위 출력 결과

답안 그림 2-2 시뮬레이션 결과 그래프

❖ 크랭크(링크C)의 100rpm에 대해 링크D가 홈을 따라 60㎜ 슬라이딩 하면서 링크A의 모션 해석 결과는 종동 링크가 완벽하지는 않지만 거의 360° 회전에 가깝게 회전하는 것으로 나타났다. 따라서 크랭크의 길이 30㎜의 2배인 60㎜ 슬라이딩하는 것은 맞지만 360° 완전한 회전은 아니지만 회전하고 있는 것은 분명하므로 회전 슬라이더 크랭크 기구임을 알 수 있다.

[문제3 답안]

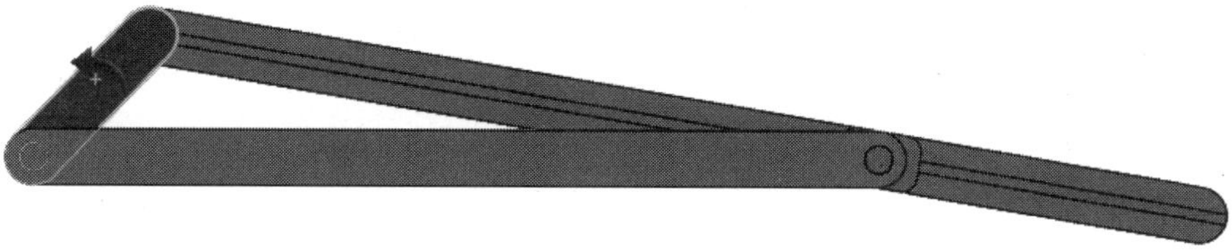

답안 그림 2-1 링크 기구 조립과 구동 방향

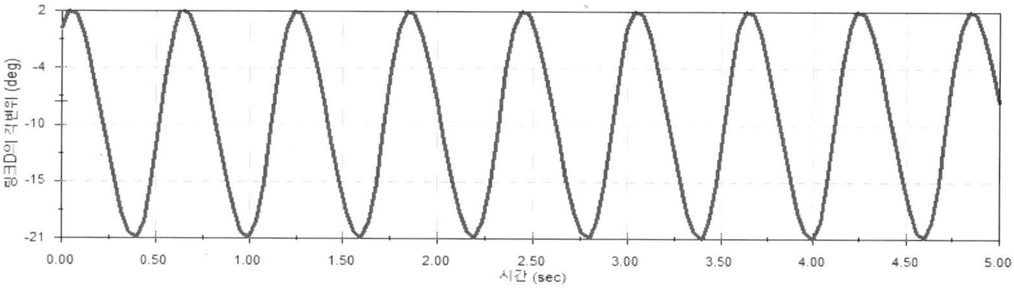

(a) 종동 링크(링크D)의 각 변위 출력 결과

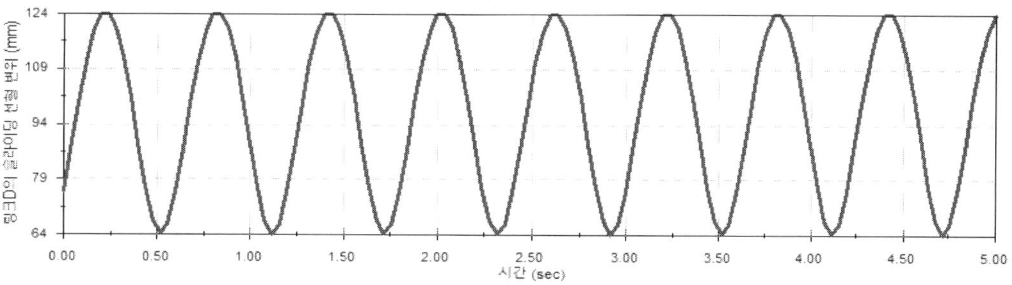

(b) 종동 링크(링크D)의 슬라이딩 선형 변위 출력 결과

답안 그림 2-2 시뮬레이션 결과 그래프

❖ 크랭크(링크B)의 100rpm에 대해 종동 링크(링크D)의 모션 해석 결과는 종동 링크가 23° 범위에서 요동을 하며 링크A를 따라 슬라이딩 행정 거리가 60㎜로 나타났다. 따라서 행정 거리는 링크B(크랭크) 길이의 2배에 해당하므로 크랭크 길이 30㎜의 2배인 60㎜이므로 요동 슬라이더 크랭크 기구가 올바르게 설계되었음을 알 수 있다.

제3장 자율 평가 문제 답안

[문제1 답안]

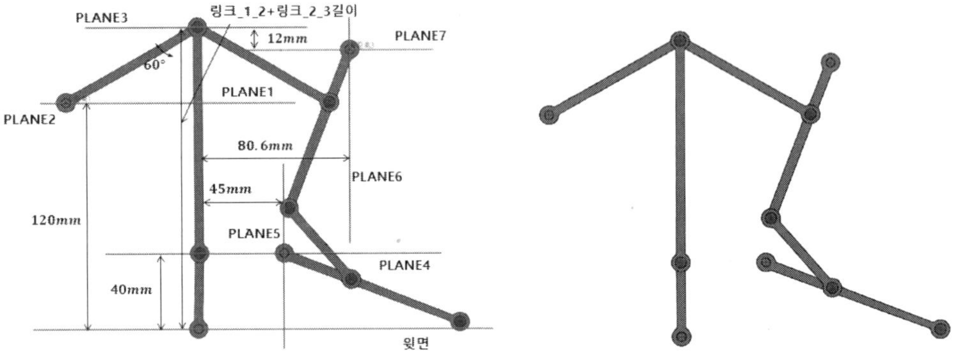

답안 그림 1-1 링크 기구 조립 형상

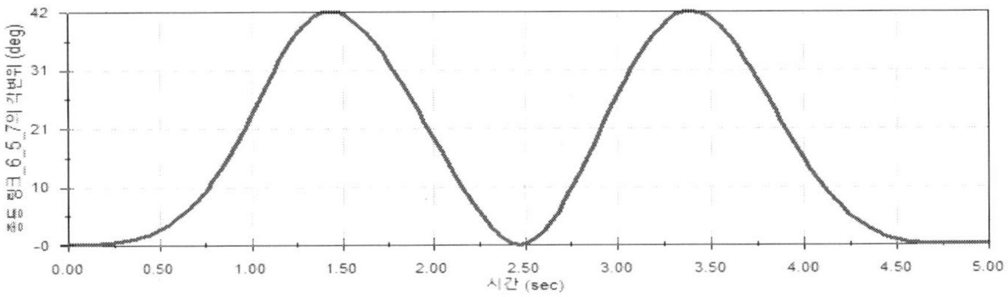

(a) 종동 링크_6_5_7의 각 변위 출력 결과

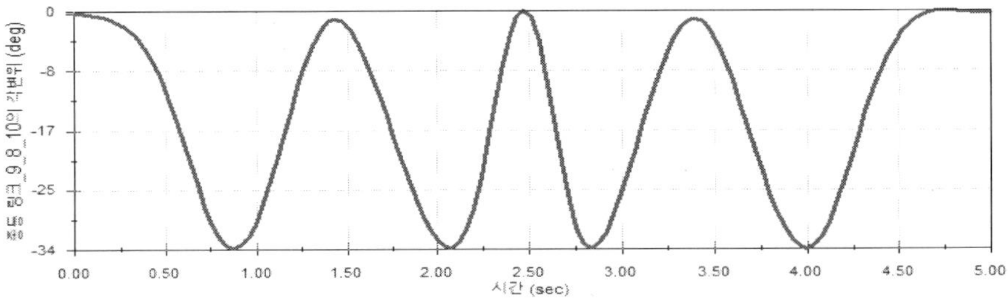

(b) 종동 링크_9_8_10의 각 변위 출력 결과

답안 그림 1-2 시뮬레이션 결과 그래프

❖ 크랭크의 거리 360°(1회전)에 대해 종동 링크_6_5_7과 종동 링크_9_8_10의 모션 해석 결과는 그림의 결과 그래프에서 알 수 있듯이 42°와 34°로 요동 운동 하는 것으로 나타났다. 종동 링크_6_5_7는 2번 요동하고, 종동 링크_9_8_10는 4번 요동 운동을 하고 있는 것으로 2중 크랭크 레버 기구임에 틀림없다.

제4장 자율 평가 문제 답안

[문제1 답안]

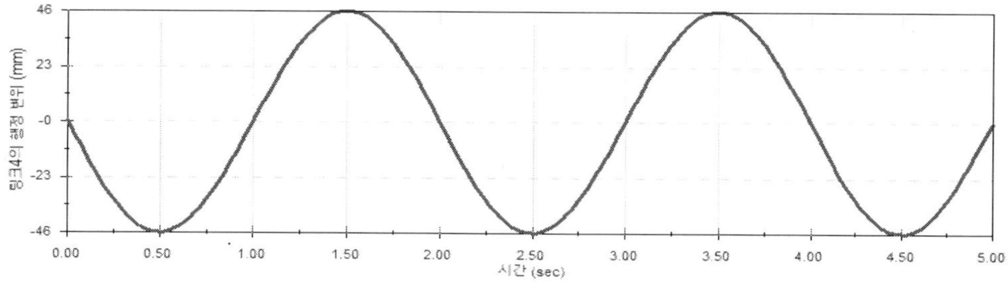

(a) 종동 링크4의 행정 변위 출력 결과

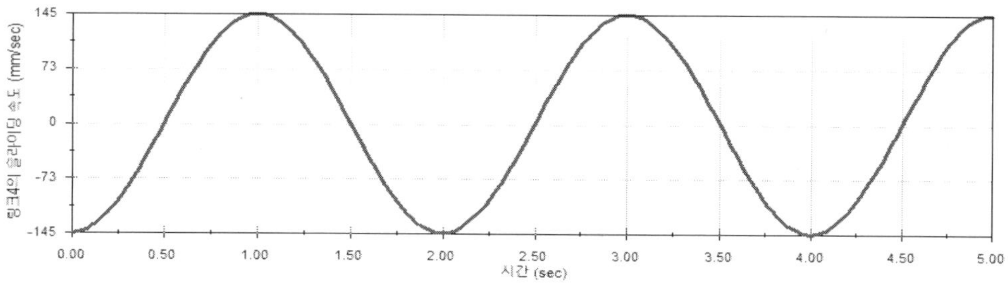

(b) 종동 링크4의 슬라이딩 속도 출력 결과

답안 그림 1-1 시뮬레이션 결과 그래프

[문제2 답안]

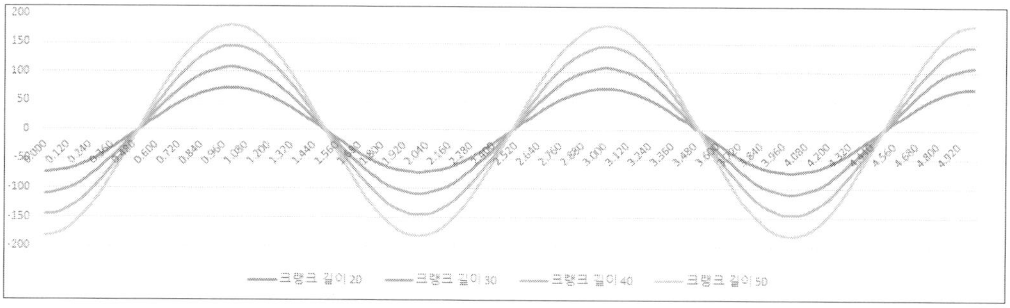

답안 그림 2-1 종동 링크4의 슬라이딩 속도 비교

❖ 크랭크 길이 40㎜의 거리 360°(1회전)에 대해 종동 링크4의 모션 해석 결과는 답안 그림 1-1의 결과 그래프에서 알 수 있듯이 행정 거리는 92㎜이고 속도는 145㎜/s로 나타났다. 본문에서의 크랭크 길이 20㎜, 30㎜ 및 50㎜과 비교한 것이 답안 그림 2-1이다.

제5장 자율 평가 문제 답안

[문제1 답안]

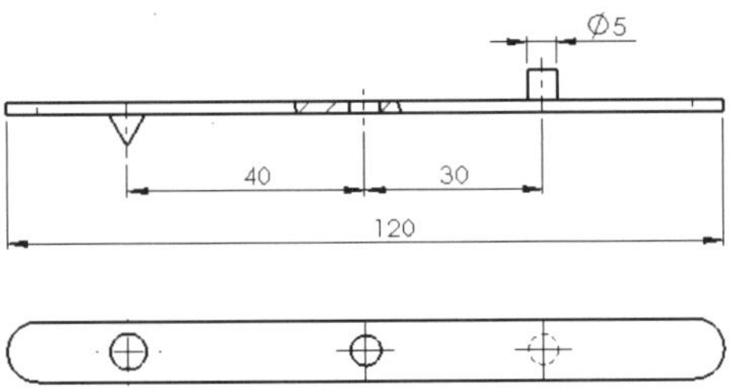

(a) 연결 링크 치수

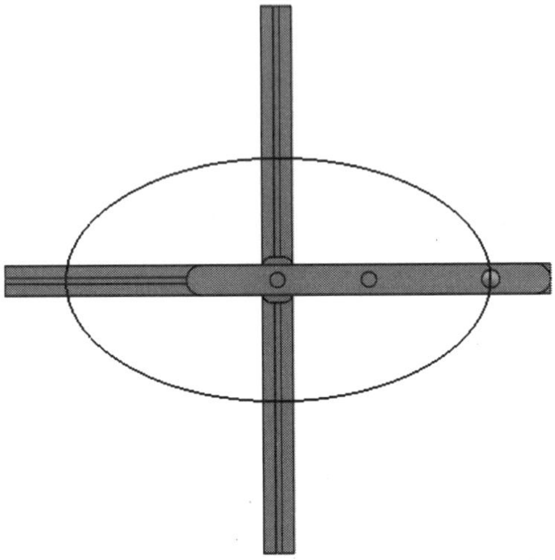

(b) 타원 출력 결과

답안 그림 1-1 시뮬레이션 결과 그래프

[문제2 답안]

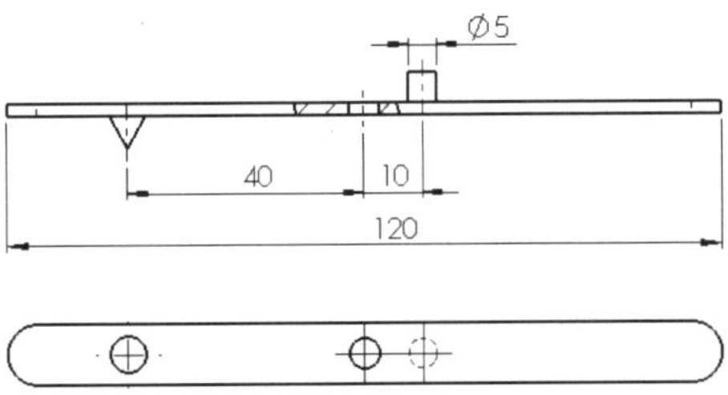

(a) 연결 링크 치수

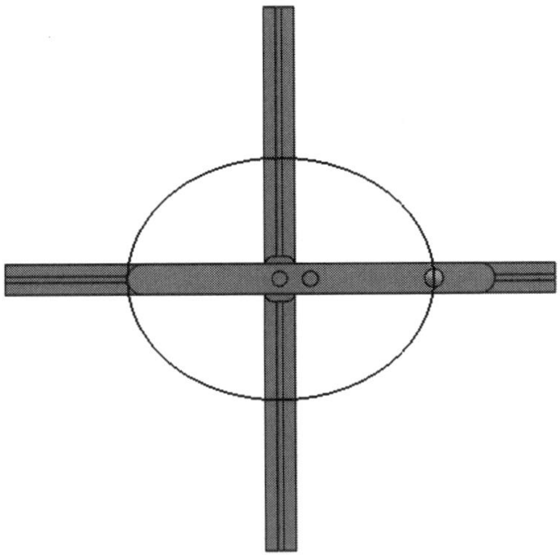

(b) 타원 출력 결과

답안 그림 1-2 시뮬레이션 결과 그래프

제 Ⅲ 단원 캠 기구 설계

제1장 자율 평가 문제 답안

[문제1 답안]

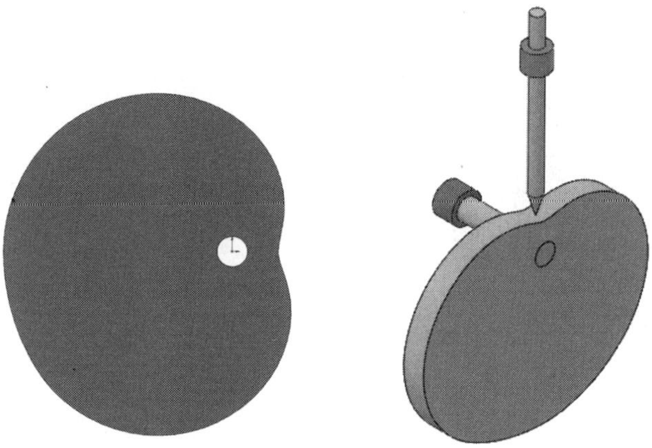

(a) 설계 캠　　　　(b) 설계 캠 조립

답안 그림 1-1 단순조화 운동 설계 캠 기구 조립 형상

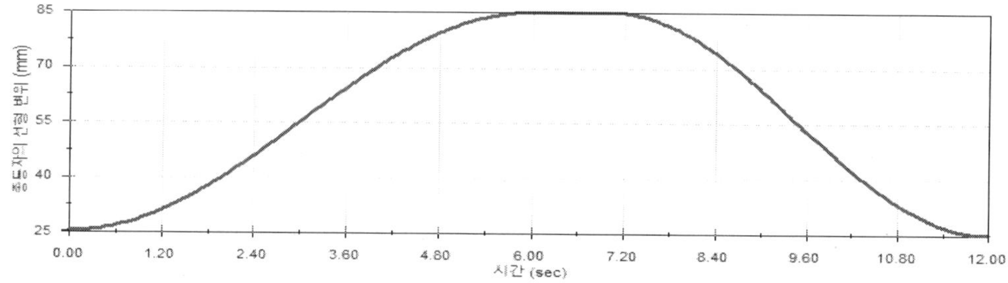

(a) 종동절의 상하 운동 거리

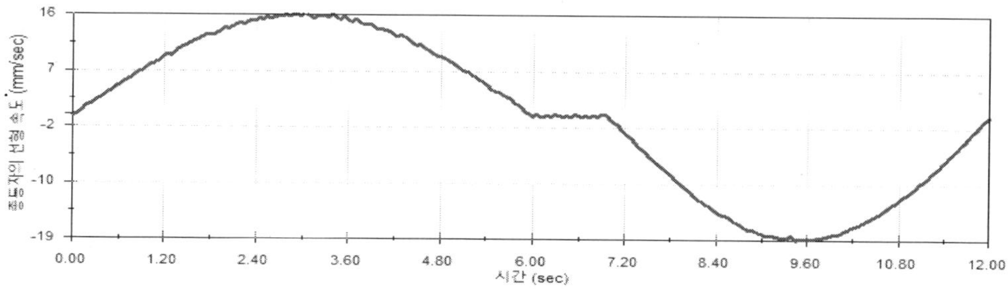

(b) 종동절의 상하 속도

답안 그림 1-2 시뮬레이션 결과 그래프

[문제2 답안]

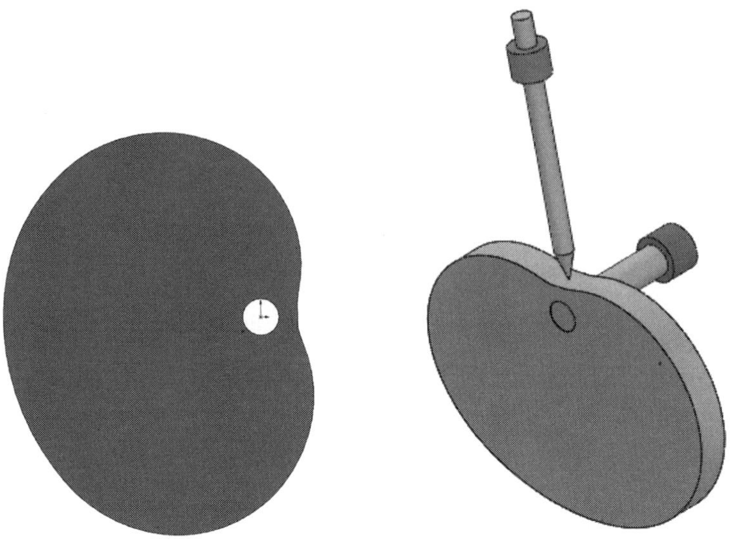

(a) 설계 캠　　　　　　(b) 설계 캠 조립

답안 그림 1-1 사이클로이드 운동 설계 캠 기구 조립 형상

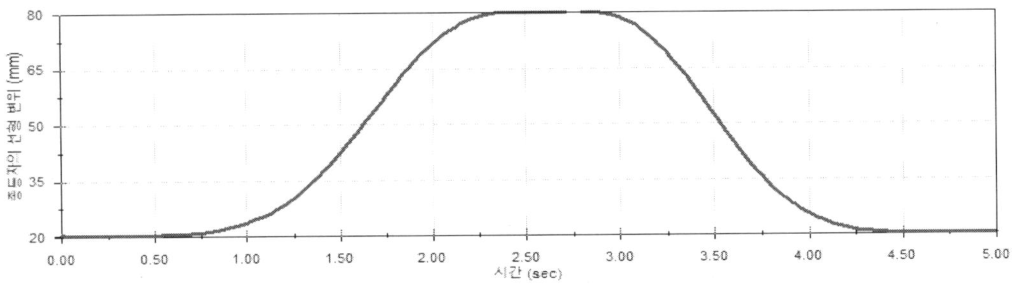

(a) 종동절의 상하 운동 거리

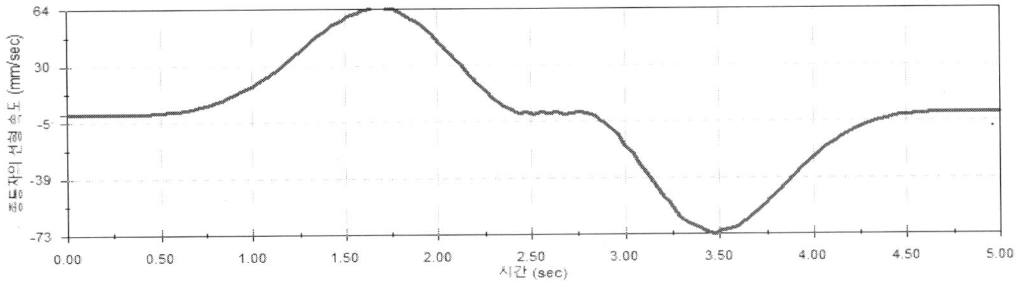

(b) 종동절의 상하 속도

답안 그림 1-2 시뮬레이션 결과 그래프

제2장 자율 평가 문제 답안

[문제1 답안]

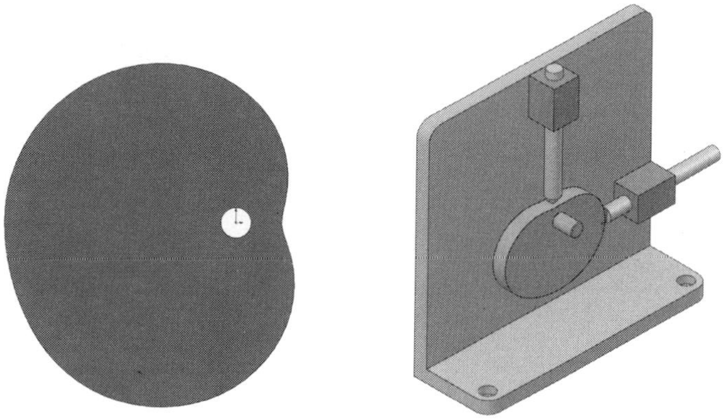

(a) 사이클로이드 캠　　　(b) 설계 캠 조립

답안 그림 1-1 사이클로이드 운동 설계 캠 X-Y 운동 기구 조립 형상

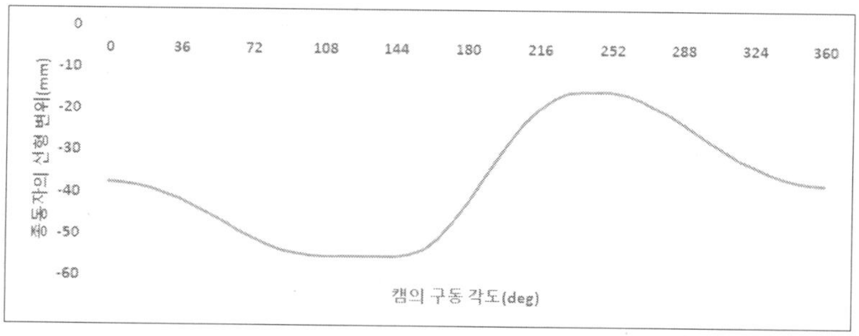

(a) 종동자의 X축 선형 변위

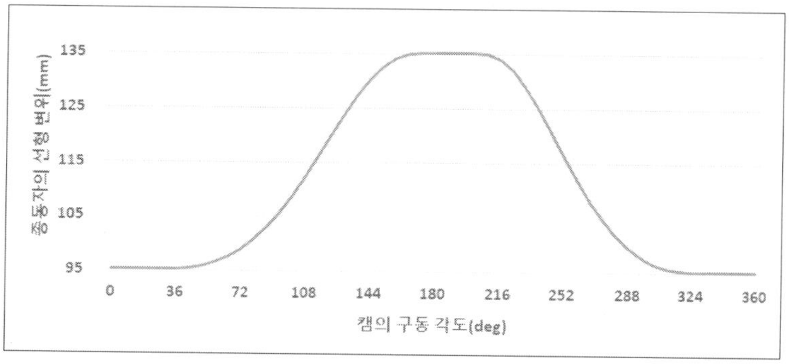

(b) 종동자의 Y축 선형 변위

답안 그림 1-2 시뮬레이션 결과 그래프

제3장 자율 평가 문제 답안

[문제1 답안]

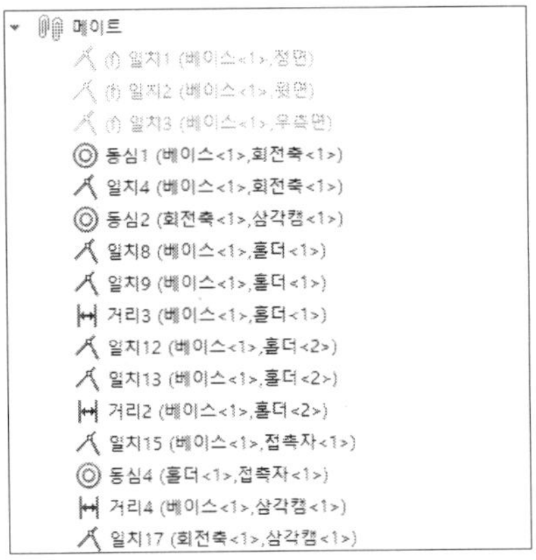

(a) 메이트 결과

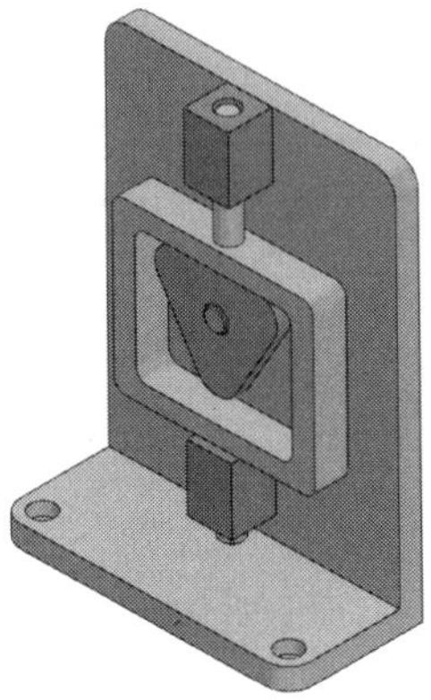

(b) 기구 조립 및 초기 위치

답안 그림 1-1 사이클로이드 운동 설계 캠 X-Y 운동 기구 조립 형상

[문제2 답안]

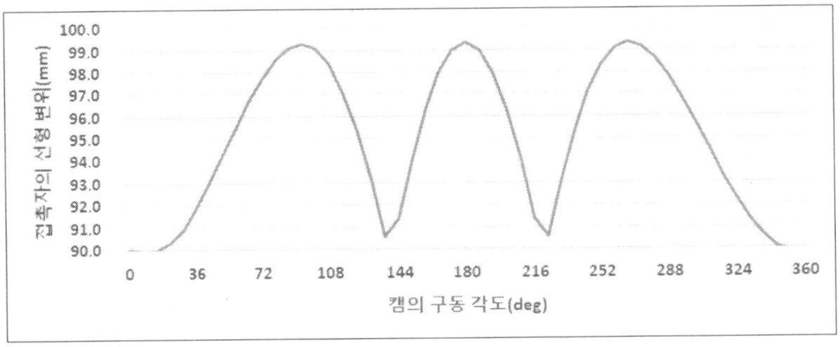

(a) 접촉자의 Y축 선형 변위

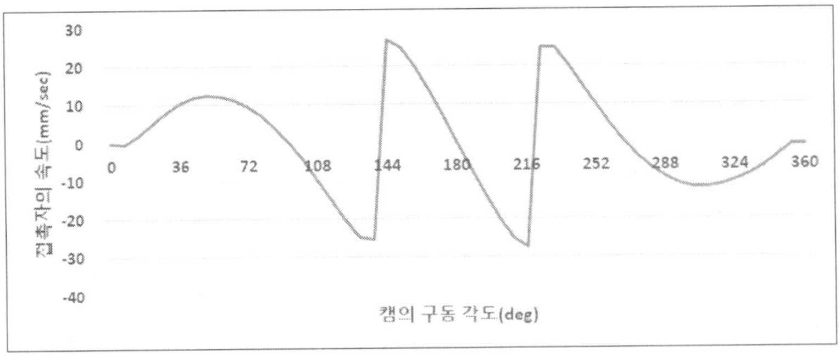

(b) 접촉자의 Y축 선형 속도

답안 그림 2-1 시뮬레이션 결과 그래프

제4장 자율 평가 문제 답안

[문제1 답안]

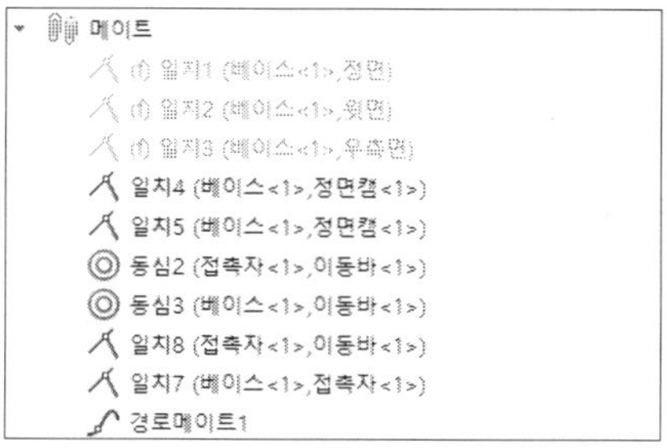

(a) 메이트 결과

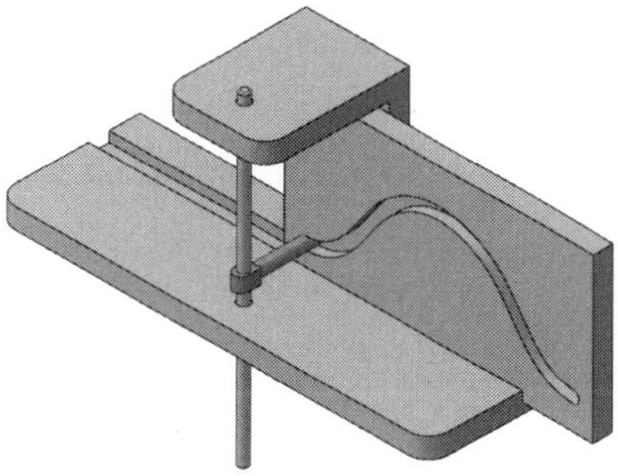

(b) 기구 조립 및 초기 위치

답안 그림 1-1 정면 캠 기구 조립 결과

[문제2 답안]

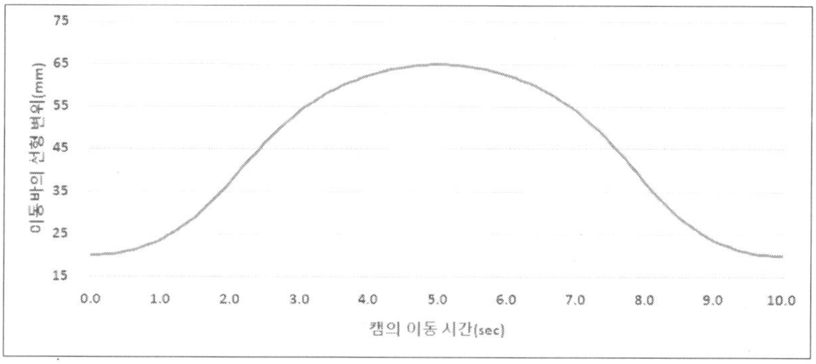

(a) 이동바의 Y축 선형 변위

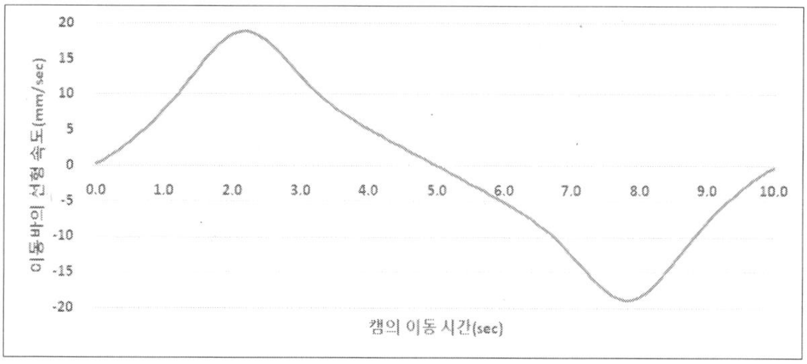

(b) 이동바의 Y축 선형 속도

답안 그림 2-1 시뮬레이션 결과 그래프

제5장 자율 평가 문제 답안

[문제1 답안]

(a) 메이트 결과

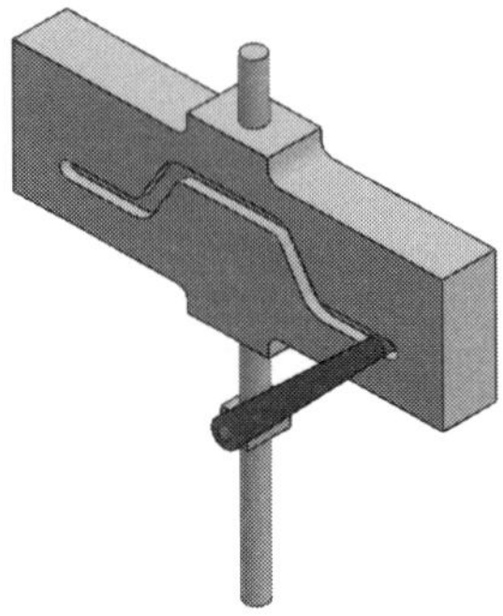

(b) 기구 조립 및 초기 위치

답안 그림 1-1 역 캠 기구 조립 결과

[문제2 답안]

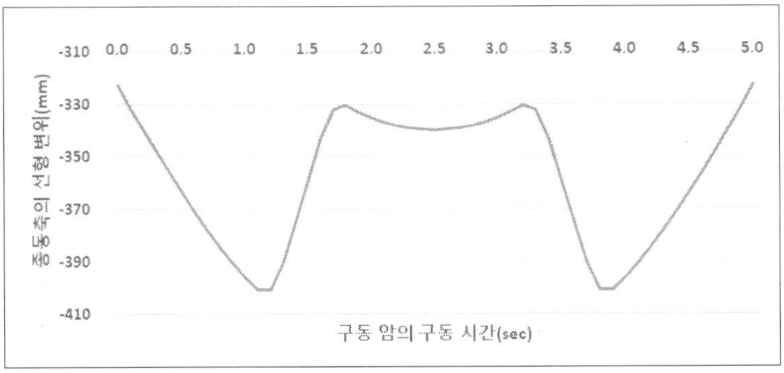

(a) 종동축의 Y축 선형 변위

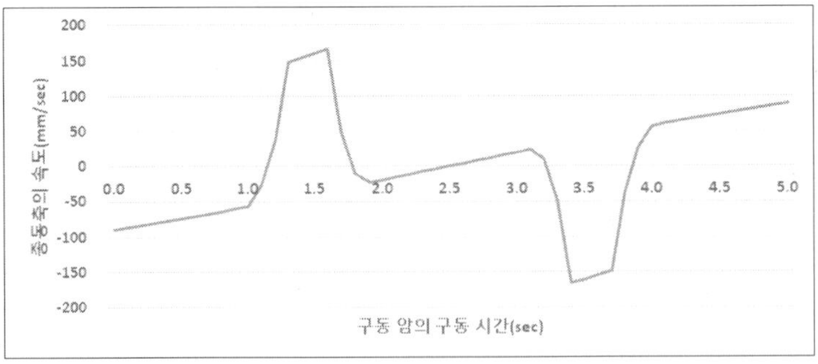

(b) 종동축의 Y축 선형 속도

답안 그림 2-1 시뮬레이션 결과 그래프

제6장 자율 평가 문제 답안

[문제1 답안]

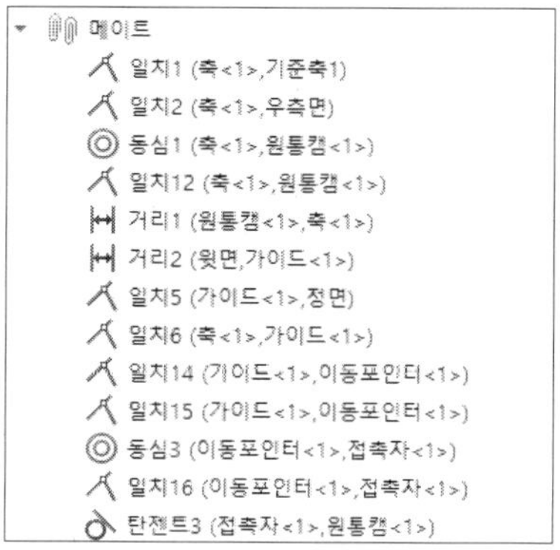

(a) 메이트

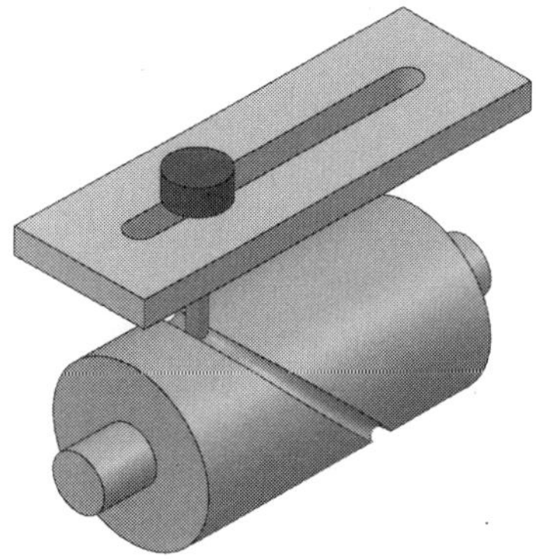

(b) 기구 조립 및 초기 위치

답안 그림 1-1 이동 포인터 운동 기구 조립 형상

[문제2 답안]

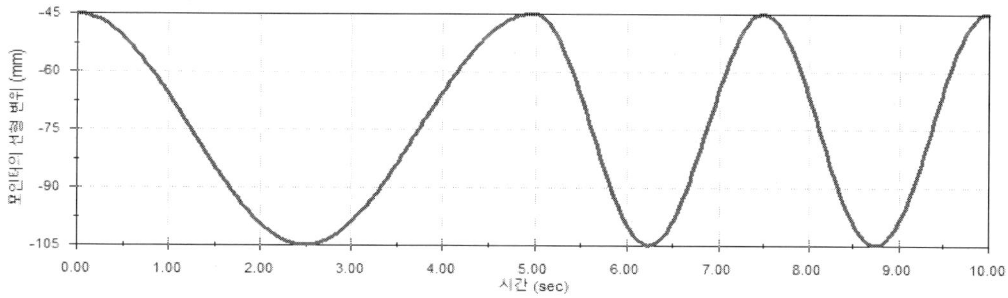

(a) 포인터의 선형 변위

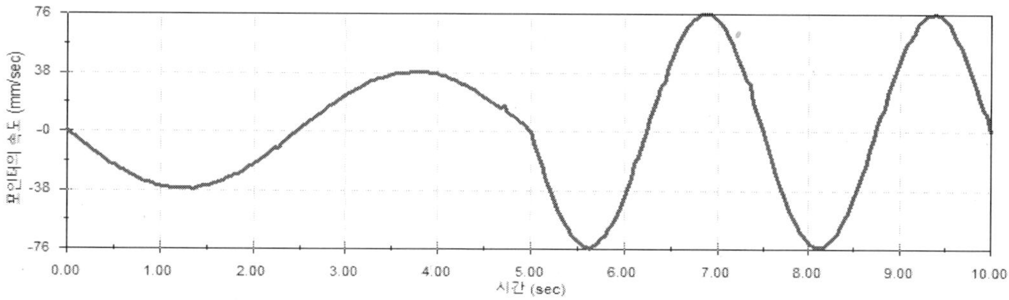

(b) 포인터의 선형 속도

답안 그림 1-2 시뮬레이션 결과 그래프

제7장 자율 평가 문제 답안

[문제1 답안]

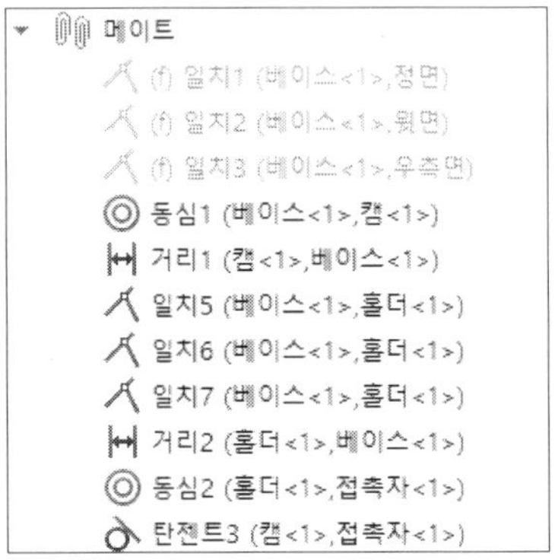

(a) 메이트

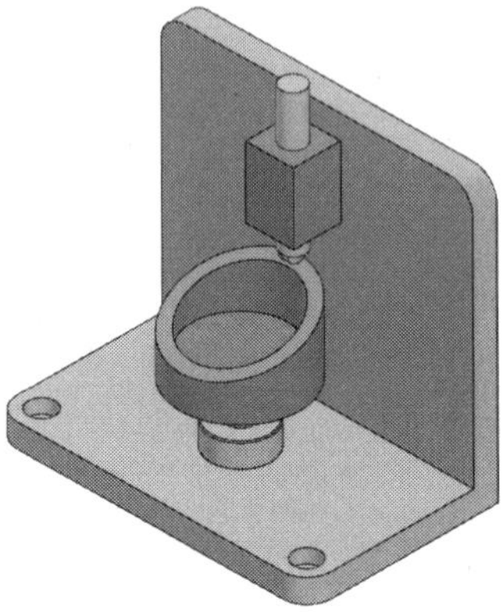

(b) 기구 조립 및 초기 위치

답안 그림 1-1 단면 캠 기구 조립 형상

[문제2 답안]

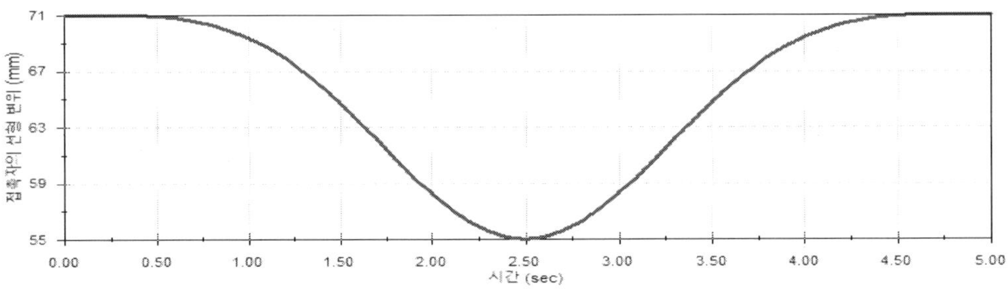

(a) 접촉자의 Y축 선형 변위

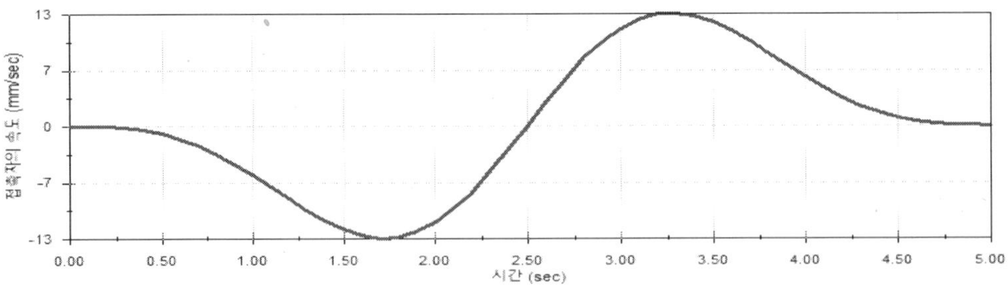

(b) 접촉자의 Y축 선형 속도

답안 그림 1-2 시뮬레이션 결과 그래프

제 Ⅳ 단원 특수 운동 기구 설계

제1장 자율 평가 문제 답안

[문제1 답안]

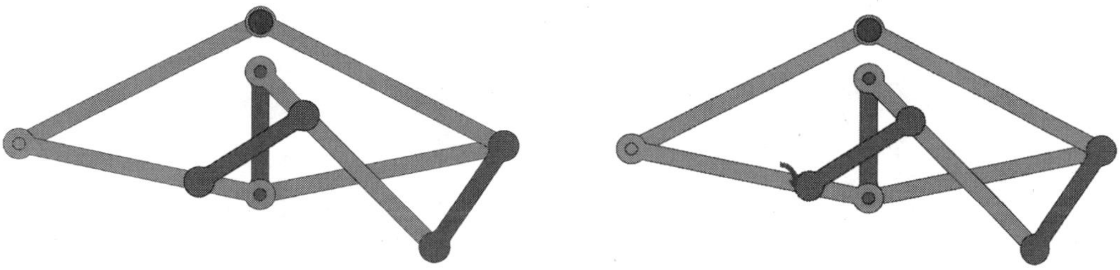

(a) 기구 조립 모습 (b) 모터 설정 및 방향 모습

답안 그림 1-1 ITO 평행 운동 기구 조립 형상 및 모터 설정

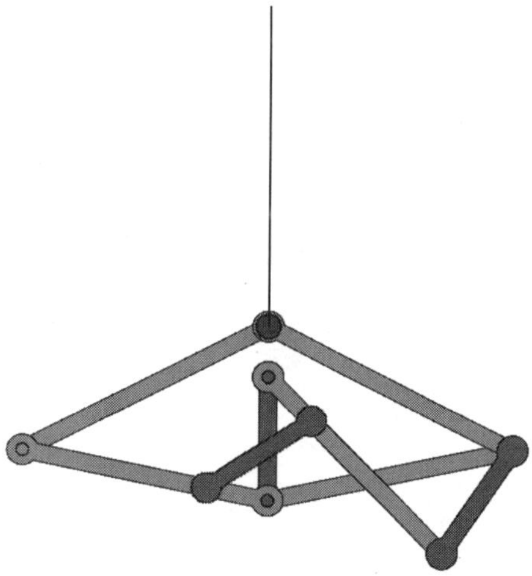

(a) 포인터의 상하 왕복 궤적 모습

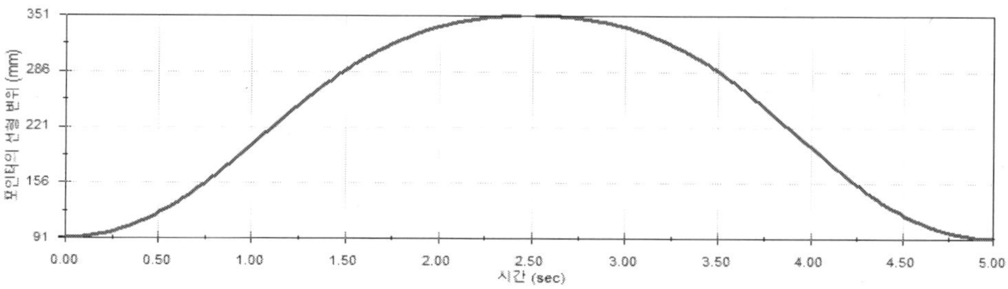

(b) 포인터의 상하 선형 변위

답안 그림 1-2 시뮬레이션 결과 그래프

[문제2 답안]

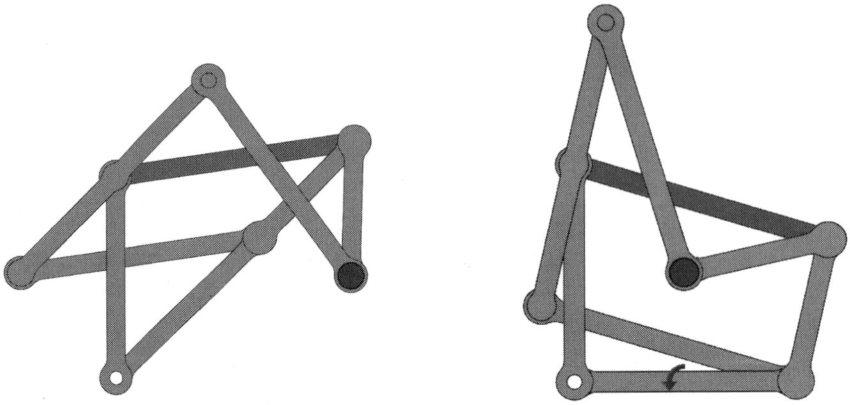

(a) 기구 조립 모습　　(b) 초기 위치와 모터 설정 모습

답안 그림 2-1 ITO 평행 운동 기구 조립 형상 및 모터 설정

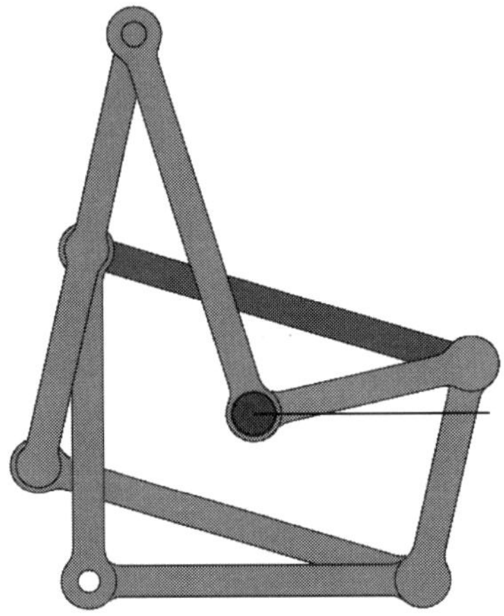

(a) 포인터의 직선 왕복 궤적 모습

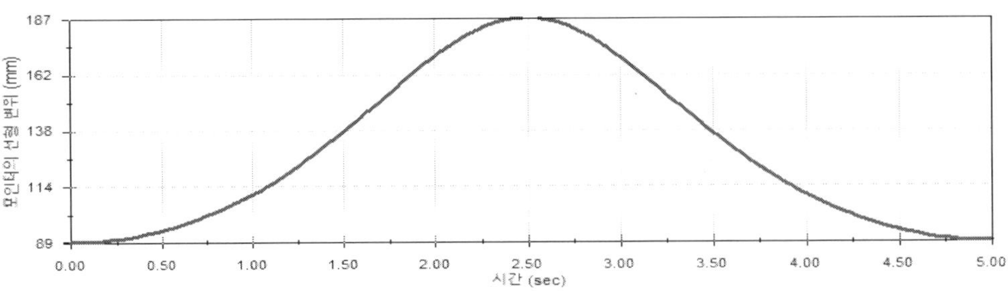

(b) 포인터의 선형 변위

답안 그림 2-2 시뮬레이션 결과 그래프

제2장 자율 평가 문제 답안

[문제1 답안]

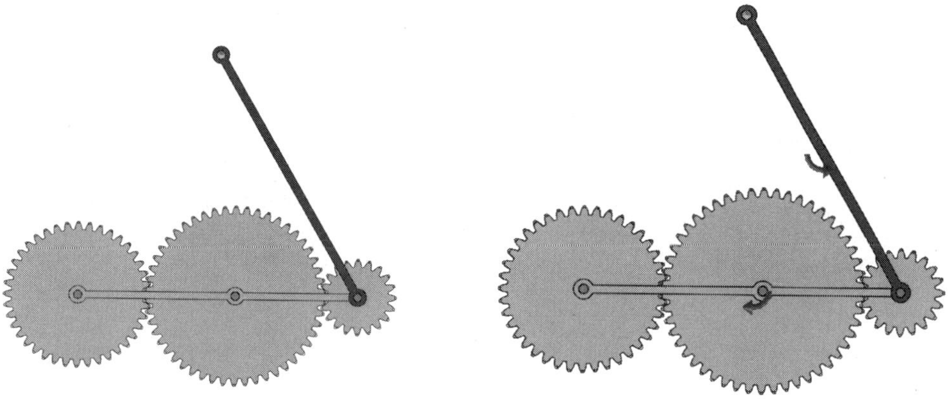

(a) 기구 조립 모습 (b) 모터 설정 및 방향 모습

답안 그림 1-1 기어 트레인 평행 운동 기구 조립 형상 및 모터 설정

[문제2 답안]

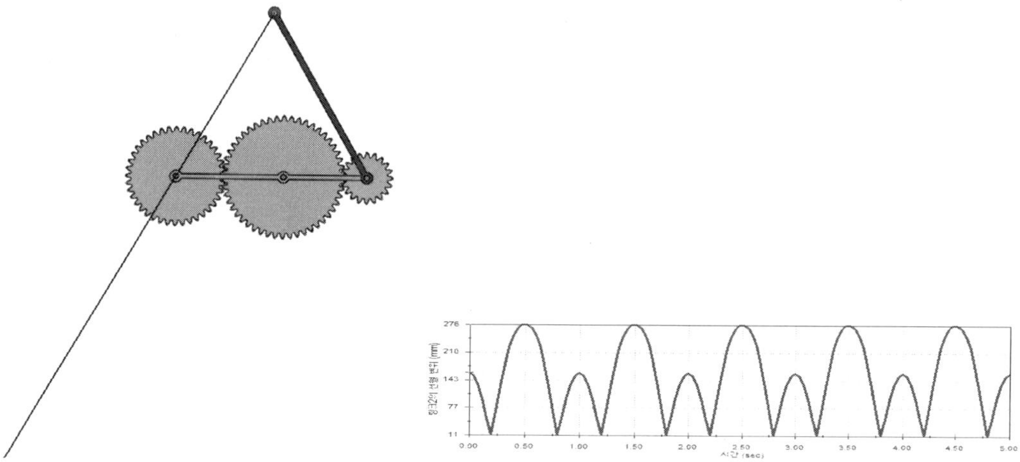

(a) 포인터의 직선 궤적 모습 (b) 포인터의 선형 변위

답안 그림 1-2 시뮬레이션 결과 그래프

※ 시뮬레이션 결과를 바탕으로 엑셀 파일로부터의 데이터를 분석한 결과, 포인터의 이동 거리는 415mm이다.

제3장 자율 평가 문제 답안

[문제1 답안]

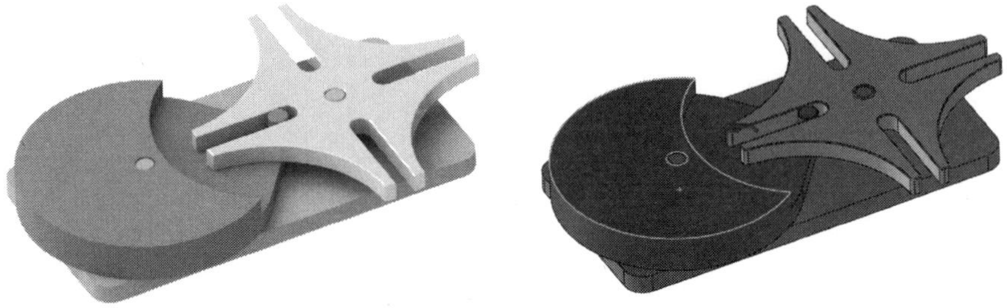

(a) 조립 모습 (b) 모터 설정 및 방향 모습

답안 그림 1-1 4슬롯 제네바 기구 조립 형상 및 모터 설정

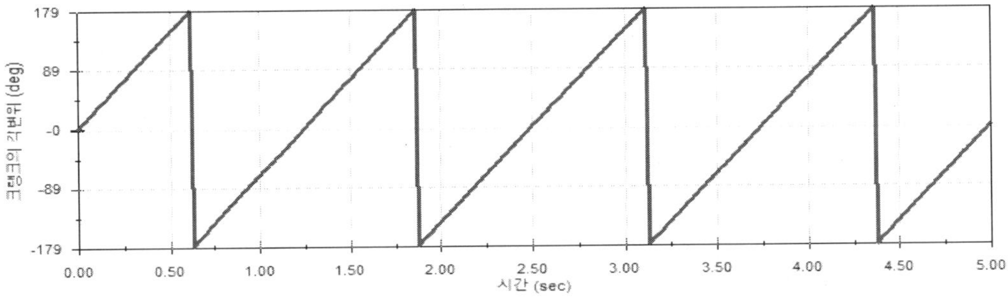

(a) 구동 크랭크의 각 변위 입력 결과

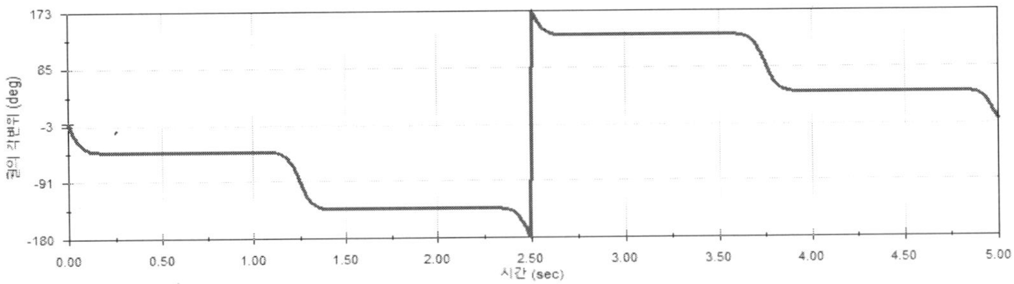

(b) 종동 제네바 휠의 각 변위 출력 결과

답안 그림 1-2 시뮬레이션 결과 그래프

제4장 자율 평가 문제 답안

[문제1 답안]

(a) 메이트 모습

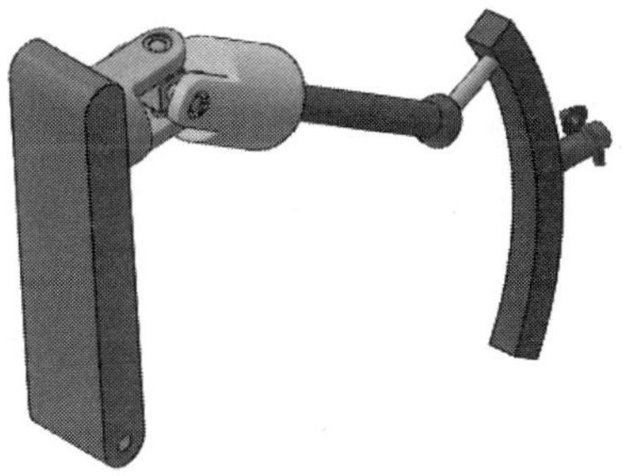

(b) 모터 설정 및 방향 모습

답안 그림 1-1 유니버셜 조인트 조립 메이트 및 모터 설정

[문제2 답안]

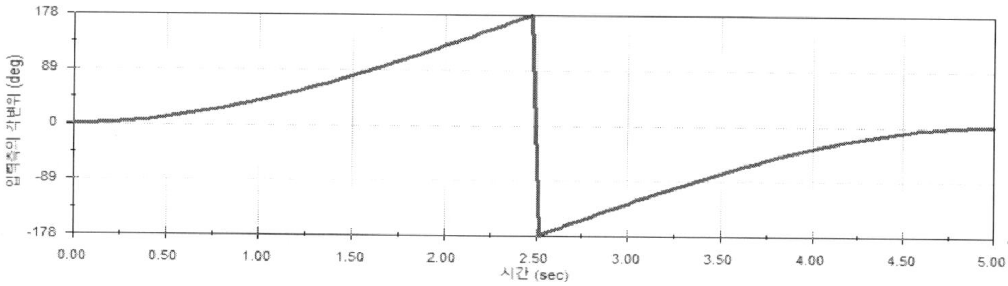

(a) 로테이터의 입력 각 변위

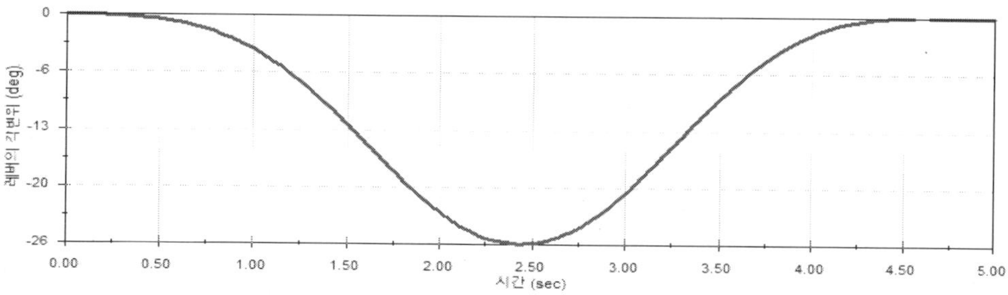

(b) 레버의 출력 각 변위

답안 그림 1-2 시뮬레이션 결과 그래프

제5장 자율 평가 문제 답안

[문제1 답안]

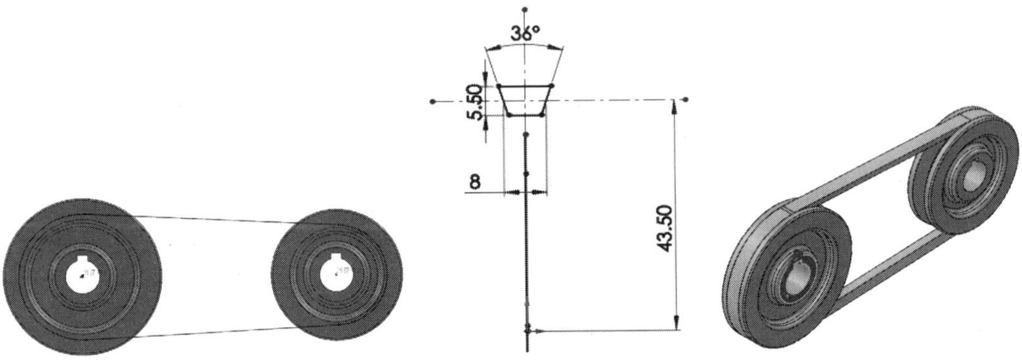

(a) 어셈블리 피처의 벨트/체인 조립 (b) V벨트 단면 (c) 모터 설정 및 방향 모습

답안 그림 1-1 V벨트 풀리 기구 조립 형상 및 모터 설정

[문제2 답안]

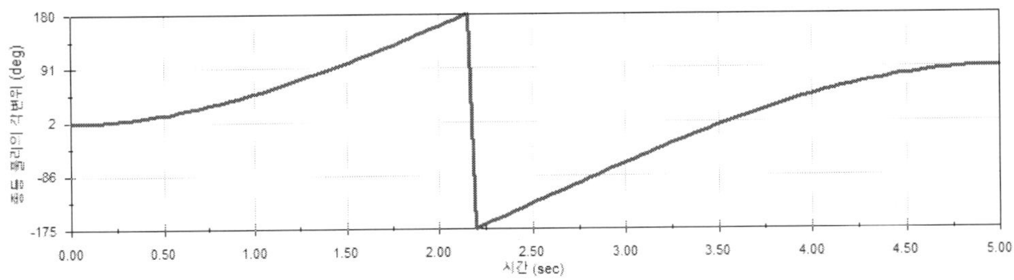

(a) 종동부의 각 변위 결과

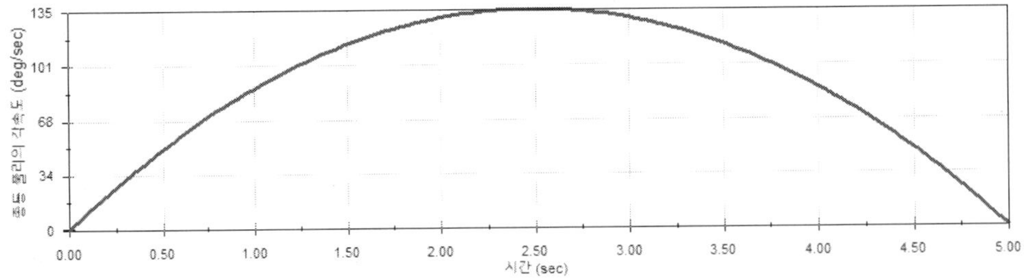

(b) 종동부의 각 속도 결과

답안 그림 1-2 시뮬레이션 결과 그래프

제6장 자율 평가 문제 답안

[문제1 답안]

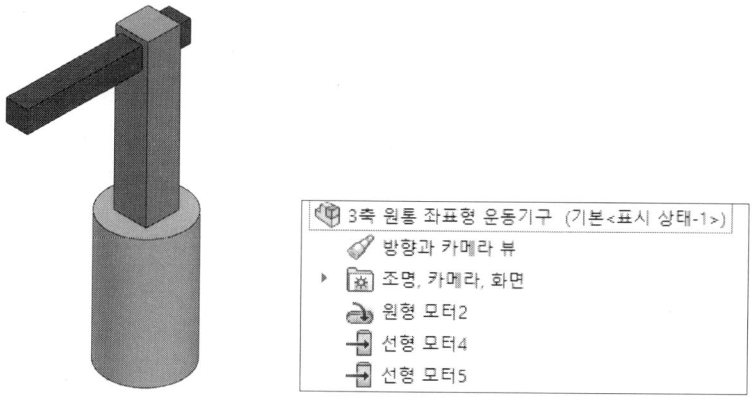

(a) 조립 모습　　　　　　(b) 모터 설정

답안 그림 6-1 3축 원통 좌표형 운동 기구 조립 및 모터 설정

[문제2 답안]

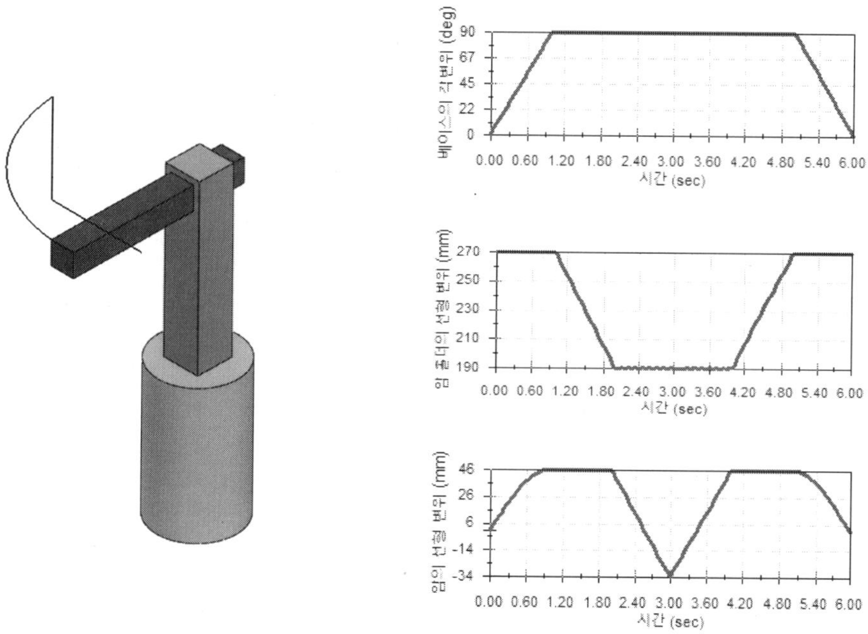

답안 그림 6-2 시뮬레이션 결과

부록 2. 유성기어 감속기에서의 기어 잇수 결정표

감속비	유성기어 개수	태양기어 잇수	유성기어 잇수	링기어 잇수	실제 감속비
2.8	3	32	13	58	2.813
		41	16	73	2.78
		43	17	77	2.791
		47	19	85	2.809
		49	20	89	2.816
		58	23	104	2.793
		62	25	112	2.806
		73	29	131	2.795
		75	30	135	2.8
		77	31	139	2.805
		92	37	166	2.804
		118	47	212	2.797
	4	33	13	59	2.788
		37	15	67	2.811
		43	17	77	2.791
		47	19	85	2.809
		53	21	95	2.792
		59	23	105	2.78
		67	27	121	2.806
		71	29	129	2.817
		79	31	141	2.785
		81	33	147	2.815
		89	35	159	2.787
		97	39	175	2.804
		121	49	219	2.81
		123	49	221	2.797
		141	57	255	2.809
		153	61	275	2.797
	5	32	13	58	2.813
		39	16	71	2.821

감속비	유성기어 개수	태양기어 잇수	유성기어 잇수	링기어 잇수	실제 감속비
		43	17	77	2.791
		46	19	84	2.826
2.8	5	64	26	116	2.813
		71	29	129	2.817
		79	31	141	2.785
		89	36	161	2.809
		104	41	186	2.788
		118	47	212	2.797
		121	49	219	2.81
		132	53	238	2.803
		146	59	264	2.808
		154	61	276	2.792
		161	64	289	2.795
		168	67	302	2.798
3.15	3	25	14	53	3.12
		29	16	61	3.103
		32	19	70	3.188
		40	23	86	3.15
		44	25	94	3.136
		53	31	115	3.17
		55	32	119	3.164
		67	38	143	3.134
		70	41	152	3.171
		74	43	160	3.162
		82	47	176	3.146
		86	49	184	3.14
		97	56	209	3.155
	4	23	13	49	3.13
		29	17	63	3.172
		33	19	71	3.152

부록 2. 유성기어 감속기에서의 기어 잇수 결정표

감속비	유성기어 개수	태양기어 잇수	유성기어 잇수	링기어 잇수	실제 감속비
		37	21	79	3.135
		41	23	87	3.122
		43	25	93	3.163
		53	31	135	3.17
		67	39	145	3.164
		71	41	153	3.155
		75	43	161	3.147
		79	45	169	3.139
		81	47	175	3.16
		85	49	183	3.153
		97	55	207	3.134
		121	69	259	3.14
		123	71	265	3.154
	5	22	13	48	3.182
		29	16	61	3.103
		35	20	75	3.143
		41	24	89	3.171
		54	31	116	3.148
		67	38	143	3.134
		79	46	171	3.165
		83	47	177	3.133
		86	49	184	3.14
		89	51	191	3.146
		92	53	198	3.152
		98	57	212	3.163
		121	69	259	3.14
3.55	3	22	17	56	3.545
		29	22	73	3.517
		32	25	82	3.563
		37	29	95	3.568

감속비	유성기어 개수	태양기어 잇수	유성기어 잇수	링기어 잇수	실제 감속비
		46	35	116	3.522
		47	37	121	3.574
		49	38	125	3.551
		52	41	134	3.577
		56	43	142	3.536
		61	47	155	3.541
		73	56	185	3.534
		76	59	194	3.553
		86	67	220	3.558
		23	17	57	3.478
		25	19	63	3.52
		29	23	75	3.586
		33	25	83	3.515
		37	29	95	3.568
	4	45	35	115	3.556
		47	37	121	3.574
		53	41	135	3.547
		55	43	141	3.564
		61	47	155	3.541
		69	53	175	3.536
		73	57	187	3.562
		77	59	195	3.532
		79	61	201	3.544
		83	65	213	3.566
		87	67	221	3.54
		23	17	57	3.478
		31	24	79	3.548
	5	37	28	93	3.514
		48	37	122	3.542
		54	41	136	3.519

부록 2. 유성기어 감속기에서의 기어 잇수 결정표

감속비	유성기어 개수	태양기어 잇수	유성기어 잇수	링기어 잇수	실제 감속비
		73	57	187	3.562
		76	59	194	3.553
		79	61	201	3.544
		82	63	208	3.537
4	3	20	19	58	3.9
		22	23	68	4.091
		23	22	67	3.913
		26	25	76	3.923
		29	28	85	3.931
		32	31	94	3.938
		38	37	112	3.947
		44	43	130	3.955
		47	49	145	4.085
		50	49	148	3.96
		56	55	166	3.964
		59	58	175	3.966
		62	61	184	3.968
		68	67	202	3.971
		74	73	220	3.973
	4	25	27	79	4.16
		27	29	85	4.148
		29	31	91	4.138
		31	33	97	4.129
		37	39	115	4.108
		39	41	121	4.103
		43	45	133	4.093
		47	49	145	4.085
		55	57	169	4.073
		57	59	175	4.07
		61	63	187	4.066

감속비	유성기어 개수	태양기어 잇수	유성기어 잇수	링기어 잇수	실제 감속비
		67	69	205	4.06
	5	18	17	52	3.889
		22	23	68	4.091
		23	22	67	3.913
		28	27	82	3.929
		29	31	91	4.138
		33	32	97	3.939
		38	37	112	3.947
		39	41	121	4.103
		48	47	142	3.958
		58	57	172	3.966
		63	62	187	3.968
		68	67	202	3.971
4.5	3	17	22	61	4.588
		19	23	65	4.421
		23	28	79	4.435
		25	32	89	4.56
		28	35	98	4.5
		35	43	121	4.457
		41	52	145	4.537
		52	65	182	4.5
		53	67	187	4.528
		59	73	205	4.475
		61	77	215	4.525
		68	85	238	4.5
		71	88	247	4.479
	4	17	21	59	4.471
		19	23	65	4.421
		23	29	81	4.522
		25	31	87	4.48

부록 2. 유성기어 감속기에서의 기어 잇수 결정표

감속비	유성기어 개수	태양기어 잇수	유성기어 잇수	링기어 잇수	실제 감속비
		33	41	115	4.485
		35	43	121	4.457
		41	51	143	4.488
		47	59	165	4.511
		49	61	171	4.49
		50	62	174	4.48
		53	67	187	4.528
		59	73	205	4.475
		61	77	215	4.525
		71	89	249	4.507
5	3	16	23	62	4.875
		17	25	67	4.941
		19	29	77	5.053
		20	31	82	5.1
		23	34	91	4.957
		28	41	110	4.929
		31	47	125	5.032
		40	59	158	4.95
		44	67	178	5.045
		47	70	187	4.979
		52	77	206	4.962
		55	83	221	5.018
		56	85	226	5.036
		59	88	235	4.983
		64	95	254	4.969
		65	97	259	4.985
	4	17	25	67	4.941
		19	29	77	5.053
		21	31	83	4.952
		23	35	93	5.043

감속비	유성기어 개수	태양기어 잇수	유성기어 잇수	링기어 잇수	실제 감속비
		25	37	99	4.96
		29	43	115	4.966
		31	47	125	5.032
		35	53	141	5.029
		37	55	147	4.973
		47	71	189	5.021
		49	73	195	4.98
		51	77	205	5.02
		55	83	221	5.018
		59	89	237	5.017
		63	95	253	5.016
		65	97	259	4.985
5.6	3	13	23	59	5.538
		14	25	64	5.571
		16	29	74	5.625
		17	31	79	5.647
		19	35	89	5.684
5.6	3	20	37	94	5.7
		22	41	104	5.727
		29	52	133	5.586
		31	56	143	5.613
		40	71	182	5.55
		41	73	187	5.561
		44	79	202	5.591
		46	83	212	5.609
		47	85	217	5.617
		50	91	232	5.64
		52	95	242	5.654
6.3	3	13	29	71	6.462
		14	31	76	6.429

부록 2. 유성기어 감속기에서의 기어 잇수 결정표

감속비	유성기어 개수	태양기어 잇수	유성기어 잇수	링기어 잇수	실제 감속비
		16	35	86	6.375
		17	37	91	6.353
		19	41	101	6.316
		20	43	106	6.3
		22	47	116	6.273
		23	49	121	6.261
		26	55	136	6.231
		28	59	146	6.214
		35	76	187	6.343
		37	80	197	6.324
		41	88	217	6.293
		47	100	247	6.255
7.1	3	13	32	77	6.923
		14	37	88	7.286
		16	41	98	7.125
		17	43	103	7.059
		19	50	119	7.263
		22	56	134	7.091
		23	58	139	7.043
		26	67	160	7.154
		28	71	170	7.071
		29	73	175	7.034
		35	91	217	7.2
		38	97	232	7.105
		41	106	253	7.171
		46	119	284	7.174
		47	121	289	7.149
8	3	13	38	89	7.846
		14	43	100	8.143
		16	47	110	7.875

감속비	유성기어 개수	태양기어 잇수	유성기어 잇수	링기어 잇수	실제 감속비
		17	49	115	7.765
		17	52	121	8.118
		20	61	142	8.1
		22	65	152	7.909
		26	79	184	8.077
		28	83	194	7.929
		29	88	205	8.069
		31	92	215	7.935
		32	97	226	8.063
		34	101	236	7.941
		35	106	247	8.057
		40	119	278	7.95
		41	124	289	8.049
9	3	14	49	112	9
		16	56	128	9
		17	58	133	8.824
		19	68	155	9.158
		20	70	160	9
		22	77	176	9
		23	82	187	9.13
		25	89	203	9.12
		26	91	208	9
		28	98	224	9
		32	112	256	9
		34	119	272	9
		35	121	277	8.914
		37	128	293	8.919
10	3	13	53	119	10.154
		14	58	130	10.286
		16	65	146	10.125

부록 2. 유성기어 감속기에서의 기어 잇수 결정표

감속비	유성기어 개수	태양기어 잇수	유성기어 잇수	링기어 잇수	실제 감속비
		17	67	151	9.882
		19	77	173	10.105
		20	79	178	9.9
		22	89	200	10.091
		23	91	205	9.913
10	3	25	98	221	9.84
		26	103	232	9.923
		28	113	254	10.071
		29	115	259	9.931
		29	118	265	10.138
		31	122	275	9.871
		32	130	292	10.125
		34	134	302	9.882
11.2	3	14	61	136	10.714
		16	71	158	10.875
		16	74	164	11.25
		17	76	169	10.941
		17	79	175	11.294
		19	86	191	11.053
		20	91	202	11.1
		22	101	224	11.182
		23	106	235	11.217
		26	121	268	11.308
		28	125	278	10.929
		28	128	284	11.143
		29	130	289	10.966
		29	133	295	11.172
		31	143	317	11.226
12.5	3	13	71	155	12.923
		14	73	160	12.429

감속비	유성기어 개수	태양기어 잇수	유성기어 잇수	링기어 잇수	실제 감속비
		16	83	182	12.375
		16	86	188	12.75
		17	88	193	12.353
		19	98	215	12.316
		20	106	232	12.6
		22	116	254	12.545
		23	118	259	12.261
		23	121	265	12.522
		25	131	287	12.48
		26	139	304	12.692

부록 3. 좌표형 운동변환 기구

1. 2축의 직교 좌표형 운동변환 기구

2축의 직교 좌표형 기구는 1축의 직진 모듈 기구를 2식 조합 구성으로 하고 있지만 축 방향에 의해 수평-수평과 수평-상하축계의 2가지로 대별된다. 더구나 각 축계는 이동체에 의해 4형식으로 구분할 수 있다.

이하 각 축마다 본체 고정측은 첨자 f, 본체 이동측은 첨자 m을 붙여 표시한다.

가. 수평-수평 ($X-Y$) 축계

형식에는 부록 그림 3-1과 같이 여러 가지가 있다.

㉠ 고정-고정 ($X_f - Y_f$)

㉡ 고정-이동 ($X_f - Y_m$)

㉢ 이동-고정 ($X_m - Y_f$)

㉣ 이동-이동 ($X_m - Y_m$)

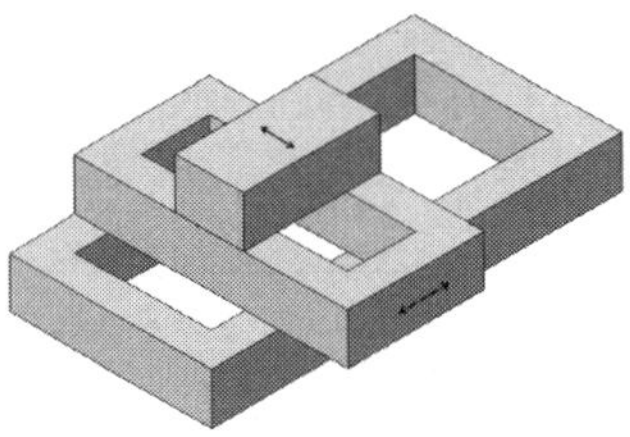

(a) $X_f - Y_f$

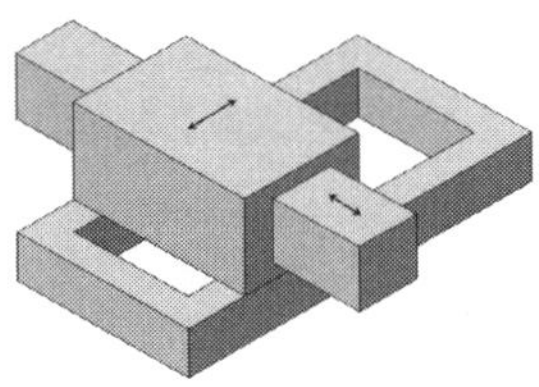

(b) $X_f - Y_m$

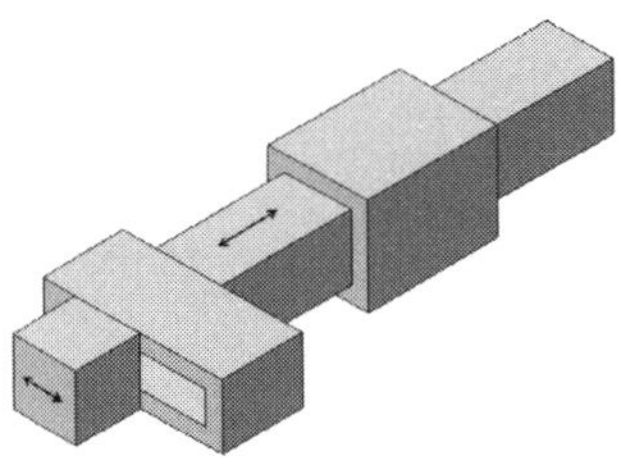

(c) $X_m - Y_f$

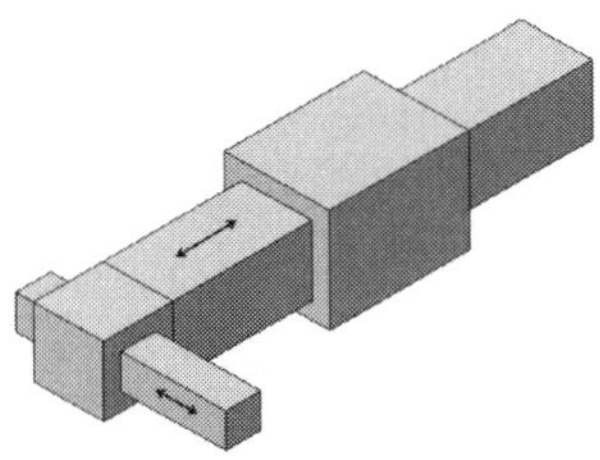

(d) $X_m - Y_m$

부록 그림 3-1 2축 직교좌표 형태(X-Y축계)

나. 수평-상하 ($X-Z$) 축계

베이스가 되는 주축을 X축 또는 Z축으로 하는지에 따라 형식이 다르지만 주축 부분을 앞에 표시한다. 각종 형식은 부록 그림 3-2와 부록 그림 3-3과 같다.

㉠ 고정-고정 (X_f-Z_f), (Z_f-X_f)

㉡ 고정-이동 (X_f-Z_m), (Z_m-X_f)

㉢ 이동-고정 (X_m-Z_f), (Z_f-X_m)

㉣ 이동-이동 (X_m-Z_m), (Z_m-X_m)

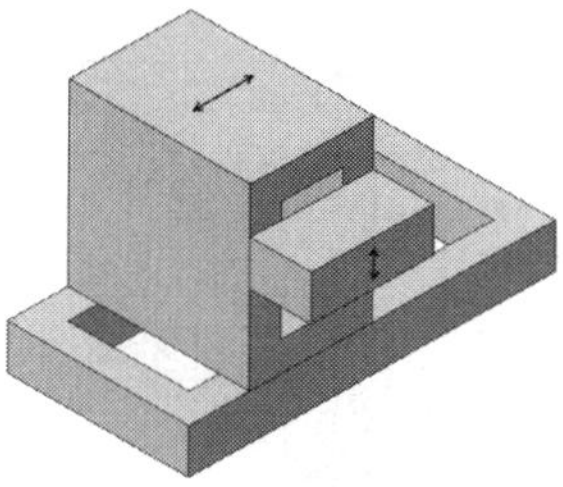

(a) X_f-Z_f

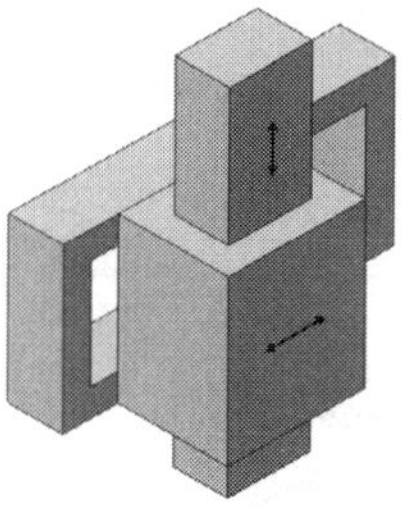

(b) X_f-Z_m

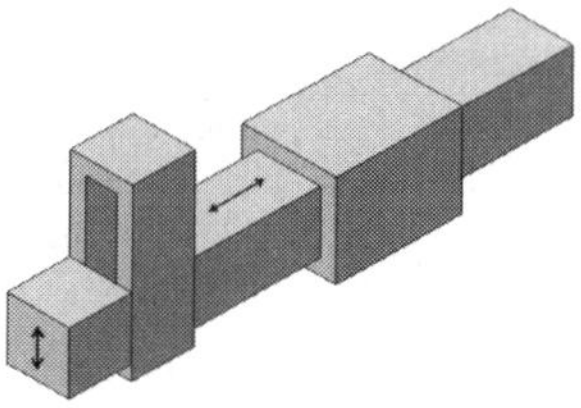

(c) X_m-Z_f

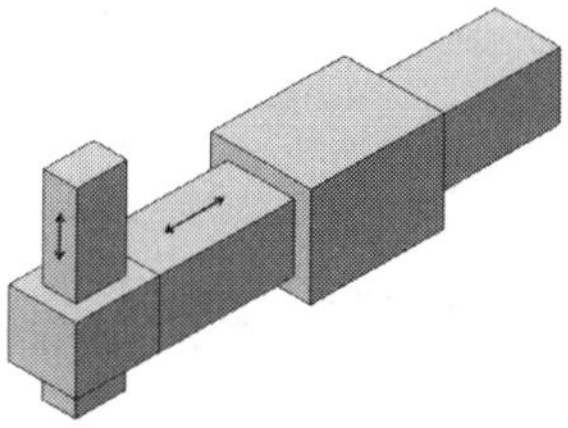

(d) X_m-Z_m

부록 그림 3-2 2축 직교좌표 형태($X-Z$축계)

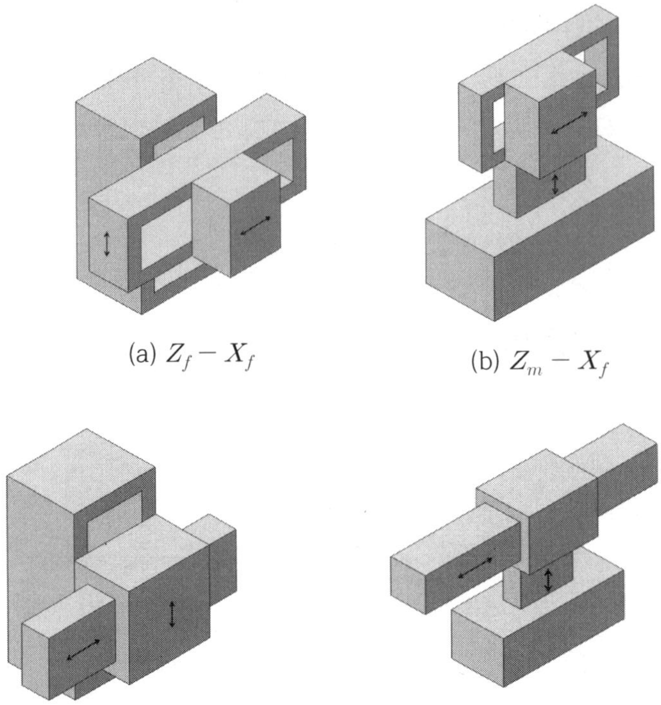

(a) $Z_f - X_f$ (b) $Z_m - X_f$

(c) $Z_f - X_m$ (d) $Z_m - X_m$

부록 그림 3-3 2축 직교좌표 형태($Z-X$축계)

2. 2축의 원통 좌표형 운동 변환 기구

2축의 원통 좌표형 기구는 1축의 회전 모듈 기구와 1축의 직진 모듈 기구를 조합하여 구성되지만 축 방향에 의해 수평 선회-수평, 수평 선회-상하, 상하 선회-상하의 3형식으로 대별된다. 더구나 이동체에 의한 구분과 주축의 취득방법에 의해 각종 형식이 있다.

가. 수평 선회–수평 ($\theta - X$) 축계

$\theta - X$ 축계의 각종 형식은 부록 그림 3-4와 같다.

㉠ X축 고정 ($\theta - X_f$)

㉡ X축 이동 ($\theta - X_m$)

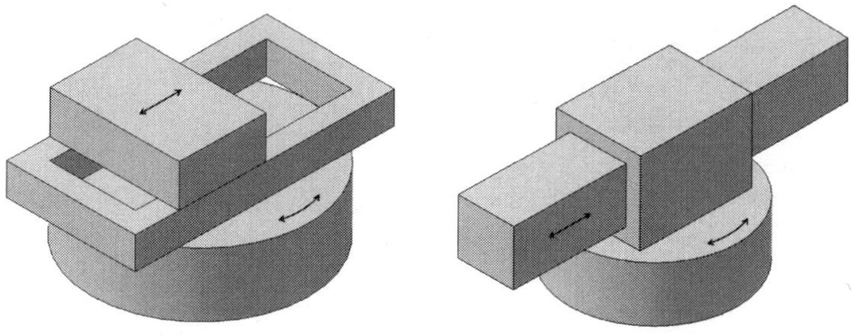

(a) $\theta - X_f$ (b) $\theta - X_m$

부록 그림 3-4 2축 원통좌표 형태(θ − X축계)

나. 수평 선회-상하 ($\theta - Z$) 축계

$\theta - Z$ 축계의 각종 형식은 부록 그림 3-5와 같다.

㉠ Z축 고정 ($\theta - Z_f$)

㉡ Z축 이동 ($\theta - Z_m$)

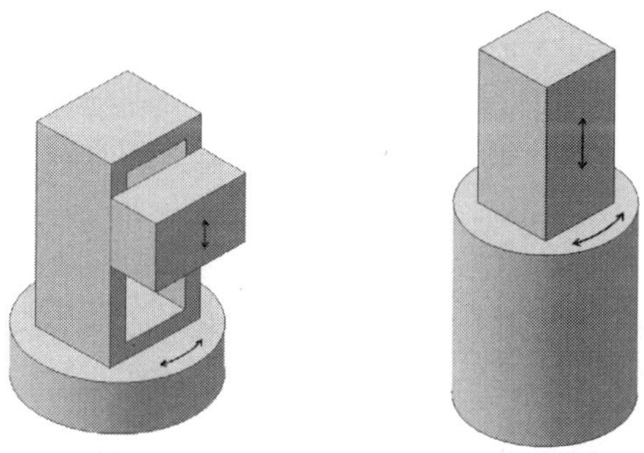

(a) $\theta - Z_f$ (b) $\theta - Z_m$

부록 그림 3-5 2축 원통좌표 형태(θ − Z축계)

다. 상하 선회-상하 ($\alpha - Z$) 축계

$\alpha - Z$ 축계의 각종 형식은 부록 그림 3-6과 같다.

㉠ Z축 고정 ($\alpha - Z_f$)

㉡ Z축 이동 ($\alpha - Z_m$)

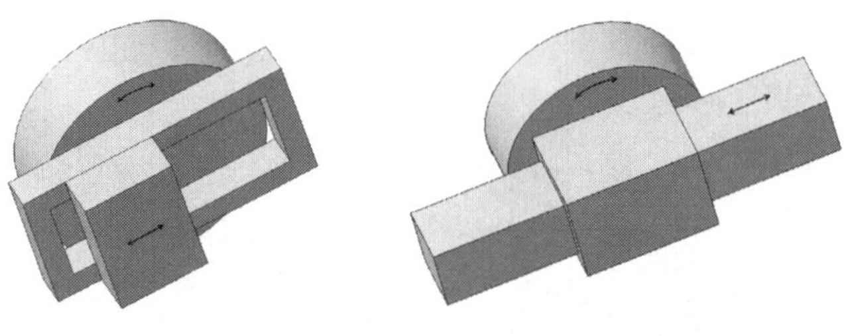

(a) $\alpha - Z_f$ (b) $\alpha - Z_m$

부록 그림 3-6 2축 원통좌표 형태($\alpha - Z$축계)

3. 2축의 관절형 운동 변환 기구

2축의 관절형 기구는 1축의 회전 모듈 기구를 2식 조합으로 구성되지만 축 방향에 의해 수평-수평, 상하-상하의 2형식으로 대별된다. 각종 형식은 부록 그림 3-7과 같다.

가. 수평-수평 ($\theta - \theta$) 축계

$\theta - \theta$축계의 형식 예를 부록 그림 3-7 (a)에 나타낸다.

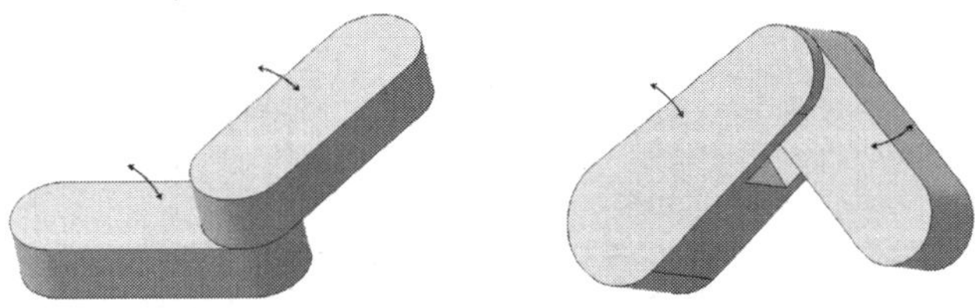

(a) $\theta - \theta$ (b) $\alpha - \alpha$

부록 그림 3-7 2축 관절 형태

나. 상하-상하 ($\alpha - \alpha$) 축계

$\alpha - \alpha$ 축계의 형식 예를 부록 그림 3-7 (b)에 나타낸다.

4. 3축의 직교 좌표형 운동 변환 기구

3축의 직교 좌표형 기구는 2축 직교 좌표형의 $X-Y$ 또는 $X-Z$ 축계에 Z 또는 Y축을 부가한 것이지만 주축~3축까지의 구성 순서에 의해 3형식으로 대별된다. 더구나 각 형식은 이동체에 의해 각각 8종류로 구분할 수 있다(부록 그림 3-8~부록 그림 3-10).

가. 수평-수평-상하 (X-Y-Z) 축계

㉠ 고정-고정-고정 ($X_f - Y_f - Z_f$)

㉡ 고정-고정-이동 ($X_f - Y_f - Z_m$)

㉢ 고정-이동-고정 ($X_f - Y_m - Z_f$)

㉣ 고정-이동-이동 ($X_f - Y_m - Z_m$)

㉤ 이동-고정-고정 ($X_m - Y_f - Z_f$)

㉥ 이동-고정-이동 ($X_m - Y_f - Z_m$)

㉦ 이동-이동-고정 ($X_m - Y_m - Z_f$)

㉧ 이동-이동-이동 ($X_m - Y_m - Z_m$)

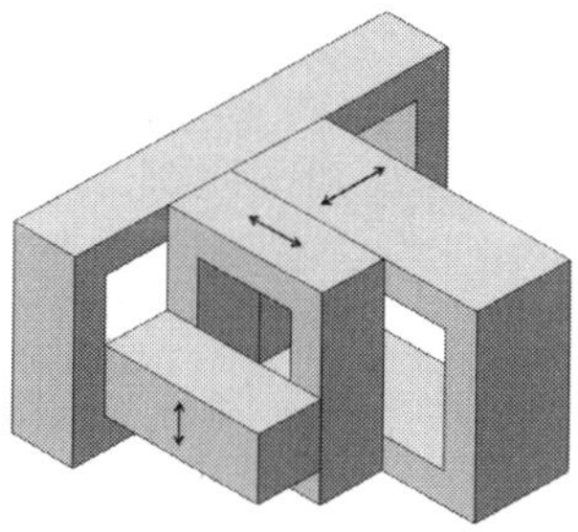

(a) $X_f - Y_f - Z_f$

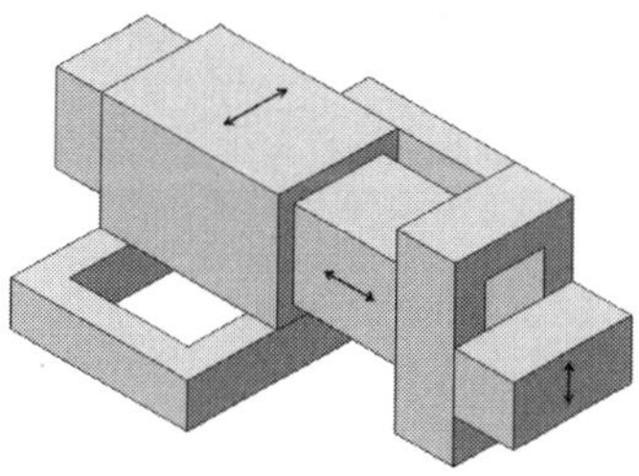

(b) $X_f - Y_m - Z_f$

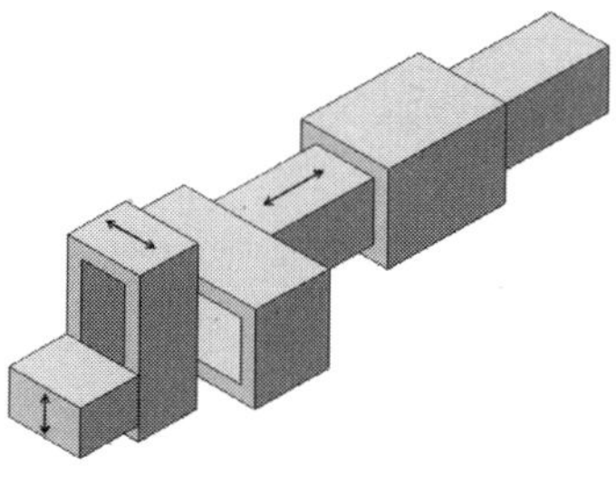

(c) $X_m - Y_f - Z_f$

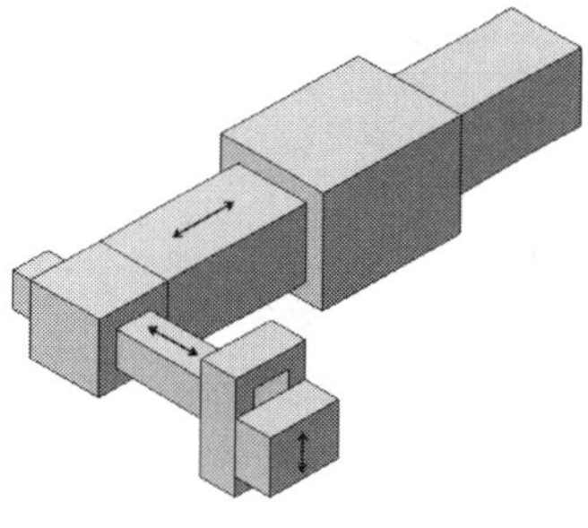

(d) $X_m - Y_m - Z_f$

부록 그림 3-8 3축 직교좌표 형태($X- Y- Z$축계)

나. 수평–상하–수평 ($X-Z-Y$) 축계

㉠ 고정-고정-고정 ($X_f - Z_f - Y_f$)

㉡ 고정-고정-이동 ($X_f - Z_m - Y_f$)

㉢ 고정-이동-고정 ($X_f - Z_f - Y_m$)

㉣ 고정-이동-이동 ($X_f - Z_m - Y_m$)

㉤ 이동-고정-고정 ($X_m - Z_f - Y_f$)

㉥ 이동-고정-이동 ($X_m - Z_m - Y_f$)

㉦ 이동-이동-고정 ($X_m - Z_f - Y_m$)

㉧ 이동-이동-이동 ($X_m - Z_m - Y_m$)

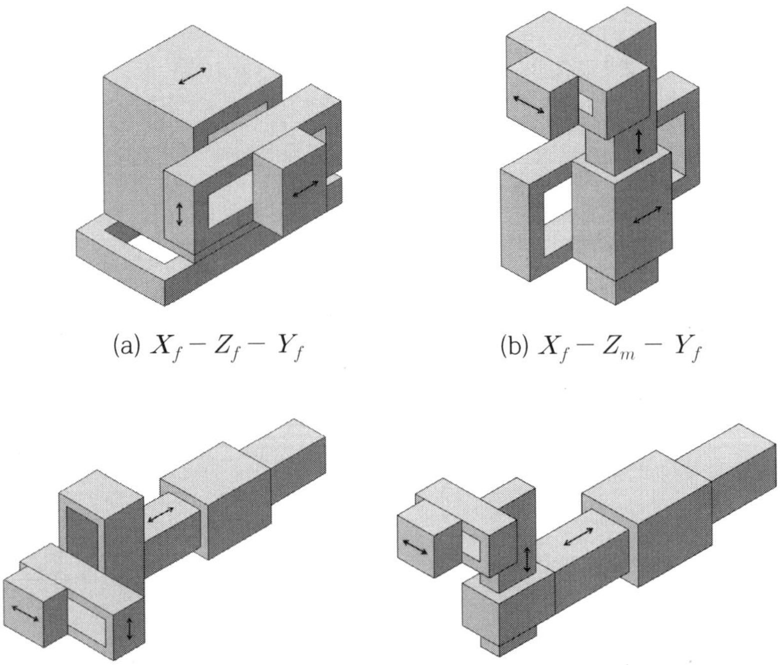

(a) $X_f - Z_f - Y_f$ (b) $X_f - Z_m - Y_f$

(c) $X_m - Z_f - Y_f$ (d) $X_m - Z_m - Y_f$

부록 그림 3-9 3축 직교좌표 형태($X-Z-Y$축계)

다. 상하–수평–수평 ($Z-X-Y$) 축계

㉠ 고정-고정-고정 ($Z_f - X_f - Y_f$)

㉡ 고정-고정-이동 ($Z_m - X_f - Y_f$)

㉢ 고정-이동-고정 ($Z_f - X_f - Y_m$)

㉣ 고정-이동-이동 ($Z_m - X_f - Y_m$)

㉤ 이동-고정-고정 ($Z_f - X_m - Y_f$)

㉥ 이동-고정-이동 ($Z_m - X_m - Y_f$)

㉦ 이동-이동-고정 ($Z_f - X_m - Y_m$)

㉧ 이동-이동-이동 ($Z_m - X_m - Y_m$)

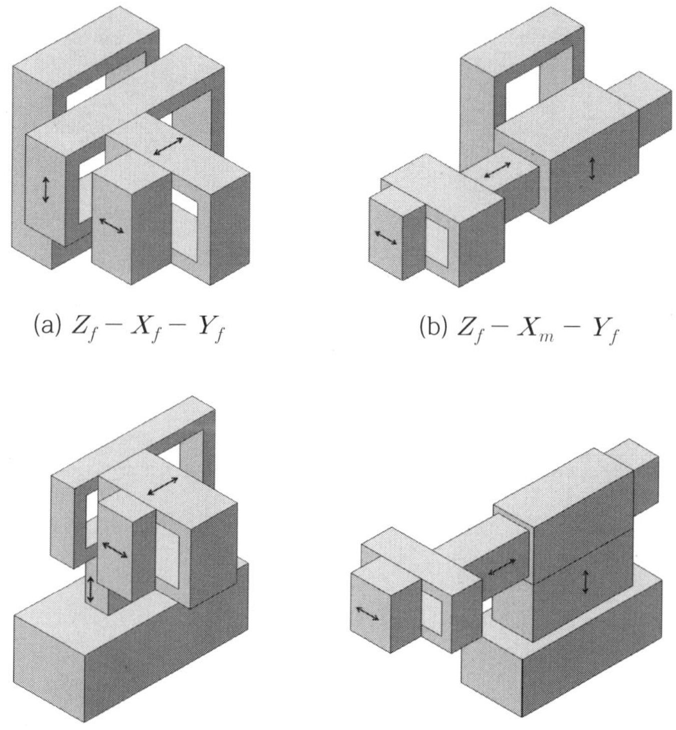

(a) $Z_f - X_f - Y_f$ (b) $Z_f - X_m - Y_f$

(c) $Z_m - X_f - Y_f$ (d) $Z_m - X_m - Y_f$

부록 그림 3-10 3축 직교좌표 형태($Z-X-Y$축계)

5. 3축의 원통 좌표형 운동 변환 기구

일반적으로 2축의 원통 좌표형 기구는 $\theta - X$축 또는 $\theta - Z$ 축계에 Z축 또는 X축을 부가한 것이지만 이동체에 의한 구분과 주축의 취득 방법에 의해 각종 형식이 있다.

가. 수평 선회–수평–상하 ($\theta - X - Z$) 축계

$\theta - X - Z$ 축계의 각종 형식은 부록 그림 3-11과 같다.

㉠ X축 고정 ($\theta - X_f - Z_f$), ($\theta - X_f - Z_m$)

㉡ X축 이동 ($\theta - X_m - Z_f$), ($\theta - X_m - Z_m$)

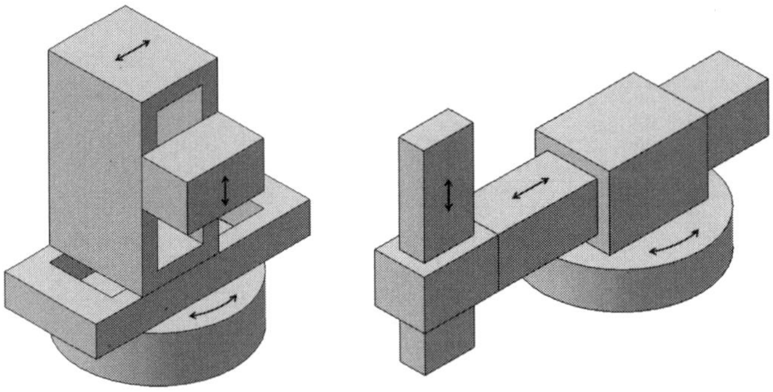

(a) $\theta - X_f - Z_f$　　(b) $\theta - X_m - Z_m$

부록 그림 3-11 3축 원통좌표 형태($\theta - X - Z$축계)

나. 수평 선회–상하–수평 ($\theta - Z - X$) 축계

$\theta - Z - X$ 축계의 각종 형식은 부록 그림 3-12와 같다.

㉠ Z축 고정 ($\theta - Z_f - X_f$), ($\theta - Z_f - X_m$)

㉡ Z축 이동 ($\theta - Z_m - X_f$), ($\theta - Z_m - X_m$)

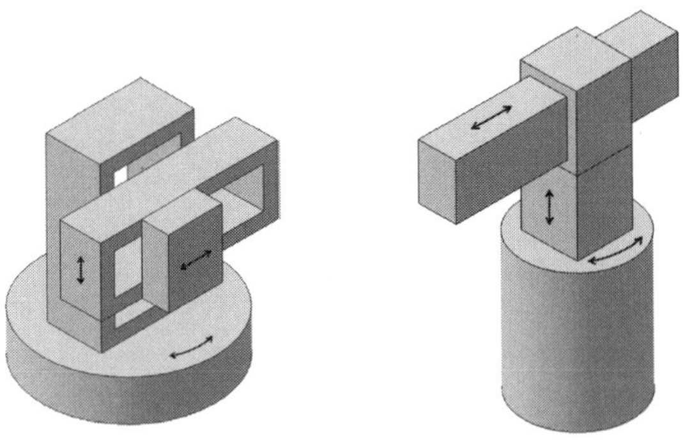

(a) $\theta - Z_f - X_f$　　(b) $\theta - Z_m - X_m$

부록 그림 3-12 3축 원통좌표 형태($\theta - Z - X$축계)

6. 3축의 관절형 운동 변환 기구

일반적으로 3축의 관절형 기구는 $\theta-\theta$ 또는 $\alpha-\alpha$ 축계에 Z축 또는 X축을 부가한 것이다. 각종 형식은 부록 그림 3-13과 같다.

가. 수평 선회–수평 선회–상하 ($\theta-\theta-Z$) 축계

$\theta-\theta-Z$ 축계의 형식 예를 부록 그림 3-13 (a)에 나타낸다.

㉠ Z축 고정 ($\theta-\theta-Z_f$)

㉡ Z축 이동 ($\theta-\theta-Z_m$)

나. 상하–수평 선회–수평 선회 ($Z-\theta-\theta$) 축계

$Z-\theta-\theta$ 축계의 형식 예를 부록 그림 3-13 (b)에 나타낸다.

㉠ Z축 고정 ($Z_f-\theta-\theta$)

㉡ Z축 이동 ($Z_m-\theta-\theta$)

다. 상하–상하 ($\theta-\alpha-\alpha$) 축계

$\theta-\alpha-\alpha$ 축계의 형식 예를 부록 그림 3-13 (c)에 나타낸다.

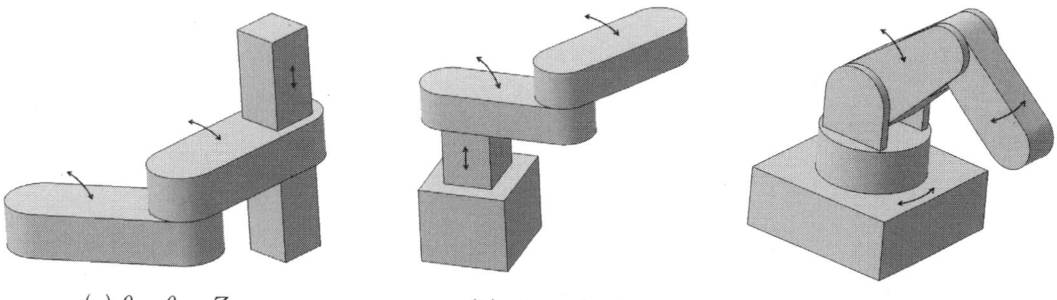

(a) $\theta-\theta-Z_m$ (b) $Z_m-\theta-\theta$ (c) $\theta-\alpha-\alpha$

부록 그림 3-13 3축 관절형태